U0856731

美学與遠方

朱立元　祁志祥　主编

上海人民出版社

图书在版编目（CIP）数据

美学与远方/朱立元，祁志祥主编．—上海：上海人民出版社，2017
ISBN 978－7－208－14816－1

Ⅰ．①美… Ⅱ．①朱… ②祁… Ⅲ．①美学—文集
Ⅳ．①B83－53

中国版本图书馆 CIP 数据核字（2017）第 245894 号

责任编辑：陈佳妮
装帧设计：陈　酌

美学与远方
朱立元　祁志祥　主编
世纪出版集团
上海人民出版社出版
（200001　上海福建中路 193 号　www.ewen.co）
世纪出版集团发行中心发行　上海商务联西印刷有限公司印刷
开本 720×1000　1/16　印张 26　插页 5　字数 536,000
2017 年 11 月第 1 版　2017 年 11 月第 1 次印刷
ISBN 978－7－208－14816－1/B・1296
定价 88.00 元

目录 / Contents

前言：让美学走向迷人的远方

“远方”是近些年流行的一个热词：“生活不能只顾眼前的苟且，我们还需要诗和远方。”“远方”是星空闪烁、是形上仰望、是终极关怀。而“美学”就是这样一种迷人的“远方”。

继2013年换届之后，四年又过去了。在过去的四年中，上海市美学学会的工作者不懈努力，再创佳绩。本次论集《美学与远方》就是学会会员过去四年优秀成果的展示。

在中国，马克思主义理论研究（马学）是理论的宏大叙事。美学经由马学而走向远大。复旦大学马克思主义文艺理论首席专家朱立元长期致力于马克思《1844年经济学哲学手稿》的研究。他的《实践唯物主义视域下的“关系生成”论思想》就是对《手稿》美学意义的新的发现。这个发现是：《手稿》中早已出现“关系生成论”思想，这个“关系生成论”意味着审美主客体在实践中的双向生成，审美关系也是如此，美学的本质研究不可取消，但研究方法可以改进，这就是实践唯物主义视域下的“关系生成论”。上海市社联的夏锦乾不仅是一位资深的出版人，也是一位学有专攻的美学专家。他的《探索马克思主义美学与中华美学如何“接着说”》通过对“意志”的批判性阐释，将马克思主义美学关于人的能动性、人的本质力量融入中华美学关于意志的审美理论之中，从而试图实现双方真正的对接。

近年来，美学与政治的关系问题成为美学研究的一个热点问题。2016年举行的第五届国际马克思主义美学论坛的议题即“当代美学的政治转向”。上海戏剧学院的支运波从福柯的“生命政治学”理论切入艺术问题研究，提出了“生命政治”是“技术时代艺术的新机制”，为人们重新审视美学与政治的关系提供了新的视角。该学院的王云长期致力于戏剧艺术与政治正义的关系研究。他的论文《“正义”与“义”在〈赵氏孤儿〉中的隐性冲突》通过中国古代的“义”与西方的“正义”概念在《赵氏孤儿》的创作与改编中的隐性冲突的独到揭示，为人们提供了艺术与正义关系研究的一个典型个案。而华东师大的吴明则以年轻的女性学者特有的敏锐和精细，分析了“当代视觉文化中的柔性政治”个案——“萌”，紧扣现实，读来别有趣味。

美本体的终极关怀是美学的老问题，它在现代美学和后现代美学视阈中获得了新的生机。华东师大的刘晓丽在《美在主客观统一吗》中指出：关于美的本体，现有的美学理论有三种回答：美在客观，美在主观，美在主客观统一。客观主义美学理论抛弃了具体的事物，找到的是抽象比例和规律；主观主义美学理论丢失了具体的人，找到的是抽象的心理活动和状态。这两种美本体论都清洗掉了审美发生时的周边环境。而美在主客观统一，则跌入寻找“意象”抑或“形象”的逻辑循环。回到生活实际，她提出：“美——编织于生活世界。”复旦大学张宝贵在《作为艺术行动的美》提出：取消主义美学认为“美”是一个先行设定出来的“超级概念”，没有一个“超级事实”与其对应，犯了形而上学本质主义的错误；形而上学美学则用康德美学的“合目的性”来解释美这个概念。作者以为，由于形而上学美学的理论自闭性，不可能让审美活动具有现实的超越性价值；而取消主义美学最大的问题是在正确指出“超级概念”虚妄性的同时，没有充分估计到其中包含的目的性价值。当然，上述两种意见并非没有融通之处，即将美理解为某种艺术行动。不过作者认为，这种艺术行动不仅是超越性的，而且应该携带日常生活这副肉身。

在美的本体思考及其学说建构中，上海学者提出的生命美学、乐感美学是两个发生一定影响的学说。上海社科院文学所以研究唐诗学著称的陈伯海晚年曾出版了一部美学专著《生命体验与审美超越》，后来他在《贵州大学学报》组织的笔谈中又补充说明了他的“生命体验美学观”，即以元气大化的“生命”为审美的本原，以“体验”为审美的核心，从审美活动入手探讨美的生成，提出“审美”是人的超越性的生命体验，“美”是超越性的生命体验在审美活动中的“对象化”或“意象化”。上海社科院哲学所的姚全兴则系统阐述了他的“生命美育论”观点，认为生命美育来自生命科学、生命美学，具有独特的实践性和应用性；情感性、形象性、愉悦性、自由性的生命审美价值的特征，寓感性于理性、自然性与社会性共存、既有形象性又富趣味性、从过程性到动态性的生命美育特性，以及青春性、智慧性、审美性、创造性的生命创造原则，是生命美育的核心概念；当前社会应大力倡导生命美育，将生命负状态纳入生命美育范围。

陈伯海、姚全兴认为美学、美育的本体是“生命”，上海政法学院的祁志祥则认为“美”的本体的根本特质是“乐感”。“乐感”指有价值的感性快乐与精神喜乐。他依据对古今中外大量美学资料的广泛收罗与长期思考，提出“美”的统一语义乃是指“有价值的乐感对象”，并据此重构起由方法论、本质论、现象论、美感论组成的“乐感美学”理论体系，得到同仁应和与学界关注。华东师大旅游系的庄志民结合自己长期研究的旅游美学实际，肯定了《乐感美学》的实践指导意义，指出旅游景点之美——如当今流行的民宿之美正是作为乐感对象去加以设计、营造的。上海交大人文学院的汪济生则通过对全书60万字内容的仔细阅读，以

《当代中国美学前沿的坚实界碑》为题，从多个方面肯定《乐感美学》：推敲命题，巧破疑难；以史为鉴，精校准星；广谒前贤，平等对话；取舍唯真，博采众长；古典新用，异彩纷呈；锐意出新，严求自洽；以美述美，文字精美。而青年会员孙沛莹、李纲耀的《〈乐感美学〉：美学体系重建的新界碑》，则从对美学学科的推进、在美学原理重建方面的理论价值与实践意义三方面记录了上海和全国学界部分专家对《乐感美学》的积极评价，将会议综述写成了颇有学术分量的论文。

美学研究的"美"与"意象"密切相关。华东师大的朱志荣早先曾将"意象"视为美本体，提出"美是意象"，这里提交了论"意象和意境的关系"的专文，对"意象"与"意境"概念的异同作了细致入微的考辨，并在与意象的比较中对"意境"特征作了独到的厘定。这是美学本体思考的值得关注的成果。而上海大学的金丹元则从"意象"及其艺术形态的演绎论析了中国传统艺术论的现代性转化，同时提出在中西"意象"论之比较中坚守和拓展中国质性的主张，较之朱文，更具应用意义。

"现代性"是在中国学界已经流行了好多年的一个理论向度。上海师大的陈伟等人提交的论文对 20 世纪前期中国美学的现代性特征及其一维性与复杂性展开了再思考，并对其当代启示作出有价值的揭示。海德格尔的存在论是美学现代性的一个重要标志。上海大学的青年学者曹谦以现代性视角，对朱光潜早期美学及后期美学的"存在"意味作了别样的解读，引起学界注意。华东师大王峰长期致力于维特根斯坦美学思想研究。他提交的《语言分析美学何为》揭示：以后期维特根斯坦思想为基础的语言分析美学对形而上美学的大概念进行彻底质疑和否定，表面上看是在消解美学，其实并不走向彻底的解构主义，相反，通过语言分析，美学重新在语言使用的基础上获得重生，在美与艺术的分析上提出新的建设性方向，构建出新的美学语法。

当代美学的特征之一是"后学"繁盛。"后现代"视阈下，传统的美本体"实践"如何转向？华东政法大学人文学院的青年学者张弓对此作出思考和回应。他认为对应着实践类型的物质生产、精神生产、话语生产，美学的逻辑构成包含物象逻辑（即感性形式逻辑）、意象逻辑（即知性形式逻辑）、形象逻辑（即理性形式逻辑）；对应着实践的受动和主动相统一过程、物质和精神相统一过程、共时性和历时性相统一过程，美学的逻辑过程包括意向性活动逻辑（即对象化逻辑）、超越性活动逻辑（即符号化逻辑）、时空性活动逻辑（即真实化逻辑）。实践的建构功能、转化功能、解构功能在审美实践和艺术实践中的实现，形成美学的逻辑力量。上海师大的王建疆以"后现代"为视角，考察了后现代语境中的英雄空间与英雄再生现象。在后现代语境中，由于英雄期待与英雄本领之间的脱节、英雄精神与英雄形象之间的背离所导致的英雄空间的形成以及这个空间的分割和膨胀，导致了英雄的被改造和被消解，尤其是第三世界的英雄期待正在被改变。但是，由于英雄的集体无意识属性和社会历史积淀，决定了英雄情结的永驻和人们对英雄的永久的留恋。而中国的和合文化在英雄空间中更具张力。由此构成了后现代语境中中国英雄经典的期待延续和多元再生。巴黎第七大学教授克里斯蒂娃是后现代主义的一代思想宗师。其思想源自巴赫金并加以改造，游走于哲学、语言学、符号学、结构主义、精神分析、女性主义、文化批评、文学理论多个领域，呈现出多元杂混的后现代特征。上海大学的曾军以其领先潮流的前卫研究，为人们理解这一文论家思想的后现代特征提供了难得的范本。

现代美学中，“叙事学”与“互文性”是两个重要的学说。华东师大的刘阳提交的《美学的叙事转向》指出：晚近世界范围内人文学术的重要变化，是叙事从被研究对象转为研究方式。这为美学在今天的有效推进提供了良好契机。人们可以从叙事情节、叙事结构、叙事时间、叙事视角、叙事声音、叙事语言与叙事伦理等方面来积极探索美学的具体叙事方法。今天中国美学尤可从叙事转向中获得研究与教学相结合的新生长点。上海财大的李桂奎提交的《中西“互文性”理论的融通及其应用》则揭示：如同“叙事学”等理论体系实现了中西互融一样，西方的“互文性”理论在中国传统文学批评中也早已有所滋长。中国传统探讨继承与革新关系的“通变”说可与西方“互文性”理论形成对接。基于刘勰的“通变”观，唐宋文人推演出“转益多师”“点铁成金”“夺胎换骨”等传统诗法，标志着中国式“互文性”理论趋于成熟。明清诗画、小说戏曲等文学艺术崇尚“仿拟”，丰富了中国式“互文性”理论的内容。中国式“互文性”理论带有“悖论”特质。“形”与“神”、“犯”与“避”等概念与术语、范畴貌似水火不容，其实相辅相成。

美学仰望星空、注目远方，同时必须脚踩大地、关注实际。首先是关注视觉艺术的实际。复旦大学王才勇提交的《现代视觉的平面性转向》揭示：平面性是诞生于 19 世纪中下叶的现代视觉审美语汇之一。它刻意将三维成像转化成平面形式。策略是将对象的三维特性约减成平面性图形；效果是一方面走向形式自主，另一方面将意义的主观建构向感性层面拓展。这样，不仅形式本身，而且感性活动本身就在建构意义。正是这种平面性转向，导致了现代平面设计的出现。汤筠冰选取“战争海报”这个入口，考察了艺术宣传的理论与实践。她指出：艺术宣传是加强效果的常用艺术传播方式。如今，“艺术宣传”正逐步去除意识形态色彩，向“艺术传播”的本源靠拢。上海财大徐巍讨论了图像时代红色经典的记忆方式和影像叙事的转型。从记忆的视角考察红色经典，分别看到红色回忆、红色记忆和后红色记忆三种呈现方式。在影像的处理上，新世纪以来的华语大片紧扣红色经典记忆，经历了由奇观场景到奇观叙事的转变。老会员徐梦嘉则从线条律动、构形险绝、章法奇幻等方面，评论了沪上名家韩天衡的草篆书法艺术天机流行、一骑绝尘的大美。

其次关注音乐与电影。查尔斯·罗森是当代美国极其敏锐的音乐评论家，其代表作《古典风格》在中国的出版引起国内学界高度关注。该书译者、上海音乐学院的杨燕迪从八方面详细分析、介绍了罗森在此书中体现的音乐美学思想，包括罗森的风格概念，罗森对古典风格的语言思维机制的说明，及其对海顿、莫扎特、贝多芬作品的分析与批评实践。近些年来，以《小时代》为代表的“现象电影”与以《蒋公的面子》为代表的“热门话剧”都取得了不俗的票房。上海戏剧学院的导演张仲年对二者作了有趣的比较，指出二者虽然电影与戏剧的形式之别、钟情物欲与渴求精神的内涵差异，但二者的同热说明物质与精神可以实现二元互补，戏剧与电影可以达到共同繁荣。青年会员游溪以孤岛时期的上海电影期刊为对象进行了描述和研究。她指出：孤岛不孤，孤岛时期有多元化的电影期刊创办与发行，从数量、质量上在整个民国时期的电影刊物中占据重要地位；孤岛时期正值中国全面开展抗日救亡活动之时，孤岛电影刊物以隐晦的方式一方面与敌对势力做斗争，另一方面得以在复杂的战争环境中生存与发展。一部好莱坞电影《社交网络》的热映，使无数双眼睛领略到了移轴镜头的魅力。青年会员陶奕骏由此发端，结合多部影视剧，分析了移轴镜头的艺术特点。

再次关注戏剧实践。上海戏剧学院张福海论及“中国近代戏剧改良运动的现实思考”，提出“走向现代性”是现代审美的追求和理想，也是中国现代戏剧改良运动的必然选择。章文颖以上海戏剧学院开办的德国导演大师班为例，具体论析了东西方戏剧表演艺术碰撞出的思想火花。复旦大学梁燕丽以香港戏剧实验为例，分析了公共空间艺术的美学探索。

美学的远方有历史之远。复旦大学的谢金良，上海艺术研究所的周锡山，上海外国语大学的张煜、史伟，上海政法学院的孙超将探寻的触角伸向中国古代。谢金良从“美”字的易学解释、“易”字的美学解释入手，揭示了易学与美学的融通。史伟揭示，宋元之际流行理学诗风，但也有来自浙东学派和理学内部的反拨与反思。明代出现了伟大的戏剧家汤显祖，他恰好与莎士比亚生于同一时代。周锡山从笔补造化、艺进乎道、悲天悯人、大器晚成、神秘主义诸方面，对二者的艺术成就作了总体比较。清代诗学领域同光体与桐城派的关系是一个艰深的话题，张煜对此作了专门探讨。孙超揭示：民国初年在以经济资本为核心权力的文学场中，主流小说家面对市场法则与艺术法则的双重立法，力图以小说“娱世”来打破“小说界革命”以来“传世”与“觉世”的矛盾，提出了一套求得平衡的“兴味”说。这种“兴味”小说观在适应市场（“行世”）、进行生活启蒙（“觉世”）中追求“传世”。虽然受到市场的强大制约，但始终坚持艺术本位、坚守社会责任，不断为读者送去美的快乐享受，有力地推动了我国小说的现代转型。

美学的远方又有地域之远。另几位学者将探寻的目光投向西方世界。上海师大刘旭光的《西方美学史概念钩沉》以难得的西学积累，对西方美学史上一些不再被使用或退出了审美领域范畴进行了钩沉，对那些消失了的审美精神进行怀旧，进而对当下的审美状况提供反思。这些范畴是：kaloskagathos——美善，megaloprepeia——慷慨、豪华、壮美，concinnitas——和谐，Istoria——历史，Diségno——设计。复旦大学陆扬的《“法国理论”在美国》指出：“法国理论”作为过去半个世纪里后现代话语的代表，它是“美国化”的产物。库塞以1997年的《知识欺诈》为“法国理论”美国接受的转折点，可以见出科学与人文的纠葛始终余波未消。“法国理论”在美国必走学院路线，否则它不成其为“法国理论”。莫尔的《乌托邦》

是西方社会主义学说史上的重要著作。近来对其美学意义的探讨成为焦点之一。上海交大张蕴艳、上海政法学院张永禄提交了《〈乌托邦〉的宗教维度与中国当下小说信仰救赎的可能》和《〈疯狂动物城〉：乌托邦遗产与重启》，读来别有启发。而同济大学的李弢则通过研读阿多诺的《美学理论》文本，揭示其对黑格尔“美”的定义所作的批判阐发，同时揭示了他从美与丑的辩证法角度对传统美学关于自然美、艺术美命题的重新考察。

最后是关于时尚、设计与美育的专题。这都是美学理论的实际应用。东华大学王梅芳领衔的团队对中国时尚传媒状况，包括专业与非专业时尚媒体的传播现状作了实证调查分析，并对时尚传播的新媒体发展趋势作了有根据的展望。同济大学邹其昌就中国当代设计理论体系建构的本土化问题提出了自己的系统思考。上海市艺术特色学校枫泾中学校长陆旭东则就高中课程审美化实践提出了自己的理论思考。

时光荏苒，日月如梭。上海市美学学会自 2001 年建立至今，已度过了 36 年的岁月。2017 年 6 月 18 日，学会完成了第九届换届工作。十几年来，学会成员为了一个共同的美学目标走到一起，团结共赢，奋力拼搏，在各自取得辉煌成果的同时，合作出版了《世纪之交的上海审美文化建设》(作家出版社 2001 年)、《上海城市建设的美学思考》(群言出版社 2005 年)、《新世纪美学热点问题探索》(商务印书馆 2013 年)。较之前三部论文集，《美学与远方》作者更多，规模更大，范围更广，涉及的论题也在不断推进。希望论集的出版能给中国美学界贡献有益的智慧。

在本论集征集、出版过程中，学会理事曲春景作了热心引荐，学会秘书处张永禄、陈磊协助做了不少具体事务，新会员、书法家钱建忠为书名精心题字，在此一并鸣谢！

“路漫漫其修远兮，吾将上下而求索。”新一届学会工作的四年任期又开始了。让我们保持传统，不忘初心，渐行渐远，走向新的远方。

朱立元　祁志祥

2017 年 6 月

第一章　美学与马学

在中国，马学是理论的宏大叙事。美学经由马学而走向远大。复旦大学马克思主义文艺理论首席专家朱立元长期致力于马克思《1844年经济学哲学手稿》的研究。他的《实践唯物主义视域下的“关系生成”论思想》就是对《手稿》美学意义的新的发现。这个发现是:《手稿》中早已出现“关系生成论”思想，这个“关系生成论”意味着审美主客体在实践中的双向生成，审美关系也是如此，美学的本质研究不可取消，但研究方法可以改进，这就是实践唯物主义视域下的“关系生成论”。上海市社联的夏锦乾不仅是一位资深的出版人，也是一位学有专攻的美学专家。他的《探索马克思主义美学与中华美学如何“接着说”》通过对“意志”的批判性阐释，将马克思主义美学关于人的能动性、人的本质力量融入中华美学关于意志的审美理论之中，从而试图实现双方真正的对接。

第一节　实践唯物主义视域下的“关系生成”论思想[1]

众所周知，“实践的唯物主义”即历史唯物主义，是马克思在《德意志意识形态》(写于1845年秋—1846年春）中首次提出的。但是，在1845年夏的《关于费尔巴哈的提纲》(以下简称《提纲》）中马克思在批评费尔巴哈“直观的唯物主义”时实际上已经接近于把“新唯物主义”命名为“实践的唯物主义”了，其第九条说：“直观的唯物主义即不是把感性理解为实践活动的唯物主义至多也只能达到对单个人和市民社会的直观。”显而易见，这里，正是对感性的理解区分了“直观的唯物主义”和“实践活动的唯物主义”，换言之，“实践活动的唯物

[1] 作者朱立元，原题为《实践唯物主义视域下的“关系生成”论思想初探——重读马克思〈1844年经济学哲学手稿〉札记之三》,《云南师范大学学报》2014年第4期，人大复印资料《美学》2014年第9期全文转载。

主义”正是与“直观的唯物主义”相反的“新唯物主义”。这种“实践活动的唯物主义”难道不就是不久以后同样针对费尔巴哈的“实践的唯物主义”吗？这难道还需要做什么证明吗？

笔者在讨论实践存在论美学的哲学基础时，曾多次强调，马克思实践的唯物主义即历史唯物主义是以实践作为存在论的根基的，或者说其存在论的核心是实践范畴，呈现为实践观与存在论的紧密结合。所以，本节标题说的“实践唯物主义视域”在一定意义上说的就是马克思的与实践观结合为一体的存在论视域。关于马克思有没有现代存在论思想的问题，学界虽然有不同意见，但是，笔者在多篇文章里直接引证了马克思《1844年经济学哲学手稿》(以下简称《手稿》)，以无可辩驳的白纸黑字证明了：马克思不但有自己的存在论思想，而且是以实践观为核心的、与实践观结合为一体的存在论，开辟了现代西方存在论思想的新思路。笔者提出的“实践存在论美学”其理论根据就在于此。

笔者最近在思考实践存在论美学的哲学基础时发现，我们的美学观点最核心的是审美关系（活动）论和审美主客体（历史和现实）的生成论，其哲学基础就是实践唯物主义视域（即马克思以实践观为核心的现代存在论视域）下的关系论和生成论，或者，可以命名为“关系生成论”。

一、《手稿》关于“关系生成论”的论述

根据关系生成论，实践存在论美学的一个基本观点是：美学研究的对象，不是一般所认为的“美”或者“美的本质”，而是人与世界（自然界、现实）的审美关系及其现实展开——审美活动。而审美关系说的理论前提是，只有人才有审美关系，即审美关系只适用于人（人类）。马克思明确指出，“凡是有某种关系存在的地方，这种关系都是为我（按：指“人”）而存在的；动物不对什么东西发生‘关系’，而且根本没有‘关系’；对于动物来说，它对他物的关系不是作为关系存在的。”在此意义上我们可以说，人是“关系”的动物，人高于其他动物的最重要标志之一，是人与世界发生了动物所没有的“关系”。毫无疑问，作为人与世界的基本关系之一的审美关系也只有人才有。

《手稿》对这一点有清楚的论述。在讨论“美的规律”之前，马克思首先从存在论、人类学、实践论三者的结合上揭示出人类与动物的根本区别，一是“有意识的生命活动把人同动物的生命活动直接区别开来。……仅仅由于这一点，他的活动才是自由的活动”；二是通过将动物的生产与人的生产实践作多方面的对比后进一步揭示出“创造对象世界”的实践活动，是人类与动物的基本分界线。在此之后，马克思才提出“人也按照美的规律来构造”的重要美学命题。由此可见，只有人才在与自然界（对象世界）的实践关系即“创造对象世界”的实践活动中生成美和美的规律，审美关系和美的规律只适用于人、人类社会，而不适用于动物。所以，审美关系的生成和发展，无论从历史还是从现实来说，其理论前提应是在人与自

然界的实践关系中，实现人与自然界双向的历史生成。

《手稿》是在异化劳动（人的自我异化）和异化的扬弃这个辩证法的大框架下展开人与自然界双向历史生成的论述的。具体说来，《手稿》在批判资本主义私有制下的异化劳动，论证“共产主义是对私有财产即人的自我异化的积极扬弃”，“是人和自然界之间、人和人之间的矛盾的真正解决”这一宏观的历史阐述的基础上，深刻地指出作为“异化了的人的生命的物质的感性的表现”的“私有财产的运动——生产和消费——是迄今为止全部生产的运动的感性展现”，“是人的实现或人的现实”，就是说，人类历史的全部生产活动（在异化状态下）本质上是人的本质力量在自然界的实现，即“人的实现”。紧接着这句话，马克思推出了包含着唯物史观萌芽的观点：“宗教、家庭、国家、法、道德、科学、艺术等等，都不过是生产的一些特殊的方式，并且受生产的普遍规律的支配。”这一点很重要。对于上述历史观点，马克思还从存在论与认识论的结合上作了另一种表述：“历史的全部运动，既是它的现实的产生活动——的经验存在的诞生活动，——同时，对它的思维着的意识来，又是它的被理解和被认识到的生成运动。”以上引证非常清楚地告诉我们，马克思是在人和自然的社会实践关系（虽然是以异化的形式）的批判性考察中提出其历史生成论的。

需要指出，《手稿》是集中用“工业”范畴来论述人与自然在劳动实践中的双向生成的。工业（Industry），西文中同时有勤劳、勤奋的意思，主要描述人努力从事劳动活动。马克思站在人类历史发展的高度上强调指出，“全部人的活动迄今为止都是劳动，也就是工业，就是同自身相异化的活动。”在这个宏阔视野中，他用工业这个概念来论述通过劳动实践，人与自然界双向的历史生成。他说：“工业是自然界对人，因而也是自然科学对人的现实的历史关系。因此，如果把工业看成人的本质力量的公开的展示，那么自然界的人的本质，或者人的自然本质，也就可以理解了。”这个理解集中表现为人与自然界在工业中双向生成、互为本质，即自然界在人的本质力量的对象化过程中人化；人在人化自然界生成中自然化。它的具体过程就体现为，“在人类历史中即在人类社会的生成过程中生成的自然界，是人的现实的自然界；因此，通过工业——尽管以异化的形式——形成的自然界，是真正的、人本学的自然界”。这里，马克思明确告诉我们，自然界不是游离于人，人类社会以前、以外的纯客观的外部世界，而是与人既相对又相成的，是人的社会劳动、人的对象化活动的产物，是人化的自然即“人本学的自然界”，是“在人类历史中即在人类社会的生成过程中生成的自然界”。换言之，这个自然界生成于人类社会、人类历史中，成为人类社会、人类历史最基本的组成部分；反过来，人、人类社会同样是在人化的自然界生成过程中生成和发展起来的。正是在这个意义上，马克思首创了“历史本身是自然史的即自然界生成为人这一过程的一个现实部分”与这一“关系生成论”的著名论点密切相关，马克思还将人类历史与自然史看成是同一过程，他深刻指出，“正像一切自然物必须形成一样，人也有自己的形成过程即历史，但历史对人来说是被认识到的历史，因而它作为形成过程一种有意识地扬弃自身的形成过程。历史是人的真正的自然史”。就是说，历史在特定意义上乃是人与自然界双向生成的过程。

在此，劳动实践、工业，是自然界对人的最基本的“现实的历史关系”，是“自然界生成为人”的双向生成（自然的人化和人的自然化）过程的根本动力。马克思进而对这一“关系生成论”作了如下概括，“对社会主义的人来说，整个所谓世界历史不外是通过人的劳动而诞生的过程，是自然界对人来说的生成过程，所以关于他通过自身而诞生、关于他的形成过程，他有直观的、无可辩驳的证明。因为人和自然界的实在性，即人对人来说作为自然界的存在以及自然界对人来说作为人的存在，已经成为实际的、可以通过感觉直观的。”这个概括极为深刻、极为精辟。笔者认为，这明显是从实践论与存在论的有机结合上令人信服地论证了他的“关系生成论”，即整个世界历史的基础就是人与自然界在工业（劳动实践）中的双向生成。而这一点，构成了审美关系和审美活动历史生成的理论前提。

二、审美主客体在实践中的双向生成

《手稿》虽然没有专门论述人与世界（自然界）的审美关系的生成问题，但是，在上述关于人与自然界双向历史生成的论述的展开中，马克思还是直接或间接地论及了审美主客体在实践中的双向生成。

在人与自然界、主体与客体通过实践的双向生成中，人的感官、感觉是一个关键的连接点。所以，《手稿》着重论述了人的感官、感觉（包括审美感觉在内），是在人的对象化活动即实践活动中历史地生成的这一具有重大意义的观点。

首先，马克思全面论述了人通过自己的所有器官和世界发生对象化的实践关系，他说：“对世界的任何一种人的关系——视觉、听觉、嗅觉、味觉、触觉、思维、直观、情感、愿望、活动、爱，——总之，他的个体的一切器官，正像在形式上直接是社会的器官的那些器官一样，是通过自己的对象性关系，即通过自己同对象的关系而对对象的占有，对人的现实的占有；这些器官同对象的关系，是人的现实的实现。”注意这句话里，第一，马克思不但把肉体的感觉，而且把“思维、直观、情感、愿望、活动、爱”等等“精神的感觉”一起都称为“个体的一切器官”，这里“器官”和后面“社会的器官”应该是在比喻意义上使用的，主要强调它们在人与世界建立“对象性关系”中的连接、沟通作用；第二，所谓人与世界的“对象性关系”，实质上就是实践关系，就是人的各种本质力量的对象化和在外在世界的实现（现实化）的关系。马克思在接下来括号里的这句话“正像人的本质规定和活动是多种多样的一样，人的现实也是多种多样的”，就是明证，它是说人的本质对象化的“规定和活动”的多样性，造成了这种对象化的实现——成为对象的“人的现实”的多样性；第三，正是在这个意义上，马克思进而强调，“随着对象性的现实在社会中对人来说到处成为人的本质力量的现实，成为人的现实，因而成为人自己的本质力量的现实，一切对象对他来说也就成为他自身的对象化，成为确证和实现他的个性的对象，成为他的对象，这就是说，对象成为他自身。”这样一种人与世界的对象化实践关系，是通过人的各种器官特别是感觉器官建立起来的。而这正是审美关系得以形成的关键，因为审美主要是一种借助于感官、通过感性方式展开和实现的活动。

其次，《手稿》特别从作为人的本质力量的一个主要方面的感官入手，来探讨人与世界对象性关系生成和建立的特殊性和条件性，揭示感官在人的本质对象化方面的极端重要性。马克思是分别从客体和主体两个方面来展开这一探讨的，而无论从哪一方面切入，他又都注意同时考察（主客体）对立面双方之间的关系，从关系中把握意义，而不是只考虑对立中的或一侧面。

《手稿》论述这个问题的具体思路是：一方面从客体（对象）方面考量，而在对对象考量时则是从与主体的本质力量的特殊关系入手的，马克思指出，“对象如何对他来说成为他的对象，这取决于对象性质以及与之相适应的本质力量的性质；因为正是这种关系规定性形成一种特殊的、现实的肯定方式。眼睛对对象的感觉不同于耳朵，眼睛的对象是不同于耳朵的对象的。每一种本质力量的独特性，恰好就是这种本质力量的独特的本质，因而也是它的对象化的独特方式，它的对象性的、现实的、活生生的存的独特方式。”比起上面一般地探讨人的本质的对象化，这里更加具体、深入了；而且明明讲对象，却抓住人（主体）的各种感官、感觉的特殊性来讲，抓住对象与不同感官之间的不同关系来论述。比如从审美关系角度说，眼睛的对象只能是大自然的美景，或者造型艺术等等（文学也需要通过眼睛阅读语言文本才能间接进入审美关系）；耳朵的对象只能是音乐艺术等。更重要的，马克思还特别强调了感官、感觉在人与世界对象化关系中不可替代的独特地位和作用，指出，“人不仅通过思维，而且以全部感觉在对象世界中肯定自己。”笔者以为，这是人与世界审美关系得以形成的主体必须具备的条件和能力。

《手稿》另一方面是“从主体方面来看”，却相反从对象和对象对主体感官、感觉的关系角度切入，而且直接讲到了审美关系：“只有音乐才激起人的音乐感；对于没有音乐感的耳朵来说，最美的音乐毫无意义，不是对象，因为我的对象只能是我的一种本质力量的确证，就是说，它只能像我的本质力量作为一种主体能力自为地存在着那样才对我而存在，因为任何一个对象对我的意义（它只是对那个与它相应的感觉来说才有意义）恰好都以我的感觉所及的程度为限。……只是由于人的本质客观地展开的丰富性，主体的、人的感性的丰富性，如有音乐感的耳朵、能感受形式美的眼睛，总之，那些能成为人的享受的感觉，即确证自己是人的本质力量的感觉，才一部分发展起来，一部分产生出来。因为，不仅五官感觉，而且连所谓精神感觉、实践感觉（意志、爱等等），一句话，人的感觉、感觉的人性，都是由于它的对象的存在，由于人化的自然界，才产生出来的。”这段话内容极为丰富，笔者认为主要有以下几个要点：第一，人与世界的审美关系生成需要主客体双方的条件，对象方面，如果不具备潜在的审美素质、并有可能转化为现实的审美对象的话，它就不可能激起主体感官相应的审美情感、感觉；主体能力方面，某种艺术或者具备某种特定审美特质的对象只能和与之相应的特定感官、感觉才能发生审美关系，激起审美情感、感觉，而不可能与不相应的其他特殊的感官形成审美关系。因为人的本质力量（这里主要是感性、感觉）是丰富多样的，每一种都有其特定的相应的感觉对象和范围，正如马克思所说，“任何一个对象对我的意义（它只是对那个与它相应的感觉来说才有意义）恰好都以我的感觉所及的程度为限”，超出其限度，无法与对象形成审美关系。第二，从主体能力角度审视对象，“对于没有音乐感的耳朵来说，最美的音乐毫无意义，不是对象”，这一点极为重要，因为就个体现实的审美活动而言，如果没有特定的审美感觉的能力，那么即使公认的具有审美价值的对象，对该个体来说也没有审美意义，不成为他的审美对象，不会形成审美关系。第三，基于同样道理，“忧心忡忡的、贫穷的人对最美的景色都没有什么感觉；经营矿物的商人只看到矿物的商业值，而看不到矿物的美和独特性”，美景对于穷人的感觉、矿物的美对于商人的感觉，都不成为、不是审美对象，两者之间形不成审美关系。值得注意的是，马克思是在提出“囿于粗陋的实际需要的感觉，也只具有有限的意义”的观点时举这两个例子的。这实际上暗示我们，审美关系生成，需要有对“粗陋的实际需要”和功利的某种超越性。感觉对实际需要和功利的某种程度的超越，应该是形成人与世界审美关系的必要的主体条件。这一点是对康德到黑格尔的德国古典美学的继承和发展。第四，主体的感觉极为丰富多样，不仅包括五官感觉，即感官的感觉，而且包括“精神感觉”“实践感觉”(意志、爱等等)。这应该是广义的“感觉”，后面两种感觉需要专门讨论，此处从略。审美感觉和能力，笔者认为应该从广义上理解。第五，人的审美感觉和能力，“如有音乐感的耳朵、能感受形式美的眼睛”等，属于“能成为人的享受的感觉，即确证自己是人的本质力量的感觉”，这里揭示出审美感觉的精神性和享受性。第六，人的审美感觉与人的一切其他感觉，都不是天生的或者纯粹生物性的，而“只是由于人的本质客观地展开的丰富性”，即在人的丰富多样的本质力量对象化（客体化）的社会实践活动中逐步形成的，换言之，是“由于人化的自然界，才产生出来的”。

对此，马克思总结道：“五官感觉的形成是迄今为止全部世界历史的产物”，这无疑是对人的感觉（包括审美感觉）的历史生成性的经典概括，对于美学研究有直接的、重大的理论和实践意义。

三、从“关系生成论”切入本质研究

美和美的本质问题，是中国当代美学界普遍关注而意见也最为分歧的一个问题。美学研究的对象到底是不是美和美的本质？美有没有一个适合于一切美的事物、对象的共同、普遍的本质即美的本质？能不能为美下一个放之四海而皆准的永恒不变的定义？进而，对美和美的本质的探讨到底有没有意义、有没有合理性和价值？……诸如此类的敏感问题我们不能、也不应该回避。实践存在论美学在这个问题上的基本态度是：美学探讨、研究美和美的本质问题，是理所当然的，是有价值、有意义的。但是，我们不同意美存在一个单一、固定、普遍的美的本质的看法，因而不同意为美下一个放之四海而皆准的永恒不变的定义，因为美学史已经充分证明这是不可能的；进而认为美学的研究对象，不应该只是美和美的本质，不应该重点探寻美的单一（唯一）、固定不变的本质，试图为它下一个普遍、不变的定义，而应该是人与世界的审美关系及其现实展开即审美活动。当然，这并不意味着美的本质问题不能够探讨，而是主张持合理的反本质主义态度、也就是“关系生成论”的态度，在关系生成中动态地思考和探讨美的本质问题。在这方面，《手稿》为我们提供了研究“本质”问题的辩证思维的范例。

《手稿》虽然没有直接探讨美的本质问题，但是论及了与美的本质处于同一层次的“美的规律”问题，对我们有直接启发。马克思的论证思路大致是：

第一，在“异化劳动和私有财产”这个哲学—经济学大问题、大框架下，首先“从当前的经济事实出发”，即从工人劳动被异化的现实出发：“工人生产的财富越多，他的产品的力量和数量越大，他就越贫穷。工人创造的商品越多，他就越变成廉价的商品。物的世界的增值同人的世界的贬值成正比。”

第二，对这种异化现实，按照人本主义和现实社会的阶级分析相结合的逻辑，在诸种现实关系中展开批判性考察，步步深入地分析资本主义私有制条件下异化劳动的基本规定。首先从人的劳动与其劳动产品（对象）的异化关系切入，指出，“劳动所生产的对象，即劳动的产品，作为一种异己的存在物，作为不依赖于生产者的力量，同劳动相对立。劳动的产品是固定在某个对象中的、物化的劳动，这就是劳动的对象化。劳动的现实化就是劳动的对象化”，但是在资本主义私有制条件下，“劳动的这种现实化表现为工人的非现实化，对象化表现为对象的丧失和被对象奴役，占有表现为异化、外化”；“对对象的占有竟如此表现为异化，以致工人生产的对象越多，他能够占有的对象就越少，而且越受自己的产品即资本的统治”。《手稿》由此概括出异化劳动的第一个规定：“工人对自己的劳动的品的关系就是对一个异己的对象的关系。因为根据这个前提，很明显，工人在劳动中耗费的力量越多，他亲手创造出来反对自身的、异己的对象世界的力量就越强大，他自身、他的内部世界就越贫乏，归他所有的东西就越少。”马克思明确指出，这一点所规定的是“劳动对它的产品的直接关系，是工人对他的生产的对象的关系”，是针对资产阶级国民经济学“不考察工人（劳动）同产品的直接关系而掩劳动本质的异化”而言的。

第三，接着考察工人的生产（劳动）活动本身产生的异化关系，指出这种关系是“在劳动过程中劳动对生产行为的关系。这种关系是工人对他自己的活动——一种异己的、不属于他的活动——的关系”，在此关系中，“工人自己的体力和智力，他个人的生命‘活动’是不依赖他、不属于他、转过来反对他自身的活动”，是“自我异化”。这是异化劳动的第二个规定，其劳动的异己性表现在，“劳动对工人来说是外在的东西，也就是说，不属于他的本质；因此，他在自己的劳动中不是肯定自己，而是否定自己，不是感到幸福，而是感到不幸，不是自由地发挥自己的体力和智力，而是使自己的肉体受折磨、精神遭摧残”；“他的劳动不是自愿的劳动，而是被迫的强制劳动。……只要肉体的强制或其他强制一停止，人们会像逃瘟疫那样逃避劳动”；这种“外在的劳动，人在其中使自己外化的劳动，是一种自我牺牲、自我折磨的劳动”，这里，“工人的活动也不是他的自主活动。他的活动属于别人，这种活动是他自身的丧失”。这第二个规定产生的结果是，“人（工人）只有在运用自己的动物机能——吃、喝、生殖，至多还有居住、修饰等等——的时候，才觉得自己在自由活动，而在运用人的机能时，觉得自己只不过是动物。动物的东西成为人的东西，而人的东西成为动物的东西”。这个批判极其尖锐、极其深刻！

第四，在考察异化劳动一、二两个规定的基础上，《手稿》进一步推出第三个规定人同人的（类）本质相异化和第四个规定“人同人相异化”。这里重点解读第三个规定，因为这也是马克思着力剖析的，同时关于“美的规律”就是在这一部分论及的。《手稿》遵循人本主义逻辑，借用了费尔巴哈关于人的“类本质”“类特性”“类生活”“类存在物”“类意识”等术语，阐述了资本主义异化劳动导致了人与他自己的类本质（即人的本质）相异化。

马克思首先指出，“人是类存在物，不仅因为人在实践上和理论上都把类——自身的类以及其他物的类——当作自己的对象；而且因为——这只是同一种事物的另一种说法——人把自身当作现有的、有生命的类来对待，因为人把自身当作普遍的因而也是自由存在物来对待”；他又说，“一个种的整体特性、种的类特性就在于生命活动的性质，而自由的有意识的活动恰就是人的类特性”。这实际上初步揭示了人作为“一个种”——“类存在物”即“社会存在物”——所具有的普遍的整体的“类特性”“类本质”，那就是自由的有意识的生命活动。要注意，马克思讲人的自由和有意识，不是仅仅讲精神、心理和意识层面的，而是主要讲人的生命活动，讲人的“劳动这种生命活动、这种生产生活”即人的“类生活”的。也就是说，人的类本质不仅仅如我们过去所认为的是自由、有意识，而主要是自由、有意识的生命活动，即实践活动。

这一点，马克思是站在实践论、存在论和人类学三结合的理论高度，将人作为一个族类共同体与整个动物族类作整体比较时提出来的。他说：“动物和自己的生命活动是直接同一的。动物不把自己同自己的生命活动区别开来。它就是自己的生命活动。人则使自己生命活动本身变成自己意志的和自己意识的对象。他具有有意识的生命活动。……有意识的生命活动把人同动物的生命活动直接区别开来。正是由于这一点，人才是类存在物。或者说，正因为人是类存在物，才是有意识的存在物，就是说，他自己的生活对他来说是对象。仅仅由于这一点，他的活动才是自由的活动。”在人的活动与动物活动的对比中，作为人与动物的根本区别的人的一般本质（类本质）——自由的活动即劳动实践活动——就凸显出来了。劳动实践，在马克思的论述中，既是存在论的，又是人类学的。这也是实践存在论美学的一个理论依据。在此基础上，《手稿》进一步对动物的生产（特定意义上）与人的劳动生产实践作了多方面的对比：

> 通过实践创造对象世界，即改造无机界，证明了人是有意识的类存在物，也就是这样一种存在物，它把类看作自己的本质，或者说把自身看作类存在物。诚然，动物也生产。它也为自己营造巢穴或住所，如蜜蜂、海狸、蚂蚁等。但是动物只生产它自己或它幼仔所直接需要的东西；动物的生产是片面的，而人的生产是全面的；动物只是在直接的肉体需要的支配下生产，而人甚至不受肉体需要的支配也进行生产，并且只有不受这种需要的支配时才进行真正的生产；动物只生产自身，而人再生产整个自然界；动物的产品直接同它的肉体相联系，而人则自由地对待自己的产品。

这个对比，突出了人的生产实践（创造对象世界）相对于动物生产的四大特点：（1）全面性（动物是片面性）；（2）超越（直接肉体需要）性（动物受直接肉体需要的支配）；（3）创造（再生产整个自然界）性（动物只生产自身）；（4）（对待自己产品的）自由性（动物产品的直接肉体性）。其中核心是人的劳动生产实践的自觉（有意识）性与自由性，体现了人的自觉的目的性通过对象化的活动在对象世界中的实现，体现了人对自然界的能动性。显而易见，当马克思把人与动物的生产活动作全面对比时，马克思实际上揭示出在非异化劳动条件下，人区别于动物的作为族类共同本质（类本质）的一般本质。

但是，马克思并没有将这一特殊角度下揭示的人的一般本质普遍化、非历史化，看作人的永恒不变的普遍本质。我们不应忘记，上述这些论述，是在阐述异化劳动第三个规定时展开的，其目的恰恰是要阐明在异化劳动条件下，人的自由、自觉的生命活动的异化、外化、非人化，人的劳动实践呈现为不自由性（或自由的丧失）和被强制性，人的一般本质因此异化了。《手稿》指出，异化劳动“使他的生命活动同人相异化，也就使类同人相异化；对人来说，它把类生活变成维持个人生活的手段。第一，它使类生活和个人生活异化；第二，把抽象形式的个人生活变成同样是抽形式和异化形式的类生活的目的”；“异化劳动把自主活动、自由活动贬低为手段，也就把类生活变成维持人的肉体生存的手段。因此，人具有的关于自己的类的意识，由于异化而改变，以致类生活对他来说竟成了手段”，而这乃是人（工人）生产生活的真正现实。马克思由此推导出异化劳动的第三个规定：“人的类本质——无论是自然界，还是人的精神的类能力——变成对人来说是异己的本质”，使“他的人的本质同人相异化”；同时由第三个规定进一步推导出第四个规定：人和自己的类本质相异化的“直接结果就是人同人相异化”。

值得注意的是，在论述第三、第四规定时，马克思高屋建瓴地将异化劳动归结为人与人的社会关系，他说：“人的异化，一般地说，人对自身的任何关系，只有通过人对人的关系才得到实现和表现。”这一点马克思稍后又加以重申：“必须注意上面提到的这个命题：人对自身的关系只有通他对他人的关系，才成为对他来说是对象性的、现实的关系。”这一点往往容易被人们忽视，其实是极为重要的。因为，“实践的、现实的世界中，自我异化只有通过对他人的实践的、现实的关系才表现出来。异化借以实现的手段本身就是实践的。因此，通过异化劳动，人不仅生产出他对作为异己的、敌对的力量的生产对象和生产行为的关系，而且还生产出他人对他的生产和他的产品的关系，以及他对这些他人的关系。……也生产出不生产的人对生产和产品的支配。正像他使他自己的活动同自身相异化一样，他也使与他相异的人占有非自身的活动。”换言之，异化劳动生成了人（工人）的异己的、对立的力量——资本家，生成了工人与资本家对立的现实关系。在这样一种异化的、阶级关系分化的现实条件下，上面所说的人的自由劳动的一般本质，就会改变甚至丧失。由此出发，我们对于稍晚于《手稿》的《关于费尔巴哈的提纲》所提出的“人的本质不是单个人所固有的抽象物，在其现实性上，它是一切社会关系的总和”的经典命题，就会有比较准确的理解。它根本不像有的人所认为的是人的本质的普遍、不变的“定义”，而是相反，指出了探讨人的本质，不能停留于人与动物相区分的一般本质层次上，而要立足于“关系生成论”的思维方式，从不断变动的、复杂的社会关系的总和中去考察和分析处于这种现实关系中的现实的人的动态本质。

这里，马克思给予我们方法论上的重要启示是，第一，对于包括人的本质、美的本质在内的任何事物的本质，是可以而且应该探讨的，这不等于本质主义，《手稿》中“本质”范畴大量出现，频率极高，就是明证。相反，那种认为本质问题不能探讨、无法探讨，应该彻底“取消”或者根本“悬置”的观点是不对的，是反本质主义过“度”、极端而走向虚无主义的表现。第二，《手稿》虽然大量论及本质问题，却基本上不采用下定义式的、把定义对象的本质一般化、普遍化、恒定化的方式，而是采取了辩证的“关系生成论”的阐述策略，上述对于人的本质的论述就是经典例证。笔者认为，这正是合理的反本质主义思维方式。第三，《手稿》把人的自由、有意识的生命活动即劳动实践看成人区别于动物的一般（类）本质，仍然是有重大意义的，一方面，它成为马克思批判私有制下异化劳动的重要理论依据和逻辑出发点；另一方面，正是在论述人的这个一般本质的基础上，马克思直接引出了关于“美的规律”的论述：

> 动物只是按照它所属的那个种的尺度和需要来构造，而人懂得按照任何一个种的尺度来进行生产，并且懂得处处都把内在的尺度运用于对象；因此，人也按照美的规律来构造。

对于“美的规律”的理解，笔者另有专文论述[1]，此处不赘。只是想指出两点：一、马克思是将美的规律（同样，美的本质）与人的本质联系起来思考和论述的，离开了人的本质，美的本质、美的规律就无从谈起。中国当代实践美学通过人的本质来探讨美的本质、美的规律的大方向、大思路是正确的，应该坚持；但是，笼统地界定“美（的本质）是人的本质力量的对象化或自然的人化”，就失之于简单化了，就容易掉进本质主义的窠臼。二、马克思是在非异化的理想状态下讨论美的规律问题的，在异化条件下，美的规律是不是仍然不受任何影响地发生作用，或者在多大程度上、以何种方式继续发生作用？它的逻辑依据和机理是什么？……这一系列问题远远没有解决，需要我们进行深入的研讨。我们不能脱离开异化劳动的现实语境把美的规律、美的本质问题普泛化、一般化、非历史化，这样做，不但不符合《手稿》的理论思路，不符合马克思“关系生成论”的辩证思维逻辑，而且会不自觉地走向本质主义的死胡同。

第二节　探索马克思主义美学与中华美学如何“接着说”[2]

一、“接着说”的方法论意义

马克思主义美学传入中国，启蒙了中华美学的现代意识，推动了中华美学向现代转型。这正是马克思主义美学传入中国的价值与意义所在，否则传入何用？马克思主义美学的中国化是以“启蒙”为动力的与中华美学逐步对接、融合的过程。这个道理也无可置疑，但这里的根本问题是：它如何启蒙？怎样推动？检讨多年来中国美学界所做的工作，主要是对马克思主义美学经典的解读和阐释。20 世纪 50 年代美学大讨论，80 年代的实践美学，乃至 90 年代后实践美学的一大部分，在笔者看来基本上都没有超出这个解读和阐释的层面，只不过随着社会的开放，解读和阐释的视阈日益扩大，参照日益增多，解读和阐释的准确度日益提高而已。这当然不能否定这种解读和阐释同样需要创造性的思维，但这种创造性同所谓的原创性仍有区别，比如实践美学的各派，一方面“在马克思主义指导思想确立之后，各方纷纷寻找马克思主义理论来支持自己的论点”，另一方面马克思“所提出的实践论观点，给美学研究提供了理论视角、逻辑起点，方法论和哲学基础，有着很大的启发性”，一句话，把研究的注意力全部放在马克思的文本之上。所以借用冯友兰先生的话说，它们还都属于“照着说”，因为它的立足点仍然是在马克思主义美学这一边，充其量是“马克思主义美学在中国”。但当今

[1]　朱立元：《理解〈手稿〉关于“美的规律”论述的三个关键词——重读〈巴黎手稿〉札记之二》，《马克思主义美学研究》2013 年第 2 期。

[2]　作者夏锦乾，原载《社会科学战线》2017 年第 4 期。

中国的真正问题是，马克思主义美学如果要在中国“接着说”，首先就要“对接”着中华美学来说，而不是马克思主义美学的自言自语，自拉自唱。这意味着必须把理论的立足点移到中国自身这一边。如果从这个层面上看问题，那么，当前马克思主义美学中国化明摆着还未化入中华美学理论的内部，尤其是它的核心诗艺理论、审美理论。两者之间还有很厚的隔膜。这直接导致了今天的理论与实践、美与美感的严重脱节。尽管有人会说，这是马克思主义接受史乃至一切文化接受史的必然现象，从照着说到接着说必然有一个很长的过程，就像当年佛教传入中国，从汉末经魏晋六朝，直到唐宋时代才结出正果，但是笔者仍然认为，在马克思主义传入中国100余年、“中国化”口号提出70余年之后的今天，这样的辩解已不能使人泰然，更不能使人信服。而更深一层的问题是，单单“照着说”不仅不能发展马克思主义美学，而且也无法长期“说”下去，它必然不断走向被边缘化的境地。对此，80年前陈寅恪先生的一段话可谓警世之言，他说：

> 佛教学说能与吾国思想史上发生重大久长之影响者，皆经国人吸收改造之过程。其忠实输入不改本来面目者，若玄奘唯实之学，虽震荡一时之人心，而卒归于消沈歇绝……至道教对输入之思想，如佛教摩尼教等，无不尽量吸收。然不忘其本来民族之地位。既融成一家之说以后，则坚持夷夏之论，以排斥外来之教义。此种思想上之态度，自六朝时亦已如此。虽似相反，而足以相成。

这里，陈寅恪先生借用了佛教与中国文化对接的例子。玄奘的“忠实输入不改本来面目者”，可谓之“照着说”的典型，但照着说“虽震荡一时之人心，而卒归于消沈歇绝”，问题就在于照着说只讲吸收，未讲改造；而道教的“接着说”，一方面“不忘其本来民族之地位”，一方面又对佛教“无不尽量吸收”。换言之，既讲吸收，又讲改造，它把佛教与本民族文化对接起来，最终“融成一家之说”。当然，马克思主义的传入与佛教的东渐已不能同日而语，但陈寅恪的警示亦足以引起今天研究者的重视。简言之，“照着说”决非是理论发展的长久之计，只有接着说，并且是对接着自身传统来说，才是活水之源。对这一结论，人们多半会持赞同的态度，因为它指出了关键不是要不要“对接”，而是怎样“对接”这个实质问题。而讨论怎样“对接”，就涉及一个方法问题。

马克思主义美学与中华美学的“接着说”必须找到自己独有的方法。以往“把马克思主义与中国具体实践相结合”的口号，仅仅是立场、观念，还不是方法。方法具有不可含糊的路径性和可操作性。“接着说”是一种理论的建构，其方法如同马克思所说，是“由抽象上升到具体”。毫无疑问，理论的认识首先是“从具体上升到抽象”开始，但是在理论认识达到一定阶段之后，理论的建构就应该从“抽象”向更高的“具体”迈进。建构把认识推向新的更高的阶段。因此，当今马克思主义美学的中国化的根本问题恰恰就是忽视理论的建构，忽视“由抽象上升到具体”方法的实际展开，而要从“由抽象上升到具体”，就必得从现实的概念、范畴开始。佛教中国化的成功，就是依着实际的范畴找到与中国文化的关联开始的，它把“既要吸收，又要改造”的立场、观念落实在具体范畴的展开与演绎之中。这里举禅宗的“自然”范畴为例。一方面，“自然”是夏商周三代以来中国文化思想的一个基本范畴，它是指天地人一切的存在及其法则，天之自然、身之自然与心之自然的统一，成为中国文化的自然观的主要内容；另一方面，“自然”又是佛教的本体观，佛教把自然看作是众生本性：“僧家自然者，众生本性也”(《菏泽神会禅师语录》)，而众生本性也就是佛性。这样“自然”的范畴就成为中国文化思想与佛教共同的范畴，它使两者的交流、对话有了可能，中国禅宗正是“接着”这个共同的范畴，并加以改造与发展，它所提出的一套“不立文字，教外别传，直指人心，见性成佛”的观念，所谓“即心即佛，非心非佛”，以及顿悟、棒喝、呵祖、骂佛等参禅机锋，都是在糅合了双方的“自然”观，并加以发展的结果。佛教中国化的成功，在方法上抓住“自然”这个共同范畴是关键。由此可见，对于两个相互独立的文化体系而言，它们本是各自环境的产物，反映着创造它们的各自民族的现实和历史，因此文化的差异，实质就是文化创造者的差异，以及他们的现实和历史的差异，但是，不管这种差异有多大，作为人类文化的一部分，它们总是有着基本的共同性。因而当两种文化相互交往时，常识告诉我们，虽然差异性因为其新奇、独特而总是首先被人们所注意到，但它们的共同性却更便于双方的对话和交流。尤其在理论领域，寻找到双方的共同点，如共同的概念、范畴等，理论的“吸收和改造”才不会沦为空话。禅宗的“自然”显然是一个重要的例证。

那么，在马克思主义美学与中华美学之间能否找到像“自然”这样的共同范畴？虽然马克思主义美学中国化已经进行多时，但这样的问题少有人提出过。其根本的原因是我们在“中国化”问题上缺乏方法论意识。所谓“失语症”的讨论，仅仅是情绪的宣泄，并未上升到方法论的反思。马克思主义美学中国化，所涉及的根本问题是中华民族当代审美精神的建设，在这样重大的问题上，单靠一方的输入固然是不能奏效的，但单单从立场上强调马克思主义美学与中华美学的结合，没有具体结合的方法，也同样是无济于事的。对此，笔者思考再三，认为在马克思主义美学与中华美学之间，可以找到一个或几个范畴，它们一头联系着马克思主义实践观的本质特征，另一头联系着中华美学的核心精神，虽然它在两头理论中的地位和作用并不相同，但是通过它，两者之间就会架起联系的桥梁，中华美学就会有自己的语言与马克思主义美学“接着说”，从而就会有效推进马克思主义美学的中国化。下文就举一个“意志”(“意”)的范畴，试作阐释。

二、马克思主义美学的意志观

把“意志”看作马克思主义美学的一个重要范畴是要冒点风险的。直到今天，美学界仍然有很多人坚信，马克思主义美学唯物主义立场把一切都建立在物质决定精神、存在决定意识，经济基础决定上层建筑的决定论之上。而物质决定论的实质就是“不以人的意志为转移”。多年来马克思那句“精神一开始就很倒霉，注定要受物质的纠缠”一直成为学者们谨记的警句。但是，单以这些论述能够概括马克思美学思想的本质吗？显然不能。除了物质决定精神的论述，马克思在谈到哲学、美学时更强调了人的主体精神的方面，要把对象、现实、感性统统当作人的主体的实践去理解。

怎样理解马克思一方面讲存在决定意识，一方面又要求对对象世界要“从主体方面去理解”？答案大概无须赘述。此前已有大量研究，证明两者并不矛盾，尤其是恩格斯在其晚年那些针对性极强的论述，看过之后，再要把物质与精神对立起来，只认可单向的决定作用，而不承认也有反决定作用，在理论上已经不可能了；进而经过这一百多年来的实践，尤其是新中国成立以来，极左意识形态和政治路线对于经济的反作用所造成的巨大灾难，在实践上也根本不得人心了。笔者不拟在此问题上逗留，只想以此为背景，看看马克思的唯物论美学观对属于精神、意识问题的“意志”的态度。主要包括三个方面。

第一，马克思主义美学以人为出发点，这个人是能动的、有意识、有意志的人。在马克思关于人的本质力量的理论中，“有意识”占据了极其重要的位置。首先，人就是“有意识的存在物”；“自由的有意识的活动恰恰就是人的类特性”；“有意识的生命活动把人同动物的生命活动区别开来”。虽然在人的本质力量中，“肉体的、自然力的、有生命的”要素是重要的基础，但是真正占据人的本质力量的主体、左右着这一力量的毫无疑问是“有意识”的精神要素。从某种意义上说，只有具备这种“有意识”的精神要素，才使得人“告别动物”，“成为真正的人”。其次，马克思所说的“有意识”既指认识的意识，也指意志的意识和情感的意识。知、意、情固然都是人的精神意识的重要组成部分，但是，在人的劳动实践过程中，意志却表现出最为重要的直接作用，因为意志是人类所特有的有目的、有计划地调节和支配自己行动的心理能力，当人类第一次“生产他们所必需的生活资料的时候”，起主体作用的首先是为肉体组织的需要所驱使的意志（目的、意向），认知和情感都是围绕着意志，为巩固、推动和实现这个意志而发挥作用的，因而是一种协助的作用。当人们由意志的驱动进行生产时，首先是由他们肉体组织的需要——饥饿及由此引起的紧张、烦躁、亢奋等等情绪来推动，至于怎样生产，则与他们的知识联系在一起，但整个过程，却始终在一个意志的主宰之下，失去了意志，知与情便失去了方向，失去了依托。因此，在具体的劳动实践中，意志是“有意识”的最高表现，它与实践的目的性高度契合。“推动人去从事活动的一切，都要通过人的头脑”，这就是意志所体现的目的性、计划性和意向性的力量所在。

这样，马克思主义美学从一开始就把人的“意志”放在极其重要的位置。凡是强调人的地方，也就必然是指有意识、有意志的人。以至于恩格斯晚年在谈到唯物史观时，认为每个追求着自我目的的意志，都对历史的合力有所贡献：“历史是这样创造的：最终的结果总是从许多单个的意志的相互冲突中产生出来的”，各个人的意志构成了“一个总的合力”，“每个意志都对合力有所贡献，因而是包括在这个合力里面的。”这无疑是从唯物史观的角度对意志作了最高的肯定。

第二，马克思从不抽象地、孤立地谈论意志，就是说，马克思没有把“意志”当作人的全部，相反，人是人的世界。而把人仅仅等同于自我意识、意志的观点，恰恰是马克思要批判和“颠倒过来”的黑格尔的错误。马克思反复强调人是“肉体的、有自然力的、有生命的、现实的、感性的、对象性的存在物”，其中的每一个限制词所限制的都是黑格尔的那个抽象的、仅仅有自我意识和意志的人。因为人是“肉体的”，受到肉体组织的制约，人不得不首先需要吃、喝、住、穿，不得不从事满足这些需要的“直接的物质的生活资料的生产”，而意志的有意向、有目的、有计划，首先也都是围绕着肉体组织的这些需要产生的。这就是说，人之为人，他的一切都与外在世界发生着对象性的联系，他的全部感性存在只有和外在世界的对象的联系中才显现出生命的意义。这就是说，任何意志不是凭空产生的，而总是与实际的需要连在一起。举最简单的事实，人总会饥饿，饥饿意识和寻找食物的意志绝不是“纯粹自我意识”，而是与我的身体，以及身体的对象联系在一起的，它们既激发着，又限制约束着饥饿的意识和意志，使得意志不再“纯粹”，也不再“自我”，而是与现实世界息息相关。毫无疑问这是对黑格尔自我意志的扬弃与超越。

这样，对马克思的意志理论的完整理解应该是，人的类特性就是自由自觉的活动。所谓自由，就是人能够自主地实现自己的意志。意志显示着人所特有的本质力量，意志自由是人类的最高理想，也是人类一切活动的终极追求。但意志和意志自由绝不是抽象思辨的概念，而是与人的现实和历史密切相连，只有在意志与肉身的统一，意志与生命活动的统一中，才能显示出意志的力量和人的生命的意义。马克思的意志理论既反对了把意志抽象化，把人等同于自我意识的唯心主义意志论，又与只见肉身不见意志，以肉身压倒意志，把人的生命活动与动物混同起来的庸俗唯物论划清了界线。在马克思的辩证唯物主义理论中，意志的概念绝不是一个可有可无的概念，而是牵动整个理论大厦的一根重要梁柱。

第三，马克思的美学思想完整地体现了上述意志理论，它突出地表现在“人的本质力量对象化”理论中。本质力量是怎样的一种力量？它由哪些要素构成，是怎样的构成？对此，马克思同时否定了黑格尔和费尔巴哈把人抽象化的观点，虽然前者是从人的精神属性，后者是从人的物质属性上来加以抽象的。马克思把人看作是精神与物质属性的统一，人的本质力量就是人的生命力，它既表现为物质的力量，表现为人的感性，但这种感性力量同时又是内注了人的精神意志，体现为人的目的、计划。可以说，意志是人的本质力量中最重要、最核心的力量，也是最能体现人的能动性的力量。只有意志才使得人的生命力区别于一切其他的自然力，只有意志才使得人的本质力量“意识到自己是什么以及在干什么”，“能按照客观的规律有计划地实现自己的目的”，并“在改造客观自然的过程中创造出自然所没有的东西”。

在此基础上，马克思进一步指出，正是通过改造自然的创造性劳动，人类把自然界变成了他的作品和现实，这样的自然界处处打上了人类的印记，灌注了人的意志的力量（对象化）。看到了自然界也等于看到了自我、确证了自我。这也就是马克思所说的，人类能够“在他所创造的世界中直观自身”。这是对象化理论最核心的要点，也是美之所以产生的根本原理。为什么人在被贯注了意志力量的对象身上直观自己就会产生美呢？直观自身究竟产生怎样的审美体验？马克思说：“如果在一种产品中，物化了我的个性，和我的个性特点，那么劳动者一方面在劳动中享受了个人的生命表现，另一方面，又由于劳动者能在产品中直观劳动者的个性，而享受到个人的乐趣。”很清楚，“享受个人的乐趣”“享受了个人的生命表现”，这就是审美，美在这种“享受”过程中，引起了人的喜悦、愉快、激动、陶醉等一系列情感活动。由此可见，“意志”在马克思主义美学理论中是一个极其重要，不可或缺的范畴。

三、中华巫性美学的意志观

回过头来，我们再看中华美学传统是怎样看待意志的。长期以来，中国文化的天人合一观、中庸和合观等给人一种淡化意志，凸显人和环境的和谐甚至两忘的“无我”审美精神，许多美学理论都把这种“去意志”的审美精神当作中华文化的精髓，以此与西方文化的主客对立的理性主义文化精神争长。但事实并非如此，甚至可以说，这是对中国文化的无根误读。中国文化从本质精神上是重视意志，突出意志，从某种程度上说，这种重视和突出甚至超过西方的主体理论。这是由中国文化的历史实践决定的。

现在知道，中国文化的开端，亦即在中国古史的早期，曾经经历过一个长达1500—2000年的“巫文化时代”。它从新石器后期颛顼的“绝地天通”、尧舜禹部落社会，横跨了夏商周各个朝代。这是一个以巫为信仰，以巫术为政治、军事和日常生活指南的高度仪式化的时代。“在这个时代里，巫作为最高权力、最高智慧和最高美德的代表，压制了宗教的产生。巫文化所开创的大易之道和天人合一、敬天法祖、厚德载物、自强不息等等观念与精神显示了中国文化的神韵和独特性。”因此，从某种意义上说，只有抓住了巫文化本质特性，才能真正触摸到中国文化的根底。这一致思路径完全区别于那种以西方现成概念来诠释中国文化的做法。

“巫文化”与“巫术文化”虽一字之差，却是两个不同层级的概念。巫不仅仅是巫术的操纵者，即巫术发展到公众巫术阶段的巫师的身份，而且也是巫术由“术”上升到“道”的象征，是巫术思想、观念和精神的集中表现。由此，深入解读巫文化的特性就不得不首先认识巫术的本质。当代人类学认为，巫术是“基于一种对超自然力量的信仰，并认为人凭藉这样的力量可以控制周围的世界。”格里戈连科对巫术下的这个定义，基本上把“形形色色的巫术”都概括了。弗雷泽把巫术看作是一套“谬误的行为准则”，是“伪科学”，马林诺夫斯基把巫术看作是一种“为达到某种目的而采用的手段”，埃文思·普里查德把巫术看作是“为达到目的而采取的经验性措施的干预”，综合学界对巫术的认识，巫术说到底是一种控制术，巫术的超自然力、法术、仪式等等都是围绕着它对于环境或外界的“控制”这个最终目的展开的。因而“控制”才是巫术的本质内容。我们知道，任何控制都是人的意志的行为，没有意志就谈不上控制。巫术的这种“控制”特性，来源于人类早期对于意志的觉醒，并由此产生的意志信仰与意志崇拜。著名人类学家涂尔干曾说：“只要人类还不知道事物的秩序是不可改变和不可松动的，只要他们把它看作是反复无常的意志作用，那么他们很自然就会认为这些或那些意志可以随心所欲地改变事物。”“随心所欲地改变事物”，这正是巫术意志、巫术思维的本质所在。“原始人追求存在物的神秘属性，感知事物间的神秘联系，为的是用自己的意志去影响它。他们对自己的意志有充分的自信，而表达这一意志的方法，便是巫术。巫术是原始人心目中影响和改造外界的最有力的方法，巫术是过去时代人们同自然和社会斗争的一种形式。”由此可见早期的巫术正是原始人意志自信，乃至意志崇拜、意志信仰的产物。

值得特别指出的是，巫术意志是一个历史的概念。早期原始人想“随心所欲地改变事物”，一切都未超出个人的欲望，表现得特别的真诚和纯粹，那时人人都会巫术，也没有谁是专职的巫师，所谓“夫人作享，家为巫史”。等到巫作为专职巫师出现于部落社会时，巫术意志的纯粹性就发生了变化，它超出了个人的“随心所欲”的范围，带上了公众的性质。而在中国，这种变化更是颠覆性的。它不仅带上公众性，而且是直接要“随心所欲”地改变人，统治民众和治理部落。这是由于中国的巫产生于激烈的家族血缘制度转型的关键时期所致。其标志性事件便是中国古史的“绝地天通”巫术革命。所谓“绝地天通”，是指东夷部落首领颛顼为平息“九黎之乱”，巩固部落制度，采取限制个人巫术的政策，一切通神之事（巫术），都由颛顼自己或其委派的重、黎来担任。最终颛顼依靠巫术“通天”之力，巩固了家族血缘制度，避免了私有制的兴起导致家族血缘制度灭亡的必然性。这场巫术革命事件，把巫术从日用技艺改变为政治治理工具，直接推向部落政治前台，颛顼既是部落首领又是部落巫师，实现了巫与家族血缘权力的结合。巫术意志和家族权力意志糅合为一个意志（圣人意志），巫术从控制事物到控制权力、控制人心，这个巨大的转折，不仅不会使巫术褪去神秘、魔幻的色彩，而且使巫术得到极大的发展，巫术仪式和巫术文化得到极大繁荣，巫的精神传播和渗透到社会的各个角落。“巫文化上升到政治、哲学和伦理的高度，不仅关涉人的日用功利、吉凶命运，而且还涉及人的终极信仰和灵魂寄托，巫文化以极高的物质文明和精神文明，创造了一个巫文化时代。”

巫文化时代创造了巫性的政治、哲学、伦理等新的家族血缘制度的上层建筑和意识形态，其中也包括了巫性的美学。它们的共同特点便是显现了构成这个时代最为重要的基础，即巫与家族血缘权力的神圣同盟，凸显了由两个意志——巫术意志与家族血缘权力意志——合并而成的一个意志，即圣人意志。巫性美学所表现的正是圣人意志在追求“改变事物”和控制权力中的神人应和、万邦协和、人人谐和，从“和”中体验到意志的力量和意志之美、之善、之真，体验到贯注了圣人意志的生命在变动不居、生生不息的天地之间活泼泼的自由存在。

由此，巫性美学之“和”，是主导意志下的协和。在巫术中，巫的意志对对象的控制总是通过神灵的帮助来达到的。在这个过程中，意志的能力就是如何运用巫舞、巫咒以及丰美的祭品与神灵交通，召唤、劝慰、媚悦、说服神灵，让神灵认同、依从、协助自己，这就是所谓的“降神”。降神成为了巫术的关键环节和主体内容。因此，在巫术本质精神的推动下，巫性之“和”，表现为两个方面。一方面是指不同质的势力（比如巫、神）在不改变各自性质的情况下出现的协调、配合和支持，即神对巫的认同、依从、协助，《说文》说：“和，相应也”，巫的召唤获得了神的呼应，形成“人谋鬼谋，百姓与能”的祥和局面；另一方面，在这种应和中，巫的召唤始终是主导的，“和”不是主导意志的妥协、淡出或消灭，而是主导意志因获得了认同、依从和协助而更加凸显，是人谋主导了鬼谋，因此，正是在“和”中，意志才真切体会到它对于世界的主导性。这种主导性也决定了巫术意志总是先于巫术仪式。《尚书·大禹谟》中舜对大禹说：“禹！官占，惟先蔽志，昆命于元龟。朕志先定，询谋佥同，鬼神其依，龟筮协从，卜不习吉。”这是说，在决定任命的巫占中，关键是“朕志先定”，然后才去秉告大龟，获得龟筮的赞同、鬼神的依从，以及一切询问、商量的意见的相同。这就是舜的“和”理念，同样的情况，在《尚书·洪范》中就称为“大同”。

这样，“和”是一种状态，一个场面，一种心理，一段旋律，但主导它们的却是一个意志。和之美，是一种整体的共同美，是整体的不同部分在主导意志之下所表现出来协调、节奏和统一性的美，特别是指在巫术仪式状态之下，首领（巫师）和全体巫术参与者所共同体验到的神与人的一种契合，人受到神的护佑，神得到人的祭祀、敬献；神的光芒照彻部落上下，人人协和亲善，充满幸福。而这一切全都体现为圣人意志的实现。如果把巫术仪式看作是后世“礼”的源头的话，那么孔子以下的话用在这里甚为确切：“礼之用，和为贵，先王之道，斯为美。”先王之道，实则就是圣人意志的另一种说法而已。

巫性文化之“和”美，是巫文化时代所创造的独特的审美形式。从人类历史发展的角度看，它是人类在生存能力极为低下的时代，在遭受自然力的压迫下，必得借用想象中的神的力量，依靠群体的力量来超越环境和力图掌握自身命运的一种努力和一种自我的确证。因而尽管巫性之“和”美带着极大的神秘色彩，意志却显现着人性的光彩，区别于宗教的叹息，巫性审美却唱响了一曲高昂的赞歌。

中华巫性美学，并不是中华美学的全部，不能等同于中华美学，但是中华巫性美学是中华美学的最重要的基因，它的意志主导下的“和”美精神深刻地影响着中华美学的发展，以至于那些打上鲜明的意志色彩的范畴概念，如神韵、心灵、神思、兴会、灵感、意境、境界等都成为了中华美学的核心和基石。中华艺术创作总是强调“意在笔先”“心中之竹”，强调文以载道、言意之辨、以意逆志、形神兼备……从中都能隐约看到远古“和”美精神的回声。本节的一个基本观点就是，如果要从源头上找到马克思主义美学和中华美学“接着说”的范畴概念，那么非“意志”（意、志）莫属。马克思主义美学，高度重视意志在创造历史、改变世界的实践中的能动作用，把意志看作是人的本质力量，美是人的本质力量的对象化，是本质力量在实践成果中反观自身。而中华美学的源头中华巫性美学，则把意志提到“道”的高度，是意志主导巫性之“和”美，通过意志的主导性和主宰性，展现人“与天地参”，“天地之性最贵者”的理想和价值。当然，马克思主义美学对意志的强调与中华巫性美学之意志观在性质和文化背景上都根本不同，但也正因为有这种不同，才有探讨两种意志论之间能否接着说的问题，其目的就是要以马克思主义美学的意志观唤醒和照亮中华巫性美学的意志观，并因此在中华美学的基因上注入马克思主义的真理性因子，从而在马克思主义中国化的问题上，放弃空喊口号，大而无当的作派，扎实地做好转基因的工作。

马克思主义美学与中华巫性美学的意志观之间的不同主要表现在以下几点：

第一，它们的文化背景不同。前者属西方科学理性主义文化的产物，后者则是人类学的巫文化的产物，代表了人类文化发展的两个不同方向。

第二，它们分属于两个不同的理论体系。马克思主义的意志观是马克思主义美学的有机部分，连通着马克思主义的人学观，是马克思主义美之本质和美学建构的重要基石；中华巫性美学的意志观是中华巫性美学的重要组成部分，是巫性美学的核心理论。两个理论分别处在人类历史发展史的头尾两端。

第三，马克思主义的意志理论是人的理念高度发展的结晶，体现了当代人文精神。“有生命的个人的存在”是马克思关于意志理论的基本出发点。意志不是抽象的概念，而是活泼泼地体现在人的生命中的“自觉性、目的性和创造性”，正是这种确证人之为人的本质力量，才使人不仅创造了一个物质的世界，而且使人“突破自然的物质束缚，向着精神的自由王国上升”。意志作为人的本质力量的基石，意志自由始终成为人的解放的最终目标，也是美的最高境界。中华巫性美学的意志理念，是人类早期意志信仰和意志崇拜的产物，具有神秘巫性的特点。中华巫性美学强调一个意志，即圣人意志。当然，圣人也是个体的人，但是却是特殊的个体，在原始部落社会便是唯一的个体，他是巫师与首领的合一，属半神半人，亦神亦人，他的意志代表了天地神灵的意志，对万众百姓来说就是“道”。圣人总是通过“神道设教”的方式，把他的意志化为万众百姓的意志，这也就是“成人”的实质含义。中华巫性美学的意志力量，体现在神人应和与万众协和中，“和”显现了意志的超凡力量，是对其信仰和崇拜的确证和满足。

综上所见，中华巫性美学的“意志”在今天看来，需要用马克思主义美学的意志理论加以脱魅。关键是，“一个意志”的时代早已过去，个体意志已经成为当今时代一切“自觉性、目的性和创造性”的原动力。马克思主义美学对中国美学的启蒙，必将激发无数个体意志的成长，这对中华美学的现代转型，是从基因上加注了新质。因而，从个体意志着手，建设中华传统美学，或是一条切实有用的“接着说”的路径。

第二章　美学与政治

近年来，美学与政治的关系问题成为美学研究的一个热点问题。2016 年举行的第五届国际马克思主义美学论坛的议题即“当代美学的政治转向”。上海戏剧学院的支运波从福柯的“生命政治学”理论切入艺术问题研究，提出了“生命政治”是“技术时代艺术的新机制”，为人们重新审视美学与政治的关系提供了新的视角。该学院的王云长期致力于戏剧艺术与政治正义的关系研究。他的论文《“正义”与“义”在〈赵氏孤儿〉中的隐性冲突》通过中国古代的“义”与西方的“正义”概念在《赵氏孤儿》的创作与改编中的隐性冲突的独到揭示，为人们提供了艺术与正义关系研究的一个典型个案。而华东师大的吴明则以年轻的女性学者特有的敏锐和精细，分析了“当代视觉文化中的柔性政治”个案——“萌”，紧扣现实，读来别有趣味。

第一节　生命政治：技术时代艺术的新机制 [1]

一、生命政治与艺术问题

在福柯的理论研究中，近年出现了对其后期思想持续关注的浓厚兴趣。“生命政治”（Biopolitics）[2] 就是福柯后期所开启的一个极具创造性的理论贡献。不无奇怪的是，在法国之外的意大利 [3]，经由阿甘本、奈格里、埃斯波西托等一批激进理论家的推波助澜，很快这一理

[1]　作者支运波，原载《厦门大学学报》2015 年第 2 期。

[2]　尽管“生命政治”概念既非福柯首创，也非福柯首先使用，但确是福柯的创造性研究成为后来生命政治理论思考的基点。

[3]　这里并不是无视德勒兹、朗西埃以及法国一大批生命现象学家们的卓越贡献，而只是强调意大利哲学家对福柯生命理论的继承、发扬以及生命理论的视域问题。

论在全球范围内和诸多学科那里得到了巨大回响而一跃成为当今时代的主导理论范式之一。难怪，新近出炉的《生命政治读本》中，编者就在序言中迫不及待地发出很富有宣言意味地感慨："哦，是的，生命政治的确诞生了，恰好政治让位于生命政治，权力让位于生命权力，生命让位于政治生命（bios）、生物生命（zoē）和形式生命，这就是我们目前的现实。"[1]

1976 年"法兰西学院讲座课程"《必须保卫社会》中，福柯提出生命政治学，并于同年出版的《性史Ⅰ》中再次重申了这一概念。福柯用生命政治表述的是生命权力（biopower）中相对于身体解剖政治学的对人口、环境等"整体过程"起调节作用的治理新技术。通过对权力展布的历史考察，福柯发现从古典时期开始，西方的权力就发生了深刻变化。它开始转变为："一个旨在生产各种力量、促使它们增大、理顺它们的秩序而不是阻碍它们、征服它们或摧毁它们的权力。"同时"'让'人死或'让'人活的古老权力已经被'让'人活或'不让'让死去的权力取代了。"[2]此种以对生命的肯定意义的关注和以对人口之调节为特征的"生命政治"，福柯窥探到它深深植根于希伯来文化中牧人和羊群的隐喻。[3]牧人肩负着拯救羊群的责任：一方面，他必须提供给羊群足够的食物，把它们引领到丰美的草场；另一方面，他还须对每只羊有彻底的了解，看护母羊，寻找迷途的羊，照看受伤的羊等等。牧羊人的权力或"牧领权力"在一种保护的责任和义务中表现出来。因此，"其唯一的理据就是行善，为了行善。"[4]这种牧领权力，在实践中贯彻着审查、忏悔、引导、看护和顺从的权力技术。福柯强调着眼于权力对人运作的权力布置体系的自由主义框架。在自由主义理论框架内，生命政治遵循着"治理变得合理化"，"经济最大化"以及"治理的目的并非治理本身"的原则。

福柯生命政治学中所悬置的极权主义问题[5]，恰好是意大利哲学家阿甘本所着力的地方。阿甘本沿着福柯的理路，同时糅合施密特、阿伦特的极权主义思想，在结合本雅明的基础上发展了以赤裸生命、例外状态、集中营和牲人为核心的独特的生命政治理论。奈格里在积极地意义上继承了福柯生命政治中的调节与生产特性，同时吸收德勒兹的思想，提出当今世界处于"规训社会"和"控制社会"之间的主张。他认为这个社会建立在由各种权力设施构成的网络装置之中，而且这种体系规约了社会生活和文化的各个方面。奈格里认为，"规训力量的统治手段是建构思想和行为的参数与极限，它预设正常行为，禁止反常行为。……行使权力的机器直接组织人的大脑（通过通讯交往系统、信息网络等）和人的身体（通过社会福利

---

[1] Timothy Campbell & Adam Sitze，*Biopolitics*：*A Reader*，Duke University Press，2013，p.1.

[2] 米歇尔·福柯：《性经验史》，佘碧平译，上海人民出版社 2009 年版，第 88—89 页。

[3] 但福柯却并不关注羊群以及羊群内部的交流，也就是说，福柯是在纯粹单一的动物的、类的性质上看待被治理对象。在上帝—子民与牧师—羊群的置换关系中，权力模式就诞生了，并且人们被自然地带入了动物性范畴内。

[4] 福柯：《安全、领土与人口》，钱翰、陈晓径译，上海人民出版社 2010 年版，第 109 页。

[5] 福柯的生命政治论述存在完全集中于牧羊人而全然不顾羊群的单边、不对称分析，使被治理对象等同于哑口无言的、无主体的动物性存在。

系统、活动监控系统等)。”当今，体现出规训的“强化和普遍化”和控制的“虚拟状态”、渗入身体、神经末梢、民众意识乃至全部社会关系中。生命权力化，权力彻底生命政治化，生命“追随社会生活，解释它、吸纳它，并把它重新表述。……权力……指导、管理生活。”[1] 埃斯波西托较之于阿甘本、奈格里则表现出更多的调和性，他主张只有借助免疫范式统合之，生命政治才能实现现代社会中的平衡。

依据上面极简要的陈述，我们发现在生命政治中，统治者与统治技术之间出现断裂或切割，统治者不再专门指最高统治者，治理被下放，甚至是一些专门职业者都成了治理者，比如官员、公务员、教师、医生、律师等等。这即是说，极端地终止性治理方式被积极的救赎、调节与管控所替代。生命与人口因成为权力直接作用的对象而被捕获、征用、控制与治疗。管控不是消除了，反而是加强了，管控的对象转换成了“一个几乎无限的对象”。[2] 例外成为常态，生命随时可能成为“赤裸生命”(bare life)。艺术的生命政治所要表述的是从生命政治理论视域出发，观察艺术依其运作的机制同时呈现或反思艺术的生命政治特性。

在这个问题之外，或许有必要简略回答生命政治理论框架内谈论美学或艺术何以可能的质疑。因为，生命政治理论家们持有亚里士多德所说的归根结底人是政治动物的论断，他们无不是在将生命直接作为对象阐述政治作用于生命的技术手段和生命自然状态的关系问题的。况且，阿甘本也直言“生命(zoē)与生活(bios)之间，活着(zēn)与政治上有质量的生活(euzēn)之间存在对立。”[3] 的确，在规训为特征的“人体的解剖政治”中，福柯发展了自我呵护的生存美学；而在以调控为特征的“人口的生命政治”中，如何活得像件艺术品则是福柯未竟的事业。然而，生命政治中寓含美学与艺术的内在命题的依据在于：早在古希腊，亚里士多德就在《尼各马可伦理学》中便用享乐生命区分政治生命和沉思生命，这些生命都是bios。古罗马人有这样的观点，即“那种在人性里包含着优美的生活方式、包含着领会并造就快乐的人的行为方式的想法。”[4] 康德把鉴赏界定于“对道德理念的感性化的评判能力”[5]，梅洛-庞蒂明确说艺术是作为“生命自身的自我展现”，阿甘本认为艺术是生命这种纯粹潜能的展现。尤其是，阿甘本在《例外状态》中考察了古代丧礼与节庆的例外状态。他引用塞斯顿有关悬法—国殇(iustitium-luttopubblico)的政治意涵论述道：“在皇帝的葬礼中残存着动员的记忆……。透过以某种总动员的架构来看待葬礼，伴随着一切民政的停摆与正常政治生活的悬置，iustitim 的宣布便朝向将一个人的死亡转变为一个国家的巨变，一场所有人，无论愿意

[1] 哈特、奈格里：《帝国：全球化的政治秩序》，杨建国、范一亭译，江苏人民出版社 2005 年版，第 29—31 页。

[2] 米歇尔·福柯：《生命政治的诞生》，莫伟民、赵伟译，上海人民出版社 2011 年版，第 6 页。

[3] Agamben，*Homer Sacer*：*Sovereign Power and Bare Life*，trans. Daniel Heller—Roazen，Stanford University Press，1998，p.66.

[4] 汉斯-格奥尔格·伽达默尔：《真理与方法》，洪汉鼎译，商务印书馆 2010 年版，第 40—41 页。

[5] 康德：《判断力批判》，邓晓芒译，人民出版社 2002 年版，第 204 页。

与否，都牵涉其中的剧码。”主权者的葬礼演变为日常的例外状态，诸多不可能的行为在这种语境中以艺术化的方式获得合法性。这种“无法与法之间的秘密连带”，在庆典、节日或其他狂欢活动中现身。法的在场与悬置，艺术与生存美学成为例外状态中的生命之混沌。[1]

阿甘本紧承海德格尔，也从生产（poiesis）的亚里士多德的意义上考察艺术（诗学）的技艺的本义。只不过，海德格尔从诗的生产原始义上看到了人的栖居和真理的涌现，而阿甘本则看到了人的潜能。在古希腊，它是作为一种创制，人们把世界呈现在眼前从而利于城邦生活的美好。诗学是归属于政治的，以培育有伦理的城邦人们为目的的。显然，美学与艺术化生存的命题是内在于生命政治理论中的。

二、技术时代艺术的生命政治

技术与艺术分离与纠合的历史同时就是两者间生命政治的历史。技术在艺术理论中，总被视为敌意和抗拒的东西，这种现代观念大约始于 18 世纪。而在这之前，艺术却是作为技艺被对待的，东西方均是如此。就艺术诞生的远古时期看，在最初的艺术表现中，它都是要物质媒介（比如说石块、身体）尽可能地完全明了地传达艺术意味，让艺术终止于物质媒介之外。古希腊时代，希腊人就掌握了浇铸和制模两种复制艺术的技术，（而后来的技术或者装置时代，媒介之内无艺术）然后过渡到文字、印刷，工业时期的摄影、电影为代表的工业媒介，一直到网络技术的数字时代，每个时期对于艺术的生产和发展都产生了革命性的意义。

媒介学大师麦克卢汉曾引现代主义绘画来阐释“媒介即讯息”的观点。他说：“在电影出现的时刻，立体派艺术出现了。……立体派艺术不表现画布上的第三维这一专门的幻象，而是表现各种平面的相互作用，表现各种模式、光线、质感的矛盾或剧烈冲突。它使观画者身临其境，从而充分把握作品传达的讯息。……换言之，立体派在两维平面上画出客体的里、外、上、下、前、后等各个侧面。它放弃了透视的幻觉，偏好对整体的迅疾的感性知觉。它抓住迅疾的整体知觉，猛然宣告：媒介即是讯息。”[2] 不同的媒介背景构成了各异的感知环境，并作为艺术本身的一部分，同时实现了观众对艺术理解的可能性，即是说媒介与艺术的融合。

艺术作为媒介扩充了艺术的边界，将本来“向着自身”的艺术带到了形式艺术的广阔领地。可颇具吊诡意味的是，在现代艺术观念诞生不久，有关艺术终结的哀歌就开始像幽灵一般响彻在时代的上空了。

视技术与艺术为“敌对”性关系，它往往指称的是对现代科技的忧虑情怀。技术化的出现通常被认为新的人类类型也就出现了。以提出“装置范式论”研究纲领而著称于世的当代

[1] 阿冈本：《例外状态》，薛熙平译，台湾麦田出版 2010 年版，第 185—204 页。

[2] 埃里克·麦克卢汉、弗兰克·秦格龙：《麦克卢汉精粹》，何道宽译，南京大学出版社 2000 年版，第 232—233 页。

美国技术哲学家阿尔伯特·伯格曼认为现代社会是由技术形成的，技术已经成为一种环境和生活方式。加林贝蒂在《技术时代的人》中也以充满感伤的笔调写道："我们生活的世界中每个细节都以技术方式被组织起来，……，技术不再是我们选择的某种东西，而就是我们的环境，在此环境中，目的与手段，目标与过程，行为、活动与激情，甚至梦想与欲望，所有这些都通过技术被联结起来并需要通过技术才能得到实现。……，我们无可挽回且无从选择地栖居于技术中。"[1] 当然，有过技术的本质洞见莫过于海德格尔。海德格尔指出现代技术"摆置着人，逼使人把现实当作持存物来订造。那种促逼把人聚集于订造中"。[2] 把技术视为现代人的"座架"的观点引起了人们对于现代科技浓重地忧虑之情。其实，在艺术中人们早就表达出这一心情了。比如法国的瓦莱里以及德国法兰克福学派的理论家们。可技术拿走艺术中最珍贵的东西，到底是什么呢？

本雅明的经典文献《机械复制时代的艺术作品》宣布了技术偷走了原作艺术品的灵韵（Aura）之光，这就改变了艺术品之所以是艺术品的安身立命的东西。这样的话，艺术就不再是艺术了，而成了现代生产条件下的产品（商品）。但另一方面，它也呈现了富有灵韵的艺术作品与可复制的艺术作品的悖论关系，以及艺术的生命政治诞生于机械复制技术的兴起和运用，使艺术的生产不再专注于"灵韵"——这种神圣性的生产，而是让技术直接作用于艺术，捕获艺术之名（作为艺术的艺术），并让艺术以艺术之名进入大量复制——即生产的时代。也就是说，机械复制技术将艺术纳入现代性命题，且直接缔造了艺术的生命政治范式。《机械复制时代的艺术作品》的生命政治意蕴在于：技术复活了艺术，技术驱逐了艺术的内在性却赋予了艺术的形式生命，艺术功能让位于艺术形式间离了真实艺术与复制艺术，同时把长期处于隐秘状态的艺术品引领到公共空间，实现了艺术的祭祀价值到展览价值的转变。简而言之，技术是让艺术活而不是让艺术死。这时的艺术不就像自由主义框架中的生命政治那样吗？艺术品丢失原作"灵韵"变成原作的纯粹形式复刻，此时的艺术便被赋予了具有现代性意味的生命色彩。

艺术的上述情怀，还与另一个命题密切牵连。那就是艺术终结论。艺术终结论命题肇始于黑格尔。黑格尔说：

> 艺术就它的最高的职能来说，对于我们现代人已是过去的事了。因此，它对我们已丧失了真正的真实和生命，已不复能维持它从前的在现实中的必需和崇高地位，毋宁说，它已转移到我们的观念的世界里去了。现在艺术品在我们心里所激发起来的，除了直接享受以外，还有我们的判断，我们把艺术作品的内容和表现手

[1] 安伯托·加林贝蒂：《技术时代的人》，参见汪民安、郭晓彦：《生产》（第九辑），江苏人民出版社 2014 年版，第 117 页。

[2] 马丁·海德格尔：《海德格尔选集》，孙周兴译，上海三联书店 1996 年版，第 937 页。

> 段以及两者的合适和不合适都加以思考了。所以艺术的科学（哲学）在今日比往日更加需要，往日的艺术本身就完全可以使人满足。近日艺术却邀请我们对它进行思考，目的不再把它再现出来，而在用科学（哲学）的方式去认识艺术究竟是什么。[1]

艺术终结之后的艺术是指上升哲学反思之后的艺术。黑格尔对于艺术终结的判定其实是宣告艺术形式生命的开始：艺术成了美学或概念的思考物，真实的艺术只能过渡为形式的艺术与思考的对象被纳入到艺术的生命政治考量之中。艺术终结的黑格尔命题，也标志着自 19 世纪开始艺术的生命政治时代的开启：沉思进入艺术并将其视为对象。艺术的内在性转变为艺术的形式生命并作为反思的对象和催生了艺术思想。表面上看，似乎是艺术性走向非艺术性，实质上则是艺术与非艺术的界限变得混沌了。一元论的叙述风格弥散为差异的生产。由此，在某种程度上甚至可以说，艺术变革史就是艺术的生命政治史。

将黑格尔有关艺术转变为哲学的命题理解为“死亡论”的流俗观与克罗齐等人将黑格尔“Auflosung”（终结）看作为“已死或临死”[2] 的误读，不无关系。20 世纪美国著名分析哲学家丹托提出“艺术终结论”，丹托以此陈述的是作为艺术的艺术“丧失了方向”，“不知走向了何处”[3] 的状况。丹托在自己的命题内，所做的如下描述也颇具意味。他陈述道：“我们不再看绘画，而只看复制品，或至多是通过复制品来看绘画，于是艺术品和复制品变成一样的了，并且对于大众（化）的眼光来说，它们事实上就是一样的。复制品似乎变得比原画更真实和容易接受，也就说，变得更容易被理解和更有亲切感。”[4] 丹托这段话的生命政治意味在于他启发人们将艺术视为一种装置，以供大众轮番进入，大众栖居了而艺术却空心了。

海德格尔是艺术终结论理论中最被忽视而最不该被忽视者。海德格尔把克服形而上学作为终生的目标，所以他要终结的是形而上学的艺术观。他认为艺术形而上学的现代性的完成是以艺术品而非艺术的消失为标志的，这时“艺术变成了一种方式（manner）”。[5] 海德格尔把现代技术思为现代的精神座架，可是技术同时也“是一种解蔽方式”，它与艺术之间存在着古老的根源。海德格尔提出对“技术的根本性的沉思和对技术的决定性的解析必须在”“艺术”的领域内进行。他说：“在最极端的危险中间，是否艺术被允诺了其本质的这种最高可能性。……技术之疯狂道出确立自身，直到有一天，通过一切技术因素，技术之本质在真理之

[1] 黑格尔：《美学》（2），朱光潜译，商务印书馆 1979 年版，第 15 页。

[2] 克罗齐：《美学原理　美学纲要》，朱光潜译，外国文学出版社 1983 年版，第 76 页。

[3] 阿瑟·丹托，刘悦迪：《从分析哲学、历史叙事到分析美学——关于哲学、美学前沿问题的对话》，《学术月刊》2008 年第 11 期。

[4] 卡斯比特：《艺术的终结》，吴啸蕾译，北京大学出版社 2009 年版，第 8 页。

[5] Martin Heidegger，*Mindfulness*，*Trans* Parvis Emad & Thomas Kalary，MPG Books Ltd.，Cornwall，2006，p.23.

居有事件（Ereignis）中现身。”[1] 抽身现实跃入本有（Ereignis）的深渊，原始地沉思就能获得存在地真理而栖居于澄明之境。这样，海德格尔就解开了在技术时代，艺术如何可能的难题，也破除了生命政治理论中生存美学的魔咒，启发人们重新踏上福柯未尽的理论事业。

黑格尔宣告崇高艺术终结，本雅明预言原作的消失，海德格尔判了形而上学艺术观的死刑，如此种种，似乎加重了许多悲观论调：当代艺术枯燥乏味、不能引发审美感受、空洞和毫无意义与内容、四不像与没有审美标准、无需任何艺术才华、枯竭的艺术、过度历史化的产物、无批判性、市场化、艺术圈策划的产物、官方的艺术、美术馆的艺术、与公众隔绝。[2] 相反的景观则是艺术的泛化和日常生活的审美化。绘画被搬入博物馆、展览馆，音乐被刻录成光盘，古籍善本有了复印本或电子本，文学名著摇身一变成了畅销书，舞蹈走向广场，以及在世界各地随处可见的好莱坞影片。这刚好印证了韦尔施的观点：如今经历了“从个人风格、都市规划和经济一直延伸到理论”的“美学的勃兴”，[3] 艺术还堂而皇之地被纳入国家工业计划中。艺术进入历史，裹挟着权力被纳入生命政治的装置之中。“它抵抗死亡，抵抗奴役，抵抗饥馑，抵抗耻辱”，[4] 抵抗“没有艺术家的艺术作品”的宿命以延续生命，它像“某种去主体化的机器”一样运作，不断取消“各种认同过程，……也对这些消解的认同进行了再编码”，[5] 艺术每时每刻都无不在用各种形式“占据、充斥或创造新时空”。[6]

三、博物馆、收藏与作为装置的艺术

艺术品本来是人所驻足、栖居的本己性空间，但美学与艺术的相互牵扯使艺术品失去了艺术性而成了空洞的美学的灾难之地。同时，技术以及媒介再次让艺术性变得雪上加霜，艺术不再是艺术，而成了展示的景观。艺术终结论及技术对艺术的冲击，使真正地艺术品无可奈何地退缩到博物馆或收藏家那里。

本雅明宣布了艺术中的非艺术性取代了原作的位置，实现艺术形式的生产，复制后的对大众而言具备产品与艺术品双重模糊身份的物件作为一个对象性自足存在而发生作用。“光晕被破坏，艺术作品最内在的象征结构也发生了如此这般的移位，使得整个领域脱离了生活的

[1] 马丁·海德格尔：《海德格尔选集》，孙周兴译，上海三联书店 1996 年版，第 953—954 页。

[2] 伊夫·米肖：《当代艺术的危机：乌托邦的终结》，王名南译，北京大学出版社 2013 年版，第 30—31 页。

[3] 沃尔夫冈·韦尔施：《重构美学》，陆扬、张岩冰译，上海人民出版社 2006 年版，第 3 页。

[4] 吉尔·德勒兹：《哲学与权力谈判》，刘汉全译，商务印书馆 2013 年版，第 198 页。

[5] 阿甘本：《生命政治与主体性——阿甘本访谈》，参见汪民安、郭晓彦：《生产》（第七辑），江苏人民出版社 2011 年版，第 34 页。

[6] 吉尔·德勒兹：《哲学与权力谈判》，刘汉全译，商务印书馆 2013 年版，第 196 页。

物质过程，两者之间的相互平衡性被打破了。”[1] 艺术作品收回了“能够给予最高真实性和神圣性的声称”，将其安放到原作中并将原作固定在博物馆或私人空间中。然后，仍然不变地通过原作“把历史见证和膜拜装点（的功能）”再拱手让给进入这些特定空间的“不具名”的闲逛者。这些群体以灵魂和肉体的“诸众”（multitudes）[2] 特性在博物馆或某些特殊场所中的原作里批量进出，大多数情况下不作任何评判地再空荡荡地走出。博物馆作为“一个跟物质上的陵墓差不多的精神上的石棺”[3] 极力呈现艺术品的物质性，努力复活艺术的艺术性，并试图抹平记忆、缅怀、经验与未来的界限，这两极共同保证艺术生命得以维持。

进入博观物观看原作的人们，常常不把原作作为原作应具有的欣赏品质对待；观看复制品的人们，反而在艺术的模糊身份中每每以艺术的心态去审视之。这样，技术给艺术品赋予了德勒兹意义上的“块茎”与“逃逸线”特征。或者干脆说，它生成了艺术生命政治的另一特征，那就是艺术作为诸众成为诸众轮番进入的平滑空间或者流。被物化的复制品，不再表达什么，而是述说观赏者“让”其述说的事情；观众走进博物馆观看原作，则是通过物质空间制造的“‘类身体’（quasi-bodies）来逃逸其生物性。”本雅明说：“读者、思考者、无所事事的闲逛者和吸食鸦片者、做梦者、狂喜者一样”，从远处走来，走进艺术品，在闲逛中与艺术的灵光漠然遭遇。然而，诸众与灵光遭遇情境的是博物馆、艺术展以及以活动形式出现的聚集。（装置给艺术灵光提供了此时此刻的，也就是有努力再现原作的意味。装置的生命政治意蕴在于装置再现原作，即装置是原作。）再域与解域的游戏中，诞生的是平滑空间中符号式、无名性、无思想的诸众。它堵住了终止的路，让不可能、不可复现成为可能，并努力把技术生产物（假象）作为真实物。在永恒的再生中内在性死了，它们所构成的两极重塑着有铭刻的历史。

美术馆使艺术溢出艺术品之外，从而让生活更具艺术性；美术馆则“让‘艺术中的生活’变得可见和可理解”[4] 以让艺术更生活化。人们走进美术馆，审美心理与感受直接作用于艺术品，此刻泯灭了一切物质形式和表象世界，艺术赤裸裸地走向前台并充满此在世界。美术馆设施构成了艺术与生活的连接点，并且延长了艺术的生命。相反，“当艺术只是艺术时，艺术也就消亡了”，[5] 朗西埃如此说得再明白不过了。

---

[1] 西奥多·阿多诺、雅克·德里达：《论瓦尔特·本雅明——现代性、寓言和寓言的种子》，郭军、曹雷雨译，吉林人民出版社 2011 年版，第 356 页。

[2] 奈格里的“诸众”（multitudes）概念是个具有政治、种族、文化背景意涵的表达主体遭受撕裂与抛弃的概念。它处于福柯的“鄙民”（贱民）（the plebs）、德勒兹与瓜塔里的游“牧民”（nomads）、利奥塔的复数小写的猶“民”（the jews）、阿甘本的凡“异民”（whatever singularity）以及朗西埃的没有“部分的部分”（the part having no part）理论谱系中。

[3] 卡斯比特：《艺术的终结》，吴啸雷译，北京大学出版社 2009 年版，第 8 页。

[4] 汪民安、郭晓彦：《生产》（第八辑），江苏人民出版社 2012 年版，第 219 页。

[5] 汪民安、郭晓彦：《生产》（第八辑），江苏人民出版社 2012 年版，第 220 页。

在今天，作为原作的艺术品仅仅存在于十分有限的空间和特定的场合。作为艺术史实、艺术文献、藏品、艺展抑或礼物是艺术的几种典型生命政治形式。对于艺术收藏，汪民安说："'艺术'品一旦诞生，它最隐秘的欲望不是被欣赏，而是被收藏。艺术品的结局就是被收藏。但是，收藏艺术品，是为了去独自享受和占据艺术品的意义吗？事实上，几乎所有的收藏家都愿意将藏品展示于人，与其说收藏家垄断藏品的意义，不如说他们更愿意同人分享藏品的意义。"[1] 艺术品一旦到了收藏家手里，艺术欣赏转换成物质占有，或触摸，或视觉投向艺术品的物质性因素时的那种人与艺术的独一无二的属于关系，甚至会因为藏家的个人原因使艺术品处于"赤裸生命"。艺术品的"活死人"状态，同样经常出现在艺术市场和展览实践中。虽然，它们拥有自主权，却如格罗伊斯所言"无语境地、非策展地流通着"，"艺术创作与艺术展示之间不再有任何本质的区别"了。[2]

技术本身也是一种装置，海德格尔指出："贯通并统治着现代技术的解蔽具有促逼意义上的摆置之特征。"[3] 复制品丢失了艺术作品的此时此刻，即艺术品的本真性，艺术作品的灵韵枯萎了。一旦，艺术作品的本真性失去了，艺术的根基就不再是艺术的传统关联，而是"另一种实践：政治"，[4] 即意味着某种装置机制。

装置（dispositif）是生命政治的一个核心机制。布若塞特（Brossat）称其"已成为治理活人、生命权力和生命政治的支配性机制"。[5] 装置在福柯、海德格尔、德勒兹、阿甘本等人的思想中均发挥着重要作用。德勒兹、阿甘本都讨论过福柯思想中的装置作用，并各自写了《什么是装置》的同名文章。阿甘本认为，"对福柯来说，真正至关重要的，毋宁说是对装置在关系、机制和权力的'游戏'中活动的具体模式的探究。"[6] 装置对于福柯，就如同实证性之于黑格尔的意义。何为装置呢？在福柯那里，它是"可能建立于这些之间的网络"。福柯的装置与海德格尔的集置，以及阿甘本的装置一样，"回指意在管理、治理、控制、引导——以一种开起来有用的方式——人类的行为、姿势和思想的，实践、知识的诸身体、措施以及制度的集合／设定。"[7]

阿甘本考察福柯的装置概念，认为装置就是一种吸纳话语、制度、哲学等元素并在其间确定的网络，它坐落于权力关系和知识体系中。阿甘本将装置概念追溯到公元2世纪到6世纪的希腊语家政学 Okionomia，一个具有神学与经济学意味的术语。Okionomia 意味着上帝对于居所、生命与世界的管理，即是说，Okionomia 成为了一种装置，透过这种装置，基督教

[1]　汪民安：《什么是当代》，新星出版社2014年版，第205页。

[2]　鲍里斯·格洛伊斯：《装置的政治》，戴章伦译，《当代艺术与投资》2009年第8期。

[3]　马丁·海德格尔：《海德格尔选集》（下），孙周兴选编，上海三联书店1996年版，第934页。

[4]　本雅明：《经验与贫乏》，王炳钧译，百花文艺出版社2006年版，第263、264、268页。

[5]　Alain Brossat：《福柯：危险哲学家》，罗慧珍译，台湾麦田出版2013年版，第79页。

[6][7]　阿甘本：《什么是装置》，王立秋译，《当代艺术与投资》2010年第9期。

实现了世界、信仰与教义的治理。通过考察，阿甘本发现了 Okionomia 在基督教中的救赎治理性，这也就建立了 Okionomia 与治理的关联。阿甘本也正是在治理活动上理解装置的。在《什么是装置》中，阿甘本将装置界定为所有捕捉、引导、决定、拒载、形塑、管控或确保姿态、行为、意见与论述的能力。它不仅是像监狱、学校、法律措施等治理技术或场所与权力结合的地方，也包括文学、哲学、书写、网络媒介，甚至是语言等，当然艺术也不例外。作为装置的艺术所意指的是艺术依生命政治运作的机制与程序。

四、作为动物性与例外状态的艺术

阿甘本认为："现代生命政治的新颖之处在于，生物性事实本身就是政治性的，而政治性事实本身直接就是生物性事实。"[1] 艺术的两个生命在模糊难辨中又产生了分离，而且形式生命往往占据上风：书展和书无关，画展和画无关，艺术品购置与消费与艺术无关，或者搬来拿去弄操持艺术的人而不是艺术本身受到狂热追捧以至于明星泛滥而艺术（文化）退化的畸形正常化现象，一切文化的形式都脱离了文化的内在性。对此，当代法国哲学家朗西埃在《审美革命及其后果》中有精辟的见解。他说："艺术作品只有当其不是一件艺术作品时才能进入这一感知机制当中。"[2] 在不作为感知对象的大量时刻，艺术品仅仅只是作为纯粹客观存在物待在角落里。就如同，那些从民间搜集来并杂乱无章地随意堆放在博物馆、民俗馆、文化馆、陈列馆里的那些所谓的文化遗产一样，宛如集中营里的"赤裸生命"（bare life）——一种具有生命的死人。人类审美的历史就是从对象提取或赋予对象以美，然后再将由表象唤起的美感从对象中抽离出来的历史。

生命政治理论中生命是被权力、政治包裹的一系列的技术装置。那么放置到艺术上，同样它也是如此。艺术的自然状态与被诸多因素裹挟的生命政治状态之间的界限变得越来越模糊，艺术在自身的生产机制中也不断利用诸多技术手段所构成的历史中不断创造出新的艺术样式，同时使艺术的自然状态不断地远去和不可辨认。具有历史感的、再生的艺术形式加速获取人们的认可而摇身获取惯例的艺术资格。试想，生活在今天网络技术制造的新媒体艺术，即生命政治语境中的诸众，谁还会去关注艺术之初的自然状态呢？反而是艺术的符号真实超越了自然真实。

于是，艺术就像阿甘本在《牲人》（Homo Sacer）中对集中营中的赤裸生命的描述一样，艺术只有在展示的时候才是艺术，现实中人们对艺术熟视无睹，艺术只剩下"活着这一事实"。体验、感受，这些来自艺术的审美属性被艺术形式感、存在感替代了。但生命政治的典

[1] 汪民安：《生产》（第二辑），广西师范大学出版社 2005 年版，第 241 页。

[2] 汪民安、郭晓彦：《生产》（第八辑），江苏人民出版社 2012 年版，第 215 页。

型特征在于呈现一种悖论的真理（不管是福柯那里，还是阿甘本那里），权力在场的时刻也正是权力缺席的时刻，赤裸生命就是最为单纯地生命所谓的“活死人”。本雅明《机械复制时代的艺术作品》昭示了灵光诞生在机械复制时代，诞生与缺失处于同一门槛。复制品与原作之间界限消失之时，就是原作生命诞生之时。本雅明不仅呈现了诞生与缺失的矛盾综合体，他还呈现了灵光不在艺术的躯体内，而在躯体外部。这就要求人们去找寻艺术作品，借助艺术作品的沉浸式艰苦体验，调动人的各种能力透过作品的表象世界去发现艺术的灵光之旅。这就要求挪动身体参与到陌生情境的审美探索，在艺术品存在的例外状态中进入艺术品原作的正常状态。可技术捕获了人并改变了人的身体习惯、行为方式和审美趣味，人们不愿驱动自己的身体去寻找、体验艺术原作，而宁愿沉沦在艺术的复制品中。这是艺术的另一层的生命政治。技术将艺术的一切带到近前，可却毁坏艺术之所以是艺术的灵光，艺术就是那个“活死人”，灵光以艺术形式存在作为保证：“原创和拥有灵光与活着是同一回事”，复制最根本的反而在于“让”艺术“活着”。

阿甘本视被剥离政治身份，仅仅存活的赤裸生命为西方政治的根本范畴。这种被排斥了一切政治身份的随时可能被以法或例外的状态处死的赤裸生命，不仅完全不是非政治的，而恰恰相反，它反倒是更属于政治的。将此挪移到艺术上，也就是非艺术的反而往往是更具艺术性，杜尚的《小便池》就提出了类似的尖锐挑战，还有安迪·沃霍尔和詹姆士·哈维的布里洛盒子。就像丹托发出的疑虑那样：“杜尚的《泉》这样的作品何以能从一件纯然之物擢升为艺术品？”[1] 艺术即非艺术，非艺术即艺术，类似于海德格尔说的差异与同一。矛盾性的依存是生命政治的悖论体现。

沿着福柯的理路又与福柯截然不同，阿甘本坚持生命政治领域中的激进性和模糊性，认为在例外状态、赤裸生命和集中营是典型范式，而且政治与非政治、排斥与接纳、内部与外部、自然与政治等等这些界限变得异常模糊。在古代时期，赤裸生命与意义生命截然分开。可“在现代状态，肉体生命与精神生命已被混淆起来，而自然生命业已成为权力的机制和算计的一种战略性考虑。随着肉体生命成为人的权利的来源和目标，出生成为最高统治者的运作的原则。”[2] 现代状态的艺术亦是。权力因素直接作用艺术，并将艺术作为考量和算计的客体，艺术的生产体现艺术运作的原则。

艺术的泛化与艺术的缺席，艺术与非艺术的区分，就如同海德格尔对艺术的本质所阐释一样，当我们去追问艺术是什么时，艺术的本质就离我们远去了。艺术的本质在于真理，而真理则是无蔽，但我们与艺术遭际的那一刻，艺术的世界向我们敞开，显现出光亮的瞬间，这就足够了。艺术的动物性与艺术的非艺术性不正像海德格尔的世界与大地的原始争执和本

[1] 阿瑟·丹托：《寻常物的嬗变——一种关于艺术的哲学》，陈岸瑛译，江苏人民出版社2012年版，第8页。

[2] 科斯塔斯·杜兹纳：《人权与帝国：世界主义的政治哲学》，辛亨复译，江苏人民出版社2010年版，第136页。

有的运作那样——亲密而相互进入吗？

将生命政治与艺术相勾连，是要表述艺术的新趋势与新机制：艺术以媒介而不是以自身指涉自身、指涉生活；艺术变成一种形式，借用了艺术的壳而背离艺术，变成了生活形式或艺术的记录；艺术制造艺术；艺术文献、艺术展示和艺术快递是艺术作为生命政治特征几种典型方式，艺术被纳入一种装置之中而失去了艺术自治，变成了艺术形式的自生产之中则是艺术的时代宿命。艺术的价值及功能奠基转移到政治程序，并以生命政治的机制运作是当今技术媒介时代艺术的典型装置。

第二节 “正义”与“义”在《赵氏孤儿》中的隐性冲突[1]

简要地说，西方现代所谓的正义是受到善和一视同仁（平等）双重规范的“得所当得”，而中国古代所谓的义，也就是受到仁（近乎善）和礼（差等）双重规范的“宜”。以中西这两种似而不同的观念来审视纪君祥的《赵氏孤儿》，不难发现，它们在这部元杂剧中形成了强烈冲突。不过，这种冲突不是内置的，固有的，而是我们将《赵氏孤儿》置于正义与义所建构的语境中而形成的。正是在这样的意义上，笔者称其为隐性冲突。

一、程婴为何要弃子救孤？

在《赵氏孤儿》中，最令我们感动的是程婴牺牲了自己“未经满月”的儿子来保全赵氏孤儿。难道程婴一点都不心疼自己的儿子？当然不是。只是“义”字当头，不能不牺牲他。面对“存孤弃子老程婴”，我们似乎应该用“义薄云天”四个字来称赞他。然而，如果以现代正义观念的角度来看，这样的情节极其可疑。赵氏孤儿的生命是生命，难道程婴之子的生命就不是生命吗？既然一视同仁，那么赵氏孤儿的生命和程婴之子的生命应该是同样宝贵的。既然同样宝贵，那么为何要厚此而薄彼？也许有人说赵氏孤儿是孤儿，是赵家仅有的一点血脉，程婴的儿子不也是程家仅有的一点血脉吗？也许有人说要留着赵氏孤儿为赵家报仇雪恨，难道只有“血亲复仇”才算是报仇雪恨吗？你赵家要报仇雪恨，碍着程婴的儿子什么事。在笔者看来，这些理由都是一些精致的借口，都是不能成立的。退一万步来说，即使这些理由都能成立，都与高尚的目标相联系，我们也应该明白，再高尚的目标之实现也不能在一个无辜之人不知情的情况下以牺牲他的生命为代价。

程婴献出自己的儿子，差不多就像献出自己的一份财产，有台词为证。在《赵氏孤儿》第四折中，程婴利用他所制作的画卷为赵氏孤儿痛说家史。说到“程婴”时，赵氏孤儿问：

[1] 作者王云，原载《戏剧艺术》2016 年第 1 期。

“这壁厢爹爹，你敢就是他么？”程婴说：“天下有多少同名同姓的人，他另是一个程婴。”……赵氏孤儿问：“他那个程婴肯舍他那孩儿么？”程婴说：“他的性命也要舍哩，量他那孩儿，打甚么不紧？”“打甚么不紧”意即“有什么要紧”。在程婴看来，人的命价是有等级差的。因为是主人与门客的关系，因此赵氏孤儿的命价自然比程婴贵重，为了赵氏孤儿的存活，程婴自然应该献出自己的生命。因为是父亲与儿子的关系，因此程婴的命价自然比他儿子贵重，连程婴都应该作出牺牲，难道他儿子就不应该被牺牲？这是程婴的逻辑，这也就是“义”的逻辑。

按照现代正义观念，人来到这个世界，就有着天赋人权，其中最重要的人权便是生命权，这是神圣而不可侵犯的权利，这是“不可剥夺的权利”。既然生命权神圣不可侵犯，也就意味着任何人在没有正当而又充分理由的情况下都不可以剥夺它，这其中也包括被剥夺生命权者的父母。然而，在《赵氏孤儿》中，程婴为了挽救赵氏孤儿免遭杀害，却煞费苦心地将自己的儿子送入虎口。程婴的理由是正当而又充分的吗？程婴的行为是正义的吗？程婴的儿子如果在知情的情况下甘愿作出这样的牺牲，我们自然无话可说。但实际情况是，程婴的儿子不是牺牲，而是被牺牲。程婴有什么权利为他儿子的生命作主？王国维先生在评论《窦娥冤》和《赵氏孤儿》时说过一句话，那便是“而其蹈汤赴火者，仍出于其主人翁的意志”。必须指出的是，程婴之子代赵氏孤儿而死，这并非出自他自身的意志。

二、程婴有何权利为其儿子的生命做主？

程婴有什么权利为他儿子的生命做主？这样的疑问在古代中国人看来不是疑问。既然“义”受到“礼”的规范，那么，它一定要为维护等级制度出力。既然“义”意在维护等级制度，那么，人的生命一定是不等价的。赵盾是丞相，赵朔既是驸马又是都尉，作为他们的孙子或儿子，赵氏孤儿的生命自然贵重，因为有门第附加值，有身份附加值。程婴不过是一个门客或者郎中，其儿子的命价自然贱多了。既然“义”意在维护等级制度，那么，人的生命权一定不是神圣不可侵犯的。屠岸贾要灭赵盾一门（实质上是晋灵公要灭赵盾一门），赵盾一门三百余口也只能尽赴黄泉。同样，程婴要牺牲其儿子，其儿子也只能被牺牲。正所谓君要臣死，臣不得不死；父要子亡，子不得不亡。既然“义”意在维护等级制度，那么，人一定是没有独立而自由的人格的，一定是高度依附于社会体制或家族体制的，一定是另外一些人的附庸：臣子是君王的附庸，臣子的家眷和家仆是臣子的附庸，儿子是父亲的附庸。晋灵公要灭赵盾，赵盾也只能赴死，因为他只不过是晋灵公的附庸；赵盾赴死，赵盾一家三百多口人也只能陪着，因为他们只不过是赵盾的附庸；程婴要让其儿子去送死，程婴之子也只能去送死，因为他只不过是程婴的附庸。

程婴有什么权利为他儿子的生命做主？现代正义观念给出的答案是，程婴没有权利为他儿子的生命做主。卢梭在《社会契约论》中强调：

> 即使每个人可以转让他自己，但他不能转让他的孩子。孩子们生来也是人，并且是自由的；他们的自由属于他们，除他们本人以外，谁也无权处置。在他们达到有理智的年龄以前，他们的父亲为了他们的生存和增进他们的幸福，是可以代表他们订一些条约的，但绝对不可以不可挽回地和无条件地把他们奉送给别人。因为这样一种奉送是同大自然的意愿相违背的，而且超出了做父亲的权利。[1]

而卢梭的《论人与人之间不平等的起因和基础》则说："即使一个人可以像转让他的财产那样转让他的自由，但就孩子们来说，其间的差别就太大了，……而自由是孩子们作为人而得自上天的礼物，所以他们的父母无权剥夺。可见奴隶制的建立是有伤天性的；只有改变了人的天性，才能使奴隶制长久存在。法学家们口口声声说什么奴隶的孩子生下来就是奴隶，其实，他们的真正的意思是说人生下来就不是人。"[2] 深受卢梭思想影响的皮埃尔·勒鲁也说过："父亲所以无权杀害他的孩子，因为人类的特征也体现在小孩的脸上。"[3]

程婴之子有着与生俱来的或者"得自上天"的生命权和自由权，包括程婴在内的任何人皆"无权处置"或"无权剥夺"其生命权和自由权。这是现代意义上的"正义"的逻辑。程婴之子只不过是程婴的附庸，是程婴的一宗财产，程婴自然有权"处置"或"剥夺"他儿子的生命权和自由权。这是"义"的逻辑。由于我们引入了西方现代正义观念，这两种逻辑开始形成了隐性然而却也是强烈的冲突。

三、程婴弃子救孤能让我们有何联想？

在信奉"不孝有三，无后为大"的中国古代社会，为了实现某些所谓高尚的目标去戕害自己后代的生命，这样的事例毕竟不会多。不多并不意味着绝无，最现成的例子大概莫过于汉代的一个真实故事（不过结尾显然出自虚构）了。元郭居敬编录的《二十四孝》中有汉郭巨"为母埋儿"："汉郭巨，家贫。有子三岁，母尝减食与之。巨谓妻曰：贫乏不能供母，子又分母之食，盍埋此子？巨遂掘坑三尺余，忽见黄金一釜，上云：官不得取，民不得夺。有

[1] 卢梭：《社会契约论》，李平沤译，商务印书馆 2011 年版，第 11—12 页。

[2] 卢梭：《论人与人之间不平等的起因和基础》，李平沤译，商务印书馆 2007 年版，第 108—109 页。

[3] 皮埃尔·勒鲁：《论平等》，王允道译，商务印书馆 1988 年版，第 23 页。

诗为颂，诗曰：郭巨思供亲，埋儿为母存。黄金天所赐，光彩照寒门。”[1] 在这“二十四孝”中，鲁迅先生似乎最反感老莱子“戏彩娱亲”和郭巨“为母埋儿”。关于后者他在《〈二十四孝图〉》一文中以调侃的语气对后者作过极为精到的评论。在食物短缺的情况下，郭巨固然不应该“为儿埋母”，郭巨就应该“为母埋儿”了吗？根据“义”的逻辑，答案是肯定的。曾子不是说过“义者，宜此（指孝）者也”吗？[2] 说到底，还是那句话，郭巨之子只不过是郭巨的附庸，是郭巨的一宗财产，为了这近乎至高无上的孝道，[3] 郭巨自然有权“处置”或“剥夺”其儿子的生命权。

郭巨有权如是“处置”其儿子的生命权，比他早生了约八百年的邵公同样有权如是“处置”其儿子的生命权。然不同的是，郭巨之子最终为“天”所搭救，邵公之子就没有那样幸运了。粗通古籍的人大多知晓《国语》中的《邵公谏厉王弭谤》，大多知晓其中的“防民之口，甚于防川”一语，但未必知晓邵公为了周厉王之子（即后来的周宣王）免受杀害还贡献了他自己儿子的生命。周厉王暴虐无道，又不听他人的劝谏，因而国人起义，周厉王只好逃亡至彘。周厉王出逃之后，周厉王之子躲藏在大臣邵公的家中。《国语》卷一中的《邵公以其子代宣王死》如是记载：“彘之乱，宣王在邵公之宫。国人围之。邵公曰：‘昔吾骤谏王，王不从，是以及此难。今杀王子，王其以我为怼而怒乎！夫事君者险而不怼，怨而不怒，况事王乎？’乃以其子代宣王。宣王长而立之。”邵公之子生命的价值自然不如周厉王之子生命的价值，甚至都不如邵公名声的价值，况且邵公对其儿子又有着生杀予夺之权，于是邵公之子也只有死路一条了。比邵公献儿救王子程度更甚的事在中国历史上也不乏其例。据《管子·小称》，管仲病笃，齐桓公前往探视，问仲父是否有政治遗嘱，管仲对曰：“臣愿君之远易牙、竖刁、堂巫、公子开方。夫易牙以调和事公，公曰惟烝婴儿之未尝，于是烝其首子而献之公，人情非不爱其子也，于子之不爱，将何有于公？”为了满足齐桓公基于奇癖怪好的口腹享受，易牙不仅把儿子给杀了，而且还把儿子给蒸了。郭巨埋儿和邵公献儿固然不能与易牙杀儿同日而语，然他们在对待自己儿子生命权上的态度却如出一辙。

邵公和易牙二事分别发生于公元前 842 年和公元前 645 年或更早时候，那时还没有儒家，还没有儒家伦理学说，还没有“贵贵、尊尊，义之大者也”或者“贵贵、尊尊、贤贤、老老、长长，义之伦也”之类的说法。[4] 不过，反过来看，儒家伦理学说后来成为显学，也一定是有着广泛的社会实践基础和社会思想基础的，儒家伦理学说不过是对这种社会实践和社会思想的理性化总结而已。问题的关键是儒家伦理学说后来又被抬升为国家意识形态，于是它反

[1] 郭巨敬：《二十四孝图文解读》，陕西人民出版社 2007 年版，第 17 页。这故事最初出自汉刘向《孝子传》，后又为晋干宝《搜神记》卷十一所记载。

[2] 《礼记·祭义》。

[3] 东晋元帝《孝经传》：“天经地义，圣人不加；原始要终，莫逾孝道。”

[4] 此二语分别出自《礼记·丧服四制》和《荀子·大略》。

过来有力地规范了社会实践和社会思想，致使为贵者、尊者、老者、长者贡献自己生命的行为层出不穷，致使为贵者、尊者、老者、长者贡献自己后代生命的行为不绝其缕。在社会生活中有郭巨埋儿奉老母，邵公献儿救王子，易牙蒸儿适国君，在艺术作品中自然就会有程婴弃子救孤儿。

程婴弃子救孤二十年后，赵氏孤儿终于有了复仇的机会，他唱道："他、他、他把俺一姓戮，我、我、我，也还他九族屠。"晋灵公和屠岸贾"将赵盾满门良贱，都一朝无罪遭殃"固然是不正义的，然赵氏孤儿奉晋悼公之命"将他（屠岸贾）阖门良贱，龆龀不留"又何尝是正义的。难道屠岸贾一门皆为有罪之身？难道屠岸贾一门就没有无辜之人？难道屠岸贾家中的那些孩童们也都罪在不赦吗？在复仇之前，赵氏孤儿唱道，"我只问他（屠岸贾）：人心安在？天理何如？"我们也应该以同样的问题问一下赵氏孤儿："人心安在？天理何如？"可怕就可怕在赵氏孤儿有着与屠岸贾相同的株连思维。在赵氏孤儿看来，光杀一个屠岸贾，还远远不能解气，只有"把奸贼全家尽灭亡"，只有毁了所有依附于屠岸贾的人，方解心头大恨。至于那些人有罪还是无辜，则无须深究。只要屠岸贾一人有罪，那就有了杀他们的充分理由。

鲁迅先生在《狂人日记》中说，他从"仁义道德"这几个字的字缝里看出"吃人"这两个字来。在《狂人日记》的末尾处，鲁迅先生还说，"没有吃过人的孩子。或者还有？""救救孩子……"鲁迅先生是何等敏锐、犀利和深刻！《赵氏孤儿》的大部分篇幅都在写拯救赵氏孤儿。赵氏孤儿最应该被拯救的还不是他的物质生命，而是他的精神生命。如果他的精神生命不得救，保不准他要成为另一个屠岸贾。实际上，他已经成了屠岸贾。在《赵氏孤儿》的结尾，他不就是一个滥杀无辜的刽子手吗？ 2003 年国庆节期间，国家话剧院以四台话剧在上海举办"上海话剧周"，其中有田沁鑫导演的《赵氏孤儿》。在演出活动结束后国家话剧院召开的座谈会上，剧作家赵耀民如是批评田沁鑫版的《赵氏孤儿》："……整台戏在观众面前张扬的还是在所谓'忠'的名义下的暴行、在大不义的前提下的'义'的灭绝人性。杀气腾腾的舞台上，只有'孤儿'的生命成了'绝对正义'，而其他的生命价值都成了零。要知道，以往统治者的愚民政策就一直在灌输这样一种信念：在所谓'正义'的旗号下可以无视个人生命存在的价值。我们有什么理由要为此喝彩？"[1] 这番话着实点中《赵氏孤儿》的要害。

四、多兰和芬顿为何不理解程婴弃子救孤？

西方现代正义观念和中国古代义的观念的差异必然会导致我们对中国古代戏曲某些情节的不同看法，这种不同看法有时甚至会形成强烈冲突：被中国人视为顺理成章的事情，在受

[1] 赵耀民：《国家话剧的文化态度》，《赵耀民戏剧杂谈》，上海社会科学院出版社 2007 年版，第 174 页。

过现代正义观念熏染的西方人和某些当代中国人看来却有可能是悖逆情理的。2013 年 3 月，英国利兹大学举办了题为《寰球舞台上演中国：人、社会与文化》的国际研讨会，笔者躬逢其盛。这个研讨会有两个议题，其中之一是“中国形象：‘赵氏孤儿’的跨文化研究”。由于英国皇家莎士比亚剧团在 2012—2013 冬季演出季首次演出了英语版话剧《赵氏孤儿》，因而这出戏的导演，也即英国皇家莎士比亚剧团的艺术总监格雷戈里 · 多兰也应邀在研讨会上发言，他在发言中两次强调说，对于程婴牺牲自己的儿子以拯救赵氏孤儿这件事，他很不理解。这番话在很大程度上能够代表西方观众对程婴弃子救孤这一情节的看法和态度。该剧编剧詹姆斯 • 芬顿与多兰的心意是相通的。正因为芬顿不理解程婴弃子救孤这一行为，所以他才设计了如是结局：

鬼魂…………

程婴…………

鬼魂 他们恨你。你恨你的儿子。

程婴 没有父亲会恨一个还在襁褓中的儿子。为什么我要恨我的儿子?

鬼魂 这是十八年来我一直在问自己的问题。

【程婴思考了一会儿。】

程婴 你认识我儿子？你看起来太年轻，不可能认识他。

鬼魂 我是你的儿子。你背叛了我。你让我被杀。你爱赵氏孤儿。你把他藏起来，爱护他，像亲生儿子一样把他养大，让他享受宫廷的保护。想到这些，总会让我流泪。

【鬼魂哇的一声哭了。】

为什么你要恨我？为什么你爱赵氏孤儿?

程婴 这是树。这是石阶。也许坟墓还在前面。现在我已经老了，可能开始忘事了。但我不记得曾经恨过我的儿子。如果恨过我的儿子，我应该会记得。我应该会问自己，我是什么怪物，竟然恨自己的儿子?

鬼魂 你爱赵氏孤儿。你给了他一切。许多个夜晚，我回到家里，看着他玩耍。我看着他在你的关爱中慢慢长大。你给他玩具。给他画故事书。每个人都喜欢他——当然了，他是一个漂亮的孩子。可是你难道不明白，这对我来说是多大的伤害？为了赵氏孤儿，你忘了我。你忘了山间霜林里的一抔白骨。

程婴 这是树。重新从树开始找。这是石阶。可是我老了，我需要你的帮助。给我指出坟墓的位置。你必须帮我死在你的墓前。

鬼魂 你没有资格找到我的坟墓。

程婴 是的——我没有资格得到任何东西。这是非分之想。我知道很久以前亏待了你，事实上，我已经记不得为了什么。我感到一定有个理由。我感到当时别无选择。但是我再也不能告诉你为什么。我老了，请你帮我。

鬼魂　你就站在我的坟墓上。石头上三条短短的刮痕，是人们掘墓时留下的。除此之外，什么都没有了。

程婴　可怜的孩子，我的宝贝，把你冰凉的手放到我怀里，教我该怎么握刀。我不是没有勇气，但我怀疑我的力气。帮我。

鬼魂　霜刃映着月光。把刀放在这儿，这根肋骨下面。如果你真的爱我，从你心头流出的鲜血，我能尝到你的爱。

程婴　握着我的手。帮我对准。

鬼魂　去吧。

【鬼魂尝了尝程婴心头的鲜血。】

你爱我，你一直都爱我。从现在起，你永远都属于我了。

【完。】

老故事，新结局，一个令人无法释怀的新结局，一个令人无法不深思遐想的新结局。

程婴恨过他的儿子吗？确实没有。“没有父亲会恨一个还在襁褓中的儿子。为什么我要恨我的儿子？”这是大白话，也是真话。那么，程婴爱他的儿子吗？程婴无疑是爱他儿子的，[1]这一点最终也获得了已沦为鬼魂的他的儿子的认同：“你爱我，你一直都爱我。”令程婴无奈的是，他还有人要爱，那便是他的主人：赵朔、公主和赵氏孤儿。赵朔和公主不在了，他就要加倍地爱赵氏孤儿。因为爱这些大大小小的主人，是他义不容辞的责任，这是礼法所规定的。多少年来它几乎已经成了先秦门客们的集体无意识。

爱主人与爱儿子可以兼顾吗？在正常情况下确实可以，在某些特殊的情况下它也许不可以。于是，程婴必须作出选择。在爱主人与爱儿子之间，程婴选择了爱主人。从根本上说，这不是他的选择，而是文化的选择，是礼法替他作出的选择，是儒家伦理替他作出的选择。从这点来看，程婴即是恩格斯所谓的“典型环境中的典型人物”。[2]在他的身上凝聚着恩格斯所谓的“意识到的历史内容”，在他的身上凝聚着马克思所谓的“用艺术方式加工过的……社会形式”。爱主人与爱儿子这两种行为之间的选择也就是义薄云天的门客与慈父这两种身份之间的选择。程婴选择了爱主人，也就是说他选择了义薄云天的门客而非慈父。选择了义薄云天的门客也就意味着他放弃了做一个父亲应该承担的义务，连一个普通父亲都做不了，更遑论慈父；反过来说，假如他选择慈父，他仍不失为一个门客，甚至不失为一个出色的门客。

[1] 程婴：“自从我的孩子死后，死亡对我来说只是解脱。”（詹姆斯·芬顿：《赵氏孤儿》第十七场）

[2] 恩格斯《致玛·哈克奈斯》：“据我看来，现实主义的意思是，除细节的真实外，还要真实地再现典型环境中的典型人物。”

做一个出色的门客并非都要以自己儿子生命为代价的。在《赵氏孤儿》第一折中，程婴已经抱着暗藏赵氏孤儿的药箱闯过了韩厥将军把守的公主府门，用戏本中的话来说，那“便是脱却天罗地网灾”。在极无把握的情况下冒着生命危险带着赵氏孤儿闯关，按理说，程婴已经是一个出色的门客了。问题的关键是，程婴要确保赵氏孤儿万无一失，于是他在不经意间成了一个义薄云天的门客。

在纪君祥为程婴设置的道德困境中，做慈父可以兼顾做出色的门客，做义薄云天的门客却连一个普通父亲都做不了，显然，后者比前者更不易。然而程婴偏偏挑选了后者。当然，纪君祥为程婴设置道德困境，也为他设置摆脱如是道德困境的行为。他这样做的初衷无非为了彰显程婴的义薄云天，进而彰显儒家核心价值观的千古光芒。然而，如是设置在不经意间暴露了儒家核心价值观的致命伤。如前所述，鲁迅先生从“仁义道德”这几个字的字缝里看出“吃人”这两个字来。实际上，“仁义道德”不仅吃了程婴的儿子，而且还吃了程婴本人。

一个人固然可以没有先进的道德意识（在元代要拥有今人认同的先进道德意识恐怕也是强古人所难），然而，一个父亲却很难没有做父亲的道德直觉。程婴何尝不知道自己“背叛”了自己的儿子，“伤害”了自己的儿子，他只是一开始不愿意承认罢了。在不愿意承认的背后，是先秦门客们集体无意识的强大力量，这种集体无意识强大到足以把一个门客的意识逼入其精神世界更深的底层。无意识逼迫意识进入它预定的层面是通过选择性失忆这一心理机制来实现的。[1]“现在我已经老了，可能开始忘事了。但我不记得曾经恨过我的儿子。如果恨过我的儿子，我应该会记得。我应该会问自己，我是什么怪物，竟然恨自己的儿子？”程婴45岁的时候，程婴送自己儿子走上断头路的时候就记事了吗？程婴想死在他儿子墓前这一举动表明，他已经“恢复”了记忆，但他依然选择了不承认，这实在是习惯使然。在其子鬼魂的反复纠缠下，他开始忏悔：“我没有资格得到任何东西。这是非分之想。我知道很久以前亏待了你……。”但接着他又说：“事实上，我已经记不得为了什么。我感到一定有个理由。我感到当时别无选择。但是我再也不能告诉你为什么。”耐人寻味，于此为甚。明明当时有选择，却“感到当时别无选择”，这是集体无意识的力量；明明“感到一定有个理由”，却“记不得为了什么”，却“再也不能告诉你为什么”，这同样是集体无意识的力量。程婴就是这样被“仁义道德”吃掉的！

根据笔者的阅读或观赏经验，在所有与纪君祥《赵氏孤儿》有关的艺术作品的结局中，詹姆斯·芬顿版《赵氏孤儿》的结局最为出色，它以具有细节美感的生动对白喊出了正义的声音。这声音音量很小，却有着穿透人心的魅力。如果没有经过包括权利观念在内的现代正

[1]　布鲁姆：“据弗洛伊德之见，逃避隐含着压抑，是无意识的却是有目的遗忘。”（哈罗德·布鲁姆：《西方正典》，译林出版社2005年版，第12页）用来解说詹姆斯·芬顿版《赵氏孤儿》的结局也很贴切。

义观念的熏染，任何人都不可能呈现出如此奇妙的结局。

以西方现代的正义和中国古代的义来审视《赵氏孤儿》，我们所能看到的远远不止上述这些。譬如有人说，程婴如果不献出自己的儿子，如果不牺牲自己儿子的生命，那么，当时晋国所有的婴孩就要遭殃，都要被屠岸贾杀掉。因此，程婴牺牲自己儿子的生命是合理的，是有价值的，是值得我们肯定的。我们又该如何看待这样的观点呢？限于篇幅，笔者只能将这些还没有机会开展的讨论付诸另文。

第三节　萌：当代视觉文化中的柔性政治[1]

尼尔·波兹曼曾预言，大众媒介的普及会加速“儿童的成人化”，最终导致童年的消逝。但在当代中国，一种更令人困惑的文化现象是：童年没有消逝，而是被强烈地挽留以至于停滞了。一边是孩子早熟，另一边是成人装嫩；“儿童的成人化”与“成人的儿童化”正从两端共同促成儿童与成人的趋同。费里尼认为，“无止境地停留在童年，把责任推卸到别人身上，放心地活在永远有某个人关心你的感觉里”[2]，这曾是意大利法西斯主义的特征。那么在今天的中国，集体性的“彼得潘综合征”又折射出怎样的文化心态呢？

伴随着网络上大量成年人“扮可爱”“装天真”的语言和图像，一个叫做“萌”的词汇逐渐渗透到人们的日常生活中。如果真如雷蒙·威廉斯所认为的那样，“词语的发展记录了我们对社会、经济、政治生活领域的变革所做出的一系列重要而持续的反应”，那么，对“萌”的语言学考察将有助于解释“童年停滞”现象的深层文化肌理。“萌”的传播演变大致经历了从中国传入日本，再从日本传回中国的过程，其语义和用法发生了巨大改变。在20世纪80年代以前，日语中的“萌”借用自汉语的“萌”，词义与用法长期保持与汉语一致，意指“萌芽、萌生、发端”等。在90年代以后，随着日本动漫游戏产业的发展，“萌”被日本御宅族发展成一个在小众文化圈内的特殊用语[3]，特指对动漫游戏中虚拟人物的强烈喜爱与迷恋。几乎在同时代，这个词汇随日本的动漫游戏作品一同传入中国。起初也只在国内动漫游戏迷的小圈子中使用，但随着互联网在新世纪以来的飞速发展与普及，“萌”的词性、内涵、外延都发生了变化，指涉对象也从虚拟世界进入现实世界，使用人群也突破了御宅族文化圈，扩展到整个大众文化领域。

但关于“萌”的语义和用法，还存在诸多混杂不清之处，如“萌”与“可爱”尚未得到

[1] 作者吴明，原载《文艺理论研究》2015年第3期，人大复印资料《文化研究》2015年第10期全文转载，且收入马中红主编的《青年亚文化研究年度报告（2015）》。

[2] 费里尼：《我是说谎者》，倪安宇译，三联书店2000年版，第207页。

[3] 御宅族，即Otaku，日文假名的罗马拼音，一般指对动漫游戏等次文化较为热衷，并对这类文化有超出一般人的了解和知识面的群体。也泛指那些沉迷于网络等虚拟性较强的交流和娱乐方式，缺乏正常社交生活经验的次文化族群。该词条释义引自风君：《网络新新词典》，新世界出版社2012年版，第85页。

细致分辨，“卖萌”这个衍生词汇与“萌”之间的关系等问题都需要更深入的分析。要解释这些问题，首先要对“萌”在当代日本与中国的概念使用情况进行梳理。

一、日本御宅族文化中的“萌”

美国学者盖尔布雷斯（Patrick W. Galbraith）在有关“萌”的研究中，详细梳理了这一概念在日本御宅族文化中的产生背景与使用方法。简要说来，“萌”大约兴起于20世纪90年代的日本，起初只是御宅族之间流传的网络黑语，表达他们对动漫游戏中的虚拟人物强烈的迷恋与狂热的爱慕，高度强调个人化感情。只用作动词，即“某人萌某角色”，而不是“某角色很萌”。那么，御宅族文化中的“萌”是如何起作用的呢？

首先，“萌”是一种反应。它描述的不是对象固有的外表特征，而是主体情绪的剧烈变化。观看主体被自己头脑中的想象激发出强烈的热爱之情。这个触发源就是“萌点”，即能够唤起萌感的属性特征。它类似罗兰·巴特谈论照片时所说的“刺点”，即在平淡无奇的整体形象中存在一个不为外人注意却唯独触动到某个观看者的小细节。这个小细节本身并无异常，也不是创作者的人为暗示，却在这个特殊观者眼中如芒刺般跃然而出，把观者的思绪引至无边无际的想象或回忆中。“萌点”就是这样的视觉“刺点”，但它只引发一种情感，即燃烧般的喜爱。“萌点”有极大的主观性与随机性，且可以脱离叙事而存在。它既可以是虚拟人物的动作神态变化，如小孩打呵欠；也可以仅仅出于观者突然注意到人物的某些特征而产生“自燃”般的激情，比如毫无来由地发觉某人的耳朵轮廓很可爱。观众仅凭自己的想象就能建构出自我与对象之间新的互动关系。

其次，“萌”的对象一定是虚拟世界中的人物，而不应僭越到现实世界中来。御宅族严格遵守“二次元世界”与“三次元世界”之间的不可通约性。他们清醒地知道二者的本质差别，不会把对虚拟角色的欲望转移到现实世界中。《纽约时报杂志》上登过一则关于“二次元恋情”的文章。它讲述了一个37岁的日本男人Nisan（网名）和他的“枕套女友”之间的故事。所谓“枕套女友”并不是真实的女朋友，而是一个接近真人大小的印在枕头套上的动漫女孩形象。Nisan将它视为挚爱，甚至希望死后跟它葬在一起。日本早期的漫画杂志中曾附带真人少女的性感照片，希望以此来吸引读者。但这一做法却遭到御宅族的强烈抵制，他们认为现实人类的出现玷污了他们心中纯洁美好的想象空间，真实少女反而妨碍他们的虚拟欲望得到满足。

最后，“萌”所激发的情感有强烈的性意味。日本动漫游戏中充斥着大量“童颜巨乳”的女性形象，既保持着女孩的纯真与依赖性，又凸显着成熟女人的性感与挑逗。御宅族对这类女性形象的迷恋，使人们对其产生了性欲畸形的印象，因此“萌”也几乎沦为色情漫画的代名词。有人认为，这是在消费社会的虚拟现实中出现的“洛丽塔情结”或“皮格马利翁情结”。但与性吸引相比，“童颜”是触发“萌”的更关键因素。动漫作品中被“萌”的角色，未必具有性感的身材，但都有一张娃娃脸。而“萌”的性吸引力更接近于激发保护欲和想象力，而不是纯粹的肉体冲动。在“萌”的体验中，御宅族幻想自己对角色温柔体贴，角色也完全信任并依赖自己，因而在这种交互关系中，获得精神慰藉和满足感。所以，很多铁杆御宅族认为“萌”是非常纯洁、且具有艺术创造性的行为。

此外，“萌”还可以改善御宅族在现实两性关系中的弱势处境。“对于完美的‘萌’关系而言，男子可以从现实的人际关系中解放出来，向一个特定的角色表达自己的热情，不用担心经受考验或者被拒绝。”御宅族往往在现实社会中遭遇各种挫败，于是寄望于通过想象，构建出与动漫人物之间的完美关系和情感体验，弥补现实中的失落感。

由此可知，“萌”在日本御宅族文化中的三个核心特征为：虚拟性、个体性、性意味。那么，这个概念传入中国后发生了哪些变化？“萌”的文化功能又因此而发生了怎样的改变呢？

二、“萌”在当代中国的改变

“萌”是汉语中古已有之的词汇，意指“萌芽、萌生、发端”等。但随着日本动漫游戏产业的兴起和互联网的发展，日本新词“萌え”也随之传入中国，2009 年时已被收入杨娟《中国语言生活状况报告 2009》。在近几年的中国网络媒体上，“萌”已成为十分普及的流行用语。“萌”在中国的使用既延续了日本御宅族文化中的一些特质，又发生了很多改变。具体表现在以下四个方面：

首先，“萌”在汉语中的词性与词义发生了很大改变。日语中的“萌え”主要用作动词，意为强烈地喜欢；而在汉语中，它至少具有三种词性，且连带催生了一些应用更广泛的新词。第一，形容词，用法和词义相当于“非常可爱”，如，超萌、萌宠。这是“萌”在中国最普遍的用法，导致很多人认为它与“可爱”相同。（二者的区别将在下文具体论述。）第二，名词，指“萌点”，亦可看作“萌元素”的简称。如，“卖萌”就是指卖弄可能引发他人喜欢的“萌元素”，相当于“装嫩”“秀可爱”的意思，比如成人学小孩“嘟嘴”的动作。第三，动词，词义与御宅族所使用的“萌”一样，都表示强烈地喜爱与沉迷，但在汉语中多用于被动句，如，我被这条小尾巴萌到了。

其次，“萌”的适用范围大幅度扩张，不仅从虚拟世界跨入现实世界，而且可指涉任何人或物。从三岁孩童到七旬老太，从小猫小狗到狮子老虎，从娱乐明星到政治要员，都可能被认为是“萌”的。目前，中国网络上最常见的两类“萌物”是儿童和宠物，相应出现两个词“萌娃”与“萌宠”。2013 年，亲子真人秀《爸爸去哪儿》在中国热播，著名“80 后”作家韩寒因其女儿可爱被网友戏称为“国民岳父”，引发了一阵阵全民狂欢的“萌娃”热潮。“萌”从一种极度强调个人体验与隐秘情感的日本小众文化，变成了中国目前极为普遍的大众文化现象。与此相伴的另一个重要现象是，在中国网民的讨论中，无论不同利益群体之间存在多么深刻的分歧，但有关“萌娃”“萌宠”的话题几乎总是洋溢着祥和欢乐的气氛。“萌”正在成为缩小族群差距、转移社会矛盾、弱化对立情绪的灵丹妙药。“萌”所蕴藏的社会凝聚力值得单独探讨，在此不进一步展开。

再次，“萌物”不再是完美和虚构的，而是有弱点但真实的。这是“萌”在中国流行文化中最重要的特点。“萌物”几乎等同于“天然呆”，有所谓“呆到深处自然萌”的说法。那种长相乖巧、表情无辜、做事极其认真却无法顺利完成、或完全搞错方向的小孩子或小动物，总能引起网友一片激萌的反应。人们喜欢的不再是来自虚构想象的完美形象，而是有着各种欠缺但真实自然的状态。这种审美选择与中国道家思想中“贵无”“去智”的传统有极深的内在关联，也值得用更大的篇幅专门论述。

最后，“萌”原本强烈的性吸引力成分彻底消失，保护欲成为主要的心理动因。在中国，“童颜巨乳”已不再是“萌”的理想范本，“呆萌”的外形不具有任何性暗示。“萌”也不再引起膜拜之情，而是宠爱之心。虽然网络上充斥着对“萌娃”的各种肢体亲近索求，如“摸摸”“抱抱”“亲亲”等，但其中却不含有任何恋童癖的因素，而是更类似于对宠物的喜爱。

三、“萌”与“可爱”的区别

在中国，为什么很多人把“萌”与“可爱”视为等同？这是因为“萌”主要用作形容词，且描述的对象大多具有“可爱”的特点。但这无法解释，为什么“萌”也可以用来形容那些通常意义上“不可爱”的事物，如老人或猛兽。事实上，汉语中作为形容词的“萌”应该被视为日语中作为动词的“萌”的形容词化用法，语义保留了日语中“非常喜爱”的意思，可译为“令人喜欢的”。“万物皆可萌”并不是说“任何事物都是可爱的”，而是说“任何事物都可以是令人喜欢的”。换言之，虽然“萌”在中国用作形容词，但它描述的并不是观看对象普遍、固有的属性，而是表达观看主体对某一特定对象的主观判断。“球是圆的”中的“圆”是所有球的共同属性；但“这个桃子好萌”中的“萌”包含着“眼前这个桃子令我感到非常喜欢，进而也觉得它很可爱”的意思。但究竟是因为喜欢所以觉得可爱，还是因为可爱所以感到喜欢呢？可以说，这是围绕在“萌”与“可爱”之间最不易分辨的问题。

实际上，这是观看双方主客观因素谁为先导的问题。对于这个问题，从20世纪上半叶起，西方已有大量学者围绕“可爱究竟是婴儿的生物属性，还是成人对婴儿的主观判断”，从不同的学科背景出发，进行了大量的实验与论证。人们起初认为，“可爱”是婴儿为了获得成人保护、加强后代存活率的一种“生理机制”，后来逐渐认识到“成人的个体认知偏好”对形成“可爱”观念的影响，以及认为婴儿释放“可爱”信号的目的不是寻求成人保护，而是出于婴儿自身的社交需求。根据这些研究，“可爱”既不是纯粹的生理特征，也不单独取决于成人的主观判断，而是婴儿与成人在相互观看的过程中，主客观因素相互激发、促进，不断进行审美选择与审美判断的结果。人们对“可爱”的认识就像女性主义对“女人”的发现一样，可以套用波伏娃的经典语句：“一个人不是生来可爱，而是成为了可爱。”所谓“成为可爱”就是指，事物如何在看与被看的关系中，凭藉自身的某些物理特性引起观看者喜爱之情的过程。

同样是基于视觉而引起观看者的喜爱之情，“萌”与“可爱”的观看方式却并不相同。“可爱”是双向互动的观看，而“萌”是单向的观看；“可爱”是观看双方主客观因素的共同作用，而“萌”完全取决于观看者的主观判断。在研究“可爱”的大量心理学实验中，笑容被看作婴儿展现“可爱”的重要方式，它是婴儿与成人之间进行情感交流的重要手段。但“萌物”几乎从来不靠笑容博取观看者的喜爱，反而是笨拙迟钝、糊里糊涂、无知无辜的形态，令观看者大呼其“萌”。“可爱”是有意识地示好，期待获得对方的积极反馈，观看双方处在互动的行为关系中；但“萌物”不向观看者发出任何诉求，只专注于自己的世界。被看者越是对自身的“萌点”一无所知，便越能够激起观看者的喜爱之情。

另外，“萌”的视觉单向性还要同时具有“无意识”与“敞开性”两个特征。对比文化批判理论中有关“偷窥”与“监视”的著名讨论，有利于我们更清晰地理解“萌”的这两个特征。“偷窥”是观看者在被看者不知情的情况下，对其进行单方面地观看。但约翰·伯格却对观看者的无意识提出质疑，他在谈到西方绘画中“长老偷窥苏珊娜”的经典题材时指出，被偷窥的女子未必只是被偷窥者观看，同时也被她自己观看。偷窥者与被偷窥者达成了合谋。这是因为被偷窥者虽然未意识到偷窥者的存在，却能意识到自身的存在。他们即便独处时，也并非真正意义上的孤身一人，而是对自己的存在与周遭处境都有清醒的认识，并在潜意识中为观看者预留了一个位置。而“萌物”对自身的无意识不仅指被看者没有觉察观看者的存在，同时也指它们心里不存在预期观众，它是更彻底的单向观看。

偷窥者往往需要依靠遮蔽物，对观看者与被看者实现空间上的人为隔离，以保证被窥视者最大程度的自然状态。但观看“萌物”则无需遮挡，因为被看者对自身“萌点”的无意识形成了“敞开式的隔离”。这很容易让人联想到福柯有关“圆形监狱”的现代哲学隐喻：视线的单向性使观看者占据全知视角，对被看者构成心理压力，从而实施有效监管。但“圆形监狱”实现敞开式监管的重要前提是，罪犯对自身被监视处境的明确认知，这又不同于“萌”的无意识特征。

除了观看方式之外，“萌”在伦理层面上也比“可爱”更加复杂。对这种复杂性表现得最生动的例子是电影《楚门的世界》。虽然这部电影在创作动机和社会背景上都与“萌”没有任何关联，但它对娱乐传媒带来的“真与善”“自由与幸福”等一系列价值悖论进行的深刻反思和预言，在今天看来都与“萌”文化有着高度吻合的内在联系。影片的高潮是楚门发现人造天空的一幕。这片人造天空始终客观存在于楚门的头顶，但在被发现以前，它就像一块单透膜玻璃罩，将楚门与真实世界中的观看者分隔开来，并分别赋予他们无知与全知的视角。这时的楚门就是一个不自知的“萌物”，观众长年累月地观看他、追捧他，就像成人对婴儿的观照与宠爱一样。但人造天空被发现之后，楚门无法在众目睽睽之下继续之前无意识的、敞开式生活——他拒绝“卖萌”。所以说，逻辑上永远不存在“我是萌物”这一判断，因为只要“萌物”意识到自己的“萌”，它就立即不再是“萌物”了。

如果意识到自己“萌”却又要维持无意识的假象，那就是“卖萌”。它是一种乔装打扮的把戏，伪装出无知、无辜的外表骗取观看者的喜爱。虽然“可爱”也常常被用于教育、医药、工业设计等领域，使原本枯燥或令人恐惧的事物变得易于接受，比如友好可爱的计算机界面，使人们在置身于“可爱经验”的过程中，忘记对象原本的生硬面目。但“可爱”对真相的修改是善意的，它以亲善的外表，达成有利于观看双方的目的。“卖萌”却是以亲善的外表，满足“卖萌者”自身的目的。如果这种目的是恶意的，就很可能造成极其严重的后果，这也是“萌”文化中最具迷惑性与危险性的问题。虽然这种危险性目前尚未大范围地显现，但从理论上阐明它的发生原理，有利于我们更全面地理解这一文化现象。

四、作为柔性暴力的“卖萌”

尼尔·波兹曼认为：“有两种方法可以让文化精神枯萎，一种是奥威尔式的——文化成为一个监狱，另一种是赫胥黎式的——文化成为一场滑稽戏。”他提醒人们尤其要警惕后者对思想的侵袭，因为相比于有形可见的暴力，后工业时代更可能出现的窘境是“真理被淹没在无聊繁琐的世事中；……我们的文化成为充满感官刺激、欲望和无规则游戏的庸俗文化；……人们由于享乐失去了自由……我们将毁于我们热爱的东西”。众多媒介与文化研究理论中有关“图像”与“视觉”可能带来的思想浅薄化担忧，在今天看来并非危言耸听。正如米尔佐夫所说：“越是视觉性的文化就越是后现代的”。而“萌”始终是一种视觉体验，以及对观看对象的图像化过程。因此，它也具有典型的后现代特征：娱乐化、轻松化。

然而，正是强烈的娱乐特征，使人们往往将“萌”视为无伤大雅的玩物，而忽视它隐含的政治维度，以及转化为暴力机制的危险性。“萌”所表达的“某人喜爱某物”更确切地说，是某人喜爱某物的“样子”。对于迷恋“萌物”的人来说，事物“本质上是怎样的”并不重要——或者说，是否存在所谓的“本质”已变得极为可疑——重要的是它“看上去是怎样的”。所以，对“萌物”进行的审美与道德判断也都停留在视觉层面，“娇弱”只是因为“看上去”娇弱，“无辜”也只是因为“看上去”无辜。因此，一个人只要尽力营造出娇弱可爱的外表，就可以被视为“萌物”，从而也就赢得了观看者的喜爱与认可，其内心善恶的问题则被悬置起来。就这样，对光鲜外表的狂热迷恋加速了对本质与价值的冷漠和放逐，它造成了一个可乘之隙，即“萌”可以被伪装，进而施行控制与压迫。这就是它可能成为暴力的原因。

既然只要外表可爱而无所谓真伪，那么伪装出来的可爱也就可以获得与“萌物”同样的青睐，这就是“卖萌”在当下大行其道的主要原因。为人熟知的“卖萌”大多是口语表达中无恶意的调侃方式，如“发张卖萌照”，就是坦承自己在装可爱。但这已蕴含了“卖萌”在逻辑上的悖论性：它是一种暴露的伪装、真诚的欺骗。“卖萌”类似于“伪善”，但它比“伪善”更难被识破。“伪善者”不会主动说“我是伪善的”，而是极力用各种善行伪装内心的恶。所以“伪善”只能被他人指认出来，这种指认是对隐藏于外表之下的真相的揭露。所以，它承认“真相”是存在的，只是暂时被外表蒙蔽了。但“卖萌”是不会被戳穿的，因为它不隐藏任何东西；“卖萌者”也毫不避讳自己的行为，可以直白说出“我在卖萌”。“卖萌”是这样一种伪装：它把自己伪装成“未伪装者”，于是便继承了“萌物”的核心特征——无知的、敞开的。那么，如果“卖萌者”内心有恶的企图，他们就可以毫不避讳地表达恶，同时又表现得仿佛对此一无所知。这就是“卖萌”潜在的危险性。虽然这种危险性未必会在每一次具体的“卖萌”行为中显现出来——因为通常情况下，它只是无伤大雅的日常玩笑——但了解这种危险性可能在何种情况下爆发并产生何种程度的危害性，却是有必要的。

“卖萌”的危害性与其所处的语境和具体用途相关。日本电影《大逃杀》提供了一个极为贴切的例子。影片设定，日本政府出台了一部《BR 法案》，每年从全国初中三年级中随机抽出一个班的学生，到荒岛上进行生存极限挑战。学生们必须互相残杀直至最后一人，只有唯一的胜出者才能离开荒岛。影片开头，班主任为了向学生们解释《BR 法案》，放映了一段录像。这是一段类似于产品使用说明的短片。一个打扮时尚的女主持人笑容满面地出现在屏幕上，用极其“卡哇伊”的声音和夸张得如孩童般活泼可爱的表情与姿势，兴高采烈地讲解并演示相互残杀的游戏规则，以及各种杀人武器的用途和操作方法。用可爱的形式传达泯灭人性的内容，这就是最丧心病狂的“卖萌”。仔细体会这段短片，女主持人对“残杀”的罪恶目的不仅没有隐瞒，而且事无巨细地进行介绍。她仿佛对即将展开的杀戮给学生们带来的极度恐惧毫无感觉，始终沉浸在自己欢天喜地的表演中，这比直接的暴力镇压更加冷血变态。

虽然这只是恶性“卖萌”的个案，其普遍性与必然性还尚待商榷，但它确实有力地揭示出暴力的不同形态及其运作方式。在这个例子中，“残杀的暴力”与“卖萌的暴力”就是齐泽克所区分的“主观暴力”与“客观暴力”：“主观暴力被视为对事物‘正常’和平状态的扰乱。然而，客观暴力则正是内在于事物的‘正常’状态里的暴力。客观暴力是无形的，因为它支撑着我们用以感知某种与之相对立的主观暴力的那个零层面标准”[1]。换言之，主观暴力是通常所说的暴力，往往以犯罪、恐怖、血腥的面孔出现，很容易辨识；但客观暴力是“使某种行为成其为暴力”的内在逻辑，它由社会习俗、价值观念、意识形态等文化因素共同形成，一经形成就会在相当长的时间里，成为某种理所应当的“社会共识”，仿佛是无需质疑的客观

[1]　斯拉沃热·齐泽克：《暴力》，唐健、张嘉荣译，中国法制出版社 2012 年版，第 2 页。

规律。“卖萌”就是这样通过改变视觉形象，将观看者的主观偏好转化为事物固有特征的过程。这使“卖萌”成为一种柔性的、不见血的客观暴力。

齐泽克又将客观暴力分为“符号暴力”和“系统暴力”：前者“从属于语言本身和某种意义体系的强制性作用”，后者则“存在某种为了经济及政治体系顺畅运作而通常会导致灾难性后果的东西”。通过伪装视觉形象而实现的“卖萌”属于图像的“符号暴力”；此外，还存在一种更为隐蔽的、属于“系统暴力”的“卖萌”。它不是通过出卖自身的“可爱之相”来博取肯定，而是通过对任意之物发出“萌”的指认与赞叹，转移观看者的视角，颠倒常识性的是非判断。这种“卖萌”亦可称为“逻辑卖萌”。它是一种解释学意义上的观看方法，通过命名，改变人们对事物的态度，让不可爱的事物显得可爱，让丑陋的事物变得讨人喜欢。它的实现过程非常简单：只要对着任何一个平淡无奇的事物，用满怀激动的语气大喊：“哇，好萌啊！”就能使事物瞬间获得某种魅力，看上去似乎有些可爱了。在这个过程中，“萌”既不改变事物的外形，也未添加任何新的特征，它只用一种新的视角重新诠释了事物的意义，从而使人产生新的认识。最近，中国网络用语中流行的在句尾追加“感觉自己萌萌哒”，就充分显示了这种“逻辑卖萌”的万能力量。在任意一句话后面缀以“感觉自己萌萌哒”，都可以瞬间消解原有句子的感情色彩，即便前后两句话之间往往没有任何逻辑关联，但在语气和情绪上却可以顺利地转化为“卖萌”。例如，“飞流直下三千尺，感觉自己萌萌哒”；“衣带渐宽终不悔，感觉自己萌萌哒”；“横眉冷对千夫指，感觉自己萌萌哒”等等。通过陈述者／观看者的随意指认，这些经典诗句中原本表达的壮丽、执著、刚正，都在顷刻之间消弭于粉嫩的“卖萌”之情里，彻底实现了“万物皆可萌”的神话。

“逻辑卖萌”还可以不增加任何语句，仅通过调整句子间的逻辑关系就完成“卖萌”。例如，（1）虽然希特勒的小胡子看上去很萌，但他毕竟是个杀人恶魔。（2）虽然希特勒是个杀人恶魔，但他的小胡子看上去好萌啊！两句话都陈述了相同的事实，即它们都承认“希特勒是杀人恶魔”和“他的小胡子很萌”。但句子（2）明显令人感到怪异不适。虽然它并没有掩盖希特勒的罪恶，但通过转移关注点，回避了罪恶，从而扭转了人们对希特勒的好恶判断。这里的“卖萌者”不是希特勒，而是让人们将关注点转移到“小胡子很萌”上的话语制造者。它不仅是观看者，更是大众观看的引导者。如果将这样的价值判断配以大量滑稽有趣的图片进行大范围传播，就可能使很多人在娱乐化的希特勒形象中，逐渐淡忘他曾经对人类犯下的罪行。

“卖萌”是一种点石成金的魔法，是将任何平凡甚至罪恶之物“神秘化”的过程。“神秘化是为原来极清楚的事实进行辩解的过程”，把原本尚待商榷的观点固定为无可辩驳的“常识”。它通过营造一种仿佛超越于一切世俗利益考量之上的语境，把分明是经过主观选择与文化过滤后的判断，变成客观公允的真理。它是约翰·伯格所说的艺术史对艺术品的神秘化，是苏珊·桑塔格所说的社会舆论对艾滋病的神秘化，也是齐泽克所说的同情心对受害者的神秘化。在“神秘化”的系统暴力之下，艺术是伟大的，艾滋病是可怕的，犹太人是悲惨的，任何对这些观点的质疑与反驳都被认为是不正确甚至不人道的。然而，这种压迫性的逻辑本身才是更为谬误与不人道的，因为它以真理的姿态剥夺了人们思考与拒绝的权利。“萌”所表达的强烈喜爱与崇拜原本只是极个人化的情感体验，它并不看重他人的反应，也不期待获得普遍认可。但“卖萌”是一种大众化的娱乐方式，它虽然好像是在表达个人观点，却暗含着“本来如此”的信念，并希求获得更多人的赞同。当某物被一些人认为很“萌”，但某人却说自己看不出它“萌”在哪里时，这个人很可能遭到他人的嘲笑，就像那些说自己看不懂抽象画为何伟大的人们曾受到的那种嘲笑一样。这就是“神秘化”对人实施的不可见的精神压迫，也是“卖萌”为何是一种“柔性暴力”的原因。

这种柔性暴力从不诉诸于有形的武力和血腥，而是用能够引起人们好感的画面或对美好画面的想象，控制人的心理。它赋予无足轻重的事物以全然不相称的重要性，却把需要严肃对待的问题，轻曼地推到一边。日本学者四方田犬彦在看到犹太人被看守们强迫画在集中营墙壁上的可爱壁画时，警觉地意识到“任何‘可爱’形象都是可以和奥斯威辛的暴行共存的，……在极偶然的情况下，它很容易就会变身为怪异的、充满威胁性的怪物。这个充满‘可爱’的现代社会，它只要稍微转换一下方向，就会导致难以挽回的惨剧”[1]。这些可爱的壁画就是纳粹的“卖萌”之作，在不断强调着它们的真实性时，集中营里虐待与杀戮的真实则被轻轻地转移了。

在不到三十年的时间里，“萌”从日本御宅族文化圈，迅速蔓延至中国流行文化的各个角落。这个概念在中国的网络传播中，经历了诸多变化，祛除了原先日本概念中浓重的色情意味和虚拟色彩，集中于对现实事物的指涉。它与“可爱”既相似又不同，因此也具有将主观好恶转化为客观属性的潜力。

“萌”对视觉的强烈依赖使它具有鲜明的后现代特征——消解本质、轻松化。“卖萌”使问题的复杂性突破了娱乐层面，深入到政治层面，即通过塑造某种视觉图像获取话语权力，进而控制思想。很多人正不自觉地被那些看上去娇弱无力的小东西俘虏并掌控，它们是含着奶嘴的梅菲斯特（Mephisto），让我们心甘情愿地放弃辨别力与良知。在弥漫着天真快乐的“柔性暴力”之下，人们狂热地迷恋与崇拜“萌物”，并渐渐爱上它所施与的压迫。它激起庸俗的同情心和保护欲，许诺给我们作为强者的道德优越感和英雄主义幻觉，却剥夺了思考与怀疑的能力，甚至取消了基本的善恶判断与历史反思。在娱乐至死的时代里，赫胥黎的担心与波兹曼的警告值得我们谨记。

[1]　四方田犬彦：《论可爱》，孙萌萌译，山东人民出版社2011年版，第170—174页。

第三章　美学与本体

美本体的终极关怀是美学的老问题，它在现代美学和后现代美学视阈中获得了新的生机。华东师范大学的刘晓丽在《美在主客观统一吗》中指出：关于美的本体，现有的美学理论有三种回答：美在客观，美在主观，美在主客观统一。客观主义美学理论抛弃了具体的事物，找到的是抽象比例和规律；主观主义美学理论丢失了具体的人，找到的是抽象的心理活动和状态。这两种美本体论都清洗掉了审美发生时的周边环境。而美在主客观统一，则跌入寻找"意象"抑或"形象"的逻辑循环。回到生活实际，她提出："美——编织于生活世界。"复旦大学张宝贵在《作为艺术行动的美》提出：取消主义美学认为"美"是一个先行设定出来的"超级概念"，没有一个"超级事实"与其对应，犯了形而上学本质主义的错误；形而上学美学则用康德美学的"合目的性"来解释美这个概念。作者以为，由于形而上学美学的理论自闭性，不可能让审美活动具有现实的超越性价值；而取消主义美学最大的问题是在正确指出"超级概念"虚妄性的同时，没有充分估计到其中包含的目的性价值。当然，上述两种意见并非没有融通之处，即将美理解为某种艺术行动。不过作者认为，这种艺术行动不仅是超越性的，而且应该携带日常生活这幅肉身。

第一节　美在主客观统一吗[1]

日常生活中，我们以美为标准行事，买衣服时，在自己能付得起的价位内，选一件最漂亮的；装修房子时，我们看一个又一个样板房，选一个自己最满意的样式……当我们穿着漂亮的衣服，住在装饰一新的房中，某个有阳光的午后，悠闲的我们坐在沙发上，品着香茗，

[1]　作者刘晓丽，原载《清华大学学报》2015年第6期。

看着眼前新买来的一幅画——抑或名画的复制品，开始了思考，这幅画这么美，我实实在在地感到了这种美，而这“美”是从哪里来的呢？是这幅画本身美吗？我的确是看着美才买下了，但是隔壁邻居王二看后却说：“这画，太差了。”美不在画那里，难道在我心里不成？让我们看看美学家们怎么回答这个问题——美在客观；美在主观；美在主客观统一。这样的回答能帮助我们解惑吗？

一、美在客观

看到一朵含苞待放的玫瑰，仰望璀璨的星空，听一曲莫扎特的小夜曲，观摩印象派画展，此时此景，一种美好的情感油然而生，这是每个人生活中都有过的经历。有时我们只沉浸其中，或者赞叹一句“真美呀！”有时我们转入沉思：美，来自何处？是事物的本来属性？还是我们把自己心中的情绪附加到事物之上的？或者理论化地表述为：美在客观？还是美在主观？

很多哲人的思考就是从这样的问题开始的，他们做了大量深入的分析和论证。有些哲学家、美学家认为美与丑的区别基于事物自身的本质，而个人判断的正确度与准确性要根据是否符合事实来衡量；还有些哲学家、美学家认为美丑的判断在于欣赏者内心感受，审美判断无所谓正确与准确，每个人都感受自己的。哲学家们用一套专门词汇描述这种争论——主观主义和客观主义之争。主观主义和客观主义之争，简要来说，就是我们将一样东西称之为美时，我们是说出来这种东西的性质，还是说出了我们的心情或者某种情绪。我们说某物美，是因为某物本来就美，还是因为我们喜欢某物，某物令我愉快，或者某物符合我们的趣味，某物无所谓美，只是因为我们喜欢、高兴。即我们到底是将其原有的一种性质归之于它呢，抑或将其原来所没有的一种性质加之于它。

早期哲学家中，毕达哥拉斯学派发明出美是事物客观属性的论证。一般情况，我们普通人与某物相遇，美丑了然于心，但是如果反思美来自何处，通常会认为美是一种主观感受，这大概是先于古希腊哲学时期所流行的见地，而当时的毕达哥拉斯学派要反思这种普通人的看法。毕达哥拉斯学派在研究音乐的过程中，发现了数和音程之间的关系——数的比例关系可以用来表示音乐中的不同音程，例如：第八音程是1∶2，第五音程是2∶3，第四音程是3∶4。毕达哥拉斯学派还思考这样的问题：一根线段，若在中间点一点，点在哪里视觉感觉最美？最后发现，在某一点处分割一长一短两段，长段与整根线的比例同短线与长线的比例相等时，视觉感觉最好，而这一点的长短线的比例是1∶0.618。于是，毕达哥拉斯学派得出了美学史上第一个美学理论——美在客观。毕达哥拉斯的客观美学思想可以表述为：在事物的诸多属性之中，有一种属性构成了美，这便是数与数的和谐，和谐带来秩序，秩序带来美。数的比例、和谐、秩序是美感的客观基础，美是自然界所固有的规律，美学的任务就是去发现这些规律。在毕达哥拉斯学派看来，秩序和比例不但美而且有用，艺术家根据黄金分割的比例塑造了维纳斯——从她的头顶到肚脐，喉结是黄金分割点，肚脐又是整个身体的黄金分割点。

毕达哥拉斯学派这种探索美的方式，今天依然有跟随者。周宪在《美学是什么》一书中，介绍了美国一个心理学教授朗洛伊丝（Langlois）的研究。朗洛伊丝教授自 20 世纪 80 年代以来一直探索这样的问题：什么样的人脸才是美的？朗洛伊丝教授不同于毕达哥拉斯学派，她拥有高科技的电脑图像合成技术。她的实验设计是这样的：随机选择了 96 名男大学生和 96 名女大学生的照片，将这些照片各分成三组，每组 32 张。然后将这些进行合成，即分别用 2 张、4 张、8 张、16 张、32 张照片合成一张人像照片。之后再从街上任意找 300 人对这些合成照片进行打分，结果惊人地相似：算术级数越高的合成图像，越具有吸引力。于是，朗洛伊丝教授得出结论：具有吸引力的人脸是接近于人脸总数的平均状态——一种脸的常模。在此基础上，朗洛伊丝教授进一步实验。她把经常在媒体上出现的模特儿的脸与经过合成的人脸进行比较，经过电脑分析得出一个结论：大凡被认为漂亮的脸往往非常接近 32 张照片的合成的人像。今天这样的实验探索走得更远，“认知科学美学”“人工智能”已经成为热门科学，并且开启了“审美机器人”的研究。

这种发现美的规律的探索，确实有实用价值，诸如毕达哥拉斯学派的黄金比对古典艺术的影响，朗洛伊丝教授的研究对今日美容事业的影响。即便如此，我们一转身就会意识到这样的问题：现代艺术已经不再追求古典艺术的比例和秩序，有人宁愿拥有一张个性十足的脸而不是一张常模的脸。有时一种美可以用规律的方式说出来，但是人们在追求美时，即追求规律所展现的东西，更追求逃逸在规律之外的东西，那些逃逸的东西，更迷人。艺术的演变史，以及人们的审美观念史，正是不断地展示这种逃逸之物的历史。美的规律一旦被说出，就不再是美的规律了，老子说，“世人皆知美之为美，斯恶矣。”庄子云，“天地有大美而不言。”而且美的规律一旦被说出，有时还会成为一种压迫性的力量，压制真正美的探索。进一步，我们还会想到，如果美的规律一旦被确立为唯一的典范，还会被某种政治利用，成为一种宣传工具，为某种意识形态服务。

其实真正持有美属于事物本身属性的美学家，并不多，能够把这种客观性贯彻到底的，更少。因为说出美感是客观的，还得说出这“客观的”是什么，这得期待一种科学解释。但是科学在此无能为力，我们不能杜撰出美的原子、美的分子、美的细胞、美的度量衡等等，以此来构建所谓的科学美学大厦。

二、美在主观

我们普通人只要反思，常常就会说美是一种主观感觉，来自人的内心。有时还会进一步说美是某种心态的产物，“美不美，关键看你怎么看，你把它看成美的，就美了。”很多哲学家、美学家也持这种看法。事物所谓美丑，只是由我们每个人自己的感情来判断。但哲学家提出一个主张，要给出理由，这些理由又会和他们的整个理论连在一起。例如，在英国经验主义那里，认为“存在就是被感知”（贝克莱），万事万物的存在都是感觉说了算，何况美了。

美是主观的比较合乎我们常人的看法，而且我们也能给出些理由，比如，萝卜白菜各有所爱；情人眼里出西施；一样东西让张三觉得美，另一样东西让李四觉得美，而让张三觉得美的东西，可能让李四觉得丑；同样一个东西，张三有时感觉美，有时感觉丑。这样的证据，哲学家、美学家也不少引用，不过他们会使用“事物本身”“美在主观”这样的我们平常不大用的理论概念。诸如：美不美不依赖于事物本身，而在于它们是否合于这种或那种特别的审美趣味，即美在主观。

但是上述这些论证是否就表明了“美是主观的”呢？认真分析，我们可以看出其中的端倪：这种论证，其实要证明的是“周边环境”和“人们是否感到美或丑”没什么关系。不过我们知道，一件东西让张三觉得美，是与张三的“特定周边环境”有关系的，张三的趣味、教养以及当时的心情等等，李四觉得不美，当然与李四的“特定周边环境”相关。而且，我们还必须面对这样的情况，虽然人们看见名模吕燕时，有人说美，有人说丑；但同样读红楼梦时，我们几乎都会觉得贾宝玉美过薛蟠，况且我们还有经典作品这种东西。想到这里，我们觉得美丑不是那么主观的了。退一步讲，我们说情人眼里出西施，不说情人眼里出东施，或者情人眼里出钟馗，在一个基本的意义上就是都承认西施是美的，“西施是美的”这种说法并不那么主观。

在艺术鉴赏方面，的确有审美趣味不同的问题，不过还有品位高低的问题。我们说某人艺术品位高，艺术感觉好，这种艺术品位、艺术感觉并不是一种主观感觉，而是需要有迹可循的客观修炼才能成就的，如果我们也想有好的艺术品位、艺术感觉，除了修炼自己，别无他法，绝不可能是“美不美，关键看你怎么看，你把它看成美的，就美了”，你想把某件艺术品看成美的，你就能感觉到这种美吗？如果你从小到大只读琼瑶一类，就体会不到阅读《红楼梦》和《安娜·卡列琳娜》的乐趣，如要硬读，倒会苦不堪言。现在你上了大学，觉得该变变了。怎么改变？你可能循序渐进，先读些比琼瑶艰深些的，你可能直接一遍一遍地读《红楼梦》，你也可能去选修《红楼梦》的课程，去找些阐释性的著作。这些办法都可行，惟不可行的是以为坐定在那里，“你把它看成美的，就美了，”就能体会到读《红楼梦》的乐趣了。艺术感觉的改变从修炼而来。美感不仅仅是当前的感觉、直接感受，这背后有着丰厚的可以明述的客观内容。

更进一步，如果某种美学理论主张美感是主观感觉，不仅仅是说出美感是主观的，而且同样要说出这“主观的”是什么，否则美就是个人体会个人的，无所谓美学这样一门学科了。

这样我们会看到，一旦把美落实在人的感觉这里，美学就可能走向心理学，审美的考察就变成了审美心理学的考察。

审美心理学是近代审美理论重要组成部分，自康德美学之后，心理学作为一门现代学科发展起来之后，审美心理学成了近代美学的主流。审美心理学产生了一系列新的观念和新的学说，比如游戏说、直觉说、移情说、心理距离说、精神分析等等。这些理论促进了美学研究，也带来了新的问题。这里只论及一点，审美心理学，首先要把审美变成一种心理状态或心理活动，变成一种可独立描述的东西，在这种转变中，某种东西消失了。什么东西？就是谁的心理状态？谁感觉到的美感？“谁”消失不见了，丢失体验美的人，只剩下审美过程中的心理状态、心理活动机制抑或规律。

由此我们可以看到，客观主义美学理论和主观主义美学理论虽然观念相左，但它们走在同一条道路上。客观主义美学理论，要在客观事物那里寻找美的来源，结果却抛弃了具体的事物，找到的是抽象的比例和规律；主观主义美学理论，要在人这里寻找美的来源，结果是抛弃了具体的人，找到的是抽象的心理活动、心理状态。其实他们在意的都是抽象之物，而不是具体的事物和丰富的人，更重要的是，这两种美学理论都清洗掉了审美发生时的周边环境。

三、美在主客观统一

美在客观，美在主观？这样的问题也困惑着我们中国古代的智者，只是中国的智者不是用抽象概念思考也不会被抽象概念迷惑，他们用另一套更有意义的语言——诗意的语言来思考思考这一问题。王阳明在讨论空谷幽兰式的美时，有言：“你未看花时，此花与汝同归于寂；你来看此花时，则此花颜色一时明白起来。”(《传习录》)苏东坡在思考沁人心脾的优美琴声从何处而来时，有诗：“若言琴上有琴声，放在匣中何不鸣，若言声在指头上，何不于君指上听。”(《琴诗》)是呀，空谷幽兰，无人赏，寂寞地开花，寂寞地凋零，这是大自然中每天发生的事情，谈不上美与不美的事儿。悠扬悦耳的琴声是从哪里来的呢？如果说琴声就是琴自身发出来的，那么琴放在匣子里为什么没有优雅的琴声呢？如果说琴声是从指头上发出来的，那么为什么不能从指头上听到美妙的旋律呢？琴声来自妙指对良琴的弹拨，这是人人都懂的道理。但是美学家不会满足于此，他们要探讨深奥的美学理论。

美学家朱光潜先生曾借用苏东坡这首《琴诗》来说明自己的美学理论——美在于主客观的统一，美感起于形象的直觉。朱光潜认为，说琴声在指头上，是主观唯心主义；说琴声在琴上，是机械唯物主义。“说要有琴声，就既要有琴（客观条件），又要有弹琴的手指（主观条件），总而言之，要主观与客观的统一。”朱光潜把琴声比作美，认为美既不全在于客观，也不全在于主观，而在于主客观相统一的关系上。朱先生这段论述能说服我们吗？我们说琴，他说“客观”；我们说弹琴的手指，他说“主观”；我们说手指拨弄琴弦，他说“主客观统一”。这是美学论证经常采用的一种路数，我们要对其警惕，手指拨弄琴弦，我们尽得其意——可以想象一种弹琴的场景；但是主客观统一，我们不知道能想象什么，我们不是特别清楚主客观统一意味着什么。同理，说“琴是客观，弹琴的手指是主观”，这里有一种模糊不清、曲折奇怪的过渡。

不过主客观统一说，的确是对客观主义美学理论和主观主义美学理论的一种回应和反驳。那么，主客观统一的到底是什么呢？朱光潜借用一个心理学实验来阐发：

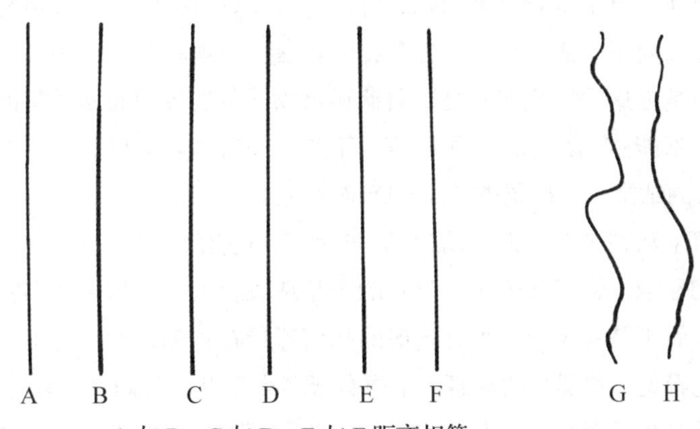

A 与 B、C 与 D、E 与 F 距离相等。
B 与 C、D 与 E 距离相等，略大于 A 与 B 的距离。

上面的六条垂直线，我们可以看成是三根柱子——AB 柱、CD 柱、EF 柱，而且似乎这三根柱子离我们较近，而 B 与 C 以及 D 与 E 所围成的空间则看成背景，离我们较远。由此心理实验，朱光潜认为：把六条垂直线看成三个柱子，就是直觉到了一种形象。它们本来同是垂直线，我们把 A 和 B 选在一块看，却不把 B 和 C 选在一起看；同是垂直线所围成的空间，本来没有远近的分别，我们却把 A、B 中空间看得近，把 B、C 中空间看得远。由此得出结论：“我的情趣和物的姿态交感共鸣，才见出美的形象。”后来的美学家进一步阐发这种“直觉理论”，认为审美的奥秘，存在与主客体之间产生的第三项——审美意象。即，观看者我是主体，六条垂直线是客体，审美意象即三根柱子——这是由主客体两者互动共生的产物。

关于主体、客体这些理论概念超级词汇，我们先不去管它，这里的问题是，主客体互动共生的产物——审美意象，是由“谁”来欣赏，这个欣赏的过程是不是还要有一个中介第三项——在欣赏者和审美意象之间。如果这样，就要产生无限多的中介第三项——审美意象，那么我们就会永远处在寻找“第三项”的状态，也永远达不到真正的审美状态，显然这在逻辑上有一个无法解释的困境。

四、美感，编织于生活世界

这是一朵含苞待放的玫瑰，那是一个美的世界，于是接下来的问题就是：玫瑰花的美是怎么来的？谁赋予事物以美。

其实我们如此这般提问，就把问题推向了不归之途：事物在一边，美在一边，我们怎么把事物和美黏在一起的？黏合剂是什么？

我们先不提问，更不急着思考问题的答案，看看日常生活中的实情是怎样。你送你喜欢的人一束玫瑰花，而不是送一束狗尾巴草，为什么？玫瑰花是一种蔷薇科植物，狗尾巴草也是一种植物，但是你送的玫瑰花不是送蔷薇科植物，你送玫瑰花是送美丽传达爱意，这一点你与你喜欢的人都能感到；你送狗尾巴草，不是送一种植物而已，可以想象，如果你送狗尾巴草给心爱的人的结果——被骂被打甚至断绝来往。

我们本来就生活在一个时而花团锦簇、时而凄风苦雨的世界中，这个世界中的事物带着各种价值向我们显现，构成我们生活世界的不是洗去美丑的赤裸裸的事物。我们看见西施走来，翩若惊鸿，而不是看见一个如此这般的几何形状在移动，然后把美附加在这堆几何形状上。我们不是先看见一块黑色的球幕，上面有很多小亮点，我们直接看见璀璨的星空。“我们想象活人的本质是他的外形，于是我们一块木头做了这样一个外形，看到这块死气沉沉的东西一点也不像活人而感到羞愧。”人类本来就生活在草木扶疏、风花雪月的世界上，没有人类，草木、日月、山川就已经存在了，但不是扶疏的草木，不是明媚的春光、壮丽的山川，当然也没用凄风苦雨，这些都是人类感到的美好和凄凉，但这些美好和凄凉却不是人类任意附加到草木、日月、山川上去的，仿佛我们先看到一个干巴巴的赤裸裸的事物，然后再把善恶美丑这些标签贴到这些事物上。

退一步想，就算我们人类有本事可以把美丑贴到事物上去，我们还可以问：有美的世界的“蓝图”在什么地方？我们要把美贴到玫瑰花上，贴什么呢？如果要修补一辆坏的汽车，得先要知道完好的汽车是什么样子，才知道如何修补。现在我们要修补这个世界，或者说，要把美加到这个世界上，但我们并不知道要加什么，因为我们没有一个加上美之后的世界蓝图。反过来说，如果我们说“蓝图”就是世界之所是，就是世界本来的样子。那么，既然世界本来的样子是一个美丑杂陈的世界，我们干嘛还要去贴美丑的标签呢，看其本来的样子不就可以了吗？

一个模特很美。有人问：模特的美在哪？有人回答：美是模特自身的属性；有人回答：美是我们自己心中所想，把自己心中的美加在模特身上的；有人回答：美是你与模特的主客观交融。如果持模特本来属性说，分析来分析去，是研究模特的比例或基因，进行尺寸丈量或者组织切片，最后也许找到了所谓的美的比例，但这比例放在他处并不奏效——甚至会东施效颦，或者最后找不到美的属性，模特与常人的生理组织构造基本相同。持贴标签说的，我心中有美，把这美贴到模特身上，可能先把这个模特的X光片拿来，然后再把身体、步态等一点点地贴上去。“根据什么贴呢？”“根据模特本来的样子，把这些贴上去！”“本来就美干吗要贴呢？”

这样一个思想实验告诉我们：要么世界原始状态本来就是有美丑的；要么这个世界无关美丑。而且如果这个世界是无关美丑的，我们无法把美丑贴到世界上去，因为我们根本不知道要贴什么。其实我们在“贴”的过程中，是羞羞答答的“贴”，先把世界还原成一些没有美丑的没有价值的事物——赤裸裸、干巴巴的抽象事物，然后再凿补美学、伦理学等一些价值，在凿补的过程中，却把我们早已看到的、世界本来就如此向我们显现的美和善贴到这些抽象的事物上去，其实这些东西一直在指引着我们，虽然我们暗中知道，但是我们却不加承认或者有意遗忘了。

我们反对美在主观，也反对美在客观，同样反对与之相关的两种主客观统一的思考模式：一种是刺激模式，这是一束玫瑰花，我是一个人，玫瑰花作用于我，在我这产生了一种感觉、一种美；一种是附加模式，这是一束玫瑰花，或者叫做审美客体，我们人是有感情有情绪的审美主体，人们把自己的情绪、感觉涂抹在玫瑰花上，美是人附加到事物之上的属性。这两种思路其实殊途同归，都是首先区分一束玫瑰花和一个人，即一个客体、一个主体。而美就是主客体之间的关系，只不过是两种不同的交融方式而已：一个是客体作用于主体，一个主体作用于客体，而无视于这个世界是在有感有情有意义地向我们显现的事实。

其实这里无需思辨，只要看看我们如何和周遭世界打交道的实情。一朵玫瑰花在那儿，我们可以研究它，指出这种植物的生长周期和习性；我们也可以利用它，把它作为染料或者香料；我们还可以迷恋它，沉入一种无以言表的状态。在不同的情境中，我们会以不同的方式对待玫瑰花，这是人类的实情。人类祖先或者我们儿时，对世界知道不多，事物以一种有意义的或者神秘的方式进入我们的视野，被我们喜欢着或者恐惧着；随着人类成长或者我们自己长成大人，我们开始分析研究以至于利用这个世界上的事物，以便我们生活得更好，这时事物会被洗去意义变成抽象之物，如医生给西施做手术时，就要无视其美貌，而把她看成一个需要治疗的生理机体。但是我们对事物原有的那种迷恋从未消失过。准备公务员考试疲惫不堪、为研究新药尽心尽力，初春的傍晚，我们急匆匆的赶往另一个学习班，不经意的一瞥，眼睛被一团迷雾般的景物吸引，抬头仰望，在微风吹动下雪白的花瓣，优雅灵动地飘落下来，我们仿佛被一种神奇的力量吸引过去，忘记了要做的事情，心为之一动。当然很快我们就回味过来，感慨道：好美的樱花呀，继续匆匆赶路，又不忘再回过头来观望一下。

这里值得反思的是，我们原来就有的那些美的、善的观念，这些观念就编织在我们的世界中，没有这些观念，我们几乎不能生活，是他们掌控我们的日常生活，而不是我们掌控或认识他们，真、善、美规定了生活，使生活成为可能。当然生活还有其他很多重要事情要做，比如研究自然探索自然利用自然等等。但是在我们做美学、伦理学研究时，反而不承认真、善、美本来编织在生活世界中，而是学习自然科学的思考方式，先洗去事物所有价值——善恶美丑，再考虑其可利用性，并编织一套理论神话：美在主观，美在客观，美在主客观统一。

维特根斯坦在《哲学研究》中这样回应“符号何以具有意义”“一个句子怎么就表达了如此这般的意思”这类问题：“符号自身似乎都是死的。是什么给了它生命？它在使用中有了生命。它在使用中注入了生命的气息？——抑或使用就是它的生命。”

若问：“句子怎么一来就有所表达了？”——回答可以是：“你难道不知道吗？可你使用句子的时候明明看见了。”这里无遮无盖。

句子怎样一来就做到了？——你难道不知道吗？这里无隐无藏。

“你明明知道句子怎么一来就做到了，这里无遮无盖。”对这样的回答，人们会反驳说：“不错，但是一切都飞驰而过，而我想要的就像是把它摊开看个仔细。”

这里很容易陷入哲学的死胡同，以为面临的困难在于我们须得描述难以捕捉的现象，疾速滑走的当下经验，或诸如此类。这时我们觉得普通语言似乎太粗糙了，似乎我们不是在和日常所讲的那些现象打交道，而是在和那些“稍纵即逝的现象”打交道，“这些现象在瞬息生灭之际的同时产生出与日常所讲的那些现象近似的现象。”

第二节　作为艺术行动的美：一种生活美学的视角[1]

近段时间，王峰和刘旭光二君有一场争论，焦点是美学学科的合法性问题。王峰的意思很明白：美学不合法，是因为美作为一个“超级概念”，是先行设定或者说是假定出来的，没有、也不可能有那么一个“超级事实”和它对应，它犯的是形而上学本质主义的错误。[2]在这一点上，刘旭光的回应要复杂些。一方面，他认为“自唯实论失败之后，自新柏拉图主义退出历史舞台之后，没有谁把‘美’作为一个实体来对待。”也就是没有人把美当作“直观的对象”来看，从而由王峰的消解视野脱身而出，或者说是间接消解了王峰的消解目标；另一方面，又站在康德自律美学的立场，坚守美学“形而上学”的阵地，用康德的“合目的性”，将形而上学同审美的“理想与价值”嫁接，认为对美的每一次“设定”都不是追求“统一性”，而是“合目的性”。由于这是“美学自近代成熟以来”的真正问题，前者的日常语义分析没有关注于此，反而还是追问“‘美’这个超级概念存在不存在这个问题”，自然就“没有进入到真正的美学问题中去”。[3]这是直接的消解。

[1]　作者张宝贵，原载《文艺理论研究》2014年第3期。

[2]　王峰：《美学是一门错误的学科》，《清华大学学报》2009年第4期。

[3]　刘旭光：《保卫美，保卫美学》，《文艺争鸣》2012年第11期。

如果我的归纳没有错，王、刘二君的分歧就远没有像字面上那么大，准确说，二人的想法并没有形成真正意义上的交锋。王峰以维特根斯坦的方式敲打着形而上学的城堡，虔诚而执拗；但我不认为刘旭光住在这个城堡中，只不过是他将手里的形而上学这面旗探到城堡内，人却在城堡外。他并未反对王峰所反对的“实在论”，二人并不在一个“问题域”。王峰也非常清楚，刘旭光所理解的“形而上学”是“现代改良版”，是“把康德海德格尔化，并进而通过实践概念达成马克思化。”[1] 这很难说是传统意义上的形而上学，至少不是王峰原初所要消解的那种形而上学（尽管王峰仍在努力嗅察其中形而上学的因子）。因此，说二人的观点没有分歧肯定不对，但至少在反对实体论形而上学这一焦点问题上，分歧并不存在。相反，他们对美还有着相同的理解，都把美看作为某种“艺术行动”，[2] 遗憾的是，在这一点上两个人都没有展开，而我以为，这才该是争论的基本“问题域”。无论形而上美学对美的合目的性“定义”，还是取消主义美学对“审美规则”的“解释”，都须在此获得各自理据，也只有在此层面，才好将各自的道理讲清楚。

美不是实体，是艺术行动、审美活动，是一种时间性的存在，这也是本人非常赞同的。问题是，这究竟是怎样一种艺术行动？首先，如果像刘旭光所言，它同道德、认知、官能满足等“人类其他活动”有别，是“自律的”审美活动，那么，这种自律的活动和“其他活动”有无连通的内在渠道？如果没有，它的“教化”、“陶冶”等等价值功能恐怕就无从谈起。其次，审美活动肯定有其他活动不具备的特殊地方，这一点王峰在自己的两篇文章中没有谈到，刘旭光说它是一种“理性的超越性”，某种精神性的理想价值，那么，这种超越是否一定要出离“日常”、表面和短暂的感性“肉身”，才赢得自身的“崇高地位”和特殊性呢？如果是这样，审美活动就依然是向某种“最高范畴”（不管它是人的主观“目的”，还是人设定的客观实体）的回归和对应，美的“生成性”和“建构性”也随之沦为纸面游戏。最后，王峰对“超级概念”和“普遍性机制”形而上学性质的“清理”，肯定有价值，可是在审美活动中，它们只有“遮蔽”作用，就不可能有“合理”的积极功能吗？如果有，且不问取消主义美学的“清碍”工作有无“告一段落”的时间，即便这种工作本身就要给自己划个限度。这三个问题涉及艺术行动的性质、价值及其与语言实践的关系，就此我也谈谈自己的想法。

一、自律美学的自闭性

我很同意把美理解为“艺术行动”的提法，但在其性质问题上，我和旭光君有个不同的意见。他的看法来自康德，认为审美和认知、道德和官能满足等人类其他活动有很大的差异，

[1] 王峰：《美：一个被毁弃的盟约》，《文艺争鸣》2012 年第 11 期。

[2] 在刘旭光那里，美作为实践，是生成性或者建构性的“反思判断”；在王峰那里，则是和语言概念结合起来的“艺术实践”，是审美规则得以产生的“语境”。

是种“自律”的活动，换言之，是一种非认知、非功利性的活动。[1]康德这种看法在西方有很大影响，席勒的审美游戏说、唯美主义、形式主义美学等，大多以此为理论源头。中国近些年来的文艺观念也自觉不自觉体现出这种影响，很注意强调文艺的自律性，甚至用这种自律性作为文学史编写的理论基础。这当然是件好事情，好就好在它让我们多关注一下文艺自身的特殊性。特别是对中国，对一个历史上让文艺承担了太多认知、功利性责任的国度而言，提文艺的自律，有很强的针对性，甚或有着知识分子深层的“自保”意图。如果审美活动果真成为一块自由的“领地”，无疑就有了某种话语赦免权，历史上的许多悲剧就可以避免重演。这种意图不难体谅。

问题是，如果承认马克思“人的本质不是单个人所固有的抽象物，在其现实性上，它是一切社会关系的总和”[2]这个判断，审美活动就不可能同认知、道德、官能满足等生活活动彻底撇清关系。人活在人群中，人的审美活动尽管特殊（每一种活动都有自己的特殊性），却也必然会同其他生活方式有着千丝万缕的联系，想隔断，那只是一种愿望和想象。想象毕竟不是现实，如非得把它当作现实，这样的现实即马克思所讲的“抽象物”。就像巴台农神庙（Parthenon Temple）的美，绝不仅仅意味着大理石柱廊多立克式（Doric Order）的古朴、静穆，黄金分割的优雅、恰当，而是意味着当时走在街道上的雅典公民，意味着他们战胜波斯后的骄傲，他们的信仰，他们对勇敢的确认。美体现他们的生活体验当中，里面有认知，即便不同于哲学的玄思；里面有道德，哪怕勇敢只表现为散步时挺起的胸膛；里面也有感官的享受，只须看看他们望向神庙时肃穆或惬意的表情。如果抽去这些，我不知道巴台农神庙的美，是否会只剩下一些形式上的数据。我想，康德自律美学不现实的地方就该在这里。抽象可以划分存在，却不能替代存在。马克思在后半生，非常忌讳唯美主义的诗人参加到工人运动中来，称这些“职业文人”“会不断制造‘理论上的’灾难”，[3]根据恐怕也在这里。

马克思为什么用“灾难”这个词？在我想来，大概是将抽象理解为现实存在，会看不清审美，也看不清现实，在有些时候，指其后果为“灾难”并非危言耸听。想想为我们某些教科书推重的“文学自觉时代”的魏晋时代，想想嵇康、阮籍、陶渊明等人潇洒文字内里的煎熬和不潇洒，甚或想想1942年延安文艺整风时期，毛泽东让知识分子向群众学习的苦衷，该不难体察这点。看不清，意味着蒙昧；蒙昧有很多种，自律美学当居其一。人存世间，审美活动很重要，但不意味着其他活动不重要，比如经济、政治、宗教等，甚至比审美更重要。

[1] 刘旭光：《保卫美，保卫美学》，《文艺争鸣》2012年第11期。

[2] 马克思：《关于费尔巴哈的提纲》，见《马克思恩格斯文集》第1卷，人民出版社2009年版，第501页。

[3] 马克思：《马克思致弗里德里希·阿道夫·左尔格》（1877年10月19日），见《马克思恩格斯文集》第10卷，人民出版社2009年版，第421页。1864年12月10日写给恩格斯的信中，马克思也对“职业文人”表达过同样的警醒。见《马克思恩格斯全集》第31卷上，人民出版社1972年版，第41页。

由此就不难理解，柏拉图指责荷马时，为什么理直气壮地采用“真实”这一认知性标准；[1] 亚里士多德为诗人辩护，说诗比历史更真实 [2] 时，为何也沿同一个尺度。不是说柏拉图和亚里士多德的话没有问题，但否认审美活动中有其他活动的因子，肯定会有问题。

如果查勘一下审美活动的历史和今生，会发现没有哪一个活动真正能摆脱其他活动的纠缠。这不是审美活动的错，错的只是我们的观念，说明自律美学的观念并非出自审美活动的实际“语境”，而是来于他处。对此，杜威曾说过这么一段话：“有些理论将艺术及其鉴赏归入到某一独立领域，同其他经验方式隔离开，这样的理论并非从艺术题材本身推导出来，而是明显出自那些外部条件的影响。”这些“外部条件”包括：1. 民族主义与军国主义掠夺艺术品，修建美术馆，以炫耀自身武力；2. 资本主义制度下，暴发户（*nouveaux riches*）、收藏家包括国家社群显示自己文化品位的心理；3. 商业全球化趋势下，艺术品批量生产后“土生土长地方性的流失”；4. 艺术家拒绝迎合经济潮流所采取的审美“个人主义”姿态。[3] 杜威的概括周详与否姑且不论，但它对博物馆艺术、艺术商品化、审美精英化的批判，既可以让我们看到不同审美现象背后相同的自律美学观念，又可以令我们明白，这种观念的产生就脱离开了审美活动本身的语境，是其他人类活动，特别是资本经济刺激下的产物。

杜威没有看到，或者他没有说，自律美学其实也是近代自然科学观念的伴生物。邓晓芒把文艺复兴之后的西方思想看作是文艺复兴的延续，[4] 在反对神学蒙昧的意义上，这有道理，但不全对。我一直以为，英国经验主义、法国启蒙运动等，在继承文艺复兴人学思想的同时，更有反拨；反拨的是后者向古希腊罗马复归的理想化倾向，它来自 1527 年查理五世对罗马的劫掠，几乎一夜间扑灭了理想的燥热，迫使人们面对严酷的现实。在这种背景下，弗朗西斯·培根开始压制形而上学的冲动，从认识论的角度确认知识在经验“实验”中的合法性，从而为自然科学提供了哲学的依据。这样做的时候，培根也颠覆了古希腊以来的美学传统，不再把审美活动当作真善美的统一，后三者各成方圆，自行其是。哲学（包括自然科学）“切不可给我们的认识装上翅膀，反应挂上铅锤，以免跳跃和飞翔。”[5]“飞行”是审美活动的特权，是想象，是虚构。“想象不受物质规律的约束，它随心所欲……它提供的只是虚构的历史……这种虚构的历史可以给人心提供虚幻的满足。”[6] 这样，就不能用真，也不能用善来要求审美活动，它只是一种闲情逸致，是一种“纯净的趣味”。我们常说自律美学从康德开始，

[1] “从荷马开始，所有的诗人无论是模仿德行，还是模仿任何其他东西，所得到的不过是影像，而没有抓住真理。”见 Plato，*Republic*，China Social Sciences Publishing House，1999，p.352。

[2] 亚里士多德：《诗学》，陈中梅译，商务印书馆 2002 年版，第 81 页。

[3] John Dewey，*Art as Experience*，Minton Balch & Company，1934，pp.8—10.

[4] 邓晓芒：《冥河的摆渡者》，云南人民出版社 1997 年版，第 6 页。

[5] Francis Bacon，*The New Organon*，edited by Lisa Jardine，Cambridge University Press，2000，p.83.

[6] Francis Bacon，*Advancement of Learning and the New Atlantis*，Oxford University Press，1951，p.89.

实际上应该是培根。[1] 培根的美论“虚构”审美活动的同时，也“虚构”了自律美学本身。因此，尽管我不完全同意邓晓芒先生的某些意见，却很赞同他对康德道德学说的判断（同样适用于康德美学），即它是“非历史的”，是“脱离尘世和客观世界一切可以把握的对象，只是对超验而不可知的彼岸世界的一种主观假设。”[2]

自律美学的自闭性，非但不符事实，在理论上也封闭了审美活动进入日常生活实践领域的可能性。

二、拒绝肉身的超越

就像我并不否认审美活动的特殊性，也并不是完全否认自律美学一样，我很理解，也完全赞同刘旭光在文中表达的忧虑。在我们的时代，的确有太多的人群沉湎于感官和肉体享乐，也有太多的理论竭力为这种享乐辩护，说这是“精神生活”的危机，一点儿都不过分。而且，我也完全赞同审美活动要有精神超越性的提法，包括理想和价值方面形而上学冲动的合理性。我只是有两点担心，一是自律美学的自律性本身就封闭了这种超越和引导的价值功能，坚持这种理论基础，非但在观念上难以自洽周延，在事实上也会否定超越和启蒙的可能性；二是超越究竟要不要携带肉身？如果不携带，审美活动可以是认知，可以是道德行为，却很难再说是审美活动。

自古希腊以降，精神超越性一直被看作是审美活动的基本属性，这本身没有问题。所谓超越，无非是人在审美活动中表现出来的精神品格，是人对实践中自身优越性的肯定，对自身有限性的反省。特别是后一方面，我愿意理解为审美活动超越性的基本维度，如果审美活动丧失了这个对现实有限性的批判维度，其存在价值就会大打折扣，甚至不能接受它还是审美，还是艺术。毕达哥拉斯说赛场上“观看者”的欣赏是最好的，要优于运动员和赛场里的小商贩，[3] 这是审美活动“静观”说的滥觞，是对精神反省的肯定。柏拉图受他的影响很深，他基于迷狂和灵魂回忆的“静观”说依然是理智反省，是对感性、短暂、欲望、肉体的超越，从而获得某种“特有的快感”，“和瘙痒所产生的那种快感所产生的那种快感是毫不相同的”。[4] 这种静观或直觉的精神性超越，经奥古斯丁、康德、叔本华等，贯穿各个不同派系，一直是西方美学的主流声音之一。不管超越的理想不恰当地放在某个实体身上，还是超越了它不该超越的目标，审美活动的精神超越性维度的确不该否定。旭光君如果是在这个意义上说“取消主义美学”没有进入美学“问题域”，我还是基本赞同的。在王峰君的两篇文章中，

[1] 参见拙文《审美经验范畴的流变》，《哲学动态》2011 年第 9 期。

[2] 邓晓芒：《冥河的摆渡者》，云南人民出版社 1997 年版，第 11 页。

[3] Wladyslaw Tatarkiewicz，*A History of Six Ideas*：*an Essay in Aesthetics*，Polish Scientific Publishers Warszawa，1980，p. 310.

[4] 柏拉图：《柏拉图文艺对话录》，朱光潜译，人民文学出版社 1963 年版，第 298 页。

除了要“在行动中展现出真正的艺术趣味”这个表述，[1]还没见到他对审美活动价值层面的意见，更多则是对形而上学美学“超级概念”和“大词”(如“理想”)的消解，这难免让人怀疑，取消主义美学对审美活动的超越性，也持有相同做法。

尽管我很愿意接受审美活动超越性的看法，更同意其教化和指引功能，但我不相信这种观念可以引导审美活动做到这点。从理论本身这方面来讲，审美活动既然是非认知、非功利性的活动，又要让它发挥出后者的功能，这在逻辑上就很难讲得通。阿多诺有一句话讲得很好，他说艺术固然是一种很好的实践方式，“本身也是对实践的批评”然而，“艺术作品一旦以否定现实的姿态展示着自身，对现实持有否定的立场，无利害感的观念就必须要做出调整。”否则其观念就会“自相矛盾”，成为“没有欲望的欲望学说”。这是他不满意康德美学的地方，所以他的否定美学尽管承认审美活动的自律性，却坚持认为，“如果里面没有异质的东西，艺术的自律性也就无从产生。”又说，“艺术具有自律性和‘社会性’，这种双重性是艺术自律领域固有的特征。”[2]很明显，阿多诺是想用自己的否定辩证法，为艺术进入社会搭建一座桥梁。不管他对康德自律美学的这种“调整”是否成功，至少他看到了，审美活动只靠自律性，就无法行使自己的“批评”功能。

再从审美实践的实际情况来看，据自律观念生成的艺术非但堵塞了教化的通道，实际起到的作用恐怕也适得其反。杜威说：“那些有教养的人所认可的美的艺术由于高高在上，在老百姓的眼里未免苍白无力，这时，他们对美的渴望很有可能转移到那些低级、庸俗的趣味上去。”[3]并不是老百姓觉得精神生活不好，更不是他们不想得到艺术的教化，他们也想活得很精神、很品位，问题是自律艺术太过高远，高攀不上的结果，下落的趋势只会愈加迅疾，对审美的冲动转移到日常感官刺激当中，也就不难理解。在此情形下，自律艺术实施教化，陶冶出的却是自己的对立面。

这当然不是老百姓的错，错的是艺术脱离肉身的高翔。肉身是感性，是遍布感性与功利诉求的日常生活，是阿多诺所讲的“异质”“社会性”，是杜威想把审美归还给的领域，甚至也是马克思所讲的实践。不论把美学学科的创立荣光放在康德身上有多少理由，但毕竟是鲍姆加登第一次限定了这门学科的研究领域。“感性学”，如果离开了感性，感性学又何以立足？如果审美活动自律到只剩下精神理性，我看美学倒真是“取消”的好。这种抛却肉身的观念并不新鲜，从毕达哥拉斯、柏拉图，经中世纪、康德甚至一直到今天，感性的普通生活始终是备受贬损的对象。这有道理没有？当然有，因为后者的确混乱不居、动荡易逝乃至浅薄鄙俗，它的确需要精神理性的调理导引，所以猿成了人，有了哲学、伦理学，也有了美

[1] 王峰：《美学是一门错误的学科》,《清华大学学报》2009年第4期。

[2] Theodor W. Adorno，*Aesthetic Theory*，trans. by Robert Hullot-Kentor，Continuum，2002，pp.5，6，11，12.

[3] John Dewey，*Art as Experience*，Minton Balch & Company，1934，p.6.

学。然而，因精神成人，人就和感性肉身就此隔绝了吗？若真如此，人只须进化为一丝脑电波就已足够。道理简单到俗气，但只要人脱离不开吃穿住行，谁都不能免俗。正如审美活动，可以有精神超越的义务，却并没有脱俗的特权；审美必须要“从感性提高到精神”，这没错，可它却没有权力“让感性享受让位于精神愉悦”。[1] 我的意思不是说单纯的感官享受是美的，也不是说纯粹的理智活动不可以是美的，而是说，彻底与感性肉身隔绝开的美是不存在的。

1928 年鲁迅批评为艺术而艺术的观念时曾说过：“身在现世，怎么离去？这是和说自己用手提着耳朵，就可以离开地球者一样地欺人。社会停滞着，文艺绝不能独自飞跃。”[2] 自律美学的问题，就在于为审美活动圈地之后的“独自飞越”，在拒绝感性生活的肉身之后，又怎可奢望肉身非得接受你的教化？展开双翅无归程，这是精神超越的不可承受之轻。审美活动和它的生活肉身有着不可分割的联系，就像山峰与大地，无论它怎样特殊，总是和生活大地血脉相连。隔断这种血脉，漂浮于云端的山峰只是一个神话。

三、取消主义美学的自我取消

旭光君有个思路我很赞赏，他把对美的定义融进审美活动当中，作为“合目的性”的理想，一方面避开了向实体还原的传统观念，另一方面又以此来重新解释美学史，认为“每一次新的定义，都是给出一种审美的契机。”[3] 对此，王峰的把握非常敏锐，说这种看法明显离开了康德，“因为先验的形而上学美学本身就拒绝历史流转的维度……走上了实践主体论美学与先验美学杂糅的道路。”[4] 如果说此思路有问题，王峰指出的这点该是最基本的，这也是自律美学自闭性造成的结果。但抛去理论内在的断裂不论，此思路本身的价值却不该忽视。美的定义固然意味着“独断”，没有避开实体论形而上学的嫌疑，可将其置放于某一具体的审美活动语境之下，作为一种目的性的价值理想来理解，不但可以讲得通，事实也必然如此。王峰君一概否定下定义，反对“美的理想”之类的大词，诚然击中了它们实体化的形而上学倾向，但在他所坚守的理论基础、对语言本身的看法等方面，也存在一定问题，这些问题会让人看不清“下定义”或“大词”在审美活动中的积极作用。

在消解“超级概念”和一些“大词”时，王峰的理论根据取自维特根斯坦，认为它们“内涵不稳定”，缺少现实的所指。必须要承认，将语言和对象对应起来，说语言指称着对象的本质，这的确是实体论形而上学的问题。就像维特根斯坦所说，一个人吃到可口的食物闻

[1][3]　刘旭光：《保卫美，保卫美学》，《文艺争鸣》2012 年第 11 期。

[2]　鲁迅：《文艺与革命》，《语丝》周刊 1928 年第 4 卷第 16 期。

[4]　王峰：《美：一个被毁弃的盟约》，《文艺争鸣》2012 年第 11 期。

到可口的味道，会和听到一首曲子一样，“做出相同的表情”。[1] 这个“相同的表情”（可以称之为“快乐”）究竟指向食物还是音乐呢？不确定，它不能对应一个明确的对象，所以是大词。可是当我们反过来问：是不是语词、概念一旦有明确的内涵和所指，就不是大词，不是超级概念了呢？答案显然是肯定的。于是问题随之出现：维特根斯坦恰恰是站在实体论的立场来指责实体论，他指责的是实体论的结果（语词在指称对象本质方面的乏力），而不是实体论本身。在前期的《逻辑哲学论》中，维氏一方面反对实体论形而上学，指出命题不能说出对象的本质，另一方面，又时不时暴露出自己实体论的立场，说“命题记号的要素与思想的客体相对应……名字表示客体。客体是它的意义。”[2] 或许，正是这种逻辑原子主义的立场后来不能令其满意，说这本书有“严重的错误”。但在后期的《哲学研究》中，尽管他反驳了奥古斯丁的意见，说语词无关乎对象，只关乎“如何使用”，其“意义就是它在语言中的使用”，[3] 但“家族相似”理论却仍没有抛弃掉对“相同”的渴求。奎因说他仍在坚持一种“语言拷贝理论”，[4] 原因正在于此。

取消主义美学反对实体论的不彻底性，也令它错认了语言的性质，让自己的“清障工作”陷入原子主义的泥沼。我这里说的不彻底性，指的是这种美学潜在的实体论立场。由于这种立场必然要求语言与对象本质的对应，而对象作为事实又没办法要求，所以只能要求语言，要求清理掉一切名实不符的语词、概念和判断。悖谬就在这时出现了。按索绪尔的理论，语言和言语不同，语言是“一种表达观念的符号系统”，意味着共性；言语涉及语言实践，表现为个性。二者在事实上并不可分，是一种“体用不二”的关系。[5] 换言之，语言的本命就是抽象，它离不开共性，是“逻各斯”，是将混乱世界条理化、将易逝对象固定化的一种手段，更是人之为人的一个基本标志，它本身就该是泯灭个别、留存共性。语言没有了共性，人与人就无法交流，也就没有了个性化的言语，即语言实践。问题是，共性是对个性的抽象，本就不是对应对象。实体论的真正错误，正是要求它对应对象。“那是一匹马”，“马”这个语词只是一种抽象，它并没有也本不是要讲出眼前那匹马的“本质”。按王峰的逻辑，这就是个“大词”，因为它的“内涵不稳定”，没有告诉我们那匹马是白马还是黑马，是蒙古马还是大宛马，如此等等。如果这个推断成立，结果就是，凡是有语言的地方，到处都是大词。所以，我不相信王峰的“清碍工作”会有“告一段落”的一天，果真有了，这个世界也就没有了语言。这就是悖谬，悖谬在于用个性化的言语要求语言，用共性的语言来对应言语。

[1] Ludwig Wittgenstein，*Lectures and Conversations on Aesthetics*，*Psychology and Religious Belief*，University of California Press，1967，pp. 11—12.

[2] 维特根斯坦：《逻辑哲学论》，郭英译，北京：商务印书馆 1992 年版，第 30 页。

[3] Ludwig Wittgenstein，*Philosophical Investigations*，trans. by G.E.M. Anscombe，Basil Blackwell Ltd，1986，pp.2—3，20.

[4] W.V.Quine，*Ontological Relativity and Other Essays*，Columbia University Press，1969，p.27.

[5] 索绪尔：《普通语言学教程》，高名凯译，商务印书馆 1999 年版，第 30—37 页。

这种悖谬也注定取消主义美学是一种自我取消，它本身也避不开“超级概念”的纠缠，除非它不再使用语言。设想自己的“新美学”时，王峰说美学应该只提供解释，从审美活动“实践出发寻找到一些稳定的规则，这些艺术规则或审美规则都是带着语境的，而不是超语境的，有适用范围或作用方式，不具有抽象的本质性特征。”[1] 从规则本身来讲，无论是否出自语境，它必然反映着共性，否则就不成其为规则；再从语境的具体性和个性方面来看，由于每个人、每次审美活动都独一无二，带着这种独一无二语境的“解释”或“规则”必然也是无穷尽的。那么，新美学必然会面临这样的问题：它或者是无数人、无数次审美活动规则的集合，其实根本集合不起来，这是个无法统计的工作，果真这样做了，结果也只能是向无尽处繁衍的原子美学；[2] 或者可以统计，是“经典”艺术行动规则的统计，但经典的界定标准在哪里呢？为什么选择这个而不是他者？这仍然涉及进一步的共性规则。所以不论如何强调规则的语境性，规则就是规则；是规则，就避不开语言的共性，避不开超级概念的嫌疑。

“大词”的错误不在语词本身，它不得不大，也不能不大，正因其大，我们的审美活动才能像山峰般，耸立在大地之上，让我们的生活有所期盼。杜威将我们的世界看作是“稳定”与“动荡”因素的混杂状态，语言包括理智、知识都是人们求得稳定的一种手段，其最根本的特点就是“从属一致性的规律”，“排除个性”。但这不是语言的目的和意义，它的意义是“使得什么成为可能”，[3] 在生活活动，特别是在审美活动中，表现为“假设”或“意图”。这种意图也就是亚里士多德那里“可然或必然的原则”，据此诗人才可以“描述可能发生的事。”[4] 这种引导者的身份由此让审美活动染上了超越性的理想价值色彩，具有了“某种仪式般的尊严”。[5] 当然，共性语言所把握到的可能性也只是可能性，不是实体论的教条，在审美活动中都是可调整的。就像托尔斯泰创作《安娜·卡列尼娜》，他本想让自己深为同情的安娜活下来，但创作过程中终究还是让她死去，小说更强的审美魅力也由此产生。

把美理解为艺术行动或审美活动，是20世纪以来西方美学的重要贡献，但这只是思想的起点。接下来必然还要追问这种审美活动的范围、性质、价值等问题，在我看来，这是王峰和刘旭光二君文中所做的工作，也是我自己感兴趣的工作。遗憾的是，我虽然在副题中加了一个“生活美学的视角”，但除了表明审美活动不能和普通生活隔离，审美超越要携带肉身，不该反对大词等几条纲目性的意见外，对这个视角本身没更多说些什么，遗憾也只能日后弥补了。

---

[1] 王峰：《美：一个被毁弃的盟约》，《文艺争鸣》2012年第11期。

[2] 维特根斯坦的传记作者巴特利证明，的确有很多人在“错误”地这样做，认为这些追随者以为“每个活动——法律、历史、科学、逻辑、伦理、政治、宗教等——都有自己特殊的语法或逻辑；混淆这类语法与那类语法将导致哲学错误。”见巴特利：《维特根斯坦传》，杜丽燕译，东方出版中心2000年版，第129页。

[3] John Dewey，*Experience and Nature*，Open Court Publishing Company，1994，pp.108，122.

[4] 亚里士多德：《诗学》，陈中梅译，商务印书馆2002年版，第81页。

[5] John Dewey，*Experience and Nature*，Open Court Publishing Company，1994，p.139.

第四章　美学与生命

在美的本体思考及其学说建构中，上海学者提出一种以“生命”为标志的美学、美育学说。上海社科院文学所以研究唐诗学著称的陈伯海晚年曾出版了一部美学专著《生命体验与审美超越》，后来他在《贵州大学学报》组织的笔谈中又补充说明了他的“生命体验美学观”，即以元气大化的“生命”为审美的本原，以“体验”为审美的核心，从审美活动入手探讨美的生成，提出“审美”是人的超越性的生命体验，“美”是超越性的生命体验在审美活动中的“对象化”或“意象化”。上海社科院哲学所的姚全兴则系统阐述了他的“生命美育论”观点，认为生命美育来自生命科学、生命美学，具有独特的实践性和应用性；情感性、形象性、愉悦性、自由性的生命审美价值的特征，寓感性于理性、自然性与社会性共存、既有形象性又富趣味性、从过程性到动态性的生命美育特性，以及青春性、智慧性、审美性、创造性的生命创造原则，是生命美育的核心概念；当前社会应大力倡导生命美育，将生命负状态纳入生命美育范围。

第一节　生命体验美学观[1]

作为美学学科的一名爱好者，我正式介入这个领域不过是近年的事，但对它的关注则由来已久。20世纪50年代中叶第一次美学大讨论兴起之际，本人正处在大学高年级阶段。因读的是中国文学专业，平素又有理论学习的偏好，所以一下子便被讨论吸引过去，不仅搜遍报刊上所能见到的有关文章，还试写过一篇数万字的长文提交全系学生科研成果交流，引起

[1] 作者陈伯海，原文《“生命本真境界”缘何而开显——关于“生命体验美学”的备忘录》载《贵州大学学报》2016年第2期。

激烈争辩。文章自未能发表，而我对美学的兴趣由此生成，迄未衰歇。现在回顾那场大讨论，尽管气氛热烈，但总体水平不能算高，所谓客观论、主观论、主客观统一论和客观社会论四大派的争议，除个别论家（如高尔泰）稍有轶出外，大体都还在传统反映论的圈子里打转转，并未能指明“向上的一路”。我的那篇习作，当时自矜略有新见，而今回头看来，亦仍打有反映论的鲜明烙印，说明个人毕竟难以超越时代。

20 世纪 70—80 年代之交，美学研讨热重又掀起，不过形势已大为改观，除个别论者仍坚持原有观点外，大部分人都已转移到以实践为本位的思考上来。整个 80 年代美学研究的格局，可说是“实践美学”一枝独秀，虽然各家阐说上仍有所差异。这段期间我因忙于自己从事的古典文学专业，要把失落的时间追回来，无暇旁及美学，只能时不时地“瞄”上一眼，但内心对“实践美学”的提法是深表赞同的。这时我对美学问题认识的立足点已从传统的反映论转向了存在论，审美不再被看成美的对象的直接反映，而认作人的存在活动及其存在方式的有机组成。“实践”既然是人的存在的突出标志，用以为审美的本原，在实践活动的基础上构建美学，岂非天经地义？

80 年代末，对“实践美学”的质疑开始启动，至 90 年代并延及 21 世纪初，“实践美学”与“后实践美学”的争议形成了美学界一道亮丽的风景线。我对这场争议给予很大的重视，因其涉及自己在哲思与审美领域的基本观念，促使我不得不重新思考与此相关的一系列问题。

一、“生命”：哲学—审美本原观

思考的一个重要结果是，对原先单纯从“实践”出发来把握人的整体存在并充当审美本原的说法发生了动摇。不错，“实践”作为人的有目的、有意识地改造世界的活动，仍是人之为人的基本特征所在，“劳动创造世界，也创造了人自身”的命题依然有效。但“实践”并非人的全部存在。在实践活动之先，需要有人的“生存”（即“活着”）为前提。“生存”在根底上属动物本能，却也是由动物进化而来却依然未脱离动物界的人所不可或缺的，且实践活动本身即是从人需要生存得更好引发出来，实践改造世界的作用也必须以保障人的生存环境为限界，这不正说明了“生存”较之“实践”是人的更为基础的存在方式吗？再从另一头看，实践作为人们改造世界的自觉活动，必然具有其实在的功利性，是跟主体的实际利害关系紧密挂钩的。但人不仅有现实关怀，亦且有终极关怀，前者离不开各种实用功利的计较（不管是个体的还是群体的），而后者的指向恰在于将主体的人从现实功利境界中解放出来，也就是从自我与对象世界的分立和对峙状态中解脱出来，使之有可能返归于其所胎息、所由来的世界本原和生命本真，这便是哲思、审美、信仰所要开启的自我超越的精神境界了。实践美学执定以“实践”为审美的本位，要害在于脱落了“超越”这一关键性环节，尽管人们可以将实践活动的范围从物质生产劳动扩展到一般经济交往、政治运作、各种社会文化生活乃至某些精神生产过程（如科学实验、艺术品制作）上去，而因其不含有终极关怀这一维度，终难以概括审美的独特功能。当然，我们也不能将审美的超越性孤立起来对待，“超越”仍须建立在“生存”和“实践”的基础之上，这一点或许是后实践美学的理论家们所当着意警醒的。总之，通过这场观战，我逐渐摆脱了对实践美学的依赖（也没有全然倒向后实践美学），重新思考人的存在方式与审美本原等问题，而在当时习用的“实践”、“生存”、“超越”、“生命”诸范畴中，感觉“生命”一词最具有概括力，用以指代人的存在活动并进以构建相关的哲学观和审美观似较为惬当。一些具体想法于 2003 年起着手整理成文，至 2012 年结集成《回归生命本原》和《生命体验与审美超越》两部书稿问世，其中阐发的“新生命哲学”和“生命体验美学”的原理，即作为我最终思考的结晶。

需要说明的是，我虽然用“生命”一词来表述我的哲学本原观和审美本原观，但我对它的理解并不等同于一般的生命哲学家和美学家。当代中国生命美学的主流形态，在生命观上主要是借助西方生命哲学（泛指从叔本华、尼采、狄尔泰、柏格森以至海德格尔的存在论为代表的整个潮流）为切入口的。西方各家的生命哲学观虽互有差异，所树立的生命本根皆侧重在人的个体生命活动上，且多带有明显的非理性色彩。我所看重的乃是民族传统中有关“大化流行，生生不息”之类感悟，这是一种对宇宙生命的肯认，其以“大化”为活动生成的机制，以“生生不息”来描述整个世界变易不居的流程，万事万物皆在其中流转生灭，这不是存在的本原（本然状态）还能是什么呢？当然，肯定宇宙生命的存在，并不排斥自然界和人类社会中各个体小生命的存在权利，事实上，每个个体生命都是宇宙生命的一分子，它们之间的互联、互动、互渗与互替，合组成宇宙大生命的交感共振，恰如朵朵浪花、道道旋流汇聚成波涛汹涌的大海一样。不过个体生命（包括具体物种）是有成必有毁的（实质无非是从“大化”中开显出来而又复归于“大化”的过程），而整个宇宙生命的洪流则正是要在这新陈代谢之际来实现其自身的衍续与更迭。这样一种包容万有而又能不断自我更新的“生生”之流，视以为人在自我超越时所力图归返的“精神家园”，不也是很合理的吗？古代哲人有“天地之大德曰生”的体认，诗人有“纵浪大化中，不喜也不惧”的表白，都是从宇宙生命的源头上找到了“天人合一”的生命本真境界，亦便是我在构建“新生命哲学”和“生命体验美学”时的依据了。

现在让我们将着眼点转移到人自身。人作为宇宙生命的一分子，其生命活动体现其存在方式，殆毋庸置疑。人的存在与世间万物的存在一样，都有其自然生命的历程（在人，主要表现为发自生物本能的各种生存性活动，往往构成其日常生活的底色所在，且亦是其整个生命活动的底基）。但人又不满足于自然生命的存在，更常要通过有目的、有意识地改造世界的活动来确立自己的自觉生命，这就是通常所谓的具有主体能动性的社会实践了。实践，大大拓展了人的活动空间和能力，使其有可能成为自己生活世界的主人。实践，使人结成一定的社会关系，确立了人的社会本性。通过实践，人还感受到自己身上具有的那种不断超越现状、超越自我以争取自由的指向，为其超越性的精神追求埋下了种因。为此，将实践活动理解为人之为人的首要标记，承认其在人的整体生命流程中的枢纽地位，是完全有理由的。但要看到，实践自有其局限性所在，它永远只能是有限范围内的实践，不可能达致无限。不光每一次实践活动都只能取得有限的成果和超越，即便人类总体实践之和，亦只能囿于有限，缘于人自身在无限的宇宙生命活动中终只是有限的存在物。而若不满足于这种有限性，希图突破自我，摆脱一己当下的实用性功利需求，直面那无限的宇宙本原，在“小我”与“大我”的对话交流、同感共振中实现个体生命的自由解放和向着本原性“精神家园”的复归，那便是哲思、审美、信仰之类超越性精神追求的取向了。超越性追求植根于天人群己之间的信息互渗，它只能是一种精神层面上的感通和感应（以体验或体悟的形态呈现），并不能代替实践的把握和科学的认知，但它所具有的内在身心感发及心灵纯化的功能，亦是人的整全生命所不可或缺的构成机制，不仅大有助于人的精神境界的提升，反过来又能成为推进其生存与实践活动的强大动力。要言之，人与天地万物虽同归于“生命”的流程，人却独有其自然生命、自觉生命乃至自由生命追求的多重性存在，它们以环环相扣的方式连接成“生存—实践—超越”逐层递升的“生命活动之链”，而审美活动恰是其有机建构中的必不可少的环节。

以上所揭示的我的生命本原观，是在传统“形而上学”解体的形势下提出来的。传统“形而上学”以追究世界的本原为职责，它喜欢虚悬一个“形上”的实体（“理念”、“形式”、“精神”、“上帝”之类）充当世界的本根，而不免陷于“独断”。“形而上学”的解体导致当代西方哲学大多放弃了对本原问题的追询，致力于思想方法的演习乃至语言符号的游戏，即使某些学人意图在其思考中引入人生信念的关顾，亦常局限于个体生命力的发扬，将所谓“生命意志”、“强力意志”、非理性的“原欲”、“面向死亡的生存”以及“自由选择”、“虚无”状态等，设定为人的生命活动的出发点和朝向，这样的追求或许会带来某种“天马行空”般的乐趣，而因其隔断了与“本原”的内在关联，终难以找到足以寄托和安顿身心的“家园”。新的生命本原观从民族传统里摄取了“天人合一”“物我同构”的基本理念，同时借鉴西方资源中主客相分、多元并立的思想观点，综合而成天人群己一体共生、多元互动的世界图景，用以解说“和实生物”“生生不息”的宇宙生命流程，并把握人自身由依托自然的“生存”，经主客矛盾运作的“实践”，以达至复归天人合一的“超越”这一“生命活动之链”。作为一种“形上之思”的新构想，其以生成论的取向来替换传统“形而上学”的实体本根，是否能为哲思的终极关怀提示某种新的机遇，并为审美大厦的营造打下必要的基础呢？且待历史的检验。

二、体验：审美的核心

如果说，“生命”构成了“生命体验美学”的本原，那么，“体验”便是它的核心。生命活动正是通过“体验”而进入审美领域的，离开了“体验”，即无所谓审美。这个问题当前美学界里重视似乎不够，作认真、深入探讨的人更寥寥可数，需要我们着力关顾一下。

众所周知，传统认知论美学（反映论即属于认知论）往往将审美活动主要看成是主体的人对美的对象的一种客观认知（反映），这是不妥当的。审美体验确实离不开对对象的感知，但感觉和知觉在审美时都已进入体验，成为体验的有机组成，不再属单纯的认知。审美活动中抑或有联想、想象乃至判断、推理的成分夹杂其内，而其导向性的心理活动仍属于情感心理体验，呈现为活生生的感受状态，并不同于一般的认知。审美活动还常有一个由初阶而逐渐提升的过程，心理学家据以划分出审美感知、审美想象、审美理解（领悟）和审美愉悦（美感）各个阶段，在不同阶段上，审美主体对审美对象的感受会有所拓展和变化，但总不离乎具体的感受，也就是始终贯穿情感性心理体验的主导因子在内，迥然有别于认知过程由具体经验上升到抽象思维的道路。我们还发现，日常生活里人们常将“美”与“爱”相提并论，审美即作为爱美的表现，不也正提示了其情感体验的性能吗？所以我认为，只有牢牢把握住“体验”这个核心，从“体验”揳入审美，方有可能建立起对审美活动的比较切实的理解。

为什么“体验”对审美有如许的重要性呢？那是因为人需要美，就是为了体验，通过对生命本真的体验以感发自己的生命，这也便是审美活动的基本功能之所在了。美学思潮中有一种“快乐论”的美学，认为美感即等同于快感，凡能引起快乐的对象就是美。此说虽亦触及美感愉悦的性能，但不免将问题泛化，因为人的一切需要的满足都会产生快感，那样一来，审美的需要及其活动还有何定性可言呢？故审美的功能里尽管必然包含愉悦成分，却不能局限在愉悦上，尤其不当以纯粹消费、娱乐式的感官享受（好看、好吃、好玩之类）混同于审美（不排斥审美中可含带感官享受成分以及娱乐活动亦可结合审美）。审美的情感作用须着重落脚到“体验”上来，表现为心灵之间的交流会通，进而达致精神世界的自由解放。古人用“应目”“会心”“畅神”的三部曲来解说这一作用过程，概括是很精当的。“应目”，指美的对象的观照与赏玩，这是为情感体验开启门户。由“应目”到“会心”，便正式进入内心世界的情感体验活动了，一个“会”字表明其要义在于心灵交会，交会了才能引起共鸣与互动，这正是“体验”的独特性能的表征。但审美尚不止步于“会心”，更由“会心”引向“畅神”，“畅神”的“畅”有放畅、顺畅之意，那就是精神世界的自由解放了。精神世界的解放必须建立在心灵的感应与感通之上，正是这一感通与交会，突破了自我的狭隘性，将“小我”提升到“大我”以至“全我”的层面上来，个体生命活力的焕发与更新始有了可能。这或许可视以为审美活动“无用即大用”的一个主要凭证。

然则，“体验”自身究竟是个什么东西，它如何生成，在人的审美活动中又会发生怎样的变化，不加交代的话，对于审美性能的把握上仍不免间隔一层。这个问题自非三言两语所能讲清楚，这里只能尝试作一点简要的提挈。

先要问：“体验”从何而来？简捷的回答是，它来自人的实际生活感受，属感受中精粹部分的结晶。我们知道，人要从事生存与实践的活动，必须经常与外在世界打交道。这一主客互动的态势作用于主体自身，映现于其内心世界，便成为心物交感所引发的喜怒哀乐诸般感受。感受有深有浅，其浮表的成分往往转瞬即逝，在心灵中留不下多少痕迹，只有那些比较真切而深刻的感受，特别是跟个人或时代命运有重要关系的感受，才有可能积淀下来并生发开去，于是构成了人的生命体验。生命体验是涉及生命本真意义的体验，而其呈现形态仍不离乎活生生的感受，这也就是审美发动的种因了。

不过现实生活中的生命体验尚不能等同于审美体验，因其直接来自人的日常生活感受，其中必然杂有大量一己当下利害得失的考较成分，将这类现实的体验连同其感受形态直接表达出来，往往只能成为自我情感的宣泄，构不成具有普遍意义和超越情怀的审美。只有当我们以摆脱实用功利计较的审美态度来重新观照和体验原有的生命体验，剥离那些实际利害关系的纠缠，使有关生命本真的体认充分凸显出来，向着生命本真回归的道路得以敞开，原有的生命体验才有可能转型为真正的审美体验。据此说来，则审美体验当看作为对原有生命体验的再体验，是主体在审美态度的指引下将已身既有生命体验予以对象化和意象化观照的产物，而在这重新观照与体认的过程中，不单原有生命体验得到了纯化提炼，且借助意象化建构，吸收并综合了许多新的养料，丰富和深化了原有的体验。从这个意义上讲，审美体验乃是人的生命体验的自我超越，它通过审美的途径将“生命体验”转型为“体验生命”，更进以递升至“感发生命”的高度，亦便是审美活动的旨归之所在了。附带说一句，这种凭藉“体验”以进入生命本真的路向，恰体现出审美的独特性能。我们看到，在同属超越性精神追求的活动中，哲思的终极关怀不能不借助思辨，宗教之类必须倚仗信仰，而审美则主要经由体验（不排除其中容或杂有思考及信仰的成分），且始终不离乎体验。体验虽有深有浅，却是每个正常的人皆能通过自己的生活实践和审美感受（不一定局限于艺术品欣赏，也包括日常生活里对自然美、人情美及工艺美的诸种感受）所能获得的，较之于精深的哲理或虔诚的信仰，其在现代社会生活方式里会拥有更广泛的群众基础，似可断言，或许也是“美育代宗教”以及“审美救赎”诸说在20世纪里得以兴起并广泛流行的原因吧。

再回过头来检视一下，应该说，这种以“体验”为审美（包括艺术创造）核心的理念，在我们的民族传统中称得上源远流长。民族诗歌的两大源头——“诗”与“骚”，取的都是体验美学的路径。“诗”在古代本与乐歌合流，故《乐记》中有关乐音生自“人心之感于物”的断语，即可代表“诗”的理念，经《毛诗序》引申为“情动于中而形于言”的说法，更由刘勰归结为“感物吟志，莫非自然”，“物感”说遂奠定了传统体验美学的基础。另一方面，楚骚本未必合乐，但大诗人屈原用“发愤以抒情”来表述其创作的原动力，显然也出自“体验”，而后有司马迁的“发愤著书”、韩愈等人的“不平则鸣”以至清黄宗羲“厄运危时生至文”诸说，树立起体验美学的又一种范式。晚清王国维则在其《人间词话》里，就诗人与宇宙人生的关系提出“能入”与“能出”的双重要求，以“入乎其内，故能写之；出乎其外，故能观之”“入乎其内，故有生气；出乎其外，故有高致”的一段概括，为“生命体验的自我超越”说打下了理论基础。这些都足以显示民族传统的审美取向。相形之下，西方思想家似更看重理性的作用，比较忽视情感体验，占据其审美与艺术理念主导地位的“模仿”说和“形式”观，都打有理性认知的记号，体验论仅在近代浪漫主义和某些现代派的思潮中稍显头角，终难胜出。不过西方的体验美学特别强调体验者凭自己的意志由“此在”（当下处境）向“彼在”（本真境界）跃升，其鲜明的主体意识亦值得我们借鉴。

中国现代美学是在西方世界影响下启动的，而老一辈学人如朱光潜、宗白华等的思想里仍挟带不少体验论的成分。20 世纪 50 年代后反映论大盛，“体验”在美学中开始销声匿迹，迄未见复苏。即以 90 年代延续至今的实践美学与后实践美学之争而言，其反复辩难多个回合，交锋不可谓不激烈，但争议焦点始终胶执在审美从属于人的实践活动抑或其超越性精神追求的问题上，并未能切入“体验”的核心。实际上，实践或超越均属人的存在方式，何者为主多还停留于人学层面的论辩，如能将注意点由人学引向美学，着力寻求从人的存在进入审美活动的通道，讨论或可取得更显著的绩效。而若尝试从“体验”的角度来介入这场争议，我们将会发现，“体验”连同其活生生的感受形态，正是在人的具体的生存与实践活动过程中生成的，从这个意义上讲，实践（包括生存）即可视以为审美的源头。但审美并不停留于生活实感，它要将现实的生命体验提升为审美体验，于是又必然指向了自我超越。换言之，恰是“体验”的特殊性，促使审美活动的孕育成形必须经过“实践”以趋向“超越”，考论时与其固守一端而攘斥另一端，曷若综观会通之为胜？且依我之见，人的超越性追求通常是以自身现实的“忧患意识”（“忧生”或“忧世”）为依托的。忧患难以解脱，愤怨郁结于心，情感需要宣泄，最佳的方式便是通过审美以求得升华，从复归生命本真中重新焕发生命活力，以执守并提升自身持有的生活信念。试看古今中外的哲人达士，无论孔、孟、老、庄、佛、禅，抑或叔本华、尼采、海德格尔、马克思，他们虽皆显示出超越性追求的一面，具体取向则无不打上其个人和时代的“忧患”印记，这正是超越不等同于高蹈绝尘，恰由“忧生”、“忧世”情怀转出的明证。后实践美学要真能成为“实践”之“后”的美学，其超越之路也不能取排除或绕开“实践”的方式，而必须经由“实践”并综合“实践”始得以实现，权且算作我的一句诤言。

三、“美”与“审美”的关系重估

以上分别从“生命为本原”“体验为核心”及其“超越性追求为指向”的不同角度上，概括地介绍了我的美学构想，拙著以“生命体验与审美超越”立题，正着眼于提示这一基本的构想。确切地说，这仅属于对审美活动性能的概括，尚不能涵盖整个美学领域，美学作为一门学科，涉及的问题自要多得多。所以我在小书中着力构建的，只能称之为“生命体验论”的审美观原则，而由这一审美观引向“生命体验美学”的整体建设，尚处在追求和向往的过程中。这也是为什么我要大力倡扬“生命体验美学”，希望有更多的同道来关心和参与这项建设，以推进其理念的成熟和方方面面内容的展开。

不过在我思想深处，确实形成了以人的审美活动为逻辑起点来构建美学大厦的信念。我们看以往的美学论著，多是从“美”或“美的对象”出发来研究美学的，审美从属于美，且常只限制在审美心理学的范围内进行梳理。其实审美活动不仅牢牢贴近人的生活经验，更自有其哲理上的重要支撑，在美学领域内当占据第一性的位置，可以说，不懂得“审美”，便不能正确地把握“美”。我的意图就是想要努力解开美学研究的逻辑起点这一关，起点立得牢靠，后续研究才会有明确的方向。这里自会要涉及对“美”与“审美”关系的把握，亦牵连到对“美”的性能的界定，让我们借用这一节的篇幅来稍加讨论。

先就“美”与“审美”关系的把握谈起。在这个问题上，学界历来有“预成论”（或曰“现成论”）和“生成论”二说。前者认定“美”和“美的对象”独立于人的审美活动之外，是先有了美和美的对象，而后才去审美。传统认知论美学采取的就是这个观点，一般教科书以“美论”“美感论”“艺术论”安排章节次序，亦是承袭着这一思路。“生成论”则把关系颠倒过来了，它认为美的对象和美本身都不能脱离人的审美活动，甚且可以说是在审美活动过程中生成的，“审美”才是美的世界的创造者，作为美学研究的逻辑起点理所当然。这是一种较新的观念，折射出哲学领域中实体本根论消解的基本趋势，为当代许多美学流派所采用。我个人也比较认同后一说。在我看来，“美”不是一个实体，也不同于方、圆、黑、白之类事物属性，这些或可视以为在人的感知活动之外先天存在着的。美丑之类则属于价值范畴，与善恶、利害、是非等价值观念相当。价值是应主体需要而设定的（当然也要以一定的对象及其属性为依托），离开了需要，便无所谓价值。对象之所以显得美，实出自其切合人的审美需要，故也常应审美需要的转移为转移（所谓最美的音乐对于非音乐的耳朵或无心听音乐的人来说，都不是音乐，表达的便是这个道理）。审美需要作为人的需要结构的有机组成，它植根于人性深处，而表见于具体的审美活动之中，说到底，它自身亦属审美活动的产物，是多次反复从事审美的积淀。在平时，审美需要是潜藏不露的，一旦进入审美活动，它便活跃起来。在它基础之上树立起来的整个审美心理结构（包括审美态度、审美趣味、审美理想、审美能力等），这时候便充当了审美主体的角色，而为主体所认同、所摄取和加工的对象，便成了美的对象，亦便生成了对象的美。于此可见，通常所讲的审美主体、审美对象以及两者之间所构成的审美关系和所产生的审美价值形态（美、丑、崇高、秀美之类），实皆离不开人的审美活动，归根结底是由审美活动建构起来且在这一活动过程中开显出来的。故若要问美如何生成，或可下这样一个断语，即：它发端于人的审美需要，形成于审美活动的过程之中（表现于由审美活动所营造的意象之上），并实现其价值功能于接受者的美感愉悦效应。总之，美的价值及其实现，均须依存于审美；由审美性能的考察进以掌握美的内涵和意义，或可成为研究美学的一条新的通衢大道。

这里想附带提及一个问题，即实践美学当如何来处理“美”与“审美”的关系。实践美学以实践活动为审美的本原，这本应成为一种生成论的取向，而结果并非全然如此。在一部分实践美学家的观念里，“美”只是实践的产物，与审美并无必然联系。按他们的说法，是人的实践活动直接创造出美的客体（即所谓“人的本质力量的对象化显现”），而这一活动映现于人的内心世界所形成的心理积淀及其结构图式，则体现着审美主体的功能；主体与客体各自分立，其相遭遇和相对待，始开启了审美的行程。这样一来，尽管“美”对于实践活动属生成关系，对于审美活动则仍属预成，先有“美”而后“审美”，依然落入反映论的套子。看来哲学观上的存在论并不足以保证其审美观上的生成论，如何从实践本原直接转入审美活动，立足审美的基地来构建美的世界图景，也还是实践美学所需要进一步深思并作出圆满解答的。

接下来，让我们转移到“美”的概念的界定问题上来作一点推断。我并不赞同柏拉图那种穷根究底式地追问“美本身”的方式，因为“美”并不是一成不变的实体，它也不具有千古不易的秉性，但一定范围内的概括和相对意义上的论断，则不妨一试。我对“美”的基本界说为“天人合一的生命本真境界在人的审美活动中的开显”，这个界定实质上是从有关审美活动性能的体认中引申过来的。如上所述，我将审美归之于“体验”，而且是对生命本真的体验。这一“本真”固然含带个体生命的本真，亦包容人类群体生命的本真，而其终极指向更涉及整个世界的本原，即那种将个体与群体生命活动均含纳其中的“大化流行，生生不息”的宇宙生命的本原。因为人在其审美活动中进行自我超越，就是为的要突破“小我”，以返归“大我”，通过主客交融、物我同化以跻于“天人合一”“万物并生”的原初境界，以领略那“和实生物”“生生不息”的生命本真气象，藉以感发并提升自身的生命活力，疗治和克服其在现实生活环境压迫下不可避免要遭受到的各种心灵创伤。审美的解放功能和自由导向正是通过这一生命本真境界的开显以实现的，将其引入“美”的内涵的界定，岂非顺理成章？不过同时我又限定了这个境界的开显范围，那就是“在人的审美活动中”。按照我的理解，美是在人的审美活动中生成的，它的价值由人的审美需要所设定，而若离开了审美活动及其需要，客观世界里的各种生命现象尽管也会有其显露本真的一面，但那不应当称之为“美”，因其不具备审美对人的精神解放的功能，自亦难以归入“美”的价值范畴。先贤有云：“美不自美，因人而彰”，说的正是这个道理。质言之，以“生命本真境界”为基准，确立了美的客观性和普遍性，使其不致流于“情人眼里出西施”式的主观臆想；而将其价值的设定及功能的实现归诸具体的审美活动，又体现了美的历史性与主体性，解除了那种对“形而上”的“美本身”的迷思。总体说来，我的美学观基本上仍是立足于人本主义的（以人的“生命活动之链”为审美发动的直接本原），而在其深层结构里又涵藏着一个“天人合一”的维度（以宇宙生命的本真为自我超越的终极指向）；说得更确切些，我是以根底于“天人合一”关系的“人”为本位（不排斥其在特定场合下开显出主客二分）来思考和构建新的生命哲学和生命体验美学的，这也可以看成是我跟西方“生命哲学”及其衍生的“生命美学”诸流派的分野所在。

有关个人美学思考的基本思路大致交代过了，末了想说几句题外的话。生命美学在当代中国的酝酿、生成已有近30年历史，拥有自己的领军人物和一大批积极响应人士，在美学界形成了足具影响力的潮流，值得庆贺。我还比较看好它的前景，因“生命”一词有较大的包容性，在这个题目下做学问，伸展的空间很大，足以支撑起具有相当深广度的理论思想构建，潜力无穷。当然，“生命”的提法在理解上也颇有歧义，随意发挥容易走上岔路或导致含混，这就要求建设生命美学的人要特别注意锤炼自身理念的科学性和逻辑的谨严性。不过我最大的希望，还是这个流派在其继续成长的过程中，能采取更为开放的姿态来对待其他美学派别，特别是与其立足点较为接近的流派如实践美学、新实践美学、实践存在论美学、生存——超越美学、人生论美学、体验美学以及生态美学、身体美学等，它们共同依据人的存在方式来探究美学问题，所取得的经验或教训自会对生命美学的建构有直接的参考价值。即便是立足点甚有差异的学派如反映论美学、形式主义美学、语言符号论美学、文化批评及解构主义批评等，各自从不同角度提炼出自具特色的新见，有的可能恰恰是生命美学原有视角中的盲点所在，注意发现并努力消化后亦有可能纳为己用。“有容乃大”，将坚守门户转为开放园地，在活跃的双向交流中广为切磋，尽情吸纳，生命美学将和其他美学流派共生共荣，以打造当代中国美学的繁荣图景，愿与诸君子共勉！

第二节　生命美育论[1]

一、生命美育独特的实践性和应用性

40多年前因知识爆炸应运而生的生命科学，促使人们对生命哲学展开思考，发现人没有自然生命就没有一切，对人来说，第一宝贵的就是自己的生命，因此人应该认真思考，人怎样活着才符合生命的本性，才最有意义和价值。生命科学又启示人们，人的自然生命能够存在，是因为有自然生命的能量即生命力存在，因此人活着如果符合生命的本性，就活得最有意义和最有价值，所以人应该激发、保持和强化生命的力度，使有限的生命具有无限的生命力。这实际上是对生命的真和善的哲学思考。

由于真善美相连并举，对生命哲学的真和善的思考，又促使人们对生命状态的审美观照。尽管古今中外哲人智者对生命状态大都重视，黑格尔更认为“自然美的顶峰是动物的生命”，但是从美学角度对生命状态进行审视，并对生命美产生异乎寻常的关注，还是生命科学兴起之后的事。当代社会科技发达，物质文明程度很高，但生命状态不一定美好，甚至暴露出许多假恶丑的反审美倾向。这使美学界人士深切感到再也不能任社会生活中生命状态的反审美

[1]　作者姚全兴，原载《贵州大学学报》2015年第3期。

倾向肆意泛滥。

在我国美学家的努力下，一门以生命科学为参照系的生命美学得以诞生，成为美学园地一朵鲜艳夺目的奇葩。生命美学虽然如生命科学那样，关注人的生命现象，但是它不像生命科学那样执著于生命的功利性和科学性，而是着眼于生命的审美性和本体性。也就是说，它对生命的审美现象和审美本质更感兴趣，对形形色色的生命状态更注重审美观照。

然而，对生命的审美观照，固然是人们的自然性和社会性决定的一种应有的本能，却往往因为现实中不以人们意志为转移的反审美倾向而无用武之地。而且生命美学由于阳春白雪，其理论学术和现实需要之间存在比较大的距离。笔者一直从事审美教育研究，觉得应该从审美教育寻找突破口，21 世纪初笔者提出生命审美观照适应现实需要的审美教育，即生命美育。生命美育作为一种运用美学原理于实践活动的美育，是生命美学在现实中的延伸和应用。

生命美育虽然和生命美学有必然的联系，但又有自己的特点和功能。简言之，它具有独特的实践性和应用性，一方面涉及生命的全过程，研究人类从受孕到死亡的审美现象和审美方法，指导人们如何提升审美的人生境界，因而和终身教育有密切的关系。另一方面有助于人的审美素质的形成，审美素质能够把人生的外在目的转化为内在的生命体验，使个体生命环境充满诗意，在提高生命质量的同时提高生活质量，因而又和素质教育有密切的联系。不仅如此，它比生命教育更有针对性，着重人类生命活动不可缺少的普遍性审美需要。从这个角度说，生命美育融美学和教育学于一体，具有自己相对的学术独立性、不可替代的社会价值和现实意义，值得我们高度重视和发扬光大。

二、生命审美价值与生命美育的特性和原则

生命美育具有一系列的核心概念。

如果说从真和善的角度审视生命，可以揭示生命哲学价值和生命伦理价值，那么从真善美合一的角度审视生命，可以揭示生命审美价值。而进一步审视生命审美价值，则需要运用审美方法，通过审美途径，揭示生命审美价值特征。而生命审美价值特征，是由审美活动的现象和本质特性决定的，包括以下四个方面：

情感性。人的生命欲望、生命冲动，往往表现为审美情感的流露和激发，这是特有的情感生命。如果情感生命超越了狭隘的功利主义欲念，具有高尚、纯洁、和谐、优美的品质，就有利于审美活动的完成，有助于审美理想的实现。人的生命审美价值，很大程度上来自对情感生命的审美表现—感悟。

形象性。生命现象、生命状态、生命活动、生命过程，总是感性的形象的，人们也总是通过对生命现象的审美表现—感悟，感知和把握生命审美价值。因此，生命不是只可意会不可言传的存在，生命审美价值也不只是抽象的理念，而是有声有色、审美器官可感可触可欣

赏的。

愉悦性。人的各种审美活动，无不使人感到快乐和舒畅，这是生命的愉悦，也是一种生命审美价值。因此，生命审美价值的形成和审美表现—感悟产生的愉悦相关。如果对优美或壮美的事物，对悲剧性或喜剧性的事物都有深切感受，都能产生不同程度、不同内涵的愉悦和精神享受，也就更具有生命审美价值。

自由性。席勒曾说："通过自由去给予自由，这是审美王国的基本法律。"审美活动必须是自由的、自觉的、无拘无束的，而不是强迫的、勉强的、无可奈何的。更不是被各种各样的清规戒律桎梏的。生命只有在自由放飞的审美表现—感悟中，才能身心大悦、无挂无碍，达到超然于物外的生命审美境界。

那么，为什么只有通过审美表现—感悟，才能揭示生命审美价值呢？因为它是一种复杂微妙、自由自在、豁然贯通的生命感受过程。它既有沉思而得的哲理，又有悠然而至的诗意；既有精神的超越，又有由衷的喜悦，成为融审美理解和审美享受于一体的审美心理。人们在审美活动中有所悟有所得，也就形成对生命美的现象和特点的评价和判断，对生命审美价值的认识和拥有。由此不难理解，为什么当专家学者获得他心血凝成的创造性学术成果时，当消防战士奋不顾身地冲进烈火拯救人们时，当体育运动员向目标势如破竹地冲刺时，我们不假思索地感到他们的生命之力、生命之美何等昂扬勃发、灿烂辉煌。这就是通过审美表现—感悟到生命审美价值的同时，自然而然地得到了生命美育，不知不觉地明白了什么是崇高而神圣的生命审美境界。

审美表现—感悟与生命美育的密切关系，又决定了以下生命美育特性：

寓理性于感性。审美表现—感悟是感性和理性的结合，只有通过感性才能结合理性，因此生命美育必须从感性出发。这也是因为生命美育突出的生命正是感性的，即鲜活的、可感可触的、能使人全身心感动的。但生命美育又必须理性的，因为理性是它必然的内涵和认识。人们对生命现象的审美表现—感悟，必然从感性的开掘，达到理性的层面。感性失去理性的支撑，审美只能是漂泊的浮萍。生命美育克服了感性和理性的对立，使双方保持互补和协调的状态，从而以灵动鲜活的形式和情调，追踪着表现生命、激扬生命和创造生命的审美境界。

自然性与社会性共存。审美表现—感悟涉及事物的面和量，在一定程度上决定了生命美育的面和量。而世上事物最大的面和量，无疑是自然性事物。黑格尔说过一句真知灼见的话："自然美的顶峰是动物的生命"。人作为最高级的动物，其生命必然是自然美的顶峰。因此，生命美育的一个重要对象，无疑是人的自然性生命。人作为世上能动性最大的自然存在物，以自身绵延不绝的传递和进化的生命，体现了自然界生命冲动、生命活力和生命本质的最佳状态，体现了生命物质存在和精神存在发生发展的最高规律，人因此能够立足于地球，纵横于世界，激扬最为强烈的生命之力，闪耀最为亮丽的生命之美。从而在生命美育的审美表现—感悟中，成为重要的对象。生命美育的审美表现—感悟中，另一个重要的对象是社会性生命。人类生命的社会性是人类社会属性赋予的，打上了深刻的社会烙印，克服了生命自然性的局限，使生命的有限通向生命的无限。人类生命的社会性因素，如仁爱、献身精神、社会责任感、历史使命感、人生价值观等，在显示生命美的同时，更显示相互激励和连锁反应的生命力，推动着人类社会的车轮滚滚向前。

既有形象性又富趣味性。进行生命力、生命美的生命美育，离不开形象性，否则就只能是抽象的观念、逻辑的理论，难以具有扣人心弦、感人肺腑，又发人深思、振奋人心的魅力和作用。因此，形象性是生命美育的又一个基本特性，它使生命美育始终伴随着具体、生动、鲜明的感性现象，使人对生命现象有真实的感受，对生命本质有真切的感悟，对生命力、生命美有真挚的感动。但事物有形象性不一定有趣味性，生命美育还应该有趣味性的基本特性，即寓趣味性于形象性中。事实上，生命既有形象性又富趣味性，才有价值，正如梁启超说的那样："我以为：凡人必常常生活于趣味之中，生活才有价值。若哭丧着脸捱过几十年，那么生命便成沙漠，要来何用？"因此，生命美育既有形象性又富趣味性，精神生命就有高品位高格调，不失人的慧心和灵气，有如山的玲珑而多态，水的涟漪而多姿，花的生动而多致。

从过程性到动态性。生命具有时间性，也就是过程性，这使生命美育又具有过程性的特性。事实上，生命美育常常在时间的流动过程中导致人对生命的体悟和审美。在这个过程中，生命的动态性让生命生生不息、绵延不绝地流动，形成一个充满生机和活力的过程，才能达到生命美育的目的。柏格森认为，绵延是一种创造和进化，由于向上喷发的自然运动而产生一切生命形式，因此，生命冲动也就是生命之流。可见过程性和动态性是一以贯之的，生命美育正是通过连续不断的过程和动态，而有生命的激活、流动和美好。从这个角度看，生命美育犹如源头活水，有了它才有生命的动感和美感，如同朱熹描绘的那样："半亩方塘一鉴开，天光云影共徘徊。问渠那得清如许？为有源头活水来。"

这里要着重指出生命美育可以消解青少年生命冲动的盲目性和无序性，导向生命冲动的目的性和有序性，促使生命和谐走向生命创造，审美趣味向审美创造飞跃。为此应该把握以下四个生命创造原则：

青春性原则。青少年走向或正处在生命的青春期，生命力最充沛，生命美最绚丽，体现了青少年的本然生命状态。把握这个原则，有利于生命青春化，增强生命的能量，提升生命的质量。

智慧性原则。机智灵活地激发和表现青少年个体生命，使其健康向上地发展，达到自由而美好的生命境界。把握这个原则，可以使生命和客观世界和谐相处，避免对抗性矛盾的激化。

审美性原则。引导青少年用审美的眼光、审美的心理，发现美和欣赏美，感受审美的愉悦。把握这个原则，将使审美活动成为对人生中生命状态的品味和生命情调的追求。

创造性原则。生命贵在创造，创造是青少年生命发展的最佳体现，生命成熟的最好标志。把握这个原则，有助于塑造生命的独特人格和鲜明个性，开拓生命活动的新天地。

在这方面，可以参考五四时期青年郭沫若当年的好友，后来成为美学大师的宗白华对他提出的情感美化的主张：在自然中活动，在社会中活动，美觉（指艺术美感）的涵养，哲理的研究。这主张并不过时，至今对生命美育有不可小觑的作用。

三、生命负状态审美应纳入生命美育

当我们谈生命审美价值时，可能有些人的目光总是落在健全人身上，似乎只有健全人才有生命审美价值。但事实上，生命审美价值不仅体现在健全人身上，也体现在生命负状态者身上，如残疾人、重病人身上。后者虽然生命体征羸弱，失去健康机体，但他们的内在的意志和精神并不一定羸弱，其顽强不屈、坚忍不拔的程度，有时甚至比健全人有过之而无不及，依然能够参与包括审美活动在内的许多社会活动。如司马迁、贝多芬、奥斯特洛夫斯基等，正是由于精神生命激扬出超人的生命之力和灿烂的生命之美，体现出光华璀璨的生命审美价值。现实生活中屡见不鲜、令人折服的残疾人艺术表演、体育竞技，表明无数生命负状态者向生命的极限挑战，在极其困难的生命状态中战胜自我、挑战自我，展示最高境界的生命审美价值。

今天，要强调将生命负状态审美纳入生命美育的必要性。对生命负状态审美有意或无意的忽视，会使我们对生命价值特别是生命审美价值的理解和评价失之偏颇。将生命负状态审美纳入生命美育，让它成为人们特别是青少年生命美育的重要对象，能使生命美育的社会实践更好地发扬光大。另一方面，我们还要看到现实生活中不少生命负状态者，固然能够战胜自我、挑战自我，也有一些生命负状态者精神萎靡、一蹶不振。他们往往得过且过、自暴自弃，在没有质量没有尊严的生活中苟延残喘。过去我们除了同情他们、救助他们，就别无他法。现在我们应该通过生命美育的途径和方法，促使他们战胜自我、挑战自我，从而激发他们的生命力和生命美，展示最高境界的生命审美价值。

生命负状态现象的最后发展，是不可逆转的死亡。死亡是一个非常深刻的生命哲学问题，也是一个新的生命美学问题，生命美学中的死亡美学正在引起国内外学者的关注。不仅如此，它还是一个新的生命美育问题，涉及对死亡审美的态度和观点。生死相依，死亡是生命的终结，又是生命的开始，它促使人们从生命限度的角度观照死亡之美，发现死亡之美不亚于生命之美，是生命之美另一种形式的体现，是生命之美发展的终点。

蔡元培曾经在《美育实施的方法》一文中指出：“美育，一直从未生之前，说到既死以后，可以休了。”现在我们应该进一步看到，对死亡之美的观照，是生命美育的又一个重要任务。它使人们明白，如果对死亡之美视而不见，看不到死亡的审美价值，也是观照生命审美价值时不该有的盲点，也是生命美育不该有的缺失。在这方面，古今智者哲人对死亡的审美态度，可以给我们在实施死亡的生命美育时有深刻的启示。印度诗哲泰戈尔说："使生如夏花之绚烂，愿死如秋叶之静美。"看，秋叶比夏花毫不逊色，只是美的形态、格调不同罢了。人之死如秋叶之静美，还有什么可怕或遗憾呢？对死亡越是超脱，把死亡看成是对自然的回归，其死亡观和生命观就一样富有哲理和诗意。美国小提琴大师梅纽因在自传里写道：死亡"就像到河边去赴一个快乐的野餐似的"。"我希望组成我生命的元素能尽快地回到大自然中，载歌载舞，回归土地……到大树下、小河里，那就是我的选择。"梅纽因对死亡的态度是如此洒脱、率直，就像他的琴声一样轻盈而灵活，不失生命的律动和永恒。再如日本著名画家、作家东山魁夷讲述的生死轮回的美情趣横生，又不乏深邃的意蕴。他在《一片树叶》一文中说，叶落归根，决不是毫无意义的自然现象。正是这片片黄叶，换来了整个大树的盎然生机，这一片树叶的生长和消亡，正标志着四时的无穷变化。同样，一个人的死关系着整个人类的生。死，固然是人人所不欢迎的，但是，只要你热爱自己的生命，同时也热爱他人的生命，那么当你生命渐尽，行将回归大地的时候，你应当感到庆幸。

这些启示有一个鲜明的共同点，就是对死亡看得很坦然很深刻很潇洒很美好，使我们迫切要做一件很现实很重要的事情，就是把智者哲人对死亡的态度，转化成普通人对死亡的态度。在这方面，需要思想解放，也需要加强力度，以形成一个死亡审美的新气象新氛围。这也就是现实中十分重要的关于死亡之美的生命美育。

四、生命美学、美育中的若干理念

生命美学、生命美育中的理念应该深入研究。

生命美，即生命的节律、色彩、运动等综合形成的形式美，也是思想、精神、情操等综合形成的内在美。从美学的分类看，又有优美的生命美和崇高的生命美。生命美有的来自与生俱来的天生丽质，有的来自个体努力形成的自我完善。东方人重视的是节奏和谐、美善同一、心物融合、宁静而超脱、悠然意远而又自强不息的生命美；西方人重视的是探索无穷、追求无限、伸张人类权力意志，闪耀痛苦的光辉而又充满欢乐意识的生命美。

生命力，即生命能、生命能量，古人所谓"元气"。来自生物学的人的本能或内驱力，也来自社会学的人的精神或思想境界。生命力往往通过情感体现出来，成为一种强烈、冲动的情感—生命运动。生命力和生命美是一个事物的两个方面。生命力必然体现生命美，生命美也必然迸发生命力。

生命感觉。感觉作为一种生命现象，是生命机体的外延，生命机能的伸展。人的各种感觉都是释放和汲取生命能量的生命运动。感觉敏锐还是麻木，是衡量人的生命灵敏度的重要标准。生命感觉良好的人，对美的事物总是充满兴趣，在人生历程和大千世界中都能获得生命的快乐。即便是孤独和痛苦的感觉，也可以转化为对生命力和生命美的快意追求。

生命体验。作为生命现象、生命能力的体验，比作为心理现象、心理能力的体验，更为深刻和丰富，因为其中灌注了情感生命和精神生命，从而能够在审美活动中形成心醉神迷的生命状态，把所见所闻所感的事物化成妙不可言的审美意象。生命体验由于其生命对外的迁移现象、扩散作用，注入全人格的内在经验，直接影响人生的质量，成为一种极为重要的审美活动。感觉良好、心情愉悦、精神昂扬而又如痴如醉的高峰体验，是生命体验的最佳状态。

生命智慧。激发和表现个体生命并使其完善和发展的智慧，是生命智慧，也是至高无上的智慧。这种智慧的最大特性是独立性和创造性，使生命具有非同一般的力度、灵敏度和紧张度，闪耀独特的光辉。在人生中也表现为享受生命的智慧，如林语堂所提倡的性灵、闲适、幽默的生活的艺术。

生命净化。亚里士多德在《诗学》提出“卡塔西斯”，即净化的观点。净化，又有感化、陶冶、宣泄的意思。通过文学和艺术对人心灵的净化，使人具有美德而不鄙俗，这也就是生命净化。在现实生活中，言行鄙俗甚至丑恶者多的是，他们不可能具有生命力和生命美。因此，生命净化是荡涤精神领域污泥浊水的重要话题，也是驱除心理雾霾、净化心灵天空的重要觉措。

生命强化。世界上最顽强的是生命力，这已经为世人和动植物的生命力所证实。生命力之所以顽强，又在于生命美，生命为了美而顽强。作家张承志在观察了蒙古一个火山口的金叶树后，在《危险的生命》一文中说：“美则生，失美则死。”但是，并不是所有人的生命都是顽强的，有些人的生命相当羸弱，是生活中的弱者。他们需要生命强化，像海伦·凯勒等身残心不残的生命负状态者那样，通过意志强化达到生命强化，而生命强化又必然导致生命的辉煌，导致生命力和生命美尽善尽美的结合。

生命优化。梁启超有高等趣味和下等趣味之说：“人生在幼年青年期，趣味是最浓的，成天价乱碰乱进，若不引他到高等趣味的路上，他们非流入下等趣味不可。”趣味即生命的表现，生命因此也有高等和下等之分。而“引他到高度趣味的路上”，就是生命优化。从个体的生命优化到社会的生命优化，是生命美育不可推卸的责任。

生命诗化。有生命力和生命美的人，才有生机和活力，才能感受周围活跃的生气，才能心中有美的精灵，从而把自己的生命融入自然和人生，化为浓郁而绚丽的诗意。这就是生命诗意化，或生命情趣化、生命艺术化。生命诗化的人，不一定是文学、艺术修养高的人，普通人也可以这样，如宗白华所说的那样：“我们心中不可没有诗意、诗境，但却不必定要做诗。”即便做诗的人，还得有人文情怀，才能够使生命诗化，成为真正的诗人。有人文情怀，则个体生命充实而灵动，对人生和世界有深刻而丰富的体验，在哲理和诗意的融合中达到至美的化境。

生命美化。这是生命净化、强化、优化、诗化的综合表现，也是产生生命力、生命美和生命感觉、体验、智慧的根本原因。生命美化的目的是使生命激发真善美的倾向，避免假恶丑的倾向。有些人只知道生活美化而不知道生命美化，这是舍本逐末，生活没有生命美的滋养，不可能美化起来。正确的态度是，美化生活不能忘了美化生命，美化生命才能更好地美化生活。生命美化的修炼应该贯穿整个人生，普及整个社会。

第五章　美学与乐感

陈伯海、姚全兴认为美学、美育的本体是“生命”，祁志祥则认为“美”的本体是“乐感”。“乐感”指有价值的感性快乐与精神喜乐。他依据对古今中外大量美学资料的广泛收罗与长期思考，提出“美”的统一语义乃是指“有价值的乐感对象”，并据此重构起由方法论、本质论、现象论、美感论组成的“乐感美学”理论体系。华东师大旅游系的庄志民结合自己长期研究的旅游美学实际，指出旅游景点之美——如当今流行的民宿之美正是作为乐感对象去加以设计、营造的。上海交大人文学院的汪济生则通过对全书60万字内容的仔细阅读，以《当代中国美学前沿的坚实界碑》为题，从多个方面肯定《乐感美学》：推敲命题，巧破疑难；以史为鉴，精校准星；广谒前贤，平等对话；取舍唯真，博采众长；古典新用，异彩纷呈；锐意出新，严求自洽；以美述美，文字精美。而青年会员孙沛莹、李纲耀的《〈乐感美学〉：美学体系重建的新界碑》，原为会议综述，从对美学学科的推进、在美学原理重建方面的理论价值与实践意义三方面记录了学界部分专家对《乐感美学》的积极评价。

第一节　美是有价值的乐感对象[1]

美丑颠倒、是非混淆，是当下社会的一种乱象。这既与价值多元的思想环境和利益驱动的经济环境有关，也与否定本质的学术环境有关。须知，当“美”的本质成为“伪问题”被取消之后，“美”也就可能是“丑”，而且理直气壮。

“本质”为什么会被现代哲学取消呢？理由是，它是永恒不变的客观实体，这种实体是不存在的，因为物质一直在变，只有当下，没有永恒；只有现象，没有本体。这种理论看似高

---

[1]　作者祁志祥，原载《学习与探索》2017年第2期。

妙，实则似是而非。在自然科学领域，人们对于各种物质现象背后的本质、规律的认知，使得卫星上天，蛟龙入海，取得了不断为人类享用的科技成果。在社会科学领域，各种社会现象背后的本质也客观存在着，它使得政治学、经济学、社会学、法律学、军事学等用科学的方法研究人类社会的种种现象，揭示其背后的规律成为可能。人文科学虽然带有一定的主体倾向，但只要是“科学”，就不能排斥是一种真理性探索，作为人文社会科学的简称，人文科学是指以人的社会存在为研究对象，以揭示人类社会的本质和发展规律为目的的科学，“本质”也不可取消。而且，“本质”一词，在人们的日常使用中，并非像现代西方哲学所批评的那样，仅仅指物质永恒不变的客观实体，还指某一类现象背后的统一规定性，包括指称这类现象的语词的稳定涵义（定义）、这类现象的共同根源、规律、特征。美学作为带有主观性、价值性的人文科学，它所聚焦的“美”的“本质”就是如此。

美学所探讨的“美本质”，不是纯客观的永恒不变的物质实体。“美”作为人类使用的一种价值判断，不是物理的，而是心理的。人们之所以用“美”指称某种物质现象，不仅缘于客观对象，而且缘于主体心理。同种物质现象，不仅不同的人会有不同的审美判断，而且同一个人会在不同的心理状态下有不同的审美判断。美学所要研究的“美本质”，不是“美”这种客观物质的实体是什么，而是人类使用的“美”这个语词的统一涵义是什么，也就是“美”的语义或“美”这个词的定义是什么。李泽厚在《美学四讲》第二讲中就曾指出：“‘美’这个词首先可作词（字）源学的询究。”[1]

那么，“美”这个词的定义是什么呢？依据对他人审美实践的考察和对自己审美经验的内省，综合古今中外留下的记录和剖析审美经验的理论资料，笔者思考的结果是“有价值的乐感对象”。

这个定义有两个要点，一是美是能够带来快乐的对象，二是这种快乐必须有价值。

一、美是一种乐感对象

当我们探讨“美”本质的时候，“美”是当作一种名词，指美的事物，而不是当作形容词，指美的感受。所以，美在物不在我。美与美感是不同的。美是愉快的东西，美感是愉快感。赫西俄德说：“美的事物使人感到快感，丑的事物使人感到不快。”托马斯·阿奎那说：“凡是一眼见到就使人愉快的东西才叫做美的（东西）。”沃尔夫指出：“美可以定义为：一种适宜于产生快感的性质。”桑塔亚那说：“如果一件事物不能给人以快感，它决不可能是美的”，美是“客观化的快感”。美的感受不会无缘无故地产生。人们总是习惯把引起美感的身外对象，即审美对象称作“美”，把审美对象引起的愉快的感受和认识称为“美感”或

[1] 李泽厚：《美学三书》，安徽文艺出版社 1999 年版，第 476 页。

"审美"。

"美"作为令人愉快的事物，具有客观性。美所以使人愉快，是因为它本身具有适合普遍使人愉快的品质、属性。徐岱反思说："一种觊觎着实在论在美学界的主导位置的主观论美学自身，太经不起推敲。……'认为审美态度是造成审美经验的决定性的先行条件，其荒唐不亚于一个人相信他只要持一种享乐态度，他就会由一块发霉的面包尝到烤龙虾的味道。'这样的表达虽然有些尖刻，但也的确击中了主观论美学的要害。"[1] 主张美在主体生成的论者无论如何也不敢否定"美的条件"，因为事实很显然，龙虾是美味，而发霉的面包不可能是美味；正如范冰冰是美女，而凤姐怎么也不可能被公认为美女一样。

美作为产生乐感的对象，是相对于感官存在的，因而具有可感的形象性。说"花是美的"，这只是一个科学判断，它揭示了一个审美事实，但判断本身是不能感人的；只有到百花园中，通过对含苞待放或昂首绽放的花朵的观赏，才能感受到花的美。再如"秋日游子思乡"，这个判断只是告诉人们一种人生的知识，并不能打动人的情感，本身并不美，但马致远的《天净沙·秋思》以一种形象的意境的营造，给人浮想联翩、咀嚼不尽的美感，从而脍炙人口、传诵千年。

"美"尽管在物不在我，具有客观性及其形象性，但把客观对象叫做"美"的统一性根据却在我不在物。事实证明，从客观方面寻找、归纳"美"的语义的统一性是徒劳无功的，"美"这个词的涵义的统一性只有从主体的感觉方面去寻找。这个统一性就是，只要是被称为"美"的事物，都能统一地产生乐感。对此，《淮南子》早有先见之明："佳人不同体，美人不同面，而皆说于目；梨橘枣栗不同味，而皆调于口。"葛洪《抱朴子》也指出："妍姿媚貌，形色不齐，而悦情可钧；丝竹金石，五声诡韵，而快耳不异。"客观方面找不到美的统一性虽然令从事归纳的理论家们遗憾，但另一方面，人类可对千姿百态的对象产生乐感而视为美，恰恰体现了人类乐感的包容性和人类指称"美"的对象的丰富性。

"美"的统一性在于快感反应的统一性，这种快感不仅包括感觉愉快，而且包括精神愉快。由于在中文语境中"快感"通常被理解为远离精神愉悦的官能反应，我们借用中国古代美学中的"乐感"概念，将"美"定义为一种"乐感对象"，而非"快感对象"。"乐感"概念源于"孔颜乐处"，它既指道德欢愉、精神快乐，又包括"风乎舞雩""吾与点也"式的感性欢乐。在这里，我们明确反对"美感不是感官快感"的保守观念，为感官快感松绑。如果"美"所引起的快感对感官无缘，只是精神快乐，那么，"美"就失去了区别于真善的独立性，"美"也就失其为美了。在感官快乐对象中，传统的西方美学将"美"限定在视听觉快感对象范围内，但审美实践并不尽然。在审美实践中，我们看到"美者甘也"，"妙境可以鼻观"，触觉亦可审美，人们不仅用"美"指称视觉、听觉快感对象，也用"美"来指称味觉、嗅觉、触觉

[1]　徐岱：《美学新概念》，学林出版社2001年版，第307页。

快感对象。五觉快感并无质的不同。“美”可以是五觉快感的对象。“美”所引起的感官快乐可以是五觉快感。这是我们特别要强调的。

同时我们要指出：“美”所引起的快感不仅是超功利的，而且包括功利的。换句话说，“美”不仅用来指称超功利的快感对象，也指功利快乐的对象。前者叫形式美，也就是康德所说的“自由美”；后者叫内涵美，也就是康德所说的“附庸美”。康德的《判断力批判》一方面在“美的分析”中揭示美是超功利的、不依赖概念而被直觉到的、普遍愉快的对象，这叫“自由美”，另一方面又在“崇高的分析”中揭示“美是道德的象征”，而“道德”恰恰是功利的。事实上，对象形式带来的感觉愉快是超功利的，对象内涵带来的精神愉快则是功利性的。但是由于我们对康德《判断力批判》“美的分析”的误读，以为这里分析的超功利的“美”是一个周延的概念，指“美”的全部，不知这个“美”乃是一个与“崇高”并列、对峙的“优美”“纯美”概念（康德另著《对美感和崇高感的观察》《论优美感和崇高感》），对“优美”“纯美”的超功利特性的分析并不能作为对包含着“崇高”等范畴的属概念“美”的要求。在内涵美、道德美领域，正如桑塔亚那所说：“审美快感的特征不是无利害观念。”[1]“说美在某种意义上是切合实用之根据，这对我们就不一定是毫无意义的。”[2]“美的本质就是功利其物。也就是说，我们对于某些形式的实用优点的感觉，就是我们在审美上称赞它们的理由。据说马腿所以美，是因为适合奔驰；眼睛所以美，是因为生来能看东西的；房屋所以美，是因为便于居住。”[3]对于口干舌燥的人来说，一瓶汽水是最美的；对于饥肠辘辘的人来说，一顿饱餐是最美的；对于等候太久的乘客来说，一辆巴士是最美的；对于久旱无雨的庄稼汉来说，一场及时雨是最美的；对于等米下锅的农民工来说，及时拿到工钱是最美的；对于喜欢炫富的年轻人来说，奢侈品是最美的。在这里，对象之所以产生令人愉快的美，在于其中凝聚的功利价值。当然，我们也不赞成将桑塔亚那的说法夸大到以偏概全、否定无功利的形式美、自由美的地步。

如此看来，“美”由于引起的快感的部位、机制不同，也就分为形式美与内涵美。美作为带来乐感的对象，引起五官感觉愉快的对象，叫形式美，引起精神愉快的对象，叫内涵美。形式美包括视觉快感对象美、听觉快感对象美、味觉快感对象美、嗅觉快感对象美、肤觉快感对象美，其快感反应机制属于天然的、不假思索的无条件反射，内涵美作为引起中枢系统中精神愉悦的对象，其反应机制属于后天习得但同样不假思索的条件反射。

正如西方传统美学将美感视为视听觉快感，达尔文因而认为具有视听觉快感能力的动物也具有美感能力和自己感受的美，既然美是一种乐感对象，只要有感觉功能的生命体都有自

[1] 桑塔亚纳:《美感》，缪灵珠译，中国社会科学出版社1982年版，第25页。

[2] 桑塔亚纳:《美感》，缪灵珠译，中国社会科学出版社1982年版，第108页。

[3] 桑塔亚纳:《美感》，缪灵珠译，中国社会科学出版社1982年版，第106页。

己的乐感对象，因此，美就不只是人的专利，而是相对于一切动物体而存在，动物也有美。这里，如果我们恪守教条，认为美是只为人而存在的，其他动物没有美的感觉能力，恰恰会在逻辑上留下巨大的漏洞。不过值得辨析的是，当我们说其他动物像人类一样具有感受美的能力和自己能感觉的美时，不是说动物能感受人类感受的美，动物感受的美与人类感受的美是一样的。不，动物感受的美与人类感受的美既有同，也有异。动物感受的美与人类感受的美的异同只能发生在感官所感觉的形式美领域之外，源于人类大脑中枢精神喜悦的内涵美，在动物界显然是不存在的。在感官所感觉的形式美领域，牛听音乐能多出奶，孔雀听音乐能开屏，这是动物感受的美与人类感受的美相通的例子。“毛嫱丽姬，人之所美也，鱼见之深入，鸟见之高飞，麋鹿见之决骤。”这是动物感受的美与人类感受的美不同的地方。

对象所以成为快感对象，源于客体与主体属性的契合。在人类认可的形式美领域，外物的形式所以会成为引起快感的美形式，在于外物诉诸感官的物质信息契合了主体感觉的结构阈值。举例来说，人类所能看见的光波，波长在400—760毫微米之间，人类所能听到的声频，每秒振动在20—20000次。当对象的视觉形式和听觉形式契合了主体视听觉感官能够接纳的结构阈值，主客体处于一种契合、谐和、舒适状态，视听觉的形式美就会产生。如果光线太强或太弱，声响太大或太小，超过了人体视听觉感官的接受限度，就会产生不舒服的丑感。内涵美亦然。内涵美的根源，在于对象具有或象征的意义契合了主体的心理期待，从而产生主客体合一的和谐运动。

如此看来，对象所以成为美，原因在于客观对象与生命主体感官属性、心理属性的相互契合。在美学上，这叫对象具有“主观的合目的性”而成为“美”。不过，不同的动物物种有不同的“主观的合目的性”、不同的美。某一物种的动物体能否以自己物种的“主观的合目的性”否定、扼杀其他物种的动物体的“主观的合目的性”呢？不能。《庄子》早已揭示：“彼至正者，不失其性命之情。故合者不为骈，而枝者不为跂，长者不为有余，短者不为不足。是故凫胫虽短，续之则忧；鹤胫虽长，断之则悲。故性长非所断，性短非所续，无所去忧也。”站在不同物种动物体的生命本性角度看，不同的动物有不同的感官属性、不同的“主观合目的性”、不同的美，和谐的自然生态是尊重每一种动物物种的生命存在权利，从而达到每一种动物物种“主观的合目的性”之美的共存。动物具有“主观的合目的性”，但有生命、无感觉的植物和无生命的无机物种无所谓“主观的合目的性”，它们是不是就应该束手待擒，任由有感觉的动物物种宰割、砍伐呢？从生态和谐、物种长久存在的角度来看，也不行。只有让植物、无机物按照自身的规律自然生长化育，才有助于各种物种的共生共荣。不过，为本能所主宰的一般动物既看不到，也做不到这一点，只有人类可以凭藉高度发达的智慧机能，认识到人类与其他动物乃至植物、无机物的相互依存关系，从主观的合目的性走向客观的合规律性，即对其他各种物种自身生命规律的尊重。对此，马克思在《1844年经济学哲学手稿》中有过精辟的揭示：“动物只是按照它所属的那个物种的尺度来进行塑造，而人则懂得按照任何物种的尺度来进行生产，并且随时随地都能用内在固有的尺度来衡量对象。”于是，美就呈现为合主体的目的性与合客体的规律性的兼顾，由此带来的是一个物物有美、美美与共的生态美学场景。

二、美的乐感的价值属性

美是一种乐感对象，但并非所有的乐感对象都是美。美只能是有价值的那部分乐感对象。

什么是“价值”呢？“价值”是客体相对于主体显示的意义。斯托洛维奇指出：“价值不仅是现象的属性，而且是现象对人、对人类社会的积极意义。”凡可充当主体的，必是有感觉的生命体。有益于促进主体的生命存在，就叫有价值，反之就叫无价值。正如美国学者兰德所指出：“一个机体的生存就是它的价值标准。”[1]

美所带来的愉快感必须对主体的生命存在有价值。亚里士多德早已指出：“美是自身就具有价值并同时给人愉快的东西。”吕澂《美学概论》指出：“美为物象之价值。”范寿康《美学概论》指出：“美是‘价值’，丑是‘非价值’。”美作为乐感对象，必须是有价值的，具有正能量。

关于“内涵美”，值得注意的是，并非所有的心灵愉悦对象都是美。一般说来，心灵作为精神的主宰，懂得按照有益于生命存在的理性规范去控制过度的官能快感追求，从而凝聚为真、善内涵，真、善对主体的生命存在来说具有价值，因而包含真善内涵的愉快对象是一种美，心灵的乐感对象大多体现为美。但同时，真、善又具有见仁见智的主体性，心灵如果走火入魔，误入邪道，其精神乐感对象就不是美，而是面目可憎的丑，如邪教组织者眼中的人体炸弹、恐怖袭击等。所以，即便在心灵乐感对象前，仍需加上“有价值”的限定。事物因内涵而令人快乐的美，只能是“有价值的心灵乐感对象”。

不包含真善内涵的形式带来的快感也是如此，包括有价值与无价值两种现象。一般说来，五觉快感标志着对象形式契合主体五官感觉的生理结构阈值，因而对主体的感性生命存在是有价值的。痛苦往往是生命遭受打击、机体平衡失调的反应，快乐则常常是体内平衡、机体健康的感觉，痛苦迫使机体逃避或自卫，快乐则鼓励机体继续前行，从而达到维护生命的目的，生命体追求健康地成长，自然会有快乐相随。从这个意义上看，“一切快感都是固有的和积极的价值”[2]，能够带来快感的事物具有价值。

另一方面，机体按其天性对于快乐的追求是无止境的，而感性生命的健康存在对于五觉快感对象的需要是有限度的，超过这个限度的快感满足就是对生命存在来说是有害的，因而

[1] 兰德：《客观主义的伦理学》，转引自宾克莱：《理想的冲突——西方社会中变化着的价值观念》，马元德等译，商务印书馆 1983 年版，第 37 页。

[2] 桑塔亚纳语，见《西方美学家论美和美感》，商务印书馆 1982 年版，第 284 页。

是无价值的，不美的。比如吃饱了之后因贪图味觉快感而大快朵颐，美味佳肴就不再是有价值的美，而异化为无价值的丑了。同理，“出则以车，入则以辇，务以自佚，命之曰招蹶之机；肥肉厚酒，务以自强，命之曰烂肠之食；靡曼皓齿，郑卫之音，务以自乐，命之曰伐性之斧。”[1] 当下演艺界为追求票房过度追求感官娱乐，以致“娱乐至死”，也将美的艺术异化为无价值的伪艺术、坏艺术。

同时，正如并非所有的痛苦都无价值，比如良药苦口，亦非所有的快乐都有价值，比如鸦片、毒品带来的快乐，“这种快乐是‘不自然的’，一个由这种快乐构成的生命不再是一个‘人’的生命。无论它所包容的快乐是多么丰富巨大，对于人类的意志和标准来说，它都是一种绝对无价值的生命”[2]。心理学博士出身的毕淑敏在小说《红处方》中揭示毒品制造无价值的伪快乐的生理机制：人充满喜悦时，大脑的蓝斑内便积聚起一种奇特的物质“F 肽”。蓝斑是人类大脑内产生疼痛和快乐的感觉中枢，“F 肽”是脑黄金，它是情感快乐的密码。毒品是“F 肽”的天然模仿者，它能让极端渴望快乐的机体在巨量快乐面前，完全被击昏，不能自主，迷失方向。在毒品产生的虚假快乐面前，人体有一套自动反馈机制，会停止自身“F 肽”的生产，吸毒者也就得不到人体的正常快乐了。而人体从毒品中接受的强烈快乐迅速麻痹了神经，此后需要更多剂量的毒品才能获得同等的快感。于是，快感必须依赖毒品的刺激，一旦停用毒品，神经就会狂乱翻搅，陷入前所未有的痛苦中。吸毒者从寻找快乐出发，最终却走向了万劫不复的死亡深渊。

因此，正如吕澂早已指出的那样：“有价值者必生快感，然生快感者不必尽有价值。”[3] 形式美就是产生有价值五觉快感的那部分对象，它只应在符合感性生命需要的限度内加以追求。

“美”是一个属概念，在它下面，还可分解出一系列种概念，诸如“优美”与“壮美”、“崇高”与“滑稽”、“悲剧”与“喜剧”。它们作为“美”所统辖的子范畴，以不同方式与“有价值的乐感对象”相联系，进一步丰富、充实和证明了“美”作为“有价值的乐感对象”这个属概念。

“优美”是温柔、单纯、和谐的乐感对象，特点是体积小巧、重量轻盈、运动舒缓、音响宁静、线条圆润、光色中和、质地光滑、触感柔软；而“壮美”是复杂的、刚劲的、令人惊叹而不失和谐的乐感对象，特点是体积巨大、厚重有力、富于动感、直露奔放、棱角分明、光色强烈、质地粗糙、触感坚硬。它们给人的快感都有益而无害。

“崇高”是包含痛感，令人震撼、仰慕的乐感对象，本身就包含着肯定的价值，特点是唤

---

[1] 《吕氏春秋·本生》。

[2] 均见弗里德里希·包尔生：《伦理学体系》，何怀宏、廖申白译，中国社会科学出版社 1988 年版，第 229 页。

[3] 吕澂：《美感概论》，商务印书馆 1923 年版，第 4 页。

起审美主体关于对象外在形象和内在精神无限强大的想象；而“滑稽”则是自感优越、令人发笑、有点苦涩的乐感对象，特点是无害的荒谬悖理。尽管荒谬悖理属于无价值，但它对于审美主体是“无害”的，因而也不是无价值的。“滑稽”分“肯定性滑稽”与“否定性滑稽”。“肯定性滑稽”一般以“幽默”的形态出现，它制造出一系列令人捧腹的荒谬悖理而又无害的笑话，显示出一种过人智慧，体现出一种价值，令人击节赞赏。“否定性滑稽”以无伤大雅的“怪诞”、“荒谬”形式，成为人们嘲笑、揶揄的对象，博得不以为然的笑声，在审美主体的嘲笑与否定中实现价值。

“悲剧”原是表现崇高人物毁灭的艺术美范畴，后来也用以指现实生活中好人遭遇不幸的审美现象，是夹杂着刺激、撕裂、敬畏等痛感，导致怜悯同情、心灵净化的乐感对象，其价值性不言而喻。“喜剧”原是表现生活中滑稽可笑现象的艺术美范畴，后来也泛指现实生活中具有“可笑性”的审美现象。“笑”有肯定性与否定性之分。歌颂性喜剧产生肯定性的笑，是具有欣赏性、肯定性的笑中取乐对象，直接彰显某种价值；讽刺性喜剧产生否定性的笑，是具有嘲弄性、批判性的笑中取乐对象，在审美主体的嘲弄与批判中体现某种价值。

三、美的特征、原因与规律

“美”的“本质”作为被指称为“美”的现象背后的统一性，不仅凸显为“美”这个词的统一定义，还体现为“美”的现象的普遍性特征、共有原因及创造规律。

“美”作为“有价值的乐感对象”，通过上述分析，便呈现出下列特征。一是它的“愉快性”。即美的事物具有使审美主体悦乐的属性和功能。这是“真”与“善”未必具备的，也与使审美主体不快的“丑”区分开来。二是它的“形象性”。无论美采取什么样的形态，都必须具备诉诸感官的感性形象。形式美中五官对应的形式本身就是直接引起乐感的形象。内涵美的实质是给“真”与“善”的意蕴加上合适的形象。离开了诉诸感官的形象，就无所谓令感官快乐的形式美；离开了合适的形象外壳，“真”与“善”也不会转化为生动感人的“美”。三是“价值性”。“价值”是有益于生命存在、为生命体所宝贵的一种属性，它的内涵外延比“真”“善”还大。一种非“真”非“善”的对象，比如悦目之色、悦耳之声、悦口之味、悦鼻之香、悦肤之物，也许说不上蕴含什么真理，符合什么道德，但只要为生命所需，不危害生命存在，对生命主体来说就具有价值。无价值、反价值的东西虽然可以带来快感，但却不是美而是丑。价值将客体与主体联系了起来，因而，美既具有是否适合主体、是否有益于主体的客观性特征，又具有客体是否契合审美主体，为主体所感动、认同的主体性特征。美的客观性特征，决定了美的稳定性和普遍有效性，决定了共同美以及普适的审美标准的存在。而美是否契合审美主体，为审美主体所认同感动的主体性特征，决定了美所产生的乐感反应的差异性、丰富性，决定了不能通约的美的民族性和历史性。六是“流动性”。同一事物，当它对主体说来成为有价值的乐感对象时，它就是美的，反之就是不美的，甚至是丑的。美不是一种固定的事物或实体，而是一种流动性范畴。

美的原因是什么呢？“美”是如何成为有价值的乐感对象的呢？就是“适性”。“适”，适合、顺应；“性”，本性。这个“性”，是审美主体之性（目的性）与审美客体之性（规律性）的对立统一。一般说来，审美对象适合审美主体的生理、心理需求，就会唤起审美主体的愉快感，进而被审美主体感受、认可为美。对象因适合主体之性而被主体认可为美，包括审美客体适合审美主体的物种本性、习俗个性或功用目的而美，审美客体与审美主体同构共感而美，通过人化自然走向物我合一，主客体双向交流达到心物冥合而美诸种表现形态。人类具有其他动物所不及的高度发达的理性智慧，因而人类不仅会按照人类主体“内在固有的尺度”从事审美，进而感受对象适合主体尺度的美（合目的美），而且能够认识审美对象的本质规律，懂得按照“任何物种的尺度”进行审美，承认并感受客观外物适合自己本性的美（合规律美），从而破除人类中心主义审美传统，走向物物有美、美美与共的生态美学。

“美”有无规律可循呢？当然有。现代美学强调美的当下生成性，否定美的规律，恰恰是不符合人类审美实践和艺术实践的。我们肯定美是“有价值的乐感对象”，也就肯定了“美的规律”的存在，这就是普遍引起有价值快感的法则。形式美的构成法则主要体现为“单一纯粹”“整齐一律”“对称比例”“错综对比”“和谐节奏”。内涵美的构成法则主要体现为“理念的感性显现”和“给自然灌注生气”。无论善的理念还是真的理念，要转化为美，必须赋予合适的感性形象。好生恶死是生命主体的本能欲求。人总是视自己的生命存活以及自然中那些生机勃勃的物象为天地间最大的美。审美主体通过给自然灌注心灵意蕴，赋予无生命的自然物以勃勃生气，并赋予自然物各部分形象的统一性、整体性和有机性等等，通过给艺术品灌注正气、真气以及艺术形式元素之间的阴阳组合，赋予艺术作品以鲜活的生命，这是内涵美创造的另一重要规律。对于身体没有毛病、生理没有缺陷、排除了主观情感好恶成见、拥有客观公正的审美心态的主体而言，任何既成的事物或创造的事物只要符合上述规律，就会被人们普遍视为“美”、叫做“美”。

第二节 旅游民宿体验的乐感美学解析[1]

一、《乐感美学》的实践意义

祁志祥教授的新著《乐感美学》(北京大学出版社 2016 年版)，用四编十四章的篇幅，肩负起用“乐感之学”来超越传统意义上的“美的哲学”之阐释重担，在旁征博引的文献解析

[1] 作者庄志民，原载《上海文化》2017 年第 8 期。

当中，犹如抽丝剥茧般地，渐次深入，将“美是有价值的乐感对象”的美学命题的内涵和外延展现在读者面前。显然，聚焦于“美”的乐感特征，《乐感美学》对原本在学界比较流行的“美是人的本质力量的感性显现形式”的定义做出了重要理论修正。

众所周知，理论的真理性需要在实践检验过程当中得到相应确认；对形而下的旅游活动现实进行形而上的理性思考，或许可以帮助我们认识祁志祥教授的“乐感之学”的理论建构所具有的意义，进而触发大家做更进一层的拓展性研究。

为在有限篇幅当中使得分析更深入集中，笔者对祁著评论所联系的旅游实际，集中在目前旅游业界和学界所关注的热点之一，那就是民宿。民宿，顾名思义，与“民”有关，诸如民生、民间、民俗、民用抑或民主……；此外，与“宿”有关，诸如，住宿、客房、过夜……两者相结合而衍生出来的属性规定，就更多了，比如，民宿往往是指那些小批量、个性化、注重家园感受、接待充溢主人情怀、饶有民俗风味的可供住宿、类似于小型客栈一类的业态。这样的业态近年来在世界各地大行其道，在中国内地，更是民宿热潮迭起。

民宿何以几乎在一夜之间大行其道？其作为旅游吸引物系统的重要载体之一，肯定包含着某种价值属性（美学视角下本节将此概括为“民宿之美”）。其价值何在？

不妨先看看一位旅游规划公司的职业经理在不到一周时间内，以转发方式，展示的其所青睐的一个个民宿故事，以此初步判断一下，这样的民宿，是否能成为“有价值的乐感对象”：

11年，他只修一栋老屋，却点亮了一座山城

因为爱情“停止流浪”开一家民宿，因为民宿而收获爱情

“渭水阁”，一座23年前就得此名的农家小院，经他改造，变成一家人的幸福乌托邦

他把30平方米的百年老屋爆改成3层豪宅，一家五口都被暖哭了！

在农村盖一个玻璃花房，安守四季的阳光

中国最美的农民房，是一个儿子送给父亲的礼物，现在旁边又有了葡萄园、民宿……

浙南山居民宿——借山而居的避暑佳地，实现一回隐居山野的诗意梦想！

他耗费十年光阴，建起了中国最美的隐居之所

镜头之前，她是美女主播；镜头之后，她是诗意的民宿主人

他藏着100亩茶园不收茶叶，只为留住1年见1次的萤火虫，让孩子不再错过童年的夏

这家“号设”的民宿从杭州开到大理，与王菲、杨丽萍为邻只为与洱海边的云谈一场恋爱

净心谷，一座黄泥抹墙的民宿客栈，是如何在袁家村脱颖而出的？

我们不难瞥见，如今风头正健的民宿，以其多样化的形式美传导特定的文化内涵，借助于“借山而居”、茶园和葡萄园等优越的自然生态环境，以“隐居”为卖点，以可以触摸赏鉴的建筑以及陈设为栖居空间艺术美，让黄泥抹墙的老屋变得古朴，或经过创意设计使得低调奢华之美脱颖而出，使包括民宿主人在内的人文环境充盈着温馨的气息。同时，“骏马秋风冀北”的北方之“风骨”与“杏花春雨江南”的南方之“平淡”中所包含的“阳刚美”和“阴柔美”，也在各地有影响的成功民居那里，得到鲜活的展示……

笔者在此，将从三个方面对旅游民宿体验进行乐感美学的解析。

二、民宿之美作为乐感对象

祁著对美的本质，除了“价值”性的规定，落到实处，是四个字——“乐感对象”，其中，又可以被解析为两个理论要素：一是“乐感”，二是“对象”。

大凡引起“乐感”的对象，都有可能是美，诱发的，则可能是与“本我”需求相关的快感，也可能是与“自我”实现相联系、与“超我”道德原则相贯通的精神愉悦。这就应了人们旅游时经常说的一句话，只要高兴就好：高兴而去，满意而归。高兴了，满意了，旅游体验大致就达到“美”的境界了。

如何界定“乐感”？“乐感”总是指向于特定“对象”的，落实到看得见摸得着的形象（符号）系统上面。旅游者总是冲着这样的与“美”相关的形象（符号）系统，被激活出游动机，进而将此转化为感同身受的实际旅游审美体验活动的。正因为如此，旅游策划和规划公司（机构）的重要任务，是创意设计出形神兼备且适销对路的旅游吸引物系统；旅游地营销的撒手锏，就是能拿出散发美的魅力的感性载体（尤其是地标性景观，比如中国长城、法国埃菲尔铁塔等），以此招徕天下访客。

就拿如今大行其道的国内民宿来说，诸多很有主人情怀的玩家，不惜工本，将很多精力和财力放在古民居的修缮、改造和装修上，即希冀通过这种方式，跳出通常的星级酒店标准化的窠臼，创设出一种个性鲜明的居所风格和情韵，使其既富有视觉冲击力，又蕴含心理的召唤性。

举一个位于上海青浦的“米水房子”的真实故事为例来说明。高举起“米水房子”旗帜的“米水”民宿团队，由 Kim（设计总监）和 King（商务总监）组成。据介绍，米水房子“专注于将米水品牌塑造成自成一派的设计新风尚。淀水、朴舍、纤韧、地生、苇席，这些屋子的取名就犹如他们的设计，与村落环境融为一体，将日式与中式风格完美结合，让人与自然充分接触，有如呼吸般亲密无间。”这家民宿于倚田傍水处择业，投资 150 万元人民币，与村民签下 10 年租约。米水主人的愿景定格于：一种追求创造的情怀；一种对文化与自然的尊重和溯源。因此，米水房子采用木、麻绳、竹等天然材料，软装和家具就地取材，回收村里的旧木板、老物件、旧家具。目前创设的产品包括：原生态概念家居设计制造、生态农场的合作经营、饮食与文化产业的构建、陶艺茶道花艺以及本地手工业等等。米水房子二期（创客营地）包括 20 间体现环保创意的独立住房、2 个可容纳 50 人的公共活动空间，加上轻酒吧、茶道馆、花艺馆等活动场所。计划面向青年市场，决计用更廉价的方式创设着重更自由更趣味的体验。

当有听者探问，如果 10 年租期到了，财力投入并未产生理想的经济回报怎么办时，得到的回答是，做好这样的思想准备；但，就当这笔投资让我们得到十年难忘的生活体验，也就值了。

Kim 和 King 所在做的，是较为典型的“双创”：创业 + 创新。他们用创新的艺术追求，创设一片足以显现自我价值的民宿天地，而且尽力而为，做到尽善尽美，甚至，与当地老百姓打成一片，在整治民宿环境时，顺便改善了当地的村容村貌，因此大受当地“土著”赞扬。更重要的是，作为米水房子的民宿，不仅在旁人的“心眼”里，更在他们的襟怀中，已经变成典型的“乐感对象”。米水房子在个中人那里，已经作为“鲜活生动的直觉对象”，诱发了存在于大写的人之“生命体的五觉快乐和精神快乐”。

民宿，抑或推而广之，旅游目的地（旅游吸引物系统），其美就在于是一种“乐感对象”，或祁著所说的“爱的对象”、“骄傲的对象”。

三、民宿之美的核心价值

与原先我们通常将美的本质属性与“人的本质”（自由和自觉）联系起来有所不同，祁著对“美”作形上之维的界定，从“适性”说出发，用了很有诠释弹性的“有价值的”这一限定修饰词。从旅游审美实践上看，“有价值”作为对“美的本质”的属性界定显得更加符合实际。

有些美的对象，与“美善相乐”有关，比如，旅游地良好的文明环境，助人为乐、拾金不昧等，有的则与“美真相偕”有关，比如，令人叹为观止的科技环境，声光电造成的美轮美奂之幻境，VR 带来的视觉冲击和情感震撼等。有的则没有太多的崇高性伦理内容（与“超我”相联系），却因与人性结构当中的“本我”之值得肯定的价值部分相关，因而成为游客心目中的“美”（对此产生相应的美感）。惟其如此，以人体美作为旅游吸引物的重要载体的法国著名演艺项目红磨坊，才有可能成为首访巴黎的外国游客几乎必看的美妙节目档；旅游六要素，“吃”居于首位，“舌尖上的中国”向世界奉献一档足以征服人类味蕾的美食狂欢，法国大餐，意大利美味等，均以其好像并不太高的需求价值层级，征服着消费者的官能，兼及征服其钱袋。所有这些均与民宿的核心价值交付系统的创设有关。

更有意思的是，如此视觉（推而广之至五官）盛宴，往往成为通往精神饕餮的阶梯。欧洲人去红磨坊观看演出必须正装入场，美食以感官快乐传导超越性的“味外之旨”……悦耳悦目—悦心悦意—悦志悦神，如此递进升华。民宿之美的价值也因此得到上行型展示。

美在“适性”，美在其“有价值”。这是我们打开民宿之美学奥秘的一把钥匙。

同样，旅游民宿之美，作为艺术杰构，首先是“适性”的，符合“美的规律”的，因此，才能构成作为市场“独特卖点”的“乐感对象”。

这已成为民宿界的一个共识，人们之所以在配置齐全、硬件过硬、服务规范的星级酒店之外，将服务购买的指向定格于民宿，至少有两个根本原因。其一，民宿以其针对小众市场细分的个性化设计风格（形式美），以及追求人际性灵沟通的“情怀”体验（内涵美），展现人类主体崛起时代不无广义“自我实现”意味（与人的本质的“自觉”意识有关）的内在需求。其二，民宿，尤其是乡野民宿，当然也包括城市民宿，其基本属性，尤其是“美”的属性，有其自身的一些不以个别人的意志为转移的客观规律，只有明智地认知它、睿智地驾驭它，才能进入创新的王国，使得创业由可能变成现实（与人的本质的“自由”创造冲动有关）。

四、民宿之美的互动生成

旅游活动的发生，依赖于一个重要的对象，那就是旅游吸引物；美学上，将此作为审美对象。旅游目的地的吸引物系统之所以能走红市场，很重要的原因，是其包含着审美价值。大众旅游的实践，使得旅游地值得肯定的审美属性由可能变成现实；但其旅游审美的前提是，存在着某种先验于个别旅游者的某种“美的本质”（属性）。

美究竟是预设的（本质论），还是生成的（美感论）?

旅游民宿之美的发生学研究告诉我们，美通过“自为”的审美活动中使其本质得以“自在”，在“生成”性的审美活动中使得本质得以被“预设”。想象一下，借助李白之大名，在安徽泾县桃花潭附近创设民宿，文化水准不高的游客初来乍到，也许会因为此地的自然本底环境并不绝对出类拔萃而可能产生轻视情绪。然而，一旦很有“主人情怀”的民宿业主向客人说起李白与汪伦的故事（导引出“预设”的美），便可能让游客进入情景交融的境界，由此，便可能改变原先的审美判断，认为此乃不俗的“美”之景。

当年的李白到桃花潭，并未见汪伦邀他前来时说得天花乱坠的旅游吸引物（“桃花盛开”云云），却为汪伦的朋友盛情所感动，因而吟咏出“桃花潭水深千尺，不及汪伦送我情”之千古绝唱时，桃花潭之渗融着朋友深情的“美”，却是在这“情动而辞发”的审美一刹那，直觉地生成了。由此生发开来的推论是，旅游民宿（环境）之美是互动生成的，其中，作为民宿访客（抑或创客），本身的文化定性（水准）对于民宿之“美”的本质属性构成，起到重要作用。借用坊间层流传的"俗人不旅游"，我们想说——"俗人不民宿"。

由此让我们想到，"美的本质"的哲学追问，还是必须将本质论与美感论、客体与主体、预设与生成等相反相成的范畴结合起来，做统筹思辨分析；而且，如此分析，如要避免落入"先有鸡，还是先有蛋"的死循环窠臼，不妨从发生认识论的视角切入，进行进一步诠释。

第三节 当代中国美学前沿的坚实界碑[1]

时下的美学原理从否定传统美学形而上学实体论出发一般不谈美的本质，祁志祥所著《乐感美学》从本质作为一事物现象背后的统一性的涵义出发，指出美的本质不可取消，在吸收存在论、现象学美学合理成分的前提下坚持美学研究的形上追求，并付诸艰苦的实践。

与时下许多美学原理著作一窝蜂地从众说纷纭的审美及艺术入手展开对美学体系的建构不同，《乐感美学》的主体部分是美论和与之呼应的美感论；美论中包括由美的语义、范畴、原因、规律、特征构成的本质论和由美的形态、领域、风格构成的现象论。通观全书，笔者深感有如下几点值得充分肯定。

一、推敲命题，巧破疑难

祁著揭示，美的最基本的性能是能普遍必然地产生愉快感，这种愉快感既包括五觉生理性快感，也包括中枢精神性愉悦。为了避免以"快感"界定美的性能所可能带来的习惯性片面性误解，他借用中国传统美学中的"乐感"一词统括感官快感和精神愉快。美学原理，实际上就是基于美的乐感性能逐层精雕细刻构筑起来的美学大厦。美学作为追问美的本体、建构美的规范、指导美的实践的学科，祁著取名《乐感美学》可谓用心良苦，意即"乐感之美之学"。"乐感"一词的最终选定和使用，基本上实现了对其独特美学思考的概括性准确表达。

二、以史为鉴，精校准星

祁著意识到在美学研究中正确的方法论对得出正确的结论有着极端的重要性。方法不当的研究，较之准星没有调精准的射击后果更为严重，会导致"失之毫厘，谬以千里"的错误结论。所以，作者在全书的导论第一章，就以不小的篇幅来检讨前人的研究方法和思路的得失，探索自己前行的道路，最终确定了自己"建设性后现代"的研究方法和路径，并在全书

[1] 作者汪济生，原载《学习与探索》2017年第2期。

的探索行程中一以贯之，取得了令人信服的成果。

三、广谒前贤，平等对话

祁著每阐述一个重要命题，都要广泛列述古今中外美学前贤、前辈、前行者的有价值的观点，几乎到了不厌其烦的程度。但我们不能说他是在向读者“炫耀”其丰厚的美学史积累。为了有依据地推出、确立一种“新说”，周详地审视已有的纷纭之说，对于多数美学爱好者和学人来说，应该是有益的。在审视这些已有之说时，作者并不受这些“学说”持有者身份、地位、名望等因素的影响。无论他们是美学史上的巨擘，还是自己同时代的权威，抑或是自己的晚辈，都坚持平等对话，有对说对，有错说错，一切以事实为准绳，绝不说含含糊糊、模棱两可的滑头话，有时用语还相当犀利，体现了一个学人应有的学术品格。

四、取舍唯真，博采众长

作者在自己庞大的“建设性后现代”体系“重构”中，无疑要对前行者的已有成果有所取用，但目的并不是用各种华丽的羽毛来装饰自己，而是使自己的成果具有最大的真理含量。所以，他对前行者分辨、汲取、扬弃的标尺是他们所论的真理含量如何、解决学术问题的实际水准如何。真实合理的则肯定、取用，似是而非的则批评、抛弃；所取用者，均注明出处，既不沧海遗珠，也不掠人之美。正是这种态度，使《乐感美学》迄今最大幅度地实现了博采众长，而又体现了作者光明磊落的风范。读过《乐感美学》的人知道，作者祁志祥在他的著作里，采用了笔者的一些拙见。对此，笔者感到不胜荣幸。但同时，作者也秉持着他一贯的尊重真理高于情面的坦诚态度，对于笔者的某些观点，明确地多次地表述了他的不同看法。例如，他认为笔者的著述中，只关注了美感的研究，却忽视了对于美感的引发对象——美——的研究。又如，他赞成笔者把触觉、嗅觉、味觉的快感纳入美感范围的做法，赞成反对将美感范围“狭隘化”；但他却反对笔者将人体机体部的快感也纳入美感范围的做法，认为那样会将美感的范围“泛化”。他在书的第 210 页引用了笔者的一幅图。图中具体地显示了人体中所谓“机体部”的范围。再如，笔者将人的神经系统对客观世界的反射、反映活动，从低级到高级划分为三个级别。这三个级别和现有生理心理学概念的对应关系是：一级反射对应于无条件反射和本能反射；二级反射对应于条件反射；三级反射对应于智能、思维反射。而在祁著中，则时有将条件反射扩大到三级反射范围，或将三级反射降低到条件反射层次的情况。他的这些不同看法，虽然就目前而言笔者没有照单全收，但能有力地推进思考和探索的深入，却是不容置疑的。

五、古典新用，异彩纷呈

《乐感美学》在新美学体系的建构中，常常引用中国传统古典文论、艺术论中的材料，来说明他所要阐述的美学原理。且举例之精当、精彩，常常出人意表。这是他精通美学史，尤其是有中国美学史学养的厚积薄发。美学界有一种看法，认为中国古典传统的美学思想不够成熟，缺乏庞大、严密、理论思辨性强的体系。但祁志祥先生的努力，却使我们更清楚地看到，中国古典传统文论、艺术论中富有许多体验精微、表述华美、思想深邃的精粹；而且这些精粹完全可以和现代科学的美学思想体系妙合无垠地融合为一体，共同构筑成跨越国界、文化界的现代的前卫的美学思想体系。

六、锐意出新，严求自洽

《乐感美学》是一部多方面锐意出新的著作。例如：它对形式美与内涵美的阐释；它阐述的五种感官审美机制同一说；它主张的动物有美感说及动物美感与人类美感异同说；它创建的分立判断与综合判断的概念；它重视美乐却又对其引发对象——美——的浓墨重彩的条分缕析，如此等等。作者关于美的定义有一个变化过程。最初认为美是普遍快感的对象，现在则将美解释为“有价值的乐感对象”。这是一个较真的学者为了探求美学真理不怕挑战自我、不断自我更新、思考更缜密的体现。基于这个核心观点的《乐感美学》作为紧扣审美实践，从古今中外美学成果积聚的若干共识的约简、过滤、综合、组织中重建起来的美学原理体系，足以构成当代中国美学学术前沿的一个坚实界碑和弥足珍贵的新起点。

值得一提的是《乐感美学》的文风：既华彩频现，又质朴实在。叙述与美有关的现象或案例，文字不美自然形成反讽，令人扫兴；但演绎逻辑思辨，描述体系结构，因文害义也是大忌。作者基本做到了两者之间的平衡。这和他的著述是为了将美和美感的问题说清楚，进而也让大众读者看明白这一目标相吻合的。时下美学领域让人读不懂的“天书”不少。而《乐感美学》的文字与此形成鲜明对照，恰恰树立了一种优秀的典范。

第四节 《乐感美学》：美学体系重建的新界碑[1]

世纪之交以来，美学正在经历一场反本质主义的解构浪潮。一味解构之后美学往何处去，这是解构主义美学本身暴露的理论危机，它向美学界提出了重构美学的形上维度话题。北京

[1] 作者孙沛莹、李纲耀，原载《黑龙江社会科学》2017 年第 1 期。

大学出版社 2016 年出版的上海政法学院祁志祥教授所著的国家社科基金项目《乐感美学》就是这方面的一部标志性成果。为促进美学研究的深化，加强美与真、善的跨学科互动，在相互切磋中把思考引向深入，由上海市美学学会、上海市哲学学会、上海市伦理学会联合主办，北京大学出版社、《人文杂志》社协办、上海政法学院文艺美学研究中心承办的“重构美学的形上之维”高端论坛暨《乐感美学》研讨会于 2016 年 6 月 25 日至 26 日在上海政法学院举行。

一、对美学重构论题及《乐感美学》学科推进意义的肯定

本次论坛的一个显著特点是跨学科，既有美学学科的专家，又有兄弟学会的代表；既有来自高校及科研机构的学者，又有来自出版系统的编审，如《学习与探索》的副主编那晓波、《社会科学战线》的文学编辑王艳丽、《上海文化》的执行主编夏锦乾、《人文杂志》的韩海燕、《中国政法大学学报》的张灵等。六家参办单位代表都不约而同地表现了对美学重构论题及《乐感美学》对学科推进意义的高度重视和肯定。

上海市美学学会会长、复旦大学终身教授朱立元指出：“重构美学的形上之维”是非常有针对性的。目前在国内在国外的影响下，有把这个“形上之维”放弃的倾向。学界不仅仅是美学，包括哲学界也提出了要重构“形上之维”这样一个想法。追求形而上的这种冲动可能是人类的天性吧。什么时候都不能放弃这样一种追求，这个题目是郑重其事很有针对性的。正好祁志祥的重量级著作《乐感美学》问世。这本书的学术分量很重，而且有一系列的自己的观点，我自己也感到非常有启发。我个人觉得这个会议的召开不仅仅对上海美学学界有意义，对于全国美学也会有意义。

上海市哲学学会副会长、华东师大哲学系教授陈卫平指出：对于真善美的思考进行一个统一，这本来就是中国哲学的传统。祁著《乐感美学》体现了习近平总书记讲的“不忘本来，借鉴外来”。祁志祥教授主要从事中国古代美学研究，但是这本书中借鉴了很多西方美学中的思想。这对于我们今天从事美学的研究是有启发的。将“不忘本来”与“借鉴外来”统一起来，是我们今天学术发展、学术研究的思考方向。这方面祁教授的《乐感美学》做得不错，值得祝贺。

上海市伦理学会副会长兼秘书长、上海师范大学教授周中之指出：伦理学和美学也是有内在联系的，因为美和善是相通的。美学的问题与哲学的问题、伦理学的问题总是结合在一起的。现代社会的道德问题不仅是伦理问题、法律问题，而且也是美学问题。道德问题如果用简单的伦理说教，大家都不愿意去听。现在最能影响大家的是一种情感的力量、审美的观念，这是对解决道德问题的支持。《乐感美学》提出美是“有价值的乐感对象”，能给我们解决道德问题提供很多的灵感。

二、对《乐感美学》在美学原理重建方面界碑意义的评价

本次会议的另一个特点是跨地区。会议主办方为上海的学会，同时邀请了全国包括香港地区有相关研究思考的著名学者共襄盛会、共同交流，以期提升会议质量和学术影响力。而与会者大多围绕着祁志祥教授刚刚出版的美学原理新著《乐感美学》，就其在重构美学的形而上学体系中取得的成就和达到的水准给予高度评价。

辽宁大学教授高楠认为，《乐感美学》是当代中国美学界的一部力作，它涉及多年来美学研究的众多方面，对很多有争议的问题都明确地表述且旁征博引地证明自己的看法。它正引发着中国美学界的一次不小的地震。它的震动力量来源于它对于一些几成定论的或者争论不休的美学理论的纵深性的爆破。

哈尔滨师大教授冯毓云在书面发言中指出："敬佩祁先生以学业为重，追求真理的精神！敬佩祁先生逆解构主义、本质主义的大潮的叛逆勇气！敬佩祁先生在多年的岁月中执著、顽强地建构一种全新的美学理论的壮举！以独特范畴'乐感'命名的美学，不仅在中国美学史上独领风骚，而且自觉运用了当代国际最前沿的方法论——建构主义思想方法，将古今中外美学知识乃至心理学、生物学、考古学、生态学等的知识进行了全面的辨析，与乐感熔为一炉，构建了一种全新的乐感美学原理。"

复旦大学教授陆扬指出，《乐感美学》围绕美的定义和感受逐层展开，旁征博引，不但有形而上的梳理，而且有生活层面的铺陈是一部关于"美"的考察的百科全书。

温州大学教授马大康说，《乐感美学》以"建设性后现代"方法来实现重构现代美学的雄心。作者痛感于"否定性后现代"对美学的解构，以致陷入极端主义和虚无主义，呼吁美学应该"在解构的基础上建构"，而且身体力行，以切实的美学建设实绩来实践自己的学术抱负。无论是掌握资料的丰富翔实，还是理论视野的开阔深邃，该书都可谓"轶类超群，独步一时"。《乐感美学》主要有五方面特点：在批判、辨析中探寻美学的理论基点；在融汇诸理论方法的前提下形成自己的思路；从实践和常识出发作出理论概括和提升；以丰富翔实的资料为基础开展深入论证；在精细的逻辑推演中提出理论创见。《乐感美学》以汇集百川的宏大气魄构建了自己的美学新体系，切实有力地把对审美和美的思考推向理论前沿，为美学建设做出贡献。同时，它也以其勇于直面富有争议的美学难题启示我们继续前行，努力探索审美及美的奥秘。

上海社科院文研所前所长陈伯海指出，《乐感美学》跨越了作者以中国传统美学理论为主攻方向的专业领域，直接进入美学原理的建构，写得厚实，内容广博，组织严密，令人叹服。作者宣称要克服本质主义与解构主义的偏颇，从结合古典与现代、中国与西方的传统中探寻新路，"乐感美学"实质上是一种以生命机体及其活动为本位的美学理念。我们当前占主流地

位的“实践美学”从实践活动的本位上来研究美，“后实践美学”则从个体精神的超越性指向上来谈论美，如果再能构建起以生命机体为本位的美学观，交相辉映且又共同生发，则当代美学界的景观必将更见繁荣发达。

山东师大教授杨守森认为，《乐感美学》勇于开拓创造，通过对古今中外大量相关美学思想深入细致的辨析与广泛吸取，建构了“乐感美学”这一新的美学体系，得出了“美是一种有价值的乐感对象”的论断。这一论断及相关论述，能够更有说服力地揭示美的本质及人类审美活动形成的原因，能够更大限度地解释人类的审美现象，是对中国当代美学理论的完善与丰富。此外，作者注重从人类物种属性的先天共同需要角度，强调味觉、嗅觉、触觉与视觉、听觉相同，亦参与了人类的审美活动，并进而肯定了“动物也有美感”之类看法，主张要“破除传统美学人类中心主义的价值立场和思维模式，站在万物平等的生态立场去审视天下万物，承认物物有美，追求美美与共”。这些合于逻辑与实证的论述，对于美学研究，是有重要启发意义的。

华东师大中文系教授朱志荣认为：祁志祥教授长期以来主要从事中国古代美学与文论研究，有着坚实的中国古代美学理论基础。《乐感美学》打通中外古今，对美学基本理论进行系统研究，是一个飞跃，值得称道。从20世纪五六十年代到新时期早期，美学界曾经局限于美学的本质研究，出现了诸多弊端，后来学术界不拘于本质研究，超越本质研究，这是很重要的进步。但是，超越于本质研究的局限不代表应该完全放弃本质研究，我们不能从一个极端走向另一个极端。祁志祥教授在不断寻求突破的基础上继续重视本质研究，值得肯定。在此基础上，祁志祥教授与美学发展的主流相向而行，重视价值论视域的探究，提出“美是有价值的乐感对象”。在方法论上，祁志祥教授与时俱进，重视借鉴西方现代美学方法，有力地推进了美学基本理论的研究，使自己的理论自成系统。

西南大学教授寇鹏程从“乐感”作为一种“情感本体”的角度肯定了“乐感美学”的形而上学性质。他指出：《乐感美学》标举的“乐感”实际上是单凭表象就使人愉快的情感，美学就是“情感学”。在这个意义上，《乐感美学》是美学本体上回归情感的表现，是当代中国美学最需要填补的空白。

三、对《乐感美学》实践品格、操作意义的赞赏

本次会议的另一特点是理论与实践相结合，邀请了部分在一线从事旅游、演艺、美育等实践工作的专家参与对话。他们普遍认为，《乐感美学》不仅精于形而上的理论思辨，而且有其很接地气的实践品格，不仅对美的语义、原因、规律、特征的本质思考明白易懂，对美育实践具有指导意义，而且对美的形态、疆域、风格及案例等现象表现有大量描述和精心收罗，进一步加强了美育实践的可操作性。

华东师大旅游系教授庄志民指出：《乐感美学》的重要理论贡献，突出地表现为用“乐感之学”来替代传统意义上的“美的哲学”，提出“美是有价值的乐感对象”的美学命题。这是对原本在学界比较流行的“美是人的本质力量的感性显现形式”的定义所做出的重要理论修正。如此对美的本质做新视角下的探索性审视，作为建设性后现代的美学理论重构之成果，以此来回应取消对美做本质追问的后现代解构主义思潮，其正面影响力不可低估。

上海文广集团演艺公司副总裁朱光从长期从事艺术审美实践管理的经验出发指出：作者把抽象的美学和人人喜欢而感性的“乐感”紧密关联，不仅符合大众接受心理，通俗易懂，易于让普通大众理解把握，同时，把美学建基于“乐感”之上，符合中国人注重“人生在世”价值的文化传统，“乐感美学”暗合着中国乐感文化传统心理，是美学理论满足大众心理的一次推广。“乐感美学”的另一核心观点，是突破视听觉快感对象是美之来源的传统美学理论，而提出视听味嗅肤这五觉快感对象皆是美之来源。“乐感美学”把打通五觉后的“愉悦快乐”情感反应来定义美学，给人带来直觉把握的便利。《乐感美学》整合了古今中外种种美学理论定义和观点，对美学基本概念和基础理论的普及有很好的教科书意义。

上海政法学院文学院副教授张永禄指出：今天的美学研究要清楚当下中国当代现实。当代中国最大的现实是人们普遍不快乐，同时又竭力追求快乐，其表征就是迪士尼文化。迪士尼文化打造的快乐工业是当下最大的文化文本。迪士尼是一种现代乌托邦美学，理念上表征美国社会主流核心价值，风格上的浪漫主义的追求，叙事上的结构性与标准化法则，题材上是个人成长和家庭和乐，哲学上则是趣味和快乐的。在这个意义上，祁志祥教授的乐感美学理论在中国当下非常具有现实意义。

上海艺术特色学校枫泾中学校长陆旭东还谈到美学理论特别是《乐感美学》对学校美育实践的促进和指导意义。《乐感美学》认为：美是有价值的乐感对象。他认为美育的意义也就是缔造、维护美的价值取向。美是有价值的乐感对象，这个简短的概念，实实在在解决了美育实践中的大困惑，较之否定本质研究的现代美学和现代美学著作，《乐感美学》更具有可操作性，对中学美学实践具有良好的指导作用。

此外与会专家学者在聚焦《乐感美学》，肯定其理论贡献和实践指导价值的同时，也对如何从形上维度重构美学体系以及《乐感美学》的建构本身提出了一些不同思考。如与会学者谈到美感的复杂性问题、肉身狂欢的审美悖论问题、审美体验问题等等，体现了会议论题的开放性和多元性。

第六章　美学与意象

美学研究的“美”与“意象”密切相关。华东师大的朱志荣早先曾将“意象”视为美本体，提出“美是意象”，这里提交了论“意象和意境的关系”的专文，对“意象”与“意境”概念的异同作了细致入微的考辨，并在与意象的比较中对“意境”特征作了独到的厘定。这是美学本体思考的值得关注的成果。而上海大学的金丹元则从“意象”及其艺术形态的演绎论析了中国传统艺术论的现代性转化，同时提出在中西“意象”论之比较中坚守和拓展中国质性的主张，更具应用意义。

第一节　意象和意境的关系[1]

“意象”和“意境”这两个范畴在中国古代出现的时间有先后，内涵上也有一定的差异。但中国古代学者在使用“意象”和“意境”范畴的时候，常常会有混用的情形，尤其在指称情景交融等特征方面，两者的含义是相通的，并且有重叠之处。当然，作为两个范畴，它们必然是有差异的。古人受时代的局限没有做严格的界定，表现出一定的模糊性和灵活性，这种模糊性和灵活性增加了我们理解上的困难。20 世纪以来的中国现代学者在使用意象和意境这两个词的时候，也有混用的情形，虽然已有不少学者试图对两者加以区分，但对于意象和意境关系的阐释依然存在着种种的混乱和矛盾，迄今还没有形成明确而一致的意见。现在我们有必要从学理上阐明两者的异同及其关系，这也是现代学科形态的要求。这里，我兼顾到两者自古以来在长期的运用实践中的主流情形和现代学理上的严谨要求这两个方面，来对意象与意境的关系加以辨析。

[1]　作者朱志荣，原载《社会科学战线》2016 年第 10 期。

一、意象和意境不是一个概念

历代学者对于意境范畴的内涵及用法的理解并不一致，不少学者把它等同于意象，或在具体的使用中只体现意境所具有的某些特征。学者们虽然在对意象和意境的理解上有很多分歧，但有一点是肯定的，那就是绝大多数学者认为意象与意境的含义是相关的，两者之间有一定的重叠。正是这种重叠导致了人们对这两个概念混用的情形。

意象是关于美的本体形态的指称。审美主体对自然物象、社会事象和艺术品等方面的鉴赏，以意象的创构为旨归。陆时雍说："树之可观者在花，人之可观者在面，诗之可观者，意象之间而已。"把意象看成是诗歌可观的风采。罗庸则将其推及到一切艺术，认为："意象是一切艺术的根源，没有意象就没有艺术。"在审美活动中，主体的感发在意象创构中起着主导作用。主体通过能动体验及传达能力，使意与象交融契合。意象中的象，既包括主体感官所感受到的物象和事象，也包括主体的拟象。《周易·系辞上》所谓："圣人有以见天下之赜，而拟诸形容，象其物宜，是故谓之象。"正是指其拟象的特征。意与象交融为一，正是主体的情意与主体所体悟的物象、事象和拟象的浑然一体。在审美活动中，意象的创构体现出主体的创造精神，同时也常常包含着久远的文化积淀。在中国古代的美学思想中，以意象为本体的观点是贯穿始终的。意象从先秦《周易》和老庄思想中开始萌芽，到晚清中国学术的现代转型，意象的范畴一直沿用至今，形成了一个源远流长的传统。

主体通过意象建构的一个独立自足的世界，就是意境。境在审美对象中通过"象"得以呈现，经由主体基于感性又不滞于感性的超感性体悟在心中成就意境。境既有疆域、界限的意思，也有层次的意思。意象或意象群及其背景的整合可以营造出独特的意境，并在意象所依托的时空中得以体现。如齐白石运用黑和白两种视觉元素就能绘制出鱼虾在水中自由游走的境界。意境之中包含着真情实感，主体情真意切，方能创构真境界。意境是审美主体在心中所成就的，尤其体现在艺术创造和欣赏中。意境思想的提出和发展，明显受到了佛教心境说尤其是禅境思想的影响，并且丰富和拓展了意象理论。

我们对"意境"二字的理解既不能望文生义，也不能简单拆解。意境是奠定在意象浑融的基础上的。意境之中固然可以分析意的成分和境的特点，但是说到底，意境不是意加境，也不是抽象的意的境界，而是意象的境界。也只有把意境看成是意象的境界，方才符合文学艺术的实际。如果说意象尚可分为意与象进行研究的话，意境则断然不可简单分为意与境。将意境简单地分成意与境，或将意境简单理解成意与境的关系，显然都是不恰当的。

中国古代有不少将"意"与"境"相对举的情形。如托名白居易作的《文苑诗格》说："或先境而入意，或入意而后境。"唐代权德舆《左武卫胄曹许君集序》："凡所赋诗，皆意与境会。"叶梦得《石林诗话》也说："意与境会。"北宋苏东坡《题渊明饮酒诗后》："'采菊东篱下，悠然见南山。’因采菊而见南山，境与意会，此句最有妙处。”这些论述中的境乃偏指物境，而非意境之境。王国维《人间词·乙稿序》称：“文学之事，其内足以摅己，而外足以感人者，意与境二者而已。上焉者，意与境浑，其次或以境胜，或以意胜，苟缺其一，不足以言文学……文学之工与不工，亦视其意境之有无与其深浅而已。”只有视意境为意象之境，把意境放在意象本体中去理解，王国维的这段话才是有道理的。

意境是指单个意象及其背景或意象群及其背景在主体的心灵中所呈现的整体效果。意境乃由意象或意象群及其背景所构成的总体氛围，通过主体的体悟得以生成，让人有身临其境之感。可见，意境表述着整个意象、意象群及其背景，是在意象的基础上通过营造的氛围呈现的。但意境不是意象及其背景或意象群及其背景本身，而是由意象及其背景或意象群及其背景所呈现的效果。意境是意象的结晶，是与意象相关的，既然关乎象，就应该是意象之境，而非抽象的意之境。意象为体，意象的象内与象外的统一，构成整体的境象，即意境。同时，意象以其简约、空灵的形态构成整体的意境。因此，意境是在意象之体上，把意象诉诸感官后，所获得的超然物表的整体性效果。意境通常更具有场景的有机整体感，强调的是整体的融会贯通。在某种程度上我们可以说，意象对整体效果的追求，其效果便是意境。

意境通过具体的意象来呈现，意境附丽于意象，是由意象产生的效果。从审美的角度看，意境中是有象的。意境以构成意象的可听、可视、可感的具体形态为基础，仍然属于广义的意象范畴。意象是基本形态，意境是通过意象的感性形态而得以呈现的。自然山水和文艺作品等，都是通过意象呈现出意境的。主体在感悟意象时，由象生境，意在境中。陈子昂《登幽州台歌》中，也是以象构境的。诗人登幽州古台，极目四望，眼前一片空茫，触发了他目空千古的孤独感，遂念天地悠悠，怆然涕下，其中显然是有象的，由广阔苍茫的意象而呈现出一个寂寥悠远的意境世界。再如王维《辛夷坞》云：“木末芙蓉花，山中发红萼。涧户寂无人，纷纷开且落。”全诗通过蓝田辋川的辛夷坞景色，表达作者孤寂的情怀，以幽静的景致与落寞的心境相映照，通过读者的欣赏成就意境。陆时雍曾说：“境成有象。”意境中因象而充满意趣。意境可以指独体意象及其背景所构成的境象，也可以指意象群所构成的整体境象，其中无疑都是包含着象的。

意境基于意象而不滞于意象，由独立意象及其背景、或由主导意象和诸多意象元素构成的意象群，呈现出一个作为整体的意境。这就是意境的整体性特征。无论是单个意象，还是意象群，都可以与背景构成整体，在效果上呈现出意境。20 世纪以来有些学者认为意象群构成了意境，有一定的合理性。罗庸曾说：“境界就是意象构成的一组联系。”陈良运说：“任何一首诗，不管它有多少意象叠加，或是一种意象独出，诗人所欲表达的意境只有一个。多种意象成境，更体现出意象是构成诗的意境的元件，任何一个意象都与意境的呈现有关，但任何一个意象都不能等同于意境，它们之间的关系是局部与整体的关系。”古风更简洁地概括为：“单体为象，合体为境。”其中强调意境的整体性有一定的道理。不过，虽然意象群作为整体呈现出意境的效果，但意象构成意境的关键，不在于意象的数量，而在于意象及其背景在主体特定心境中所呈现的效果。意象构成意境的效果，并不是都是由意象群构成的，独体意象及其背景依然可以呈现出意境。

总之，源远流长的意象理论是意境说的基础，而意境说是对意象说的进一步丰富、深化和发展。意境范畴的出现，积极引导人们从境的角度体验和认识意象，从而深化了主体对意象的特质，特别是层次的认识，有力地拓展了人们对意象所指涉的对象与范围，并且对文学艺术的创作和欣赏起到了积极的深化作用。从此，在文学艺术的创作和欣赏中，有了自觉的境界追求。

二、意象与意境的相通之处

既然在中国古代人的观念中，意象与意境是有重合的、相关的，说明两者有着诸多的共通之处。具体体现在以下几个方面。

首先，意象和意境都以“心”为本，体现了主体对对象的感悟与创构，因而具有鲜明的主体性特征。意象源自心象，意境源自心境。意象在主体的心中孕育、创构而成，是一种心象，是物象、事象和拟象在心中与意交融为一铸就的。作为一种心象，意象是动态生成的胸中之竹。在审美活动中，主体受到物象、事象的感发，常常通过能动体验，实现意与象的交融。郑板桥画竹时，先以眼观竹，再以心体悟，使竹作为物象由眼及心，在心中与情意交融，成为胸中之竹。在审美活动中，灵感往往不期然而然，处于被激活的状态，即目、即心，瞬间生成意象。意象的创构是主体瞬间直觉的创造行为，受到主体灵感激发状态的影响。这通常是审美主体感物动情、神与物游的结果。在意象创构中，情与景，物与我，在生命的层面，在体道的层次上是相互贯通的。

意境是心灵的产物，是一种心境，主观的心性境地，更强调意象所赖以存在的心理时空，是意象在心中呈现的效果。王昌龄说：“目睹其物，即入于心，心通其物，物通即言。”“夫置意作诗，即须凝心，目击其物，便以心击之，深穿其境。”强调目击心应而成就意境的特点。皎然在《唐苏州开元寺律和尚坟铭并序》中说：“境非心外，心非境中，两不相存，两不相废。”说明孤立的心外物象非境，孤立的心中之情也非境，心物交融，浑然为一，生成意象，方能在心中呈现出意境。梁启超《惟心》云：“境者，心造也。一切物境皆虚幻，惟心所造之境为真实。”可见，意境的创造离不开心灵的悟，即主体由悟而达到一种澄明、豁然贯通的境地。意境的感受也是主体在体验中创构的结果，是在心中成就其境的，体现了感悟、判断和创造的统一。主体在体悟、造就意境时，心中也在呈现着自我的生命境界。在艺术作品的欣赏中，意境不是艺术家预成的，而是通过已创构的意象形态，激发欣赏者的联想，最终在欣赏者心中成就的。王昌龄《诗格》云：“搜求于象，心入于境，神会于物，因心而得。”这就是说，主体以心求象，以心入境，心由象而与物神会，故因心而构象，因心而构境。意境依托于体验的氛围和心境，体现了时空氛围与情调的统一。当有意境的作品契合于欣赏者的某种心境时，更能引起共鸣，更能激发欣赏者对某个特定生活场景的创造性体悟。当然，不同时期、不同情境下所引发的共鸣常常是截然不同的。

其次，意象和意境之中都体现出创造性。审美对象永远处于主体的创构之中，不断地被体验、被创造，从而永远保持新鲜的活力。每个人的人生经历和审美经验，每个人的悟性，乃至感悟时即兴的灵感，都制约着主体审美的体验与创造。意象和意境是主体能动体验的结果，都需要欣赏者的积极参与，都离不开想象力的创造和再创造。朱光潜说："意境，时时刻刻都在创化中。创造永不会是复演，欣赏也永不会是复演。真正的诗的境界是无限的，永远新鲜的。"同时，艺术创造不仅要创构意象，而且要因心造境，"思与境谐"，在意象中体现出境界。这种意象的境界，便是意境。

再次，意境和意象都追求虚实相生的艺术境界。意境是虚与实的统一，显与隐的统一，在虚实相生中体现了境界，成就了境界。意象本身包含着虚实相生，意象创构之中就有虚与实的统一，而在意象形态的基础上，意境超越已有的意象形态，意境在审美体验中又进一步虚实相生，成就整体境象，体现了虚境与实境的统一。而在主体的审美体验中，意象的整体境象进一步体现了虚实相生。实象与虚象的统一构成境象，一连串的意象构成整体的境界。意象的创构借助于象外之象成就意境虚实相生的效果。刘禹锡《董氏武陵集记》所谓"境生于象外"，实际上是虚与实、象内和象外的统一，从而使意境的追求从有限拓展到无限。如明清时期的私家园林，园艺家们通过借假山、亭、台、楼、阁等可视物象，突破有限的空间，把观赏者导向无限的遐想与体验，从而在心中成就虚实相生的意境。黄宾虹的《画谈》有所谓："全局有法，境分虚实。"笪重光《画筌》有所谓："虚实相生，无画处皆成妙境。"可见，虚实相生，动静相成都是意象的特征，同时也被用来说明意境的特征，正说明了意境与意象的相关性。

三、意象和意境最重要的重合点在情景交融

在意象和意境的相关性中，两者最重要的重合点在于情景交融。人们阐释意象和意境时，都用"情景交融"，也就是说，情景交融既被看成是意象的特征，又被看成是意境的特征。王昌龄《诗格》提出所谓物境、情境、意境三境，其中的"意境"虽与后来的意境范畴有一些差异，但其中体现了物境和情境的统一。这是以情景交融的意象为基础的，实际上体现了物色与情意的统一。王昌龄还说："凡诗，物色兼意下为好。若有物色，无意兴，虽巧亦无处用之。"姜夔《点绛唇·丁未冬过吴松作》："燕雁无心，太湖西畔随云去。数峰清苦，商略黄昏雨。"以燕雁之"无心"衬托数峰之"清苦"，复以山峰的清寂凄苦，烘托出人的愁苦之情。

这种情景交融的特点正是通过意象呈现为意境的。

20 世纪以来，有说意象是情景交融的，也有说意境是情景交融的。叶朗就以情景交融界定意象。他认为："中国传统美学给予'意象'的最一般的规定，是'情景交融'。中国传统美学认为，'情''景'的统一乃是审美意象的基本结构，但是这里说的'情'与'景'不能理解为互相外在的两个实体化的东西，而是'情'与'景'的欣合和畅、一气流通。"把情景交融看成是审美意象的结构，并且一气相贯，生意盎然。宗白华则说意境是情景交融的："意境是'情'与'景'（意象）的结晶品。""在一个艺术表现里，情和景交融互渗，因而发掘出最深的情，一层比一层更深的情，同时也渗入了最深的景，一层比一层更晶莹的景；景中全是情，情具象而为景，因而涌现了一个独特的宇宙，崭新的意象，为人类增加了丰富的想象，替世界开辟了新境，正如恽南田所说'皆灵想之所独辟，总非人间所有！'这是我的所谓'意境'。'外师造化，中得心源。'唐代画家张璪这两句训示，是这意境创现的基本条件。"袁行霈先在《论意境》中说意境是情景交融的："意境是指作者的主观情意与客观物境互相交融而形成的艺术境界。"后来在《中国古典诗歌的意象》中，他又说意象是情景交融的："意象是融入了主观情意的客观物象，或者是借助客观物象表现出来的主观情意。"这些论述本身就说明意象和意境两者是相关的，相通的，其所指称的对象有重叠之处。

意象作为客观景物与主观情趣的交融，而既然意境是意象之境，说意境中也是情景交融的，笼统地说当然也没错。我认为意象表现为情景交融，而意境是情景交融所呈现的整体效果。王国维《人间词话》所谓："境非独谓景物也，喜怒哀乐亦人心中之一境界。故能写真景物真感情者，谓之有境界，否则谓之无境界。"这里所说的境界指景物和七情，真景物、真感情乃是境界所在，其实也是意象的元素。

意象是物我交融的有机体。意象的创构或触景生情，或借景抒情，意象中的情景交融有偏象和偏意两种形态，汉魏诗、唐诗多偏象，东晋玄言诗、宋诗多偏意。但偏象中有意，偏意中有象，情景交融必有象、有意。情景交融乃是景物与情意相通，王夫之在谈诗的时候说："故外有其物，内可有其情矣；内有其情，外必有其物矣。""情景一合，自得妙语。"情思与物象交融，情思借助物象而得以呈现。

意境作为情景交融创构的意象所呈现的效果，当然也具有情景交融的特点。清初布颜图《画学心法问答》云："情景者，境界也。"说的乃是意境，它是情景交融的境界，也是意象的境界。陆时雍《古诗镜》卷二十七云："诗以得境为难，得境则得情矣。"又陆时雍《唐诗镜》卷二十一云："老杜长于造境，能造境，即情色种种毕著；李青莲长于造情，情到即境不烦而足。"这里的境偏于物境，侧重于景，但总体上强调的仍然是情与境的统一，乃是情景交融的一种体现。这也说明艺术作品可能没有"意境"，但不能没有"意象"。当然也有的艺术作品意境特征很显著，但意象相对薄弱。罗庸曾说："情景交融，便是最高之境，再加以寄托深远，便是诗境的极则了。"这就是说，当情景交融的意象处于特定时空背景氛围中时，就构成了意境。

情景交融创构了意象，是意境的前提和条件。意象与意境都处在心物关系中，情景交融是构成意象的基础，也是意境呈现的基本元素，在物我交融之中有升华。马致远《天净沙》的“枯藤老树昏鸦”，由几个苍老萧瑟的意象传达羁旅之人的落寞惆怅，构成整体的意境。意象在情景交融中包含着虚实相生，意境则由意象及其整体背景进一步从虚实相生中呈现出来。情景交融是意象的本体特征，同时也可以从中体现出意象的境界，即意境。因此，意象和意境在情景交融上的区别在于，意象由情景交融创构而成，是感性具体的，而意境乃是意象感染审美活动主体的效果，是无形的，如春风化雨般地滋润心田。

在艺术作品中，情景交融通过构思而由意象呈现出整体效果，即意境。意境是在主体情景交融基础上所呈现的整幅生命图景。境更偏向于主观体验的效果，是心象整体效果的显现。叶朗说：“中国美学要求艺术作品的境界是一全幅的天地，要表现全宇宙的气韵、生命、生机，要蕴涵深沉的宇宙感、历史感、人生感，而不只是刻画单个的人体或物体。”这里主要强调艺术境界的整体性和包孕在其中的生命意识。

四、在意象和意境的比较中把握意境特征

相比之下，意境是对意象的升华，有着更为复杂的内涵和更为突出的特征。前代学者对意境的界定常常语焉不详，甚至有把意境等同于艺术效果的情形。如王国维《宋元戏曲史》第 12 章云：“何以谓之有意境？曰写情则沁人心脾，写景则在人耳目，述事则如其口出是也。”这三句所描写的特征只是说戏曲表达的效果好，强调艺术作品的真情实感和感染力，不是一个意境的严密的定义，也不能说明意境的独特特征。我们可以在对意象和意境的比较中揭示意境的独特特征。

首先，意境超然于意象之表，具有超越性特征，是对意象的更高要求和追求。意象时空氛围的超越性特点，正构成了意境的特点，使意境超越有限的时空呈现效果。意境的生成，既要基于意象，又要超以象外，进一步突显虚与实统一。南齐画论家谢赫《古画品录·张墨荀勗》曰：“若拘于体物，则未见精粹，若取之象外，方厌膏腴。”意境的整体性特征，正超越了具体意象的有限性，从而以有形导向无形，以有限导向无限。韩林德说：“‘意象’的外延比意境大，而‘意境’的内涵比‘意象’深，意境产生自意象，又超越于意象。”可见，意境从深刻性的角度体现出比意象更高的要求。朱光潜《诗论》说：“诗的境界在刹那中见终古，在微尘中显大千，在有限中寓无限。”意境是意象中所包孕的那种超越有限、趋于无限的效果。因此，意境的生成是超越具体“有”的物象层面，在有无相生中产生并获得无限性。意境强化了意象以象体道的特征。境超越具体时空的有限性和象的有限性，使意象臻于体道境界。而体道则是意象的最高境界，也是意境的完美体现。

其次，意境还具有层次性特征。境是指作品成高格的整体特征。意境讲究格调层次，同时也折射了审美主体的精神层次。意境是审美对象的整体形态中所呈现的一种特质，类乎人的一种气质，有高低深浅之分。意境体现了一种格调，有意境是一种高格调。艺术家和欣赏者的格调共同决定了艺术品的格调。宗白华说：“艺术的意境有它的深度、高度、阔度。”优秀的艺术作品被称作意境深远，便是对其高下深浅所作的评价。与意象相比，意境更重视层次性，更强调其深度和立体感。意境强调的正是在精神层次有高下之分的基础上，要在境上有层次的追求。

意象到达一定的程度就可以认为是成高格，有境界了。比起意象来，意境的范畴更强调层次和境界。称其为意象是对其形态的判断，称其为意境是对其特质和层次的判断。意象是对感性形态的描述，意境是对其境界和层次的品评。意象是本体的感性形态，意境是其内在层次和格调，意境强调意象中内在的韵味。象中体现了具体与普遍的统一。意象的境界有高有低，意境是对意象更高的境界要求，强调的是高层次和格调。王国维《人间词话》说：“词以境界为最上。有境界则自成高格，自有名句。”王国维多处使用“境界”一词，其中有的指人的修养造诣的层次，有的相当于意象，有的相当于意境。

第三，在形态差别上，意境更鲜明地彰显了风格特征。皎然《诗式·辩体有一十九字》：“夫诗人之思初发，取境偏高，则一首举体便高；取境偏逸，则一首举体便逸。”高、逸便是意境的两种风格。《二十四诗品》也是在表述风格中描述境界，有意境的作品在体裁和风格上各有特点。在意境中，一种风格便是一种境界。如强调超然物外的“妙”，“妙”就是一种境界；再如“远”，即远致，也是一种境界。

第四，主体对意境的体验更体现了主体的素质和修养。艺术家心中有境界，故能创作出有意境的作品。对审美对象意境体悟的程度，需要主体有一定的境界基础，才能产生共鸣。“落霞与孤鹜齐飞，秋水共长天一色。”欣赏者以境观心，或身临其境，或有身临其境感。与意象相比，意境则更具有即兴的主观性。意象可以依托于原型，意境则是常新的。意象更侧重于入乎其内的创构，意境更侧重于出乎其外的赏会。

总而言之，意境是意象的境界，是主体在欣赏中由意象或意象群及其背景所创构的整体效果。主体通过情景交融创构了意象，而意境则是意象或意象群作为具体感性形态在特定时空氛围中所呈现的整体效果。意境以意象的具体感性形态为基础，乃是主体即心即境，即象即境的产物。意境侧重于意象内在的度，是对其抽象特质的指称，从而有力地拓展了意象范畴。但意境的这种效果已不是意象本身，其中尤其体现了主体的素质和修养，具有鲜明的主体性特征。当然，意象的使用畛域更为广阔，更具有普适性，而意境只是部分审美对象所具有的特质，不能囊括意象的全部外延。从感性形态、思想的延续性和普遍性看，选择意象作为中国美学的本体范畴更为合适。

第二节　从“意象”及其艺术形态的演绎看传统艺术论的现代性转化[1]

自艺术学上升为门类，艺术理论成为一级学科以来，关于如何重建中国艺术理论的呼声很高，但大多数仍是一种外围的发声，如强调重要性、强调门类艺术的区别与客观存在的各种悖论、强调系统梳理中国传统艺术理论并加以创新等等。但具体的有关中国艺术审美范畴、理论范畴的研究似仍不多见。为此，再以中国传统艺术理论中最基本的，也是最具代表性的“意象论”及其在艺术形态中的演绎为例，兼涉中西对“意象”概念的不同理解，来阐释中国“意象”的现代性转化。

一、中国“意象”论的源起及其中国质性

“意象”论是一个老话题同时又是一个可以不断讨论又无法回避的重要命题。“意象”一词最早作为一个哲学概念出自《周易》，所谓“圣人立象以尽意，设卦以尽情伪，系辞焉以尽其言，变而通之以尽利，鼓之舞之以尽神。”此处的“象”具体的个别是事物或现象，“意”同“情伪”“言”并列，指的是哲学思想中的精髓。这里“立象”的目的在于“尽意”，它与“设卦、系辞、变而通之、鼓之舞之”相联系，也就是说“象”源于客观世界，也从具体形象中产生，它的作用在于通过具体的事物来体会到意的本质和内涵，这也刚好对应了《周易》中对卦象的重视。“立象”在此作为中国远古时代的原始巫术仪式中的一项，而非特指艺术。这个“象”既不同于西方的概念，也不同于后来文艺理论中的意象概念。而是与原始宗教仪式（巫术占卜、八卦推演）相联系的意象思维，它的产生和原始的宗教信仰相关，因为《周易》本身的莫测高深，所以“意象”一词往往又不能分开讲。“意”与“象”是浑然一体的充满了神秘色彩的抽象理念——“易者，象也。象也者，像也”（《系辞下》）。

《庄子》中主张目的和手段的分离，并且更看重目的，所以也就更重“意”，提出了“得意而忘言”并不恋着于“象”，指出意象的目的在于“得意”，言只是表达意的手段和中介，最终的指向是对意的表达。怎样把《周易》中的“立象”同《庄子》中的“得意”联系起来，是关系到意象说是否能成为独立艺术审美规范的要害问题，而在这两者间搭桥引渡的第一人，即是魏晋的玄学大师王弼。值得注意的是他抛弃了汉代的象数说，用老庄之道解释《易》，即“言者所以明象，得象而忘言；象者所以存意，得意而忘象”，这样的描述指出了言、象、意三者之间的关系和地位，其重要价值在于冲淡了《易》中关于“意象”的神秘占卜气息，认

[1]　作者金丹元，原载《艺术百家》2016年第5期。

为如要获得真正的“意”，要从不拘泥具体的“言”和“象”出发，形象的有限性正是为了说明意义的无限性而存在，由此王弼对后世的意象说打下了先行的理论基础。

“意象”真正进入文艺理论的轨道是在齐梁时期刘勰在《文心雕龙》中提出的“独照之匠，窥意象而运斤”，此时的意象概念仍有点含糊不清，但已经开始与艺术想象相联系了，正如钱锺书说：“刘勰用‘意象’二字，为行文故，即是‘意’的偶词，不比我们所谓‘image’广义得多。只能说刘的‘意象’即‘意’，不能反过来。”这样的“意”是伴随具体事物的形象而显现，因而更多指涉的是艺术作品的内在意蕴，“象”则是艺术形象的指称。“意”的范围既基于“象”，又高于“象”，正如西方康德所言“是由想象力所形成的那种表象”。“意”与“象”二者相合又是中国人之传统艺术创作、艺术鉴赏的普遍心理特征。

唐代关于意象的理论逐渐丰富，常在诗学和书法领域中使用，尤以书法为重点。在殷璠的《河岳英灵集》、王昌龄的《诗格》、司空图《诗品》等著作中谈到了诗歌的意象问题。而唐代更重要的是出现了另一个审美术语“意境”，即王昌龄所说的：“诗思有三。搜求于象，心入于境，神会于物，因心而得，曰取思”(《唐音癸签卷二》) 并提出“意境”、“物镜”、“情境”的诗之三境。值得注意的是，尽管意象和意境都是指心物合一和情境交融的状态，而二者的哲学本源却完全不同。意象是从前文提到的“道”的思想发展而来，意境则是从佛教哲学幻化而来，因此，一看重“无”，所谓“稍纵则逝”；一旨在“空”，有“我空”、“法空”、“外境空”之说。“境”在佛教中指的是参加其宗教仪式时产生的一种虚化状态，可以说是佛教化的心灵空间，它不同于时空意义上实在的物理之境，佛家则把“色、香、味、声、触、法”标之为“六境”。故皎然《诗式》论取境，首先是从“缘”，所谓“缘境不尽曰情”，正是符合佛教唯识学中的“所所缘”的。关于此问题敏泽先生曾有过十分清楚的解释：

> 我国意象的理论，是直接从《周易》和《庄子》两个源头演化来的，魏晋南北朝时期，虽然也曾受到佛家思想的某些影响，但佛学中关于意象关系的见解，仍是从老、庄哲学那里汲取来的。因此，可以说，它是最富有传统色彩，并具有最长远历史渊源和美学的美学概念。而意境的理论却不同，它虽然和《周易》、《庄子》等有关系，但它的诞生，主要是佛教输入中国后，佛教的哲学、塑像、绘画等影响的结果，其萌芽阶段在魏晋南北朝，较为普遍使用于文学艺术，是唐以后的事。

从“意象”论发展至意境说，我们不难看出，中国传统艺术的审美着眼点是重“意”的，所以庄子强调不必恋着“象”，甚至认为“得意”可舍象，“得意”可以“忘言”，重“意”也就是重视作品的意义所指，重视艺术的精神性追求，这是中国意象论最主要的质性之一，也是中国“意象”论有别于西方意象说的最主要的中国质性之一。当然意象也不是不要“象”，而是强调象的运用是为了获取、开掘和生发“意”的显现。为此，“象”是可以“忘”的，

“意”才是目的之所在。

中国“意象”论的第二个中国质性是强调艺术的时间性、精神性和生长性。无论是张若虚《春江花月夜》中的“人生代代无穷已，江月年年望相似，不知江月待何人，但见长江送流水”，李白的“君不见黄河之水天上来，奔流到海不复回，君不见高堂明镜悲白发，朝如青丝暮成雪”，苏轼的“大江东去，浪淘尽，千古风流人物”一类的对“人间如梦”的感悟，“但愿人长久，千里共婵娟”这样的美好祝愿；还是中国书画中历来看重的“线”的表现，线条的飘逸、灵动，抑或是中国传统雕刻中所强调的刀笔刻画要突出某种精神意趣，中国舞蹈中翩翩起舞的长袖，富有生长性的丝带的飘动等等，都凸显出时间的“日日新”“又日新”和某种抽象化、艺术化了的生长性。当然，中国艺术中也有关于空间的展示，但这种空间观与西方的空间意识有着根本的不同，中国画中没有西洋画中明显的三度空间和焦点透视，也不富有光感和逼真的层次感。传统的中国空间意识没有立体几何，没有水平线上的消失点，它是随着时间的延伸而展开的空间，照宗白华先生的说法是“移远就近，由近知远的空间意识”，则更不用说近代西方艺术中的空间观已完全上升为一种哲学的构架了。进而又出现了“再现空间”与“空间再现”之区别。

成熟于唐代的“意境”说，虽然比之“意象”论更重视对“空间”的展示，但这种空间仍然是基于对时间性或精神性的依附而来。它讲究的是气韵，“象外之象”、“万物静观皆自得”，作为“作画形易而神难”（袁文《瓮牖闲评》）、“书画之妙当以神会”（沈括《梦溪笔谈》）。为此，提出了“空灵”境界，而所谓空灵，笔者认为“空”是指一种纯净的可以进行审美静观的形象氛围。如前所言，这个词源于佛学，所谓“涅槃妙心，实相无相”（《五灯会元卷一·佛祖》），“四大皆空”云云。禅宗所言之三境界，第一境界为“落叶满山空，何处寻行迹”，是说，禅之根本要找是找不到的。第二境界为“空山无人，水流花开”，信佛、从佛，升入第二境界，初初“悟”得，但还未结正果。第三境界为“万古长空，一朝风月”，指悟出佛性，虽是处于短暂的“一朝”，但所在之空间已囊括了天地万物。即在瞬间超越了时空。“灵”笔者认为是指灵气、生气的自由往来。“空”与“灵”合作一词，便是指在纯净、虚静、空荡的气氛中事实透出生命灵气的那种艺术境界。由此，王国维后来又推出了“有我之境”和“无我之境”的说法。“有我之境”和“无我之境”的差别，虽一是“以我观物”，一是“以物观物”，但不管是“我”、是“物”，既然都能“观”，也都在“观”，那么当然都具有生命力。“我观”是物的人化；“物观”是人的物化。总之，都大有可观之处，也就是说不管艺术形象中“有我”还是“无我”，比之那些“不空”（谈不上有境界）的艺术，总要更充实、更富有层次，也更耐人寻味。这也正是苏东坡早就说过的“静故了群动，空故纳万境”的意思。正如宗白华所言：“所以我们的空间感觉随着我们的时间感觉而节奏化、音乐化了。”正因为此，中国传统的空间概念不是西方哲学中可以视作本体的一个概念。它不能脱离对时间的、精神性的“意”的追求，相反，它是作为时间性、精神性、生长性的背景而存在的。就此而言，中国式意象更接近克莱夫·贝尔的“有意味的形式”。

第三，中国人的“意象”实际上是一种艺术思维形式，按今人的说法，可以理解为是一种“意象思维”，它既是整一性的，又是诗化了的。它突出直觉感知和整体领悟，而非西方那种可作逻辑分析的理性思维，它无法用西方所言之“科学性”“贴近现实”等概念去衡量或套用。也就是说中国古代艺术理论没有西方意义的“科学”“求真”的概念，而是更多地注重风度、气韵、情境。从孔子开始，就一直强调“美善合一”，但却并不刻意突出对真实世界的模拟，“求善”的背后，恰恰凸显了儒家学说的伦理要义。而魏晋之际士大夫们的审美视点逐渐转向形式美，又正好体现了对“意象”的玩味和探讨逐渐形成了一种既玄虚又诗化了的艺术思维，至唐代也就出现了所谓“言外之意”“象外之境”“味外之旨”（司空图）的重整体领悟与总体把握的对意蕴的追求。由此可见，中国艺术思维强调“闻道”的诗性智慧，西方则是讲究“求真”的科学智慧。为此，在中国的文论、诗论中才会有“羚羊挂角无迹可求”“言有尽而意无穷”的说法。而这又恰恰契合了所谓“外足于象”“内足于意”（《于大夫集序》《弇州山人四部稿》）的审美要求，并与中国人“天人合一”的宇宙观完全对应。

二、“意象”及其艺术形态的现代性转化

如果对中国“意象”仅仅做一般的表层化理解，不少人都会觉得这似乎是一个属于“过去式”的理论范畴。中国式意象似乎更适合对传统书画艺术的观照，更适宜解读和赏析那些静态的、表现士大夫心态的古典艺术作品。而对于动态的、急遽变化的跳跃式的近现代艺术，特别是数字化了的当代艺术，它不仅是错位的，而且也早已失效了。当今后现代色彩很浓的艺术形态是呈现一个个仿像的世界，甚至是虚拟的世界，那种讲究素养的高雅的意象评析和追求意象效果的构图已日趋走向死亡。果真如此吗？其实，未必尽然。

从当下人们对那些仅仅以视听效果来诱人耳目，内容空洞、意义指向不明，或对那些片面追求时尚，胡乱编排，缺乏内在逻辑和不知所云的影像之不屑一顾，对那些虽有票房，但却令人生厌或招致种种诟病的文艺样式的批判中，都可以看出人们对艺术的立意、艺术作品的人文关怀的重视和向往。对一些仅仅呈现五彩缤纷、光怪陆离的“象”，而不知“意”之所云的所谓艺术，即使是青年一代也同样会嗤之以鼻。另外，西方不少有精神追求又对中国文化感兴趣的年轻人，对中国书画的好奇，对传统戏剧戏曲的喜好，乃至主动地模仿、学习等等，都说明对“意”的追求，对生活对社会的探寻和叩问是人类在艺术中进一步理解历史、文化和哲理情趣并不断升华自我的共同愿望。

在中国艺术形态的演绎中，我们也不难发现，“意象”的运用和生长是随着社会的变化而变化，发展而发展的。它不仅没有死亡，而且始终在创新变化中不断地向现代性转化，参与着对新的价值观的塑造，并发挥着积极而又令人惊叹的审美效应。如从书画艺术中的意象到

从传统戏剧表演、舞蹈创作中对“意象”的领悟，再到将意象化的表现渗透进影视作品和广告传播中，中国传统的意象理念，在舞台上、银幕上不断获得新生，令人耳目一新。以中国的水墨动画片为例，1961年摄制完成的《小蝌蚪找妈妈》，在内容选取上巧妙地抓住了蝌蚪长大之后变成青蛙这一科普常识，以动画片的形式将这一常识寓教于乐地传递给了儿童受众，在形式表现上则选取了我国著名画家齐白石先生生前所绘制的鱼鸟虾蟹，把中国传统的水墨画融入其中，从而让这部动画片的思想性和艺术性得到了充分的体现。我国著名的文学家茅盾对此片赋予了高度评价，曾为此赋诗一首：“蝌蚪找妈妈，奔走询问忙……此中有哲理。画意与诗情，三美此全具。”此外，漫画家华君武也曾戏言：“齐白石老先生虽然死了，可是，他的画活了。”这部动画片在世界电影史上也留下了深深的烙印，法国的电影史学家乔治·萨杜尔对此片的评价是：“《小蝌蚪找妈妈》这部描写了小蝌蚪的影片却表明1961年中国的动画片已经恢复了中国的传统造型艺术。”我国水墨动画片的发展表明传统艺术、传统意象已经在尝试和新的媒介进行融合，水墨动画片实际上可以看作是我国传统的水墨画经过光影的结合变成了影像水墨，既不失传统的中国文化特色，又使得纸上意象一跃成为了影像意象。而今天，在电影、广告、动画制作中运用此水墨意象的例子可谓比比皆是，不胜枚举。

2003年三维水墨动画短片作品《夏》的问世具有里程碑意义，它利用三维软件建模、渲染、贴图等方式把传统的水墨动画由二维的逐帧制作带入到三维制作的视域之下，尽管《夏》与《小蝌蚪找妈妈》的创作时代已经完全不同，表现形式也在不断创新，但作品中所流溢出的中国传统审美意象却始终不变。传统的水墨画给人的印象仍然是静态的，而如今把水墨影像化让我们看到了作品的渲染变化过程，使整个水墨画都动态化、流变化了，水墨的张力也由此显现出来。中国意象强调“以形写神、形神合一”，水墨画中使用的线条不同于西方绘画透视的空间关系，中国绘画的空间意识主要是平远、高远和深远，它对线条的运用不拘泥于对客观物象的单向摹仿，而是运用笔墨技法把握物象的内在神韵和生命力。这也正符合了中国意象理论形成的贵“虚”的审美品质，而“虚”的原因在于意象能在超越时间和空间中生出无限的意与情，即在“惚兮恍兮、恍兮惚兮”中体验时空的无边，在对“虚”和“道”的追求中获得意象的深微与神妙，这样的绘画方法是西方艺术造型所无法比拟的。在2008年北京奥运会上，张艺谋正是借用了中国传统的意象思维创作了由中国画轴渐渐展开来显示传统的戏曲、歌舞的影像化审美，在变化无穷的中国汉字的舞蹈中，在太极的集体表演里，向全世界推介了汉文化的博大精深和源远流长。又如杭州“G20”峰会名为“最忆是杭州”的晚会上，作为国内首次在户外舞台举办的实景交响音乐会，它把西方交响音乐与东方文化元素相融合，把西湖元素、杭州特色、江南韵味、中国意境与世界进行当下对话。晚会上不仅出现了有中国特色的琵琶、采茶舞、越剧、古琴等等，同时又缝合了具有西方特色的交响乐、芭蕾舞、大提琴和贝多芬、德彪西的作品等，将西方经典艺术也中国化了。而取材于中国古代梁山伯与祝英台爱情故事的《美丽的爱情传说》，正是借助了意象式表现的魅力，将戏、曲、舞、歌等多种艺术形态集于一身，把中国式“罗密欧与朱丽叶”的诗意爱情故事国际化和当代化了。

事实上，即使在理论方面，学者们对于意象的再认识和创新开拓也从没停止过。近十年来，较引人注目的是，新世纪初以高名潞为代表的一批学者对“意派论”的探讨就颇具典型性。高名潞于2003年策划了“极多主义展”，并在《意派论》一书中借用“不是之是”，以“理、识、形”的错位为基本审视点，分析了宋元山水画，其目的是“试图寻找和发展一种能够把本土传统资源与当代经验嫁接的视觉艺术理论”。“意派论”坚持重“意”的原则，其理论基础是“建立在一个非二元对立的、同时又互动的结构之上”。其理论的初衷参考了张彦远的“理、识、形”的说法，而没有借用20世纪以来诸家对“意境”说的阐发，因为在作者看来那只是一种散在的孤立状态，而且意境理论不仅受到西方二元论的影响，同时也受传统美学的局限，它只能讨论诗词和山水画，却难以讨论除此之外的艺术，更无法讨论现代和当代艺术。于是他将其理论放在“人、物、场”的关系中视为一个整一系统，以此来解决“在我们解读我们自己的艺术现象的时候，时常会有的一种尴尬，也就是用别人的修辞描述自己的故事尴尬，因为中国的现代性与西方现代性之间的错位，很难完全用一个来自西方现代性语境的进步理论去描述”的问题。意派论建立的结构性的理论系统由图像理论和全球化空间理论构成，同时他又引入了西方哲学中“场”这一概念。应该说出发点是好的，也有相当的启示性。强化“空间性”讨论这已是多年来中国当代艺术正在探索的课题，如现代装置艺术、录像艺术，当代的艺术电影、作者电影等，都在这方面下了不少功夫。而对于“场”的引用，其实也早就有人说过，如美国费尔菲尔德大学的哲学教授唐力权先生就专门从阐释学的角度研究“场”与“有”的关系。“场”概念的引入，无疑是加入了西方现代哲学的理念，它必定与艺术展示的特定场所，“场”中的各种关系，主体与客体、参与者（包括欣赏者）与场的关系，发生多样性的联系，这就与列斐伏尔的空间论，空间的指向性、象征性，在空间中的运动与人的情绪、心态都直接相关。而一旦把“有”也引入艺术的创作与观赏后，就又必然地会与存在主义哲学连在一起，可以从某一特定的“环境场”中发现存在者的审美态度，在“场”中直面人的当下存在及其存在体验。在高名潞提出“意派论”后，何桂彦则针对此理论的产生、依据以及如何建构的问题做了详细分析，也指出了“意派论”的不足与缺陷。他对支撑“意派论”的核心概念“图理、图识、图形”三者之间的文化逻辑关系提出质疑以及它们为何会与西方形成截然不同的艺术形态进行发问。认为高名潞在文章没有以具体的艺术形态来佐证和阐释中国当代艺术中的那些风格或流派符合“整一现代性”的内在文化逻辑。除此之外还指出了理论来源的两大缺陷。但值得注意的是，何桂彦尽管提出质疑，但对“意派论”也持有肯定的态度，即他和高名潞一样将其视作一种批评话语和一种“元理论”，并将其地位抬至“确立了一种书写中国当代艺术史的新的叙事模式”。在笔者看来，“意派论”注重和强调中国的“意”与西方的“场”的概念相结合，而且将跨文化的思考付诸实践，力图构建一种不同于西方艺术风格的作品类型和全新的当代艺术理论，可以说为理解中国当代艺术提供了新的视野与角度，开拓了艺术的现代性转化视角。但就此将“意派论”视作一种“元理论”，笔者觉得仍是不妥当的。但毫无疑问的是，凡此种种讨论都是将西方的现代性、西方哲学的认识论和方法论引进了对中国艺术理论的创新实验中，这也是我们今天重提“意象”，创新中国式“意象”所必须加倍努力而又无法绕开的重要命题和探索途径。

三、在中西“意象”论之比较中坚守和拓展中国质性

我们在前文中已简要地介绍了中国意象论的起源与主要特性，不妨再将它与西方的“意象”说作一简单的比较，从中不难发现中国艺术理论须在充分撷取西方理论，不断校正研究方向的同时，坚守我们自己的中国质性的必要性。

英语中的“image”源于拉丁语“imago”，它与“imitation”“imagination”是同源词，原意为“摹拟”或“重复”的意思。而拉丁语“imago”则来源于古希腊德谟克利特的“eidolon”。也就是说西方最早的关于意象的概念可以追溯到古希腊早期的哲学家德谟克利特的“原子论”，即“物体的表面分泌出微细的液粒，通过空气影响人的感官，才使人得到物体的‘意象’（eidolon）”。他认为，我们对事物的感知缘于感官与事物的原子“流射”的相互作用，事物在被感知时便流射出具有与事物相似的形状，即“eidolon”，这些“eidolon”进入感官和心灵，便使人产生了感觉和思想。因此，从《牛津高级英汉双解词典》中对 image 的追根溯源可以看出它具有以下几个意思：1. 对人或事物等的形象的复制，尤其指人用石头或木料制作雕像；2. 极相像。据《圣经》所述，上帝按自己的形象创造了人；3. 心目中的形象或概念；4.（人、公司、产品等给公众的）总印象、形象、声誉；5. 语言中的形象；明喻；隐喻；6. 在镜子或摄像机镜头中看到的人或事物的外貌，即镜像、影像。由此看出，在西方美学中“意象”这一概念在语义上和“想象、形象”比较接近，强调的是对自我揭示出感知经验以及由此“引起心中的重视和回忆”。它自一开始就已经暗合着“场”与“有”的逻辑起点。后世的文论家对此的阐述与“image”词源意义之间有传承之处。西方最早对意象的审美性进行论述的是朗吉弩斯，他在《论崇高》中提出“崇高的意象”，强调创作者所创造的“崇高的文学作品”不仅仅是对“对象”纯粹的摹仿，更要注重想象的运用和意象的创造。康德则更进一步对朗吉弩斯的理论进行了哲学深化，在哲学领域和艺术美学范畴中提出了“审美意象”的概念，认为：“审美意象是一种想象力所形成的形象显现。它能引人想到很多的东西，却又不可能由任何明确的思想或概念把它充分表达出来，因此也没有语言能完全适合它，把它变成可以理解的。”在康德看来，意象的主体性在于它是由想象力形成的表象，是“不可名状的感情”，体现着“一个主体在他的认识诸机能的自由运用里表现着他的天赋才能的典范式的独创性”。此外，众多西方文论派别都对“意象”这一绕不过的范畴进行了阐述，萨特、苏珊·朗

格、鲁道夫·阿恩海姆等分别在哲学、符号学、审美直觉心理学意义上论述了意象，深化了传统西方文论对意象的研究，拓展了意象理论研究视阈。庞德与西方的“意象派诗歌”往往又通过对中国禅宗思维的理解，将中国式“意象”理念融入了西方现代派诗歌中，但总的来讲，西方诗学对意象的界定更强调想象力和创造性，而中国诗论则更强调它的整一性、意味性和由此及彼的领悟与体证；注重所谓的“道法”，即“为五行之秀，实天地之心，心生而言立，言立而文明。自然之道也”。这里强调的是人与自然的和谐，是天人合一的物我浑然状态而非西方的物我对立。

关于中西意象的比较前人已有多种论述，尽管对“意象本质”的具体内容有不尽相同的解释，但他们都承认意象是内在世界与外在世界相结合的物化形态，不过，对中西意象的差异，学界常常归纳为：写意与写实、时间与空间、重意与重形，这样划分看上去很简洁，然而却又似乎简单化了，特别是忽视了在高技术时代背景下中西意象的融合与创新开发的可能性。就中国传统的水墨画、书法、琴律、诗歌等艺术形式而言，它们都注重以时间来统领空间的存在，而在数字技术日益渗透到艺术领域的今日，中国艺术的意象在强调以时间为主的同时也并非排斥空间的表现。例如在贾樟柯、王小帅等第六代导演的电影中，我们经常能看到运用长镜头叙述来有意无意地表现作者某种内心的苦恼、矛盾与无法言说的复杂情怀。在这些片段乃至整部都带有记录色彩的电影中，故事的跌宕起伏与画面的跳跃闪回都不是导演重点要突出的卖点，而意象流式的画面所蕴含的“意味性”“生长性”却格外引人注目，甚至在口碑不错的《百鸟朝凤》这一讲述两代唢呐艺人传承的故事中，许多带有背影的画面和耐人寻味的空镜头里也流淌着不少相同的“意象”式影像。试想，如缺失了某种精神性的内涵，不见某种具有中国特征的意味性，上述这些影片的意义深度和审美张力就会大打折扣。

在全球化的当下，中国意象要有更多的创新更长远的拓展，在借鉴、融入西方的现代理论及其艺术形态、艺术样式的同时，仍需坚守自己的中国性。如只是照搬或简单模仿西方理论和各种后现代样式，则我们永远是学生，永远也无法实现真正的超越。中国“意象”那执着地强调“意”的第一义，那坚守生生不息的时间性生长，尊重历史和领悟人生的思考，那重整体感，重人与物、人与天的和谐的思维方式，实际上正是中国意象之所以能代代相承，长久流传的奥秘之所在。不管是对现代主义、后现代主义的膜拜，抑或是对后现代之后做出种种演绎，中国艺术要创新和拓展，如丢失了中国质性也就没有了它存在的价值，失去了重“意”的体验也就没有了中国“意象”论的精华和内核。

第七章　美学与现代性

“现代性”是在中国学界已经流行了好多年的一个理论向度。上海师大的陈伟等人提交的论文对20世纪前期中国美学的现代性特征及其一维性与复杂性展开了再思考，并对其当代启示作出有价值的揭示。海德格尔的存在论是美学现代性的一个重要标志。上海大学的青年学者曹谦以现代性视角，对朱光潜早期美学及后期美学的“存在”意味作了别样的解读，引起学界注意。华东师大王峰长期致力于维特根斯坦美学思想研究。他提交的《语言分析美学何为》揭示：以后期维特根斯坦思想为基础的语言分析美学对形而上美学的大概念进行彻底质疑和否定，表面上看是在消解美学，其实并不走向彻底的解构主义，相反，通过语言分析，美学重新在语言使用的基础上获得重生，在美与艺术的分析上提出新的建设性方向，构建出新的美学语法。

第一节　20世纪前期中国美学现代性的一维化特征[1]

19世纪末20世纪初，在“西学东渐”的背景下，一批接触到西学新学的知识分子通过翻译西方和日本的学术著作，最早介绍了西方的美学思想，并开始初步尝试利用一些西方美学的新理论来从事文艺学美学的批评实践，如颜永京、王国维、侯毅、章士钊、徐大纯、萧公弼等人，其中成就最大最突出的当属王国维。但西方美学思想在中国的最初介绍、传播及其后来的发展，从来就不是一个纯粹学术领域内的问题，它是晚清以来中国社会由传统向现代转型过程中，迫于西方列强所造成的巨大军事政治压力，在历经器物层面、制度层面的变革求新而未能获得真正新生，转而在文化领域内寻找外来精神资源的诸多努力和尝试之一，现

[1] 作者陈伟、桂强，原载《社会科学辑刊》2014年第2期，《高等学校学术文摘》2014年第4期转摘。

代意义上的美学学科“在中国文化中生根、壮大是时代的趋势。它在中国的进入，正好与近代中国的启蒙运动相同步，这使它在中国的登台亮相不仅具有学术开拓的意义，而且具有思想启蒙的意义”。[1] 随着 1915 年 9 月《青年杂志》的创刊，对于传统的整体性反思成为强劲的社会思潮，新文化运动的先驱们奉西方近代特别是启蒙运动以来的精神文化价值为圭臬，对传统文化特别是儒家道统进行了全面而激烈的否定，展现出一种中国传统文化中前所未有的全新风貌，形成了现代中国“新的传统”。这一文化运动中所极力倡导的“科学”和“民主”的精神价值，是中国传统文化中所匮乏的，它们是伦理本位主义的宗法制社会和封建中央集权的政治体制中所不可能自行产生的；而从这场新文化运动一开始就高举的个性主义和人道主义两面大旗，则鲜明地将个体的生存和命运的问题置于时代的风口浪尖展开探讨。纵观中国 20 世纪前期的历史，“五四”新文化运动“作为一个思想过程，它把西方文艺复兴的人本主义思想主题和启蒙运动的社会革命主题浓缩为一个连续的思想逻辑，并通过个性解放向群体解放的主题转化表达出来。……个性解放向群体解放转化的后期过程，是以阶级解放、民族解放主题的融入和演变来完成的。这种变化一方面说明‘人的解放’的口号经过外在化过程而得到了具体的实现，另一方面也说明了社会时代的发展对个性主义主题乃至一般人道主义主题的相对冷落”。[2] 毫无疑问，中国现代美学的起点始自“五四”，自此以后不同历史阶段所呈现的美学现代性面貌的共性、差异及其内在原因都要从这个“新的传统”的源头说起。

一、中国 20 世纪前期美学现代性特征的再思考

长期以来，有关中国美学现代性最具代表的一种观点是所谓“双线并进说”，这一学说认为：在中国现代美学的发展历程中，始终存在“审美功利主义（或称审美工具论）”和“审美自由主义（或称审美自律论）”两种理路之间的对峙，它们之间是一种颉颃对立、此消彼长，甚至互不相容的关系，究其理论渊薮，均与李泽厚 1986 年刊发在《走向未来》创刊号上那篇《启蒙与救亡的双重变奏》所得出的初步结论有关，甚至把李文的结论简化为“救亡压倒启蒙”这一带有经验主义色彩的口号。在此需要思考的是，在近代中国特定的历史语境中，如何认识“启蒙”与个人解放的深层联系？如何看待“救亡”所体现出来的社会解放的重大意义对于更好的促成“启蒙”所具有的积极影响？如何理解在弘扬“五四”精神的前提下，“启蒙”与“救亡”在逻辑上的内在一致性？在此，“五四”时期以介绍罗素思想而著称的张申府 30 年代在倡导“新启蒙运动”时的这番思考，耐人寻味，他指出：“中国的新启蒙运动

[1]　陈伟：《中国现代美学思想史纲》，上海人民出版社 1993 年版，第 7 页。

[2]　张福贵、刘中树：《晚明文学与五四文学的实质与异质》，《中国社会科学》1996 年第 6 期。

不但要更深入，更批判，不但要与救亡运动相配应，更是民族的。以前的启蒙运动还有一个特点是个人主义，这在今日也必然要变成大众的，集体的，而且是建设的。”[1] 姑且不论“新启蒙运动”的功过得失，单就张申府对启蒙运动特点由“个人主义”转向“大众的、集体的”这番认识来看，固然有大敌当前，同仇敌忾的意味，但需要指出的是，这里实则存在一个和五四时期文化精英们极力倡导“个人自由”和“人性解放”相仿的思路，如同“五四”时期，歌颂和追求“个人自由”和“个性解放”是砸碎封建枷锁和反叛传统的有力武器，此时（30年代后期），强调和突出集体的力量，凝聚人心，积极抗战则成为实现民族解放的不二选择，它们均在不同的历史时期，从不同层面（个人的、集体的）最大限度地伸张了人的主体自由性，从一个更为完整的意义上，对于造就具有个性自由解放思想和现代民族国家意识的“近代国民”产生了深刻影响，是不同历史时期所进行的侧重点各异的“启蒙”，具有内在一致性。需要指出的是，“五四”时期，无论是个人自由、个性解放层面的“启蒙”还是现代国家民族意识层面的“启蒙”均处在同一历史起点，其中前者作为后者的基础和前提，也是人的现代性进程的起点，在这一历史时期成为思想启蒙的重心所在，但随着“五卅”运动爆发、大革命失败，直至抗日战争的全面爆发，在建构现代民族国家的过程中，反帝爱国、阶级斗争、民族矛盾、救亡图存等一系列问题成为必须面对并需要认真给予解决的重大问题，它们对人的现代性建构提出了更新的要求，在基础和前提阶段的人的现代性建构任务尚未完成的情况下，把最主要精力转向了另外一个重要维度的人的现代性建构，从而在达到特定历史阶段美学现代性高度的同时也形成了这些高度之间的落差。从这个意义上说，中国现代美学体现为不同历史时期按照“美的规律”伸张人（包括个体和类）的主体自由性所达到的美学现代性高度及其落差所形成的连续性整体，体现为一维化的美学现代性特征。

有一种观点认为，“向现代延滞的古代美学衍化出一种新的理论形态，这种理论以传达艺术教化论的主观意图为宗旨，……建立起一个与现代美学认知再现论相似的体系，导致文艺创作概念化、公式化的盛行，……艺术教化论自上而下向社会输入‘天道’，这个博大高远、永世长存的天道实际上来自权势社会对实际利益最切实、最狭隘的计较和考虑，艺术教化论不能容忍从个体感觉经验出发对‘天道’的独立体认，尤其不能容忍这种独立的体认成为一种带有普遍性的潮流。”[2] 这里将“新的（美学）理论形态”的本质概括为“艺术教化论”，并将这种“艺术教化论”的话语实践描述为“权势社会”的斤斤计较和对个性的压制排斥。如果说，“艺术教化论”的特点是但凡存有精英主义倾向的美学思想所不可避免的、或多或少沾染的一个通病，未必专属于这种“新的（美学）理论形态”，那么，对于这种“艺术教化论”话语实践的描述显然存在某种过度解读。在近代中国美学现代性宏观维度的建构中，民

[1] 张申府：《启蒙运动的过去与现在》，《战时文化》1938 年第 1 期。

[2] 邹华：《中国现代美学的客观性假象问题》，《西北师大学报》（社会科学版）2011 年第 2 期。

族主义和大众主义的合流是非常显著的一个特征，这种合流在20世纪40年代，特别是以延安为代表的解放区体现得最为典型和充分，这种全新的美学形态的政治基础是“因工人和农民追随一个大众组织，反抗外国殖民列强的基础得到了扩大，并在领导者和群众之间形成了联系”。[1] 不可否认，这种新的美学形态中某些文艺作品具有明显的“宣传”色彩，从艺术内容到形式都是简单甚至粗糙的，但它直面近代中国占人口绝大多数的农民和城镇贫民，通俗易懂，让“五四”以来的新文艺、新思想能够以一种最为普及和便捷的方式为大众所接受，更为重要的是，这些艺术表现形式所表达的主题直接与工农大众的具体利益（如传播社会新闻、激发抗战热情、宣传婚姻自主等等）挂钩，在喜闻乐见的同时，真正体现了“为人民”的根本意旨。同时，这种美学形态在审美理想上强调和谐、注重平衡，看似具有某种“古典形态”，但这种美学形态所植根的“经济基础的上层建筑是进步的，是代表了我国广大民众意志的。因此，在这样的经济结构中形成的新古典美学形态，尽管把各种理想的和谐与平衡当作现实来处理，而这种理想实际却是整个社会共同的愿望和奋斗的目标”[2]，而不是什么“客观性假象”。

二、中国20世纪前期美学的一维性及其复杂性

中国现代美学的缘起毫无疑问始自五四运动，五四运动实际上包含了文化和政治两个层面，分别指涉个人与国家，但这两者之间并不存在一种根本的对立或割裂，它们共同作为中国美学现代性的起点而存在，在不断发展变化的历史条件下，这两者分别在不同程度上体现了“审美对象的性质”与“人的本质力量的性质”的统一，并达到了一定的历史高度，同时也存有一定的历史局限，在建构美学现代性理想图景的进程中，它们是一个连续性的整体。这种在中国20世纪前期美学中体现出来的一维性特征受制于近代中国半殖民地半封建社会的历史语境，涵盖了近代中国社会各阶层对塑造“现代国民”的多重思考，聚焦于个体生存和命运的复杂争执，兼顾到审美反映和审美创造，真正体现出“艺术家以富有个性的独特方式体现出来的，特定历史阶段上人的自由本质（审美本质），它的孕育取决于产生它的特定社会历史阶段的社会存在”。[3] 当然，这其中的复杂性也是不言而喻的。

首先，“五四”美学与左翼美学之间存在着一定的同一性和互补性。关于这一问题，先分别勾勒这两种美学现代性的大致轮廓，然后对这两种美学现代性之间存在的同一性和互补性进行分析。

[1] 杰弗里·巴勒克拉夫：《当代史导论》，张广勇、张宏宇译，上海译文出版社1996年版，第174页。

[2] 陈伟：《论美学形态》，《上海大学学报》（社会科学版）2001年第1期。

[3] 陈伟：《文艺美学论纲：从马克思主义观点看文艺难题》，学林出版社1997年版，第16页。

“五四”时期，“在崇尚科学、民主的新文化，反对愚昧、专制的旧文化的社会运动的推动下，体现在中国文艺领域中的现代美学形态得到了迅速的确立和扩大”。[1]这一历史时期，蔡元培的“以美育代宗教说”作为一种最具代表性的美学思想，既有学理建构的需要，也有情感教育的考虑，是美学方式的思想启蒙，寓含在这一学说中的自由、进步、普及等价值维度在本质上和“五四”精神是完全合拍的，也体现出强烈的人文关怀。在文艺创作领域，无论是文学研究会所倡导的“为人生的艺术”，还是早期创造社所倡导的“为艺术的艺术”，虽在美学倾向上有所不同，但都一致反对作为封建“载道”工具的旧文学和旧文体，都是作家们对社会积极反映的产物，都真诚地把依据各自对社会的看法而提出的见解作为变革社会的最佳方案，但总的来看，“五四”时期，在个性解放和人道主义思想成为时代最强音的背景下，作家们所关注的大多是诸如个体生存的意义、人的命运和价值、爱欲与唯美等话题，尤其是涉及两性关系的题材成为创作重点之一，如20年代郁达夫、丁玲等人的一些小说，朱自清、周作人、俞平伯等人的一些散文等；即便是一些带有社会批判色彩的农工题材的小说，其指向也大多为封建礼教和旧风陋俗，极少对于具体社会形势或政治问题的分析。如鲁迅所言：“最初，文学革命者的要求是人性的解放，他们以为只要扫荡了旧的成法，剩下来的便是原来的人，好的社会了。”20年代末，在历经大革命失败和受到国际上左翼思潮的影响（如苏联的“拉普”、日本的“纳普”），以1928年中共中央在上海设立文化工作支部负责组织和领导文艺运动为标志，左翼革命美学应运而生，此时上海也从五四文化的重镇成为左翼文化的中心。这一时期美学问题的核心是审美与社会的关系，它的实质是美学的实践性问题。这一时期的作家，无论选择何种题材进行创作，总希望从普通的生活中感受到时代的遽变，开始自觉关注人的思想状况与其经济地位、政治态度，甚至阶级归属的内在联系，出现了一批以广阔的社会经济政治生活画卷为表现对象的大篇幅文艺作品，如《子夜》《咆哮了的土地》等等，形成了文艺叙事的宏大性，这些作品往往具有一种对社会现实变革的直接冲击力。概言之，“五四时期是从人性解放、个性主义、新与旧、文明与落后等看待和解释一切；而30年代是以阶级斗争、前进与反对、革命与不革命等角度看问题”。[2]

由此可见，这两种美学现代性都是五四运动在文化和政治两大层面衍生并进一步发展的产物，它们既不是一种截然的对峙关系，也不存在孰优孰劣的定位，而且作为在不同历史阶段最大限度伸张人的主体自由性所达到的不同美学高度所构成的一个连续整体，它们之间还具有一种内在的同一性和互补性，同时也反映出各自存在的一些局限性。具体而言，体现在以下两个方面：第一，有关建构美学现代性主体的身份同一的问题。无论在“五四”美学还是在左翼美学的现代性建构过程中，小资产阶级知识分子都是中坚力量。对此歌特（张闻天）

[1] 陈伟、桂强：《现代性视野中的“红色歌曲”与“黄色歌曲”之审视》，《文艺研究》2011年第3期。

[2] 朱晓进：《五四文学传统与三十年代文学转型》，《中国社会科学》2009年第6期。

有过较为深刻的认识，他写道："在中国社会中除了资产阶级与无产阶级的文学之外，显然还存在着其他阶级的文学，可以不是无产阶级的，而同时又是反对地主资产阶级［的］革命的小资产阶级的文学。这种文学不但存在着，而［且］是中国目前革命文学中最占优势的一种（甚至那些自称无产阶级文学家的文学作品，实际上也还是属于这类文学的范围）。"[1] 需要强调的是，小资产阶级知识分子并非近代中国所独有，但这一阶层的出现和发展的最大前提是既无强大的资产阶级，也无强大的无产阶级的半殖民地半封建社会的中国，在历史的发展进程中，这一阶层内部思想倾向之庞杂也是不争的事实，这一阶层对于个体生存和命运，特别是人性解放的话题所秉持的一种剪不断理还乱的复杂心态（包括左翼早期文艺中的"革命＋恋爱"模式小说泛滥及对其进行的批判）贯穿中国现代美学思想发展的始终；同时，这一阶层中许多知识分子都善于汲取世界最新人文社科发展成果，对国际国内出现的各种社会矛盾异常敏感，不断随着时代的变化和形势的发展探索和思考国家民族和个人生存的道理，都有一种或隐或现的"使命意识"。当"五四"时代的个性解放发展到一定程度之后，"就必然对引起对整个社会的非人道状态、对广大民众的非人道处境的关注，而要求对整个社会和文化传统加以改造"。由此可见，无论是五四时期"文学研究会"和"创造社"的争论，还是左翼美学早期爆发的"革命文学"口号之争，其根源都与小资产阶级知识分子自身所具有的进步性、历史局限性及其内部的思想分歧密不可分。第二，"五四"美学现代性建构和左翼美学现代性建构的互补性及其局限。有一种观点认为："五四新文化运动即是一个热衷于大谈文学、以人文学科思路为主导的时代。而在社会科学思路占主导地位的社会，则会出现文学家热衷于谈政治的现象，30 年代这种状况就是最明显的"。[2] 这种美学倾向上的差异反映在文艺创作上，则表现为："五四"作家多流露悲天悯人的感伤情怀，对社会问题的认识能达到相当深度，但现实感召力不强；左翼作家重抒发激越昂扬的理想情愫，选取的表现主题对社会变革具有较强的冲击力，但对问题背后深层的思想文化内涵开掘不够；"五四"文学崇尚精细、雅致的格调，对人的内心世界的洞察比较细腻幽微，但往往偏重于个人的喁喁私语；左翼文学追求粗疏、强力的美感，洋溢着热烈奔放的情绪，但过于偏重创作上"观念先行"的理路而导致作家作品个性的匮乏，从而在艺术上造成某种偏颇。很显然，这种美学现代性面貌上的差异毋宁说是一种范式上的差异，它们均植根于各自时代的具体历史语境，也都在最大程度上按照"美的规律"伸张了人的主体自由性并顺应了历史的潮流，同时也不可避免地承担着各自时代的局限性。综上所述，"五四"美学和左翼美学各异的现代性颜面是中国 20 世纪前期美学现代性这一整体之两翼，具有内在的同一性和互补性。

其次，在都市文化背景下，"五四"美学内部经过分化和发展，逐步开始顺应新的社会政

[1] 歌特：《文艺战线上的关门主义》，《斗争》1932 年第 30 期。

[2] 朱晓进：《五四文学传统与三十年代文学转型》，《中国社会科学》2009 年第 6 期。

治背景，并在认同左翼美学现代性上达到某种契合；在达到这种契合的同时，又因其内部在人性解放等问题认识上所产生的无法弥合的分歧，召唤着更新层次的美学现代性建构。近代以来，各种新文化、新思潮、新的艺术形式的传播及其各个层面的争论主要是借助现代大学等教育机构和报纸期刊等大众传媒的平台展开的，这些平台主要集中在北京、上海等大都市，从 20 世纪 20 年代开始，上海逐渐集中了国内绝大多数出版传媒机构，在现代文化的生产机制上抢得了先机，并影响到全国。随着“西学东渐”的不断扩大和深化，中国思想文化界与世界思想文化发展的联系也越来越紧密，世界上各种思潮也通过不同形式影响中国，作为近代中国最大的口岸城市，上海在中西文化交流中也成为当时最主要的枢纽，进入 20 世纪，留学生群体成为欧（包括俄苏）美日各种思潮的积极传播者。“五四”美学现代性的建构者中有不少来自留学生群体，如创造社成员主要以留日学生为主，鲁迅亦早年留日，新月派同人有不少是留美学生，20 年代以后，他们先后聚集于新文化运动的南方重镇——上海。此外，“文学研究会的成立及其发展，象征性地显示了新文学中心的变化，……《小说月报》和《文学旬刊》是文学研究会的主要阵地，由于该会的会刊在上海，加之后来成员的南迁，上海实际上成为该会的活动中心。”[1] 在这些人群中，既有五四新文化运动的思想先驱如胡适、鲁迅、周作人，也有亲身参加和经历过五四新文化运动的知识分子如文学研究会的许多成员，还有在海外求学并没有亲身参加五四运动的如创造社的许多成员及新月同人的一些其他重要成员（如徐志摩、梁实秋）。总的来看，这些最初接受“五四”精神洗礼的不同群体在希望建立现代富强民族国家、追求人格独立与个性解放、改造国民性上具有一致性，当然其内部分歧也是显而易见的，但随着左翼美学的兴起，无论是文学研究会，还是创造社，抑或新月派，甚至包括 30 年代颇为典型的都市文学流派如新感觉派等，都开始逐步顺应新的社会政治背景，并在认同左翼美学现代性上达成某种契合。文学研究会“为人生的艺术”和创造社“为艺术而艺术”的争论，反映了“五四”美学内部在社会认知上的差异，他们都对无产阶级革命文艺持拥护、高扬、宣传、提倡的态度。但相比之下，创造社成员更倾向于选择对社会现实全盘否定和激烈反抗的姿态，这与他们非常注重“自我”的创作方式也是一致的，而这也导致了创造社成员所具有的一种“革命浪漫主义”气质甚至是有些偏激的情绪，随着社会政治形势的变化，加之国际左倾文艺思潮的影响，这些特点一方面促成了创造社成员更偏向于选择以“革命文学”作为和现实斗争的武器，另外一方面也导致了早期左翼美学发展中所出现的某些过火行为（如创造社、太阳社对鲁迅的批判、排斥打击革命文学的“同路人”等）。随着左翼美学现代性理论建构的进一步成熟，就连被茅盾称之为“五四”正统派的“新月派”对左翼的态度也发生了改变，并产生了某些认同。如在文艺社会属性的认识上，梁实秋认为，五四时期的文艺还只是文艺范围内的事情，而进入 30 年代，“乃是站在文艺范围之外而谋如

[1] 许敏：《民国文化》，载熊月之编：《上海通史》第 10 卷，上海人民出版社 1999 年版，第 19 页。

何利用管理文艺的一种企图”。[1] 而在文艺的社会功用方面，梁实秋认为“民间的痛苦，社会的腐败，政治的黑暗，道德的虚伪，没有人比文学家更首先的感觉到，更深刻的感觉到”，因此“文学家永远是民众的非正式代表”。[2] 不仅如此，左翼现代性还作为一种实践层面的写作模式，在30年代风靡一时，除了茅盾的《子夜》以外，即便如新感觉派文学这种极力淡化国家内容的都市文学流派，也开始用政治经济的眼光来打量社会，如新感觉派作家穆时英也曾计划创作名为《中国一九三一》（未完成）的长篇小说，其友人如此描述他的写作计划“想雄心勃勃描绘一幅1931年中国的横断面：军阀混战、农村破产、水灾、匪患，在都市里，经济萧条、灯红酒绿、失业、抢劫。”以上情况，究其原委，既与国际上的左翼思潮（所谓“红色十年”）密切相关，也反映了国内左翼美学现代性建构所达到的一个高度，是历经五四运动、五卅运动、大革命失败以后历史发展的一个必然趋势。

就在各个派别开始逐步顺应新的社会政治背景，并在认同左翼美学现代性上达到某种契合之时，关于文艺的功用问题成为争论的焦点，其分歧难以弥合，粗略统计，在左翼美学的与其他各个阵营的论争之中，“其分野就有‘文艺表现阶级性’—‘文艺表现人性’；‘文学革命论’—‘文学自由论’；‘文学社会性’—‘文学的闲适、消遣性等’”。其中前者均系左翼美学现代性的建构重点，而后者尚存有明显的“五四”美学现代性的痕迹，后者的核心问题是关乎“人性解放”和“个性自由”的。平心而论，人性解放原本就是历史发展的必然而合理的要求，也是社会进步的前提；人性解放作为历史的要求，不能也不应该在历史发展的某个阶段将其抹煞。这里需要强调的是，无论是“人性解放”还是“个性自由”从来都不是抽象空洞的东西，在社会发展前进的不同阶段，它们都需要依托一定的经济社会基础和世界观的前提，具有不同的内涵和意义。在近代中国，由于以上海为代表的都市文化发展的卓然高标和事实上存在的严重的地域发展不平衡，在“五四”美学现代性发展的基础上，进入30年代，随着现代工商业的蓬勃发展和消费主义思潮的盛行，在以上海为代表的个别近代都市其实已经出现了对现代性的某些反思，其情形更加接近西方文化语境中的“审美现代性”，如租界场域中的“都市漫游者”“海派唯美主义”（代表人物有狮吼社、《真善美》作家群、叶灵凤、邵洵美等），甚至包括流传至今为人们所津津乐道的“老克勒”的某些做派等等，当然，这些表现在农业人口占绝大多数为主，生产力落后的近代中国也的确是些异数，即使在都会里也只拥有为数有限的拥趸，这其中有些“美学现代性”的表现，直到今天仍然不失其某种先锋姿态，更遑论彼时了。由此看来，这种“溢出”了时代语境的“美学现代性”的昙花一现也就成为必然。当“革命文学”不仅作为一种国际思潮，而且其在国内的发展已经成为新的历史进步趋向，“人性解放”与“个性自由”也必须和这个历史前进的潮流结合起来，实现自我

[1] 梁实秋：《所谓“文艺政策”者》，《新月》1930年第3卷第3期。

[2] 梁实秋：《文学与革命》，《新月》1930年第1卷第4期。

蜕变，注入新的性质与内涵，并真正和工农大众的实际利益结合起来，去推动历史前进的车轮，而不是一味地沉湎于往日的荣光。当民族矛盾、救亡图存成为社会生活中所有问题的焦点和重心所在，一种继承并超越“五四”美学和左翼美学的、面向更广大民众并最终在现代民族国家建构之路上取得成功的新的美学现代性建构成为必然，而有关弥补“人性解放”与“个性自由”缺失的重建才刚刚开始。

三、对中国20世纪前期美学现代性的评价及其当代启示

以上分析，进一步明确“五四”美学与左翼美学的现代性建构既有区别，更有一以贯之的内在联系。这种内在联系体现了20世纪前期中国美学现代性的建构总体而言是沿着现代民族国家和个性解放相交织的一维化方向朝前推进的。这一进程受制于近代中国半殖民地半封建社会的历史语境，充满了跌宕起伏，回旋往复，涵盖了社会各阶层对塑造“现代国民”的多重思考，聚焦于个体生存和命运的复杂争执，既取得了历史进步的重大胜利，实现了按照“美的规律”伸张人的主体自由性所能达到的不同的美学现代性高度，同时也留下了尚待进一步解决和完善的历史问题。但无论从哪一个角度来分析或评价，顺应历史发展和进步的规律，最大限度伸张人的主体自由性，同时兼顾现代民族国家意识的强化、理性化与“个性自由”“人性解放”的合理诉求，都是美学现代性建构应有的题中之意，尤其是“人性解放”与“个性自由”必须和最广大民众的实际利益紧密地结合在一起，并以此为前提和基础去不断推进社会的发展和进步，才能使得这种美学现代性更加富有生机和活力，更好地实现个人价值与社会价值的统一。对不同历史时期所达到的美学现代性高度的评价不能脱离其所处的具体历史语境，作为对美学现代性集中表现的艺术的意义和价值的评价同样如此。艺术所给予人们的不仅有审美享受，还具有教育意义。“艺术教育的意义，既在帮助提高审美的鉴赏能力，又在培养美的创造力，发展和完善人的创造本性，推动人们按照美的规律去改造世界，使我们这个世界更美好，个体和环境也达成新的动态平衡”。[1] 如果说，“五四”时期，“人性解放”和“个性自由”在美学和艺术上的集中体现，在发展和完善人的创造本性，推动人们按照美的规律去改造世界，肩负起时代所赋予的重大使命，并达到了那个特定历史时期的个体与环境的平衡的话，那么随着时代的发展，当反帝成为时代的最强音，阶级斗争趋于白热化，民族矛盾、救亡图存成为社会各阶层面对的最主要问题，旧有的美学现代性中个体与环境的平衡被打破，此时在美学现代性的建构上必然呼应着一种新的个体与环境的平衡状态的建构，而停滞在旧有平衡状态的美学现代性已无法担负起新的历史使命而不可避免地被边缘化。

按照这一思路来反观黎锦晖的早期都市流行歌曲创作，会发现：黎锦晖最初创作的这些

[1] 黑婴：《我见到的穆时英》，《新文学史料》1989年第3期。

以家庭爱情题材为主导的都市流行歌曲，固然体现了“（新兴市民阶层）在近代资本主义的工业文明、民族工商业经济和多元思想交汇融合的历史背景下，开始摆脱小农经济的背景，摆脱对权利的依附……对社会的发展进步，以及个体权益、个人自由和社会民主等现代艺术的追求”[1]，这也是“五四”精神中一个重要维度的体现，是近代中国社会中尚处在发展状态中的市民阶层的一种基于日常生活的合理诉求，但不可回避的一个事实是：黎锦晖最初创制都市流行歌曲是在“五卅”运动之后，反帝爱国成为时代的强音；而创制这首歌曲的同年，阶级矛盾成为社会生活中尖锐的话题，代表大地主大资产阶级利益的右翼势力，依托江浙财阀的经济支撑，对曾经并肩作战，共同讨伐北洋军阀的工农联盟（也包括市民阶层中带有革命倾向的群体）力量进行绞杀，在这一特定背景中诞生的早期都市流行歌曲，从一诞生就决定了它的某种“不合时宜”，尤其是这些歌曲在当时究竟在多大程度和范围内能体现工农阶级的根本利益，能在多大程度和范围内关注工农阶级的基本生存和命运状态，都遭遇到了各种质疑。时隔不久，一份立场中立的报纸上有一篇专门就“民众艺术”和黎锦晖创作的关系展开讨论的文章，这篇评论把“民众艺术”划分成三类，即“依民众而生的艺术”、“为民众的艺术”、“为民众所有的艺术”，通过逐一分析，指出了早期都市流行歌曲中部分存在的和民众基本生存权利有所疏离、题材过于狭窄格调不高、甚至包括演出票价不菲超出一般民众的经济承受能力等问题，关于“为民众的艺术”的问题，该文还专门引用一首打油诗这样调侃黎锦晖所率领明月社的歌舞演出：“舞台明月光，裸体涂雅霜，举头望明月，低头叹大洋”。[2] 这里固然有几分揶揄之意，但也从一个侧面说明这些歌舞和一般工农大众现实生活存在的差距；至于“为民众所有的艺术”，该文选取了早期都市流行歌曲歌词中存在的一些半文半白的情况进行批判，显然这种半文半白，甚至略显晦涩的歌词表达是有悖于平民文学中所倡导的明白晓畅的基本原则的，而这又从另一个侧面，涉及美学现代性的建构如何为大众所接受的问题。

不可否认，在近代中国的美学现代性建构中，无论是“五四”美学，还是左翼美学，“尽管从感性到理性都逐步认识到文艺应该属于人民大众，无数次提出了‘大众化’的问题，但在实际效果上，新的文学艺术只是从绅士阶级手中转到了新型知识分子、文化人的手中，而启蒙和解放的功能，也仅限于小资产阶级的城镇知识青年”。[3] 对于广大乡村或城镇中不识字的农民或城镇贫民而言，这种启蒙和解放的效果是有限的。毛泽东《在延安文艺座谈会上的讲话》之所以提到“在今天，坚持个人主义的小资产阶级立场的作家是不可能真正地为革命的工农兵服务的，他们的兴趣，主要是放在少数小资产阶级知识分子上面。”也正是出于客观存在的具体国情，即在中国美学现代性进程中，经济与社会发展的极度不平衡的现实的考虑。

[1] 陈伟、桂强：《现代性视野中的“红色歌曲”与“黄色歌曲”之审视》，《文艺研究》2011 年第 3 期。

[2] 张鸣琦：《民众艺术与黎锦晖及其他》，《益世报》（天津）1930 年 5 月 25 日。

[3] 钱竞：《中国马克思主义美学思想的发展历程》，载王善忠编：《马克思主义美学思想史》，中央编译出版社 1999 年版，第 208 页。

而在当时最根本的任务显然是根据军事战争的需要，以意识形态问题为抓手，结束一盘散沙的状况，美学现代性的建构也必须和这一根本的任务相一致，这种建构不仅是必要的也是必需的，它是通向一个独立自主的现代民族国家的必经之路，没有这一建构，旁的都不过是空中楼阁、海市蜃楼。

与此同时，另外一个重要维度的现代性建构被暂时搁置，这既是近代中国尚不成熟的市民阶层的中坚力量自身的局限所导致的，也和这一维度的美学现代性建构没能和更广大人民的具体利益紧密结合起来有关，而其在历史的进程中长期处于一个比较特殊而尴尬的位置也就在所难免。时值今日，在不断发展生产力，夯实经济基础，提高综合国力，增强民族自豪感和自信心的同时，发展和壮大中间阶层的力量，进一步加大以唤醒、完善独立人格和个性自由为目标的美学现代性建构的力度与广度。在这个过程中，对于缺失的“启蒙精神需要‘重建’……同时又需要吸纳当代欧洲社会的知识分子，特别是后现代理论家在反思启蒙运动时提出的有价值的见解，从而对启蒙精神进行必要的‘修正’”。[1]

第二节 朱光潜美学的“存在”意味[2]

在朱光潜的美学生涯中，与西方存在主义直接相遇的机会并不多，但这并不能说，朱光潜美学与存在主义没什么联系。相反，当我们平行比较朱光潜美学与海德格尔存在主义之后，会惊奇地发现：朱光潜美学许多地方弥漫着浓厚的存在主义意味。

一、朱光潜早期美学发生之动因

1. 现实的“烦闷”与艺术的“超脱”

青年朱光潜的兴趣集中于美学，其基本动因是：寻求理想的人生。1923 年，在《消除烦闷与超脱现实》一文中他感慨道：“世事不尽由人算”，当“欲望不餍足，就是失望的代名词；失望又可以说是烦闷的代名词”。而“烦闷生于不能调和理想和现实的冲突”。那么，如何摆脱现实的烦恼呢？朱光潜以为方法有三：其一是“奋斗”，直至“征服环境为止”。但他又怀疑道：“环境是极不容易征服的。”其二是宗教信仰。不过尽管宗教有种种长处，但朱光潜又明确表示自己“不是一个教徒”。朱光潜最看重的是第三种方法，即“在美术中寻慰情剂”，这里的“美术”泛指艺术审美活动。在朱光潜看来，“空中决计不能起楼阁。美术便没有这种限制”，“现实界不能实现的理想，在美术中可以有机会实现。”也就是说，自由想象的审美

[1] 俞吾金：《启蒙的缺失与重建：对当代中国文化发展的思考》，《上海师范大学学报》（哲学社会科学版）2010 年第 4 期。

[2] 作者曹谦，原载《文艺争鸣》2016 年第 11 期，全文转载于人大复印资料《美学》2017 年第 2 期。

活动能够使人从现实中超脱出来，在精神世界中获得一个理想的人生。同时，艺术审美活动还能摆脱现实生活中的种种欲望与实用目的，从而获得纯粹精神上的自由愉悦。朱光潜为此举例说："在实际上看见一个美人，占有欲就蠢蠢欲动"，但一个人站在《蒙娜丽莎》画像前，"如果曾经受过美术的陶冶，那时心神只像烟笼寒水，迷离恍惚，把世界上一切悲欢苦乐遗忘净尽了，还有什么欲望？"[1] 这里朱光潜显然受到了康德审美非功利思想的影响，他所追求的非功审美分明是对物欲横流与纷纷扰扰现实的反拨，指向一个超越现实的理想人生。可见，此时朱光潜的审美追求主要不是在康德认识论体系中来认知审美是什么，而是追求一种理想的生命样式或者说生存状态。简言之，朱光潜心目中的美学是以追求理想人生为目的的。

在 20 年代，朱光潜多次谈论烦恼及其摆脱，至少还有一个来自他对政治的态度方面的原因。晚年朱光潜回忆这一时期时说："香港毕业后"，"我于一九二二年夏，到吴淞中国公学中学部"，还"兼校刊《旬刊》的主编。当我的编辑助手的学生是当时还以进步面貌出现的姚梦生，即后来的姚篷子，在吴淞时代我开始尝到复杂的阶级斗争的滋味。"对政治，朱光潜谨慎地保持着距离，"虽是心向进步青年却不热心于党派斗争"，甚至"以为不问政治，就高人一等。"[2]

这一时期，朱光潜的内心是纠结的，在《中学生与社会运动》一文中，他一方面认为："学生去干预政治"，"教育界中人本良心主张去监督政府，也并不算越职。"另一方面对当时呐喊式的革命运动颇不以为然，以为："所谓救国，并非空口谈革命所可了事。我们跟着社会运动家喊'打倒军阀'，'打倒帝国主义力已竭，声已嘶了。"[3] 他在《谈十字街头》一文中又写道："中国满街只是一些打冒牌的学者和打冒牌的社会运动家"，"站在十字街头的我们青年怎能免彷徨失措？""在现时这种状况之下，冲突就是烦恼，妥洽就是堕落。无论走哪一条，结果都是悲剧。"[4]

当时朱光潜正是一个良知未泯却又性格软弱的青年，1956 年他回忆自己在 20 年代的心情时说：作为一个"没落阶级的青年人""对革命是畏惧的"，但"既不满意社会现实，而自己又毫无办法，只觉得前途一片渺茫，看不见一条出路"，"这是一种很沉重的心情。"[5] 这段在新政权下的自我检讨除却那些上纲上线的政治标签外，我以为大体上是可信的，基本真实反映了青年朱光潜彷徨焦虑的晦暗心境，所谓的"很沉重的心情"其实就是他此前常说的"烦恼"。

正是在这种无路可走、又不愿跟着别人（比如党派、宗教）走的情形下，朱光潜转而在

[1] 《朱光潜全集》第 8 卷，安徽教育出版社 1989 年版，第 89—92 页。

[2] 《作者自白》，《朱光潜全集》第 1 卷，安徽教育出版社 1987 年版，第 4 页。

[3] 《给青年的十二封信》，《朱光潜全集》第 1 卷，安徽教育出版社 1987 年版，第 19 页。

[4] 《给青年的十二封信》，《朱光潜全集》第 1 卷，安徽教育出版社 1987 年版，第 25 页。

[5] 《我的文艺思想的反动性》，《朱光潜全集》第 5 卷，安徽教育出版社 1989 年版，第 14 页。

艺术审美中寻求精神上的慰藉。

2.“纯正的趣味”与“生命的澈悟”

在朱光潜20—30年代的著述中，我们不难看到一个频频出现的关键词——“趣味”。何为趣味？朱光潜首先将它视为一种对诗的审美鉴赏力，不过它不是鉴赏者一己之主观偏好，而是在对好诗“涉猎”“广博”、受其长期受熏陶的基础上，“从极偏走到极不偏，能凭空俯视一切门户派别者的趣味”，朱光潜称之为“纯正的趣味”。[1]

朱光潜对纯正的文学趣味与诗的内在相关性给予特别的关注。在他看来，“一个人不欢喜诗”，“文学趣味就低下”，“因为一切纯文学都要有诗的特质”。他举例说，小说的“佳妙处”并不在于故事，相反，故事是小说中“最粗浅的一部分”。因为“第一流小说中的故事大半只像枯树搭成的花架，用处只在撑扶住一园锦绣灿烂生气蓬勃的葛藤花卉。这些故事以外的东西就是小说中的诗。读小说只见到故事而没有见到它的诗，就像看到花架而忘记架上的花。要养成纯正的文学趣味，我们最好从读诗入手。”朱光潜在这里强调的是，“纯正的文学趣味”是诗性的、优美的；而“真正的文学教育不在读过多少书和知道一些文学上的理论和史实，而在培养出纯正的趣味”。

至此，朱光潜已将文学趣味的诗性意蕴说得很清楚，但他的目光并未停留文学或美学内部，而是将这个文学或美学理论问题提升到了更广阔的人生哲学层面。他指出，所谓“纯正的文学趣味”，其特征是一种“简朴而隽永的情趣”，其实质便是“艺术家对于人生的深刻的观照以及他们传达这种观照的技巧。”接着他更明确地指出：所谓“趣味是对于生命的澈悟和留恋”。那么，生命又是什么？生命的本质在于生生不息、流动不止，正如朱光潜所言：“宇宙生命时时刻刻在变动进展中，这种变动进展的过程中每一时每一境都是个别的，新鲜的，有趣的”，而诗的使命便是将这“新鲜有趣”的“人生世相”“描绘出来”。[2]

二、从海德格尔存在论看朱光潜早期美学之发生

1.“烦闷”与“沉沦”

今天我们从海德格尔存在论维度看，会发现：朱光潜当年的思路是完全合理的。

我们知道，海德格尔虽然在表面上多次明确否定了“主体性”与“人道主义”，但就此判定海德格尔存在论是反“人学”的，那是一个根本的误解。实际上，海德格尔的全部理论都是围绕着“此在在世界中存在”这个核心命题展开的，虽然我们不能把这里的“此在”完全等同于“人”，但“人”无疑是此在的最优先方面，而且对此在的所有解释也都是以“人”作

[1] 《谈趣味》，《朱光潜全集》第3卷，安徽教育出版社1987年版，第348页。

[2] 《谈读诗与趣味的培养》，《朱光潜全集》第3卷，安徽教育出版社1987年版，第349—354页。

为参照或例证的。从根本上说，海德格尔存在论关注的是人与世界的整一关系，其聚焦点和旨归仍然是人的本真意蕴和人在世界中的境遇，所以它不但不反对“人”，而且本质上就是一种“人学”。正是在这个意义上，中外学界都将海德格尔存在论视为现代人本主义哲学的奠基性理论。实际上，人的存在确实也在诸多存在方式中居于优先位置。反观朱光潜早期美学，归根到底也是以人生为目的的，是一种围绕着人的生存境遇的思考。

海德格尔存在论以“此在”为出发点而展开，这是一个“存在者”层面的出发点，或者说是日常生活的出发点。日常生活中的人就是“此在之沉沦”，[1] 具体表现为：日常生活中的人陷于“闲言”“好奇”“两可”之中，也就是海德格尔所谓的陷于“意志、愿望、嗜好与冲动”等等现象之中，处于“被抛”[2] 的状态，这种状态海德格尔描述为“此在首先与通常沉迷于它的世界。”[3] 也就是说，芸芸众生通常沉迷于种种欲望中，甚至“政治行动”和“休息消遣”也部分地沉沦于这些欲望中。[4] 这些欲望构成了我们日常生活的现实世界，它们似乎昭示着人类堕落的现实，但人类并不会一直这么沉沦下去，他们天生有对美好的理想生存状态的追求本能，这是一种“超越”[5] 性的追求本能，海德格尔称之为“寻视”，即人寻视着自己的“存在”，而“存在”才是人本真的、自由的生存方式。由此可见，人的存在（准确地说是“此在之存在”）“源始”[6] 地具有超越性或者说理想性。现实日常生活与人的这种对自己本真存在的超越性追求必然地产生冲突，于是人有了“烦”，这烦恼通常被海德格尔称为“操心”。[7]

再看青年朱光潜常常谈论的“烦闷”（或“烦恼”）与摆脱，同样是在对现实不满与对理想追求的冲突中形成的，与海德格尔所谓的“烦”与“操心”的涵义本质上是一致的。青年朱光潜不愿堕入物欲横流的庸俗中，也对“复杂的阶级斗争”退避三舍，其实他所不愿陷入的正是海德格尔所谓的日常生活“沉沦”状态，因为这不是人的本真的存在。

朱光潜由对现实不满而烦闷，由烦闷而生摆脱之心，由摆脱而将自己的心灵上升到自由的审美境界，他称之为“趣味”。这审美境界就是海德格尔所说的此在（首先是人，其次指一切事情）的自由的、本真的、源始的存在。海德格尔将这种“存在”描述为“澄明”之境。对于“澄明”，海德格尔从词源学角度形象生动地论述道：“名词‘澄明’源出于动词‘照亮’（licheten）。形容词‘明亮的’（licht）与‘轻柔的’（leicht）是同一个词。照亮某物意谓：使

[1] 参见海德格尔：《存在与时间》，第五章“B. 日常的此在与此在的沉沦”部分第一段，陈嘉映、王庆节译，生活·读书·新知三联书店2006年版，第194页。

[2] 海德格尔：《存在与时间》，陈嘉映、王庆节译，生活·读书·新知三联书店2006年版，第195—203页。

[3] 海德格尔：《存在与时间》，陈嘉映、王庆节译，生活·读书·新知三联书店2006年版，第132页。

[4] 参见海德格尔：《存在与时间》，陈嘉映、王庆节译，生活·读书·新知三联书店2006年版，第223页。

[5] 参见海德格尔：《存在与时间》，陈嘉映、王庆节译，生活·读书·新知三联书店2006年版，第230页。

[6] 参见海德格尔：《存在与时间》，陈嘉映、王庆节译，生活·读书·新知三联书店2006年版，第143页。

[7] 海德格尔《存在与时间》里的“操心”也被广泛地翻译为“烦”，参见熊译海德格尔《存在与时间》。

某物轻柔，使某物自由，使某物敞开”，“这样形成的自由之境就是澄明。”海德格尔强调说：“澄明乃是一切在场者和不在场者的敞开之境。”[1] 可见，“澄明”乃是一切现象或者说“事情本身”的“无遮蔽状态”，是一切现象或者说“事情本身”的“自我显现”，是“存在者（包括人——笔者注）之存在”。[2] 澄明之境自由、轻柔、明亮，难道不正是优美之境吗？

2.“生命的澈悟”与“领会”

朱光潜说：“趣味是对于生命的澈悟和留恋”[3]，这里的“澈悟”就是“领悟”、“领会”之意，而“领会”是海德格尔存在论中又一个关键词。我们知道，存在论对此在之存在的把握是通过“源始”的“领会”来实现的。领会，不是“理论的”认识、也不是“外在”于物的“观察”[4]，而是带着“情绪”[5] 的“体验”[6]。

存在论中领会作为“情绪的体验”，其内涵大体有二：第一，情绪“先于一切认识和意志”，“是此在的源始存在方式”，这里的“情绪”不同于我们通常理解的人的主观情感，海德格尔说：“情绪一向已经把在世作为这个题展开了”，“情绪并非首先关系到灵魂上的东西，它本身也绝不是一种在内的状态，仿佛这种状态而后又以谜一般的方式升腾而出并给物和人抹上一层色彩。”“情绪袭来。它既不是从‘外’也不是从‘内’到来的，而是作为在世的方式从这个在世本身中升起来的。”[7] 可见，这里的“情绪”既不是主体（人）之内在的主观东西，也不是世界之外在的客观东西，而是主客一体的此在在世本身，即“事情本身”，它是存在者之源始的存在方式。海德格尔的“情绪”不正近似于朱光潜所说的“生命”吗？生命是能够体验到的存在，它是个体肉体和心灵的，又是无边无际的外在宇宙，即使自我人生的，也是自我与他人“共在”的世界的。所以，朱光潜谈论“生命的澈悟与留恋”也常常采用“宇宙生命”“人生世相”[8] 等词汇。

第二，我们知道，“领会”作为“情绪的体验”不是理论性的认识，它所得到的不是概念，因此“领会”不等于“思维”。实际上，海德格尔存在论是反对笛卡尔—康德以来的近代认识论的，他批评“通达（笛卡尔所说的）这种存在者的唯一真实通路是认识，而且是数学物理意义上的认识。”这样的认识论观点，在海德格尔看来，“笛卡尔无须乎提出如何适当地通达世内存在者这样一个问题”，“把捉本真存在者的真实方式事先就决定好了。这种方式在

[1] 海德格尔：《哲学的终结和思的任务》，《面向思的事情》，陈小文、孙周兴译，商务印书馆 1999 年版，第 79 页。

[2][6] 参见海德格尔：《我进入现象学之路》，《面向思的事情》，陈小文、孙周兴译，商务印书馆 1999 年版，第 96 页。

[3] 《谈读诗与趣味的培养》，《朱光潜全集》第 3 卷，安徽教育出版社 1987 年版，第 352 页。

[4] 参见海德格尔：《存在与时间》，陈嘉映、王庆节译，生活·读书·新知三联书店 2006 年版，第 82 页。

[5] 参见海德格尔：《存在与时间》，陈嘉映、王庆节译，生活·读书·新知三联书店 2006 年版，第 159 页。

[7] 海德格尔：《存在与时间》，陈嘉映、王庆节译，生活·读书·新知三联书店 2006 年版，第 159—160 页。

[8] 参见《谈读诗与趣味的培养》，《朱光潜全集》第 3 卷，安徽教育出版社 1987 年版，第 353 页。

于（一个希腊词），即最广义下的‘直观’。”[1] 这里的“最广义下的直观”，就是胡塞尔现象学的“本质直观”，它是通过“领会”而不是思维实现的。

海德格尔又说：“仅仅对物的具有这种那种属性的‘外观’做一番‘观察’，无论这种‘观察’多么敏锐，都不能揭示上手的东西。只对物做‘理论上的’观察的那种眼光缺乏对上手状态的领会。”[2] 这里的“外观”式的“观察”就是指认识活动，它以最终形成概念为目的，因此是“理论上的”，而真正“上手状态”的存在是通过“领会”得到的。

反观朱光潜关于“生命的澈悟”理解。朱光潜毫不犹豫地指出，“澈悟”或“领悟”不是理论认识或者思维属性的。他以文学趣味的培养为例，说：“真正的文学教育不在读过多少书和知道一些文学上的理论和史实，而在培养出纯正的趣味。”[3] 这里朱光潜把作为审美鉴别力的“趣味”和知识性的“理论”和“史实”相对立，可见，他所理解的“趣味”主要是感性的直观领会。虽然准确地说，海德格尔之“领会”兼有感性直观和理性思维两个方面，但海德格尔之“领会”又更多地偏向于感性的直观方面，因此朱光潜的“澈悟”和“趣味”与海德格尔的“领会”两者的一致性仍然是主要方面。

3.“静观”与“操心”的异与同

对于宇宙生命的领悟，即对于存在之领会，在朱光潜早期美学里主要是通过“静观”实现的。朱光潜早期美学也谈到“动”，但主要宣扬的是以静制动、“静观”的人生哲学。在《谈静》一文中他写道：“能处处领略到趣味的人”，“大约静中比较容易见出趣味。”他进一步解释说：“我所谓‘静’便是指心界的空灵，不是指物界的沉寂”，比如一个人“在百忙中”，“仍然”能够“丢开一切，悠然遐想”，于是“无穷妙悟便源源而来。这就是忙中静趣。”[4] 青年朱光潜把这种“静趣”视为人生理想的存在方式，而这种静趣正是从“静观”中得来。他还以“万物静观皆自得”“山涤余霭，宇暧微霄”“采菊东篱下，悠然见南山”“目送飘鸿，手挥五弦”“渡头余落日，墟里上孤烟”等诗句替自己的“静趣”做了生动形象的“注脚”，[5] 更让我们形象地感到，静趣是一种美妙的人生境界。

青年朱光潜何以追求“静趣”？主要还是出于他对现代人生活中的那种“烦”而“沉沦”状态的不满，他认为，“现代生活忙碌，而青年人又多浮躁”，其根本原因便是不能“静”。他举例说，曾经到巴黎卢浮宫观赏《蒙娜丽莎》，正当自己沉静在蒙娜丽莎“那神秘的微笑”时，忽然“蜂拥而来”了一队四五十人的美国旅行团，他们刚到这幅画像前便“照例露出几种惊奇的面孔，说出几个处处用得着的赞美的形容词，不到三分钟又蜂拥而去了”。朱

[1] 海德格尔：《存在与时间》，陈嘉映、王庆节译，生活·读书·新知三联书店2006年版，第112—113页。

[2] 海德格尔：《存在与时间》，陈嘉映、王庆节译，生活·读书·新知三联书店2006年版，第81—82页。

[3] 《谈读诗与趣味的培养》，《朱光潜全集》第3卷，安徽教育出版社1987年版，第351页。

[4] 《朱光潜全集》第1卷，安徽教育出版社1987年版，第15页。

[5] 《给青年的十二封信》，《朱光潜全集》第1卷，安徽教育出版社1987年版，第15—16页。

光潜形容这队美国旅行团是“现世纪的足音”“惊醒”了他心中“中世纪”的“甜梦”。朱光潜分明感到，现代生活的高“效率”是“至少含有若干危机的”，他自问：“‘效率’以外究竟还有其他估定人生价值的标准么?”他又自答：现代工业织锦和钢铁房屋“用意只在适用”，而古老的“湘绣和中世纪建筑于适用外还要能慰情”，“还要能表现理想与希望”。[1] 这就是说，人除了日常生活的实用之需外，还需从静穆的艺术品中慰藉情感、寄托“理想与希望”等。

早在1924年朱光潜在他的美学开篇之作《无言之美》中就高度赞赏了“静穆”之美，他说，古希腊雕塑《拉奥孔》主要“以静体传神”，其安静之态含蓄而隽永。他又说：“中国有一句谚语说：‘金刚怒目，不如菩萨低眉’”，“所谓低眉，便是含蓄。凡看低头闭目的神像，所生的印象往往特别深刻。”所谓“静”，就是无声、“无言”，在朱光潜看来，最上乘的音乐是此时无声胜有声的乐曲[2]，最上乘的文学是以“有尽之言”含“无穷之意”的诗[3]，而“无穷之意”便是静中得来的趣味。

朱光潜极欣赏钱起的“曲终人不见，江上数峰青”两句诗，认为，这两句诗启示了“消逝中有永恒的道理”，“只有‘静穆’两字可形容了”。[4] 他指出：“懂得这个道理，我们可以明白古希腊人何以把和平静穆看作诗的极境，把诗神阿波罗摆在蔚蓝的山巅，俯瞰众生扰攘，而眉宇间却常如作甜蜜梦”。朱光潜归根到底是要把作为“艺术的最高境界”的“静穆”比赋为人生的最高境界，正如他所言：“‘静穆’是一种豁然大悟，得到归依的心情。它好比低眉默想的观音大士，超一切忧喜，同时你也可说它泯化一切忧喜。”他又说，因为“陶潜浑身是‘静穆’，所以他伟大。”[5] 朱光潜这里论“静穆”，是将“静穆”从艺术境界上升到了人生境界，进而又将“静穆”提升到“阿波罗”“观音菩萨”等天地众神的境界。其实，海德格尔存在论何尝没有“天地神人”四重奏的思想呢？两人在此不正是殊途同归了吗？

由上述可见，朱光潜是主张从“静观”艺术欣赏中领悟出宇宙人生的真谛的。如果将朱光潜的“宇宙人生的真谛”可以理解为海德格尔的“存在”的话，那么海德格尔存在论的“此在（首先是人）领会到存在”则是通过“操心”（亦被以为“烦”）而不是通过“静观”来实现的。

“操心”是海德格尔存在论的核心概念之一。实际上，操心是一种“行为”或“行动”，只不过它比日常生活中的一切行动诸如“政治行动”“休息消遣”等更为原始，因此也更

---

[1] 《给青年的十二封信》，《朱光潜全集》第1卷，安徽教育出版社1987年版，第52—54页。

[2] 参见《无言之美》，《朱光潜全集》第1卷，安徽教育出版社1987年版，第64页。

[3] 《朱光潜全集》第1卷，安徽教育出版社1987年版，第69页。

[4] 《朱光潜全集》第1卷，安徽教育出版社1987年版，第64页。

[5] 《“曲终人不见，江上数峰青”》，《朱光潜全集》第8卷，安徽教育出版社1993年版，第396—397页。

接近于本真的存在。[1]如此看来，操心是动态的，具有主动性。而朱光潜所谓“静观”在海德格尔存在论里基本被认为是一种“纯意识”[2]，几乎完全是“被动”的。[3]实际上，青年朱光潜的“静观”说也在有意无意间接受了笛卡尔—康德的认识论思想，根据认识论原理，作为认识或判断的主体——人（我）并不需要采取实际的行动，便可以把握外在事物乃至宇宙万物的本质。而存在论是反认识论的，海德格尔坚定地认为，把握一切的本质唯有通过活动的行为才能实现。因此，在这一根本内涵上，“静观”与“操心”有着根本的、重大的差异，两者几乎是针锋相对的。这是朱光潜的“静观”与海德格尔的“操心”两者的“异”。

不过，“操心”除了“行动”之外，还包含着一些精神层面的涵义，如海德格尔说：“意志与愿望从存在论的角度看来都必然植根于此在，即植根于操心。”“嗜好与冲动可以在此在中纯粹地展示出来，就此而论，它们也植根于操心。”“上瘾与冲动是植根于此在被抛境况的两种可能性。……因为而且只因为二者在存在论上都植根于操心。”[4]这说明，“意志”“愿望”“嗜好”“上瘾”“冲动”等日常生活中的感性精神活动都可被视作“操心”。总之，操心从日常生活的存在者层面出发，受着“良知”的召唤，向着“存在”进发，因此“操心”是此在由现实的存在者层面走向具有普遍性和超越性的存在层面的必经之路，只有经历了操心，此在才能“领会”存在的意义。而朱光潜的“静观”则将日常生活中的人从“烦闷”中直接超脱出来，似乎只要采取“静观”的姿态，即海德格尔所谓“纯粹凝视”[5]的姿态俯瞰世间一切，便能够“领略”[6]到宇宙人生的真谛。因此，朱光潜的“静观”已经就是“领会”本身[7]。从这个意义上，静观又超越了纯粹的认识，与海德格尔的“领会”在内涵上相当接近却不尽相同，因为而海德格尔在“领会”之前需要一个作为行动的“操心”的过程。但是无论静观还是操心，都指向“领会”（朱光潜称之为“领略”），这又是朱光潜的“静观”与海德格尔的“操心”两者的异中之“同”。

但总的来说，“静观”与“操心”的差异是主要的：朱光潜通过“静观”已经“领会”到了高高悬浮于现实世界之上的超脱境界；而海德格尔的“操心”处在现实世界里艰苦奋斗之中，只有经历了这种不断向上的艰苦奋斗即操心，才能“会当凌绝顶”，到达存在的山巅，从而也才能“领会”到宇宙人生即此在之存在的真谛。

[1] 参见海德格尔：《存在与时间》，陈嘉映、王庆节译，生活·读书·新知三联书店2006年版，第223页。

[2] 海德格尔：《存在与时间》，陈嘉映、王庆节译，生活·读书·新知三联书店2006年版，第363页。

[3] 《朱光潜全集》第1卷，安徽教育出版社1987年版，第14页。

[4] 海德格尔：《存在与时间》，陈嘉映、王庆节译，生活·读书·新知三联书店2006年版，第224页。

[5] 海德格尔：《存在与时间》，陈嘉映、王庆节译，生活·读书·新知三联书店2006年版，第174—175页。

[6] 海德格尔：《存在与时间》，陈嘉映、王庆节译，生活·读书·新知三联书店2006年版，第14页。

[7] 朱光潜称之为领略、领悟、澈悟等。

三、朱光潜后期美学的“实践”论观点与海德格尔存在论比较

1. 朱光潜后期美学的实践观点

根据上文，“操心”可以大体理解为为了达到对存在的领会、而发生在领会此之前的行动，在我看来，它非常接近于“实践”一词。朱光潜在1949年前的美学虽然根据克罗齐直觉学说认为“艺术不是科学认识”，意识到了审美活动具有直观体验性，但他的整个前期美学体系并没有摆脱康德式的认识论，他的静观理论也正是在认识论框架下形成的。但是，到了50年代美学大讨论之后，朱光潜的思路发生了较根本的转变，这种转变是从反思当时在中国大地上流行的苏联反映论开始的。而反映论就是认识论，它强调美的物质客观性，朱光潜意识到了这种反映论（认识论）的片面性，进而提出“美是客观与主观的统一”的观点。[1]

这种突破反映论的思路发展到了60年代，朱光潜逐步形成了实践论的美学观，并在新的理论基础上再次确证了自己“美客观与主观的统一”的观点。朱光潜的实践论美学主要论点有三：第一，马克思的“实践”概念是生产劳动，不仅包括物质生产劳动，还包括精神生产劳动，即相对于科学理论性的活动，一切人的感性活动都是实践，包括艺术、宗教、政治等。[2] 第二，实践使得人与世界构成了相互作用、不可分割的统一关系，即“不断的劳动生产过程就是人与自然不断地互相影响、互相改变的过程。”第三，“劳动生产是人对世界的实践精神的掌握，同时也就是人对世界的艺术的掌握。”“一切创造性的劳动（包括物质生产与艺术创造）都可以使人起美感。人对世界的艺术掌握是从劳动生产开始的。”[3]

概括地说，“实践”的基本特征是它的劳动特征（也可以说是“行动”特征）以及它与世界构成的整体关系。

到了80年代前后，朱光潜更加明确地指出，以往美学家多采取“观照”或“静观”的态度看待现实世界，这就不可避免地滋生出、孤立、静止、片面的世界观。因为我们面对的现实世界首先是一个感性的世界，所以正确的方法应当是：用“实践”的观点来对待世界，这样也就揭示了人与世界的审美关系。[4]

2.“实践”与“操心”

对照朱光潜的“实践”观点，我们再来看海德格尔的“操心”。

[1]　参见《论美是客观与主观的统一》，《朱光潜全集》第5卷，安徽教育出版社1989年版，第68页。

[2]　参见《生产劳动与人对世界的艺术掌握——马克思主义美学的实践观点》，《朱光潜全集》第10卷，安徽教育出版社1989年版，第188—216页。

[3]　《生产劳动与人对世界的艺术掌握——马克思主义美学的实践观点》，《朱光潜全集》第10卷，安徽教育出版社1993年版，第196—197页。

[4]　参见《马克思的〈经济学—哲学手稿〉中的美学问题》，《朱光潜全集》第5卷，安徽教育出版社1989年版，第412页。

海德格尔说："cura（即操心——笔者注）这个术语"有"双重意义"："它不仅意味着'心有所畏的忙碌'，而且也意味着'兢兢业业'、'投入'。"[1] 而"操心"就"兢兢业业""投入"的"忙碌"而言，其内涵与"实践"是相当接近的。

海德格尔说："在被使用的用具中，'自然'通过使用被共同揭示着。"[2] 被揭示的当然是"存在"，而对"用具"的"使用"当然就是"实践"。

海德格尔又说："一旦实施，此在就被迫回它自身"，"投身去做的此在缄默无语地去实行，去尝真实的挫折。"[3] 这里的"实施""投身去做""实行"都是"实践"，只有通过这些实践，才能回到"真实"的"此在自身"，而"真实的此在自身"不是别的，正是存在。

海德格尔说："上手事物即是操劳所及的东西，它首先与通常恰恰不得了却其因缘：我们不让被揭示的存在者如其所是地'存在'，而是要加工它、改善它、粉碎它。"[4] 这里"因缘"指的是一种存在方式，[5] 海德格尔意思是说，要揭示存在，需要经历"加工"、"改善"、"粉碎"等过程，其实就是一种改造世界的实践过程。

海德格尔说："寓于上手事物的存在可以被把握为操劳，而与他人的在世内照面的共同此在可以把握为操持。"[6] 我们知道，"操劳""操持"在性质上看都是"操心"的，它们的实质不是别的，正是"实践"。[7] 海德格尔还认为："最切近的交往方式并非一味地进行觉知的认识，而是操作着的、使用着的操劳——操劳有它自己的'认识'。现象学首先问[8] 的就是在这种操劳中照面的存在者的存在。"[9] 这就是说，宇宙人生中最本质的问题不是认识问题，而是现象学中所谓的存在问题，而存在问题首先表现为操劳问题，即实践问题。

海德格尔进一步说："操劳的方式也还包括：委弃、耽搁、拒绝、苟安等残缺的样式，包括一切'只还'同操劳的可能性相关的样式。'操劳'这个词首先具有先于科学的含义，可以等于说：料理、执行、整顿。"[10] 其实，"料理""执行""整顿"都是实践，即使"委弃、耽搁、拒绝、苟安等残缺的样式"，也都具有实践的意味。

海德格尔援引亚里士多德的话说："人的存在本质上包含着看之操心"，陈嘉映《存在与

[1] 海德格尔：《存在与时间》，陈嘉映、王庆节译，生活·读书·新知三联书店 2006 年版，第 229 页。

[2] 海德格尔：《存在与时间》，陈嘉映、王庆节译，生活·读书·新知三联书店 2006 年版，第 83 页。

[3] 海德格尔：《存在与时间》，陈嘉映、王庆节译，生活·读书·新知三联书店 2006 年版，第 202 页。

[4] 海德格尔：《存在与时间》，陈嘉映、王庆节译，生活·读书·新知三联书店 2006 年版，第 99 页。

[5] 参见海德格尔：《存在与时间》，陈嘉映、王庆节译，生活·读书·新知三联书店 2006 年版，第 102 页。

[6] 海德格尔：《存在与时间》，陈嘉映、王庆节译，生活·读书·新知三联书店 2006 年版，第 223 页。

[7] 参见海德格尔：《存在与时间》，陈嘉映、王庆节译，生活·读书·新知三联书店 2006 年版，第 140—141 页。

[8] 海德格尔存在论是整个现象学运动的一部分。

[9] 海德格尔：《存在与时间》，陈嘉映、王庆节译，生活·读书·新知三联书店 2006 年版，第 79 页。

[10] 海德格尔：《存在与时间》，陈嘉映、王庆节译，生活·读书·新知三联书店 2006 年版，第 66—67 页。

时间》译本中对此句的注释是："亚里士多德的这句话通常翻译为：'求知乃人的本性'。海德格尔却将［欲求］与操心联系起来。"[1] 如果说欲求是一种操心的话，那么"看之操心"就是指认识，准确地说是操心基础上的认识。其实，虽然海德格尔试图以"存在"来代替"认识"作为把握宇宙人生的最基础、最源始的方式，但海德格尔从来没有彻底否定"认识"，只不过他要改变笛卡尔—康德以来人们给予"认识"的最基础、最优先地位，也就是说，海德格尔认为，先有存在后才会有认识，为此海德格批判说："通达（笛卡尔所说的）这种存在者的唯一真实通路是认识，而且是数学物理意义上的认识。"在海德格尔看来，"笛卡尔无须乎提出如何适当地通达世内存在者这样一个问题"，"把捉本真存在者的真实方式事先就决定好了。这种方式在于（一个希腊词），即最广义下的'直观'。"[2] 这里的"直观"基本相当于"存在之领会"。海德格尔无非是要揭示：是存在决定了认识，而不是相反。而我们知道，操心正是通向此在之存在的道路。鉴于操心与存在的密切联系，于是海德格尔的话又可理解为：操心之后才会有认识发生。如今，当我们知晓了海德格尔的"操心"就是马克思的"实践"时，我们也就看到了，海德格尔关于存在与认识的理论与马克思主义的实践—认识理论是非常接近的，因为马克思主义认为，认识来自实践。60年代以后，朱光潜大体将"实践"看作第一性的东西，即本体，他认为，实践是认识的"根源"与"效果"；[3] 并认为，人的每一项完整的思维（包括形象思维）都是一个实践→认识→再实践的过程，即从实践中来，到实践中去。

当然，从海德格尔存在论内部看，"操心"不能与"实践"完全等同起来。因为海德格尔曾十分明确地区分了"存在"与"实践"，他说："操心作为源始的结构整体性在生存论上先天地处于此在的任何实际'行为'与'状况''之前'，也就是说，总已经处于它们之中了。因此这一现象绝非表达'实践'行为先于理论行为的优先地位。通过纯粹直观来规定现成事物，这种活动比起一项'政治行为'或休息消遣，其所具有的操心的性质并不更少。'理论'与'实践'都是其存在必须被规定为操心的那种存在者的存在可能性。"[4] 这里的"纯粹直观"指的是存在之领会。以上这句话无疑告诉我们：操心才是最源始、最基本的引导此在走向存在的东西，它比"理论"（即认识）和"实践"都更源始，更接近于存在，因此比"理论"和"实践"具有领会存在的优先地位。这就不仅把操心与实践明显地区别了开来，而且把"认识"（即理论）与"实践"平等地看待为存在者层面的东西。也可以粗略地认为，操心是存在层面的概念，是本体性的东西；而实践和认识一样，都是存在者层面的概念，都是非本体的

[1] 海德格尔：《存在与时间》，陈嘉映、王庆节译，生活·读书·新知三联书店2006年版，第199页。

[2] 海德格尔：《存在与时间》，陈嘉映、王庆节译，生活·读书·新知三联书店2006年版，第112—113页。

[3] 《美学拾穗集》，《朱光潜全集》第5卷，安徽教育出版社1989年版，第478页。

[4] 海德格尔：《存在与时间》，陈嘉映、王庆节译，生活·读书·新知三联书店2006年版，第223页。

东西。由此可见，海德格尔存在论的“实践”与马克思视其为本体的“实践”是有一定区别的。从这个意义上说，朱光潜1949年后所理解的“实践”，有一定的存在论意味，与海德格尔的“操心”异曲同工之妙，但还不能完全与存在论的“操心”完全画等号。

3. 殊途同归，打破主客二元论

我们知道，朱光潜50年代后逐步形成了“美是客观与主观的统一”的观点。实际上这个观点在他青年时代就已有了萌芽。1930年前后朱光潜在《诗的客观与主观》一文中曾写道：“诗的情趣都从沉静中回味得来。感受情趣是能入，回味情越是能出。诗人对于情趣都要能入能出。单就能入说，他是主观的；单就能出说，他是客观的。能入而不能出，或能出而不能入，都不能成为大诗人”。[1] 这里所谓“诗的主观与客观”是一个审美心理学上的命题，意指：日常生活中直接感受到强烈的、生糙的情感是“主观”的，而经过了艺术家在静观中回味、加工、整理之后的艺术化的“情趣”则是“客观”的；真正的艺术作品都要经历这一从主观情感到客观情趣的过程，从这个意义上说，诗乃至一切艺术都是主观与客观综合一致的产物。

基于这样的主客一体的美学观点，朱光潜1929年在《谈美》一书中这样论述“移情作用”：“美感经验中的移情作用不单是由我及物的，同时也是由物及我的”，“所谓美感经验，其实不过是在聚精会神之中，我的情趣和物的情趣往复回流而已。”[2] 这里“我”就是主观的，“物”就是客观的，在朱光潜看来，审美活动中的“移情作用”的“由我及物”及“由物及我”，其实就是一个从主观到客观、再由客观到主观的相互作用的过程。

虽然，朱光潜在青年时代便有了审美的主客观统一思想的雏形，但直到50年代美学大讨论期间、即朱光潜提出“美是客观与主观的统一”观点时，才真正具有马克思主义的辩证唯物主义性质。此时朱光潜认为，美感活动起于客观存在的实物本身，即“物甲”，它是“美的条件”，只有经过了人的主观“意识形态”过程，即主要是“思想情感”[3] 的过程之后，才能够最终形成“艺术形象”，即“物乙”，也就是“美”。[4] 到了60年代，如前文所述，朱光潜进而将自已的“物甲物乙”说发展为实践论美学，从而突出了“实践”的地位，以后基本就不再用“意识形态”概念来论证“美是主客观统一”观点了。

从某种程度上说，海德格尔建立存在论的真正目的或者说初衷，也是打破西方近代以来以认识论为主流思想的主客二元论，从而建立起主客统一的新的本体论。

一般说，“主体”指的是人，人以外的客观世界是“客体”。近代以来，人们习惯地把人与世界分开并对立起来，这就是二元论的世界观。在此前提下，“人为自然立法”（康德

[1] 《我与文学及其他》，《朱光潜全集》第3卷，安徽教育出版社1987年版，第366页。

[2] 《朱光潜全集》第2卷，安徽教育出版社1987年版，第22页。

[3] 《论美是客观与主观的统一》，《朱光潜全集》第5卷，安徽教育出版社1989年版，第78页。

[4] 参见《论美是客观与主观的统一》，《朱光潜全集》第5卷，安徽教育出版社1989年版，第75—78页。

语）又让主观的人对客观的世界构成了一种单向的意识层面的关系，从而奠定了认识论的基础。这就是说，所谓认识论实质是以人的意识为中心的认识论。而海德格尔却不同意这种认识论，认为："最切近的交往方式并非一味地进行觉知的认识，而是操作着的、使用着的操劳——操劳有它自己的'认识'。现象学首先问的就是在这种操劳中照面的存在者的存在。"[1]可见，海德格尔强调的是人与世界的整体性交互方式及其实现这种交互方式的行动。

而全部海德格尔存在论的基础结构便是："此在在世界中存在"，这是一个典型的现象学命题，其基本特征就是它的整体性，海德格尔说："'在世界中之存在'源始地、始终地是一整体结构。"在海德格尔眼中，人与世界是一种一而二二而一的关系，是须臾不可割裂的同一关系，而这样的关系就是存在。在《存在与时间》中，海德格尔反复强调的就是这种整体性，他把这种整体关系称为"在之中"，说："'在之中'意指此在的一种存在建构，它是一种生存论性质。"我们知道，"此在"优先地意指"人"（亦可称为"我"）。海德格尔进而解释道："'之中'[in]源自 innan-，居住，habitate，逗留。'an[于]'意味着：我已住下，我熟悉、我习惯、我照料。"因此，"在之中""等于说，我居于世界，我把世界作为如此这般熟悉之所而依寓之，逗留之。"也可以理解为：我"依寓世界而存在"或我"消散在世界中"。

实际上，海德格尔常说的"在之中"就是指"在世界中在"，这里包含着与他人或其他此在"共在"之意，这就是说，存在论的"世界"是广义的世界，也包括他人或其他此在的世界。所以海德格尔如是说："与他人共在也属于此在的存在，属于此在恰恰为止存在的那一存在。因而此在在作为共在本质上是为他人之故而'存在'。"[2]

总之，海德格尔存在论是围绕着"此在在世中在"这个最基本的命题展开的，它始终强调并坚守着主客一体的"整体性"观点。我们知道，朱光潜在 1949 年以后最重要美学观点便是"美是客观与主观的统一"，而且朱光潜认为，只有通过"实践"才能达到主客观统一的目标。那么"实践"是什么呢？朱光潜从马克思的经典理论出发认为，实践作为生产劳动本质上是一种"人化的自然"与"自然的人化"过程，也就是"不断的劳动生产过程就是人与自然不断地互相影响、互相改变的过程。"[3]可见，实践不仅仅是人单向度地改造世界的活动，实践（劳动）也"创造人本身"。因此实践说到底是一种人与世界（自然）的关系，具有联系着人与世界，即联系着主体与客体的整体性、统一性特征。从某种角度可以说，实践是一种人与世界的交互统一的整体性行动。

---

[1] 海德格尔：《存在与时间》，陈嘉映、王庆节译，生活·读书·新知三联书店 2006 年版，第 79 页。

[2] 海德格尔：《存在与时间》，陈嘉映、王庆节译，生活·读书·新知三联书店 2006 年版，第 143 页。

[3] 《生产劳动与人对世界的艺术掌握》，《朱光潜全集》第 10 卷，安徽教育出版社 1993 年版，第 196 页。

第三节　语言分析美学何为[1]

一、语言论转向的困境与必要性

不须讳言，在当代中国学术环境中，语言分析美学境地尴尬。一方面，作为一种当代西方学术流派，分析美学已经处于衰退的境况，西方学界已经从分析潮流中摆脱出来，对语言分析方法进行了深入反思，这也给中国学界带来重大的影响，因为一种学术潮流在西方的落潮往往使中国学界的跟随愿望降低，这是一种正常的学术观念反应；另一方面，中国美学和文化思维惯性又不甚喜欢语言分析这一看似琐碎的分析方式，认为这一方式不去解决大的整体性问题，只关注小的问题，而且用严格的分析态度来对待人文学问题，这也让习惯于宏观把握和诗性思维的中国学界不太喜爱。两者结合在一起，就形成了合乎情理的拒斥态度。

语言分析美学的这一困境相当可以理解。20 世纪 90 年代以来，随着更新的西学大量涌入中国，语言分析美学曾一度受到过关注，当然它不可能像法兰克福学派、后现代、后殖民等流派那样受到重视，甚至也不如符号学、新批评等流布并不广泛的学术观念的影响，但毕竟进行了一些研究，尤其是新世纪以来，一些学者对当代影响大的一些分析美学家做了介绍分析，也翻译了一些相关著述，但从整体上看，语言分析美学还属于不太受重视的学术流派，其学术方法也未取得更广泛的支持和追随，语言分析美学在西方学界取得的巨大成就在中国学界似乎是不可复制的。相比较而言，另外一种具有严格的分析精神的学术流派现象学在中国学界似乎幸运得多，当然意识分析与语言分析还不一样，意识分析有一种精神方面的强度，它带给研究者一种强大的精神幻想，仿佛我们能够凭藉意识的力量像做精密手术一样对意识进行分析，这对意识自身的间离感要求很高。相比较而言，语言分析与现象学分析就不一样，现象学依然存在一种整体感，一种普遍性的要求，而语言分析却放弃了这一普遍性要求，将其归入语词误用的范围，走向语境化的语言分析，这就不免降低了对渴求普遍力魔力的学者的吸引力。

语言分析美学在中国的困境是否就意味着这一学术路径的没落（不适应）呢？其实不然。我们经常认为一种思想的水土不服就意味着这一学术思想与中国语境不合拍，不接中国的“地气”，其实，这一观念未免过于简单化和凡庸化。一种学术思想不能仅仅看它的一时发展，而要看这一学术思想是否具有真正价值，是否能深刻地改造中国的学术思考。我认为语言论转向是可以做到的。一种学术思想的价值并不以持有此种见解的人数多寡来断定，而是依照其真正的学术思考深度为基础，只要具有真正的学术思考深度，它必须会在某个时间被大多数研究者接受，成为所谓的热潮，但在此之前，守住清冷的研究岁月却是必要的，也是学术

[1] 作者王峰，原载《上海大学学报》2015 年第 2 期。

研究最自然的经历。

以维特根斯坦思想为起点之一的语言分析美学在西方得到了充分的发展，它的方法从哲学界延伸至美学、文学、法律、社会学、宗教、艺术等各个学科，几乎成为一种普遍的学术分析方法，语言分析方法作为一种美学浪潮的确退潮了，但作为一种基本的学术分析方法却更加普遍化了，它已经成为基本的学术训练的一部分，内化在基本的学术观念中。相比而言，中国学界从未经历过这一普遍化和内化，只是看到语言分析美学的没落就将其抛在一边，这就不是出自理性反思，而是一种盲从。从学术惯性的角度看，沿着一种学术观念发展自然具有优势，因为走上这一条道路的学者人数众多，理解者也多，而转到人数少的道路上理解者自然就少，中国学术界较少经历这种看起来琐碎的学术分析方法的锤炼，自然产生先天的抗拒，从学术发展的角度来讲，这是一种从学术惯性演化来的学术惰性。从整体观之，中国的人文学术研究较之西方学术还有比较大的追赶空间，在某些方面我们已经赶上或超过了西方学术研究水准，但在语言分析上来看，我们无疑还是小学生。虽然语言分析美学看起来不太近中国学术研究的个性，但是一来，缺之当补之，二来通过用汉语来表述、思考分析美学观念，这本身就是扩展汉语的一种方式，也是一种具有普泛效力的学术思想在不同的语言和文化中发挥作用的方式。

从最根本的方面来说，将语言分析美学彻底地融入汉语之中，是提升中国人文学术研究质量的最基本方式。这一方式存在于每一个研究者的具体研究活动之中，但我们却往往忽视它的存在，把这一最基础地吸收西方学术的方式简单地外化为中国思想与西方学术的二元对立，并且连篇累牍地探讨中国学术怎样学习西方，怎么吸收西方学术，而看不到这一吸收本来就已经在所有的介绍、陈述、评判、批驳、运用、变化等学术行为之中了。正是运用汉语这一语言进行思考，语言分析美学才真正会成为中国学术思想的有机组成部分，而研究者的责任不仅在于为这一吸收借鉴做出宏观上的、整体性的辩护，更在于将这一学术思想的每一个细节内化为自身的思考当中，自觉乃至自然地运用好每一个语言学观念，使之成为自己的基础观念，进而成为中国学术的一个部分（无论是以并立、对立还是以融合的方式）。两者相较，后者更应该成为基础性的工作，因为没有细节上的纯熟应用，不能解决具体的问题，就没有整体接受；只有后者才具有辩护的力量，而前者是一种前导性的观念，它引人注意，开辟道路，但道路坚实与否却由铺设道路的一个个具体细节来保证。

语言学无疑是文论和美学研究的一件利器。20 世纪 60 年代，哲学研究领域发生语言论转向 [1]，理查·罗蒂所编的同名论集《语言论转向》[2] 引起了极大反响，也成为语言论转向的标

[1] “the Linguistic Turn” 的意思很明白，但翻译到汉语里却有三种译法：语言学转向、语言论转向、语言转向。从字面意思来看，语言学转向最接近英文，但语言学转向容易让人误以为这是一种基于语言学的人文研究，相对来说，语言转向所涵盖的范围更广泛，但它有些超出 the Linguistic Turn 所涵盖的范围，容易抹掉与语言学的联系，相对而言，语言论转向更恰切一些，它指出语言学的渊源，但更倾向强调语言分析这一转化方式，与语言学转向比较，摆脱了语言学这一专业学科的依赖性，故此，笔者采用“语言论转向”来对应英文中的“the Linguistic Turn”。

[2] Richard Rorty，ed. *The Linguistic Turn*：*Recent Essays in Philosophical Method*，The University of Chicago Press，1967.

志，随后在人文研究领域引起广泛影响。20 世纪 80 年代以来，西学涌入中国，语言论转向的观念也开始产生影响，有一批研究语言论转向的专著和论文出现，一批学者自觉关注各个人文学科的语言问题，在语言论转向的翻译、介绍、整理以及运用上都取得了一定成绩。但我们依然遗憾地看到，语言论转向在中国没有生根，只是一种知识性的介绍和了解，没能成为学术界的一种普遍性思考方法，在这方面，它远不能跟现象学、解释学相比，更比不上其后的文化研究，更不用提一直占据统治地位的社会历史研究模式。一般的学术观念认为，虽然语言论转向在西方人文社科研究领域产生了巨大影响，但中国接受的时间延后了 30 年，时世异也，自然需要有保留、有选择地吸收；更重要的是，文化研究作为一种更新的学术潮流，已经覆盖了语言论转向的影响，压缩了语言论转向的空间，并消减了语言论转向的必要性，所以，我们应该追随最新的学术潮流，跨越相对陈旧的语言论转向，直接进入文化研究转向，这才能与世界学术站在同一个起跑线上。可以说，这一观念是很有代表性的，也是必须要警惕的。其重要原因在于，语言论转向不只是一种学术潮流的转向，而是学术方法的更新，一种学术方法如果没能在一个国家的学术研究领域产生大量的研究者，没有将这一研究方法吸收入各个学术门类，那么这一方法很难说生根发芽，很难说批判的吸收，更何况我们还没有吸收，就已经生产出铺天盖地的批判了。语言论转向作为一种基本的学术研究方法，没能在中国学术领域生下根来，这既是学术发展的遗憾，也导致了学术的缺环。

二、后期维特根斯坦美学思考的示范性

要想深入了解后期维特根斯坦美学思考所蕴涵的方向，我们必须明了后期维特根斯坦美学观念是以什么为起点的。

1. 本体性的转变

后期维特根斯坦的美学思想可以视为一种语言实践型的美学。这是一种反对本体性建构的美学观念，首先，它反对艺术符合现实论，认为艺术并非生活的反映，也非真理的反映，说到底，它不反映什么，但它与生活联系极其紧密，正是在生活中，在语言实践中形成其独有的规则，艺术与现实生活不是谁符合谁的问题，而是伴随的问题，即艺术规则与现实相伴随，在有些体裁中，比如现实性的体裁，生活方面的东西重要，而在有些体裁中，比如强调形式的体裁，形式方面的因素更重要。我们谈及艺术，不能抽象地谈艺术，必须在某种艺术类型的范围内谈艺术，不同的艺术类型与现实的关系也不一样，忽视这一点，就是空泛地谈论艺术与现实的关系。

其次，反对审美情感决定论。艺术不是内在美感的抒发，而是艺术表述与美感一起产生；没有一种内在的审美力量告诉我们该如何表述艺术，而是我们选择艺术表达方式的同时也塑成我们的美感；无论是言尽意，还是言不尽意都是对艺术语言与审美意象关系的误读，审美

意象只能在艺术语言中成型。

总之，在这一本体性转变中，艺术规则才是艺术的关键。艺术规则与大量的艺术文本捆绑在一起的，没有艺术文本，即没有艺术规则，艺术规则就是具体艺术文本的运用，没有抽象的艺术规则。一个有经验的读者在进入艺术文本的时候，总是能够根据艺术文本的展开潜在地调动艺术规则，同时建构艺术文本，所以艺术规则不是抽象的，而是实践的。艺术不断在实践在给自身规定界限，也不断在实践中突破界限。

2. 以美学诊治为手段，以瓦解为特征

后期维特根斯坦的美学论述与其哲学论述是一致的，即都以概念的诊治为基本方式。在《哲学研究》中，维特根斯坦树立了一种新的哲学风格，即哲学诊治，维特根斯坦认为，既有的哲学观念以巨型概念为基础，脱离具体的语言使用，做不恰当的普遍性归纳，并将局域性的概念上升为全局性的概念，导致概念与实际使用之间产生了脱离，并导致形而上学错误。要想解决形而上学错误，必须从清理巨型概念入手，把概念放回到语言使用当中，放回到实践当中。要达到这一目的，必须进行概念的清理工作，因此，后期维特根斯坦的工作以诊治为手段，做的是在清除障碍中进行建设，这一建设性是相当新颖的。美学研究同样应该以概念诊治为基础，分析既有的美学概念中产生的概念误用，从而中止不适当的美学概念，将美学思考真正拉回到语言使用、语言实践当中。这是以美学诊治为基础的新建设，同时也是一种新的建构方法。

从表面上看，既然以诊治为手段，自然包含着对既往哲学、美学观念的瓦解，这看起来像是德里达所做的解构工作。这也从某种角度响应了后期维特根斯坦与后现代主义的亲缘关系。但这样的理解只能视为一种误解。后期维特根斯坦看起来的确是在做一种解构性工作，他力主摧毁以往的哲学思考方式，重新建立一个新的哲学思考方式，而这一方式乍看起来像是德里达的解构工作，但其不同却是显而易见的。德里达的解构破解了一切可能的共相或本性，但除了解构方法，似乎并没有一个稳固的立脚点。他解构掉了形而上学共相，破解了系统性理论的建立可能性，但同时为了解构的彻底，拒绝提供一个可能的出发点。后期维特根斯坦与之不同，虽然在破除系统性理论建构上两者是一致的，但维特根斯坦并没有走向彻底的解构，相反，维特根斯坦并不完全排斥建构，只是他的方法中蕴涵的建构不是建基于反思的系统性建构。他认为传统形而上学之所以是错误的，原因在于不适当地使用语词，将日常语词做了抽象处理，将语词从其具体使用中隔离出来，建造了一系列形而上学大词，这些大词脱离了语境，进行抽象的运用，如此就预先假定了一种抽象存在的可能性，这是错误产生的根源，所以当务之急是进行语词使用的治疗，对语词的语法进行探析，以清除误用及由之而来的错误理解。所以维特根斯坦所做的解构性工作带有清碍性质，清除错误的地基，从而敞开真正建设的空间，并规划正确地基的可能方式。如果做一个简单的对比，德里达像拆迁队，只管拆房子，而维特根斯坦更像一个城市规划师，讨论各类房屋存在的合理性，以及新设计应该如果与既有建筑形成和谐呼应。德里达具有传统形而上学同样的宏伟气魄，虽然是反面的，否定的，但工作的姿态是一致的，而后期维特根斯坦却完全脱离了传统形而上学的工作氛围，他尊重语言使用的实际情况，反对进行抽象的、宏大的理论阐述，主张回归到语言实践当中。从方法和达到的成效来说，这是一种全新的理论建构方式。

3. 非整体性的建构方法

语言分析美学的一个工作前提是拒绝普遍性判断。什么样的普遍性判断？指的就是那种形而上式的关于世界整体的先验式的判断，在这种判断中出现的是世界的基础性的解释，在美学上是美的本性的判断。[1]

我们完全可以想见一种怀疑的观念：语言分析美学拒绝了普遍性判断，但它依然留下一个难以自圆的普遍性判断：拒绝普遍性。这种怀疑观念相当有市场，而且具有相当大的迷惑性。

其实，中止形而上学的普遍性判断，并非中止判断，判断一直是语言的基础功能，离开判断就没有人类行为，只是判断并不是越趋于形而上越具有概括力，抽象的判断也不等同于形而上判断，如康德所说的纯粹先验的判断并非是一种最基本的判断，而是一种要警惕的判断方式。海德格尔说，我们不是去选择存在，而是被抛于存在之中，我们首先存在，然后才发现在存在中存在这回事，而这一发现是需要反思能力的。[2] 同样，我们可以说，我们不是去选择语言，而是被抛于语言，我们使用语言，才发现语言这回事，并通过语言发现我们存在，同时世界存在。如果从反思的层面看，语言甚至比存在更基底，虽然我们也知道，无论从存在层面也好，还是从语言层面也好，语言与存在在实际的活动中，都是同时出现的。

那么，语言分析美学的工作是什么？简单地说，就是离弃传统形而上学追寻本质的工作方法，彻底将形而上学本质观从方法上阻隔在美学探讨之外，转而进行多点的，多层面的美学探询，如此一来，语言分析美学既防止了本质主义观念，也防止了解构主义观念，从具体方式上说，就是将美或艺术的本质探询转变为美学语法研究。[3]

三、语言分析美学的功用

1. 反对既有的美学逻辑，建立新的美学语法

20 世纪以来，美学研究逐渐对之前的形而上学式研究产生了怀疑，对形而上学本质论逐

---

[1] 刘旭光的观念就是一种建构式的形而上美学的例子。参见刘旭光：《形而上美学的意义与价值》(《哲学动态》2008 年第 6 期)、《保卫美，保卫美学》(《文艺争鸣》2012 年第 11 期)、《审美的“复魅”：回到形而上学》(《文艺理论研究》2014 年第 3 期)。

[2] 参见海德格尔：《存在与时间》，陈嘉映、王庆节译，生活·读书·新知三联书店 1999 年版，第 61—74 页。

[3] 关于美学语法的论述可参见拙文《美学语法：后期维特根斯坦的美学旨趣》，《人民大学学报》2013 年第 6 期。

渐远离，60年代，这一远离演化为一场看似深刻的革命，即后现代的解构式的观念。后现代的解构和传统形而上学的建构形成直接尖锐的对立，相比较而言，后现代的解构更受到关注，拥护者也多，但后现代解构的弊端同时也是学界不断探讨的话题。那么如何在反对传统形而上学的先验建构同时又不走向后现代的解构之维呢？语言分析美学是一个相当有影响力的方向。虽然语言分析美学在中国学界的影响力还不够，但在欧美学界，这却是一种影响广泛的学术研究方法。相对于传统形而上美学和后现代解构美学，语言分析美学既不走先验建构的道路，也不走解构本质的道路，不如说，它另辟蹊径，从形而上本质的预设与反对中脱离出来，将事质性探究转变语言探究，语言成为美学研究的基础，但并不表明语言是一个先验的基础，不如说，任何在概念和体系上的研究都是语言性的，没有脱语言的概念，也没有脱语言的理解。这并不是在建立以语言为基石的形而上美学体系，这里的“语言”不是一个纯粹的存在，而是一种指向，它同样是一个语言中的概念，但它同时又是一个最特别的语言概念，因为它既是一个概念，又作为一个存在，将概念指向自身。从整体上看，语言分析美学是反体系的，但不反对概念的一贯性，或者说，这种一贯不是形而上的一贯，而是在语词使用中保持一致，这个一致不依靠定义或某种基石来达到，而依靠具体语境的探究与语词在其他语境中使用之间的关联来揭示，从来不存在纯粹的语言本性，我们依赖它达到对所有语言使用的认识，从基础到具体使用的这样的思考方向同样潜存着传统形而上美学思考的控制。语言分析美学是一种在具体使用不断探究使用方式的动态美学，它瓦解了传统形而上美学的先验基石，但并不走向完全无本质论的后现代解构美学，而是将目光聚焦在具体的美学判断和美学语境中，探究在语境中语词使用的语法关联，这一语法关联既非先验，亦非经验，既非本质，亦非无本质。从形态上看，它处于两者之间，但这只是一种表象，并不表明它是两者的中介，因为从方法来说，它完全脱离了本质论和解构论的窠臼，创造了一种新的美学方向。

2. 强调语言实践的美学

语言分析美学重建了什么？如果它依然是一种客体论或主体论的美学，它如何能脱离传统美学的窠臼？无论是客体论美学还是主体论美学，都属于认识论美学之列，强调主体和客体在审美这一认识性活动中的基础作用，并依此展开各种建构模式，而语言分析美学必须摆脱认识论美学，才能离开传统形而上美学的路径。语言分析美学不是要建立纯粹语言基础上的美学模式，而是在语言使用中分析使用语境和使用方式，这是一种充满实践品性的美学，与生产实践、意识实践等具有相近的特点，只是语言实践更强调在语言中人才能为人，美才成为美，生产实践和意识实践是语言实践的表现形态。在这一点上，语言分析美学与实践美学有一些关联，在实践美学那里，实践与语言是分开的，实践是意义生产本体，语言是意义传递中介，实践是人与世界关系的本体性关联，语言只是辅助性的。物质实践论并不是单纯的物质客体论，而是一种具有现代因素的理论观念，它把本体放在关系上，而不是放在主体或客体上，这就弥合了主客之间的鸿沟。在这一理论视野中，实践成为生产意义的动力，同时，实践本身就指明人在世界中的重要性，没有实践即无世界，也无自然界的呈现，因此，假设一个无人世界中的自然界既无意义，也完全是先验的假定，这一命题内部存在着明显的悖论：它是一个由人做出的无人假定，无论怎样都打上人的印迹。但我们并不由此转向主体实践美学，仿佛任何实践都不过是主体的实践，所谓的客观性不过是尽量去除主体性而言，而从根本上说，既然实践都是人的实践，而人是主体，所以任何实践都去不掉人的因素，也就是主体因素，由此，实践是主体的，精神性的。在这种主体论实践美学的论调里，人等同于主体，人的实践等同于主体实践，客体性不过是主体借以展现自身力量的外表而言，而这样一来，人的丰富性和复杂性就被认识论框架限制住了。何为人，曰实践。但这一实践指的是主体实践吗？我们如何能够知道进行的是“主体”实践，而不是别的？如果没有语言参与其中，我们如何能知道进行是何种实践？依靠意识吗？根本不可能。没有语言，意识也丧失存在的基地。[1] 语言实践不是单纯的语词运用，它还包含着一系列的因素，没有这些因素，也就没有语言使用的可能。但我们不能说其中哪种因素是语言的基础，或语言是这些因素的基础，因为没有语言与这些因素同时参与，就没有语言出现，同时这些因素也无法在语言中得以成型，无法成为它们自身。语言实践美学摆脱了客体性和主体性的困扰，客体性依然存在，只是它不再是脱语言的绝对的意识客体，而是在语言使用中出现的稳定对象，主体与不再是纯粹意识，而是在语言使用中凸显出的语言实践行为的发出者。无论是主体还是客体，都与语言结合在一起，密不可分，在语言实践活动中，它们与语言一道出场，成为语言实践行动中最为重要的因素。

可以说，我们从来不能脱语言的思考，脱语言思考的假设同样是在语言中做出的，但它是语言自身中存在的误导性因素，因此不断进行语言批判是非常重要的，语言并不是把什么东西都准备好了，供意识享用。语言批判如同理性批判一样，是一个艰巨的、不断进行的工作，一有松懈，我们就会被语言中存在的误导力量所欺骗。所以，语言实践除了各种实际情况以外，还包括着语言分析。

3. 语言分析优先于存在分析

对于语言分析美学的工作方式不熟悉的研究者，往往会觉得语言分析美学过于注意细枝末节，过分计较语词，盯住这些不影响美学大义的细微用法，而忘记了对美学整体性问题的把握，毕竟语词不过是展现美学大义的手段，是表述大道的桥梁，如果过于计较语词，而不是关注对最深刻、最具一般意义的道理，那么就犯了肤末支离的弊病。可以说，这样的观念或明或暗地存在于当今中国美学研究界中，其实这里存在着理解的错位。非语言分析美学更倾向于把语言看作对象的符号或能指，“美”这个词指的就是美的事物，“美”这个语符如何与美的实质达成一致成为基础问题，而在语言分析美学看来，“美”从来都不只是一个词，它

[1] 参见拙文《私有语言命题与内在心灵——维特根斯坦对内在论美学的批判》，《文艺研究》2009 年第 11 期。

同时包含着“美”这一语词对“美的事物”的塑造，没有语词，就没有存在对象。

非语言分析美学往往把美学研究对象当作是一种存在来看待，无论这一存在是实存或抽象属性，还是意识或理性建构物，与这一存在相符合的概念必须以存在为基石，概念的意义来自存在，只有概念与存在之物形成对应关系，概念才获得真实的含义，所以，在非语言分析美学观念中，语言与对象两者的重心在对象上面，意义来源于存在，如何达到概念与存在的一致是至关重要的。从这一观念出发，就会认为语言分析美学只关注概念语词的分析，而遗忘了存在之维，就完全丧失了意义之源，切断了与意义的真正联系，而单纯研究概念语词，最终只会迷失在能指的滑动中，把握不到真正的意义。这一理解完全是概念的错位，非语言分析美学所理解的语言与语言分析美学理解的语言完全是两回事。在语言分析美学看来，概念从来不是单纯语词，从来不是语符能指，概念与所指对象之间也绝不是相符关系，而是相互成型的关系。语言与对象并没有一个明显重心，因此，相较于非语言分析美学来说，语言的地位就提高了，语言不再只是表述，而是塑造，当然这是双向塑造，是同时成型，而这一点，在非语言分析美学中虽然常常是承认的，但其理论重心的偏移已经决定了不可能将语言提高到基础地位上。如果我们冒一点理论风险，可以这样说：语言分析美学是语言与对象平行双重的二元论美学，而非语言分析美学则是一种一元论美学，无论这一元指的以对象为中心还是以语言为中心——后者看起来接近于语言分析美学，比如后结构主义和德里达式的解构主义，但其实质完全不同。后结构主义和解构主义走在对象一元论的反面，达成的是语言一元论，而语言分析美学其实是一种二元论美学，外貌上的相似并不能掩盖实质精神的差异。

在此必须强调一点限制，只有在基础建构的层面上，我们才可以为语言论赋予一种二元论的外观，但在实际分析的角度，语言分析包含了存在分析。当我们面对具体的问题的时候，存在分析预先暗示了某一存在，而分析是对存在的语言性行动，语言仿佛是手术刀，存在仿佛是机体，这一图像先行为存在分析拟定了基本的结构和方式，在这一图像中，存在被预先脱语言的规定了，但语言的刀锋只能分解机体，却无法触及机体的内在灵魂。存在为什么就如此呈现出来？语言分析如何真正与存在一致？存在（或存在的某些精魄）是否在分析中躲避开语言的接触？如果预先假定存在的优先性，这些都将成为无解的难题。只有将存在看作语言的存在，语言看作存在的语言（存在论分析只关注后者，忘记了前者），语言与存在才真正是一体的，分析存在同时也是分析语言，而分析语言同时也是分析存在，两者是不可须臾离之的。当我们出于某种具体的需要，只对存在进行分析的时候，那已经是把语言当作存在的基本结构来对待了，只有这里，存在才展现出其物质性的一面，而这一物质性，同时也是在语言中成型的物质性。一旦出现存在方面的难解纷争，我们不是继续坚持存在的坚固性，而是退回到语言中去，看看在语言中成型的存在物在纷争中是否出现了扭曲，这时语言分析就成为最基本的分析，也正是在这一层面上，我们确立了语言分析的优先性。

第八章　美学与后学

当代美学的特征之一是“后学”繁盛。“后现代”视阈下，传统的美本体“实践”如何转向？华东政法大学人文学院的青年学者张弓对此作出思考和回应。他认为对应着实践类型的物质生产、精神生产、话语生产，美学的逻辑构成包含物象逻辑（即感性形式逻辑）、意象逻辑（即知性形式逻辑）、形象逻辑（即理性形式逻辑）；对应着实践的受动和主动相统一过程、物质和精神相统一过程、共时性和历时性相统一过程，美学的逻辑过程包括意向性活动逻辑（即对象化逻辑）、超越性活动逻辑（即符号化逻辑）、时空性活动逻辑（即真实化逻辑）。实践的建构功能、转化功能、解构功能在审美实践和艺术实践中的实现，形成美学的逻辑力量。上海师大的王建疆以“后现代”为视角，考察了后现代语境中的英雄空间与英雄再生现象。在后现代语境中，由于英雄期待与英雄本领之间的脱节、英雄精神与英雄形象之间的背离所导致的英雄空间的形成以及这个空间的分割和膨胀，导致了英雄的被改造和被消解，尤其是第三世界的英雄期待正在被改变。但是，英雄的集体无意识属性和社会历史积淀，决定了英雄情结的永驻和人们对英雄的永久的留恋。而中国的和合文化在英雄空间中更具张力。由此构成了后现代语境中中国英雄经典的期待延续和多元再生。巴黎第七大学教授克里斯蒂娃是后现代主义的一代思想宗师。其思想源自巴赫金而对其加以改造，游走于哲学、语言学、符号学，结构主义、精神分析、女性主义、文化批评等多个领域和各种流派，呈现出多元杂混的后现代特征。上海大学的曾军以其领先潮流的前卫研究，为人们理解这一文论家思想的后现代特征提供了难得的范本。

第一节　实践的后现代转向与美学的逻辑力量[1]

我们这里所说的“美学逻辑”指的是美学的理论系统在内在的客观规律上必然产生的具

[1]　作者张弓，原载《河北师范大学学报》2013 年第 5 期。

有有效性、相容性、可靠性、完备性的推理思路或体系构想；它一般包括：逻辑起点，逻辑结构，逻辑构成，逻辑过程。不同的美学理论体系，由于立场、观点、方法不同，在逻辑起点，逻辑结构，逻辑构成，逻辑过程等方面也会各不相同，甚至大异其趣。实践美学与新实践美学的逻辑是在“现代实践转向”的大方向上，吸取了“后现代实践转向”的一些合理因素而形成的。众所周知，马克思在《1844 年经济学哲学手稿》中把艺术等视为“生产的一些特殊的方式，并且受生产的普遍规律的支配”，接着在《关于费尔巴哈的提纲》(1845 年春)中指出：“哲学家们只是用不同的方式解释世界，问题在于改变世界。”这就宣告了马克思主义哲学和美学的“现代实践转向”。它给世界美学发展带来了革命性变革，打破了西方传统形而上学美学的逻辑，给世界美学的发展开辟了实践的逻辑，同时还开启了 20 世纪 90 年代西方当代理论的“后现代实践转向”，给“美学的逻辑”洞开了新天地。实践转向及其实践分析之所以能够如此，这是因为“现代实践转向”与“后现代实践转向”所注重的是“实践进路”，而“实践进路宣扬一种独特的社会本体论：社会是围绕着共有的实践理解而被集中组织起来的一个具身化的、与物质交织在一起的实践领域。”实践转向在美学研究中“转向实践”最重要的方面就是要由实践理论转向实践分析。而强调“实践分析”，也就是要“少关注理论的范畴，多关注对特殊实践现象的分析”。[1] 因此，从实践转向的角度来看美学的逻辑，会给人以新的启发。

从实践转向和实践分析的角度来看，美学的逻辑主要是一个辩证逻辑过程，它包含着：自然客体逻辑（合规律性逻辑）与人类主体逻辑（合目的性逻辑）辩证统一的主客体关系逻辑（审美间性逻辑），物象逻辑（感性形式逻辑）与意象逻辑（知性形式逻辑）辩证统一的形象逻辑（理性形式逻辑），意向性活动逻辑（对象化逻辑）与超越性活动逻辑（符号化逻辑）辩证统一的时空性活动逻辑（真实化逻辑）。美学的这些逻辑规定了审美实践和艺术实践的建构功能、转化功能、解构功能，因此，美学的逻辑力量就在于实践的建构功能，转化功能，解构功能在审美实践和艺术实践中的实现。

从功能的角度来看，实践，主要有肯定性的建构功能，转换性的转化功能，否定性的解构功能，它们对应着实践的自由，准自由和不自由，反自由，也就在审美的领域相应地产生柔美（优美），刚美（崇高）和幽默、滑稽，丑。实践的这些功能通过审美形态制约和影响文学艺术的形态和发展。因此，实践的建构功能通过柔美（优美）的审美形态而产生自由的，和谐、阴柔的文学艺术形态，建构起古典型艺术；实践的转化功能通过刚美（崇高）和幽默、滑稽的审美形态而产生准自由的、激荡、阳刚的文学艺术形态和不自由的，矛盾、倒错的文学艺术形态，并实现文学艺术由古典型艺术转化为近代型艺术和现代型艺术；实践的解构功

[1] 西奥多·夏兹金、卡琳·诺尔·塞蒂纳、埃克·冯·萨维尼主编：《当代理论的实践转向》，柯文、石诚译，苏州大学出版社 2010 年版，第 4 页。

能通过丑的审美形态而产生异化、变形的文学艺术形态，并实现文学艺术由现代型艺术转化为后现代型艺术。从这样的角度来看，美学的逻辑力量就在于：美学的辩证逻辑在实践的建构功能中实现了它的肯定性力量，建构起以和谐、自由的优美或柔美为主要形态的审美对象、审美境界、艺术世界，显现出文学艺术的古典型艺术特点；美学的辩证逻辑在实践的转化功能中实现了它的转化力量，转化出以准自由、不自由、激荡的崇高（刚美）和幽默、滑稽为主要形态的审美对象、审美境界、艺术世界，使得文艺由古典型艺术转换为近代型艺术和现代型艺术；美学的辩证逻辑在实践的解构功能中实现了它的否定性力量，解构出以反自由、异化、变形的丑为主要形态的审美对象、审美境界和艺术世界，使得文艺由现代型艺术转换为后现代型艺术。

一、美学逻辑的肯定性力量

美学逻辑的肯定性力量就表现在实现实践的建构功能过程中。在这个过程中，自然客体逻辑（合规律性逻辑）与人类主体逻辑（合目的性逻辑）辩证统一的主客体关系逻辑（审美间性逻辑），物象逻辑（感性形式逻辑）与意象逻辑（知性形式逻辑）辩证统一的形象逻辑（理性形式逻辑），意向性活动逻辑（对象化逻辑）与超越性活动逻辑（符号化逻辑）辩证统一的时空性活动逻辑（真实化逻辑），都指向和谐、自由的美和审美及其艺术的建构生成。

第一，美学的主客体关系逻辑（审美间性逻辑）的肯定性力量。人类的审美实践和艺术实践是在人类的物质生产的基础上产生出来的。人们的最早的物质生产，主要是为了满足人类的肉体生存需要而进行的。不过，在物质生产的过程中，人类的物质实用需要，功利性的认知需要和伦理需要逐渐得到满足，人类的审美需要就会自然地产生出来；一方面审美需要使得人类的物质生产，不同于动物的生产，成为“按照美的规律来构造”的生产；另一方面，一种主要满足审美需要的话语生产和精神生产的艺术生产会在物质生产的审美本质基础上生成出来，成为比较纯粹的审美实践和艺术实践。因此，在物质生产，精神生产和话语生产的过程中，美学的逻辑首先就表现为合规律性逻辑与合目的性逻辑相统一的主客体关系逻辑（审美间性逻辑）朝向和谐、自由的方向发展，形成优美形态的审美对象，达到一定程度自由境界的审美境界和艺术境界，产生出一种自由、和谐的古典型艺术作品。这些美和审美及其艺术，大约主要表现在上古时代的创世纪神话传说故事，如盘古开天地，女娲抟土做人，上帝（耶和华）创造万事万物等等。到了农业文明时代，这种美学逻辑的肯定性力量主要就表现在古典型艺术之中，从西方古希腊时代开始，直到文艺复兴时代和 17 世纪新古典主义，占主导地位的美和审美及其艺术都是这种自由和谐的优美形态。它表现为主体逻辑与客体逻辑的协调一致，感性逻辑与理性逻辑的和谐统一，合规律性逻辑和合目的性逻辑的对立统一。像古希腊罗马的雕塑艺术的“高贵的单纯，静穆的伟大”，中世纪骑士文学的甜蜜爱情，文艺复兴时代拉斐尔的贤淑温情的圣母和温驯可爱的圣子，达·芬奇的安详宁静的蒙娜丽莎和神秘莫测的岩间圣母，新古典主义的严格遵循“三一律”的大团圆戏剧。这些美和审美及其艺术基本上都是在农业文明的基础上歌吟一种自由和谐的田园生活，叙说一种协调圆满的小城故事，其宗旨是充分肯定人类的社会实践和本质力量，显示出农业文明的自给自足和安逸闲适，往往是在那种相对繁荣富足的朝代和地域之中大量产生出来的。

第二，美学的形象逻辑（理性形式逻辑）的肯定性力量。在审美实践和艺术实践中，物象逻辑（感性形式逻辑）与意象逻辑（知性形式逻辑）辩证统一的形象逻辑（理性形式逻辑）的肯定性力量就在于，把物象与意象相统一为形象，以感性形式与知性形式相统一的理性形式来肯定人的本质力量，来显示人的社会实践、审美实践和艺术实践的和谐状态和自由境界。因此，西方美学史上关于感性与理性相统一的美学理论占据了主导地位，而在德国古典美学中达到了极致。古希腊的毕达哥拉斯提出：美是数的比例和和谐。从古希腊亚里士多德开始，现实主义美学理论就是以此为圭臬的。亚里士多德认为，美是要依靠大小、秩序、安排的有机整体。古罗马的贺拉斯认为，美是合式，即得体和妥贴。中世纪教父美学家奥古斯丁指出：美是事物本身使人喜爱，而适宜是此一事物对另一事物的和谐……。美在于各部分的适当比例，加上一种悦目的颜色。经院美学家托马斯·阿奎那认为美有三个条件：第一，完整性或全备性，因为破碎残缺的东西就是丑的；第二，适当的匀称与调和；第三，光辉和色彩。文艺复兴时代人文主义者虽然很少探讨美的本质问题，但是，他们在探讨文艺问题时也都是强调和谐自由的。例如，达·芬奇、莎士比亚、塞万提斯都坚持艺术本质论的“镜子说”，认为文艺应该像镜子一样忠实地反映自然现实，而自然现实本身就是一个和谐的整体。法国新古典主义美学家布瓦罗基本上就是亚里士多德和贺拉斯的整体论美学的忠实执行者。法国现实主义美学理论的奠基人狄德罗，主张“美在关系”，倡导真、善、美的统一：强调整体的美与真，主张真理和美德是艺术的两个密友，追求真善美的统一。德国启蒙主义美学家，“美学之父”鲍姆加登直接规定：美是感性认识的完善。到了德国古典美学中，这种美学的感性形式逻辑与知性形式逻辑相统一的理性形式逻辑，达到了高峰极致。德国古典美学的奠基人康德提出：美是无目的的合目的性形式；审美判断是不关功利和概念，却又是令人愉快的，普遍有效的，必然令人愉快的；美是一种道德的象征；美是一种感性与知性相统一的审美意象或形象显现，是实践理性的类似物。席勒就是从康德美学出发充分论述了“美属于实践理性家族”，“美是现象中的自由”，美是游戏冲动的对象，而游戏冲动则是感性冲动与理性冲动的统一。德国古典美学的集大成者黑格尔又从席勒美学中直接推导出了“美是理念的感性显现”，宣告美是感性与理性的统一，美是内容与形式的统一，美是主体与客体的统一，美是有限与无限的统一，美是自由的感性显现，美具有解放人的性质。这样，就把美学的形象逻辑或理性形式逻辑的肯定性质和肯定力量，宣示得淋漓尽致。因此，马克思的实践观美学就把黑格尔的客观唯心主义的美学辩证法逻辑头足颠倒过来，提出了“美是人的本质力量的对象化”

的实践转向和实践分析的辩证法逻辑。

第三，美学的时空性逻辑（真实化逻辑）的肯定性力量。在审美实践和艺术实践中，意向性活动逻辑（对象化逻辑）与超越性活动逻辑（符号化逻辑）辩证统一的时空性活动逻辑（真实化逻辑），使得美和审美及其艺术通过对象化和符号化的意向性活动和超越性活动在想象性虚拟时空中成为审美真实性和艺术真实性的存在，创造出一个自由和谐的优美（柔美）的审美世界和艺术世界。任何一个审美实践和艺术实践，都必须凭藉着审美对象世界和艺术符号世界，才能够进行；才能够在一定的时间空间中形成一个完整的对象化、符号化的审美对象世界和艺术符号世界。一个审美者必须面对一个在一定时间空间中真实化存在的审美对象世界或者艺术符号世界，才能够进入审美实践过程；一个艺术家同样必须把他所感受到的审美对象世界以符号现实显现为一个对象化、符号化的审美对象世界和艺术符号世界，才算是完成了艺术实践过程。因此，审美实践和艺术实践的时空性活动逻辑（真实化逻辑）就在对象化、符号化的过程中创建起一个自由，和谐，优美的审美对象世界和艺术符号世界的过程中显示出它的肯定性力量。这种肯定性力量，虽然是想象性的，虚拟化的，但是对于人们的精神世界的形成和发展却有着重大的推动作用。正是这种自由、和谐、优美的审美对象世界和艺术符号世界，让人们体验到自身的伟大力量，直观到自身的创造能力，从而产生一种自我升华的精神力量，使得人类能够充满信心地面对自己所创造的审美对象世界和艺术符号世界，向更加广阔的自然领域开拓，扩展，前进。

二、美学逻辑的转换性力量

人类的社会实践并非一帆风顺的，由于主客观条件的限制，人们在实践过程中会遇到各种各样的困难和挫折甚至失败，但是，这些困难和挫折以及失败并没有打倒人类，而是更加激励着人类奋然前行，前赴后继，预示着人类社会实践的未来必然实现的大趋势，显现着人类社会实践的准自由和未来必达性。因此，美学逻辑的转换性力量就表现在实现实践的转化功能过程中。在这个过程中，自然客体逻辑（合规律性逻辑）与人类主体逻辑（合目的性逻辑）辩证统一的主客体关系逻辑（审美间性逻辑），物象逻辑（感性形式逻辑）与意象逻辑（知性形式逻辑）辩证统一的形象逻辑（理性形式逻辑），意向性活动逻辑（对象化逻辑）与超越性活动逻辑（符号化逻辑）辩证统一的时空性活动逻辑（真实化逻辑），都指向准自由、不自由、激荡的美和审美及其艺术的转化生成。

第一，美学的主客体关系逻辑（审美间性逻辑）的转换性力量。在审美实践和艺术实践中，主客体之间往往处在不协调和不一致的状态中：或者主体压倒了客体，或者客体压倒了主体；这样就形成了审美间性逻辑。正是这种审美间性逻辑，在审美主体和审美客体的矛盾冲突中显示出社会实践、审美实践和艺术实践的转换性力量。其中最明显的一种表现形式就是实践的准自由的崇高或刚美形态的提升人类本质力量的肯定性力量。康德和席勒是最早从实践理性家族的力量提升的角度来解释崇高的美学家。康德说："自然界在这里称做崇高，只是因为它提升想象力达到表述那些场合，在那场合里心情能够使自己感觉到它的使命的自身的崇高性超越了自然。"(《判断力批判》上卷）这就是说，自然界具有巨大的威力，人们在这种威力面前是渺小的，甚至只能屈从，但是，自然的威力却不能压倒人的精神、道德和理性。恰恰相反，在审美判断中，人却能战胜自然，使得人的道德精神的力量显得更加崇高。席勒在《论崇高》(Ⅰ）中也有类似的分析和定义。他指出："在有客体的表象时，我们的感性本性感到自己的限制，而理性本性却感觉到自己的优越，感觉到自己摆脱任何限制的自由，这时我们把客体叫做崇高的；因此，在这个客体面前，我们在身体方面处在不利的情况下，但是在精神方面，即通过理念，我们高过它。"所以，正是在社会实践中主体与客体的矛盾，审美主体的感性和理性的不同状态构成了崇高或刚美的审美本质和艺术本质，在这种矛盾冲突的转化过程中人的主体被提升了，人的理性力量在他的感性力量被压抑的过程中被激发出来，主宰着人的审美实践和艺术实践，从而把强大或巨大的自然对象或现实对象转化为崇高或刚美的审美对象世界。这样就显示出了美学的逻辑力量，正是这种美学的逻辑力量让人类在困难和挫折甚至失败之中显示出超人的，超自然的伟大力量。这些在上古时代的神话传说中表现得非常突出。像女娲补天，夸父追日，愚公移山，普罗米修斯被缚高加索悬崖，大力神赫拉克勒斯的十二件丰功伟绩等等都是最明显的表现。在世界各民族的历史上都有许多崇高的英雄人物，他们的言行品格，可昭日月，可垂千古，垂范后世，像中华民族的屈原、岳飞、文天祥、秋瑾、孙中山、李大钊、雷锋等等，他们以自己的实践显现了一种准自由，一种未来必达的自由，以自己的感性身躯的消灭，彰显了精神的伟大，品德的高尚，人格的魅力，成为了崇高或刚美的审美对象或艺术符号，在自己的社会实践过程中显示出一种实践的转换力量，凸显出美学的转换性逻辑力量。

另外还有两种美学的转换逻辑，那就是实践的不自由状态所显现出来的幽默和滑稽，它主要是由于审美对象的内容和形式、本质和现象之间的矛盾倒错而引起的美学的转换逻辑：当一个对象以丑的内容或本质力炫为美的形式或现象的时候，这种矛盾倒错的美学逻辑就会转换出滑稽的审美对象或艺术符号，使得人们在辛辣的笑声中更加清醒地认识到丑的内容或本质及其可恶和可厌；当一个对象以美的内容或本质故意表现为丑的形式或现象的时候，这种矛盾倒错的美学逻辑就会转换出幽默的审美对象或艺术符号，使得人们在会心的笑意中更加珍惜美的内容或本质及其可爱和可喜。这种美学逻辑的转换性力量，比起那种直接的，和谐的，圆满的美和审美及其艺术更加弥足珍贵，因为它们是经过了一番矛盾倒错的周折转化而成的，能够让人在矛盾转化中体悟到一种更加内在和本真的美和审美及其艺术。一个十足的骗子被直接揭露出来，当然可以使人认识骗子的丑陋之处，然而一个像莫里哀《伪君子》中的答尔丢夫或者果戈理《钦差大臣》中的赫列斯塔科夫那样的骗子，在经过一系列的伪装而力炫为美的矛盾倒错的表演，一旦原形毕露，真相大白，人们对他们的冷嘲热讽而得到的教训却是刻骨铭心的，对于骗子的丑恶可以了解得入木三分。这就是一种具有讽刺力量的转换性逻辑力量。同样，一个聪明机智的人物直接表现出来，无疑可以得到人们的称赞，然而，一个像《阿凡提的故事》中的阿凡提或者《七品芝麻官》中的唐成那样的聪明人，通过故意装聋卖傻或者将计就计愚弄巴依老爷和诰命夫人，而让人在会心的赞许笑意中看到了大智大勇和机锋智慧，令人拍案叫绝。因此，通过这样美学逻辑的转换力量，人们在不自由和矛盾倒错的表现中，更加给力地领悟到美和审美及其艺术的辩证转化的威力和冲力。

第二，美学的形象逻辑（理性形式逻辑）的转换性力量。在审美实践和艺术实践中，感性物象与知性意象矛盾倒错的辩证转化而成为理性形象的过程，在崇高或刚美，幽默和滑稽的美和审美及其艺术中显示出一种转换性力量。这种转换性力量就来自感性形式与知性形式的矛盾倒错的辩证统一的运动过程中，这种辩证统一过程经过了一个矛盾冲突或者矛盾倒错的运演而演绎为一个理性形式的具体形象，或崇高（刚美），或幽默，或滑稽，显现出人类社会实践的准自由，不自由状态，表现出人类社会实践的矛盾转化中的转换性力量。像高山大川那样的感性物象，使得人们的知性感到无能为力甚至压抑自卑，在知性意象中显得矛盾激荡，然而正是这样的矛盾激荡引发了人类的理性形象，升华了人类的精神世界，显示出这种矛盾转化中的动态的美和审美及其艺术，表现出人类社会实践的转换性力量，所以，杜甫登上泰山之巅就可以高唱："会当凌绝顶，一览众山小。"这样的气魄和力量是经过了一个矛盾激荡的辩证转化运动过程的，是实践的转换性力量的理性形象显现。只有经历过这种艰难的登山过程的人才可能体验到这种崇高或刚美的转换性力量。同样的，像济公和尚那样的感性物象：鞋儿破，帽儿破，身上的袈裟破，与他的知性意象是矛盾倒错的，他那么疾恶如仇，善恶分明，路见不平拔刀相助，他那么足智多谋，多才多艺，法术通天，为民而谋，正是在这样的看似矛盾倒错的运动中，美学逻辑的转换性力量显现出来，最终塑造出一位幽默、机智，有勇有谋，大智若愚，大巧若拙的理性形象。这样美学逻辑的转换性力量就使得人们在矛盾激荡和矛盾倒错的非常状态和辩证转化运动过程中，更加清醒地面对困难、矛盾、冲突所形成的人生境地和自然境况以及各种各样的矛盾倒错的众生相。

第三，美学的时空性逻辑（真实化逻辑）的转换性力量。在审美实践和艺术实践中，意向性活动逻辑（对象化逻辑）与超越性活动逻辑（符号化逻辑）辩证统一的时空性活动逻辑（真实化逻辑）显示出一种转换性力量。这种转换性力量就在于对象化实践和符号化实践，以一种矛盾，冲突，激荡的准自由或矛盾，倒错，反常的不自由的状态，把审美对象或艺术符号在时间和空间中虚构化或虚拟化真实地显现出来。审美者和艺术家就是在这种对象化和符号化辩证统一的时空活动真实化逻辑中感受和显现美学逻辑的转换性力量的。一个审美者面对着崇高的审美对象世界时，他所感受到的审美对象世界（如崇山峻岭）或艺术符号世界（如英雄人物），就是在一种矛盾冲突之中显现出来的，它们使得审美者产生一种激荡的崇高感。这种崇高感是在美学逻辑的转换性力量中逐步形成的：审美者开始面对着审美对象的符号，感受到的是一种压抑感或者痛苦感，尽管对象并没有直接压到我们，然后在美学的转换逻辑之中审美者的精神从这种符号化对象的审美真实性中得到升华，转换出一种特殊的愉悦感。众所周知，我们在登临高山时，必须经过一番艰苦的攀爬过程才可能体验到达到顶峰时的喜悦，这就是一种美学逻辑的转换性力量，特别是在那种类似于挑战生命极限的登山运动中这种转换性力量就会表现得更加充分。正因为如此，登山运动及其审美境界就是一种可以升华人类精神境界的特殊方式，尽管我们在这个过程中并没有动高山一草一木，一土一石，但是，高山作为一种审美符号激发着人的精神力量。同样的道理，人们所谓“榜样的力量是无穷的”，英雄人物的坚苦卓绝的人生斗争经历之所以能够影响人和塑造人，也是来源于这种美学逻辑的转换性力量，是一种准自由实践的美学逻辑力量的真实显现。因为这种美学逻辑的力量促使人们认定了人类社会实践的自由是未来必达的，是一种历史的必然，从而就转换出了一种巨大的精神能量。艺术家则是在自己的社会实践中体验到这种准自由的，未来必达的自由，就必须以自己所最得心应手的艺术符号，把这种未来必达的准自由，形象显现为一个矛盾冲突，激荡动态的艺术形象和艺术形象世界，去激励人们为实现这种未来必达的自由而奋斗。比如，法国浪漫主义画家欧仁·德拉克罗瓦的不朽作品《自由引导人们》，展现了法国七月革命中的硝烟弥漫巷战图景，画面中心是一位象征着自由的女神，她高擎法国革命的三色旗帜，她坚定、强健、朴素、有力、美丽，正引领着法国第三等级的革命队伍奋勇向前，所向披靡。气势磅礴的画面，炽烈如火的色调，奔放有力的笔触，令人振奋；变化多端的光影效果形成了强烈的戏剧性，丰富错综的色彩和剧烈动荡的构图渲染出了一种剑拔弩张、火光冲天、昂扬激荡的战斗氛围，整个画面充溢着鼓舞人心，激发斗志，不怕牺牲，冲锋陷阵，一往无前的巨大威力。尽管它只是一幅画，是一种虚构的、虚拟的艺术符号世界，但是在这种充满斗争气息的时空活动逻辑的符号世界中，蕴藏着极大的精神力量，饱含着无穷的思想能量。它不仅是法国七月革命场景的艺术反映，更是一切摧枯拉朽，改天换地，可歌可泣的革命斗争的无限威力的符号对象化，艺术真实化，把现实的惊天动地的革命力量凝定在美学的转化逻辑之中，让人回味无穷。至于幽默和滑稽的美学逻辑的转换性力量，也是不可估量的。一个个充满智慧、力量的幽默人物，以他们的矛盾倒错的美学逻辑转化出一个特殊的审美符号和艺术符号的世界，让人们在会心、赞许的笑声中领悟出人生的魅力。像《儒林外史》中的“范进中举”就以内丑却力炫为外美的，矛盾倒错的滑稽转换性力量，揭露了封建科举制度的扼杀人性的本质，让人在冷嘲热讽之中看透了科举制度。所以，古今中外的讽刺文学的美学逻辑的转换性力量，曾经使人们清醒地认识一切旧社会、旧事物、旧人物的丑陋本质，尽管这些东西总是在那里力炫为美，正是讽刺艺术的这种转换性力量，把整个旧世界的真面目暴露无遗，让人们在哄笑之中唾弃这些残渣余孽，或者让人警醒起来，为扫荡旧世界而努力奋斗。无论是伪君子，吝啬鬼，牛鬼蛇神，妖魔鬼怪，在滑稽美学逻辑的转换性力量面前，都会原形毕露，丑态百出，被人摒弃，弃如敝屣。

三、美学逻辑的否定性力量

人类的实践不仅会产生自由状态、准自由状态和不自由状态，而且还会产生反自由状态。这种实践的反自由状态在审美实践和艺术实践中就可能显现为一种审美和艺术的解构功能，形成一种美学逻辑的否定性力量。因此，美学逻辑的否定性力量就表现在实现实践的解构功能过程中。在这个过程中，自然客体逻辑（合规律性逻辑）与人类主体逻辑（合目的性逻辑）辩证统一的主客体关系逻辑（审美间性逻辑），物象逻辑（感性形式逻辑）与意象逻辑（知性形式逻辑）辩证统一的形象逻辑（理性形式逻辑），意向性活动逻辑（对象化逻辑）与超越性活动逻辑（符号化逻辑）辩证统一的时空性活动逻辑（真实化逻辑），都指向反自由、异化、变形的美和审美及其艺术的解构生成。

第一，美学的主客体关系逻辑（审美间性逻辑）的否定性力量。在审美实践和艺术实践中，主客体关系逻辑的反自由状态，异化状态或变形状态，会形成一种丑的审美形态，表现出一种实践的否定性力量或者美学逻辑的否定性力量。这种美学逻辑的否定性力量，可能是否定主体实践的违背客体的自然规律性，也可能是否定客体的外观形象的反目的性。比如，一个艺术家不懂得自然材料的客观规律性就开始进行操作，或者他不了解他所从事的艺术规则，他必然会做出一种丑陋的产品；同样，如果一个自然对象，不符合审美主体的审美目的性，像自然对象的畸形，异化（成为原本性状的对立），变形（不合目的的形体变化），反自由（客体之间截然对立），也会成为审美主体和艺术主体的丑对象。因此，一个审美者或艺术家，必须遵循自然对象的规律性，而且不仅是某一个自然对象的规律性，而是每一个自然对象之间关系和一个自然对象内在组成部分之间关系的规律性，这种客体之间的审美间性逻辑就表现为美学家所谓的“形式美规律”，如对称、比例、和谐、节奏、均衡、多样统一等。一个审美者或艺术家违反了这些自然规律，他的审美实践和艺术实践当然就只能产生解构力量或否定性力量，也就是必然会产生丑的审美对象世界和艺术符号世界。同样，一个自然对象，必须符合审美主体的目的性，不仅要符合某一个审美主体的目的性，而且要符合不同主体之间关系的目的性，这种审美主体之间关系的目的性主要就表现为审美的差异性，如民族差异，时代差异，阶级差异，地域差异，个体差异，等等。一个自然对象要在审美实践和艺术实践中成为美的对象，就必须按照这种审美主体间性逻辑来进入审美者和艺术家的审美视野；如果违反了这种审美间性逻辑，当然就会成为丑的对象，这就是美学逻辑的否定性力量。因此，我们这里所谓的“审美间性逻辑”，不仅指主体与客体之间的审美间性逻辑，还包括主体与主体之间的审美间性逻辑，也包括客体与客体之间的审美间性逻辑。

第二，美学的形象逻辑（理性形式逻辑）的否定性力量。在审美实践和艺术实践中，物象逻辑（感性形式逻辑）与意象逻辑（知性形式逻辑）辩证统一的形象逻辑（理性形式逻辑），有着极大的否定性力量。这种否定性力量，不仅表现在从感性形式的物象到知性形式的意象再到理性形式的形象的逻辑过程中，而且表现为西方现代主义艺术以来的“以丑为美”的艺术发展的历史进程中。在一般的审美实践和艺术实践中，一个审美者或艺术家，如果在把感性形式的物象内摄为知性形式的意象过程中，以及在从知性形式的意象显现为理性形式的形象过程中，或者在与此相反的过程中，不能按照审美认识和审美操作的规程进行，就会歪曲审美对象世界和艺术符号世界，也就是违背了现实真实，历史真实或艺术真实，从而生产出丑的审美对象或艺术符号。这种美学逻辑的否定性力量可以叫做消极的否定性力量。它警示着审美者和艺术家，一定要按照现实真实，历史真实和艺术真实的规律来进行审美实践和艺术实践。另外还有一种“积极的”美学逻辑的否定性力量，这种否定性力量是一种推动审美和艺术的创新发展和革命变革的力量。事实上，每一个历史时代产生审美实践和艺术实践的根本性变革时，都会显示出这样一种积极的美学逻辑的否定性力量，因为在这样的革命变革形势下，新的审美观和艺术观及其审美对象或艺术作品，都会被保守势力视为“丑的”审美对象和艺术世界，而这些新的审美观和艺术观及其审美对象和艺术作品就是以一种新的“理性形式”的形象解构和否定了旧的传统，所以它是一种积极的美学逻辑的否定性力量。这种美学逻辑的否定性力量，在审美实践和艺术实践中的美与丑的矛盾对立的辩证发展过程中可以说是一种不可或缺的力量。如果以传统的美和审美及其艺术作为视点，那么，西方美学和艺术的美丑变化发展的过程基本上可以概括为：原始的美丑并存，古代的以美为主，近代的以丑衬美，现代的以丑为美，后现代的以丑代美。例如，在毕加索的《亚威农的少女》《三个音乐家》《哭泣的女人》等立体主义绘画作品问世的时候，所有的人一片哗然，几乎一致认为，这是一些丑八怪。可是，当人们循着立体主义的思路仔细审视以后发现，原来毕加索是要打破西方绘画从文艺复兴以来的焦点透视以平面显示立体的传统技法，而是直接把不同平面的物象通过知性意象变形为立体的理性形象，因此，他的这个立体主义形象，不能以传统的焦点透视方法来观赏，而必须不断改变视点地观照，那样就不仅可以重构起一个立体形象，而且可以奇迹似的发现这些理性形式的形象竟然是一个个动感形象；不过，以传统的焦点透视的方法来看他们，似乎仍然是一些反古典美的“丑”的形象。因此，人们认为，现代主义绘画就是“以丑为美”，消解和否定了传统的古典美，把西方绘画的美和审美及其艺术推向了一个新的发展阶段。抽象主义绘画的美学逻辑的否定性力量也是如此。它颠覆了西方古典绘画的具象性，以一些点、线、面的色彩组合或者几何图形组合，来宣泄艺术家的情感，祛除了古典绘画艺术的“象形”，“写实”方法和功能，而以纯粹的理性形式的点、线、面、色、几何图形组合的形象，超越和扬弃了具体的感性形式物象和知性形式意象，形成了类似于音乐艺术的非具象性和纯抒情性的绘画艺术语言，以传统艺术所谓的“丑”打破了传统的“美”，显示出现代主义绘画艺术的美学逻辑的否定性力量，创造出非写实的，非具象的，纯抒情的绘画艺术，以弥补摄影艺术的逼真性所揭示出来的传统绘画艺术的不足。因此，我们对于诸如立体主义和抽象主义之类的西方现代主义艺术的“以丑为美”，不能固守传统审美观念，而应该充分肯定它们的美学逻辑的否定性力量，在否定之否定的辩证法中来看待美丑的相反相成，吸取其中的合理因素，剔除其中的过激因素，利用现代主义和后现代主义的美学逻辑的否定性力量来推动文学艺术的繁荣发展。

第三，美学的时空性逻辑（真实化逻辑）的否定性力量。在审美实践和艺术实践中，意向性活动逻辑（对象化逻辑）与超越性活动逻辑（符号化逻辑）辩证统一的时空性活动逻辑（真实化逻辑），所表现出来的美学逻辑的否定性力量也是十分巨大的。一方面，审美实践和艺术实践创造出丑的审美对象或艺术符号，与美的审美对象或艺术符号相比较而存在，相斗争而发展，可以更好地促进审美实践和艺术实践的繁荣发展。如果没有丑的审美对象或艺术符号，审美实践和艺术实践的发展是不可思议的。在这方面，我们中国当代美学注意不够，甚至有某些偏差，把丑的审美对象或艺术符号仅仅作为毒草来加以批判铲除，而没有正视它们的积极的审美价值和艺术价值。另一方面，审美实践和艺术实践还可以运用美学逻辑的否定性力量做到“化丑为美”，实现审美和艺术的辩证法实践。其实，我们这里所说的“化丑为美”并不是指把现实中的丑的事物转化为现实中的美的事物，这种转化几乎是不可能的；因此，我们所说的“化丑为美”是在美学逻辑的意义上来说的，就是指把现实中的感性形式物象的“丑”，经过知性形式意象的符号化，再对象化为理性形式形象的“美”，亦即美的审美对象或艺术符号。这种转化是美学逻辑的否定性力量的一种“否定之否定”，从而能够生成美的审美外观形象和艺术符号形象。那么，这种美学逻辑的否定性力量是如何发挥作用而得到实现的呢？从整体上来说，那就是一种对象化和符号化整一的或者符号对象化的审美实践和艺术实践过程。具体来说，主要有这么三方面：第一，把现实中的丑加以典型化。这个典型化的过程实际上就是把现实中的感性形式物象的“丑”，通过知性形式意象的概括化和个性化，然后以具体的理性形式的符号化形象显现出来。这样一来，审美对象或艺术符号所揭示的现实对象的“丑”就更加本质，更加个性，成为了概括了某一类“丑”的突出个性的典型形象。这样的典型形象就是“美的形象”或者“美的艺术符号”，是完成了“化丑为美”的审美实践和艺术实践的产物。像最近离开我们的著名反派演员陈强所创造的地主恶霸黄世仁（《白毛女》）和南霸天（《红色娘子军》），就是这样的“化丑为美”的“美的形象”或者“美的艺术符号”，他们入木三分地揭露了地主恶霸的丑恶本质，让人刻骨铭心，之所以有这样的审美效果，就是因为他们的塑造凝聚着艺术家的自由创造的实践结晶。第二，以进步的审美理想烛照现实中的“丑”，直接否定丑，而间接肯定了美，形成了美丑鲜明对照的艺术形象整体。法国浪漫主义文学大师雨果在他的小说《巴黎圣母院》中就是通过一系列的美丑对照来完成了“化丑为美”的艺术实践过程，创造出了一个完整的美的艺术符号世界和审美对象世界。小说中，吉卜赛女郎艾丝美拉达是美的理想和美的化身，她与外表奇丑的敲钟人卡西莫多、内心丑恶的副主教弗洛罗和宫廷卫队长斐比斯，形成了最为明显的美丑对比；与此同时，卡西莫多的外表奇丑与他的内心极美也是一种鲜明的美丑对照，还有弗洛罗和斐比斯的外在的仪表堂堂，道貌岸然与内在的虚伪狠毒，荒淫无耻又是一种醒目的美丑比照；这样一些美丑对比，形成了一个彰显先进审美理想的美的艺术整体。这样就可以将美学逻辑的否定性力量表现得淋漓尽致。因此，中国当代美学家朱光潜说：看《巴黎圣母院》是上了一堂生动的美学课。第三，以艺术的美的形式表现现实的丑，创造出一个美的艺术形象。像上述的表演艺术家陈强，以极高超精湛的表演技巧，塑造出黄世仁和南霸天这样的典型艺术形象，就是以美的艺术形式恰如其分地表现了对象的丑的现实内容。在中国戏曲艺术领域中，各个剧种中的"丑角"，往往是一些具有特殊超凡的表演技巧的艺术家，他们可以用令人叹为观止的艺术技巧把所扮演的妖魔鬼怪，牛鬼蛇神，坏蛋佞人的丑恶本质显现得让人咬牙切齿。如《十五贯》中的娄阿鼠和《蒋干盗书》中的蒋干的丑角表演，就是一种美的形式表达，堪称精美高妙。无论是他们的丑角脸谱，还是油腔滑调的道白，抑或是顿挫有致的唱腔，或者是他们的熟能生巧的做功，都设计得惟妙惟肖，恰到好处，美到极致。还有一种"化丑为美"就是以美的形式来"美化"一些外在的，表面的"丑"。像摄影艺术从不同的角度拍摄某些有缺陷或瑕疵的肖像照，做到"遮丑"或"炫美"的"美化"。据说，有一位画家给一位独眼、流鼻涕、跛脚的国王画一幅肖像，就是设计了国王跨马、瞄准、拉弓的姿势，避开了他的生理缺陷，显示了他王者的威风，对国王进行了形式上的"美化"。这些正是显示出对象化和符号化的真实化逻辑的否定性力量的审美实践和艺术实践。

总之，美学逻辑的肯定性力量，转换性力量，否定性力量，就是在审美实践和艺术实践中的实践的建构功能，转换功能，解构功能实现过程中充分显现出来的，它们是一个辩证统一的实践过程。正是这种自然客体逻辑（合规律性逻辑）与人类主体逻辑（合目的性逻辑）辩证统一的主客体关系逻辑（审美间性逻辑），物象逻辑（感性形式逻辑）与意象逻辑（知性形式逻辑）辩证统一的形象逻辑（理性形式逻辑），意向性活动逻辑（对象化逻辑）与超越性活动逻辑（符号化逻辑）辩证统一的时空性活动逻辑（真实化逻辑），实现了美学逻辑的整体力量，发挥着美和审美及其艺术的审美教育的巨大作用，为培养和造就自由全面发展的人做出了应有的贡献。

第二节　后现代语境中的英雄空间与英雄再生[1]

随着后现代主义的兴起，新的艺术终结论和经典解构论盛行，经典英雄面临被消解的窘境。在后现代语境中，经典英雄是否已经终结？或者，经典英雄将以什么方式存在？这正是

[1] 作者王建疆，原载《文学评论》2014年第3期。

这里所要探讨的问题。

一、后现代主义正在改变着第三世界英雄期待

英雄属于崇高这一审美形态范畴。但后现代主义以其解构宏大叙事和反崇高风靡于世，其影响所在除了导致戏仿等审美形态的出现外，还从根本上改变着人们的英雄观和价值观，在不断重塑英雄形象的过程中，改变着文学经典的世界地图。在第一世界的欧洲，伴随着上帝的死去，英雄已经消失。而在第二和第三世界，对英雄的崇拜和期待仍在延续。只要看看墨西哥人如何把画家迭戈·里维拉作为功勋，菲律宾人把本国获得世界选美冠军的女子视为英雄就可想而知。英雄作为经典，如果作为大红色，那么，欧洲文学地图已由大红变为灰色，二战之后的欧洲文学，英雄已经死亡。美洲则变为迷彩色，超人、兰博、蜘蛛侠、蝙蝠侠、阿凡达与超级大坏蛋、鲨鱼黑帮、小丑、飙风雷哥并蒂而生，正反面英雄同时亮相。澳洲则为天然的无关英雄的蓝色。只有亚洲和非洲仍然保持了红色，一种属于英雄的本色。但这种本色在全球化背景下还能保留多久，已经成为一个问题。

后现代以其图像的增殖将异变的英雄观迅速地传播出去，在娱乐化的过程中改变着第三世界的英雄期待，甚至改变着传统的历史观和价值观。在这一历史性转变过程中，文学的存在已经离不开图像化和影像化。似乎只有借助于视觉表达和影视传播，文学才能存活下来，争取更多的受众。《光明日报》有一篇报道说，许多世界名著，包括中国的四大名著，国外的《百年孤独》《追忆似水年华》《尤利西斯》等都在被调查的3000名读者的“死活读不下去”的范围内。但无论如何，不断被影视改编上映播放的中国四大名著还是看得下去的，还没有听说到了死活看不下去的地步。张艺谋导演的《英雄》就是第三世界英雄期待被后现代艺术观和艺术手法娱乐化和审美化的显例。其中唯美主义的视觉冲击，形式大于内容的夸张，荒诞不经的情节，价值颠倒的主题，英雄与暴君易位等，都在重塑着中国几千年来的文学经典英雄，曾在海内外红极一时，使得所有影视化了的中国英雄经典文学难望其项背，但同时也在颠覆性的视觉化英雄盛宴中改造着人们的英雄期待和英雄观念。

后现代文学不断地以其视觉革命、图像转型和多媒体传播不仅再生着英雄主题和英雄题材，而且再生着英雄经典体裁，形成英雄形象的变态和重塑，而视觉与图像的多媒体也借助于文学尤其是经典文学的支持而获得图像的增殖。这样一来，文学中经典英雄的现代塑造与影视制作合而为一，纯文本的时代已经结束，人们已经无法脱离开视觉传播而谈论英雄。而且，有的小说是在电影取得成功后才面世的，这就为后现代语境中的文学生产提供了新的路径和新的方式。也许，纯文本经典文学的“死活读不下去”会借助多媒体视觉艺术形式而活下去，文学中的经典英雄会借助影视、动漫、舞台艺术等而被重新塑造。

自古希腊英雄尤利西斯在小说《尤利西斯》中被扁平化以来，英雄经典不仅在第一世界

的文学中变种、贬值，而且在第三世界的文学和关联着经济目的的文化发展中也产生了意想不到的变化，这就是红色经典的不断被娱乐化、被解构和作为英雄对立面的丑恶形象获得了前所未有的价值。如潘金莲、秦桧在各地文化遗产争夺战中获得了被观赏的价值，成为文化遗产甚至成为文化经典。与此同时，文学评论对于历史上爱国英雄人物的再评价也已悄然兴起。

按传统的英雄观，英雄是一个时代的脊梁，是民族和国家危难之际的救星，他们挺身而出，担当大义，神勇无比，具有凡人难以想象、无法超越的本领。但自农业时代和冷兵器时代结束后，经典英雄已离我们远去。随着科学昌盛，尤其是议会民主制的兴起，英雄的空缺已被人民代表和机器运行填补。当英雄失去了拼打的对象和机会后，在现代社会，要想担当大义，就只好去做人民代表或去做议员，去做反对党、抗议者、去建立制度，或者与制度作斗争。为了能够更好地为大众服务，首先就要学会制度游戏，同时又能驾驭机器。因此，在现实中，人民代表、西方的议员、反对党领袖、网络高手、高技术人才，都成了时代的宠儿，正在取代或者已经取代了英雄的地位。而这些人民代表、议员、反对党领袖、网络高手、高技术人才，他们可能发挥着比经典英雄更大的作用，但他们因为缺乏经典英雄的神性而不再是人们崇拜的偶像。英雄的凡俗化、平庸化时代势必来临或者已经来临。1990 年 Ray B.Browne 等编写出版的《当代全球英豪》(*Dominant Symbols in Popular Culture*) 中已将当代英雄界定为有名望的不同行业中的角色模型和不同个体心目中的榜样，而不再是人们心目中的精神领袖。该书传记人选从对全美 900 位公共图书馆员和学校图书馆员的调查中遴选出来，罗列了 17 个行业中的 100 多位 20 世纪的男女英雄们，包括大家熟悉的政治领袖甘地、肯尼迪、马丁·路德金、阿连德、曼德拉、桑切斯、撒切尔、阿基诺夫人、基辛格等，宗教领袖罗马大主教保罗二世、南非大主教图图等，迪士尼乐园创始人迪士尼，以及航天员、艺术家、建筑师、商人、动物和生态保护者、教育家、娱乐和表演艺术家、喜剧大师、记者、法官、医生、诺贝尔和平奖得主、外交家、科学家、社会活动家、运动员和冒险家、技术员、作家等。他们都是不同行业中的角色模型和不同个体心目中的榜样，而非半人半神的经典英雄和全民公有的精神领袖。因此，应该说，是英雄自身的行业化、凡俗化导致了后现代的解构英雄，而非后现代引起了英雄的解构。因为任何时代的基于客观需求的变化，才是主义和观念的变革的原动力。

后现代是一场深刻的观念革命和文化革命，旨在顺应历史潮流，颠覆已有秩序，解构中心，结束统治，释放能量，多元并存，无序发展。因而不惜以平庸化、碎片化来结束英雄崇拜以及由英雄崇拜所导致的威权统治，还原分享的、平等的起点，获得大众的狂欢。

后现代以反传统、无禁忌自居，被称为智慧的游戏。实际上，这是后现代的本质也是后现代的策略。在后现代看来，只有反传统，才有自己生存和发展的空间；只有无禁忌，才可能自由地生存和发展。后现代的本质和策略并非只有 20 世纪才有，实际上，去中心、反传统、无禁忌，作为一种思维方式和语言表达方式，最早出现在新的宗教派别创立之时。基督教之于犹太教如此，伊斯兰教对基督教如此，中国的禅宗亦如此。禅宗的禅机初露后现代的端倪。如什么“本来无一物，何处惹尘埃”“空手把犁头”“桥流水不流”等，都是一种“正话反说”“反常合道”的智慧游戏。禅宗的“呵佛骂祖”“当头棒喝”等更是解构迷误、解放心性的前驱，是立宗立派的手法。法国未来主义画家杜夏就被认为与中国禅宗的精神相通，他开创的打破艺术边界的做法，与禅宗的呵佛骂祖、何其相似？用后现代的策略去解构英雄、重塑英雄，就必然会有摆脱压抑、解放心性、反常合道、反说英雄、戏说英雄、别出心裁、另辟蹊径的审美效果。正是这种审美效果导致了眼下后现代英雄得票率往往高出经典英雄的现状。

后现代主义的解构或去中心化、无禁忌，不同于宗教的解构或去中心化、无禁忌。前者在去中心化后不再重建新的中心，处于无中心状态，而后者往往重建新的中心、新的威权、新的统治、新的禁忌。从这点上看，后现代主义是纯粹意义上的思想解放，但这种无禁忌的思想解放也往往带来价值观的颠倒、思想边界的模糊。

后现代语境既表现主义，也表现方法；既是思潮，也是策略。其智慧表达一旦与图像增殖相关联，就会生成新的英雄。如在后现代影视作品中作为经典英雄对立面的秦始皇、司马懿的忝列英雄之位，就是英雄观念的颠倒乾坤。不过，尽管这种英雄可能是被扭曲了的，是变态的，甚至是面目全非的，但在图像增殖过程中，它以艺术的方式和审美的方式松懈了人们的思想警觉，又以有效的情感表达浸染着人们的英雄观，改变着第三世界的英雄期待，进而影响第三世界的国家意识形态和人们的世界观。

二、英雄属性与英雄空间

英雄经典的异变和被解构，并不仅仅是后现代主义思潮的结果，而且也是英雄自身属性和特点的现代表现。英雄具有神性、担当性和随机性。

英雄的神性具有图腾化特征。这一点只要我们看看农家大门上贴着的门神和到处供奉的关帝庙和关帝排位，就知道英雄神话的图腾化轨迹。

英雄具有担当性，是说英雄至少是在客观上能够保护大众的利益。三国争霸中的吕布，武艺超群，但他因为随了奸臣董卓而又无信无义，为了争夺美色而反目为仇，因此未能成为英雄。再如无钱治病，自锯病腿，咬碎四颗槽牙的可怜的农民，其坚韧远胜关云长，但由于不属于社会担当，也就不是英雄。

英雄具有随机性特点。这种随机性在于无意中成就了担当，或者带着私利的目的却在客观上起到了担当。布鲁塞尔广场上的小英雄于连雕像，就因其起夜撒尿，无意中将西班牙人撤退前点燃的导火线浇灭，从而拯救了全市人民，成为民族英雄。《晋书·周处传》中讲了一个被乡里视为三害之一的周处射虎斩蛟为民除两害的故事，实际上是个以害除害的故事。英雄的这种随机性，在与现代性和现代主义的交流中，具有了随意赋形的特点，英雄的随意赋形在并不否定英雄的人文担当的同时，却将英雄的崇高性、神圣性消解在了形象的转型之中，完成了英雄从神圣到琐屑，从庄严到滑稽的历史进程。在后现代语境中，英雄形象生成的随机性已成为英雄自身解构的活性因子，不论是平民英雄化，还是英雄平民化，都体现出英雄具有的广大能指和所指。正如《解放军报》所批评的，痞子、土匪、妓女、流氓当下都成了抗日英雄。这种形象转型后的身份消解，虽然是对英雄形象高大全理想的破坏，是对英雄期待的瓦解，但由于形象塑造的真实性、亲切感和生动性，构成了后现代英雄经典的独特风景线。李云龙、葛二蛋、厨子、戏子、痞子等，就都是具有匪性和痞性的后现代英雄。这种后现代英雄，较之经典英雄尤其是红色经典英雄更受观众的欢迎。

英雄的自性决定了英雄天然地具有后现代的特征。哲学家冯友兰认为，英雄也还只是功利境界，只知物性而不知道性，其壮举很可能只是莽夫一时的冲动而非来自心灵的自觉，因而“英雄才人的为人行事，虽大都可以成赏玩赞美的对象，但亦大都是不足为法，不足为训底”。这种说法虽然对英雄崇拜来说无疑是蔑视，但其所指却道出了英雄的随机性和被随意赋形的特点。这种随机性和随意赋形就是后现代不确定性和解构主义的特征。

从历史性生成的角度讲，英雄形象伴随祛魅化过程而每况愈下，祛魅化过程就是从神性到人性的过程，也就是英雄自行解构的过程。事实上，西方文学自文艺复兴开始，英雄日渐世俗化。莎士比亚笔下四大悲剧的主角，就都是有可能成为英雄，但最终未能成为英雄，反而有的成为反面角色，如麦克白斯。塞万提斯笔下的堂吉诃德成为一个滑稽的、荒唐的、被揶揄的英雄。歌德笔下的浮士德成为魔鬼梅菲斯特的玩偶。雨果笔下的冉阿让，罗曼·罗兰笔下的约翰·克里斯多夫等，都是具有人的平庸和人的缺陷的英雄，是脱魅祛神的英雄。但20世纪随着暴力革命的兴起，红色英雄曾一度充斥文学作品，而且这类英雄具有单一的崇高和纯净的伟大，往往以酷刑为试金石，在某种意义上试图恢复古典英雄的神性，但在后革命时代，这类英雄的光环已开始逐渐褪去。

英雄神话的破灭都来自英雄空间的形成。所谓英雄空间，就是由英雄期待与英雄本领之间、英雄精神与英雄形象之间构成的多重矛盾体所带来的创造空间和想象空间。英雄空间既不同于当年本雅明、波德莱尔漫步巴黎街头、反思历史和现实时的玻璃拱顶空间，不是阿伦特、哈贝马斯的公共领域，不是巴赫金的空间诗学，也不是互联网时代的虚拟空间，而是在崇高与卑微之间，在精神与肉体的分离之间，在期待与现实之间构成的多边框架，是一个正在生成的心理空间。这个心理空间能够容纳神性英雄、凡俗英雄、魔鬼英雄以及各种各样似是而非的英雄，成为英雄被接受、被创造的心理场。

在后现代社会，英雄空间的建立首先来自英雄期待与英雄本领的分离。在农业社会之前，英雄的能力是与英雄的身份相匹配的，英雄无所不能，无所不包，或者至少是没有分离的，因而英雄是全能的。但随着工业社会的到来和现代制度文明的建立，随着科学技术的发展，人造物的功能远远超越了英雄的本事，英雄的实际意义也就随之愈来愈弱化，逐渐概念化、模式化、娱乐化。但不管是概念化、模式化，还是娱乐化，都是庄重、严肃、神圣的克星。它们或使庄重、严肃、神圣僵化，或使庄重、严肃、神圣被戏谑、解构。由于人在力量上、速度上、组织程序上，效益效率上都无法与人的制造物相比，因而，自工业时代以来，英雄已被机器取代。被现代文明制度主宰的现代人，在面对制度的限制和政策的敌意时，找到掮客和黄牛党去化解危机，要比无数个英雄的行为更为有效。因此，现代英雄的尴尬就在于与全能的古典英雄相比，徒有英雄名号而无英雄的本领。相反，平庸鼠辈，如黄牛党，没有英雄的名号，只是制度的寄生虫，是贪婪的吸金者，但却有着英雄所没有的本事。这种名号与本事的分离，导致人们英雄期待的失落。或许这就是现代英雄的宿命，也是英雄空间建立的基础。但是从此，英雄没有了，只有这个在期待和失望之间搭起的英雄空间了。

其次，英雄空间的形成来自精神与身体的分离。英雄作为一种精神是任何人类社会都需要的，没有这种精神，不仅社会发展的动力无从谈起，民族的凝聚力受到瓦解，而且社会安定的保障也会受到挑战。但是，由于时代对英雄的限制所导致的对英雄精神的需求与对英雄身体的需求之间的分离，使得英雄不再成为现代人的偶像。与期盼英雄相比，现代人更需要好的制度和好的社会环境，而不是在恶劣的环境中等待英雄的拯救。在某种意义上说，英雄的式微是人类文明的进步，是社会安定，天下太平的象征。人类依然需要英雄精神但又不一定需要英雄个体的这一矛盾，就生出了一个对立的两极，从而形成了又一个英雄空间，在这个英雄空间中，英雄已不再是一个固定的点或一条确定的线，就像《三国演义》和《水浒传》中都有的“五虎上将”那样，是一条线的延伸，而是一个充满了想象性和可塑性的三维体，在这个三维体中，时间已不再是英雄存在的唯一标志，相反，时间被空间化甚至被网格化了。福柯认为，我们这个时代的体验就是交错纠缠在一起的网。无独有偶，中国现代派诗人芒克也有一首写于 30 多年前的题目为《生活》的诗，其内容只有一个字：“网”。正是在时间被空间化了的这个网中，英雄传承的时间之矢逡巡、彷徨，要不就是拐弯，要不就是坠落，要不就是摧折，那种上古英雄、古代英雄、现代英雄、当代英雄的线性延伸已经被纵横交织的网格所扭曲、所隔断。

但是，另一方面，英雄空间既给了英雄的延续以入口，又给了英雄的驻足以宽容，使得本已失去时间效应的英雄又有了被期待、被塑造和被改造的可能。这种期待、塑造和改造包括随意赋形、推倒重来、价值颠倒、观念瓦解、理念悬置、形象倭化、戏谑恶搞、举重若轻、逗乐取笑等。在网络游戏中，一种叫“元素英雄”的横空出世，它是战士的身体与野兽的身体和能量的根据战斗需要而进行的自由的、任意的结合。如今尚未退出历史舞台的经典英雄就是在这样一个网络空间结构中被改造、被扭曲、被重塑的。但这个网络空间的存在无疑来自大众能够接受的英雄心理空间。元素英雄可以说是经典英雄从原来凝固了的点和线到一个可塑性极强的、易变的英雄空间中再生的最形象的说明。

质而言之，英雄空间就是一个期待、矛盾、容纳、再生的心理空间。在这个空间中，英雄的时间之矢已不再直行，英雄的自性已经失效，英雄的灵与肉已经分离，英雄已不再是神，也不再是被崇拜的偶像，而只是一个角色模型。根据不同的导演、不同的剧情的需要，这个角色既可被分割锻造，又可被夸张变形，从而形成了英雄的再创造空间。

英雄空间中的维度，根据文学版图的不同，有变也有不变。不论在哪个版图的哪个板块，变的都只是本领、脸谱、身体、身份、性格、品位、风格、形式、情趣等，不变的则是名号。而在第三世界版块，不变的除了名号之外，还有基于民族和国家利益的操守，比如爱国与叛国等底线。传统的经典英雄因为没有受到外界对于英雄形象的质疑，因而英雄精神与英雄形象是混而为一的，不会面对游离、疏远、矛盾、对立、甚至冲突。因而传统的经典英雄是点的英雄或线的英雄，而后现代的英雄却是一个可塑性极强的矛盾对立、多维体的英雄，它的多维结构、覆盖和扭曲了传统英雄经典的平面形象，使之变得新异奇特、乖张怪戾了。

英雄空间具有无限的可分割性。一方面，随着全球化步伐的加快，民族和国家边界概念在第一世界已经淡化，而在第三世界随着民族主义的抬头而产生的民族英雄观念却在膨胀，从而形成巨大的反差，将英雄空间切割成两个不同的舞台。《当代全球英豪》一书，中国的当代英雄无一位列其中，就是不同价值体系的分野所致。另一方面，随着巨型影剧院的群体观赏逐步让位给了微小影院和小舞台，几千年来英雄作为集体崇拜的历史已经结束，起而代之的是个体的英雄，小集团的英雄。这一点只要我们看看北京和上海的地铁里那些插着耳机，把玩手机，玩着英雄游戏，看着英雄故事的情景，就会明白，所谓的微阅读时代、快阅读时代、碎阅读时代已经来临。当 80 年代前的中国人还在保留着关羽、张飞、武松的英雄记忆时，“80 后”、“90 后”们却悄然树起了他们的奥特曼、黑猫警长、忍者神龟的英雄形象。而“00 后”心中的英雄也许只有元素英雄了。英雄空间的分割带来的是英雄的私密化、脱魅化和碎片化。在英雄空间的分割过程中，英雄最终被肢解、被改造、被消解。

与英雄空间的分割性相联系的是英雄空间的膨胀性。在第三世界国家，包括中国，所谓的“英雄辈出”，选美小姐成为民族英雄等，都是典型的英雄空间膨胀。但过度的通过英雄主义宣传去鼓动没有英雄能力的人去做英雄，尤其是少年儿童的见义勇为，经常造成不必要的死亡，这在中国已经引起了来自有社会责任心的人们的警惕。新近对于抗日雷剧或抗日英雄神剧的批评，也是对英雄空间膨胀的诘难。而在第一世界的后现代艺术中，英雄空间膨胀的特征首先是边缘消失，显示出前述诸多行业中的“角色模型”和由个体选择认可的特征。其次是英雄的身世更加暧昧，其身份更加不确定，就像美国新近的后现代英雄电影所显示的那样，当英雄被改造、被消解之后，正面英雄反面化，反面英雄正面化；崇高鄙俗化，鄙俗崇高化，英雄是可以被任意塑造了，因而英雄朝着两极化方向膨胀，出现了超人、兰博、蜘蛛侠、蝙蝠侠、阿凡达与超级大坏蛋、鲨鱼黑帮、小丑、飙风雷哥这类反面英雄的既对立又交织在一起的边界不清的现象。英雄空间在无形中被放大。这种任意塑造不仅在世俗界畅行无阻，就是在宗教界也开始流行，宗教救世主也难逃这个英雄空间之网。马丁·斯科西斯的《基督的最后诱惑》(1988)将救世主耶稣世俗化、人性化，甚至出现了耶稣与抹大拿的玛利亚做爱的镜头，为此，西方世界一片哗然，马丁·斯科西斯也差点成了第二个被教主通缉的拉什迪。无独有偶，2007年2月，美国探索频道播出的由大导演卡梅伦执行制片的《遗失的基督之墓》，宣布耶稣娶了妓女抹大拿的玛利亚，而且生了儿子犹大。这在基督教世界引起广泛争议。关于耶稣妻子的身份，最早在公元5世纪被格里高利教皇定为妓女，而到了1969年，罗马教皇保罗认定她是良家女子。正是这种历史的不确定性，导致了英雄空间的膨胀，神的形象和神的奇迹被置于更广大的质疑中。但这种膨胀所造成的英雄的被改造和被消解已不仅仅是神性的消失，而且还会导致人类信仰的崩塌，构成世界观的反转。人们对救世主的绝望，不仅影响人类对英雄的幻灭，甚至对此在世界的信心，似乎真正的救世英雄只有诞生在另一个世界的另一次创世纪活动中了。从这点上说，后现代主义一点也不离奇，只是一个不断膨胀的英雄空间的自行解构而已。确切地说，不是后现代解构了英雄，而是英雄走进了后现代。

但是，由于英雄与生俱来的神性，其图腾化是一个民族的集体无意识的形成过程，是人类心理的积淀，也是一种人类永生无法消除的情结，这就构成了英雄空间延续英雄期待的强大功能。“男女英雄们之所以被视为国家和人们的范型和领导者，就在于他们反映了个体的和社会本身的情感、梦幻和需求。”“我们坚定地渴望英雄，是因为只有英雄能给我们力量去克服自我的短处。如果得不到这种力量，我们都得遗憾地死去。”人们戏仿英雄、重塑英雄、揶揄英雄、改造英雄、消解英雄，都是因为英雄在人类集体无意识中挥之不去的随影，英雄已经成为人类心中永远的留恋。波德莱尔的《致一位过路的女子》中写过一个男女邂逅而又失之交臂的情景，就是一个由于消失才生爱恋的启示。而且，越是遥远的经典的英雄，越具有被崇拜和被欣赏的功能。相反，越是晚近的英雄，越不具有被崇拜和被欣赏的因子。这也就是当代中国文艺界倾力打造样板戏，塑造英雄，反而不被人们所认可的原因所在。同样，也是金庸作品中古代武侠大行其道，为当代人所乐道的原因。因此，与其打造一个现代的、生而知之的、正面的、庄严的英雄而得不到观众的认可，还不如创造一个古代的、先天不足的、反面的、滑稽的英雄更符合艺术的和审美的规律；打造一个元素英雄，则更符合游戏的需要，更具有娱乐的空间。英雄的时代消逝了，但英雄的记忆却凸显了。这就是英雄空间中英雄期待继续存在的心理基础。正是这个英雄空间中英雄期待的继续存在，为英雄的再生提供了可能性。

三、中国的英雄空间与经典英雄的再生

从本雅明空间转型理论的角度看，时间只有进入空间才有意义，空间是时间的入口。我

在研究经典英雄时发现，不仅要把空间看成是时间的见证，而且也要把空间看成是时间的容器。英雄的逝去是个时间的概念，但这个时间概念只有在英雄空间中才有了当下起死回生的意义。留恋英雄但又无法绑定英雄的形体，向往英雄精神，但又无奈于英雄的本领低下，这种矛盾所构成的心理空间，将英雄的过去和现在及其未来编织在一起，从而构成了英雄的再生。英雄的再生都会发生在特定民族和地域，与其文化传统相融通，形成一定的风格。

中国古典英雄价值观既有神圣性又有变通性，它天然地具有阴阳和合、悲剧与喜剧交织的特点，也与后现代的戏仿有着精神上的沟通，形成了更大的具有民族特色的英雄空间。首先，中国式经典英雄是阴阳和合的，具有二重性。所谓“宁可玉碎，不为瓦全”与“好汉不吃眼前亏”的并存，“留取丹心照汗青”与“留得青山在，不怕没柴烧”的共享，形成了一个内在的英雄空间。《水浒》中的武松既是一个可徒手搏虎的英雄，又是一个耐不住打而求饶的凡夫，更是一个“一生杀人放火，临了坐地成佛”的喜剧僧人，具有很强的英雄空间性。其次，中国式经典英雄不仅具有二重性，而且在性别上也在由单性逐步走向双性。貌似传统的西化，实为阴阳之道、和合文化的现代化。中国文化推崇“一阴一阳之谓道”，能够同时容纳阴柔与阳刚、神圣与凡俗，也能够同时容纳英雄与美人，是一种阴阳和合、亦庄亦谐的文化。英雄加美人，曾被认为是西方文学的英雄模式，但明朝以来中国文学也日趋双性化。三国英雄都以不近女色为本分。《西游记》中的头号英雄不仅自己不好色，而且帮助师傅摆脱女性妖魔的诱惑。但水浒英雄较三国英雄在人性化方面具有双性特点，好色之徒似乎也可被视为英雄。“文革”中的样板戏英雄，大概是秉承了“不近女色”的传统，而显得不食人间烟火。而新时期以来再生的红色英雄，还有金庸笔下的众英雄，却更多地体现双性特点，好像变得无情不英雄，无色不英雄了。而且除了情色英雄之外，又逐步多了情趣英雄。金庸在他严肃的正面英雄系列之外，塑造了韦小宝这样一个被称为是后现代头号英雄的人物。李安、张艺谋的英雄电影，也都是双性模式。可以说，从历史发展的整体观来看，中国的英雄叙事逐步走向亦庄亦谐、一庄一谐的特点，是神圣性与变通性的统一。神圣又可以变通，就搞活了英雄空间，使得英雄的塑造更具有弹性。这种情况似乎可以说明，中国是后现代英雄的适合的土壤，后现代英雄在中国大有市场。

中国古典文学具有丰厚、深邃的英雄内涵，在阴柔与阳刚的和合之中本身就有很大的英雄空间。四大名著除了《红楼梦》，都是英雄经典。《三国演义》是逐鹿中原、三分天下的群雄争霸；《水浒传》是虎啸山林、聚义水泊的英雄起义；《西游记》则是战天斗地、终成正果的英雄历程。从中国古代文学经典中我们可以看到中华民族的英雄崇拜源远流长，看到中华民族优秀的英雄担当，看到儒家仁义思想和大丈夫观念的至深影响。但中华文化具有海纳百川、博大精深的特点，不仅能够崇拜高尚严肃的英雄，也能接纳滑稽可爱的英雄。

虽然现代社会是不再延续英雄经典的时代，但在中国的当下，留恋英雄仍然是一个时代的主旋律，英雄空间在中国巨大无比。正因为如此，英雄审美和英雄意象、英雄形象在当代社会和文学中仍有着广阔的前景。这一点，金庸武侠英雄的盛行就是一个显例。本雅明曾评论波德莱尔诗中所写的邂逅为“爱在最后的一瞥”。但也许正是这最后的一瞥，才成了英雄经典再生的恒久的动力。因此可以说，即使在后现代语境中，中国的英雄经典不会过时。但是在后现代语境下，中国的英雄经典必然会受到后现代主义的改造和重塑，从而形成经典英雄的再生。

在后现代语境中，经典的古代英雄已经受到来自对英雄经典的借尸还魂式的或颠倒衣裳式的改造，形成了英雄经典的变态和再生。所谓再生，与原生相对待，是从经典中汲取灵感，借用经典，但又从经典中走出，在继承中创新。“大话”类、“戏说”派、“穿越”式的英雄经典再生，使人们的眼球再次聚焦于英雄经典，在将英雄消解的同时，剥离了意义的娱乐化、审美化和形式化大行其道。英雄价值的消解和英雄空间的增长，带来审美价值的增长，与反英雄、平民化、去中心化相联系的是巴赫金式的“大众的狂欢”。

在全球化背景下，后现代语境对于中国英雄经典的改造已不再仅仅出自中国文学家的手笔，而且也是国际文学家和艺术家的创造，成为多文化元素嫁接的结果。美国动画故事《花木兰》系列，由于西方英雄加美人模式的爱情叙事的嵌入以及中国元素的嫁接，花木兰这一中国的女英雄经典被美国化，也被后现代化。

中国是一个有着后发优势的国家，在未完全经历资本主义现代性的情况下，直接与后现代相接壤，从而表现出经典文学在英雄空间中的后现代跨越。在抽掉历史概念的中国文艺的现代与后现代的平行运动中，中国文学经典兼具现代性、古典性和后现代性的混合特征。张艺谋、李安建立在英雄传奇剧本上的商业电影，利用古典题材、古代故事、古代服饰、古代背景，在现代性资本逻辑的支配下，利用现代性的科技手段，表达后现代解构主义的、新历史主义的英雄观，已经走向世界，蔚为大观，用实践印证着中国式英雄经典的再生。

在后现代语境中，中国经典英雄的再生有以下几种途径：

1. 借助经典的多种艺术形式转换的英雄再生。可以借助于电影、电视、戏曲、舞蹈、动漫、游戏等，使经典英雄以不同的艺术形式和不同的艺术形象出现，从而拓展经典英雄的表现领域。

2. 来自传统的时空延展叙事中的英雄再生。如中国传统的经典英雄，往往采用前传、后传；正传、别传；东游、西游、南游、北游等方式加以再加工、再表现，从而为英雄的再生提供了非常广阔的空间。

3. 戏仿、戏说经典而来的英雄再生。后现代的一大特征就是戏仿、戏说，力图在玩世不恭的戏谑中，将原有的英雄彻底改造。网络版射雕英雄传就围绕着郭靖的培养问题和华山论剑而被改编为一场荒唐的教育体制之间的互揭其短和教育市场的殊死争斗。

4. 解构与矮化后的英雄再生。后现代英雄经典往往是无厘头式的琐屑和扁平，是崇高被削平、伟大被消解后的平庸。现代经典英雄剧中刺秦的残雪面对唾手可得的宿敌却自惭弗如，甘愿受死以彰显真正的大英雄秦始皇。

5. 重塑经典的英雄再生。《三国演义》和《水浒传》作为电视连续剧，每重拍一次，主要角色都有不同变化。诸葛亮与司马懿之间，此消而彼长，司马懿似乎更具有了大英雄的坚韧和谋略。同样，宋江的忠义更具有感召力，吴用的谋略退隐其后，等等。每一次的改编，都有可能是经典英雄的被重塑。

6. 穿越类、大话类的游戏式英雄再生。在将时空颠倒、正反混淆的情况下，随意赋形地给经典英雄或杜撰的英雄以荒诞不经的身份和莫名其妙的本领，使得英雄的主题再也严肃不起来。只是一种在迷宫式的眩惑和神秘的错乱中完成的视觉游戏，使英雄的时间之矢反转，逆时、逆势、逆世，从而导致英雄在英雄空间中失效。

7. 元素类任意重组的英雄再生。随着元素英雄风靡和“00 后”全新价值观、娱乐观的形成，英雄经典将被彻底玩具化、娱乐化。

以上可见，中国经典英雄的再生正在形成多样化格局，走着一条多元化发展道路，但这条道路也许并非平坦，而是充满着历练和考验。我曾发表过一篇文章《文学经典的死去活来》，说的是文学经典面临窘境。如果原封不动，则可能被人遗忘，被尘封，但如果被改编，则可能面目全非，被折腾得死去活来，经典不再。但也可能是经典必须先死去，然后才能再生，死去而后生，俨然凤凰涅槃。纵观中国当代文学之现状，英雄经典也正在经历着后现代的洗礼，在死去活来中挣扎。

但无论如何，在后现代语境中，由于英雄空间的存在，经典英雄将成为永久的再生资源。虽然英雄的时代已经一去不复返了，但人们留恋英雄的集体无意识依然强大，从而导致英雄以不同的形式不断地再生。再生即文学经典延续的路径，是文学经典的传承与创新，是传统的当代生成。后现代可以改变文学经典的形象特征和价值承载，但永远无法终止人们的英雄期待，正是这种英雄期待引领着经典英雄的延续，只要这种延续还在后现代的关注之中。

第三节　克里斯蒂娃接受巴赫金思想的多元逻辑[1]

克里斯蒂娃的互文性理论成为巴赫金影响当代西方文学理论的典范。不过，克里斯蒂娃本人对巴赫金的接受持续了近半个世纪，这段历史也要复杂得多。首先，克里斯蒂娃介绍巴赫金时，法国正处于从结构主义到后结构主义的转折点上，1966 年 10 月，德里达所做的“结构，符号，与人文科学话语中的嬉戏”报告成为解构主义的第一声号角。同年，克里斯蒂娃在罗兰·巴特的研讨班上做了“巴赫金与小说词语”的报告，甚至使罗兰·巴特后来的著

[1]　作者曾军，原载《文学评论》2013 年第 4 期。

作“发生了根本性转变”[1]。不过，她本人似乎并没有将这一理论贯彻到底。在其20世纪70年代提出的解析符号学中，精神分析理论发挥了更为激进的作用。这里的问题是：在超越结构主义的过程中，巴赫金与弗洛伊德和拉康所起的作用彼此有何关联和异同？从互文性到解析符号学的过程中，克里斯蒂娃的思想究竟发生了何种变化？其次，20世纪70年代之后，克里斯蒂娃思想中的巴赫金因素日渐淡化，不只是谈论互文性时不再或者很少提及巴赫金，就连“互文性”“解析符号学”都逐渐成为过去时。她的学术形象越来越政治化，成为女性主义的思想斗士。那么，是否巴赫金因素真的在其身上日渐模糊和稀薄了呢？再次，克里斯蒂娃的思想谱系中没有一个绝对优势的影响源存在。相反，她还刻意与某种单一的影响因素保持警惕与距离，她努力以自己的方式将各种理论思想进行杂糅（至少从外在的方面来看），这是一种典型的后现代主义、后结构主义（解构主义）的理论姿态。里昂·S. 罗蒂兹曾追忆道，克里斯蒂娃认为自己从来没有严格遵守马克思主义的规训，也不受任何其他学科的限制。在处理那些来自各种学科的概念时，她的方法是让它们适应于所研究的对象，不是套用理论，而是让实践来验证理论，让它们形成一种对话性关系。理论来源的驳杂和学术脉络的纠缠形成了其理论表述晦涩难懂、术语概念歧义丛生的特点。这也难怪李幼蒸会予以否定性评价：“克里斯蒂娃所运用的种种元理论语言（结构主义的、格雷马斯叙事学的、解构论的、精神分析学的、数理逻辑的）之间关系十分混乱，科学的客观外衣和解释性的主观意见往往十分混合。”[2] 但这种“混杂”正是后现代学术的重要特点，也是我们理解克里斯蒂娃的恰当方式。她在接受巴赫金的影响方面，不仅其不同的文章接受巴赫金理论的侧面各不相同，而且在理解、阐释和发展上也不一致，这也暗示着克里斯蒂娃对巴赫金的接受从始至终体现着“多元逻辑”（polylogue）的特点。

一、对巴赫金观点予以自我改造

《词语、对话和小说》是克里斯蒂娃向法国学界介绍巴赫金的第一篇也是最重要的一篇文献。从引证材料来看，克里斯蒂娃的所有兴趣都集中到了《陀思妥耶夫斯基诗学问题》第四章中对复调小说体裁历史的回溯部分和第五章中的“小说语言的类型：陀思妥耶夫斯基的语言”部分。可见克里斯蒂娃并没有原汁原味地介绍巴赫金，而是为我所用地选择性接受了巴赫金的观点，并按自己的逻辑予以了理论化的改造。

首先，以“文本”为中心。克里斯蒂娃用“文本”这一概念将巴赫金的“超语言学”（即具有对话性的话语、言语、表述）纳入到了结构主义语言学的分析框架，通过改造巴赫金来

[1] 弗朗索瓦·多斯：《从结构到解构：法国20世纪思想主潮》（下卷），季广茂译，中央编译出版社2004年版，第75页。

[2] 李幼蒸：《理论符号学导论》，社会科学文献出版社1999年版，第696页。

实现对结构主义语言学的超越。她虽然采用了“话语”的提法，引入了言说主体（作者、读者、叙述者）的因素，但并没有超出结构主义所设定的文本范围。巴赫金讨论的是具有主体性的文学话语，克里斯蒂娃聚焦的则是文本中的文学话语的对话性。巴赫金对复调小说根本特点的讨论是建立在其早期哲学美学所确定的作者与主人公关系这一主体性问题之上的，它从一开始就是审美活动理论。巴赫金也有自己的文本理论，即《文本问题》一文，但这一“文本”并非结构主义式的“文本”，而是包含着表述、言语、语流之类的涵义。1960年代，巴赫金的这类笔记还处于有待被发掘的潜在文献状态，克里斯蒂娃的文本观并非从巴赫金文本理论出发的，而是带着自己的理解。

其次，以“词语—话语”为对象[1]。这里的“词语”既并非巴赫金式的，也非结构主义式的。在巴赫金那里并没有孤立的“词语”，只有主体性的、动态的、鲜活的“话语”和“表述”。在索绪尔那里也只有“语言／言语”“能指／所指”之别，词语的对应物是语音，这正是索绪尔结构语言学的边界所在。克里斯蒂娃将词语作为文本的最小单元，将它限定在文本范围，更多的是意指以书面语、由文字所组合而成的文本，兼具物质实体性和心理实体性，并分为“文本内的词语”和“叙述中的词语”两个层面来讨论。克里斯蒂娃还用“文本空间”为文本内的词语分析创造性地建构了一个分析模型，确立了写作主体、读者和外在文本三个分析维度，指出巴赫金的“文学话语”概念“既作为一种文本表层的交叉而不是固定的点，又作为多种书写间的对话”，包含写作主体、读者、现代或早期的文化语境三个方面内容；进而根据结构主义语言学组合与聚合的两极坐标模式，文学话语便可以通过横坐标（写作主体—读者）和纵坐标（文本—语境）两个方位来界定。克里斯蒂娃的纵横坐标的图示正表明了其借鉴并超越巴赫金理论的根本之所在：巴赫金所关心的是审美主体在其审美活动过程中的伦理关系，即主体间的关系，克里斯蒂娃将之建构在了横坐标上；而同时，她又将“文本中的词语指向先前或者同时代的语言素材”作为纵坐标看待，这才是互文性要义之所在。因此，克里斯蒂娃的互文性理论与巴赫金的主体间性理论之间既存在着理论关联，又有着鲜明差异。

再次，以“话语类型”为方法。克里斯蒂娃认为，巴赫金理论中的叙述中的词语可以划分为三类：直接语、客体中心词和双重歧义词语，分别对应于“仿格体”“讽喻体”和“暗辨体”三种类型。这一分类并未完全忠实原著。巴赫金在《陀思妥耶夫斯基诗学问题》中从“考查同他人语言关系”的角度将语言分为三大类：第一种是直接指述自己对象的语言，它表现说话人最终的意向。第二种是客体的语言（所写人物的语言），包括以各社会阶层的典型性为主的语言和以个性特征为主的语言，它们都具有不同程度的客体性。第三种则是指包容他

[1] 克里斯蒂娃的《词语、对话和小说》中并没有“词语—话语”（word-discourse）这种表述，而是笔者的概括。意在表明，克里斯蒂娃讨论问题的逻辑是从“词语”入手，进而转向“话语”，最后再聚焦到“对话”的。

人话语的语言（双声语），这方面的子类型特别丰富，巴赫金又将之区分为“单一指向的双声语”、“不同指向的双声语”和“积极型”（折射出来的他人语言），并各有4—5种不同的亚类型[1]。克里斯蒂娃并没有理会巴赫金的分类标准和角度（从与他人语言关系的角度），而是将之纳入了“叙述话语”中进行了考察。在“走向话语类型学”一节中，克里斯蒂娃又将话语类型分为独白型话语和对话型话语，前者包括描述和叙述（如史诗）、历史话语和科学话语；后者则包括狂欢性话语、梅尼普话语和复调小说。

最后，以“复调”、“狂欢”为旨归。一方面，克里斯蒂娃比较准确地把握了巴赫金对话主义、复调小说和狂欢化理论之间的关系，并做了相对清晰的理论概括；但另一方面，她又不限于成为巴赫金的复述者，而是运用结构主义、符号学分析方法，细化了对话主义、复调小说和狂欢理论。如在介绍巴赫金的复调小说理论与拉伯雷、陀思妥耶夫斯基小说创作之间的关系时，意识到复调小说超出了巴赫金所涉足的几位经典作家，尤其在20世纪之后还有新的发展和代表。克里斯蒂娃还将巴赫金理论纳入诗歌语言和小说叙述的分析之中，使之成为一种诗语理论和叙事理论。她认为：我们可以通过对话理论找到一种双重的、复合逻辑的诗歌文本的分析方法；她对故事的讨论，既非基于亚里士多德的“事件的安排”的深化，也非类似福斯特“时间的顺序”的理解，而是延续了巴赫金审美伦理学角度，探讨了故事与说者和听者之间的对话性关系；她还认为叙述的主体强调他者，叙述是建构在与他者的关系之上的。克里斯蒂娃甚至以对话来重新理解叙述行为，建构起了她所谓的“叙述系统”：以接受者为中心，作家作为叙述主体中的“虚无”性，角色（即巴赫金所言“主人公”）内部的对话性以及叙述主体及其叙述行为的分裂等。

二、关于文本理论的独特思考

《封闭的文本》并非克里斯蒂娃专门为介绍巴赫金而写，而是更多聚焦于自己对文本理论的思考，其中也包含大量来自巴赫金思想所获得的启发，参考文献中还有“巴赫金小组”时期梅德维杰夫／巴赫金的《文艺学中的形式主义方法》一书，可见克里斯蒂娃所涉猎的文献范围有所扩大。

克里斯蒂娃将当代符号学建立在超语言学基础之上，认为当代符号学不同于话语理论之处在于将对象确定为具有超语言学性质的一系列符号实践。她力图恢复语言的社会背景和言说主体，这基本符合巴赫金超语言学内涵，但两者并不能等同。巴赫金提出超语言学问题是针对俄国形式主义的语言观而提出的。后者一方面延续了传统语言学脉络，另一方面也部分吸取了索绪尔思想，但没有最终形成结构主义语言学的自觉。巴赫金主张超语言学以“活生

[1] 巴赫金：《巴赫金全集·诗学与访谈》，河北教育出版社1998年版，第264—265页。

生的具体的言语整体”作为研究对象，其表现形式就是对话。这种对话关系有两种不同的情形：一种是直接以人（现实生活中的作者、文本中的叙述者、人物以及现实生活中的读者）为主体的对话关系；另一种则是间接地与他人语言之间的对话关系，如各种仿格体（模仿风格体）、讽拟体（讽刺性模拟体）、故事体、对话体（指表现在组织结构上的一来一往的对话）等等。“他人语言”即“另一文本”，这就形成了克里斯蒂娃所说的互文性关系。因此，克里斯蒂娃虽然从巴赫金那里汲取了她所想要的对结构主义文本观的突破——对主体（社会）和历史（前文本）的恢复，但并没有真正领会巴赫金超语言学思想中所包含的对话性分析中最重要的伦理维度。主体性维度被有意遮蔽了，对话被局限在文本范围之内，作者与读者之间的交流维度被转换为文本中叙述人与角色（人物）以及角色（人物）之间的对话。

克里斯蒂娃在《封闭的文本》中将文本定义为：文本作为超语言装置。在她看来，文本不是封闭的，而是开放的，是与其他文本发生关系的，因此文本具有超语言学特征；文本具有生产力，即具有意义的生产和再生产能力，它通过文本与语言、文本与文本之间的破坏—建立、排列—置换，换言之，是通过互文性来获得的；文本间的互文性关系及其意义的生成和增殖（即生产和再生产）是一种理性行为，即依据的是具有超语言学性质的语言和逻辑的装置来进行的，这一“装置”在此并非在比喻的意义上使用，而是受到了当代西方哲学反思批判科学技术时所使用的类似表述的影响，用来强调其基于理性运作的、依靠物质技术手段的、形成一整套运行机制或制度的等特征。当文本不再被视为一种封闭空间，而是开放的交流领域，它就形成了全新的特征：（1）“外向化”。突破结构主义局限于文本内部，割裂其与主体、社会现实之间关系的不足，并使文本向意义、意识形态领域开放。（2）“歧义性”。克服结构主义语言学将“能指”与“所指”关系约定俗成化的不足，意义不再是完全固定的、单一的，而且具有意义的生产性特点，类似罗兰·巴特所说的“锚定”、斯图尔特·霍尔所说的“接合”——“锚定”意味着“拴牢、固定”的同时，还可以被“重新解开”；“接合”意味着“产生关联”的同时，还可能“取消联系”。（3）“生产性”。生产性不仅指文本自身所具有的意义增殖的潜能，而且本身就包含了在文本间性和主体间性的基础上，意义在不同语境、受不同主体控制的特点，与巴赫金对文本的理解相去甚远了。（4）“结构化”，或曰“结构化过程”，而非指“文本的内部结构”，强调文本意义生产过程中的结构性关系，其内在的机理与巴赫金的对话主义极为吻合。虽然克里斯蒂娃没有使用对话、交往之类的术语，但在结构主义术语框架内，找到了极具弹性而动态性的表述方式。

克里斯蒂娃还直接借用了巴赫金的另一关键词——“意识形态素”（即《巴赫金全集》中的“意识形态要素”）。在1928年版的《文艺学中的形式主义方法》和1929年版的《马克思主义与语言哲学》中，梅德维杰夫／巴赫金和沃洛希诺夫／巴赫金共同探讨了文学与意识形态的关系问题，并发展出一整套基于马克思主义基本原理的意识形态科学（在《马克思主义与语言哲学》中被具体命名为“意识形态符号学”）的理论。其中，意识形态产品（意识形态要素）强调意识形态的物质具现性，即意识形态不只是抽象的观念体系，意识形态素也非指意识形态观念体系中的最小单元，而是意识形态产品在现实生活中的具体表现形式。

集中表现克里斯蒂娃意识形态素思想的主要有两篇文章。在发表于1969年的《封闭的文本》中，她认为："意识形态素就是特定情况下表述（序列）的文本排列（一种符号实践）的交集，它既将它们同化到自己的文本空间之中，又将它指向外在文本空间（符号实践）。意识形态素具有互文性功能，可被视为每一文本在不同结构层面上的物化，它使其沿着历史和社会的坐标轨道延伸其全部长度。"其基本要义是在文本范围内讨论的意识形态素问题，即包含着特定意识形态内涵的元素（最小的单位就是"词语"或者"话语"）经过特定的组合和聚合方式（在内容上形成"表述"，在形式上构成"序列"）形成具有互文性的"文本"。因此，意识形态素既在文本内形成各构成要素之间的交集，又具有保持与文本外空间的开放功能。具有互文性的意识形态素也便不再只具有孤立不变的意义和功能，而是始终保持着联系、开放、变动的可能性的意义空间。克里斯蒂娃还将意识形态素做了两种区分。（1）在小说中剥离符号的意识形态素的两种方法：一种是表述的超音段分析（suprasegmental analysis），即将之包含在小说的框架之内，显示为受限的文本，包括它的原初设计、任意结尾、配对成形、偏差串联，等等。另一种就是表述的互文性分析，它要颠覆小说文本中书写和言说的关系，认为小说的文本规则更有赖于言说而非书写，因此，她认为分析的重点应是"语音顺序"。（2）在小说的意识形态素（也即符号的意识形态素）内部，对立措辞间的不可通约性仅仅在一种程度上被承认，分离它们的破裂的空洞空间成为歧义模糊的符号组合。小说中彼此对立措辞由此具有了两种不同功能：一种是否定性的可分功能，一种是狂欢性的不可分功能。前者中对立措辞界限分明，水火不容；后者中对立措辞则语意模糊，亦彼亦此。如克里斯蒂娃所论述的，"这一功能并没有带来超越武断的沉默，而是包含着保密逻辑的狂欢式游戏；小说（作为对狂欢的继承）中的所有形象都能够用两种方式进行解读"，克里斯蒂娃甚至不无决然地认为："如果从开头就没有不可分功能，小说的演进就是不可能的。"[1]

在发表于1970年的《从象征到符号》中，克里斯蒂娃区分了象征与符号。她延续皮尔斯将符号区分为记号、指示和象征的方法，将区分的标准确定在符号及其对象的关系上，认为象征与符号的区分与皮尔斯的第三个范围有关，"复制品"与其对象之间的关系以及这些复制品所能安置的系列。象征假设象征物与被象征义之间是不可化约的，象征性符号实践的关键在于来自既定的象征话语的开端：符号学发展的进程就像一个圆圈，结局已给，开端已定，从头开始（结局即是开端），此后象征的功能（它的意识形态素）就存在于实际的象征陈述之中。符号的突变保留了象征的基本特征：即在符号的情况下，措辞与所指、与能指之间的关

[1] Julia Kristeva，*The Bounded Text, Desire in Language, A Semiotic Approach to Literature and Art*，Columbia University Press，1980，pp.37，43.

系是不可化约的；基于此，意指结构自身的所有“单元”都是不可化约的。但是符号有象征所不具有的特征。符号能够创造一个生成和转换的开放体系，其意识形态素意指一种话语的无限性；一旦后者或多或少地独立于“一般性”（概念、观念），它就成为潜在的突显因素。符号的意识形态素因此能够显示什么不是，什么将是或者什么能是。由此，克里斯蒂娃认为：“符号作为当代思想的基本意识形态素和我们的（小说家的）话语的基本条件，具有如下几个特征：（1）它不指涉某一单一的现实，但是反映形象和观念相关的汇集。……（2）它是意义结构中的特殊组成部分，在某种程度上，它是具有相关性的：它的意思归结为对其他符号的回应能力。（3）它藏匿了一个转换的原则：在它的范围内，新的结构会不断地生成和转换。”[1]《从象征到符号》中对意识形态素的讨论基本被限定在符号学框架里面，所借助的理论资源更多来自结构主义语言学。显然，克里斯蒂娃并没有直接采取巴赫金的主体性视角，提出主体间性问题，而是策略性地进入结构主义内部，抓住词语、对话的文本性因素，提出互文性问题。她的目的是采取类似德里达的解构主义思路向结构主义开战，在结构主义内部寻求解一结构主义的裂隙。克里斯蒂娃这种貌似后撤的理论立场，其实包含着以退为进的学术雄心。

三、重建巴赫金超越俄国形式主义的历史现场

1970年，《陀思妥耶夫斯基诗学问题》的法文版出版，克里斯蒂娃撰写了题为“诗学的毁灭”的序言，通过恢复苏俄20年代的历史文化语境，探讨了俄国形式主义论争中巴赫金及其巴赫金小组的独特价值。所谓“诗学的毁灭”，是某一种具体的个别的诗学的毁灭，而非抽象的整体的诗学出了问题，具言之，即俄国形式主义诗学的毁灭问题。她认为，俄国形式主义与德国美学传统之间的关系发生了很大的变化，如果说早期俄国形式主义是积极的、理论化的、客观的话，那么后期俄国形式主义与德国美学的关系则显得遮遮掩掩、倍感压抑。进入20年代之后，俄国形式主义很快就成为苏俄文学理论的争论中心，并在新的批评运动中形成了三股力量：最重要的就是托洛茨基，他在《文学与革命》中对俄国形式主义的批评代表了作为权威的马克思主义的立场；第二位是别列维尔佐夫，他是庸俗社会学的代表，在1929年发表了一篇题为《形式主义的社会学方法》的文章，认为俄国形式主义没有反映经典马克思主义所说的经济基础与上层建筑之间的关系；第三位是克里斯蒂娃所认为的最有价值的批评，是来自“梅德维杰夫，他与沃洛希诺夫一起被认为是‘巴赫金小组’的成员，他虽然被视为俄国形式主义的对手，但他的批评被认为是‘内在的’，即在俄国形式主义体系内部，并试图

[1] Julia Kristeva，*Frown Symbol to sign*，edited by Toril Moi，the Kristeva rader，Columbia University Press，1986，pp.63—73.

从中推导出马克思主义文学理论的某种细节”[1]。应该说，对这一叙述是符合当时的俄罗斯思想文化实际的。

通过历史还原，克里斯蒂娃确立了巴赫金及巴赫金小组在俄国形式主义和马克思主义之间的独特位置：一方面是与马克思主义一样，巴赫金及巴赫金小组都是俄国形式主义的批判者，但另一方面，巴赫金及巴赫金小组是对俄国形式主义的一种内在的批评，即从俄国形式主义思想的内部剖析出其存在的问题，并将之引向马克思主义社会学诗学问题。这种由内而外的批评既保留了俄国形式主义诗学观念的合理因素，又克服掉了其过于孤立和封闭不足，重新开启了语言、形式与意识形态、文化政治发生关联的可能性。克里斯蒂娃认为，巴赫金及其小组针对俄国形式主义提出了两组问题：一是“诗语必须在具体的文学结构中进行研究”，二是语言是一种实践，必须考虑人的因素以及回应方式的符号体系。前者在巴赫金《陀思妥耶夫斯基诗学问题》第四章中展开了论述，后者则在第五章中得到讨论。在此基础上，克里斯蒂娃进而提出“复调是一种意识形态吗？”的问题。她还认为，巴赫金对待语言的看法与形式主义和结构主义都不同，是“话语” / “表述”、“言谈”，并由此对巴赫金的超语言学进行了概括；她还将巴赫金提出的语言问题上升到符号学的高度，认为其思想成为“现代符号学的先导”[2]。克里斯蒂娃甚至还追溯到俄国形式主义成立之初，发现在俄国形式主义形成之前，俄罗斯的诗学是历史诗学。因此，当巴赫金要起而反对俄国形式主义时，他首先拿起的便是历史诗学的武器——“他分析的目的不再是阐明‘作品是如何建构起来的’，而是为了确认在历史上为其意义体系的类型学进行论证。因此，他试图研究小说结构研究，既研究特殊的结构特征，也研究它的历史发展变迁。”克里斯蒂娃将巴赫金的这一发现表述为“它在俄国形式主义诗学中创造了一个深深的缺口。俄国形式主义提供的或多或少只是一种关于叙述组成因素的随意开列的目录。巴赫金则引入文学类型学的领域”[3]。更为重要的是，克里斯蒂娃并不满足于仅在苏俄特定的历史背景下去理解巴赫金，她明确指出：“我们对巴赫金著作的兴趣仅止于文学博物馆和档案管理员？我们认为不是这样。……在当代复活这些重要的早期著作，其目的并非去把他们的观点作为模子去套他们自己，也不是把它们视为博物馆的展品，相反，其目的是剥离掉笼罩于其上的意识形态外壳，而其与当代最晚近的研究成果之间的关联的内核由此而成为不为人所知的先驱。”[4]

[1] Julia Kristeva, “The ruin of a poetics”, *Russian Formalism: a Collection of Articles and Texts in Translation*, edited by Stephen Bann and John E. Bowlt, Scottish Academic Press, 1973, pp.104—105.

[2][4] Julia Kristeva, “The ruin of a poetics”, *Russian Formalism: a Collection of Articles and Texts in Translation*, Stephen Bann and John E. Bowlt (eds), Scottish Academic Press, 1973, p.122.

[3] Julia Kristeva, “The ruin of a poetics”, *Russian Formalism: a Collection of Articles and Texts in Translation*, Stephen Bann and John E. Bowlt (eds), Scottish Academic Press, 1973, p.107.

克里斯蒂娃重建巴赫金超越俄国形式主义的历史现场，其目的是在法国实现对结构主义的超越。

四、杂合社会关注与精神分析的解析符号学

20 世纪 70 年代之后，克里斯蒂娃成为一名女性主义者，研究视野拓展到了社会现实；研究方法受到精神分析学影响，拉康的理论成为她超越结构主义符号学的另一重要武器。解析符号学正是这两种理论交叉混杂的产物，是“一种通过精神分析对语言学所作的反形式主义的重新阅读，它将对结构的关注转移到结构生成的过程，从对能指的关注转移向记号”[1]，旨在揭示语言的异质性层面以及文本的多重表意手段。“采纳语言学与心理学的这一交叉路线（克里斯蒂娃称之为符号解析），最终使她放弃了文学，成了精神分析学家。”[2] 这种混杂表明克里斯蒂娃的学术思想资源的多元性以及由此而带来的理论话语的异质性。这里包含着处理异质性理论资源的两种截然不同的方式，一种是克里斯蒂娃学术发展的起步时期（即 70 年代之前），作为来自保加利亚的外籍学者，她有意将巴赫金进行了适用于结构主义语言学思想的解读，即一方面剥离掉巴赫金讨论复调小说和狂欢化理论时的特定语境，而刻意凸显其超语言学的理论维度；另一方面则在语言学研究这一层面上强化巴赫金恢复语言的历史性和社会性的研究思路，从而凸显出巴赫金思想之于结构主义的超越。因此，这一时期她对巴赫金的接受采取的是求同存异的策略。另一种则是 70 年代之后，克里斯蒂娃已不再是个初出茅庐的青年学者，而是法国学界声名鹊起的学术新星，甚至成为后结构主义运动中的领军人物之一。她的学术视野更加开阔，自己的学术思想也开始形成，一方面是多元、多样的学术理论与思想的交织碰撞，另一方面则是独立的问题意识、思想方法的形成与成熟，在处理异质性的理论方法方面也更加自信，更富创造性，也更游刃有余，她自由穿梭、取舍自如地游弋在异质性理论话语之中，以众声喧哗的方式展开多元逻辑的对话[3]。

精神分析学在克里斯蒂娃思想中所占比重增大的原因有两个：一是到了 70 年代，来自精神分析的关于主体、欲望、无意识等问题的讨论已与话语理论融合，结构主义精神分析不仅更新了精神分析，也改变了结构主义；二是克里斯蒂娃自己的学术兴趣已开始偏离结构主义，进入了女性主义的思想论争。克里斯蒂娃承认：“由于我非常深入地研究了这些语言的局限，我决心不再用中性术语来描述这类话语。我必须将自己置身其中，这也就意味着我必须参与

[1] Kelly，Oliver（ed.），*Ethics*，*Politics and Difference in Julia Kristeva's Writing*，Routledge，1993，p.27.

[2] 弗朗索瓦·多斯：《从结构到解构：法国 20 世纪思想主潮》（下卷），季广茂译，中央编译出版社 2004 年版，第 86 页。

[3] “heteroglossia”一词在巴赫金的术语中本身就是“杂语性”的意思，即强调的是话语的异质性（heterology）特征。将之译成“众声喧哗”是王德威的创造，也得到了学界的一致认可。

这一移情的体验。……因此，精神分析已彻底改变了我的著作、我的情感、我与他人间的关系，以及我的知识生活。”[1] 不过，在 70 年代的前五年，克里斯蒂娃还没有完全抛弃结构主义和符号学，其对精神分析，尤其是对拉康的接受还有着明显的罗兰·巴特式的痕迹。在自述中，她明确表示：“我的对话性概念具有矛盾情绪，我把它称为‘互文性’——这一概念主要受巴赫金和弗洛伊德的影响。”[2] 可见“互文性”除了巴赫金这一影响因素，精神分析的影响也渗透其中。

在巴赫金那里，没有一个抽象的孤立的主体存在，有的只是对话主体、主体间性的主体。但在克里斯蒂娃那里，主体性特征发生了很大变化，即从巴赫金意义上的对话主体、思想主体发展为克里斯蒂娃式的精神主体、过程主体。在《词语、对话与小说》及《封闭的文本》这些早期文献里，她并没有严格讨论主体问题，只是提出“阐释主体”和“表述主体”这一对相对宽泛的概念，只是简单地将作者和主人公等文学批评术语转换成主体性理论话语，还没有跳出巴赫金所界定的作者与主人公之间关系的问题意识。但到了 70 年代，克里斯蒂娃对主体问题已开始有了自己的思考，在一系列文章中出现了对于不同主体的各种描述和命名，如“笛卡尔主体”、“拜物教主体”、“历史性主体”、“言说分裂主体”、“与神经症和精神病主体相区分的文本主体”以及“叙述主体”等等。其中，“过程主体”是与巴赫金思想有关联的理论术语创造。

“过程主体”一词出自克里斯蒂娃发表在《泰凯尔》1973 年第 52—53 期上的《过程的主体》一文，标题中的“procès”在法语中有两重意思：一是“过程”，二是“审理”。克里斯蒂娃同时在这两个意义上使用这一术语，用来强调主体性发展过程中所涉及的暴力和斗争因素[3]。因此，也有英译者分别用两个短语来表示其意义：“subject in process”和“subject on trial”[4]。将主体性的形成视为一个过程的思想在巴赫金那里已露端倪，如巴赫金强调作者与主人公以及主人公与主人公之间，以及主人公自己与自己之间的对话是无穷无尽的，对话是无所不在、永无终结的，即“未完成性”。克里斯蒂娃吸收并发挥了这一观点，又将精神分析学中身体、意识、本能冲动等内涵贯注于主体形成的过程，并与社会现实、革命、解放等主题联系起来。“缺失 / 满足”是弗洛伊德精神分析动力学理论的基石，从缺失而寻求满足的过程

[1] Julia Kristeva, “*Julia Kristeva In Person*”, *Julia Kristeva Interviews*, edited by Ross Mitchell Guberman, Columbia University Press, 1996, p.9.

[2] 克里斯蒂娃：《我记忆中的夸张》，罗婷、黄稼辉译，转引自罗婷：《克里斯特瓦的诗学研究》，中国社会科学出版社 2004 年版，第 278—279 页。

[3] Diane Jonte-Pace, *Julia Kristeva and the Psychoanalytic Study of Religion*: *Rethinking Freud's Cultural Texts*, edited by Janet Liebman Jacobs, Donald Capps, *Religion*, *Society*, *and Psychoanalysis*: *Readings in Contemporary Theory*, Westview Press, 1997, p.165.

[4] Diane Jonte-Pace, edited by Janet Liebman Jacobs, Donald Capps, *Religion*, *Society*, *and Psychoanalysis*: *Readings in Contemporary Theory*, Westview Press, 1997, p.245.

便是主体性形成和最终确认的过程，“分化／统一”是主体性形成过程中的两种基本状态，不仅表现为身心之分，而且表现在意识与潜意识之别，否定、拒斥、反抗的力量成为其鲜明的特点，也因而成为“过程中的主体”的基本特征[1]。在《“我们俩”或互文性的故事（历史）》一文，克里斯蒂娃明确指出：“复调声音带来了我所谓的‘过程中的主体’（a subject in process ／ on trial）的问题。它与身份之间所建立的不稳定的联系带来了新的复数的认同。此刻，互文性的概念开始与我所使用的另外一些概念产生共鸣。也就是说，陌生／熟悉、移民个性和移植；符号学和它们超字面意义；卑贱、边缘型人格、对象模糊和主体行动。”[2]这里的“复调声音”就是指巴赫金的复调小说理论、对话主义和狂欢化理论中所包含的主体间的对话、杂语、多重音性。可见，尽管70年代之后克里斯蒂娃鲜有直接提及或者主要借鉴巴赫金的思想，但这种影响已经内化到她的学术思想内部，成为其思维方式了。

五、走向“多元逻辑”和“边界／门坎”的后现代文论

就在出版《诗歌语言的革命》的同时，克里斯蒂娃对巴赫金的接受又开启了一扇新的大门，即以“多元逻辑”和“边界／门坎”（threshold）为代表的不再受限于结构主义／后结构主义的，带有鲜明的后现代主义气息的文学和文化理论。

“polylogue”是克里斯蒂娃非常中意的一个概念。1974年，她以《多元逻辑的小说》为题发表了为其丈夫——《泰凯尔》刊物的创始人、主编菲利浦斯·索莱尔斯——的先锋小说《H》所写的评论。1977年，她又以此为名出版了她的第三本论文集，汇集了主要发表于70年代的一些论文。在《多元逻辑的小说》中，克里斯蒂娃延续了早年结构主义语言学的思路，认为语言系统以两种机制作为基础：一种是区分，即将语言区分为能指和所指；一种是组合，即通过修辞语加上中心语组合而成句子。可以注意到在《H》的开头，句子很容易与文本整体区分开来，其组合与毗邻都是模糊不清的，而且这种模糊性在谓语短语出现在表层结构时得到了强化：各种主格、宾格、连接短语能够与名词短语主语得到不同的理解方式。通过这些模棱和多价的特性，句子序列仍然设法成为可确定的，在阅读中通过一种单一的呼吸式动作所界定，形成某种一般性的升调。在克里斯蒂娃看来，“《H》成为一种既非诗歌，又非叙事的独特文体，文类的观念被打破了。尽管小说中仍然存在符号运作与象征运作之间的冲突，但它事实上成为一种无穷无尽的残片：一种外在的多元逻辑（external polylogue）。”除了在词法、句法所形成的模糊多义的特点之外，狂欢化的“笑”直抵富有多个层面的意义，进入由逻辑、

[1] 克里斯蒂娃：《过程中的主体》，载汪民安等编：《后现代性的哲学话语——从福柯到赛义德》，浙江人民出版社2001年版。

[2] Julia Kristeva, *"Nous Deux" or a (hi) story of intertextuality*, *Romanic Review*, Jan-Mar 2002; 93, 1/2; Research Library.

句法和叙事盈余所形成的空隙，也成为《H》重要的特点之一。克里斯蒂娃在文中并没有直接征引巴赫金的狂欢化理论，但当她指出，“自从文艺复兴以来，西方的笑仅仅存在于启蒙运动时期和精神错乱的间隙，在那里权力和逻辑首先经验为模棱两可，并最终分解损毁”时，与巴赫金在《拉伯雷研究》中对于西方笑史的描述几乎是相一致的[1]。“多元逻辑”的思想基础就是多元和复调，而这正是巴赫金思想的核心。在《恐怖的权力——论卑贱》中，克里斯蒂娃分析了塞利纳的现实主义小说，认为因为受到了社会的限制，或者说由于仇恨，使得他在小说中的立场具有了双重性，“它们处于厌恶与欢笑之间，处于世界末日和狂欢节之间。任何虚构的主题，顾名思义，是对惟一所指的挑战，因为它是一个多义所指，一个‘自我的晕厥’（巴塔伊）……巴赫金指出了根本的复调性质，即任何言语词汇、陈述句中的本质二重性，尤其是在有狂欢传统的小说（例如陀思妥耶夫斯基的小说）中。塞利纳达到了这一技巧的顶峰，而且成了它的一种处世方式”[2]。这种“双重立场”正是“多元逻辑”的重要表现，也是巴赫金思想的精髓。

“边界／门坎”是20世纪70年代之后克里斯蒂娃看重的另一概念，她认为：“如果我要找一个更具普遍性的观点来共享这些概念的话，我会说‘边界’，或更好的词是‘门坎’。”巴赫金注意到“陀思妥耶夫斯基主要描写对象的无结局性：因为他描写人，一向是写人处于最后结局的门坎上，写人处于心灵危机的时刻和不能完结也不可意料的心灵变故的时刻”[3]。巴赫金分析了“门坎这样渗透着强烈的感情和价值意味的时空体”，认为“门坎时空体”“也可以同相会的主题相结合，不过能成为它最重要的补充的，是危机和生活转折的时空体。‘门坎’一词本身在实际语言中，就获得了隐喻意义（与实际意义同时），并同下列因素结合在一起：生活的骤变、危机、改变生活的决定（或犹豫不决、害怕越过门坎）”。陀思妥耶夫斯基小说中与门坎有关的阶梯、穿堂、走廊等时空体包含有危机、堕落、复活、更新、彻悟、左右人生等等特殊的蕴含[4]。S.K. 克特纳即以“Kristeva：Thresholds”为题，讨论了克里斯蒂娃的意义和主体性理论、精神分析理论、女性主义理论等，分析其小说观念以及所关心的问题：意义的不安过程和在文学文本中所证明的更为普遍的社会—历史危机的主题[5]。她还借用政治现象学家汉娜·阿伦特所说的介于两者之间的观点，认为“门坎／边界”不仅能够表现临时性联系或者空间上的交结点，而且能够意指社会的融点，政治的公开性和绝大多数的心理可塑性。正因为如此，“门坎／边界”能够给互文性理论带来新的阐述空间。“门坎／边界”将克

[1] Julia Kristeva, *The Novel as Polylogue*, *Desire in Language*: *A Semiotic Approach*, *to Literature and Art*, trans. Thomas S. Gora, Alice Jardine, and Leon S. Roudiez, Basil Blackwell, 1980, pp.159—209.

[2] 朱莉娅·克里斯蒂娃：《恐怖的权力——论卑贱》，张新木译，生活·读书·新知三联书店2001年版，第194页。

[3] 巴赫金：《巴赫金全集·诗学与访谈》，河北教育出版社1998年版，第80页。

[4] 巴赫金：《巴赫金全集·小说理论》，河北教育出版社1998年版，第450页。

[5] S. K. Keltner, *Kristeva*: *Thresholds*, Polity Press, 2011.

里斯蒂娃1970年代思考的作为过程的主体、互文性的间性思想、通过“文本”实现语言与文化、政治边界的跨越，等众多主题联系了起来。

2002年，克里斯蒂娃发表了题为《“我们俩”或互文性的故事（历史）》的文章，回顾了自己的学术历程与互文性之间的复杂关系，重新清理互文性理论的发展历程，并超越此前所形成的仅仅将互文性作为文学理论问题来讨论的局限。虽然20世纪70年代之后克里斯蒂娃很少再提互文性，但并不意味着互文性及其相关问题不再重要，而是以另一种方式得以延续。在她看来，“互文性是将历史引向我们自身的最通常的方式。我们，两个文本、两个命运、两个心灵”。这其中最重要的“我们俩”当然就是克里斯蒂娃与巴赫金了，“所有事情都发端于与巴赫金有关的故事……我将巴赫金的多个内在声音的观点和一个文本中包含多个文本的思想融入进去”。不过，互文性理论并非仅有巴赫金一个来源。首先是巴赫金和罗兰·巴特。她回忆说：“在我研究之初，我对巴赫金进行了评论，并且发现他的对话主义和狂欢概念有可能打开一个超越结构主义的新视野，罗兰·巴特已经在其符号系统中思考过意识形态的含义问题（《神话学》，1953），讨论过符号自身的复义问题（《批评与真实》，1966），因此，他对我最初对巴赫金的解读非常有兴趣，并邀请我在他的研讨班上进行了介绍。因此，我的互文性概念可以回溯到巴赫金的对话主义和罗兰·巴特的文本理论。”其次是迈克尔·里法特尔[1]。他在既定的社会政治语境中考察文本对日常普通读者的直接影响，改变了诗语和“日常语言”之间的逻辑关系或者说规范标准。1979年里法特尔的《文本的生产》一书出版，“互文性才真正成为一个接受理论的概念，因而形成了这样一种阅读模式，它以深层把握修辞现象为基础，主要是把文学材料里的其他文本当成是本体文本的参考对象”。再次，是法国学界后结构主义转向的思潮。德里达的“话语嬉戏”、拉康的“无意识具有语言结构”、福柯的“话语理论”以及罗兰·巴特将读者引入文本理论等，都在影响着克里斯蒂娃。于是，“互文性的概念开始与我所使用的另外一些概念产生共鸣。也就是说，陌生／熟悉、移民个性和移植；符号学和它们超字面意义；卑贱、边缘型人格、对象模糊和主体行动”。克里斯蒂娃建立起了精神分析与符号学之间的联系，认为词源学意义上的“符号”就是有特殊之处的标志，一个被刻写的符号，这个能让人联想到弗洛伊德的名为“驱力”（drives）的“心灵”标志，体现为冲动和心理运动的节奏方式[2]。克里斯蒂娃对“互文性”有关的一系列学术渊源的清理，充分显示了在这一学术脉络中，并没有一个单一的“巴赫金—克里斯蒂娃”存在，这也充分说明了，克里斯蒂娃接受巴赫金思想影响的过程遵循的一种复杂的多元逻辑。

---

[1] 迈克尔·里法特尔（1924—2006）是一位有影响力的法国文学评论家和理论家。值得注意的是，整个70年代和80年代初他都在法国工作，1982年开始任教于美国哥伦比亚大学，直到2006年去世。当克里斯蒂娃2002年进行这次演讲时，她已经将迈克尔·里法特尔作为美国教授来看待了。

[2] Julia Kristeva, *“ous Deux” or a（hi）story of intertextuality*, *Romanic Review*, Jan-Mar 2002; 93, 1/2; Research Library.

第九章　叙事与互文

现代美学中，“叙事学”与“互文性”是两个重要的学说。华东师大刘阳的《美学的叙事转向》指出：晚近世界范围内人文学术的重要变化，是叙事从被研究对象转为研究方式。这为美学在今天的有效推进提供了良好契机。人们可以从叙事情节、叙事结构、叙事时间、叙事视角、叙事声音、叙事语言与叙事伦理等方面来积极探索美学的具体叙事方法。今天中国美学尤可从叙事转向中获得研究与教学相结合的新生长点。上海财大的李桂奎提交的《中西“互文性”理论的融通及其应用》则揭示：如同“叙事学”等理论体系实现了中西互融一样，西方的“互文性”理论在中国传统文学批评中也早已有所滋长。中国传统探讨继承与革新关系的“通变”说可与西方“互文性”理论形成对接。基于刘勰的“通变”观，唐宋文人推演出“转益多师”“点铁成金”“夺胎换骨”等传统诗法，标志着中国式“互文性”理论趋于成熟。明清诗画、小说戏曲等文学艺术崇尚“仿拟”，丰富了中国式“互文性”理论的内容。中国式“互文性”理论带有“悖论”特质。“形”与“神”、“犯”与“避”等概念与术语、范畴貌似水火不容，其实相辅相成。

第一节　美学的叙事转向[1]

一、从对象到方式：叙事转向

国际范围内人文学术正展开的叙事转向，指叙事作为被研究对象在不断扩容中从被研究对象逐渐进而转向成为研究方式。这可以从历史与逻辑两个层次同时获得证据。

[1]　作者刘阳，原载《文艺研究》2014 年第 11 期。

从历史看，兴起于20世纪60年代的叙事学，一方面发展出了叙述者、叙述人称、人物关系、行动与情节等主要适应文学分析的理论范畴，另一方面，罗兰·巴特这样的叙事学家又将新闻报道、连环画与电影纳入叙事学对象，用一套相对稳定的叙事学理论模式分析它们。差不多从此时起，叙事作为被理论分析的对象而开始疏离于文学，量变性地扩容。这个扩容过程中，罗兰·巴特对叙事对象的扩展以及意指分析，与稍后福柯的权力—话语理论合流，带出了文化研究视野下包括非文字媒介叙事学、修辞叙事学、女性主义叙事学与认知叙事学等在内的新叙事学。终于，作为出发点的叙事理论在研究对象上扩容了一大圈子后以自身为归宿，将自身也扩容进了叙事对象中。这意味着叙事理论自身也变成了叙事，以叙事的方式展开自己。推而广之，理论学术逐渐开始意识到自己的研究方式也都是叙事的：利奥塔发现，即使科学言语中规定性陈述与叙事也一直在起重要作用，实践与道德的目的一直有所表现，后现代状况加强着这一点；海登·怀特也已证明，用叙事化观念改造历史学，可以有效推动新历史主义的展开；大卫·辛普森看到各种后现代人文学术正被以讲故事为标志的文学支配并渗透，乔纳森·卡勒相信文学性正在进入“理论”。于是，在上述因素量变积累的基础上，出现了相对而言质变性的叙事转向：叙事由被研究的对象转向成为了引人瞩目的研究方式。

从逻辑看，叙事作为被研究对象而扩容，这与20世纪下半叶起“理论”逐渐疏离文学的历程相同步，而它终于在扩容中转向成为研究方式，则又与“理论”在疏离文学的基础上逐渐回归文学性的进程相同步，这条发展轨迹在现代语言论转向的学理背景下有连贯理路。索绪尔发现语言因能指与所指呈任意关系而不具实质性，仅为符号，故而意义不取决于实物对象而取决于能指及其在言语链中的排列组合，后者灵活配置着意义的可能性。罗曼·雅各布逊据此进一步揭示出，传统观念中那种分类学意义上固定现成的文学概念并不可靠，因为文学性只是语言的一种用法，一种将关注点不引向自身之外的世界、而引向自身构造之凸显的特殊用法。作为文学性典型表现的叙事，由此便合法地出现在了远不限于文学的其他各种领域中，语言的非实质性使之统摄起社会学、政治学与人类学等不同的学科领域，令这些被乔纳森·卡勒命名为“理论”的领域都产生出了语言灵活配置下的叙事现象，由此叙事分析在文化研究中不仅未被弱化，反而得到着强化，在打破语言及物性这个根本前提下，最终使“理论”本身也成为了叙事，如福柯使用监狱与精神病意象等来讨论规训与惩罚，不关注对自身之外的领域的言说而关注自身话语构造的景象及效果，大量使用隐喻等文学性手法，虽一度疏离于作为类型的文学，却最终回归着作为语言用法之一的文学性，成为叙事化的研究方式。这顺应着现代思想从实体性趋向建构性的发展，从叙事转向角度来观察它是很有趣的。

美学既属于人文学术，自然也基于上述契机而可以来践行叙事转向，让自己也由被研究的对象逐渐转向以叙事的方式来谈论自己。但本节标题不取“美学与叙事转向”而用“美学的叙事转向”，是因为较之政治学、社会学、人类学与法学等相邻学科，叙事转向还是美学在某种意义上与生俱来的题中之义，或者说优势。那么美学的叙事转向有何独特优势呢？我认为答案就在它的感性学性质中。这种原初的学科性质使它从根本上还原于人的生存，作为一门鲜明的人生之学而拥有自身得天独厚的叙事优势，并由此推进着今天的自己。

二、叙事即人生：美学的还原

审美意识伴随人类历史而萌生得很早，作为独立学科的美学却是一个现代性议题。现代性内部包含着启蒙与反思的张力。如果说，德国人鲍姆嘉通创立美学学科时虽定义其为感性认识的科学，却受莱布尼茨影响而强调感性认识需以理性认识为前提，以致近代美学整体上更多担当着启蒙现代性使命，那么基于尼采之后的非理性转向视野，现当代美学开始倾向于把审美看成反思现代性的鲜明力量，还原到感性学的原初内涵上来反思人的生存状态，逐渐引导我们敞开人生的真相。

人生的终极问题是生死。面对必然到来的死亡，古今中外无数种具体态度可以归结为三种：乐观的、悲观的、兼乐观与悲观的。乐观态度有两种。一部分乐观者如伊壁鸠鲁与杨朱以为人生是享乐，今人钱谷融教授“我们就是打发时间是吧，我一生就是玩，从来没有做学问”的幽默自况也氤氲出类似的慵懒智慧。另一部分乐观者则以为人生是奋进，例如中西进步论者每每埋头努力冲决，却并不思营营役役的奋斗究竟是否有积极意义而不盲目，以致执念于某种不可违的信念而滑向“在破坏性的与野蛮行为时使用海德格尔”之类想当然向死而生、可能遭利用的冒进与盲动豪情。悲观态度反之，以为人生是受苦。叔本华感到生命意志屡屡碰壁，我国古人也偶有“天地为炉兮，造化为工；阴阳为炭兮，万物为铜”的类似感慨。既悲观又乐观、介于上述两者间的第三种态度则以为人生是珍惜与投入。存在主义将人生在世的本真存在描述为烦，认为人在理解世界之初已处于先见笼罩中，先见保证着人与世界不再割裂而是相融合为因缘整体或解释的循环，与后见相照面，两者必然不一致而带出视界交融的需求，产生烦，视界交融的平等性使人一俟与后见不合时第一反应不是指认已然的对象错了，而是承认自我先见需加以调整与改进，使之更好，这便在时间维度上朝向未来即可能性而筹划，在此意义上烦意味着基于平常心的投入与珍惜。此种本体性的烦遂与佛家侧重静观的烦相区分，与前一悲观态度产生了本质差别。三种态度中哪种更切近人生的真相?

回答这个问题的关键是看到，人生仿佛进入并观看一间屋子，处于“有”与“无”交织而成的本体：只有入场才能看清场内事物，但始终看不见自己观看时占据的那个盲点，因此其观看必然有立场倾向而是相对的、不全面的；只有离场才能完全看清场内的一切，却由于失去了对现场氛围与事物的切身感受而必然影响观看的真实性，因此只能运用想象来填补而始终不可能完全达到现场。前者有中生无，后者则无中生有。同样，处于人生进程中的人不明白明天将发生什么，否则实际的人生便无法得以维持，如果人想明白这段实际人生进程的意义，又得从它抽身出来，站在它之外观看它，并随顺地进入下段人生进程。前者是不拥有反思的在场，后者则是脱离了在场、从而进一步诱发想象并与之相纠缠的反思。人生的真相完整包含着这两点。以此观照，上述第一种乐观态度片面地执守入场，而遗忘了离场的同时存在必要，无论沉浸于当下之乐，还是一厢情愿的刻意奋进，处在场内的“我”都没有意识到自己的观看视点其实失落着，因为一种必要的反思与意义追问姿态被回避着。第二种悲观态度则相反，片面执守离场而遗忘着入场的同时存在，没有看到视点不应是孤立的、无背景的，而让纯理性的反思取代了对世界与生命的亲缘体验。最后一种人生态度的实质则是，既入场，悲观地遭遇视看盲点却同时乐观地占据着场，又离场，乐观地在反思中尽收全场于眼底却同时悲观地不在场，因“有”与“无”始终无法得兼而必然产生烦，这烦因而兼容悲乐，其所由来的视点在入场与出场的交替中不断把未来拉回现在，把现在推回过去，而这正是时间的本质——面向未来而不可逆转，时间的这种筹划指向未来，未来因尚未实现而属于可能性，诱发想象性力量的弥补，这便体现出了富于投入色彩的珍惜意向，整个过程未偏废而是全面顾及着场内外的统一，才关乎人生真相。它意味着什么呢?

意味着人生即叙事。和真实的人生一样，叙事也涉及入场与离场。入场是指故事按时间顺序自然发生着，相当于柏拉图说过的摹仿，是第一种存在：亲历。离场则是赋予在时间中自然发生着的故事以某种因果逻辑，即在不同于现场的另一个空间中对故事进行选择、整理与组织，而这属于观看清事情的反思，相当于柏拉图所说的叙述，是第二种存在：回忆。人在讲故事时为了避免离场造成的“无”的代价，而努力用想象去填充场内亲身气氛的“有”，这个融通了场内外的想象性过程便是第三种存在：叙事。叙事与场外有因缘关联，因为在想象中讲故事总需用语言讲，意识必然寻找机会上升到语言层次，语言是感受与意识到的方式，语言结构是反思的形式。叙事也与场内有因缘关联，因为想象把视点吸纳于正在不断展开的故事中，语言对体验必然存在意欲的指向，总是包含着比自己说出的更多的东西，这些东西作为意义的可能性意欲，吸引语言去讲它，在语言层面上既有清晰的一面又有含混的一面，故事于是既被澄清着又尚未被澄清。最能说明这点的叙事活动当推电影。电影以每秒钟二十四画格的连续拍摄速度运作着自身，人却因生理局限而无法在二十四分之一秒之内看清一个形象，从理论上说便无法看清高速运转着的电影画面，做不到完全入场，纵然如此，电影院中观众们从不觉得自己的观看因不连贯而趋向于离场，相反仍不由自主地全身心沉浸于扣人心弦的影片情节中，认为自己正看懂着它，感到电影里的故事正向自己清楚讲述着，为什么?因为电影叙事使他在意识中对前后画面形象作了一种时间性、想象性的衔接，这种衔接既有理解与解释，从而具备反思性因缘，也有面向故事前景发出的、为语言所暂且不逮的意欲，从而具备体验性因缘，视点在时间的筹划中以想象贯穿场内外，表明叙事与人生原是同构的。

这样我们看到，叙事是一种“反思—想象—体验”的因缘结构，既产生于离场反思造成的需求，并促使想象与反思相纠缠，从而在想象中具备真理性，又试图最大限度地与在场的切身经验接近，展示直观的胸襟，从而在想象中具备体验性。它就在讲故事中直观真理。这与美学在感性学意义上直观人生真相是一致的。所以，美学揭示人生，人生亦即叙事，美学叙事在全球化叙事转向这一人文学术发展新格局中更获得着自身的优势。这种显得颇为特殊的优势进而决定了美学叙事的情境起点与身体体验特征。

三、情境起点与身体体验特征

以美学转向视野看，美学已不再是一种抽象的理论知识，而是一个关于人的生动故事，其在想象中对于反思与体验的有机兼容，便超越着主客体世界的对立而颇合“世界三”思想影响下的贡布里希情境逻辑方案。以叙事情境为新起点，美学将能有效超越认识论与怀疑论的共同局限。事实上，对人文社会科学中不少问题的有效认知难以仅凭认识论或怀疑论进行。如法学对实质正义的强调，内含着“违法有时可能是正义的”之类更高层面上的难题，对这些难题与其抽象化聚讼，不如借助 2013 年热映于全球、由好莱坞巨星汤姆·克鲁斯主演的影片《侠探杰克》这类具体的叙事来更有效探讨，因为就连法学家也开始发现“故事展示的世界甚至会比以分散、抽象的条文可能展示的世界更为真实和实在。它要求读者进入的是一个个具体的情境，必须直面具体的问题，而在这些问题上，法律原则可能发生冲突，甚或根本无法提供法律书本所允诺的那种完美的正义”，而主张“通过具体的故事看到概念的不足，命题的不足，理论的不足”。叙事提供的这种具体知识，便不产生于认识论或怀疑论而产生于身体体验，作为必然关联于主体瞬时情感反应的“身体的知识”，是一种规避着认知理性的超绝视点、具有局限的知识，它积极回归知性的界限，达成人的认知的应有态度，成就人生真相。这在突出见证着叙事与人生同构的美学中尤具起点意义。进一步，美学叙事中既然发生着想象与反思及体验的主客观因缘，便又在梅洛-庞蒂身体现象学的意义上超越身心二元论而使身心一体，在讲述一个人如何在世界上活得更好的各种故事中，让叙事成为可加以身体体验的鲜活情境，其以下两点特征都缘此而生。

首先，美学叙事在情境中通过身体体验提供具体的知识，以此有效保持并激活传统美学中存在分歧甚至矛盾对立的未决性问题。例如审美起源，向来是美学研究中一个不乏争议的问题，作为我国 20 世纪美学主流的实践美学强调人通过制造与使用工具发展出有别于动物的自由、自觉意识，进而解释审美活动起源，一般便把动物与人类在审美活动上的某些相似性简单解释为本能。这个基于特定理论前提的美学接受过程未必不对，却毕竟显得层次单调，而简单化则完全可能更加多元地理解空间。对后者的积极诱导便可尝试引入美学的叙事，即不贸然给定特定角度下显得独断的结论，而同时给出表面互为正反的两组四对有关“人”的界说，在依次讲述四组生动的故事中，不知不觉还原审美起源问题的全貌：界说一是代表人与动物表层相似点的“人是裸猿”(莫里斯)，让鲁迅讲述孔雀开屏的故事，引出达尔文与弗洛伊德审美起源观对生物与性本能的肯定；界说二是代表人与动物表层相异点的“人能制造工具”(马克思)，让古道尔女士讲述黑猩猩舔食白蚁的故事，让库布里克讲述影片《2001 太空漫游》序幕的故事，引出物质生产实践于审美起源的意义；界说三是代表人与动物深层相似点的“人与动物都能组织自身行为”(埃德加·莫兰)，让布封讲述蜂鸟发现花凋谢后便愤怒扯去花瓣、显示出某种审美意识的故事，让动物行为学者讲述母鹅向雄鹅示爱传递出的充满行为组织色彩的故事，引出通讯、符号与礼仪都非人类独占物、而有在物种进化历史上远可上溯的起源，动物与人因此不呈现为野蛮与文明、本能与文化的简单对立；界说四则是代表人与动物深层相异点的“人是文化的动物”(卡西尔)，让马勒与德彪西讲述《大地之歌》与《大海》的故事，引出人发明与运用符号创造文化，与动物在理想与事实、可能性与现实性上拉开着根本的距离，具有审美优先性。这个叙事过程杜绝了单维度的片面观看与灌输，代之以情境的多元呈现，在引发新研究思路方面比传统的处理就更富于启迪。

其次，美学叙事又在情境中不断激发着新的身体体验，开启并弥补被传统美学忽略了的重要内容。例如爱欲论美学，几乎在以往美学研究与教学中一片空白，康德审美无利害学说的长期影响是表层原因，满足于以知识与理论为目标的美学体系建构则是深层原因，当美学开始讲述美好人生的故事，视角的转换必然带出这一被美学研究轻视的论域。如果新编美学教材时面向年轻学子设置这一章节，同样可尝试让中外古今的艺术家们来依次讲述美与爱欲的故事：让元好问讲述《雁丘词》的故事，让石黑一雄讲述《千万别丢下我》的故事，让安东尼·明格拉讲述《英国病人》的故事，引出爱欲的性质：超时空超政治；让两位电影导演对比讲述《一树梨花压海棠》与《教室别恋》的故事，让林徽因讲述她与梁思成及金岳霖的故事，引出爱欲的层次：可意、可过、可忍、不可忍；让芭芭拉·史翠珊讲述《往日情怀》的故事，引出爱欲的精神性；让托马斯、斯宾娜与特丽莎共同来讲述《布拉格之恋》的故事，引出爱欲的世俗性；最后总结纳兰性德所叹“情到浓时情转薄”：爱欲在精神与世俗的统一中见证着人生的两重性本体、与美学整体精神衔接一体。叙事转向就这样开放出爱欲论美学的身体体验空间，在补缺中推进美学建设。

上述两点特征在美学叙事中的落实，便涉及其具体叙事方法。让我们以美学教学为例来勘探。

四、美学叙事方法：以教学为例

叙事情节。福斯特区分故事与情节的依据，是前者的时间性与后者的因果性，这对应于人生由入场与离场组成的本体，想象对二者的贯穿，兼容体验与反思而使情理逻辑在叙事中成为必然。例如当美学艺术论部分讲授各门代表性艺术、而又以音乐艺术为首时，如何廓清在音乐中体现得特别典型的日常情感与艺术情感，便是一个既关乎对艺术本体的正确理解、又自科林伍德与苏珊·朗格等现代美学家以来仍未得以透彻解决的重要美学理论问题。当此之际，与其囿于繁复的理论推衍，不如置身于一个新鲜甚或幽默的叙事情节中：《三国演义》中诸葛亮的空城计何以能侥幸得手？因为面对大军压城、心中万分紧张的诸葛亮仍在城楼上奏出了一曲在敌人听来镇定如恒的琴音，在弹琴这一音乐审美活动中实现了音乐语言对日常情感的控制，从而实现了日常情感向艺术情感的审美超越；为何机谋狡诈的敌手司马懿居然会上当？因为他从冷静从容、代表艺术情感的琴音愚蠢地反推出对方心中此刻必然平行存在着胸有成竹的日常情感，却没意识到这个音乐审美过程中音乐语言对诸葛亮慌乱的日常情感已实施了有效的控制，终因未认真学美学而不恰当地混同了上述两种性质不同的情感类型。面对尽人皆知的一段情节，作出如此叙事，似乎片刻间极为形象、自然地揭示出了艺术情感在审美活动中经过艺术语言有机组织、整理、调控而超越日常情感的奥秘，进而使学生明白，今天对艺术的理解已离不开对各门艺术特有语言的理解。这样的美学叙事是否可以收四两拨千斤之效呢？

叙事结构。叙事情的因果性既与时间性达成着本体上的最终一致，两者的交错模糊必然成为叙事结构特征，罗兰·巴特在其叙事作品结构理论中进而将叙事功能单位划为核心成分与催化成分，前者既是时间连续的又是有逻辑后果的，后者则是起交际性功能的连续单位，相当于某种看似可有可无的废话、却对更新全局叙事面貌起到微妙调节作用的组成部分，这两者的改变都会令话语发生变化，叙事的动力就来自时间与逻辑的混淆不清。如果说，传统美学理论以其抽象化运作而注重逻辑推演，逻辑有余时序不足，那么叙事转向视野中的美学在催化的结构功能方面无疑能提升话语质量。这同样在美学教学的内容与形式中值得尝试。就内容而言，国际学界将趣闻轶事视为叙事转向的积极催化剂。就形式而言，改变传统美学教学章节眉目设置的抽象化，而代之以诗性的娓娓层次推进，或可耳目一新。例如讲授首章“美与人学”时，主题用法国以马内利修女之语“人是唯一知道自己会死亡的动物”以振裘挈领：第一层用波伏娃之语“人都是要死的”引出人生终极问题及历史上各种回答；第二层用王国维之语“入乎其内，出乎其外”引出人生本体两重性并判别哪种回答最合理；第三层用西班牙哲学家萨瓦特尔之语“无法自由选择，但能自由回应”引出存在主义对人生本体的有力揭示；第四层用金庸之语“情深不寿，强极则辱”引出东方调适性智慧对存在主义盲动、冒进局限的融合；第五层则用房龙之语“最高艺术是人生艺术”归结人生与美学在人文意义上的深刻关联。这样化抽象为具体的催化，令结构新奇而别致，是好的叙事结构所能注入美学的吸引力。

叙事时间。经典叙事学关于时长、时序、时差与时值等的理论探讨，解释着预叙、倒叙与插叙等叙事时间上的灵活现象，进而区分出生活时间与价值时间（福斯特）、故事时间与叙事时间（艾柯）、钟表时间与人性时间（罗伯-格里耶）等，这同样可为美学叙事所吸取。例如美与神学的关系，深涉对美学史的理解，历来基本都被处理为“从柏拉图到康德”这样一条顺叙的时序思路，能否创造性地倒过来考虑从康德讲到柏拉图呢？这一来便倒叙起生动的故事链：中外好艺术每每皆有说不可说的神秘感→这从艺术起源上可以得到巫术说的有力支撑→巫术虽共同孕育了中西方艺术，却导致了后世中西方对罪感与乐感的不同文化侧重→由此在比照中凸显以康德为代表的西方美学基于神性背景的崇高与敬畏→将康德美学联结于基督教思想，并溯源至古希腊柏拉图基于世界二重性构想的理念论美学。这个一反陈言、被倒叙出的故事最终点染以诗人布罗茨基警句“我们的过去有伟大，将来只有平凡”。比较之下我们会发现，正向顺叙给定着对所有人都规整存在的知识既存线索，逆向倒叙则进一步端出了可能诱发每一学习个体平等自由参与进自身记忆的思想生成过程，即情境。

叙事视角。据托多罗夫与热奈特等现代叙事学家研究，叙事有叙述者大于人物的全聚焦、叙述者等于人物的内聚焦与叙述者小于人物的外聚焦等视角。传统美学以讲授知识与理论为主，采用无所不知的外聚焦视角，在显示全知全能力量的同时，也存在虚幻、被动与封闭的不足，而值得介入后两种视角。内聚焦叙事法让学生作为叙述者讲述自己的故事。例如谈到美与伦理的关系，鉴于主题的厚重而设问：“假如是你解救了纳粹集中营的不幸受难者，由你来组织一场面向他们的艺术欣赏会，在三小时内你将如何安排节目？请精心设计一份节目单并阐述理由。”从伦理美学角度激发学生对各门艺术进行创造性的融汇。外聚焦叙事法则让学生换位为已有故事中的人物，随故事平等地共同进展而淡化叙述的已知姿态。例如谈论绘画艺术时，为了更好地说明现代性划界带出的绘画的平面性界限，举达·芬奇《最后的晚餐》为个案，先问“你觉得这幅作品在画面世界与物象世界之间存在着可圈点的奥妙吗”，一味凝视画面的学生未必遽然找得到答案，不妨引导其转换视角，而设问“假如你就是陪同耶稣正进着晚餐的画中某人，会感到有何异样吗”，变全聚焦为外聚焦，让学生换位思考，变身为画中人，以比作者（教师）知情得多的故事中人姿态现身，而恍然大悟：原来耶稣与十二门徒在画面上都坐于餐桌同侧，这与生活中的习惯迥异，但画面非如此处理不足以凸显美，因为否则如实照搬生活场景，只会令观众看到至少六个对审美毫无意义的后脑勺。经由此番叙事视角转换，作为理论的“物象在绘画中须从平面角度被指涉成为平面图像才美，这证明了绘画的界限是平面”便水到渠成，颇显教学难度的美学现代性问题也得到富于情境化魅力的说明。同理，谈论后现代主义艺术特征时，举影片《泰坦尼克号》为个案设问“假如你是杰克或露丝，真会同时见到撞上冰山和策划者弃众逃跑等隔开于不同凌乱场景中的故事吗”，依然变全聚焦为外聚焦而引导学生察觉，影片中存在着的诗意爱情、灾难、道德与人类虚荣心这四个主题标志之间并无互融性，一切乃无因的当下及其连缀，由此方理解了后现代美学拒绝整体性所带出的相对主义特征。借助叙事视角灵活转换叙事情境，就这样使美学知识点贯彻得更理想。

叙事声音。作者、叙述者与人物的不同声音，动态、多元地构造着相对立体的叙事空间，能避免叙事的时间性单维度延伸、缺乏厚度的单调趋向。作者与叙述者在美学叙事中的声音差别，可透过布斯的隐含作者管窥一斑。例如美学教材首章定位于美与人学，不妨引导学生成为隐含作者："假如能提前确切知道生命将在哪年结束，你此刻最想做的一件事是什么？最想携带去天堂的一件艺术品是什么？见到上帝后想说的第一句话又是什么？"又如将艺术论与爱欲论融合而激发学生做隐含作者："假如历史可以超时空穿越，你愿嫁给历史上哪位艺术家为妻或成为哪位艺术家的夫君？"不经意出入虚实，而贯通美学章节。叙述者与人物在美学叙事中的声音差别，则可借助自由间接引语得到说明，以叙述者第三人称讲述人物第一人称情绪感受的自由间接引语，被希利斯·米勒指认为文学独有而无法被影视改编，这与将视点移出现场从而观看自己、在与反思的纠缠中对自己进行想象性建构的自传显然有共通之处，国际叙事转向中自传的引入即为此而发。例如开场确立道不远人的学科旨趣，可以从自传角度引导学生自撰有趣的墓志铭，以体现其对死亡的美学理解。基于叙事声音的上述微妙差别，巴赫金对叙事中复调特征的研究，更能为有志于叙事转向的美学所吸取，尤其是美学中牵一发动全局的根本问题。例如讲授至"显现"这一艺术本体时，为更好澄清问题而可尝试同时引入三重叙事声音：让作为故事中人物的米开朗基罗讲述自己倾四年心力仰脖创作西斯廷教堂天顶画《创造亚当》、虽从此歪了脖颈却内心充盈无限幸福的感人故事，让作为故事中人物的指挥家卡拉扬与钢琴演奏家基辛联袂讲述因演绎柴可夫斯基而双双神会冥契、痴痴然如入仙乡的生动故事；让作为故事叙述者的苦瓜和尚讲述"以一画具体而微"、一笔落下去即奠定全画基调、从而自如显现出画面世界的故事，让作为故事叙述者的波普尔讲述艺术家进入"世界三"的故事，让作为故事叙述者的马斯洛讲述高峰体验的故事；再由作为故事作者的教师本人讲述生活中的真实故事——一个年轻人纵在现实中不服从权威，当音乐旋律响起，却不知不觉顺从着旋律打节拍，因为旋律作为音乐艺术的语言要素向他显现出来，使他随音乐语言进入有效倾听中，生命与艺术美自由交融为一体了，此即艺术的显现本体。多重贯串的叙事声音，多角度逼近颇有教学难度的内容，接通着生活世界的地气。

叙事语言。狭义而言，美学叙事语言在什克洛夫斯基所说的陌生化意义上展开。例如谈悲剧艺术时讲述荆轲刺秦王的故事，营造易水送别的悲壮氛围，沉雄地缓缓提示"那是怎样的一个清晨啊！太阳还没上来，江阔云低断雁叫西风，红颜知己和两三好友，为壮士送行，正是山岭崎岖水渺茫，横空雁阵两三行，忽然失却双飞伴，月冷风清也断肠……"暗中挪用宋人蒋捷名句与《水浒传》宋江出征方腊之际的吟咏，巧布陌生化场景，如置身现场与古人结心，扣紧学生的期待心。广义而言，美学叙事语言则如雅各布逊所说既呈现为组合轴上的换喻，又接受来自选择轴的隐喻的对应原则投射。例如讲美与伦理，五个渐进的分标题具备换喻性：一为康德名言"美是德性的象征"，让《圣经》讲述希伯来民族故事以引出美学的伦理维度；二为维特根斯坦名言"美学和伦理学是同一个东西"，让阿瑟·米勒讲述《萨勒姆的女巫》的故事以引出德性伦理，让林兆华讲述《赵氏孤儿》的故事以引出规范伦理，让我们共同讲述特蕾莎修女、薇依与证严法师的故事以引出两种伦理既矛盾又相统一的关系；三为爱德华·吉本名言“历史就是人类的犯罪史”，让少女安妮与学者林达讲述奥斯维辛的故事，让陈凯歌讲述“文革”的故事，让影片《空军一号》象征性地讲述“9·11”的故事，以引出美即伦理的历史依据；四为阿伦特名言“平庸是一种恶”，让艾希曼讲述自己的故事，以引出美即伦理的逻辑依据；五为弗洛姆名言“爱生性与破坏性”，让夏加尔用《诞生》、列宾用《伊凡雷帝》讲述爱生惜生的故事，让斯坦福大学的津巴多教授讲述路西法效应的故事，让希特勒讲述自己与犹太孩子维特根斯坦中学同窗却饱受老师歧视的故事，以引出美即伦理的意义。渗透于这个环环相扣的叙事过程的对应原则，则是从整体上涵摄美与伦理的孔子名言“绘事后素”，它统领起相关美学精神，践行着一种属于美学的叙事语言。

叙事伦理。根据人生两重性本体，入场对所见事物的理解总是不彻底的，不仅因为始终有个无法被自己看到的盲点存在着，也因为这种观看占据的只是一个点所以是有立场、倾向的，不可能全面，故而必然存在着其他理解的可能性，换言之，任何理解只能是相对的，人不应任理性僭妄而总需反思与恪守自身的受限性，尊重他者对观看的平等参与。这便触及着伦理。与人生相同构的故事世界，之所以较之日常现实世界更能激发人的伦理承担，是由于处于前一世界的你我因懂得反思、不再把世界对象化而使朝向未来的生存筹划变得自由。据昆德拉、哈维尔与克里玛等现代叙事思想家的分析，这其中基本的自我反思方式与幽默的笑和自嘲有关，乃人类对自身理性的有限性的睿智防范。例如，当美学讲授喜剧性成因时，用美伊战争中美军制作的扑克牌通缉令印证赫伊津哈有关人类文明起源于游戏的思想，为喜剧性这一审美范畴找到本体根据，不着一字而尽得风流地肯定美学的叙事伦理性质，其意义便恐怕已不止于例证，而可深入开发该材料本身的叙事伦理建构可能：战争与游戏的苦涩悖反及其背后人民伦理与个体自由伦理的煎熬与交织。鉴于叙事伦理源于人的理解的相对性这一前提，美学对它的运作尤其适合看似矛盾、昧解之处。例如教学起始关于美与人生的本体论关联证明，引入一对悖论先请学生裁断：“正题：天地之大德曰生，如人体受伤后具备再生功能；反题：天地不仁，以万物为刍狗，如癌症至今仍为人类绝症。”继而在各执一词难分难解的情况下，不失时机地讲述复旦大学已故女博士于娟及其生命最后的文字《此生未完成》的故事，尽管这个过程最终仍未必给出导向着正题抑或反题的明确答案，可是学生通过聆听上述故事已自有了某种判断，这判断不来自其它，而来自叙事本身开启出的伦理可能。

这是我看到的美学建设新前景。我并且相信面向新世纪第二个十年的我国美学能在叙事转向视野中获得研究与教学相结合的新生长点。沿着这一路向深入，将不仅与国际学术前沿实现敏赡的对话，而且有可能贡献出我们自己基于非对象性运思传统的独特思想。

第二节　中西“互文性”理论的融通及其应用[1]

“文本”研究乃当今文学研究的热点，“互文本”或“跨文本”研究亦备受关注。尽管“互文性”之说属于一道舶来品，是我们“别求新声于异邦”的结果，但在我们的文学批评传统中，这种理论方法却是古已有之：虽尚未形成明确统一的体系，却早已若隐若现地存在着；虽没有“互文性”一说，但已拥有与西方“互文性”理论一呼即应、一拍即合、一融俱通的潜质。而今，为强化、深化中国文学文本关联研究，我们有必要促成中西“互文性”理论的对接、对话、镜照、融通。

一、西方“互文性”理论及其中国接受

西方学人所谓的“intertextuality”，被我们译作“互文性”，或曰“互文本性”“文本间性”“文本互涉”。质而言之，指的是不同文本之间及同一文本内部上下文之间的相似性关联。据考察，这一理论孕育于苏联文艺理论家巴赫金，而大致诞生于从现代转换到后现代这一学术背景，由法国文艺理论家、女性主义批评家克里斯蒂娃正式提出。关于其基本内涵，克里斯蒂娃当年曾做过如下表述：“任何一篇文本的写成都如同一幅语录彩图的拼成，任何一篇文本都吸收和转换了别的文本。”指出后期文学文本总会以不同程度、不同方式借鉴先期文学文本。然而，由“吸收和转换”构成的“互文性”关联不限于“历时性”的一脉传承，这样或那样的“共时性”相互渗透也会发生在同一历史时期的各种文学文本之间。对此，法国另一著名文艺理论家巴特基于对“‘文’意谓‘织品’”“所有文都处于文际关系里”等现象的认知，认为“一切文都是过去的引文的新织品”，“文际关系的概念给文论带来社会性的分量：它是前代和当代的全部群体语言”。这里所谓的“文际关系”即“互文性”。当然，除了先后或周围不同文学文本之间会发生各种各样的互涉，某些文学文本自身内部的上下文之间也会发生“重复”性的“互文性”。在“互文性”理论倡导者眼里，不同文学文本之间或某一文学文本内部普遍存在着盘根错节的借鉴性关联。基于这样一种认知，法国巴特、德里达、热奈特、里法特尔等结构主义及后结构主义理论大师们将“互文性”培育成一个功能强大、应用广泛的文艺理论体系。这种历久而宏大的“互文性”理论体系覆盖面广，不仅关涉到俄国形式主义、西方精神分析学、原型批评、现象学、符号学、接受美学、英美新批评、结构主义、后结构主义、西方马克思主义、文化研究等一系列“你方唱罢我登场”的重要文艺理论流派，而且还渗透到新历史主义文学批评和女性主义文学批评等重要文艺理论流派中。尤其是在新

[1]　作者李桂奎，原载《社会科学战线》2016年第8期。

历史主义等文艺思潮的影响下，随着“文本”概念的不断泛化，“互文性”理论还包揽了文学文本与文化文本、社会历史文本之间的关联，形成所谓的“泛互文性”或“广义互文性”；而狭义的“互文性”主要是指以“文法”互涉为主要研究对象的一套理论方法。于是，人们不断地以此来破解诸多问题，如文本传承与超越，文本影响与借鉴，文本演变与师承，文本主题的恒常与蜕变，写作母题与变体，文学经典与仿作，文学传播、阅读与接受，文学审美的陌生化与熟悉化，文学文本的意义再生与重释，以及文学创作与批评的关系，文学文本与非文学文本的关系，文学史研究模式，文学与文化的关系，等等，均可借助“互文性”理论进行重新审视。在运用“互文性”理论研究中国文学时，我们的策略是，视野上不妨取广义“互文性”观念，而具体运用则尽量落实到狭义“互文性”含义上。

面对西方应用如此广泛的文艺理论，中国文艺理论界的学人并没有袖手旁观，尤其是新时期以来，各路学人不断地投入到译介、研究、应用之中，使其中国化。大致说，“互文性”理论的中国化历程开始于20世纪80年代，至90年代及新世纪愈演愈烈。其中，殷企平、黄念然、秦海鹰先后分别在《外国文学评论》（1994年第2期、1999年第1期、2004年第3期）发表了《谈“互文性”》《当代西方文论中的互文性理论》《互文性理论的缘起与流变》等论文；同时，程锡麟、陈永国也先后分别在《外国文学》（1996年第1期、2003年第1期）发表了《互文性理论概述》《互文性》等论文，对“互文性”理论进行了大体评介。2003年，法国蒂费纳·萨莫瓦约那部较为系统地研究“互文性”理论的《互文性研究》得以译介出版，使我们更加清晰地看到“互文性”这一术语得以生成的原初语境及大致的发展历程，并接触到“拼凑”“掉书袋”“旁征博引”“人言已用”等“互文性”方法。随后，王瑾在其所著《互文性》（广西师范大学出版社，2005年）一书中向国内学者介绍了巴赫金、克里斯蒂娃、罗兰·巴特、布鲁姆，尤其是德里达、热奈特、里法特尔、孔帕尼翁、保罗·德·曼、米勒等西方学人的“互文性”理论。在此前后，李玉平立足于历史与逻辑相结合的原则，结合文学意义、文类、文学经典、比较文学等重要理论问题，历经十几年努力，在其系列研究基础上推出《互文性：文学理论研究的新视野》（商务印书馆，2014年）专著，探讨了“互文性研究的历史与逻辑”“互文性元问题研究”“互文性与文学意义”“互文性与文类”“互文性与文学经典”“互文性与比较文学”等问题。近年，基于“互文性”理论的不断译介和研究，总结30余年来其“中国化”的学术成果也陆续出现。如赵渭绒《国内互文性研究三十年》（《社会科学家》2012年第1期）、刘斐《三十余年来互文性理论在中国的传播与发展》（《当代修辞学》2013年第5期）等论文大致梳理了国内“互文性”理论研究和应用的基本情况。

同时，在如火如荼的“互文性”理论研究过程中，早有不少学者开始通过“比较文学”视野，以“互文性”理论为镜，对中国相关理论进行过探讨。如荷兰乌德勒支大学佛克玛教授曾撰有《中国与欧洲传统中的重写方式》一文，对中国与欧洲文化传统中普遍存在的“重写”现象与后现代主义背景的“文本间性”（即“互文性”概念）进行过比较探讨。焦亚东

《互文性视野下的类书与中国古典诗歌——兼及钱锺书古典诗歌批评话语》将中国传统的类书置于西方“互文性”理论语境下审视，指出类书不仅自身构筑了极为丰富的“互文性”空间，而且还在一定程度上加剧了诗歌的孳生现象，这既为后世提供了大量的“互文性”诗歌文本，也为钱锺书等人关于古典诗歌的“互文性”批评提供了可能。江弱水《互文性理论鉴照下的中国诗学用典问题》通过“互文性”视角对刘勰与钟嵘的相关话语进行了再阐释，并对“用典”等文本机制作了进一步探讨。赵渭绒《西方互文性理论对中国的影响》(巴蜀书社，2012年)这一论著更是从中外比较的视角综合运用理论分析、文本分析、社会批评、实证研究、文化研究等批评方法，对西方“互文性”理论及其在中国的译介、传播、影响和研究等问题进行了全面深入的考察和研究。基于这些前人研究成果，我们要进一步以西方“互文性”理论为镜，对中国固有的相关理论之发展演变历程进行一番系统化梳理。

总之，随着对西方“互文性”理论译介和研究，人们开始关注中国的“互文性”理论传统，并试图构建中西合璧的“互文性”理论体系，以用于中国文学研究。

二、传统“通变”理论富含“互文性”要义

中国现代学术研究的经验告诉我们，用西方理论镜照中国传统理论必须有一个基本逻辑前提，即中国必须“古已有之”，否则便会沦为游谈无根、生搬硬套。当然，所谓“古已有之”，未必足以达到与西方分庭抗礼的高度，那些若隐若现、引而未发、只言片语的理论碎片同样是这样一种存有。中国传统文论中存有不少“互文性”理论碎片，只要对其相关要素加以梳理整合，便可以成为与西方“互文性”理论相互镜照的理论体系。这种理论被归属到探讨继承与革新关系的“通变”文论中。其中，刘勰的《文心雕龙·通变》有系统阐发。

大致说，中国传统“通变”理论与固有的“复古”精神相伴而来。其端倪当发生于孔子年代。《礼记·中庸》有言：“仲尼祖述尧舜，宪章文武。”意思是，孔子遵循尧舜之道，效法周文王、周武王之制。于是，“祖述”成为中国较早的“互文性”写作范式。汉代以来，在文本写作实践中，拟作屡见不鲜。如扬雄仿《论语》而著《法言》十三卷，至于其拟司马相如《子虚》《上林》而作赋也早已成了佳话。对此，左思《咏史》曾咏叹曰：“言论准宣尼，辞赋拟相如。”后来，赋坛拟作现象屡见不鲜。《后汉书·张衡传》说：“衡乃拟班固《两都》作《二京赋》。”而诗词仿拟之作，同样大行其道。魏晋六朝即有“拟咏怀”“拟行路难”等名目。从魏晋六朝文论，我们可以领略到那个时代所形成的较为强烈的“互文性”意识。继承和革新向来被视为文学创作的重要问题，梁代刘勰《文心雕龙》第二十九篇《通变》即阐发了“变则其久，通则不乏”这一道理。同时，《文心雕龙·事类》还曾提出“事类”说：“事类者，盖文章之外，据事以类义，援古以证今者也。”意思是，援引前人之事，是为了证明现实的某种道理。前人之事与现实的道理常常发生关联，现存作品只能存在于与以往作品相互关

联的网络之中，这与当今“互文性”理论是暗通而契合的。在刘勰看来，诗赋写作可以将前人文本顺手拈来为我所用，达到“用人若己”、“用旧合机，不啻自其口出”的境界。若运用“互文性”眼光审视，刘勰《文心雕龙·隐秀》所谓“义生文外，秘响旁通，伏采潜发”，指的就是任何文本都无法摆脱从“隐”、“奥”的源头“派生”出来的“重旨”“复意”的纠缠，处于一个巨大繁复的意义网络中。尤其是其所谓的“秘响旁通”，自然不妨可以理解为文意的派生与交相引发。可见，刘勰已从多个维度涉及“互文性”问题。继而，以钟嵘《诗品》为代表的早期诗文解释理论一度提出的“推源溯流”法，包括脱胎换骨、点铁成金，用典、拟作、效体和改写、集句等，是当年人们用以论列历代诗人并揭橥其诗作之间传承和影响关系的理论方法，同样隐含着而今所谓的“互文性”因素。正是在这个意义上，江弱水指出：“钟嵘的《诗品》本身也是一部阐释‘互文性’的批评经典。如果以为钟嵘推崇‘直寻’的写法，他就一定会把生活看作是写作的源泉，那可就大错特错了。钟嵘最热衷的是细辨诸家的流别，其基本的批评模式是‘其源出于某某’。从汉到齐、梁的一百多个诗人，钟嵘几乎一一指出了他们的诗之所祖。”至于当年梁代萧统《文选序》所谓的“踵其事而增华，变其本而加厉”这一“物既有之，文亦宜然”的行文方法，以及后人所谓的“互见重出”文本现象，皆可纳入“互文性”理论体系考察。总之，这些探讨诗文作品的继承与发展关系问题的理论术语和命题是中国“互文性”理论的雏形。

借助前期成熟或草创的作品孕育发展出后起之“经典”，通常是中外文学创作共有的一条基本规律。换言之，某些前后文学文本之间出现某种“互文性”是必然的。关于这种客观存在的“互文性”，唐代诗僧皎然的《诗式》有所触及，并将其形成手段概括为“偷语”“偷意”“偷势”。此“三偷”手段主要表现在“句”与“联”等语词句法层面，与西方语义学及结构主义所谓的“互文性”含义很逼近。另外，杜甫《戏为六绝句》所提出的“转益多师”之说表明，后人多向度地师法前人，从而使他们的作品形成“互文性”关联，触及了“经典”赖以生成的前提和基础问题。杜甫本人也凭着追求“别裁伪体亲风雅”而创造出一系列号称“集大成”的诗作，并引起宋人不断地对其追摹师法的强大兴趣，从而形成一个声势浩大的“江西诗派”。可以说，杜甫承前启后的诗歌创作正是“互文性”威力的体现。宋人创作善于仿拟前人。苏轼既有“拟陶诗”一百首，又有模仿李白、白居易等人的诗。当然，若论“仿拟”前人作词之工，当首推辛弃疾，他有“效花间体”“效李易安体”“效朱淑真体”等等。与文本互涉实践同时，那个时代的文论家们对诗文创作互动关系也有了较成熟的探讨。如周紫芝《竹坡诗话》说：“东坡作送人小词云：故将别语调佳人，要看梨花枝上雨。虽用乐天语，而别有一种风味，非点铁成黄金手，不能为此也。”肯定了苏轼因袭白居易《长恨歌》以“梨花枝上雨”等诗语创作送别小词的造诣。又如，黄庭坚不仅肯定了杜甫“点铁成金”、“夺胎换骨”之笔，而且还自己身体力行之，从而引领起一代诗风。他在《答洪驹父书》一文中指出：“老杜作诗，退之作文，无一字无来处。”特别强调杜甫作诗、韩愈作文皆有所依本，甚至字字都留下了前人的印记。这种“互文性”性质的写作之道具有示范性。总之，在宋金人眼里，无论是持肯定态度，还是持否定意见，都认识到“点铁成金”、“夺胎换骨”式的“互文性”是诗文创作的一种笔法，这标志着中国式的“互文性”理论已经形成一种气候。

明清时期，文学艺术之仿拟风气特别盛行。画家常常以“仿某家笔意”“拟某意”为题描山摹水，如明代陈宪章仿王冕《南枝早春图》而作《万玉图》，董其昌有《仿王蒙山水》；清代陈崇光有《拟大痴秋山叠图》等；诗家则在“尊唐崇宋”潮流中，仿拟前贤，写心达意，如吴伟业仿拟白居易《长恨歌》而成《圆圆曲》等。就小说创作而言，古往今来尝试性地借助“互文性”技法叙述故事者，同样不胜枚举，达到妙合无垠境界的成功实践也不绝如缕。大至情节模式化、故事雷同化，小至信物定情桥段、文学意象与语言符号的运用等等，屡见不鲜。当年小说评论多涉及“仿”“效”问题。如明代张誉（无咎）为《平妖传叙》说：“《玉娇丽》、《金瓶梅》如慧婢作夫人，只会记日用账簿，全不曾学得处分家政，效《水浒》而穷者也。《七国》、《两汉》、《两唐宋》，如弋阳劣戏，不味锣鼓了事，效《三国志》而卑者也。《西洋记》如王巷金家神说谎乞布施，效《西游》而愚者也。”由于《玉娇丽》《七国》《两汉》《两唐宋》《西洋记》等后起小说多邯郸学步，每况愈下，故而张无咎用仿效来评其拙劣。当然，也有凭着“仿拟”而后来居上者，如清人程晋芳《文木先生传》认为，吴敬梓“仿唐人小说为《儒林外史》”，就是通过师法前人而成功的例子。再如，蟫蝼子《林兰香序》说：“偶于坊友处睹《林兰香》一部，始阅之索然，再阅之憬然，终阅之怃然，其立局命意俱于开卷自叙之中，既不及贬，亦不及褒。所爱者：有《三国》之计谋，而邻于谲诡；有《水浒》之放浪，而未流于猖狂；有《西游》之鬼神，而未出于荒诞；有《金瓶》之粉腻，而未及于妖淫。是盖集四家之奇以成为一家之奇者也。”暗含《林兰香》是通过博采“四大奇书”之优长这种“互文性”写作而实现其超越的。至于其他小说之间的“仿拟”，人们也每每予以指出。如黄越《第九才子书平鬼传序》也说得很清楚：“客有问于余曰：‘第九才子书何为而作也？’予曰：‘仿传奇而作也。’”花也怜侬《海上花列传》之《例言》有曰：“全书笔法自谓从《儒林外史》脱化出来，唯穿插、闪藏之法，则为从来说部所未有。”此之所谓“仿”“脱化”云云，均可纳入“互文性”视野看待。可见，明清这段时期的小说善于借助“仿拟”完成新的创作，只是因观念与水平参差，导致他们的作品有优劣高下之分。

中国文人如此热衷于“互文性”的仿拟，以至于法国学者保尔·戴密微说：“仿作是中国一切艺术的富有魅力的特色之一。”除了“祖述”等传统故法，发生于文学文本，尤其是戏剧、绘画等文艺形式创作中的“脱化”法，即借鉴与发展前人成品，或移花接木并赋予新意，青出于蓝而胜于蓝；或因袭造语，别出心裁；或借题发挥，别出机杼……林林总总，尽可纳入“互文性”视野予以审视。

三、中国式“互文性”理论的悖论特质

当然，星星点点的中国式“互文性”理论碎片及其要素所针对的文本实际是中国本土文学。若与西方“互文性”理论相镜照，这一理论方法有着较为特殊的复杂性。突出表现为，它既注重“原创性”，又讲究“互文性”，形成一道道悖论。其中的许多观念与术语、范畴貌似水火不容，其实相辅相成。

首先，在文法文辞层面，“互文性”意义上的中国传统文论常重视“意”与“神”之师承，而鄙夷“形”与“实”之剽袭。可以说，中国式“互文性”文论最闪眼的一点是追求“意”与“神”等层面的师承。杜甫创作就是一个显例。一方面，他“读书破万卷”，力求“不薄今人爱古人”，“转益多师是汝师”，“别裁伪体亲风雅”，“窃攀屈宋宜方驾”，“颇学阴何苦用心”，知识视野广阔，通过与前人构成“互文性”，达到了集大成、里程碑境界，正如元稹《唐故检校工部员外郎杜君墓系铭并序》所言，杜诗“尽得古今之体势，而兼人人之所独专矣”；另一方面，杜甫也主动追求“新诗改罢自长吟”(《解闷十二首》)，致力于达到“语不惊人死不休”(《江上值水如海势聊短述》)的境界，是“原创”又是“互文”，将“互文”融入“原创”，从而成为经典。由于“仿效”“剽袭”层面的“互文性”创作常常遭到按图索骥、顺藤摸瓜，授人以柄，因此人们乐于转而别出机杼地从文本“创意”方面去师承前人。这与当今西方偏重技巧、技法的“互文性”理论有所不同。锐意创新的韩愈与乐于蹈袭的黄庭坚似乎代表了“原创性”与“互文性”两个极端，然而他们在“文意”选择上又主张互相包容。唐代韩愈在强调文必原创的前提下，又特别讲究“师其意而不师其辞”(《答刘正夫书》)，并强调“惟陈言之务去”(《答李翊书》)。这样说来，韩愈的“互文性”策略是不直接模仿“古文”，而是寻找并点化历久弥新的“古意”，在表达上力求“辞必己出”(《南阳樊绍述墓志铭》)。这种文法理论无不追求从“写意”上下功夫，避免“文辞”上露出痕迹，其基本精神大致是后人所谓的“师古而不泥古”，包含着兼顾传承与创新的辩证思想。宋代黄庭坚一方面强调“无一字无来处”(《答洪驹父书》)，另一方面又呼吁“随人作计终后人，自成一家始逼真”(《题乐毅论后》)，把别出心裁、推陈出新当作终极追求。再如，宋代晁补之《跋董元画》认为，古往今来的“学者皆师心而不蹈迹”，即假如师从前人，只能吸取其基本精神，而不能死守其具体做法。后人将这句话概括为“师其意不泥其迹”，并奉为千秋以来共同认可并信守的为文之道。直至明代，诗学理论界回荡起“师古”与“师心”之争这一主旋律：有的人从“格调”着眼强调“师古”，追怀汉魏盛唐诗的“真性情”和高格逸调，而侧重形体风格的拟古；有的人从“神韵”着眼“师心”，呼吁“领会神情”“不仿形迹”，旨在纠正“格调论”徒袭其“形”而不得其“神”之病。其中，杨慎《升庵集》所谓“古人文法皆有祖”之说颇有代表性。在相持不下的争论中，“师心”说深得后人好评。说到底，在“互文性”策略上，中

国传统文论更加看重“神似”，注意“化有形于无形”，不露痕迹沿袭前人，而对那些追求蹈袭“形似”的“文法”常予以指责。这种带有“互文性”色彩的文论传统一直延续到现代。归根结底，“互文性”大多出于作者的一种文笔故意，不仅着意于制造基于前人而超越前人的新的意蕴，而且着意于不断地实现自我超越。

大致说，由于中国人向来耻于“东施效颦”，又吃过“邯郸学步”的苦头，再加传统处于正统地位的诗文篇幅相对短小，难以容下过多的仿拟之迹。于是人们非常忌讳陈陈相因，陈词滥调，尤其对那些露形露迹的创作特别反感。正如宋代魏泰《临汉隐居诗话》所言：“诗恶蹈袭古人之意，亦有袭而愈工若出于已者。”金人王若虚《滹南诗话》对黄庭坚鼓吹的“互文性”写作并不买账：“鲁直论诗，有夺胎换骨、点铁成金之喻，世以为名言，以予观之，特剽窃之黠者耳。”将那些“沿袭”“点化”行为贬斥为狡猾的剽窃。尤其是在明清小说理论中，能够与“互文性”理论形成对接或对话的“模仿”写作方式通常成为人们吐槽的对象。如高儒《百川书志》之《史志·小史》首录《剪灯新话》云：“钱塘瞿佑宗吉著，古传记之派也，托事兴辞，共二十一段，但取其文采词华，非求其实也，后皆仿此，俱国朝人物。”这段关于《剪灯新话》“互文性”写作的梳理还算是较公道的。可该书同部分后面又录《娇红记》《钟情丽集》《艳情集》《李娇玉香罗记》《怀春雅集》《双偶集》等六篇作品，在《双偶集》下注云：“以上六种，皆本《莺莺传》而作，语带烟花，气含脂粉。凿穴穿墙之期，越礼伤身之事，不为庄人所取。但备一体，为解睡之具耳。”对由“互文性”文法所形成的仿效类作品就流露出贬斥之意。另外，可观道人《新列国志叙》说：“自罗贯中氏《三国志》一书以国史演为通俗演义，汪洋百回，嗣是效颦日重，因而有《夏书》、《商书》、《列国》、《两汉》、《唐书》、《残唐》、《南北宋》诸刻，其浩瀚几与正史分签并架。”同样带着不屑口气对后来的“互文性”效仿之作。如此这般，每当涉及文本之间“互文性”关系，其批评态度大多是贬损。

时至现代，关于“互文性”写作的褒贬仍然继续着。也许受到当年现实主义思潮偏重“写实”意识的影响，钱锺书对传统“互文性”创作基本持否定态度。如在《宋诗选注·序》中，他曾批评宋代诗人“从古人各种著作里收集自己诗歌的材料和词句，从古人的诗里孳生出自己的诗来，把书架子和书箱砌成了一座象牙之塔，偶尔向人生现实居高临远地凭栏眺望一番”。又如，在《谈艺录》中，他曾指出王安石摹仿他人诗歌的“显形”“变相”“放大”“翻案”“引申”“捃华”“摹本”“背临”“仿制”“应声”“效颦”等十余种手法，并批评说：“每遇他人佳句，必巧取豪夺，脱胎换骨，百计临摹，以为已有；或袭其句，或改其字，或反其意。集中作贼，唐宋大家无如公之明目张胆者。本为偶得拈来之浑成，遂著斧凿拆补之痕迹。”尽管钱先生也曾对“连类举似而掎摭”之类的“互文性”诗文笔法给予过“于赏析或有小补”的正面评价，但其肯定态度是很拘谨的。这种文本之间的彼此关联在中国小说理论体系下向来是不被看好的。不过，在关于小说“仿拟”史书问题上，钱先生也有许多洞察和识见，大致立足于“影响”意识，常不予褒贬。无论理论上有多少争辩，而文本创作的客观事实是，经过“互文性”笔法生发的成果从来都是两面的，有的生硬刻板，过度推崇、误用、滥用，造成内容的简单重复以及文本意义的扁平，遂流于效颦之作；有的灵活机变，活学活用，使后起文本出于蓝而胜于蓝，遂为经典之著。直至前些年，人们还将程式化的脸谱、类型化的性格等“互文性”写作指斥为“人云亦云”、“陈陈相因”。纵观古往今来文论家们的态度可见，“互文性”写作受到各种各样的诋毁和误解，它仿佛沦落为“因循守旧”“墨守成规”“抱残守缺”的代名词。

其次，在关于“拟”与“犯”两种“互文性”手法上，中国传统文论也存在某种悖论。众所周知，“拟”与“犯”是中国本土特色“互文性”理论的关键词。前者指向不同文本之“互文性”，后者说的是同一文本前后文之“互文性”，即“重复”。在西方“互文性”这一理论的镜照下，中国传统文论给我们这样两种不怎么协调的印象：其一是，“互文本”实践的热烈与“互文性”成果讨论的相对冷寂；其二是，对“模拟”他人的过多诋毁与对文本自身“重复”的不断揄扬。关于后者，例子很多。如金圣叹评《水浒传》曾指出：“正是要故意把题目写犯了，却有本事出落得无一点一画相借，以为快乐是也。”作者之所以故意实施文笔“重复”，图的是通过推陈出新，以实现写作阅读快乐。这种“快乐”原则也许发自批评者对作者“敝帚自珍”心态的认同和尊重，与巴特所谓的“文之悦”（或译“文本的快乐”）大相径庭。对金圣叹评《水浒传》所指出的“正犯”“略犯”以及脂砚斋评《石头记》所指出的“特犯不犯”等“互文性”片段，人们向来给予赞赏。说到底，在传统小说评点中，强调“略似”与强调“不雷同”都是对小说章法结构的表彰，同样带有悖论性。如庚辰本第二十四回有脂砚斋批曰：“《红楼梦》写梦章法总不雷同。”显然是赞美口气。总之，在中国文论话语体系下，那些所谓的“特犯不犯”“宾主互衬”“影像”“草蛇灰线”“常山率然”“一击两鸣”等关乎文本内部“重复”的小说文法及其所形成的文本是人们尽情表彰的对象。在西方“互文性”理论镜照下，蒋寅《拟与避：古典诗歌文本的互文性问题》（《文史哲》2012 年第 1 期）一文不仅指出“互文性”这一 20 世纪 70 年代流行起来的文学理论所指称的文学现象在中国古典文学尤其是诗歌中有着悠久的历史，而且还论述了其在文本实践中的两大突出表现，即先后文本之间普遍存在的“拟”与作为另一种“隐性互文”写作策略的“避”。

相对于西方“互文性”理论而言，中国式“互文性”理论因没有自成体系，故而显得歧义迭出，且时常相互悖逆。

四、“互文性”之应用于中国文学研究

中外融通的“互文性”理论对小说乃至整个文学研究必将具有深远的意义。“互文性”之“互”并非单向的传递，而是多重“互动”，既包括纵向传承的“历时互文”与横向互渗的“共时互文”，还包括“传承互文”与“反哺互文”以及“正向强化互文”与“逆向反讽互文”

等复杂情况。本着这种学术眼光和“史识”意识，我们便会在小说文本研究中更加重视全方位性、多维度性，重新审视小说乃至整个文学文本之间的关系；同时，我们也会在超越以往的“影响研究”“嬗变研究”等研究路数时，加深对“古今演变”研究以及“重写小说史”乃至“重写文学史”的思考。

在学术研究中，“时序”是个大问题。在这一问题上，与以往偏重“历时性”的“嬗变研究”与“影响研究”相比，“互文性”理论兼顾“共时性”与“历时性”，且更重文本意义的“共时性”展开。在“互文性”理论提出之初，克里斯蒂娃在其《符号学》中即从“历时态”和“共时态”两个维度看待文本。基于“互文性”理论兼顾“历时性”与“共时性”的优势，我们不免要反思以往“嬗变研究”“影响研究”等研究路数在执行单向的历时性时序路线时暴露出的理论缺陷。一个多世纪以来，“渊源（素材）研究”和“影响（继承）研究”与曾经红极一时的“反映论”相呼应，声势浩大。这些研究多把目光投向选材与剪裁等问题，主要关注故事情节的渊源，并关注如何进行艺术借鉴以及承前启后、故事情节的流变等问题。面对这种研究的局限，“互文性”理论的首创者在提出这一术语时就“向‘传统’与‘影响’等观念提出了挑战”。更有些理论家表现出超越以往研究的自觉，声称：“我们当然不能把互文性仅仅归结为起源和影响的问题；互文是由这样一些内容构成的普遍范畴：已无从查考出自何人所言的套式，下意识的引用和为加标注的参考资料。”就中国古代小说研究而言，以往人们多奢谈“影响”，即关注如何从前人文本中取材问题，以及怎样踵武某一文体的体制和格调等问题。而今，我们谈“互文性”，则致力于探讨前后文本之间的具体的叙事互文，包括叙事单元的沿袭、叙事话语的搬弄等等，其优越性不言而喻。

同时，“互文性”自然非常有助于推进中国文学的“古今演变”命题研究。世上万事皆有其外因的来龙去脉，又皆有其内身的经络脉息。“互文性”意味着几乎任何文本都有可能成为其后文本的范本，后起文本总会不同程度、不同方式地效仿先期文本，从而在相互参照，彼此牵连中形成文本与文本之间的古今互动的演变过程。以往，我们做得较多的是，选取或确立某部小说作为“坐标系”，爬梳其文本“来龙去脉”“环环相扣”，从而估价研究对象的地位与价值。时至今日，中国古今小说发展的头绪与脉络已经被小说史家与文学史家梳理过数百遍。如关于《水浒传》《金瓶梅》《姑妄言》等小说“承前启后”或“继往开来”意义之探讨的论文论著早已不胜枚举。按照这种传统路数继续进行研究很难再有新的重大发现和突破。“互文性”提醒我们，在审视各种文学现象的“古今演变”时，既注意前后古今文本的彼此互动，又要注意前后及周边文本的回环往复；既关注“历时性”的文本传承，又关注“共时性”的文本互动，无疑大大地开拓了我们的眼界。因而，“互文性”视野下的文学“古今演变”应该是一个充满了回环往复的“动态”过程，也是一个各种文本之意义不断增殖的过程。具体到中国小说叙事的“古今演变”研究来说，我们在应用“互文性”这一理论时，有必要通过古今文论对接，并根据研究对象和研究意旨作一番限定、取舍与整合，使得“古今演变”命题更具逻辑性和学理性。

“互文性”理论对“重写小说史”乃至“重写文学史”意义更为深远。它至少给我们两点提醒：一是，文学的古今演变除了“一脉相承”之外，还有同一时空不同文本的互动共赢以及更为复杂的文本关联。二是，在文学演变中，除了前期文本的对后期文本的“哺育”，还有“新文本”对“原文本”意义阐释的“反哺”。这正如美国耶鲁批评学派批评家布鲁姆所言：“在某些惊人的时刻，它们是被他们的前驱者所模仿。”布鲁姆的这种“推翻时间独裁”的“反历时性”观念给我们很大启示。既然一段时期以来人们已经论定“重写文学史”具有可能性，那么，接下来的问题是，如何实现处于可操作层面的“文学史”重写？以往文学史撰写大多注重侧重“历时性”展开的“源流”梳理，强调原文本或前文本是意义的来源，把文本与文本的看成是线性的、单向的、流动的；而“互文性”特别看重文本意义的“共时性”展开，因而包含着更为科学独到的“史识”，启发我们重视文学史撰写的“共时性”意识。对此，刘连杰《文本间性与文学史的生成》认为，“西方文本间性理论颠覆了结构主义自足的文本观，不仅为重新思考文学的本质提供了新的视角，而且也为重新思考文学史的生成提供了新的起点。”尽管我们目前暂且尚不能断定“互文性”的引入能否实现“文学史撰写”的革命，但可以肯定这一理论所提供的视野和维度必定会对以往文学史撰写模式形成某种摧枯拉朽的冲撞。如有几部文学史都讲到明前期一百多年的小说创作是个空白，或者说自元末明初出现《三国演义》和《水浒传》之后，小说一度沉寂了一百多年。对于这种文学发展生态的“反常”，我们怎样“自圆其说”？从“互文性”视野来看，《三国演义》和《水浒传》各种定本的出现并非是劈空而来、突兀而现的，除了元代流行的《全相三国志平话》等平话小说基础，肯定还有其他一系列相关作品问世，只是未能流传至今罢了。为此，也有的人推断，诸如《水浒传词话》《西游记词话》等许多“词话”体的小说可能就曾在那个时间段出现过。按照“互文性”原理，这一推论应当不无道理。面对一些文学史缝隙或断裂，我们不妨借助新历史主义“互文性”理论以历时的“互文性”来拒斥自律的文学史模式。除了“历时”眼光，文学史叙述也离不开“共时”眼光。若对文学史进行“共时”叙述，必定要划定或截取某些特定时间段来观察。有的论者能从《金瓶梅》一口气大篇幅地讲到《姑妄言》《红楼梦》，通过截取从万历十至二十年（1582—1592年）到乾隆二十七、二十八年（1762年、1763年）约一百七八十年来探讨各小说文本之间的关联问题，其条分缕析的梳理功不可没，只是存在疏于“共时性”探讨及其他更为复杂的关联这一缺憾。目前，仍不断有人在通过对《金瓶梅》、《红楼梦》文本进行比照，或本着“从《金瓶梅》到《红楼梦》”相对固定的“进程”思路，捕风捉影地得出后者如何继承前者、或者后者如何点铁成金而高于前者等结论。可惜这不过是简单而机械的操作，未免愧煞运用“互文性”之高远研究。为此，我们应大胆地依据“互文性”发生的时空原理重申传统小说文本之间的关联。根据文本发生的实际，我们不妨戏拟当今政治话语，提出“两个一百年”之说，对那两个时间段的小说文本互涉进行兼顾“历时性”与“共时性”的全方位观照：第一个一百年是四大奇书成书、传播、定型的一百年左右；第二个一百年是从《金瓶梅》传播到《红楼梦》成书的一百多年。在这两个一百年里，各种小说文本的彼此渗透景象万千，令人眼花缭乱。且不说，“四大奇书”之间的影响是回环往复的，就是从《金瓶梅》到《红楼梦》之间的小说关联也是错综复杂的。虽然《金瓶梅》对《红楼梦》有无直接影响尚难以坐实，其间接“互文性”倒是可以得到确凿论证的。期间，《醒世姻缘传》《林兰香》《歧路灯》《姑妄言》以及一系列才子佳人小说发挥过怎样的“中介”作用，值得深入研究。

“互文性”理论兼顾“历时性”与“共时性”的双重时序意识触动并引发出一系列理论问题，从文本之间的先后左右关联的互动性，到文学“古今演变”的非线性，再到“文学史”时空架构的多维性，都值得我们重新思考。这里再拿“文学史重写”问题补缀几句。呼吁多年的“文学史重写”要追求全景化、立体性与全方位性，主要围绕“时序”做文章。由于“史”的性质规定，“历时性”的编年史叙述为主无可置疑，但未必一味地梳理文脉，不妨效仿传统小说“预叙”之道，间或颠倒一下时序，将后世“互文性”的情况预先点一下，继而以“此是后话”之类的套话打住。同时，按照“共时”眼光，将文学版本的完善过程交代出来。如关于《三国演义》，固然首先考虑罗贯中的原创文本如何“历时性”地给《水浒传》《西游记》《金瓶梅》以哺育，另一方面又要考虑李渔、毛宗岗父子的评改文本对《水浒传》《西游记》《金瓶梅》又有哪些吸取及对罗贯中原本提供了哪些意义。《水浒传》版本尤为复杂，与其他小说的“共时互文”关系也就显得更为复杂。

“互文性”理论推动我们从较为纯粹的“渊源研究”拓展到“脉络研究”、“谱系研究”。基于“互文性”理论以及“互文性”史识的“文学史”有望成为兼顾“历时性”、“共时性”双时序且具有“前后互动”效应及内在逻辑关联的有机体。

从实际操作层面看，运用“互文性”理论对某部（篇）作品展开具体研究也是具有多个维度的。一方面，既要重视“现文本”与“前文本”的密切关联，又要注意从传播、接受、影响等视角审视“现文本”对“后文本”的生发，从而确定该作品在文学史上的地位，并加深对其经典性的理解。如研究《水浒传》的“互文性”，既要关注其“现文本”对《史记》叙事、写人等“前文本”以及其他前期小说戏曲“前文本”的师法、传承、化用、扬弃，又要关注其“现文本”对《金瓶梅》《儒林外史》《红楼梦》等“后文本”的不同渗透。当然，也不可忽略文学接受与阐释过程中“后文本”对“前文本”阐释的启示性“反哺”。另一方面，在对某一部经典作品的“互文性”详情进行发掘时，既要关注其正向的“沿袭”“仿拟”，又要关注其反向的“戏拟”“反模仿”或“反弹琵琶”。如《金瓶梅》的文本既包含大量地正向吸取《水浒传》等小说文本的叙事写人元素，也不乏反向模仿《水浒传》等小说文本的“反讽”笔墨。其中，将《三国演义》的英雄风云际遇的“桃园三结义”翻转为酒色之徒乌合的“热结十兄弟”，将《水浒传》“拳打镇关西”的高尚英雄鲁达戏拟为替西门庆出气而“逻打蒋竹山”

的地痞无赖鲁华，等等，都是反向“互文性”的范例。

他山之石，可以攻玉。与“阐释学”“叙事学”等文艺理论方法一样，“互文性”理论可以与中国古今诸多文艺理论嫁接、互释，并理所当然地成为中国传统各体文学文本研究的指导，具有较强的可操作性与应用性。一方面，我们要看到由于传统文论对不同文本之“互拟”大多持抵触态度，因而“互文性”理论在中国发育不良，另一方面，我们要取长补短地借鉴西方“互文性”理论，对传统文学中的“互文性”迹象和影像做出中肯的评价，并扬长避短地推动本土化文艺理论建设。

第十章　美学与视觉

美学仰望星空、注目远方，同时必须脚踩大地、关注实际。首先是关注视觉艺术的实际。复旦大学王才勇提交的《现代视觉的平面性转向》揭示：平面性是诞生于19世纪中下叶的现代视觉审美语汇之一。它刻意将三维成像转化成平面形式。策略是将对象的三维特性约减成平面性图形；效果是一方面走向形式自主，另一方面将意义的主观建构向感性层面拓展。这样，不仅形式本身，而且感性活动本身就在建构意义。正是这种平面性转向，导致了现代平面设计的出现。汤筠冰选取“战争海报”这个入口，考察了艺术宣传的理论与实践。她指出：艺术宣传是加强效果的常用艺术传播方式。如今，“艺术宣传”正逐步去除意识形态色彩，向“艺术传播”的本源靠拢。上海财大徐巍讨论了图像时代红色经典的记忆方式和影像叙事的转型。从记忆的视角考察红色经典，分别看到红色回忆、红色记忆和后红色记忆三种呈现方式。在影像的处理上，新世纪以来的华语大片紧扣红色经典记忆，经历了由奇观场景到奇观叙事的转变。老会员徐梦嘉则从线条律动、构形险绝、章法奇幻等方面，评论了沪上名家韩天衡的草篆书法艺术天机流行、一骑绝尘的大美。

第一节　现代视觉的平面性转向[1]

这里所说的平面性（planarity）并不是指平面截图之类的视觉形式，而是指将非平面对象刻意转换成平面的视觉表达方式。它不是对世界的一种物理表现，而是美学表现，因此，只存在于艺术和审美活动中。在古今中外的审美视觉语汇中，平面性或平面化特点虽然不同程度地早就存在，但是，作为一种自觉的审美形式却是19世纪后半叶、20世纪初以来的事。这

[1]　作者王才勇，原载《江西社会科学》2014年第9期。

里要探讨的就是这种作为现代视觉美学语汇的平面性。

一、视觉表现中的平面性

有一种颇为盛行的观点认为，平面性早在人类视觉表达的原初时期就已存在，原始岩画，古代壁画，中国新石器时代的装饰图形，仰韶文化中的陶器纹饰等，无处不显平面性特征。此间往往忽略的是，当时的平面性很大程度由技巧的局限所致，因而是不自觉的，对当时审美主体而言往往是无奈的遗憾。由于再现性技巧的缺席，古人无法在二维平面上展现日常视觉的三维空间，所以，那种平面化构形是未经任何自觉意识驾驭的，而是视觉再现在平面载体上的自发结果。这样的平面化与此后情形不同的是，对象的视觉再现全方位地以平面方式出现，不仅整个画面无处不见二维空间，而且线条、图形、色彩等都以相同的饱和度出现。这样的总体性在视觉上传达的并不是某种刻意的主体性内涵，而是自然的客体性显现，因为平面性在画面上无所不在，而且到处都以均质方式存在，那显然是人还无法再现三维空间所致。到了中世纪，由于宗教文化的缘故，这种自发的平面赋形一直未被突破。当时，圣像背景被涂以金色虽有刻意的色彩，但这不是将三维图形刻意转换成二维平面，而是刻意不去关注三维再现的问题，因为那些金色不具有再现功能，不是视觉表现的手段，而只是一种不去再现，不予顾及。此后，在技巧突破的文化限制消失之后，西方绘画语汇马上转向了平面性的反面：立体性，在二维平面上展现三维图像。当这种三维再现发展到了几乎炉火纯青的地步时，人类开始又另辟蹊径，不再整个驻足于三维再现，而是通过刻意的平面化转向去表现平面介质无法再现的东西：主体性或时间性维度。这种刻意的平面性是我们这里探讨的对象，这是因为它以自觉和稳健的形式出现，而不是技巧不到位的自发产物。这样的平面性主要来自西方，而且首先见于 19 世纪中下叶崛起的现代派绘画。

对于现代派绘画，格林伯格曾说过："平面性是现代派绘画发展的唯一定向，非他莫属。"[1] 迄今已经很少有人会否认这一点，而且，凡研究现代派绘画形式特征的人，几乎没有人不提及这一点，如专门研究莫奈的德国学者维斯（Susanne Weiß）也说道："浪漫派画家出现了抛弃对象性，创作摆脱对象性之绘画的念头后，下一代艺术家通过创造出平面构图法便发展出了一种新画法。"[2] 但是，由此深入研究这一点的人又寥寥无几，尤其是对于如此这般的平面化如何诞生，存在形式、效用依据及其与现代性的关系问题，更是被搁在一边，以致觉得平面化是现代视觉实践当然之事，而不再关注对其的理论探讨，只关注据此而来的形式创造。视觉形式的创造由于无以比拟的感官直接性，固然可以自发地进行。但是，从美学品

[1]　弗兰西斯·弗兰契娜、查尔斯·哈里森编：《现代艺术和现代主义》，张坚、王晓文译，上海人民美术出版社 1988 年版，第 5 页。

[2]　Weiß Susanne, *Claude Monetein distanzierter Blick auf Stadt und Land*, Berlin, 1997, p.105.

质的提升和审美自觉角度看，其间的审美奥秘还是应予以披露的。

就现代派绘画而言，一般认为自后印象派开始平面特性才出现。这样的观点自然更有效地将印象派与此后绘画的发展连在了一起，但是，却也由此遮蔽了平面性，乃至整个现代派绘画的一些奥秘，因为平面性在后印象派那里的出现有个前过程，那就是此前印象派画家的创新努力，这个前过程一方面展示了平面性是如何一步一步出现的，另一方面也映现了平面性本身的一些奥秘。首先，视觉再现的平面性是人刻意为之。无论是早期印象派还是后印象派画家，都不是因为不谙传统画法而走向新画法，他们早年都程度不等地掌握了传统画法，以后只是为了创新才自觉抛弃了传统画法；其次，所谓平面性其实是约减对象三维关系的结果，是将日常视觉中的三维成像转换成二维图形的产物。早年，马奈对光影成像的放弃，莫奈对瞬间和波动形象的关注，德加对画面空间（构图）的自主选择等，所有这些都表明，画家们开始努力略去日常视看的一些对象性关系。后印象派画家恰是沿着这个方向更大胆地做了这种约减，才更清楚地展现了平面性特征。因此，西方绘画后来出现的平面化转向其实是约减对象性关联的结果。此间，约减是其核心所在。这二点仅从后印象派始的图形创造来看很难看清，唯有早期印象派画家的创造才展现了，自觉的平面性是如何从约减对象三维空间的过程中诞生的，因为这样的约减在早期印象派那里还比较具体，后期则变得模糊和隐蔽。

就具体形式特点而言，自觉的平面性与立体性相关，它是克服或扬弃立体性的产物。具体来看，这种克服体现在造形和用色二个方面。造型方面，现代绘画的平面性效果具体来自对深度感和体积感的剔除。深度感主要指画面中物外部的空间关系，这往往由物之间的景深关系组成。西方自印象派始的现代绘画显然已不再去勾勒这种深度关系，他们所做的是将此空间关系压平，使之变成平面，远的近的都在同一个平面上展现出来；体积感主要指物内部的空间关系，这往往由物自身外显形式的立体效应组成。西方现代派绘画对此同样已经不再勾勒，而往往用忽略明暗的平涂或大面积色块取而代之，以致往往只见物体的形，不见物体的质；用色方面，现代派绘画的平面性效果主要来自向客观色的告别和对色域变化的消除。日常视觉感知中，色彩总是依附于特定客体并具有因光照不同而来的色域变化。呈现立体性效果的西方传统绘画是严守这一点的，而现代派绘画则对之进行了突破。画面成像中将光源剔除，没有了光源，传统的光影效果随之消失，画面上就没有了光照，而只有色彩亮度，这个亮度由于不是来自现实而是主观注入的，因此不仅脱离了客体，而且没有了日常的色域变化。这样，用色就成了主观的。画面上，这样的用色虽然还承担着映现特定对象的功能，但指向的对象已不再是客观的，而是主观的。平面性的这些具体表现往往又被说成平面构图，平面造型和平面色彩三种，前二者其实都是造型方面扬弃立体性的结果。

视觉表现中的这种平面性主要由西方现代派绘画推出，西方绘画自印象派，经由野兽派和立体派一直到第二次世界大战的发展主要由这种平面性主导。这样的平面性是对物体视觉形式进行加工，处理的产物，即将日常视觉成像中的立体性转换成了不同于现实的平面性图像。这种对形式的主观加工虽然没有根本改变视觉表现中的对象性指向，但却在对象视觉成像中开拓出了一个单纯由形式产生效用的层面，这个层面不是客观给定的，而是主观创造的产物。原来，对象的视觉再现是通过三维视像特点产生效果的，因而，视觉感知很大程度系之于对象本然的存在，也就是说，对视像内容的通达，因为三维视像全方位地将感知引向日常视看，而在日常视看中，对象形式本身不具有独立意义，它总是依赖于对象内容。现在，这样的三维性特点被约减了，形式不再全方位地传达着对象的日常视觉内容，而成了没有内容厚度的东西，视觉效果就开始走离对象本身，而只来自形式。平面性使对象形式成了没有固有内容的形式，形式转向了自主表达。所以，平面性往往被说成是绘画性的固有特质所在，也就是说，它是绘画唯一不与其它视觉表现共享的东西，它是画家刻意加工和重组的产物，那就是转化成自主审美对象的形式，“自主”是因为感知不再依赖于内容把握。因此，西方现代绘画中的平面性转向又往往被说成是向形式感、装饰性和符号性的转向。正是基于此，西方研究现代绘画的著名艺术学家克莱夫·贝尔说道：“一个以现实事物的形式构成的优秀的构图，无论如何都会降低自己的审美价值，在欣赏时人们很容易一下就被其中的再现成分所吸引，以及疏忽了其中的形式意味。”[1] 审美来自重新创造出的形式，平面性就是此种形式的鲜明体现，它使形式走向自主的同时，也使视觉认知中的感性活动具有了独立意义。

二、平面性的表达

视觉表现中的平面性是将日常三维成像中的立体性转化成平面图像的结果，它与西方现代派绘画中以后出现的抽象不同，有着鲜明的对象性指向，它只是在对象再现中，将其本来具有的立体性特点去除，如造型上的深度感和体积感，用色上的客观性和色域变化，而对象性指向并没有消失。这样的视觉再现中，不管平面性达到了何等程度，形式的载体依然是特定对象，哪怕是主观色也没有走向独立，而依然指向或展现着特定对象。这一点与抽象不同，抽象是将视觉造型约减成了没有直接对象性指向的点，线，面，色等单纯形式。当然，究其根本，抽象性也不是绝对没有对象性指向的，这不是这里要谈的关键，这里提及抽象主要是为了阐明，视觉再现中的平面性由立体性走来，还没有走到抽象的地步，它是在直接的对象性框架内抽去了视觉上的立体性特质。这样，视觉表达就不同于此前的立体性图像。

一般而言，绘画表现无论如何都映现着人对世界的态度，当然，不是人的全部，而是观看着的人。正如梅洛-庞蒂所说，“正是通过把他的身体借给世界，画家才把世界转变成了画。”也就是说，“我所看见的一切，原则上都属于我所及的范围，至少属于我的目光所及的

[1] 克莱夫·贝尔：《艺术》，周金环、马钟元译，中国文艺联合出版公司1984年版，第154页。

范围，……可见的世界与我的运动投射世界乃是同一存在的一些完整的部分。”[1]画家在画出的作品中展现的是他自己“运动投射”（看）的结果，观者看见的同样也是他自己“运动投射”的结果，画中凡与此“投射”不相容或不对应的，就不会被感知，不会被看见。立体性图像展现的是与日常视看同步的东西，表现的是日常可见世界的情形。而平面性图像则没有了这种同步，是与日常视看不尽相同的图像。就前者而言，视觉表达指向的是前经验，即日常视看曾见过的东西，恰是在前视看经验的参与下，现经验才得以建构；而在平面性图像那里，由于所见对象与过去视看经验的连接不再完整，视觉表达就开始部分转向当下，前经验只是部分或极其有限地参与到当下视看中。这样，表达就很大程度来自既时观看。梅洛–庞蒂曾说：深度和光是相对于“它们本身而言，因为它们渗透我们，包纳我们。”[2]也就是说，像深度和光这些要素其实映现的是人观照世界的方式，它们包纳的其实是观看主体的因素。但梅洛–庞蒂没有具体指明，包纳我们的哪些因素。西方现代派绘画由立体性向平面性的转换，就迫使理论探讨去具体披露，不同视看方式，即不同图像方式中所蕴含的不同表达：立体性表达的是过去的视觉经验，平面性则开始转向当下。所见对象由于与记忆储存不尽相同，视看就开始转向当下的即时观照。视觉记忆与日常视看是同位的，平面性由于缺失了与视觉记忆的完整链接，表达的就不再是日常，而是非日常内容。因此，面对立体性图像的视看往往由辨认所主导，而平面性图像引发的则主要是感受性活动。立体性图像表达的主观是历史地积淀成的，是视觉记忆，而平面性图像表达的主观则开始转向当下感受与当下建构，那不再是已经被确定了的对象性内涵，而是正在确定着的主观活动。这个活动本身成了表达的主要内容所在。正是基于此，对于现代派绘画拓展的平面性表达就出现了诸如“拓展想象性空间”以及“表现不可见事物”等说法。“想象”就是主观活动走离对象性依循时的产物，平面性图像迫使这种走离出现；“不可见”就是指日常视觉感知中没有的，见不到的。那就是面对图像时的主观活动本身成了视觉表达的主导。所以，从根本上来看，视觉表现中的平面性转向使表达向即时的，不确定的主观感受领域推进。可见的图像之所以能表现不可见的，就是因为它凭藉与现实有所错位的平面性，激发了当下观看的自主活动，那是与面对类似图像的日常活动不一样的，所以出现了日常见不到的。平面性图像的视觉表达就这样拓开了主观感受的空间。但那还不是纯粹的主观感受，因为画面的对象性指向依然在，而是指向了特定对象引导的主观感受。以后，平面性向抽象的转化则开始将感受推向没有具体对象图形引导的更纯粹主观活动。

现代派绘画中的平面性表达的并不是任意的主观活动。首先，它指向的是视看活动的感性认知方面，这使得它与此前的立体性不同。在基于三维透视的立体性图像中，视看主要是

[1] 梅洛–庞蒂：《眼与心》，杨大春译，商务印书馆2007年版，第35、36页。

[2] 梅洛–庞蒂：《眼与心》，杨大春译，商务印书馆2007年版，第67页。

凭藉辨认，理喻等知性活动理解了对象，在二维的平面性图像中，视觉理解开始更多地由感受，自主会意等感性活动而来；其次，平面性表达所指向的主观感性活动并不是随意的，而是指可以建构意义的感性活动。这样的意义由于直接由感性而来，故而无法由概念，范畴等可公约的东西去复现，因为越感性，往往也就越不可公约。因此，平面性图像的视觉表达呈现出不确定性或波动性。恰是这种没有定于一点的不确定性和波动性将时间维度引入了视觉表达。本来，基于三维特点的视觉表现是将对象定于某个时间点，立体性就是截取日常视觉某个成像的产物。而视觉表现中的平面性则剔除了这个定点，使多个或无数个时间维度同时在二维平面上出现，由此而来的不确定性和波动性则打开了感知的另一个空间，一个不是由确定的点，而是由某个波动的过程去建构和领悟意义，这个过程可以是无穷的，就像时间是无穷的一样。正是基于此，有学者就指出："现代艺术的所谓平面性，不是不懂空间也不懂深度的平面性，而恰恰是对无穷深空间的二维压缩，这也是它内在张力的根本。"[1]

三、作为现代视觉审美语汇的平面性

平面性是作为现代派绘画的主导特征出现的，因此，理所当然地带有着现代性特质。对此应该不会有人置疑。问题的关键是，平面性何以是现代的。单纯从历史发展角度看，之前的立体性图像与之完全不同。当然，仅凭这种深度转向也可以说明它是现代的，而立体性则是传统的视觉表现方式。可是，问题由此并没有解决，依然存在的问题是：为何恰恰平面性，而不是其他，能够取代之前的立体性而成为一种现代视觉审美语汇。对此，又不可避免地要面对何为现代，尤其是视觉形式上究竟如何的问题。

对于现代性，不同领域自然有不同的表征和特点，就文化，尤其是艺术而言，波德莱尔在其《现代生活的画家》一文中的表述"过渡的，短暂易逝的，偶然的"[2]被广为引证。就审美现代性而言，瞬间性，不确定性和偶然性应该很好地表述出了自19世纪中下叶以来艺术领域，尤其是绘画领域所出现的递变。平面性由于将视觉形式感知从原来对日常视觉经验的依赖，转向了对当下感知的看重，即更多地赋予当下感知以构建意义的功能，因而显现出立体性图像不具有的瞬间性，不确定性和偶发性特征。"瞬间性"是因为平面图像不再定于一点，其表达因人因时而异，瞬息万变；"不确定性"是因为不断流变，没有定性；"偶然性"是因为很少有可以依循的关联存在，变动不居，以致难以预先规定和给定。平面性图像较之于立体性图像应该明显地呈现出这些特点。但是，进一步的问题是，为何这样的波动，偶然代之以之前的确定和必然成为了现代的？这又要从现代人的审美诉求来看。

[1]　王天兵：《西方现代艺术批判》，人民美术出版社1998年版，第27页。

[2]　《波德莱尔美学论文选》，郭宏安译，人民文学出版社1987年版，第485页。

从文化或审美角度看，现代人应该是与城市化连在一起的，那是告别了农业生活进入城市后的人。古罗马城邦时期的人虽然在黑格尔眼里已呈现出现代人的一些特点，但由于存续时间不长，还没有展现出现代人的一些文化和审美特点。一直到17、18世纪，随着工业化的出现，文化和审美意义上的现代人才渐渐成型，那就是对理性和确定性的看重并藉此来构建整个文化和意义活动，视觉审美上的三维透视便是这种精神的体现。到了19世纪，随着技术和工业化的飞速发展，大都市开始出现，这意味着都市里人有了质的增多，感知上出现对人群的感受，文学和艺术上立马对此有所体现，接踵而来的则是人之间的竞争以及对速度的渴求。正是这种对速度的渴求又将人从对理性和确定性的追求中转向了对效率的看重。审美上，这就进而使人转向感性、变动，转向效果本身。理性是间接的，而效果则是直接的、感性的。视觉表现上的平面性切断了感知与前经验的关联，进而也就剔除了视觉中的辨认性成分，将视觉感知主要驻足于当下和即时效果上。这样的视觉图像应合了现代人对速度和效果的追求，这种追求在大工业或大都市时代已经发展到了藐视理性给定，只顾感性即时生成的地步。平面性就是社会生活变化在视觉审美上的反映。

正是基于这样的存在依据，平面性在19世纪中下叶诞生之后，很快发展成了一个现代视觉审美语汇的主导形式，这不单纯是因为此后现代绘画的发展主要是沿着这条平面化道路前行的，而且还因为这个视觉形式越过了艺术审美的边界，经由平面设计进入到了日常生活中。这就是说，平面性作为人类视觉审美活动转向现代的集中体现，不仅在艺术领域有其普遍存在，而且还由此走向了生活，成为了现代人日常视觉审美的一个普遍形式。

四、平面性与现代平面设计

艺术设计或工业设计是从现代派绘画中衍生出来的。早在19世纪中叶现代美术崛起伊始，约二三十年后，平面设计就在巴黎等地诞生，不少现代美术的先锋画家投身到平面设计中，而且也诞生了一批专门的设计家，到了20世纪20年代现代美术正如火如荼发展时，一批出身美术的艺术家创建了历史上第一个设计学院——包豪斯，从而将现代美术的一些先锋形式，经由设计引入日常生活的审美活动中。这种基于批量生产的设计产业的出现，就是由于先锋艺术中出现了平面化转向的缘故，也就是说，正是由于平面化形式的出现，才使得如此这般视觉形式的批量生产具有了可能，因为平面化同时也就意味着简化，而简化就使快速生产和批量生产具有了可能。

现代派绘画的平面化转向是为了激活当下视看对意义生成的参与，以使感性活动能独立去建构意义，这就是说，弱化对前经验的依循，消减理智活动的介入。这样，“简化”就成了视觉形式不可避免的特征。正是这个“简化”传达出了一个讯息：艺术性图像不是来自客观，而是经由主观处理或主观创造的产物，而且这种处理或创造指向的并不是复杂，而是简单的形式，这就给快速设计和批量生产视觉形式提供了可能。由此，艺术设计或工业设计应运而生，而且，最初的设计都是平面设计，都是在平面空间中的设计活动，此间与绘画的对应，不言自明。20 世纪上半叶的一些先锋派艺术家，像毕加索、布拉克、米罗、马松（Andre Masson）、马列维奇（Kasimir Malevich）、罗钦科（Alexander Rodchenko）、纳吉（Laszlo Moholy-Nagy）、列克（Bart van der Leck）等都亲自从事过设计创作，而且他们的设计创作与其艺术语汇紧密连成一体，那就是平面性构图；从纯粹设计角度看，20 世纪上半叶艺术设计或工业设计与先锋派艺术之间的密切关系也是一个不争的事实，从后印象派到立体主义，从未来派、达达主义到超现实主义，乃至构成主义和风格派，几乎可以一一对应地找到各自对平面设计的影响，也就是视觉语汇的承续。从总体角度看，这种影响和承续基本都集中在平面性图形上。可以说，正是先锋派艺术家创造出了易快速创制和批量生产的平面型图像，才使设计产业应运而生。

当然，谓其“易快速创制和批量生产”是从设计角度来说的，从纯美术角度看，即便简单的图形也是基于独特感受的，有其不可公约的内涵在。而设计产业创制的平面图形则是具有很大程度可公约性的，是可以不断复得的。其间的差异主要来自两方面：其一，来自原创与复制的差异。先锋派艺术中的平面图形显然是原创的，当其被移植或运用到设计产业中去的时候，哪怕是以受启示的方式出现，都已经不再是原创，而是曾出现，曾被感知过的；其二，平面图像在先锋派艺术与平面设计中的差异虽然存在，但由于视觉语汇独特的隐秘传达，却往往被忽略，那不是因为没有差异存在，而是因为难以说清。就像贡布里希曾说过：“任何一个妇女都不能预言一顶帽子不用在镜子前试试就适合她，因为任何线条、任何色调都可能以最出人意料的方式改变她相貌的成形。”[1] 平面图像在先锋艺术中与在平面设计中的差异就以这种只可意会、无以言传的方式存在。言传可以企及的只是：前者是不可复得的，具有独一无二性；后者，不仅可以复得，而且具有很大程度的可公约性。恰是这一特质使得平面设计进入了工业时代的日常生活中。

这样界定并不是说先锋派艺术中的平面性与平面设计之间没有了关联，因为前者对后者影响的存在已充分表明了之间的关联。这主要是先锋派艺术通过平面性构形创造出了一种单凭感性活动，无需知性和理性参与就能会意的视觉形式，这样的感性会意又进而具有着快速，波动，放松等特点。这些都是平面设计赖以产生效用的审美机制。正是基于这个审美机制层面的相关性，平面设计中运用了很多来自先锋派美术的手法，如动点透视或多视点透视，四维视动空间（加入时间维度）等。

假如说现代视觉审美主要由艺术和日常生活两个领域体现的话，那么，这两个领域都表

---

[1] 贡布里希：《艺术与错觉——图画再现的心理学研究》，林夕、李本正、范景中译，浙江摄影出版社 1987 年版，第 58 页。

明：平面性是其鲜明的图形特质。现代人的审美就这样通过平面性构图在视觉领域开拓出了一个启动单纯感性活动，使其释然的天地，因为没有了内容指向，没有了日常辨认性因素，视看就越来越成了没有非视觉因素参与的单纯视看活动，而这种单纯视看恰恰是视觉活动的本然状态，现代生活则越来越远离了这样的自然性，平面性之作为现代视觉美学语汇的依据就在此。

第二节　从战争海报看艺术宣传的理论与实践[1]

起源于传播教义的“宣传”一词，在西方研究领域，经历了第一、二次世界大战的洗礼，逐渐演变为重要的说服和传播用语。特别是与艺术的结合，创造出了战时宣传海报的新艺术形式，促使艺术传播效果达到了空前高度，成为社会抗争与战争动员的有效手段，传播学研究者甚至将战时海报的艺术宣传作为强效果理论的例证。

一、宣传概念的迭新

西方的“宣传（propagation）”词汇来源于宗教。1622年，罗马教皇建立了信仰传播圣会，宣传天主教教义，反对以伽利略为代表的科学新论对宗教知识体系的挑战，“宣传”一词被创造为传播教义用语而被启用。第一次世界大战期间，宣传活动被广泛运用在战争动员和社会劝服中，对国内应征新兵、传播战争正义、提升政府形象，对国际舆论宣传等方面都起到了显著的传播效果。

在汉语中，“宣传”一词最早出现在《魏略·李孚传》：“孚言：今城中强弱相陵，心皆不定，以为宜令新降为内所识信者宣传明教。”西晋陈寿《三国志》中《蜀·彭羕传》中言：“先主亦以为奇，数令羕宣传军事，指授诸将，奉使称意，识遇日加。”宣传在中国古代汉语中的含义为政令的传达之意，与现代汉语中的“宣传”语意还有不少差异。《汉语外来词词典》中定义“宣传”一词来源于日语，含义是对群众说明讲解，使群众相信并跟着行动。周作人在《药堂杂文》中也提到：“宣传的新译盖来自日本，从汉文上说似是混合宣讲传道而成，也可以讲得过去，在近时得新名词中不得不说是较好得一部类了。”虽然我国古代汉语中早出现有“宣传”一词，但现代汉语中的宣传词意主要是来自日语，也就说宣传一词是受外来语影响，在现代汉语中被附载了新的含义。

第一次世界大战时期，艺术宣传被广泛运用到战争宣传策略中去，拉斯韦尔在其经典著作《世界大战中的宣传技巧》中将宣传定义为“它仅指以重要的符号，或者，更具体一点但

[1]　作者汤筠冰，原载《现代传播》2016年第8期。

欠准确地说，就是以消息、谣言、报道、图片和其他种种社会传播方式来控制意见的做法”。从拉斯韦尔的这一定义看，“一战”期间，宣传在西方已开始成为重要的说服和传播方式。

由于“一战”中凸显出的“宣传”传播效果的威力，特别是由于“二战”中法西斯非正义的宣传被神话成为专政崇拜，宣传渐渐在西方文化语境中被打上了“污点”，成为了一个带有贬义，隐含着诱服、欺骗甚至是恐吓含义的词语。由于对法西斯暴行的否定，研究者基本持批判立场对被打上深刻法西斯烙印的宣传行为进行研究。至冷战期间，宣传仍是两大对立阵营国家积极倡导的传播策略。国际广播、电视等大众传播媒介的兴起，使国际宣传的进程不断加剧。法国哲学家雅克·埃吕尔就把宣传界定为“由有组织的群体所使用的一系列手段，其目的是通过心理操纵，使大众中的个体达到心理上的统一，团结在一起，积极地或被动地参与该群体的行动”。他甚至认为，所有带有倾向性的含任何意识形态的讯息，不论是有意的还是无意的，都是属于宣传行为。宣传被研究者异化为负面传播的代言者而被冷遇。

20 世纪 80、90 年代以来，西方的部分学者开始重新认知“宣传”概念，认为宣传研究不应随着冷战的结束而被弃用，它对于理解现代社会的信息传播仍然有重要价值。他们在雅克·埃吕尔宣传研究的基础上，将宣传概念进一步科学化，剥离其意识形态色彩，运用经验研究和批判学派的研究审视宣传。于是，乔伊特和奥唐纳（Jowett & O’Donnell）提出了一个经常被引用的定义：“宣传就是有意地、系统地影响感知、操纵认知和引导行为，进一步强化符合宣传者目的的某种反应。”英国的宣传研究权威菲利浦·泰勒（Philip M. Taylor）把宣传仅仅看成是一种中性的传播手段，认为宣传的伦理问题并不来自它本身而是来自使用宣传的动机和目的。他把宣传定义为一种有意图的对宣传者有利的传播方式。尽管在现实中手段和目的是否能截然分开令人怀疑，但是泰勒的研究代表了近来宣传研究的话语策略——从意识形态的泥淖中用中立之网打捞起正在沉没的宣传概念。

在我国，宣传在抗日战争时期是作为重要的意识形态传播工具存在的。这一实践活动和雅克·埃吕尔的宣传概念非常接近。目前，我国传播学者对“宣传”的定义是，运用各种符号，传播一定的观念以影响和引导人们态度、控制人们行动的一种社会性传播活动。在学理上，和西方现代对于去除意识形态的宣传概念迭新基本是一致的。

二、艺术宣传的研究谱系

在文化研究中，艺术宣传是在西方的意识形态研究的整体框架下发展起来的。具体地说，这一研究首先从阿尔杜塞的“症候式阅读”的方法的提出开始，用于艺术研究就是要通过种种方法阅读出隐藏在艺术作品背后的“症候”式的意识形态。经典的研究如皮埃尔·马切莱用症候理论和方法去解读凡尔纳的小说，揭示了他的小说在科幻背后隐藏着的帝国主义征服世界的意识形态。

西方马克思主义理论的创始人之一，意大利学者葛兰西提出文化霸权的理论，同时认为文化领导权需要协商。约翰・斯道雷（John Storey）运用这一理论具体分析了牙买加歌手鲍勃・马利（Bob Marley）的宗教歌曲在国际乐坛上大获成功的原因，研究出他的成功并非是完全出于人们对宗教信仰的热忱，而是音乐家同资本主义价值观念协商的产物。

法国哲学家福柯关注权力的话语体现，以及如何使用规训的手段使权力渗透到社会中去。“凝视”与“再现”理论探讨了“知识型”的转化以及社会的转向。在经典著作《词与物》中，福柯分析了西班牙巴洛克式画家委拉斯开兹的古典名画《宫娥》，油画表现出的中心人物是小公主和仆人，但其实画面真正想体现的却是通过画面镜子中映照中绘制出的国王和王后的视觉形象。油画中的画家本人，以及仆人之间的错综复杂的视线交织在一起，显现出油画中的所有在场者既是观看者也是被观看者。它制造了这样一种效果，即：“注视者与被注视者不停地相互交换”；而且“任何目光都是不稳定的……主体与客体、目击者与模特无止境地颠倒自己的角色”。福柯展示出了绘画中“可见”与“可述”之间的隐秘而复杂的关系体。

随着传媒的日益发达和大众文化的崛起，意识形态的研究更多地被应用于通俗艺术。这其中，电影、电视、摄影等视觉文本是研究者关注的重点。伊恩・昂（Ien Ang）用人类学的方法研究美国知名肥皂剧《达拉斯》，建构了作为意识形态形式的“情感的悲剧性结构”，指出这部电视剧在全世界的成功其实是意识形态运作的成功；道格拉斯・凯尔纳（Douglas Kellner）则更进一步地详细论述了电影《第一滴血》《壮志凌云》和里根政府所宣扬的主流意识形态之间的关系，也分析了麦当娜如何通过 MTV 表达自由主义的倾向，这些都是艺术传播与意识形态研究的很好的研究范本。

在传播学研究中，艺术宣传是以“魔弹论”为代表的强效果理论的例证存在的。在第一、二次世界大战爆发的背景下，大众报刊、电影、广播等大众媒体迅速普及，这些媒体传递出的信息直接作用于大众，产生了极大的社会影响。经由媒介传播出的信息像是一枚“子弹”，受众像一个“靶子”，子弹可以轻易地射中靶子。因此，诞生并盛行于 20 世纪 20 年代—40 年代的这种认为大众媒介威力强大的传播学强效果传播理论“魔弹论”，又称“皮下注射理论”“靶子论”“枪弹论”，代表人物是拉扎斯菲尔德和西多尼・罗杰森。“魔弹论”的核心内容是传播媒介拥有不可抵抗的强大力量，它们所传递的信息可以在受众身上引起直接、迅速而激烈的反应和传播效果。在这一理论看来，大众媒介传播的一切内容，包括艺术宣传都能够轻易地左右人们的态度和意见，甚至直接支配他们的行动。具体例证包括，希特勒政权在很大程度上正是依靠了招贴画、广播等战争艺术宣传的推波助澜，蒙蔽了人民，才使得其政权在德国得到确立，使得民族主义过度发酵，促发了对外侵略战争。

在艺术学研究中，美国学者 V.E. 波奈尔的“政治图像志”理论对艺术宣传的研究较有代表性。图像志理论来源于瓦尔堡，经由潘诺夫斯基、贡布里希等人的学术贡献，逐渐发展成为完善的图像学研究体系。波奈尔借用了克利福德・格尔茨和米歇尔・巴克桑德尔“情境化的社会”的观点，对苏联在1917年至1953年的宣传画艺术为具体样本展开了研究。通过苏联宣传画展示出了苏联的官方权力话语及其不同时期的变迁，宣传画视觉形象和传播在苏联民众中建立起来的社会控制关联，构划出这个文化体系的主要坐标，视觉性的艺术宣传是如何塑造这一时代的苏联人的思想观念。对于艺术宣传的艺术学研究，本文试图从两次世界大战期间的战争宣传海报展开具体分析。

三、从战争海报看艺术宣传

残暴血腥的战争带给人类巨大的灾难、仇恨和痛苦。然而战争在艺术领域中镌刻下的印记则是世界艺术史中不可或缺的一部分。两次世界大战的爆发对艺术创作影响巨大，这期间形成了多种艺术流派。第一次世界大战颠覆了旧有的欧洲社会传统和文化秩序，这一时期形成了野兽派、立体主义、未来主义、达达主义等现代艺术思潮。1939年，第二次世界大战爆发，迫使大批欧洲现代主义艺术家大师流亡到美国，给美国艺术带去了新鲜血液，抽象美术、波普艺术、超现实主义等艺术形式在美国新自由主义沃土滋养下迅速崛起，并影响到整个西方世界，随之则是“后现代主义”艺术时期的到来。

宣传海报是广告的一种表现形式，以其醒目的视觉冲击力吸引受众的注意。第一次世界大战的宣传需求，催生了现代招贴画的产生和发展。作为一种新兴的宣传手段，宣传海报成了反战的重要武器，也成为各国政府动员国民加入军队等社会动员的有效宣传手段。

第一次世界大战的爆发源自西方列强重新瓜分世界势力范围的野心，是一场影响范围广泛，损失惨重的世界性战争。此次战争使得艺术与宣传走到了战争前沿。在“一战”前夕，极端民族主义情绪被煽动到了极点，使得战争的爆发成为必然。参战各国都成立了专门的宣传部门，并通过海报、明信片、电影等艺术形式开展战争宣传工作。1917年，美国成立了“公共信息委员会”，委派新闻工作者乔治·克里尔担任主席。克里尔说：“这是一个纯粹的宣传机构，一个做推销生意的大企业，也是世界上最大的广告业。”在他的带领下，公共信息委员会的宣传工作取得了巨大的成功，其间的代表作是一幅美国征兵广告《美国军队需要你》，一个戴着星条旗高帽的山姆大叔面向受众，伸出右手食指并指向受众。画面中的广告语写着：“我需要你，加入美国军队。”此海报以美国的指代形象“山姆大叔”为画面主角，他正义的眼睛逼视着正前方，右手手指直接指向受众，使受众产生一种不能逃避责任的使命感，似乎在对受众进行命令性的入伍召唤。该招贴画在“一战”期间对鼓舞美国年轻人加入军队，为国家效力发挥了巨大的作用。此招贴的设计者弗拉格是美国著名的平面设计师。“二战”期间，美国又重新印刷了这张现实主义风格的征兵招贴画，印数总计高达500多万张。这幅招贴成为平面设计史上最经典的作品之一，直到今天美国各大景点商店仍以明信片等形式出售。这幅宣传海报影响之广，效果之好，在招贴画历史上是绝无仅有的。

对比这一时期的苏联、意大利、英国的三张政府战争征兵宣传海报，构图都极其相似，画面的构成要素都由中心人物与文字标语构成。字体直接表达出宣传海报的主题；人物统一采用食指直接指向受众的命令姿态，神色威严而凝重，视线直视且肯定。仔细查看这四张招贴中的人物，美国、苏联、意大利招贴都是采用手绘“虚拟”人物对受众进行召唤。美国是代表美国民众的山姆大叔，苏联征兵招贴和意大利征兵招贴都是普通士兵人物，唯有英国选取了陆军元帅霍雷肖·赫伯特·基钦纳，英国历史上最具影响力的名将之一的照片作为召唤主体出现。在英国基钦纳将军煽动性的征兵宣传海报的助力下，“一战”前，他就召集组建了一支300万大军的队伍。“一战”期间，这些战时招贴为战争动员工作发挥了非常重要的作用，带来的社会影响也十分巨大。同时，其他印刷品和电影也成为宣传战争思想的利器。人们对大众媒介社会影响力的评价达到了历史最高点。

第二次世界大战期间，美国、英国、苏联等国家都出现了大量以反纳粹为题材的海报，进行反纳粹战争思想的宣传。与此同时，纳粹国家也设计了大量吹捧法西斯主义的宣传海报予以还击。“二战”期间，包括现代艺术发源地的包豪斯学校的师生在内的许多受纳粹迫害的欧洲艺术家和设计师陆续移居美国，将欧洲的现代艺术火种带到了美国。由此开始，美国逐步成为世界艺术设计的高地，产生了众多有影响的宣传海报作品和艺术设计家。

战后一段时间内，海报逐渐脱离了政府主导，转变为艺术家表达思想观念的纯粹艺术品。此时的海报多以反对战争、祈求和平的题材为多见。艺术家和设计师开始反省战争对人类带来的灾难。德国海报设计师冈特·兰堡、美国的西摩·切瓦斯特和日本的福田繁雄并称“世界三大平面设计师”。这三位设计师除了有着独特的视觉艺术语言，更有着关爱和平、提倡人类福祉的艺术思想。冈特·兰堡的童年时期恰逢战争年代，土豆成为德国战争时期平民百姓家庭几乎唯一的食粮，冈特·兰堡以土豆作为他对战争的记忆符号，创作了一系列的海报作品。在兰堡看来，土豆代表了德国的民族文化。他将色彩的对比和空间的叠加相结合，使平淡的土豆呈现出诗一般的层次感和韵律感，展现出令人惊讶的视觉创意和艺术效果，唤起了德国民众对失去年华的追忆，和对美好未来的向往。

《消除口臭》是切瓦斯特于1968年设计的反对美国在越南战争中对河内进行轰炸的海报。这幅海报以高对比度的色彩、简练的标语、夸张的漫画等艺术形式来表现反对越南战争的主题，招贴中的“山姆大叔”口中绘制的是飞机正在轰炸作战时的战争场面，切瓦斯特把这一战争场面嘲讽为令人作呕的口臭，他以标语“消除口臭”来寓意“反对战争”，传递热爱和平的愿望。此海报以标志美国的“星条旗”为背景，绘画采用现代艺术风格设计，展现出设计师反对战争、热爱和平的人文关怀。

新中国成立之初，海报被称为政治宣传画。政治宣传画一般带有醒目的、具有号召性的、激情的文字标题，通过复制技术广泛传播，张贴于公共场所，通过直接面向受众，以鼓舞人心而及时地发挥社会作用。政治宣传画由于在新中国成立时期对国家政策法令、政党意志精神及政治思潮运动等方面发挥了显著的作用，一度成为艺术创作中的重点。这一时期，宣传海报除了要遵循艺术形式的发展规律，还承担着反映国家政治诉求，宣传意识形态的作用。宣传画在新中国成立初期的发行数量巨大。1958 年至 1959 年，全国共出版宣传画 664 种，印刷达 1 亿张。1959 年 12 月 23 日，由全国美协、人民美术出版社联合举办了“十年宣传画展览”，共展出政治宣传画 175 幅，电影宣传画 21 幅。这个展览第一次大规模地展示了新中国宣传画的成就。

在新中国成立前后的各个历史时期，宣传画呈现出不同的艺术面貌，形成了不同的艺术类型。在艺术风格上都采用写实手法，原始画作的创作手法十分多元，包括油画、水粉画、摄影，经过后期加工，复制印刷成为宣传画，还有的汇集出版成宣传画手册。

1. 伟人宣传画

中国传统民宅正房叫堂屋，正中的称为中堂。中堂相当于今天的客厅，是旧式民宅中主人会客、起居、祭祀的场所。在中堂迎面的墙上一般会悬挂一幅中堂书画，中堂画多选取吉祥喜庆、述志抒怀的艺术题材中国画。新中国成立后的一段时间内，伟人宣传画逐渐替代家庭中心陈设的“中堂画”的位置，原本张贴于公共空间中的政治宣传画开始进入普通家庭的私人空间。

2. 战争动员宣传画

我国战争动员的宣传画类似于世界大战期间的战时宣传海报。伴随着国内抗美援朝、保家卫国运动，中国艺术家创作出了一系列歌颂抗美援朝的作品，引导国内舆论和社会动员。如《抗美援朝，保家卫国！》(黎冰鸿作，1950 年)、《正义的绞索在等着他们！》(方灵作，1950 年)、《前进！光荣的朝鲜人民军》(天津市文联作，1950 年)、《还要给战争贩子以更严重的打击和教训》(徐悲鸿、李桦、夏同光、艾中信、陈晓南作，1951 年)、《叔叔伯伯为了我们》(陈兴华作，1951 年)、《多生产多捐献》(钱大昕作，1951 年)、《我们热爱和平！》(阙文作，1952 年)、《美国细菌战犯逃不脱世界人民的正义　制裁！》(马长利、王乃壮作，1952 年) 等等，这些作品或以激昂热烈或以抒情感人的风格组成了这一时期歌颂抗美援朝的政治宣传画篇章。

3. 祈福和平与建设家园宣传画

新中国成立后，经历了经年战争的中国百姓越发呼唤和平，期待看到和平富强的国家的出现。为了反映这一心声，很多艺术家创作了歌颂和平、共建社会主义新家园的宣传画。《我们热爱和平》(阙文作，1952 年),《我愿做个和平鸽》(方菁作，1955 年)、钱大昕的《争取更大的丰收献给社会主义》、翁逸之的《鼓干劲，争高速，争夺全胜》、刘秉礼的《心怀祖国，放眼世界》、蔡振华的《共同劳动，共享成果》等都是这一时期反映和平心声，建设家园心愿的代表作。《我们热爱和平》最初是一张刊登于《人民日报》头版上的黑白摄影作品，1952 年儿童节前夕，作者受到毕加索《和平鸽》和儿童节的启迪，为了反映周恩来总理“我们热爱和平，但也不怕战争”的精神，拍摄了这一作品，于同年儿童节刊登后，其反映出的和平思想和新颖的构图得到了观众的一致好评。之后经过着色、制版印制成巨幅宣传画而风行全国，发行量高达1000万张。同时，还印制成为明信片、手绢和茶叶盒包装进行了广泛传播。这些海报的流行，反映出这个时代的民众对于和平的向往和期待。逐渐地，海报作为我国政治宣传画的功能也逐步削弱，如国际海报发展史一样，逐步演变为常态性的艺术形态的一部分。

从文化研究、艺术学、传播学等多学科多纬度审视艺术与宣传的发展脉络和相互关系时，不难发现艺术曾经为意识形态的传播提供了视觉化的包装利器，强化了政治传播的效果，甚至促生了宣传的新艺术类型。当我们饱含热泪地欣赏着毕加索的代表作《格尔尼卡》时，其实正是受着一场无声的视觉化的思想洗礼。但一如前文提及的乔伊特和奥唐纳、菲利浦·泰勒观点一样，与意识形态捆绑在一起的“宣传”正在走向其中立的本意，宣传概念正得以进一步科学化，去除其意识形态色彩。艺术与宣传已跳出了战争时期的传播语境与传播目的。在现代社会中，“艺术宣传”正在向本源性的“艺术传播”的语意逐步靠拢。

第三节　图像时代的后红色记忆与奇观叙事[1]

翻开共和国的革命历史画卷，红色影像如影随形。红色象征着革命、激情与活力，更是新政权的一种意识形态建构。然光阴荏苒，逝者如斯，当共和国跨越过六十七个春秋后，随着一代又一代人的成长，那一抹红色不管是在文学作品里还是影视作品里都呈现出了不同的意味。尤其是面对当今的图像时代，如何记忆红色历史、重新阐释红色经典始终是萦绕在电影人面前的难题。一方面，红色历史和红色经典是一个富矿，可以源源不断地为当代的影视剧提供创作灵感和基础。但另一方面，对红色历史和红色经典的再阐释，稍有不慎就会陷入重复老套或历史虚无的困境，惨遭观众的厌弃。因而，这里试图考察红色经典在图像时代记忆方式和影像叙事的转型。

一、图像时代与后红色记忆

1. 红色回忆、红色记忆和后红色记忆

如果我们从记忆这一视角进入对共和国红色影像的梳理，不难发现其大致有三种呈现方式，如果做一命名，我们不妨依次称之为红色回忆、红色记忆和后红色记忆。

作为第一种呈现方式的红色回忆，当事人往往是共和国革命历史的亲身参与者，他们大多投身革命，经过残酷的革命战争的洗礼，九死一生。随着和平年代的到来，革命年代的经

[1]　作者徐巍，原载《电影艺术》2015年第3期。

历和故事不断召唤着他们，促使他们将其记录下来，再现出来，由此形成了最初的红色叙事，那些红色经典作品的创作者大多如此。如《林海雪原》的作者曲波十五岁就参加了八路军。1946年冬，作为团副政委的曲波，亲自带领一支小分队，深入东北茫茫林海雪原剿匪，经过近半年的艰苦战斗，终于歼灭了这些顽匪。于是，这段独特的经历就成为曲波后来创作《林海雪原》的重要题材来源和艺术素材。从某种意义上来说，《林海雪原》就是作家曲波有关红色回忆的艺术表达。同样，长篇小说《红岩》则是国民党集中营的幸存者罗广斌、杨益言的红色回忆。而《红日》的作者吴强也亲身经历了孟良崮战役，伟大的胜利同样激发了他的创作灵感和创作激情。此外，梁斌的《红旗谱》与杜鹏程《保卫延安》的创作也同样如此。可以说，新中国这批红色经典的诞生正是这些亲历者们以艺术的手段通过回忆来完成的。这样的红色回忆虽然起初具有个人化的特征，但是经过文学、电影等的艺术加工，逐渐构成了那一代人的国家记忆和集体记忆，成为主流意识形态的一部分。

作为第二种呈现方式的红色记忆，其创作者大都“生在红旗下，长在新中国”。他们从小接受已然被建构起来的红色革命史和革命传统教育，英雄情结、集体主义意识和共产主义理想成为这一代人的人生坐标。然而历经“文革”，许多人开始从个体立场进行反思，呼唤新的启蒙。加之20世纪80年代西方“新历史主义”思潮的影响，这种红色记忆已经呈现出不同于以往的更为复杂多变的特征。“第五代导演”最初的电影创作无疑反映了这一思想潮流。如《红高粱》从个体所承载的民间视角出发，重新记忆抗战历史。影片宣扬了来自民间的蓬勃生命力，肯定了蔑视传统礼教的个体激情。于是，这样一种红色记忆在主流意识形态之外，又增加了来自民间和个体的视角。这一视角起初带有强烈的解构色彩，它使民众从单一的、铁板一块的红色记忆中挣脱出来，逐渐恢复对红色历史的民间记忆与个体记忆。然而随着这种新历史主义思潮的愈演愈烈，当它与世纪之交的消费主义相结合，不免又走向了娱乐历史与消费历史的歧途。波德里亚就曾发现，这个崭新的时代埋葬了传统的历史，但这些历史却制作为特殊的符号供人消费。尤其对于远离那段红色历史的年轻一代来说，他们没有血与火的体验和回忆，也缺乏思想归属的认同。在他们眼中，红色革命史不过是一些奇闻逸事，饭后谈资，历史成为可以随意打扮的小姑娘。新世纪，随着图像时代的到来，红色经典又一次受到了关注，诸多经典被影视剧重新演绎。然其新的改编观念也往往引发观众们的热议乃至舆论的争议。就以2004版电视剧《林海雪原》为例，该剧将杨子荣处理成一个世俗形象，满嘴黑话，油腔滑调。剧中出场时他只是一个普通伙夫，同时又人为地给他增添了一条情感线索。他有一个嫁给了土匪的初恋情人槐花，槐花的儿子又成了座山雕的义子，最终杨子荣也是为救儿子而牺牲。不难发现，这样的重新演绎意在满足当代观众世俗化的审美眼光和消费需求。编导试图告诉观众，革命英雄也是有血有肉、有情感、活生生的个体，他有着和我们相似的世俗生活。这一改编观念，本试图拉近革命英雄与当代观众之间的距离，然其世俗化的改编方式，往往适得其反，造成对已有红色记忆的彻底解构和颠覆。

于是，近年来又出现了第三种对红色历史和红色经典的记忆方式。即尽量忠实于经典文本，但通过家族或个体记忆将红色历史与当代生活连接起来，我们不妨称其为后红色记忆。2014 年徐克版《智取威虎山》就采取了这样一种红色经典的记忆方式。影片基本保留了原著的情节，进而在真实性上大做文章，片中增加的内容更多的为历史的真实性提供支持。一支只有 30 人的小分队要消灭近千人的土匪实难令人相信，于是影片特别增加了两场战斗，开头与土匪的遭遇战和中间的夹皮沟保卫战，由此对小分队的战斗力做了充分的交代，也给土匪们造成错觉，以为自己在与有坦克等重武器的解放军的一个团对抗，心理上已然落了下风，才使结尾突袭威虎山，歼灭群匪显得自然可信。为许多观众所不解的是，影片在开头和结尾增加了小宝这条当代的线索。事实上，这条情节线索非常重要，它承担了影片历史与现实的沟通工作。如今被记忆的红色传奇就是小宝爷爷辈们曾经经历过的历史，这一传奇经历的被记忆是以家族的血缘、亲情为纽带的。不论进入全球化时代的子孙身处美国还是中国，先辈们的故事和经历是不会被忘记的。正如影片结尾团年饭的场景所展现的那样，历史和现实在当代的节庆仪式中被紧密缝合在一起。这样的红色经典的记忆方式既不同于主流意识形态的说教，又避免了过分娱乐化和消费化之后的世俗化倾向，实现了历史与现实的适度和解。

2. 红色话语方式的变迁

面对历史话语的建构，福柯一直强调，“重要的不是神话讲述的年代，而是讲述神话的年代。”在红色回忆中，新中国的缔造者们要建构自己独立的主流意识形态话语体系，竭力将民间话语和个体话语从红色经典文本中排除出去。曲波《林海雪原》的小说出版后，就曾受到不少的批评。何其芳在对少剑波这一形象做出批评时指出，小说“对于少剑波个人作用”的描写过于突出，而“杨子荣或者其他战士……写得好一些，反而比少剑波可爱一些”。还有批评者指出：“归根结蒂，作者所突出的还是只有少剑波一个人，至于党的集体领导作用，恐怕他是很少想到的。”可见，小说中所凸显的个人英雄主义话语在与强调党的领导的政治话语发生矛盾时，无疑遭到了批评和指责。所以，1959 年，八一电影制片厂导演刘沛然打算要把《林海雪原》改编成电影的时候，当时的八一厂政委刘利生非常注意对电影“政治标准”的严格把关。他认为，“以政治标准来衡量，这次的分镜头剧本在政治思想性方面，比小说、比过去的剧本，都有所提高和改进”，但分镜头剧本还存在着比较严重的问题，即“对时代气氛与群众力量的描写仍嫌不足，政治挂帅还不够”。可见，电影的思想政治性被提升到前所未有的高度，政治话语完全占据上风。在反复的审查和修改过程中，与政治话语相抵触的民间话语和个体话语渐渐从红色经典文本中被剥离出去。即便如此，在极左政治话语走向极致的“文革”时代，公映多年的《林海雪原》依然受到了江青的严厉批评。于是在革命样板戏中，涉及情爱等的个人话语完全被放逐。《红灯记》中的英雄人物李玉和虽有家庭，但未娶妻。《红色娘子军》中洪常青与吴清华只能保持同志关系，《沙家浜》中的阿庆嫂倒是有丈夫，但阿庆却到上海“跑单帮”去了，从未出现。在样板戏中，不仅仅英雄人物无欲无求，就是反面人物，其私人情感也基本被删除，本来《沙家浜》中有胡司令结婚“闹喜堂”一节，在改编中被删去。小说《林海雪原》中有203首长与小白鸽朦胧的爱情，女土匪“蝴蝶迷”活灵活现的形象，而到了改编后的《智取威虎山》，女土匪消失了，革命军人也毫无情爱可言。所有的个人话语全部被屏蔽掉了。

随着新时期的到来，反思“文革”的呼声日益强烈，启蒙主义个人话语开始抬头。1984年，作为“第五代导演”开山之作的《一个和八个》横空出世。依然是一个革命年代的故事，影片却从全新的视角出发，去理解和表现人。片中塑造了一批人物群像，一个被诬陷的八路军指导员王金和八个被押送的罪犯。在王金的民族大义感召下，这些“灵魂”有缺陷的男人，与日军进行了殊死肉搏，最终壮烈牺牲。尤其是影片结尾，锄奸科长拄着一根拐杖，斜倚在王金身上，构成一个大写的“人”字。“人”字几乎占满了画面，这一象征意义不言而喻。于是，在“第五代导演”们不懈的努力下，《黄土地》《大阅兵》《红高粱》《喋血黑谷》等一批经典电影诞生，个人话语开始重新回归。如果说，从新中国成立到“文革”，红色记忆不断在做减法的话，即主流意识形态不断去除红色记忆中的民间话语和个人话语，试图建构其话语的纯粹性。那么，新时期以来，红色记忆则更多地在做加法，即不断地将曾经被主流意识形态剔除掉的民间话语和个人话语恢复起来，还原生活原本的丰富性。

进入新世纪，随着图像时代的到来，文化工业的勃兴，一种全民娱乐和消费话语大行其道。已然被符号化了的红色经典在这样的话语形态下不断被重新阐释，用以满足当下观众的消费与怀旧心理。詹明信（Fredric Jameson）就曾经论述过后现代语境之中的怀旧情结。“在‘奇观状景的社会’里，‘过去’变为一大堆形象的无端拼合，一个多式多样、无机无系，以映像为基础的大摹拟体。”在这里，怀旧只不过是图像时代的一种消费口味。怀旧动用和仿造了一批精致的影像符号以再现昔日的美妙时光。但是，詹明信同时认为，这种影像符号恰恰切断了历史的血脉：“这种崭新美感模式的产生，却正是历史特性在我们这个时代逐渐消褪的最大症状。我们仿佛不能再正面地体察到现在与过去之间的历史关系，不能再具体地经验历史（特性）了。”这些影像符号似乎将它们表现的那一段历史孤立起来供人玩味，这些怀旧影片自然无力描述那一段历史与当今社会之间的延续关系。

而在后红色记忆中，话语形态发生了极大的改变。以往的革命话语逐渐为民间话语所替代，革命精神为人道主义、侠义精神、兄弟情义等所替换。2007年，冯小刚拍摄的《集结号》一片一下从他以往的贺岁喜剧套路中跳脱出来，关注了革命战争年代一个“失名”与“正名”的问题。片中，作为革命组织代表的团长不再是“绝对正确”的化身，集结号的命令反而是一个本就不打算实现的谎言。困扰连长谷子地的是如何既能完成革命任务，又让弟兄们活下来。然而实际情况极为残酷，全连战士全部战死，他只是侥幸存活并充满内疚。解放后，全连战士的烈士身份又全部被忽视，自己也被当作了俘虏，他们都成为革命的失名者。于是，他毅然决然地走上一条“正名”之路。这时支撑他的生命信念已经不是什么革命理念，而是兄弟情谊，他必须对得起那些已经牺牲的弟兄们。解放后，作为地方长官的赵二斗多次帮助他，也是对他们在战场上建立的生死般兄弟情谊的一种回报。尤其是本片的结尾部分不同于传统主旋律电影的最终镜头。它“加上了一组夜幕下桥上行军的镜头：谷子地回过身来，侧脸看着自己的连队，然后背对着银幕与队伍走向桥的对岸”。“这一想象既来自谷子地的心理世界，也是整个电影后半部分叙事期待的实现，同时它还暗含了中国传统文化对于死亡的认知与态度，即只有正常地死去、而且死者得到了生者的安葬与合理评价，死者的亡灵才能到达可靠的彼岸。为革命而牺牲的英雄事迹在此弱化了主导意识形态的政治歌颂，而转化为对于传统生死观的认同。”毫无疑问，主流政治话语在此遭到了挑战和质疑，民间话语和个人话语又重新得到了确认。

在革命理想主义情怀已然消退的后红色记忆中，曾经被建构起来的国家记忆和集体记忆为家族记忆和个体记忆所取代。在徐克版的《智取威虎山》中，“家”这个意象被多次强化。与原著相比，影片特别增加了小栓子一家的情节线索。片中小栓子的父亲被土匪打死，母亲马青莲被土匪掳走，自己流离失所，家被破坏。小分队进驻夹皮沟后，看到的是被土匪杀害的亲人们的坟茔。面对被土匪荼毒的惨状，小分队的任务就是保护村民，消灭土匪，重建家园。他们给群众分粮食，发动群众打土匪，小栓子因为没有了家，也要执意参加，为爹娘报仇。这时首长告诉他，“报仇是大人的事，我们都是你的家人，我们打土匪时，你要把家看好。”在这里，没有什么革命的大道理。对于普通人来说，家和家人才是实实在在的依靠。而马青莲自从得知儿子的消息后，不断试图逃离威虎山，以求与儿子团聚。此外，影片结尾时面对那么多空座位，奶奶对小宝说：“这哪里有外人，都是自个儿的家人。”影片中“家”不再是一个空洞的能指，不再是一个政治符号，而是与当代人血脉相连的意义所指。消灭土匪不仅仅具有革命的正义性，更具有人道主义的合理性。不论进入什么时代，不论沧海桑田如何变迁，“家”始终具有情感上的不可替代性。于是，在当今图像时代的后红色记忆里，红色经典通过家族和血缘纽带实现了与当代的沟通和连接。正如影片开头所昭示的那样，即使身处2015年圣诞节的纽约，对于别的青年看似可笑的样板戏，但对于有着家族记忆的小宝来说，依然具有召唤作用。那份红色记忆已经融入他的血液里，使他可以不远万里回家过年，实现中国传统文化中“家”的情感召唤。可见，在这里，红色经典通过家族记忆和个体记忆完成了其在当代的转换。既在一定程度上保留了红色经典的原貌，也使革命历史与当代生活进行了巧妙的嫁接，实现了经典的开放性与可阐释性的完美结合。同时，这样的处理方法，既能引起老年人对亲身经历过的红色历史的共鸣，同时也能被当今的年轻一代所认可，满足了多个年龄段观众的接受心理。

二、图像时代的奇观叙事

著名美学家阿莱斯·艾尔雅维茨（Ales Erjavec）指出，“一系列理论家……都同意这样一种观点：无论我们喜欢与否，我们自身在当今都已处于视觉成为社会现实主导形式的社会。无论是在约克郡或纽约市，甚至希腊、俄罗斯或马来群岛，只要当下的晚期资本主义得到发展的地方，这一‘图像社会’都会如影随形地得到发展。其存在的前提条件是大众媒体与晚期资本主义的出现，以及它们二者之间建立的联系。”那么，改革开放30多年，已经跻身于全球化舞台和市场的中国当然也不例外。君不见，当下社会的影视播放、网络视频、手机微信等等已经成为我们生活中不可或缺的媒介，人们的审美习惯和趣味已经完全被视觉化和图像化了，这已经成为了一种新的文化景观。法国思想家勒内·于格（René Huyghe）就对这一文化景观有过一个生动的描述：“令人痒痒的听觉音响和视觉形象包围和淹没了我们这一代人。图像取代读书的角色，成为精神生活的食粮。它们非但没有为思维提供某种有益的思考，反而破坏了思维，不可抵挡地向思维冲击，涌入观众的脑海，如此凶猛，理性来不及筑成一道防线或仅仅制作一张过滤网。”毫不夸张地说，图像时代正以不可逆转的态势全速到来。

进入21世纪，随着图像时代的到来，中国电影产业也进一步由计划经济向市场经济演进，由此开启了中国电影的视觉大片时代。以《英雄》为代表的大制作电影开始引领中国电影生产，而奇观化和商业化的美学趣味和市场追求更是掀起了一股新的观影浪潮。于是，在资本和市场的双重召唤下，那些曾经追求各异的大牌导演们，纷纷转型拍起了视觉大片。于是，电影创作的重心发生了极大的偏移，曾经的文学母体在新的视觉美学原则指导下被抛之脑后。这些斥资巨大的商业大片纷纷在视觉场景上大下功夫。投资3100万美元的《英雄》为了拍出最美丽、神奇的外景，可以转战甘肃、陕西、四川、内蒙等地，甚至可以在浙江横店斥资建造恢宏的秦王宫。剧组可以聘请世界顶级的电影服装设计师和造型设计师。在拍摄过程中，为了追求视觉上的完美，《英雄》剧组可以将数百匹战马染成统一毛色；为了拍飞雪、如月在落叶缤纷中的对打，剧组不惜重金收购新鲜美丽的黄叶，力求拍出最美妙的视觉效果；剧组甚至雇专人用电风扇吹干染好的鸵鸟毛，而且手工染制剧中所有的服装。导演对于影片视觉上的要求，已经达到了一种前所未有的高度。视觉上如此精益求精的态度却与影片在剧本、叙事上的投入天差地别。电影的情节、故事用张艺谋的话说是以“攒”的方式完成的，即几个人在一起侃出一个故事。影片拍摄重心的改变也就直接决定了其观影效果。正如张艺谋所希望的那样，“当若干年后观众回忆起的不是故事情节，而是影片的色彩。”于是这部大片能给我们留下来的也就只能是那些绚烂的色彩和一个个震撼人心的奇观场景。无名与长空在雨中空灵的琴声中的生死对决，飞雪与如月在落英缤纷的胡杨林中的追逐打斗，无名与残剑在湖光山色间的意念之战，秦军攻赵时箭阵的飞魂夺魄等等。而影片的情节和叙事却饱受诟病。其叙事结构虽然模仿了《罗生门》，但却离开了历史的真实与艺术的真实，流于故弄玄虚甚至是莫名其妙。而陈凯歌的《无极》在视觉和色彩上也用心良苦，留给观众们的也只是一些奇观场景：红黑军团在马蹄峡谷的蛮牛大战，海棠树下的风花雪月，梦幻雪国的速度之旅等等。然由于其叙事的薄弱，终被网友解构为“一个馒头的血案”。冯小刚的《夜宴》

同样只是一些奇观场景的聚集，竹林伎人馆的杀戮，婉后太子的双人剑舞，幽州节度使遭受棍刑的惨状，羽林卫对太子的雪地刺杀等等。然而其对莎翁故事的抄袭，情节的前后矛盾，人物形象的苍白扁平等等，都使观众极为失望。此外，《赤壁》虽然给观众留下了“草船借箭”“火烧船阵”等此前无法展示的、令人震撼的视觉奇观，但其在总体构思上的缺陷，给影片情节设计、人物塑造和细节安排等方面都留下了挥之不去的“硬伤”，使其在历史写实与戏拟狂欢之间徘徊。郑保瑞版的《大闹天宫》利用 3D 技术为观众打造了不同凡响的神魔世界和诸多奇观场景，然其对原著所做的西方式改编，终使影片在经典改造中迷失了自己，陷入消解经典和再造经典的困境。新世纪电影出现的这种奇观化倾向，促使电影热衷于大制作，一味地追求大场面，但这也在一定程度上造成了影片叙事的失败。毫不夸张的说，这些视觉大片只是为观众提供了奇观场景，一次性的视觉享受，往往将奇观与叙事对立起来，缺乏有机的融合。那些奇观场景就好似一颗颗珍珠，被散乱地放置于影片中，缺乏合理有效的组织和编排，所以它们终归无法成为一串串打动人心的项链，其艺术价值自然也大打折扣。

新世纪以来，主旋律电影面对图像时代，自身也不断发生着变化，这些电影作品希望通过自身的变化和重构，重新获得市场和大众的认可，而视觉表达的奇观化策略为红色经典的再阐释也提供了新的可能。尤其近年来一些优秀的作品很好地处理了叙事与奇观看似矛盾的关系，将二者有机地融合起来，进而改变了新世纪华语大片重奇观而轻叙事的偏颇，由奇观场景进一步走向奇观叙事。

吸取了《夜宴》失败的教训，冯小刚在 2008 年推出了一部优秀的主旋律大片《集结号》。该片改编自杨京远发表于《福建文学》(2002 年第 4 期) 的短篇小说《官司》，因此有着良好的文学底本和叙事基础。同时，冯小刚依然在影片的视觉效果上下了大力气，《集结号》剧组特意聘请了来自韩国的世界级特技团队，因而在影片上半部的战争场景制作中，展现出了近乎残忍的真实感和力量劲爆的震撼效果。而这些视觉场景并不是孤立于影片之外的，而是被有机地编入影片的叙事中去。从某种意义上来说，正是影片上半部对战争场景真实而血淋淋的展现，才更有效地推动了影片下半部的情节发展，观众才能更好地理解连长谷子地近乎疯狂地寻找曾经的团长，为牺牲的全连士兵正名，试图以一己之力挖出可能埋在煤山下烈士的遗体，苦苦追寻着集结号的真相，等等。在这里，电影中的奇观已经成为了叙事的一部分。电影编导不再仅仅满足于制造奇观场景，影片的重心也不再仅仅局限于营造奇观场景上，如何用夺人心魄的奇观为影片的情节故事服务成为了重中之重。于是，奇观融入电影的叙事，它不再是一个个孤立的奇观场景，而是成为推动电影叙事的重要支撑与力量，这样奇观叙事应运而生。它使电影在视觉性和叙事性上实现了有机的统一，也使电影兼具观赏性和艺术性。

徐克版《智取威虎山》也为这种奇观叙事做出了重要的尝试。作为一部已经风靡全国几十年的红色经典，如何能使影片翻拍出新意，同时又不破坏原著深入人心的味道，这对一个接受了西方教育的香港导演来说，确实极具挑战性。然而徐克成功解决了这一难题。影片基本完整保留了原著的情节、人物、叙事和风格，但在影像上做出了不小的突破。它引入了3D技术，将《林海雪原》打造成为一部视觉大片，为观众制造了一个又一个速度奇观和场面奇观。尤其是片中杨子荣打虎、夹皮沟保卫战、结尾飞机上打斗等场景独特的视觉效果，进一步凸显了影片的传奇性和观赏性。但其视觉奇观紧紧贴合着影片的叙事，绝不过度渲染、任意夸大，而是为凸显其历史真实性和现实真实性服务。因而影片可以借助大雕的视野对威虎山的土匪巢穴做一全景交代，生动自然。也可以借用高科技的表现手段，对原著中无法处理的“打虎上山”一段做了精彩的展现。杨子荣打虎被拍摄得一波三折，动人心魄。先是战马示警，猛虎扑来，杨子荣上树躲避，接着老虎从侧面横扑攻击，杨子荣用短枪打退老虎。之后战马受惊而逃，老虎突然没了踪影，杨子荣下树备好长枪，结果老虎从背后袭来，杨子荣连开数枪，终于击毙已然扑倒自己的老虎。影片这一段落的处理很有点小说《水浒传》中武松景阳冈打虎的艺术魅力。在3D技术的帮助下，导演确实可以为观众复现出小说中的场景奇观，但它也被有机地纳入了影片整体的传奇和冒险叙事中。此外，影片对于战争场面的处理也与整个故事的发展密不可分，其中三场战斗由小到大，循序渐进。影片开头和土匪的遭遇战只是小试牛刀，展示了狙击手的神准，“撞弹”后手榴弹爆炸的特效处理等，都给土匪造成了心理上的恐惧。而夹皮沟保卫战则全景展现了一次以少胜多的村庄保卫战，小分队的战斗力给人留下了深刻的印象。那种训练有素、准备充分和利用地形的便利都为战斗的胜利打下了坚实的基础。而结尾的夜袭威虎山，乘敌人完全没有防备之际，缴获土匪武器库，利用缴获的坦克和重武器给土匪以致命的一击，确实使整个战斗显得真实可信。总之，这些奇观场景不仅为影片增加了观赏性，也有力地推动了情节的发展，很好地完成了影片奇观叙事的策略。

此外，还有一些主旋律大片日益重视通过视觉奇观，增加影片的叙事力量。如《建国大业》开头的飞机切入，重庆和谈成功后的焰火，动态表现国民党军对延安的轰炸，蒋介石父子在公园里对话时飞翔的鸽群等等。这些视觉奇观与影片的叙事紧密的结合起来，大大提升了电影的感染力。而《建党伟业》中对五四运动大场面的复现，尤其是嘉兴南湖游船的唯美呈现同样如此。王会悟执伞坐立船头，此情此景完全是一幅充满浪漫寓意的水墨画。这不恰恰生动地象征了中国共产党成立时的青春、浪漫和唯美吗？同样，《十月围城》一片的动作场景很多，尤其是在后半部分，几乎目不暇接，各种对打、跑酷等竞相上演，但所有奇观场面都没有凌驾于剧情之上，比之以往的动作片，本片并不过分限于对打斗做单一的渲染，导演处理得克制而又有分寸，将影片的动作奇观很好地纳入了全片的叙事之中，大受好评。

理查·罗蒂曾把哲学史描写成一系列“转向”，“古代和中世纪的哲学图景关注事物，17世纪到19世纪的哲学图景关注思想，而开化的当代哲学图景关注词语”，于是，米歇尔（W.J.T.Mitchell）又提出了“图像转向”的说法。在他看来，“不管图像转向是什么，应该清楚的是，它不是回归到天真的模仿、拷贝或再现的对应理论，也不是更新的图像‘在场’的形而上学，它反倒是对图像的一种后语言学的、后符号学的重新发现，将其看作是视觉、机器、制度、话语、身体和比喻之间复杂的互动。它认识到观看可能是与各种阅读形式同样深刻的一个问题，视觉经验或‘视觉读写’可能不能完全用文本的模式来解释。”于是，当奇观被很好地编织进电影的叙事中时，它使电影真正产生了超越于语词的独特的艺术力量。影像终于可以用自己熟悉的方式进行言说，它不再仅仅是依附于语词的图像阐释，而是完成了图像自身的意义建构和视觉表达，成为独立意义的创造者和完成者，而这本就是“图像时代”这一概念的应有之义。于是，中国电影终于摆脱了缺乏意义所指的视觉奇观的单一制作，开始由奇观场景走向了奇观叙事。

后红色记忆可以帮助红色经典在图像时代的复活，通过家族记忆和个人记忆的阐释，红色经典依然可以熠熠生辉，为当代年轻人所接受。而奇观叙事也使影片摆脱了影像与叙事之间的困境，实现了真正的语图和谐。华语大片在经历了重奇观而轻叙事的倾向之后，终于将奇观溶于叙事之中，服从于叙事的需要。这种奇观与叙事的完美结合也将是未来华语电影发展的一种方向。不管中国电影如何占有本土市场，同时进一步参与全球化的竞争，生产出真正为观众所认可的优秀影片始终是重中之重。总而言之，一句话：用精美的影像把故事讲好。

第四节　天机流荡：韩天衡草篆书法艺术[1]

谈韩天衡草篆，有必要回望历史。

数千年来，各时代古人几乎在字形与书法创新的全方位都进行了不懈探索与实践，留给我们派支蕃衍、名作耀史的文化遗产，也使我们今天的创新百倍的难于古人，但草篆书法一块领域似乎尚未真正开拓。

战国时期的竹木简及秦代的简牍帛书上，已经出现了相对于大篆的草体写法。明代中期的陈淳最早在篆书中参草书笔意，随后有赵宧光复以草韵隶意入篆，是最早提出这种书体为“草篆”的先贤。但陈、赵二人草篆尚不成气候，且没留下可圈可点的草篆作品。明以后留下书者名字的优秀草篆作品缘悭一面，难觅其流变轨迹。

1973 年，韩天衡在当时 10 平方米的住宅中，基于多种因素催生了“天衡草篆”：是时还处于“文革”，天衡有郁勃之气要抒发；逼仄的住房空间，亦使他要“笔走龙蛇”来调节；那些日子里，多年前服役浙江省瓯江海军部队的难忘情景，这些曾反馈于其篆刻创新的独特元素又常常浮现在眼前；幼承庭训学习书法篆刻韩天衡，书法上已诸体皆擅，还能作蝇头小字、擘窠大字。少时临写的秦《泰山石刻》、汉《袁安碑》、三国《天玺纪功碑》、唐《城隍庙记》等等篆书名碑与明清经典篆书，了然的封泥瓦甓、诏版简牍、权量钱泉等上面的古代文字，

[1]　作者徐梦嘉，原载《书画研究》总第 11 期，湖北美术出版社 2016 年 3 月。

都会频频在书法创作中交融。

清代学者叶燮在《已畦文集》中说："境一而触境之人之心不一。"就是指对同样的景象，不同审美取向的人，有不同的触心感悟。天衡的这次诸多的触心感悟则与草篆结缘，一并化为"韩式"的线条搭配、字体构成、全幅章法。

天衡草篆诞生伊始就注入强劲的活力，糅进诸多无法复制的独特元素。别开生面，令人耳目一新。

从此天衡亹亹以求，在草篆园地里辛勤耕耘，打造"韩派"草篆书法的形质韵意。军人的执著，印人的体悟，画人的形感，哲人的智慧，学人的严谨，诗人的激情，又使他的手中之笔犹如神助。

一、线条律动

近些年来，韩天衡草篆书法几乎每一件都是精品，都包含韩式草篆诸多特征。而书法构成的线条、构形、章法是你中有我，我中有你，本不能"切割"。我只能近乎随机掇取其作，牵强地进行"厘清"，各选取一个侧重点分别散谈，目的是多角度品析天衡草篆。先谈韩天衡草篆的线条。需要赘笔的是，形态美学理论界定，线也是拉长的点。

韩天衡受海江自然与军旅生活启迪，演绎而来"动感"强烈的草篆作品，首先是"规定的"韩式草化的特有线条。我没有刻意去寻觅韩天衡1973年初创时的草篆书法，但还是对韩天衡20世纪七八十年代的作品进行了解，窥探其草篆嬗变的轨迹。

书家的草化篆体过程是渐进的，最初几年的草篆还较规整，尚未"草透"，不同于今天的一些文化缺失的书法"名家"，没有传统根基就求"变"求"新，写些完全荒腔走板的字，企图以奇制"胜"，夺人眼球。

《一片冰心在玉壶》书于1987年，此时天衡草篆已诞生14年了，如将韩天衡至今为止42年的草篆里程分前中后三期，此作仍是前期作品，全幅线条粗细变化不大，与中后期线条粗细变化带来的艺术张力，还有着较大的差别。但用笔活泼，自由自在，线条律动多姿，蟠曲流转已翩若惊鸿，婉若游龙了。

全幅七字，线条随势部署，笔笔生发，萌萌草篆意。

"一"（壹），上部繁杂的布线后，下划出一条生动倜傥的横画，且此横与上部若接若离。缓解了上部的"逼仄"。"冰"的"孤立"线较多。"水"的上端作依偎状，委实可爱。"心"的中部U形，传统篆法是先右画竖下做伞柄弯把形左拐，然后接左之线条，分两笔写就，这里从左到右以一根绕形线条潇洒完成。与之顾盼有致的"壶"，左面有大大壶腹，此腹处理不好要么空空，要么扁扁。但书家用上下有力的壶盖与底座把壶肚压扁，右肚以粗线作抵牾状，顽强顶住，左肚线条则灵机一动，在高压下跑到外面的广阔天地照样地鼓起。横曲格局中，

“在”以大线条为主唱的直若屈铁松树枝干般的线条响应。此外，“壹”腹中的“吉头”右牵丝引带，“片”的竖画的逆势露锋拐头起笔，“在”之垂露竖作勾状出锋收笔，“壶”字“壶盖”的左牵丝引带等，线条的细微之处，亦尽显这些地方快速行笔时的草化意趣，与包容在线条中“楷篆”的基本功。

“用一根线条去散步”，这是德国艺术家保罗·克利的一句名言，也就是说以线的组合呈现美。由于中国汉字笔画构成之间，蕴含了丰富的历史文化信息。因此衍生了书写汉字的艺术，汉字线条是中国书法的精脉，内涵与可表现力远超于西方绘画的线条。体现在天衡草篆中，书者不是“用一根线条去散步”是用一根线条抑或是驾驭无数不同款式的点线潇洒地跳舞。《一片冰心在玉壶》，表面上看，并非“一根线”，由于线条似有一股郁勃气流鼓荡其间，笔断处亦气通意连，浑然一体，是书家“一根线”舞出的旋律。

草篆姓草，需要谈谈韩天衡同写于 1987 年的草书《寿》。书家甩开“一根线条”，多次折转回环，蟠旋而下，既合法度，又有新意。全字似持长练起舞，如观万年古藤。比对此草“寿”，我们更能感受体味书家炉火纯青地操控“玩转”线条的功力与勇气。

远古蛮荒时代，先人最初文字（非图腾符号）应当有部分是草出的（已成形的甲骨文字由于龟甲或兽骨不便锓刻，线条大多直画折笔）。文字草出是古人也是人类最肆意的心灵呼唤，最随性的情感展露。

韩天衡写这两件作品的年代，夏代的“丁公陶文”尚未在山东出土，但穿越四千多年的悠悠岁月，我在天衡线条舞动的草“寿”与草篆中读到了丁公陶文天机流荡的遗绪。陶文一、二字的下向折转圈出，与草“寿”如此的接近。草篆“一片”与丁公陶文的所有的文字线条笔势似乎有某种意合，这是“自由自在”的线条律动与吟咏，没有做作痕迹。这是华夏文明冥冥中古与今奇妙的对接传递，是龙的传人基因之匹配，血脉之相通，精神之挽连。

语出《淮南子》的草篆《圣人不贵尺之璧，而贵寸之阴》为近年所作。此前贤名句韩天衡写了很多遍，此幅作品，线条及线条之间的粗细，起伏、跌宕、曲直、长短，徐疾、中侧、欹正、方圆、偃仰、转折、肥瘦、枯润 、穿插都处理得炉火纯青，厚积薄发，还有“得其意而忘其形”的流露。

作为传导书者志趣、格调、气韵、情感、理念的线条，耀文含质，争奇斗艳。在韩字的自由王国里尽情“遣兴”(此作款语）驰骋。近百处的每根线条之端尾（含貴字的貝等）无一雷同。我看到过韩天衡多件“圣”作，由于常变常新，每件“圣”作，章法往往不同，都能熟中求生见生，锋藏势蓄，遄行间亦无敷衍油滑之笔。

拿早期的“一”作与近年“圣”作进行韩天衡草篆“基本风格”比较，不难发现，早期呈“圆态”，即线条律动亦以曲势居多。后期一展“方态”，即线条律动则以直势为主，而“直势”竟也能律动也能草出，实在是妙不可言，难能可贵。

二、构形险绝

万物的基本属性和存在方式是平衡，书法构形平衡是视觉的平衡，分对称性平衡和非对称性平衡。天衡草篆构形是非对称性平衡，是险绝运动状态中重心化险为夷的平衡。唐代大书家孙过庭在《书谱》中云："初学分布，但求平正；既知平正，务追险绝；既能险绝，复归平正。"

天衡草篆的险绝构形，是其草篆艺术之维。

以《龟虽寿》草篆中十一个字不同的"立定法"切入，谈构形的险绝。十一字为"有、竟、蛇、在、志、千、年、在、养、可、年"。其中"有"立脚在左，另十字脚的立定表现是作各露一招的右移。

"有"，字义是右手提肉。此字出脚在左，右大空，由于"月"（肉）上的手（又），轻轻伸出，与字右的大空作虚疏状态的对角呼应。于是字右大空在左上"弱手"的关照下，竟虚中见实，无中生有起来，与字左"月"（肉）的脚，共同成为承重构体。

"竟、可"，以天衡草篆的曲笔拉长立脚之笔画，如绳带晃动，如云气腾升，神奇地消解了上部的重量。这样一来，即便是"竟"的长脚偏右，并再往右下方斜去，亦无碍，上面的"音"就如飞碟般，自会停悬于空。

"蛇"的重心平衡处理是与"乘"共同完成的，"乘"字倔强的竖头上顶，硬生生地稳住了由于"不安分"已有险象的"蛇"。"乘"的双腿虽然细瘦，但十分劲健，并以桩柱般牢固的马步定位。

"在、在"两字，竖形主笔皆右移；右边"在"的横竖两笔"下意识"处理，上横左高右低，中竖粗壮作柱形，微微右倾，横竖间节点向左作三角斜出，右则点到为止，反之，此字反而要右倒了。左边的长"在"，则又是一番意趣。由于"长脚"，尽管上横也是左宽右窄，如立定的高高的起重塔架一边伸出吊臂，在力学作用下不会倒跌。传统篆字书法"在"，四平八稳，这里，草篆先将"双在"变为不同的险绝造型，分别通过随势布形，依形起势的组合，妙笔整饬，化险为夷，"双在"就像两个锥子，稳稳地立定在地面上，使简单乏味的篆体"在"有看头了。这些细微的调和鼎鼐，都完成于须臾之间。

先人以朴实睿智的美学思维造字，构形本身就很绝妙地把握住了字的重心平衡这个问题，千变万化的甲篆隶楷字形，重心都是稳的。人们常说简化字中"产、厂"，产（產）不生，厂（廠）空空，把字义都简没了。大家可能没注意到，这类字的简化，使得原本重心坐稳的传统正体字，变得完全不稳了，美感也消失殆尽。

但如这些重心平衡已被破坏的简化字作草化处理，可以达到视觉非对称性平衡效果。天衡草篆往往故意把一些对称性平衡的篆字嬗变为正写与反写的"厂、产"模样。然后通过匠心置陈安排，达到“追险绝”后新层面的平衡。

草篆“千、年”就是例证。构形如同反写的简化字“产”，把原本居中立稳的长脚，向右斜出，重心明明已偏，二字神奇地依然不倒，抑或“千”下的“里”，“年”下的落款在暗托乎？遮住字的下部，奇迹依然。这两字的平衡，形状如舞蹈中的紫金冠跳，从生物力学上解释，人体瞬间凌空跃起重心可摆脱地球引力，落到左或右，在空中完成优美舞姿。“千”与“年”正是如此，是书家把最惊心动魄的空中形体捕捉摄取，作了极为险绝的构形定格。“养”字同样有着铢两悉称的调停，更弦改辙的出彩，立脚完全定在最右侧，但此字蔚然屹立。究其原因，长腿上的躯体之笔画布出，取右倾之势，羊头直笔更向右挺进。重心夯实在作支点长腿上端。运用杠杆原理，充要条件的“养”字右羊角轻轻落下，产生了耦合效应，于是便撬起“养”的左部“重物”。全字的构建架构又恍若千年不倒的山西悬空寺般，其力学中空间力系平衡原理与视觉美学结合营造出的效果，几近极致。

“书法”艺术的两大风格，平整及险绝都离不开均衡匀称，前者是表象的构形排列上的均衡平整，但这种表象的均衡平整并不是生硬板滞，而是通过这种表象下内含着变化奇绝，即平中求奇，这才是真正的均衡；后者则通过表象布字排列上的奇绝险要，以势夺人，但内含着均衡匀称，即险中求平，否则，倘若是没有美感没有意境的表面“险绝”，只能是荒诞狂怪。

见微能知著，见端以知末。草篆《龟虽寿》中十一字的十一款险绝构形赏读，我们可以得出，韩天衡草篆真实不虚地经营着构形的万殊险绝，最终裁成深层面稳定平衡一相的独门绝技，一招一式都已羚羊挂角，步入化境。有意思的是，他的名字对这种韩式草篆构形“险中求平”的出凡入胜造诣，早已做了最好的诠释，即：“天然平衡、天降平衡、天才平衡”。

三、章法奇幻

韩天衡云：“传统万岁，出新则是万岁加一岁。”这是深谙继承传统与创新发展辩证关系的智者之语。对一个艺术家来讲，能继承若干“万岁”已是不易，而要加这么“一岁”，更是谈何容易。是学养、功力、人品、历练、悟性、才情、勇气、勤奋、天分、机缘等因素的共臻。

从天衡草篆整体谋篇布局“大章法”效果，行与行、字与字的照顾映带关系的“中章法”，处理，一字内的点画布置安排的“小章法”上都能深深体味到其“万岁”与加了“一岁”的巨大成功。

使我怦然心动是李白的一首《秋浦歌》(秋浦歌组诗之十五）书法作品。“白发三千丈，缘愁似个长。不知明镜里，何处得秋霜。”大诗人对着明镜一边梳理长发，一边也在梳理自己人生的坎坷，感叹生命短暂，犹如朝夕。遂以奔放的激情，浪漫主义手法写下这首千古绝唱，把积蕴极深的怨愤和抑郁宣泄出来，有着强烈的艺术张力。《秋浦歌》书作全篇也是书家的草篆歌，起承转合，抑扬顿挫，如行云流水，一气呵成。笔墨随诗文序列共吟，书家在写这件草篆作品中，幸会标举，直抒胸臆，笔墨肆放，纵敛自如。长期铸就的草篆造诣“不经意”地倾泻而出。字形临见妙裁，或大或小，涵容诸体。行间递相映带，移步换景，变幻莫测。循着诗人与书家谱就的全篇节奏，让我们一起欣赏奇幻的章法，聆听黄钟大吕，荡气回肠的旋律。

“白发”两字，为高昂的前奏，契合诗歌起句突兀及震撼力。“白”沉重的顶戴“大盖帽”下，以散形的两横化解，“发”的粗笔垫底呼应。“三千丈”宛如合文，栉比的细横如阵云排开，如轻音轻回，形成旋律过度。“缘愁”稍起音，“似个长”转入滑音低沉，枯笔疾行，以疏透气。“不知”又起高潮，是曲中间奏，“不”的竖与“知”则是高潮部分，书家与诗人同声喊出大大的问号。“知”的下部，如高亢清越悦耳之音；又状似体操运动员劈出的一字腿完美亮相，华丽炫目，堪称神技，此段戛然而止。“明镜里”三字为一段音律，“明镜”渴笔碎出，这是加花变奏。变奏还体现在委实可爱的“竟”的“丿”，状如天衡花鸟画中轻轻伸出鸟足，四两千斤，托起右上全部字，并回视眷顾着“可怜兮兮”的小“千”。这鸟足与“里”字的虚中见实的右下空，又一起作了两次节奏性停顿，展示书家即兴调整章法的能力。“镜”的底画出锋，空中暗收回笔，为一停，须臾之间，到“里”字下完全停住。

“何处得秋霜”，是高潮过后平静的尾奏，淡然中掠过隐约透着的一丝苍凉，留给品赏者思索的余地。其中“处”与“得”的轻笔，与重笔的“不知”形成对比，又与“三千丈”隔空唱和，浑然天成。“霜”的“目”中S形是天衡鸟虫篆印中常用的笔画，提挈全字，如曲中倚音，配饰得恰到好处。

与书法名作《兰亭序》《祭侄稿》因乘兴写就，纵笔豪放，无一懈笔，虽有错漏涂改，但无损作品的高标独出一样，草篆正文末补笔“得下夺秋字”，亦无伤大雅。仿佛演奏者意犹未尽，又弹拨了一下笔墨的琴弦。

此诗草篆章法构成：是李白诗出彩的“诗意图”；是诗人跌宕起伏，奇幻莫测诗意以另一种形式的变现；是心手双畅，扣人心弦的草篆乐章。

韩天衡的少字数草篆，往往就是他一方放大的篆刻作品，而他的篆刻就是一件缩小的草篆书法。《岁月如歌》，作对角疏密格局布出，右上“岁”、左下“歌”为密，右下“月”、左上“如”为疏，同时大密的“岁、歌”留有小疏，大疏的“月、如”留有小密（月头、如的左边双孔处），“月、如”的主笔斜画，有作了对应，“岁、歌”的长腿也违和落下，全幅四字，大密中有小疏，大疏中有小密，疏密开合层层套出，顾盼有致。而四条斜垂脚，又互相鼓动。岁月如歌，这又是天衡草篆唱出的一首美妙的歌。

《诗心文胆》，四字布出沉着飞翥。收拢的“胆”字之“詹”丿，留出大空，与“诗”的大片“黑”相对。作为全幅章法组成部分，字幅右下安排的压角闲章，印文也是“诗心文胆”，进行应和，以此形式在作品中叠现了书者艺术创作的四字箴言，“书画印艺吾皆以此四字绳之”(天衡款语)。

《劝学》，参楚简韵意，还隐隐有金文构形。互为转化，妙趣横生。

《归一堂》，端庄稳健，复合汉缪篆形蕴，“归”上紧下松，一字以弩形出，积建湛凝，“堂”下横夯实，横平竖直的行笔。

《寿与山齐》，“以草法写楚简文字，并参吴纪功碑意”(款语)。这是2003年的作品，是年写草篆30年。四平八稳，章法均匀，每字都取斜势，四字布出，知黑守白，有昔倕之巧，作图示意。“块体”配置“寿”的上下两大块对应“齐的左右两大块，“与、山”各摆放跌姿不同的小三块。这些“块面”互为依托变化，相得益彰。空间(圆体)分割，尾字一个大白空，“空气”上升，自会与前三字的“十处”空间呼应，气流贯通，调盈剂虚。

《文字炳朗》，规整雄峻，似乎无草化，但我还是从“天玺纪功碑”原本悬针倒韭头的垂画变化中品悟到隐隐的青草之草意。轻轻摇曳的悬针笔端，出锋各不相同，消解主体的过多阳刚气，如倒过来看“草尖”，宛然是春天里微风轻拂下萌动的小草。因此“天玺碑”武库戈戟式的硬邦邦“倒韭”，在此化作摇曳“倒草”。有这些活泼的小草，规绳矩墨的《文字炳朗》篆书，列为天衡草篆中的“微草”作品，与大草、中草的草篆共同充实天衡七彩纷呈草篆书法的库存。

《明月、旧雨》，多种古文字形体都能成为“天衡草篆”。此联用甲骨文草出，上下联每个字各具姿态。如立定弥久的两行十四位殷商先人，相互扶持，穿越悠悠岁月，抖去历史尘封，在原位活动腿脚，睁眼看当今别样的世界。古风间洋溢青春活力。

《吃茶去，拿酒来》，方正的造型，居然能以徐疾笔意展现“大草”形式，字字如金刚力士站阵，不怒自威，豪气冲天，神彩飘扬。“酒”字中珡以草化的点，平添灵动感。

《学然后知不足》，随意而不随便的走笔布局，任兴而不任性的调停效果。

《好风入室，初月在林》，以甲文草出，酽墨造势，飞白流韵。纸面有彩笔画出的“好风”，营造出一派祥和妙境。“在”字的潇洒长腿，直捅画面“风口”，如游太虚，若无其事，横生天趣。

《心存万有》，款语：“汉瓦当文字，恣肆自在，世无其匹，拟其意为之，似有致。”此幅作品脱胎取法于汉瓦当文字，“心”与“有”的底端，作不同方向的斜出。“存”下亦斜立于万上，“存”右的阔笔涡纹与“万”左侧细笔半涡纹是小章法的联动，似字幅中平添了两个醉人的甜甜酒窝。“有”字头让位给“万”字的左长腿，两字铆合取势，因形移易。四字抑扬曲屈伸缩，均随势而安，较瓦当文字，更“恣肆自在”了。

在天衡草篆艺术长廊中，章法奇幻的草篆作品再再使我陶醉。

四、大美纷呈

“天地有大美而不言”（庄子语）。在草篆的天地中，韩天衡草篆把原本不为人所知晓的大美淋漓尽致地开发出来，展现出来，这究竟是怎样的大美呢？

宗白华关于美有过一段精彩论述：“楚国的图案、楚辞、汉赋、六朝骈文、颜延之诗、明清的瓷器，一直存到今天的刺绣和京剧的舞台服装，这是一种美，‘错彩镂金、雕缋满眼’的美。汉代的铜器、陶器，王羲之的书法、顾恺之的画，陶潜的诗、宋代的白瓷，这又是一种美，‘初发芙蓉，自然可爱’的美。”宗白华的观点，也是中国传统美学思想史中两种贯串始终的美感形态认知，“错彩镂金”的美和“芙蓉出水”的美。

这里，我要补充第三种的美：商代大钟鼎、秦代的兵马俑乃至今天的跨海大桥，这是巍峨山峦，豪姿超拔的美。分析乔大壮篆刻艺术的美，我以第一种美对应，但品读天衡草篆的美，需要也更应该有三种美，是“三美”在作品中的融合，构成了天衡草篆含宫咀澂，遏云绕梁，回味盈颊的“美声三重唱”。

有三大美的韩天衡草篆书法，是大美纷呈的。如重新撷取前文谈的草篆书法作品，还可就每件作品进行美之梳理，美之细化，美之归缕（拙文不展开了）。

韩天衡深探理窟，执著于纷呈的草篆美开发，是戴着镣铐的勇者之舞，挥笔入阵，或左右冲挡杀，或媻姗勃窣行，恰到好处且战果累累，皆不离绳矩。真理和谬误是一步之隔，书法艺术上美与丑分界也只差这了不起的一步。苍古与老秃，豪放与鲁莽，厚重与溷浊，妍媚与浮挑，奇险与狂怪，雄强与鲁莽，洒脱与油滑，简静与浅陋，平和与卑弱，清秀与轻靡等等度的把握，庶几难以跂及。然而，韩天衡草篆——这濡养积淀所溢出的文化墨痕，接纳了前者摒除了后者。

多年来，韩天衡创作了不计其数的草篆作品，给了我们美的飨宴，美的浸润。又先后出版了韩天衡的“标准草篆”字帖：《千字文》《诗文题刻选》《大学》《黄庭经》及用朱砂写就的《心经》等，这些都是天衡大美草篆的万千化身与使者，成为芸芸学篆人的范本。惠泽十方，功德无量。

五、一骑绝尘

陈子昂怆然涕下吟出的“前不见古人，后不见来者”诗句被切换成格言式联句，就是：“前无古人，后无来者”。似乎并不“怆然”了，因为在形容某人艺术成就行文时，一般即使用了“前无古人”，也不用“后无来者”的提法，会被认为似乎程度过满，没有余地。我则要清楚断然表达的观点是：前无古人的艺术贤达，必定后无来者。以中国书法史为例，每个时期书坛开派的人物，由于时空环境，人生履历，学识感悟乃至书写硬件条等等迥异，打造出了各自作品内核的独立性，所创立的书法风格与达到的相应水准是唯一的，空前绝后、无与伦比。如前无古人的晋代王羲之行书，唐代怀素草书与欧、褚、颜、柳四家楷书等等，都业已流传逾千年，后世并没有也不可能有雁行的“来者”，有的只是世世代代众多追随者。

同样就韩天衡草篆书法而言，后人如专写韩体，即便写得“胜过”原创者，也是表象的效仿“复制”而已，故其草篆依然姓韩，是延续的韩派麾下一员兵士。如果学韩后又能别开生面，自然便不属于韩体之“来者”了，要另作他论。

因此毫无疑问，高峰巍巍的韩天衡草篆艺术，是中华书法史上空前绝后的又一款领军开派书法体式。无论作品量与质的定夺，韩天衡都在明代陈、赵（含二者）以降的六百年林林总总草篆书家中一骑绝尘。

如今，古老的篆书艺术离我们越来越久远，趋向式微，真正继承者寥寥，遑论创新。然而“天机流荡在交衡”的韩天衡草篆则裹揣着传统精魂，舞将起时代躯体，横空出世。且神采奕奕，生机勃发，气宇轩昂，步履铿锵。42 年来，天衡草篆从 10 平斗室走进 14000 平方米恢宏的韩天衡美术馆，从华夏书坛迈入异彩斑斓的世界艺林，已然是我们民族引以为傲的一张文化名片。

第十一章　音乐与电影

美学对艺术实践的关注其次表现为音乐与电影的实例剖析。查尔斯·罗森是当代美国极其敏锐的音乐评论家，其代表作《古典风格》在中国的出版引起国内学界高度关注。该书译者、上海音乐学院的杨燕迪从八方面详细分析、介绍了罗森在此书中体现的音乐美学思想，包括罗森的风格概念，罗森对古典风格的语言思维机制的说明，及其对海顿、莫扎特、贝多芬作品的分析与批评实践。近些年来，以《小时代》为代表的“现象电影”与以《蒋公的面子》为代表的“热门话剧”都取得了不俗的票房。上海戏剧学院的导演张仲年对二者作了有趣的比较，指出二者虽然有电影与戏剧的形式之别，有钟情物欲与渴求精神的内涵差异，但二者的同热说明物质与精神可以实现二元互补，戏剧与电影可以达到共同繁荣。青年会员游溪以孤岛时期的上海电影期刊为对象进行了描述和研究。她指出：孤岛不孤，孤岛时期有多元化的电影期刊创办与发行，从数量、质量上在整个民国时期的电影刊物中占据重要地位；孤岛时期正值中国全面开展抗日救亡活动之时，孤岛电影刊物以隐晦的方式一方面与敌对势力做斗争，另一方面得以在复杂的战争环境中生存与发展。一部好莱坞电影《社交网络》的热映，使无数双眼睛领略到了移轴镜头的魅力。青年会员陶奕骏由此发端，结合多部影视剧，分析了移轴镜头的艺术特点。

第一节　查尔斯·罗森的音乐分析批评理路[1]

由于《古典风格》是“英语世界近五十年以来影响力最大、引用率最高的音乐论著”和“迄今唯一获得美国国家图书奖的音乐书籍”，此书中译本出版以来，有幸得到国内学界和媒

[1]　作者杨燕迪，原载《音乐艺术（上海音乐学院学报）》2016 年第 1 期。

体的青睐与关注。作为译者，我在欣喜之余感到有必要对此书进行一番“导读”，尽管我在译本的“中译者序”中已经对此书的地位、价值、主要内容、精彩文笔等进行了初步评介。此书对我们的借鉴意义不言而喻，但作者在美学观念上的“形式主义”偏颇立场也值得商榷。其所发议论原是针对西方语境，中国读者初读时会觉得比较“隔”，这都更促使我想到应该在“中译者序”的基础上对全书做更全面、深入的“导读”，以帮助汉语世界的读者和音乐家更准确、更有效地理解此书，从中汲取有益养料，并为我们自身进一步的音乐思考与体验提供参照和补充。

一、“风格”概念

全书的卷一“导论”作为进入中心议题之前的预备，对相关概念和问题予以澄清。首先，既然全书围绕“古典风格”展开，风格概念便是核心范畴。而所谓“风格”，在一般的艺术理论话语体系和音乐论述中，大致指的即是艺术表现的方式、模式和样式——如《新格罗夫音乐与音乐家大辞典》中“风格”辞条的定义便是，“风格是表述的方式，表现的方法……和呈现的类型。”英国艺术史大家恩斯特·贡布里希也将“风格”定义为“表现或者创作所采取的或应当采取的独特而可辨认的方式。”这种对风格的定义似已成为常识，并已得到了艺术界同行的认可，甚至是不假思索的应用。

然而，查尔斯·罗森的想法有些不同。他反对将风格看成是艺术的具体表达方式在统计学意义上的捏合。他尖锐地指出：

> 音乐史（以及任何艺术史）中特别麻烦的是，最引发我们兴趣的是最特殊的东西，而不是最一般的东西。即便在单个艺术家的作品中，最代表他个人“风格”的也不是他通常的手法，而是他最伟大、最独特的成就。

这是一段足以代表罗森美学理念和史学观念的陈述，值得特别关注。显然，罗森最看重的不是风格中一般性的、通用性的因素，而是风格中最能代表艺术高度和独特追求的要素。为此他特别强调，在艺术的历史中，“个别例证的旨趣、自如性和深刻性”才是审美注意力的中心，是“个别人的语言陈述提供常规并在重要性上压倒普通用语”。这是贯穿《古典风格》全书的一个极为重要的美学前提和批评理念。

正因有这一前提的指引，罗森最为关切的风格观察要点，就不是某种音乐手法的使用频率和共享程度有多高，而是这种手法所要达到的艺术目的和审美效果是什么。罗森的风格理念中还有一个值得注意的原则——他不同意对“风格”的界定使用简单而惯常的表现特征形容。罗森指出，“用特定的表现特征来确定一种风格，这是一个极其严重的常见错误。”不妨反省一下，恐怕我们在很多时候也不自觉掉入了这一陷阱——我们常常说古典时期的音乐是“节制而典雅的”，浪漫派的音乐是“热烈而亢奋的”，俄罗斯的音乐“很浓烈厚重”，而肖邦的音乐“很诗意抒情”，等等。而静心细想，这些形容不仅粗糙武断，而且实际上漏洞百出，针对每一种风格的每一个形容，可以举出的反证其实不胜枚举。罗森指出：“莫扎特的一首作品可以像肖邦的或瓦格纳的作品一样是阴郁的、优雅的，或是骚动不安的——但是以其自己的方式。”这种“自己的方式”当然就是“风格”。但风格的内在构成却高度复杂，绝不可能就范于一般的形容词表述。

关于风格的定义，罗森自己具有清晰的理念，而且在《古典风格》一书中有多次彼此相像、相互支持的表述——“风格是运用语言的一种方式”；“‘风格’一词意味着一种具有内在聚合性的表达方式，只有最好的艺术家才能成就”；“所谓风格，就是一种开掘和控制语言资源的方式”。而我对罗森风格概念的总结是，“所谓风格即是艺术家掌握、探索和开掘艺术语言内涵和潜能的集中体现”。

基于上述观念，罗森对大家熟知的“维也纳古典乐派”三大师为何能够成为一个整体提出了自己的独到见解。罗森独具慧眼地指出：“使海顿、莫扎特和贝多芬成为一个整体的，不是他们的个人接触，甚至也不是他们之间的影响和互动，而是他们对古典音乐语言的共同理解。”也就是说，由于“维也纳三杰”对古典风格的语言运作机制和艺术效应具有共同的感觉和理解，他们在一些最根本的艺术问题上达成了共同的解决方案，因此这三人才成为了一个“想象的共同体”。而他们三人如何在共同的语言运作和音乐感觉中又取得了全然个性化的艺术成就，这即是《古典风格》全书的主旨内容。

二、调性语言的基本材料与古典风格的形成

罗森随之对古典风格的音乐语言体系做出简要而清晰的说明。这分为两个层次。第一层次为调性语言的基本材料，第二层次为这种语言的运作机制。打个比方，前者也许类似普通语言中单词、语汇的要素层面，而后者相当于语法、组织、结构的思维层面。

但音乐语言的内部组成毕竟又与普通语言非常不同，上述比喻依然只是参照。罗森对调性语言的介绍乍一看似乎门槛很低——他甚至从调性的定义、泛音列、十二个音级的生成、平均律制、大小调的性质等属于音乐院校中低年级“基本乐理课”的内容入手。但请注意，罗森对调性语言基本材料的说明其实大有深意——所有古典风格的大师杰作，从某种角度看（尤其按罗森的美学角度看），均是对这些基本材料的内在潜能的开掘和探索。略显遗憾的是，罗森针对第一层次基本材料的论述似过于简单，有时甚至语焉不详，如关于主、属、下属之外其他音级（如Ⅱ、Ⅲ、Ⅵ等各级及各自的变音音级）上的三和弦—调性的性质说明，便显得意犹未尽。

在第二层次，即关于调性语言的思维运作机制，罗森的说明相当复杂和周密。他的出发点是我们似乎再熟悉不过的“奏鸣曲式”，但就我们似已熟悉的知识储备而言，罗森又做了令人惊讶的颠覆——他以讽刺的笔调批判了19世纪之后以主题结构、主题认知为根本的奏鸣曲式概念（在国内，这种理论依然占据统治地位），认为这种概念导源于19世纪特有的旋律思维惯性，其实是对18世纪奏鸣曲式的歪曲和误解。另一方面，罗森对20世纪以来奏鸣曲式研究的“矫枉过正”也持异议：他认为这种研究虽然基于18世纪作曲实践的科学统计调查，更有历史准确性，调性结构的重要性也得到强调，但它的问题是有“过分民主”之嫌：因为在音乐史（以及所有的文艺史）中，大多数人的实践并不代表风格的高点和艺术的理想——这里，我们再一次看到罗森理念中的“个体精英主义”倾向。关键的要义在于，必须理解奏鸣曲式中所有这些技术程序和手法的音乐功能是什么，要达到的艺术目的是什么，而个别作曲家所面对的具体音乐课题又是什么。

关于古典风格音乐语言第二层次的解释和说明，最核心的部分是本书的卷二第一章“音乐语言的聚合性”。但在此之前，罗森笔锋一转，先对申克尔分析和动机分析两种20世纪以来有关调性音乐分析的代表性流派进行了批判性的回应，随后又对古典风格的起源——也即前古典（或称早期古典）风格的形成与发展予以评说。罗森高度赞赏申克尔分析方法对音乐时间的线型导向感的强调，但他对该方法中忽略凸显的听觉事实、贬低节奏组织的重要性以及回避调性本身的历史演化等问题都提出了直截了当的批评。相比之下，罗森对动机分析的批判更加不客气。他并不否认动机联系的广泛存在，但他更关心的是这种联系推动音乐前行的动力性质和该联系所产生的有机性听觉效应，而不是这种联系在谱面上的僵硬标识。

三、古典风格的思维运作机制

罗森用“音乐语言的聚合性”来命名古典风格的语言运作性质。“聚合性”的英语原文是“coherence”，指的是那种前后一致、首尾贯通、所有要素彼此协调的品质。在罗森看来，巴洛克盛期的音乐语言在巴赫与亨德尔手中也达到了高度的聚合性，而通过前古典时期几十年的过渡与转型，至18世纪末形成了另一种完全不同、但同样纯熟、而在聚合性与卓越程度上甚至超越了巴洛克的音乐风格。应该注意，罗森总是通过与巴洛克风格的比较（有时也与浪漫风格做比较）来阐述古典风格的特质和特征，从而让读者能够有效地同时观察和理解巴洛克风格与古典风格两种不同的思维运作机制。

与巴洛克风格相比，古典风格最明显的一个不同即是周期性的、清晰的乐句划分。巴洛克音乐以核心主题—动机的无间断衍展为主要特征，前行的驱动主要依靠和声模进。而古典音乐既然依靠这种周期性的乐句来推动乐思前行，就带来了音乐感觉的根本性变化：其一是对于音乐在时间对称性上的高度敏感，其二是音乐进行中出现了明显的节奏脉动变化。前者是古典音乐高度重视音乐进行前后平衡问题的直接原因，后者则导致音乐中具备了融合不同节拍节律的可能性。巴洛克音乐当然无法做到这样的节奏转换或过渡。它的标准节奏形态是类似“无穷动”的持续不变脉动。如果引入节奏的变化，那往往是强烈的对比，类似行驶中的突然换挡，而不是流畅的变速。与上述节奏体系相对应的是巴洛克音乐中著名的“阶梯式”力度变化，这其实是巴洛克风格拒绝过渡和转换的特质在力度和音响方面的表现。而在古典风格中，过渡和转换的感觉如此重要，以至于过渡和转换本身就可被当作主题元素。

正是在这种对过渡和转换的高度重视中，我们才能更加深入地理解古典风格中调性转换和调性思维的重要意义。调性被用来勾勒、凸显和强调古典风格中转换和变化的戏剧性格。就音乐启动之后就开始朝向属的转调这一点而言，古典音乐似乎和巴洛克音乐并无不同。但是，“古典风格使这一运动戏剧化了……这个运动变成了一个事件，而且也是导向性的力量……这个戏剧化的片刻，以及它的出现部位，与巴洛克风格形成了根本性的对比……它也许是一次暂停，一个强调的终止，一种爆发，一支新主题，或是作曲家想要的任何东西。这个戏剧化的片刻，要比任何具体的作曲手法更具有根本性。”罗森的精彩评述再好不过地说明了古典奏鸣曲中调性转换和调性感觉与巴洛克风格的不同，以及这种调性运用中所蕴含的戏剧意义和音乐功能。

导向属的戏剧性转调，让音乐持续停留在这个第二调性中（往往使用新主题，此即我们惯常所说的“副部”），使之成为一个与主调性相抗衡的不协和对极。这种张力在随后的发展部中通过各种调性、旋律和节奏的手法得到进一步强化，并在另一个戏剧性的片刻——即再现部开始——得到根本性的解决。罗森深刻地指出，在古典风格中，不协和的概念有了质的发展：如果说在以前的音乐中，不协和主要仍停留在音程与和弦的层面，则在古典风格中，不协和就进一步提升到了调性的层面——也就是说，在奏鸣曲式中，所有主调之外的调性都是不协和的。正是这种针对调性的敏感性，促成了古典时期创作实践中的一条不成文的定规：所有主调之外的材料都必须要在再现部中回复到主调中陈述，以求得和声—调性意义上的解决。而且，这种解决还必须是大尺度和长时间的——罗森非常强调古典奏鸣曲式中再现部（也即最后的主调稳定区域）的时间比例，以突出此时古典风格特有的平衡感与对称性。

正是这种大范围的调性感觉与宽尺度的调性视野，使古典作曲家能够以极其多样而细腻的手法来利用和开掘各种转调的丰富戏剧潜能与情感色彩意义，同时又从不丧失整体形式的严谨性与平衡感。这种戏剧性的张力和情感复杂性要求音乐中对比程度加大，而对比可以通过不同主题旋律的不同性格获得，也可以通过其他手段获得——甚至轮廓和织体的对比也可奏效。尤其重要的是，一个主题内部就形成对比，而更进一步，对比的调解、调和与对比本身一样重要。

古典风格的另一个卓越品格是，在音乐的结构中，部分与整体之间彼此呼应，小细节与大轮廓之间相互映照。这种个别细节与整体形式之间的亲密关联导致了另一个古典风格的奇迹：音乐中的一切，包括结构、组织、趣味、惊奇、意外乃至情感、影射、象征，均具有全然的可听性。这与巴洛克及其前的音乐往往具有秘而不宣的隐蔽秩序（及音乐之外的意义）具有很大的不同。而这种将一切都吸收到“聆听”这一感官—心理—智力范畴的发展，对于音乐作为一种艺术的自足自立具有突出的重要意义。

四、海顿的独特贡献

具体到三位作曲大师创作实践与代表性杰作的考察与分析，罗森采取了一个隐而不露又非常聪明的策略：针对不同作曲家的不同体裁，罗森也相应地调换观察角度，并通过尖锐的艺术问题意识来触及和剖析三位大师的创作。

《古典风格》论述海顿的内容主要分为四个方面：弦乐四重奏、中期交响曲、晚期器乐创作、钢琴三重奏。卷三的第一章集中论述弦乐四重奏，但不是面面俱到，而是有很大的选择。罗森完全略去了海顿 Op.33（作于 1781 年）之前的和 Op.64（作于 1790 年）之后的四重奏，而仅仅集中评述海顿近 50 岁之后约十年的四重奏写作。在简要论证了 1779 年的海顿在处理“错误起始调性”这个具体技术课题时其综合眼界与统一能力要明显高于同时期的 C.P.E. 巴赫之后，罗森明确了他在观察海顿四重奏创作时所关心的特殊艺术课题——音乐的形式过程中细节材料对整体结构的决定性影响，而这恰恰是罗森认为的海顿创作的精髓所在。

在海顿的创作中，材料的性格和动态成为作品展开的依据，而创作的方法与作品的形式随材料性质的改变而改变，海顿作品中著名的形式自由即来源于此。罗森说道：“海顿的基本乐思较为短小，几乎立即就陈述出来……它们一出场就表达冲突，而这一冲突的全面运行和解决就是这个作品——这就是海顿的‘奏鸣曲式’观点。”而基本乐思中最直接的冲突来源就是不协和音响。在基本乐思没有提供具有足够动力性的不协和音响时，海顿就启用模进来驱动音乐前行，如 Op.64 No.1 的末乐章和 Op.50 No.4 的开头。这些作品的乐思运作原则从某种角度看均是一样的，但由于乐思不同，随后所取道的方向与路径也就大相径庭，于是就造成了各自作品的不同形式过程和品格。它们都是细节材料与整体形式彼此映照和支撑、结构上浑然一体的杰作。

论述海顿的中期交响曲，罗森改变了观察视角——“艺术中的进步”这一问题成为他的关心要点。众所周知，海顿在 18 世纪 60 年代末至 70 年代初写就了一系列小调性的交响曲，表情深刻而富有激情，但其中依然存在技术性的问题——音乐的连续感不够，缺乏后来古典风格所具有的统一性。海顿随后很快也放弃了这种风格，走上了一条更为稳健和大气的音乐之路，并最终达至古典风格的综合与统一。而这一风格上的“进步”过程是如何达到的？罗森别出心裁地选取莫扎特曾指挥演出过的三首海顿交响曲做了一番考察：《G 大调第 47 交响曲》作于 1772 年，虽然有不少可圈可点之处，但此曲中对位技法的运用仍然显得牵强。《D

大调第 62 交响曲》可能作于 1777 年之后，显然受到了海顿此时歌剧写作经验的强烈影响，从而在戏剧简洁性和动作统一性方面有显著进步。而 1780 年或再迟一点写成的《D 大调第 75 交响曲》则已经具有完全成熟的古典风范，引子的境界开阔宏大，而慢乐章柔和的赞美诗主题则是日后将在莫扎特和贝多芬手中进一步发扬光大的此类音乐的先导。

论及海顿的晚期器乐创作，罗森再次改换视角——这里的观察要点和艺术问题是，民间元素为何以及怎样进入作为“高文化”的音乐。音乐史中，艺术音乐不断吸收民间元素作为补充给养，这当然是一个具有深广意涵的话题。罗森的思路取向依然是独特而深刻的——他认为这时音乐中出现“通俗”倾向，首先源自 18 世纪后半叶政治共和思想的驱动，也一定与发端于此时的民族文化意识有关，并得益于此时中产阶级不断上升的社会境况。之前如文艺复兴或巴洛克时期，艺术音乐中已有吸收民间曲调的实践，但这时的实践倾向于掩盖而不是凸现民间曲调的特征。之后的做法，如马勒是将民间因素嵌入前卫的乐队音响中，并不予以融合，而是让两者并置共存；而巴托克则是从民间音乐中寻找奇异的资源以形成自己特定的风格语言。海顿（以及莫扎特）的做法则彻底不同，他们的目标和理想在整个西方音乐史中堪称独一无二：高艺术的老练复杂与民间元素的通俗动听不仅并行不悖，而且彼此融合，在最好的时候甚至相互加强——如罗森所说，“《魔笛》中的莫扎特风格，‘巴黎’交响曲与‘伦敦’交响曲的海顿风格，随着通俗性的加强，其学究风不是越来越少，反而是愈来愈多。”

而体现在海顿的晚期交响曲与四重奏中，最具通俗意味的民间旋律往往出现在三个部位：第一乐章呈示部结尾，末乐章开始，以及小步舞曲的三声中部。而这些观察均有具体的例证和罗森地道而内行的点评作为支持。

罗森应该享有重新发现并公正评价海顿钢琴三重奏的美誉。在他之前，几乎没有人（包括演奏家、史学家和批评家）认识和理解这组杰作的真正价值。罗森敏锐地抓住了这些三重奏的独特伟大品质——它们其实是钢琴独奏作品（小提琴、大提琴仅是助奏乐器），体现了“海顿作品中几乎独一无二的即兴感觉……一种在海顿其他作品中难得一见的自发随性的品质……它们的灵感很放松，从不勉强……形式也较为松弛。”

五、歌剧的艺术问题与奏鸣曲原则：莫扎特的成就

一般认为，莫扎特最拿手的创作领域是歌剧、协奏曲和弦乐五重奏。罗森完全认同这种传统观点，但又在此基础上做出了新的诠释和评价。

说到歌剧，这种体裁最核心的艺术问题即是音乐与戏剧的关系问题。更进一步说，是音乐如何匹配情节动作同时又保持自身形式聚合的问题。罗森关于这一问题的认识更深一层，表述也非常清楚：“歌剧中的永恒问题……是寻找戏剧动作的音乐对等物——它作为音乐仍然能够自立自足”。而歌剧体裁的最高理想便是，“舞台上的每一个语词、每一种情愫、每一个

动作都不仅拥有其音乐中的平行物，而且也具有音乐上的合法性。”当然，这是一个无法达到的理想，而历史中最接近这一理想的歌剧作曲家便是——莫扎特。

对于莫扎特的喜歌剧创作而论，古典风格的成熟与发展恰逢其时。这是历史的佳遇，更是歌剧的好运。古典风格的一切都与喜歌剧的秉性相吻合，而似乎碰巧，历史上最伟大的音乐戏剧天才之一莫扎特又在此时降临于世。罗森对此评价道：“莫扎特的成就是革命性的：在歌剧舞台上，音乐第一次能够跟随戏剧运动，但同时又能获得一种在纯粹内部的基础上具有自身合法性的形式。”而第一部这样的伟大杰作即是《费加罗的婚姻》。此剧对喜歌剧和正歌剧传统进行了全面融合，展现出作曲家使用纯粹音乐手段来塑造生动人物的能力，以及他在重唱方面的创造和发展。在大范围的戏剧结构处理上，莫扎特尊重完整分曲的独立性，但同时又独具慧眼地在各个分曲的彼此关系上营造良好的戏剧节奏加速与解决的步履，这尤其体现在第一幕中各分曲的接续和第二幕终场的壮丽结构中。

莫扎特的歌剧成就的关键在于，让戏剧动作的展开与音乐形式的建构保持同步和平行。而使这种同步与平行成为可能的正是古典风格的核心思维方式——“奏鸣曲原则”。首先，在歌剧个别分曲的结构处理上，奏鸣曲原则发挥着指导性的作用。在卷五第三章“喜歌剧”一开头，罗森详尽分析了《费加罗》第三幕著名的“认亲六重唱”，其中戏剧动作进展与奏鸣曲式结构彼此契合，丝丝入扣，从而彰显出莫扎特对歌剧根本问题的完美解决。接下去对《唐·乔瓦尼》第二幕中六重唱的分析显示出，尽管音乐的结构在情节的压力下有很大的调整甚至变形，但其中奏鸣曲思维的比例与理想仍然完好无缺。

终场往往是喜歌剧中结构最复杂、篇幅最大的分曲。在罗森看来，“奏鸣曲思维”中的关键要义——调性布局与结构统一——也统帅着莫扎特歌剧的终场建构（甚至统帅着整部歌剧的调性组织）。在《后宫诱逃》之后，莫扎特歌剧的所有终场都是调性上的统一体，其布局完全依照奏鸣曲式的原则。不仅如此，罗森注意到，莫扎特的后期歌剧的起讫调性总是同一调性。而且，最富张力和最光彩的终场往往是位于全剧中央的第一个终场，相当于奏鸣曲式的发展部，而最后一个终场则比较松弛，如同奏鸣曲式的再现部，是对所有其前不协和因素的解决。

奏鸣曲原则的强大影响也渗入到咏叹调的组织和建构方式中。此时歌剧咏叹调的一个常见形式是：行板（主—属—主）—快板（主），它与巴洛克的“返始咏叹调”相异，也不是通常的ABA三段体模式，而是某种符合奏鸣曲式的和声—调性理想的建构，它在中间走向属（有时做一定的发展），而在最后一个较长的段落中维持稳定的主调解决。愈到后期，莫扎特的咏叹调就愈加精妙和变化无穷。虽然奏鸣曲式的外表形式不再显得那么直白和明显，但奏鸣曲思维的指导原则却以更具想象力的方式与戏剧情境相结合。

完成了上述似乎全然“形式主义”的歌剧分析之后，罗森突然转向了莫扎特歌剧的戏剧文脉梳理与文化特质评论。在这里，罗森显示了他作为一位饱读诗书的批评家让人称羡的渊博学识和令人惊讶的审美感受力。《女人心》，这部在 19 世纪遭到彻底误解和全然贬低的莫扎特喜歌剧，罗森充分肯定此剧在心理变化的音乐刻画与音乐色调口吻的掌控方面是无与伦比的大师杰作，并以精准的具体举证来支撑自己的观察与结论。《魔笛》的重要性在于它是维也纳的民间地方传统与意大利剧作家戈齐的童话戏剧创意的融合。关于《唐・乔瓦尼》，罗森紧紧围绕此剧的"非礼"特质（不论是该剧的体裁混合，还是剧情中令人困窘的道德颠覆暗示），联系 18 世纪末的政治状况和性文化状态，揭示出此剧中暗含的对现存秩序的攻击，并在更广泛的莫扎特风格语境中，阐释了莫扎特音乐的"恶魔神怪"特质和潜藏其间的"颠覆危险"。

六、莫扎特的协奏曲与弦乐五重奏

莫扎特在歌剧和协奏曲方面明显比海顿技高一筹。为什么？这似乎是一个很难作答的问题。但罗森有自己的答案——莫扎特的成功不是因为他的音乐表层比海顿更有戏剧性，也不是由于他的人物具有栩栩如生的在场感，而是出于两个原因。第一，莫扎特的音乐具有比海顿更强烈的直接官能性冲击（但关于这一点，罗森没有做更多的阐述）。第二，莫扎特拥有海顿所不及的大范围的调性构想与掌控能力，音乐视野更为宽阔，此即所谓的"大体量的团块感"（the sense of mass）。由此，莫扎特擅长在一个相对稳定和平衡的时间段中包容各种不同的戏剧变化与多维线索，同时又不会显得混杂和无序。

在协奏曲的论述中，罗森的观察依然是以明显的问题导向作为指引——古典协奏曲是对巴洛克协奏曲的改造和转化，巴洛克协奏曲原有的对比原则和炫技因素被保留，但在新的条件下被强化和扩展。这种新的条件境况，即是古典风格对戏剧性的追求和奏鸣曲原则的影响。莫扎特在不到 20 岁时（1775 年）写就的《降 E 大调钢琴协奏曲》K.271 被罗森判定为古典风格中第一部完全成熟的大型作品。在此曲的第一乐章中，莫扎特从各个方面都完美解决了古典协奏曲的艺术命题——他让独奏家的每次进入都彻底成为戏剧性的事件；他将独奏呈示部（第二呈示部）处理成乐队呈示部（第一呈示部）的戏剧化加工和转型，而绝不是装饰性的重复；发展部继续并强化了这场抽象戏剧的冲突，其戏剧能量甚至充溢至再现部；最后，作曲家以令人吃惊但又完全适当的笔法回顾以往，并解决张力。以上述的戏剧性追求和奏鸣曲原则影响为中心观察点，罗森随后针对莫扎特的所有成熟协奏曲的个性特点展开了覆盖性的分析评论，读者可以直接去阅读学习，我在此仅仅对最重要的论述做简要概括。

《降 E 大调小提琴和中提琴交响协奏曲》K.364 是 K.271 的姊妹篇，具有同样悲剧性格的慢乐章。但这首作品最与众不同的特质在于它的声响——因其灵感来源是带有压抑感的中提琴。《G 大调钢琴协奏曲》K.453 的慢乐章充满极为大胆的戏剧性姿态，不论独奏与乐队之间的关系，还是突兀的远关系调性跳进，都显得极不寻常。“莫扎特协奏曲中最伟大的末乐章是《F 大调钢琴协奏曲》K.459 的末乐章”，因其将赋格这种最学究式的巴洛克结构和意大利喜歌剧这种当时最时尚的市井形式做了天衣无缝的嫁接。

至《D 小调协奏曲》K.466，莫扎特的表现领域有了进一步的扩展——他让协奏曲这种形式承载起最严厉、最悲愤和最深刻的情感分量，个体与群体之间的对比达到最大值，两者之间几乎从不共享相同的音乐材料。紧接着的姊妹篇《C 大调协奏曲》K.467 却表达了完全相反的心境和思绪，宽广、宏伟而沉着，其慢乐章是巧夺天工的形式设计与放松自如的即兴歌唱完美结合的产物。

在如此精美的创造之后，莫扎特笔下让人惊奇的伟大杰作依然接踵而至。《A 大调钢琴协奏曲》K.488 中呈示部和发展部之间的界限模糊恰是此曲舒展和抒情品质的技术性表征，而慢乐章主题的悲悯之情则是基于六度旋律轮廓的笔法多变的雕刻。《C 小调钢琴协奏曲》K.491 是内敛性的悲剧表达，具有室内乐性格，语调洗练而精粹。作曲家对第一乐章的比例做了大胆的扩张尝试，以此应对主题材料的收缩倾向。《C 大调钢琴协奏曲》K.503 表面上使用了完全没有性格的惯例材料，但其实这是作曲家晚期风格中手法精简的标志，所有的色彩对比都出自同名大小调的转换，效果极为集中。最终，在《A 大调单簧管协奏曲》K.622 和《降 B 大调钢琴协奏曲》K.595 中，音乐变成了取之不尽、汩汩流淌的无终旋律咏唱。在此，协奏曲从一种公众性的体裁被转型成了完全室内乐性质的私密交谈。

作为莫扎特室内乐中最伟大的成就，他的弦乐五重奏的基本艺术特质是音响的丰满性和体量的扩展性。罗森着重分析了《C 大调弦乐五重奏》K.515 第一乐章惊人的长度，以及通过内部扩展所获得的威严壮丽的比例感。其他乐章均呼应着这种罕见的宽广性。其姊妹篇《G 小调弦乐五重奏》K.516 是莫扎特所有音乐笔触中最悲苦的表达。最后的两首五重奏，D 大调的 K.593 和降 E 大调的 K.614，前者的音乐具备某种炫技性的辉煌性，在材料上集中于下行三度的挖掘；后者则是对海顿的礼赞，作曲家似在公开承认海顿的影响，全曲遍布逗趣的喜剧风味。

七、贝多芬之于古典风格

论及贝多芬，罗森似乎完全改变了论述策略——他彻底抛弃了按时间顺序整体考察作曲家的某个创作领域的做法，尽管他的观察是以贝多芬的钢琴奏鸣曲为中心。但如前所述，罗森其实一直是以具体的艺术问题作为论述的焦点和引导。至贝多芬，这种做法只不过变得更加明显了。罗森针对贝多芬所询问的问题是，这位作曲家与古典风格之间到底是什么关系？

罗森认定贝多芬完全继承了古典风格的精髓，这与传统的观念似乎相差无几。然而，依照罗森摒弃玄学的一贯作风，他总是要下降到扎实的技术语言层面来讨论问题。正是在这样的思路中，罗森的看法与传统观念拉开了距离。罗森似乎构想了一个与传统的贝多芬风格发展概念相当不同的贝多芬风格路线图。在他看来，贝多芬早期更多是一个“仿古典”的、具有早期浪漫主义倾向的作曲家。直至大约1803年前后创作的《“华尔斯坦”奏鸣曲》Op.53、《第三“英雄”交响曲》Op.55和《“热情奏鸣曲”》Op.57，贝多芬才彻底摆脱了浪漫主义的散漫随意性，坚决回归到海顿、莫扎特的封闭、简明而富有戏剧性的形式概念，并坚守了近十年。随后，贝多芬似乎又一次受到浪漫主义的诱惑，再次靠近了浪漫主义的幻想、试验和开放性，最著名的例证是1816年完成的声乐套曲《致远方的爱人》。而在1818年完成的《降B大调钢琴奏鸣曲》Op.106中，贝多芬第二次以更为决绝的态度回归至古典原则，并将其保持至去世。

这幅路线图与传统的贝多芬早中晚三期划分在时间节点上没有什么不同，但罗森对它的内涵解释却与传统非常不同。这种对贝多芬坚决折返至古典风格原则的技术论证，在罗森对Op.106长达30页的精深分析中达至令人瞠目的顶点。罗森似要雄心勃勃地匹配贝多芬这部伟大作品的集中统一性和力量强度，他对此曲的中心材料（渗透至全曲结构组织各个维度中的下行三度，以及B♭和B♮之间的持续冲撞）及其具体处理的分析和评论也带有强烈的彻底性和不妥协性！

罗森的讨论随后再进一步：贝多芬不仅继承并发展了古典风格已有的精髓和原则，而且做出了两位前辈没有想到过的伟大贡献：贝多芬通过一生的不断努力，将两种仍然具有巴洛克本质的音乐形式——变奏曲与赋格——彻底转变为古典形式，将奏鸣曲的精神成功地灌注其中。

在这个古典式的转型过程中，贝多芬经历了复杂的探索过程，但中心任务始终清晰：克服变奏曲原本的静态性格。而贝多芬对赋格的发展，在晚年往往被置于变奏曲的框架中，如弦乐四重奏《大赋格》Op.133和《降B大调钢琴奏鸣曲》Op.106的赋格终曲乐章，其主体的架构方式均是变奏曲式。同时，贝多芬还尝试在奏鸣曲的结构组织中将赋格纳入，手法和目的都各不相同，如《升C小调弦乐四重奏》Op.131的第一乐章和《C小调钢琴奏鸣曲》Op.111的第一乐章，等等。

Op.111的末乐章是贝多芬变奏曲的精粹之作，其中对颤音的转化达到了神奇的境地。罗森对此写道：“一个长时间的颤音会造成持续的张力但同时又保持完全的静态：它帮助贝多芬既接受变奏曲的静态形式，同时又超越这种静态。以逐渐的加速来运作的变奏曲——其中每一个后续的变奏都比前一个更快——自16世纪以来就很普遍，但是在Op.111之前没有任何作品对这一循序渐进过程进行如此仔细的计算加工。”这是同时结合历史洞察、审美感应和乐谱分析的真正意义的音乐批评文字。

罗森对贝多芬作品中“新古典”怀旧品质的概括同样值得称道。由于罗森一直强调贝多芬是18世纪古典原则的忠实继承者，因而他以贝多芬音乐中特殊的怀旧回望品质来作为最后一章的结尾，这真是再合适不过了。这里，罗森仍然以分析家的精细入微观察音乐的肌理，但同时又以一位具有高度修养的鉴赏家的统合感应对贝多芬晚年特有的“精美圆熟”和“隽永典雅”投以赞赏的眼光：“这种社交性风格的大师杰作也许是《降 B 大调四重奏》Op.130 的第三乐章……一个降 D 大调的抒情性谐谑曲，具有无与伦比的魅力和雄辩力……它也许看上去是某种怀旧，令人联想起莫扎特和海顿，但其实它是一个现代而老道的成果，完全可与贝多芬最英雄性的创作比肩媲美。”

八、其他话题

如此完美无缺的“古典风格”，它本身似乎就是一件完美无缺的艺术品。如罗森所言，“一种风格最终其本身要像一件艺术作品一样被看待，要像一部个体作品一样被评判，而评判的标准也基本上相同：聚合性、震撼力，以及相关引涉的丰富性。”古典风格经过几十年的塑形和演化，在维也纳三杰手中达至圣境。不论以何种最苛刻的美学标准来判定，这种风格——以及代表这种风格的三大师的众多伟大杰作——都属于所有艺术中最出类拔萃的成就之列。在古典风格的主线之外，罗森在此书中还涉及一些其他话题，如在论述古典时期的教堂音乐时，触及古典风格在遭遇宗教音乐时的特殊困难和问题。另一个散见在各处的议题是古典风格中演奏实践的具体处理。不要忘记，罗森是一个优秀的专业钢琴演奏家，因而他对表演实践的话题一直很在心就毫不奇怪了。罗森对于贝多芬钢琴奏鸣曲中一些演奏关键问题的讨论会让钢琴家和钢琴学子受惠。如 Op.106 第一乐章著名的速度问题。罗森的看法非常明确——应该尊重贝多芬的“快板”标记，而不能弹成“庄严”的性格。他指出，“没有任何文本方面或音乐方面的理由让该乐章听起来是庄严的性格，像 Allegro maestoso[庄严的快板] 那样，这样的效果是对音乐的背叛。”而关于 Op.110 的演奏，也有一个著名的演奏速度问题：在末乐章的第 168 小节中处，贝多芬写下 Mono allegro[比快板稍慢] 的标记，而此时谱面的音符节奏却突然加快。如何理解这里貌似矛盾的演奏指示？罗森从整个乐章的核心立意出发，并结合作曲家在该乐章其他部位多处对速度和踏板指示，阐明了作曲家此处的真实用意：应该是尽量流畅、不留痕迹的均匀加速。

尽管我对此书的内在思路进行了归纳梳理，并对其中较为重要的内容做了概览式的介绍，但毕竟无法全面展现此书的光彩和精彩。我想，尽管 18 世纪末西方音乐的古典风格在时空上远离我们，但它所体现的精湛、深刻、丰富和优美却代表着人类心智在音乐上所能达到的最高境界之一，因而这种风格及其中的代表性杰作也就超越时空，在精神上离我们并不遥远。查尔斯·罗森以自己的这部卓越论著为古典风格“正名”，让世人更加深入地认识古典风格的内在肌理，更加透彻地理解维也纳三杰众多杰作的艺术价值，功莫大焉！在《新京报》对我的一次采访中，我称赞此书是“一本金子般的著作，几乎每一页都有洞见”——岂止是每一页，几乎是每一段都有闪闪发亮的“金句”！（当然，这并不影响我们在学习此书的同时仍应带着批评的态度和批判的眼光进行商讨、对话和反驳，如我在“中译者序”中对罗森的“形式主义”艺术立场和美学观念的批评。）《古典风格》作为一本公认的经典，“含金量”如此之高，对它的开掘、发现和引申就会一直持续。相信这是一本常读常新的书，一本不会过时的书。

第二节 “现象电影”与“热门话剧”的差异[1]

2013 年，有一部“现象电影”惹得沸沸扬扬，按我的说法它是个“文化事件”。这部电影就是郭敬明的《小时代》。

从 2012 年到 2013 年，有一部“热门话剧”走遍全国搞得轰轰烈烈，这又是个“文化事件”。这部话剧就是南京大学的《蒋公的面子》。

能成为“现象”，一定是舆论关注，众说纷纭；成为“热门”，一定是趋之若鹜，反响强烈。成为“文化事件”，一定内涵着价值观的反思与争辩，或艺术高低优劣的评判差异。

把一部电影跟一部话剧放在一起议论，似乎匪夷所思。是不是要拿话剧来批评电影？我有过这个念头，但是，深入思考的结果却并非如此。

一、从《小时代》与《蒋公的面子》的票房说起

郭敬明电影《小时代》经过周密的运作和营销，赢得了巨额票房——第一部 4.81 亿元，第二部 2.94 亿元，总共 7.8 亿元。郭敬明曾披露，《小时代》第一部投资仅 2000 万元。照此推理，两部投资 4000 万元。盈利 7 亿多元。

南京大学原创演出的话剧《蒋公的面子》。到 2013 年 6 月底，全国巡演了 119 场，票房据说已达 1000 万元。并去美国巡回商演 9 场，也是场场爆满，一票难求。该剧是校园戏剧，人员精简、舞美简朴，据报道全剧制作仅投资 5 万元，盈利 950 万元。若以盈利率相比，《蒋公的面子》已远远超过《小时代》，成为奇迹。

《小时代》的编导郭敬明是小说创作者，拍电影属于“业余”身份。但他的摄制团队确是荟萃电影界精英，并配置了强大的明星队伍。影片追求的时尚观感令人惊叹。光演员的着装就品牌叠品牌，夺人眼球，眩人视觉。

《蒋公的面子》的编剧是个大三学生，资历难比郭敬明。导演虽是教授，导戏跟郭敬明一样同属业余，导演的难度比不上郭敬明。剧中所有演员是非职业的。三个人物的老年角色是

[1] 作者张仲年，原载《当代电影》2014 年第 2 期。

本科学生，甚不“称职”。整个舞台呈现十分简单，显得很“寒酸”。网友评论说:《蒋公的面子》是“一流的剧本，二流的演员，三流的舞美”。但产生的观赏效果，并不在《小时代》之下。

二、物质与精神的二元互补

《小时代》的目标受众是郭敬明小说的粉丝，达2400万。据票房估算，大约有一半以上即一千多万粉丝进影院观看电影。“郭敬明的小说改编成功主要基于两点原因：其一，小说本身具有数量可观的强大读者群，这批读者出于对郭敬明个人的膜拜，‘明星’魅力的感召，能够被成功转化为电影观众；其二，郭敬明的作品主要为青春类型，受众群主要为初、高中青少年，而华语电影中专门为这一群体量身定制的作品比较少见。类型真空再加之‘偶像’作家的召唤，便是郭敬明执导处女作就能在票房上超越同档期电影的原因所在。”影片放映不久，著名影评人周黎明发微博批评，引起粉丝们群起“围攻”，声势激荡。周黎明应该没想到，他的批评不仅未使观影者减少，还反过来“帮”了郭敬明大忙。

但是，不可否认，成千上万粉丝的艺术鉴赏力并不高。《小时代》给予他们的仅仅是一个梦幻。影片中呈现的一切只不过是他们心灵中想象的生活影子而已。青年人追求的是快感，他们极容易被激奋被鼓动，他们渴求宣泄而得到似是而非的满足。我在影院观赏《小时代》之时就充分感觉到少男少女们的狂热。即便如此，并非所有粉丝都能忠诚到底。《小时代》第二部的票房只有第一部的一半不就是一个明证?

《蒋公的面子》主要依靠口碑相传，听闻者意欲一睹为快，不少人不远千里赶到南京观看，加上微博效应，观众日益倍增。因一票难求，票价持续上涨，据说后来被限制在每票380元。这大大超过了电影票价。实际观众的人数粗略估计在5—6万左右,《小时代》观众数的零头，属于“小众”艺术。随着这部戏走出校园进行社会性商演，观众的年龄越来越大。屡屡有白发苍苍的老人坐着轮椅进剧场看戏。演出中唏嘘声连连，笑声掌声不断。连篇累牍的赞扬评论，形成了与《小时代》不同的风景线。

《蒋公的面子》吸引人的是它的“故事”。它的剧情来自南京大学中文系的一个传说，1943年，在重庆，蒋介石亲任中央大学校长，邀请中文系三位知名教授吃年夜饭。给不给面子？三位教授陷入了纠结。整部戏既没有设置复杂曲折的情节，人物也只是有行动的动机而无实际的作为。南京大学文学院一位教师评论说：“《蒋》剧通篇只见三人坐在一个地方相互斗嘴、扯淡，是美学上极其低级的对话剧。”“‘对话剧’是戏剧初学者误解‘话剧’所造成的恶果，以为‘话剧’就是角色间不停的对话，通过对话来叙事，于是练手之作便成了‘对话剧’。”其实，这位作者对话剧也是一知半解而已。他所谓的“对话剧”在西方属于“文学戏剧”，不乏经典名作，如《爱情书简》等。关键是角色对话的文学风采以及透现出来的精神内涵——包括思想方面与情感方面的。

我以为，任何一部成功的剧作，在它的故事和人物中总是包含着一种能够永世留存的人类精神或哲学意义。这种人类精神或哲学意义“对每个人的自我理解说话”。而“理解艺术作品向我们说话就是一种自我遭遇”。伽达默尔指出，这是一种“与本真性的遭遇”，它“把艺术作品解释成人自己对世界的定向和人自身的自我理解的整体”。

《蒋公的面子》中三位教授的对话透显出知识分子的“风骨”——时任道怒斥蒋介石为独裁者，公开说与独裁者同桌吃饭为耻。另一位，夏小山则绕了一个弯，说如果把请帖上的“校长”改为“行政院长”，他就去。因为他不承认蒋介石这个校长。而那位卞从周抱怨说：“所有的政府都需要宣传，难道我帮助政府就成了没有独立人格的人了？”编剧温方伊说：“时任道的傲气在骨里，夏小山的傲气在心里，卞从周的傲气在肚里。”她还指出，三位教授各有自己的处世之道，都固执万分，但都“表现出对现状之不可把握的迷茫”。因此她创作此剧，想挑战“知识分子的永久精神困境：是机智而卑污地向现实妥协，还是迂腐而高洁地坚守人格理想？”如此尖锐的提出问题，与观众的“本真性遭遇”怎会不碰撞出精神火花？

导演吕效平教授这样阐释剧本：“这个传说的真实性是属于当代的。重要的并不是历史上真有过‘邀请’和‘纠结’，而是我的老师和同事们对这个传说越来越浓的兴趣。”“对这个传说的兴趣的增长实际上来自教授们对自己当下生存环境的失望和对自己主观精神状态的反思。”正如有的评论家所指出的，这部戏提出了知识分子的精神价值问题，自由意志和独立人格的问题。而“这个缠绕在中国知识分子头顶上的难题已经一个多世纪了，就像‘哥德巴赫猜想’那样艰难，因为在他们的头顶上重压着的是层层雾霾，什么时候才能出现灿烂的星空呢？”

当然，中国知识分子存在着自身的弱点。2013 年还有一部描写知识分子的话剧——《驴得水》，把知识分子在利益、生死面前发生的人性嬗变与不能坚守“善”的底线揭示得淋漓尽致，让人在捧腹中叹息。一群书生抱着一个良好的愿望，结果做了一件又丑又傻的错事，演出一个十足的闹剧。这部时代背景放在民国的闹剧少见的集“商业性、思想性、荒诞性、可读性、可笑性”于一体，编导没有“急于与当下流行勾兑”，“大胆地向知识分子踏上一脚。它是探讨人性的，不仅是探讨知识分子，更是在探讨人类在自我自立自恃的面前都倒下了。人类又高贵又卑微的心性得以展现”。它的海报上赫然用大大的红字写着：“一切知识分子都是纸老虎！”

事实上，《驴得水》的故事原型来自当代生活——“有人曾去甘肃支教，当地缺水，学校便养了一头驴挑水。可大家都不愿意出养驴的钱，于是校长便将这头驴虚报成了一位名叫吕得水的民办教师，用‘吕得水老师’的工资来养驴。当上级领导来检查，要见这位吕得水的时候，大家只能编造各种借口搪塞。”

《蒋公的面子》和《驴得水》是对知识分子的两种表现，但都隐藏着一个思考，用丁帆的话说："在这个精神压抑、物欲横流的时代里，人们穿越历史的暗陬，看到的是一抹精神的微曦与犹存的风骨，虽然是泛黄的旧影，却能震撼许多人的心灵。"

引用这段话似乎对《小时代》是一种批判，因为《小时代》的观众出钱买的是"华丽"、是"时尚"、是"物欲"、是"梦幻"。而《蒋公的面子》和《驴得水》的观众出高价买的是精神补偿，买的是"思想的碰撞"。可以说，现场的灵魂交流，又一次流露出中国知识分子的隐秘心声。

确实，《小时代》的价值观曾引起不小的争议，也引来一些论者的深深忧虑。有的文章批评说："《小时代》毫无遮拦的物质裸奔，是当前精神'失落'时代的文化表征，它绝不是一般的文化个案，而是一个时代的文化标本。"我以为，这样的批评言之过激，较为片面。包括发过批评文章的《人民日报》也觉得类似的批评不能再继续，又发表文章指出：不可否认，《小时代》"所引发的深水炸弹般的爆发力，喷薄出另外一个现实：我们的电影创作让青少年'饥饿'了太久。当快速膨胀的中国电影，不断把赌注投向武侠、谍战等跟风之作时，是否遗忘了某些角落？国外的青少年通过《舞出我人生》等电影挥洒激情，我们的孩子们对于青春电影的渴求又由谁来满足呢"？"今天的中国电影为孩子们做的不是太多，而是太少——这就是《小时代》的大意义。"熊建说得更干脆："整顿世风不能靠打压《小时代》。"一个国家追求"富强"，亿万百姓追求"富裕"，天经地义、理所当然。正因为有强烈的"物欲"，人类才会创造出新的财富。最普通的例子，为什么人们有了 iPhone4，还要 iPhone4s；有了 iPhone4s，还要 iPhone5；有了 iPhone5，还追着去买 iPhone5s？物质提高人类生活质量。一个国家必须"关注人们利益诉求和价值愿望"，才能赢得民众的支持与信任。问题不在物欲是否横流，而在于物欲的实现是否合法合理合情，即是否"讲社会责任、讲社会效益，讲守法经营、讲公平竞争、讲诚信守约"。《小时代》宣扬的并没有越轨。有论者赞扬它四个主角代表了四个阶层四种价值观，但达到了和谐，完全符合当下社会总目标。《小时代》的弱点主要在艺术表现上。用新民晚报记者的话说，那是"叙事张力的缺失、主题泛概念化、故事情节的不合理以及人文精神的缺乏"。

相比之下，在评论界一片叫好声中，官方对《蒋公的面子》《驴得水》的忧虑更深。《蒋公的面子》没有入选 2012 年中国校园戏剧节，引得吕效平教授愤愤不平，每次演出时都要演讲抨击。后来演出获得巨大成功，但官方依然态度暧昧。有位记者先前发表赞扬该剧的报道，及至有所"风动"又赶快发表文章说："该剧火爆之时，则被市场推手'助推'成当下争议事件的'参照系'。例如，原重大校长被任命为浙大校长，引发浙大校友会等质疑的一串风波。风波里，《蒋》剧中，蒋介石成为中央大学校长遭学界质疑的境遇，就被网民'平移'到浙大校长身上……此点，反过来刺激了该剧的票房。于是，历史与当下，两个层面的视听都被重度混淆。剧组为求高度关注而蓄意制造了被曲解的空间，且丝毫无意从争议中抽身。"文章还尖锐批评《驴得水》："艺术家最可怕的谎言，就是以挖掘人性之名，制造一台毫无人性之戏——还把它安置入特殊历史时期。由一批北京青年戏剧人编导演的《驴得水》，就是这样一出戏。”“当一场群殴后，美国人面对舞台上追光照耀的一把镰刀与一把锤子相交的场面，惊呼‘Incredible China！’（不可思议的中国！）时，这种把网络上的负面情绪活化于剧场的取悦方式达到了顶峰，并成为口口相传的‘卖点’。”显然，上峰对“镰刀与一把锤子相交”很不舒服，于是就有了如此的批评文字。中国知识分子是纸老虎又一次在这里得到印证。

我以为，单独看这《小时代》和《蒋公的面子》两部作品引起的反响，是很难看出当下中国文化与思想真谛的。如果把它们放在一个文化整体中来判断，可以看出，它们在表面上并行不悖，互不相干，但是在内在的实质上，是相互补充的。体现出一种生态平衡。那就是，渴求物质生活的富裕和渴求精神世界的充实与自由并存；追求娱乐消闲与对人生哲理思考并存。两者共存才能真实反映社会现实。

我们可以从生物学的“生态学”理论中得到启发。他们指出，大自然中关系接近的，有同样生活习性或生活方式的物种，会在同一地方出现。如果在同一地方出现，自然将用空间把它们各自隔开。这就是生态位现象。而在媒介中同样存在这样的生态位。那就是在媒介生态系统中生存资源，包括受众资源、广告资源等等通过竞争而达到平衡。于是它们就会产生依照某种模式相互依存和相互作用的共生关系。正如日本尾关周二所指出，“共生”不同于“共同”，它以异质性为前提，正是因为由于当事者在价值、规范、目标方面有所差异，存在利益上的冲突性和互补性，这才能建立起“相互生存”的关系。因此“共生”的本质特征是“协同合作”，是竞争型的合作。

如果我们用《蒋公的面子》的思想深刻性去批评《小时代》的肤浅，或反过来用《小时代》的精致去指斥《蒋公的面子》的粗糙，那我们就陷入一种愚蠢——破坏生态平衡，破坏“共生共赢”的愚蠢。

三、当下戏剧与电影的生态平衡

回顾新世纪以来戏剧电影发展的状况，可以看出这样一种自觉或不自觉的共生互补关系早已悄悄开始。

20 世纪末，中国电影和中国话剧同样面临惨淡的境地。中国电影界甚至有人呼喊，让电影死去。

2002 年张艺谋出手，一部大片《英雄》改写中国电影市场。《英雄》创造了 2.5 亿元人民币的国内票房，1.77 亿美元全球票房。中国电影好似雄狮醒来，十年大片制造奇观，从武侠片到古装片到现实片，开拓全新时代。中国电影找到了符合自身的艺术形式，把活力大大激发出来。当“大片”成为现象电影之时，话剧也找到了自己的观众，那就是“小白领”。

同是 2002 年，《单身公寓》，一部被上海话剧艺术中心的领导称为“不太像话剧的话剧”，开创中国白领话剧的先河，取得了令人咋舌的票房成绩。

该剧原创者周可说，白领话剧的创意起源于一次房地产项目的推广，“2001 年，一家房地产商找到我当时所在的现代人剧社，想让我们给单身公寓这种户型做推广，那时上海的话剧市场非常萧条，我们也想借助这样一个贴近生活的题材把观众请回剧场，于是我们修改了一个台湾作家的剧本，创作了《单身公寓》。当时话剧票价是 80 元，比电影票还贵，所以我们就把观众群定位在了有消费能力，又有一定文化追求的白领阶层。”

《单身公寓》一票难求的情形鼓舞了周可，于是《白领心事》紧接出炉，这一次的尝试更为大胆，起用有专业背景的非职业演员，“这些演员在现实中都是真正的公司白领，但他们都是戏剧相关专业毕业的，有着良好的专业背景，又热爱戏剧。他们白天上班，晚上排戏，很辛苦。有时候只为了几句台词就要在剧场呆一晚上。他们的努力让我很感动。”

因此，白领戏剧被定义为：“用讲述白领自己故事的方式演绎都市白领的生活和他们的心事。”这个群体有着较高的稳定收入，具有自己的文化品位，以及最重要的是他们需要释放工作紧张带来的压力。而那一段时间，电影、电视剧都没有创作出和白领生活结合紧密的作品，这就留出了一个很大的空间让话剧来做办公室白领文化的内容。在北京、上海这样的大城市，白领文化拥有很大族群，所以票房号召力很大。这跟《小时代》一样，目标观众十分清晰。白领话剧风行三年，由于题材单一，制作粗糙，表演肤浅而渐渐衰落。

当电影大片从武侠片转向现实题材，如 2007 年的《集结号》提出了十分尖锐的话题时，话剧却转向了喜剧。上海出现了从轰动电视剧《武林外传》改编的话剧，大获成功。相继职场喜剧《杜拉拉升职记》掀起一轮新的抢票风潮，跟北京人艺演出的《窝头会馆》一起被列为当年“文化事件”。2009 年创排的《鹿鼎记》，运用了一系列新的演出手法，让人捧腹不止，被称为“减压话剧”。令人意外的是，中央电视台春节期间的《朝闻天下》节目中以很长的篇幅报道了该剧演出。“减压话剧”一时名噪全国。三年前，对电影大片产生厌烦的观众突然钟情中小成本电影《失恋 33 天》，以及《泰囧》《致青春》《小时代》等情感剧或青春电影。此刻上海话剧又寻找到“悬疑剧”路线，创建“悬疑剧场”。“白领 + 喜剧 + 悬疑剧”成为上海话剧持久的演出模式。从外地来到上海的话剧又带来了《蒋公的面子》《驴得水》等以知识分子为表现对象，思想锋芒含蓄而尖锐的作品。“开心麻花”也以种种喜剧赢得观众，与现象电影相映生辉。

据说，2011 年上海话剧演出 189 部。2011 年 11 月 20 日那一天上海有 61 部话剧同时上演！简直成为了东方百老汇。2012 年上海话剧演出再度增长，超过 200 台。截至 2013 年 10 月，上海话剧艺术中心的票房总额已经达到了 2900 万元。中秋前夕，上海话剧中心推出的会员半价日人气爆棚，前来购票的观众绵延整条安福路。当天的票房收入达到了惊人的 350 万元，超过全年收入的十分之一。

以上情况充分说明，电影跟话剧已无观众之争，“现象电影”的盛况跟“热门话剧”的爆满各领风骚。中国戏剧和电影已经找到了各自的生态位，生态平衡已经建立起来。两者已经相处在共生共赢的良好环境之中，不再是相互冲击、恶性竞争的关系。这无疑是中国文化产业发展的大好消息。

第三节　曲折与隐晦中的砥砺：孤岛时期电影期刊研究[1]

孤岛时期的上海，无论是政治社会语境，还是文化艺术氛围都开始了一种全新的秩序。社会旧秩序的瓦解与新秩序的重建，使得孤岛时期电影活动的空间开始逐渐变得阔大起来。与全国其他地区相比，相对宽松的言论环境和复杂危险的敌对斗争，都使孤岛时期的电影审美风格和电影期刊的创办风格显得另类而迥异、异彩而纷呈。很多研究孤岛历史的专家学者都曾提到过“孤岛不孤”这样的观点，无非就是基于当时各种暗流涌动的抗战现实以及各式种类繁多的电影放映和期刊发行市场。作为一面与社会历史构建起文化肌理的反射镜，电影期刊在上海孤岛上的纷繁发展与艰难存留，显示出孤岛话语空间既相对自由、又紧窄逼仄的复杂特征。据统计分类，孤岛上发行过的 74 种电影期刊，其价值取向大致可以分为抗战救亡、思想启蒙和娱乐消遣这三类；而在抗日民族立场方面，大多采用巧妙的规避敏感话题、旁敲侧击的现实指涉、间接的反映救亡思想等较为隐晦的表达策略。

一、孤岛不孤：多元化电影期刊的创办与发行

上海沦为孤岛之后，政治气候的冷暖无常，导致了中共上海地下组织所处的生存环境极为复杂艰险。日军在占领了上海租界的周边范围以后，开始通过在租界里搞绑架暗杀、流氓抢劫、参加选举、搜集情报等活动，企图将势力范围向租借范围内渗透延伸。而英、美等国面对日军的抗议、谈判和暴力逮捕活动，一方面自称坚持其不偏袒战争中任何一方的中立立场，另一方面在对日交涉上却也显得有些模糊和暧昧。大批艺术家、知识分子、有志青年转战“大后方”，上海轰轰烈烈的抗战文化救亡运动陷入短暂的沉寂，全国抗战救亡运动的中心移往武汉及其他等地。但是，星星之火，可以燎原。孤岛内部的中共地下抗日组织成员，谨遵中央与中共江苏省委的指示，与大部分爱国文化工作者一起开始秘密地进行并发展抗战救亡文化事业；与此同时，还有大批进步的艺术家、文学家选择了坚守阵地，留在了孤岛上继续进行或公开或隐蔽的文化传播事业；当然，也有一些企业家、出版商、投资人会创办一些不涉及抗战救亡宣传思想的期刊，更有一部分小资产阶级文艺作者时常会投稿发表一些与战事无关的、以学术理论或艺术娱乐等为主要内容的文章。多元化的电影期刊类型面世，从而

[1]　作者游溪，原载《电影新作》2016 年第 6 期。

反映出盛极一时的孤岛文化。

1. 宣传抗日救亡思想的电影刊物

留在孤岛内暗中继续进行抗日斗争的还有共产党、国民党、爱国进步人士等这三股力量，他们在混乱的上海滩上，继续在租界的掩护下展开暗杀汉奸、行刺日伪、搜集情报、创办进步报刊、宣传救亡思想等活动。孤岛时期具有代表性的宣传抗日救亡的电影期刊有《中国电影》《中国艺坛画报》《文献·日本侵略中国电影的阴谋特辑》《抗战文艺》《大风画报》等，还存留在如今的图书馆和档案馆中。其中，《大风画报》创刊号为《中国之进展特辑》，刊载大量反映在日寇侵华阴谋与暴行的阴影下中国人民生活状况的照片，同时也刊登国军抗战照片与鼓励抗战的论文，以此提高民气，积极报国。还有《文献》特辟的刊物专号《日本侵略中国电影的阴谋特辑》中，编者用十几页的大篇幅版面来报道了1938年6月在北平召开的“日本的大陆政策及其动向”座谈会的相关内容，并且刊登出日本国际电影发行社的社长市川彩君大肆宣布的“今后日本电影要以中国电影市场为目标”，以及他强调的“在日本电影上千万不能加上日本或满洲的名义，最好用大题材的中国电影的姿势出现，表面上和日本、满洲毫无关系，而应当使它成为完全的中国人的事业。”此期《文献》的目的就在于调查战争时期，日本针对中国电影业而制定推行的“大陆政策”的阴谋，并且指出了这一政策实质上就是日本政府把在政治和军事上“以华制华”的策略移植到了电影方面而已，以此来揭露日本企图在电影宣传方面推行“大陆政策”的丑恶罪行。为此，《文献·日本侵略中国电影的阴谋特辑》更是通过知识分子翻译出的三篇有关日本试图将其电影打入中国市场的政策文字，刊登到附录部分，作为白纸黑字的证据。该刊的主编阿英在《前言》中指出：“对日本推行文化侵略、毒化中国电影应予以充分警惕。”同时期的其他多家电影刊物也都纷纷发声，要求电影、戏剧等艺术作品要学会理性救亡、理性宣传，不能以抗战救亡为噱头。例如，《电声》刊首“我们的话”《救亡与出风头》中写道：“甚矣哉，人之好出风头也。既云救亡，牺牲且不惜，更何有乎风头。可是一般号称救亡演剧者，偏有些聪明特达之士，要在里边寻出风头，且因出风头之故而期内讧，终致剧团失败，团员作鸟兽散，真是何苦来！”四年来，不管是公开发行的还是地下创办的，这些刊物都或多或少地报道或宣传过抗战救亡的思想。由此可见，孤岛时期宣传抗日的电影期刊，可谓是打破了当时上海孤岛上一时噤若寒蝉的清冷局面，如同冲破漆黑长夜的惊雷闪电，鼓舞着深陷泥沼的上海人民的抗战救亡情绪。

2. 坚守理论启蒙教育的电影刊物

在日军的森严包围下，孤岛上的抗日文化生长环境也不容乐观。面对着日方的压力，1939年6月，租界工部局发布公告，禁止一切抗日宣传活动。可见，在孤岛初期，产生的关于抗日救亡宣传的艺术期刊虽然并不算少数，但也因为涉及敏感话题，要么是“挂洋旗”时断时续地刊发，要么是只创刊了一期就被迫停发了，那些明显具有抗日救亡宣传作用的电影刊物，想要生存下来极为不易，而那些爱国进步人士也随时会面临生命的危险。留守在孤岛上的大批精英知识分子，本着民族的赤子之心，宁愿避谈时事也不能沦为卖国的汉奸，所以在如此境况下，也许唯有沉默地坚守在自己所钟爱的电影艺术理论上，才不失为一条较为安全保险的生存路径。从而，一些电影期刊转变创刊策略，甚少或者避而不谈国事和战争，只是就艺术作品与政治宣传性的诸多问题，做出解答，并在电影理论的探讨方面做出了不懈的探索。这些期刊一般还如往常一样对电影的本质属性、表现形式、创作技法、艺术价值等各个方面都展开了较为深刻全面的理性思考，对大众进行具有现代性意义的电影启蒙教育。孤岛时期创办的这一类型代表期刊主要有《电影艺术》《新华画报》《影坛春秋》《电声周刊》《金城画刊》等。其中，1940年创刊，在孤岛上发行的《影迷世界》，其主要栏目有影迷世界、影星群像、影星文墨、银色小品、影迷的话、影坛漫笔，通过报道影人近事及刊登电影理论常识，来对读者进行思想启蒙，该刊曾刊载过《李丽华随笔》《访中国卡通之母：万籁鸣畅谈生平事》《谈南洋影迷欣赏影片水准》等文章。可见，这些电影期刊的创办宗旨正如同《影迷周报》在《创刊小言》中明确表示的那样："电影刊物，在今日不能说少，但是，真能以精彩内容，为电影读者服务的，实不敢说多。无可否认，电影事业，在今日是发达的，但是，有谁敢说，电影制片方针，在今日是上进的，不落伍的。本刊的出版，一方面是想促进电影事业上正轨的发达，另一方面则是给予上海数千万电影读者一个真正的精神食粮，指责电影界的黑暗，恶劣现象，这是本报的天职，同时，电影界值得赞扬的地方，应该赞扬，这也是本报的职使，总之，本报的出版，至少是存一点，尽一份小力辅助电影事业的发达，能走上正轨发达的道路。"可见，在孤岛时期，不论是作为一般的大众读物，还是作为具有专业性质的学术期刊，它们在选择做出传递现代性思想的努力的同时，又会在启蒙民众现代性思想的基础上，多承担了一份通过电影教育来激励民族文化发展的重要使命。

3. 消遣战时苦闷的电影娱乐刊物

孤岛和大后方，形成了两种截然不同的话语空间。在整个大后方，阶级立场、民族主义在电影宣传刊物中得到了集中性、紧密性、策略性的呈现，而孤岛艺术期刊上的民族诉求和商业意图是纠缠不清的、相互掺杂在一起的。在整个孤岛时期，娱乐型的电影期刊占据到百分之四十以上，这不仅恰好体现出海派文化浓重的商业化特征，而且还显示出当时市民娱乐空间的特殊建构。当时的电影工作者们一方面在谴责孤岛重商的文艺氛围，一方面却又在其电影作品中无意识地流露出大量的感性需求，这种复杂而矛盾的心态在孤岛电影期刊上展露无遗。孤岛时期的电影娱乐期刊，在选择利己主义的同时，也是在一定程度上于阵痛中经历实现自我价值的某种蜕变阶段。诸如像《电影新闻》《银銮殿》《明星》《银影》这样的电影娱乐刊物，对于明星的消费偏重于"窥视"性的消费，尤其是对明星的隐私、绯闻和八卦消息进行披露、揭示和杜撰，从而满足孤岛读者的猎奇心态。就以孤岛时期的《影星专集》这本期刊来说，其上刊登的多属明星的私生活和八卦消息。该刊专门报道上海大小明星的罗曼史，分别编成"罗曼史特辑"上、下二集，其中还辟有专刊"周旋严华婚变专号"，主要文章有奎章的《周旋自杀前因及后果》《婚后琐闻》《周旋韩非之恋记详》《婚变中影星对于此事之意见》《前奏言：周旋与严华婚变》《"金嗓子"周旋、桃花太子严华结合经过》，严华的《我的自白：这真是一件意想不到的事》，梅御的《周旋严华纠纷解决：从盛传周旋给严华一万五千元为离婚条件说起》，凯壮的《贵为光华公司的老板娘顾兰君爱李英的缘由》《天赋予的多情种子：清算舒适的风流账前后制造罗曼史半打》《银幕上私底下的一对情侣：袁美云与王引的恋爱史》，刘坤言的《谁个少女不怀春：周曼华的三页罗曼史：孙敏、舒适、周菊生》《余光追求李红记》等。该刊的性质为电影艺术期刊，但多报道明星的花边消息、桃色新闻，挖掘明星八卦内幕，然而，内容是否符合事实却有待考证，所以该刊只供广大市民茶余饭后消遣。当这么多明星隐藏的部分通过电影期刊在太阳底下曝光后，在一个以儒家传统道德为文化肌理的国度里，他们站在了大众道德要求的对立面，成为了孤岛民众批判和嘲讽的对象。这让深陷孤岛苦闷生活的老百姓们在这里享有了一种娱乐文化话语，不仅逃避了日军占领者宣扬的政治侵略思想，也缓解了孤岛上复杂诡异的政权争斗和混乱畸形的经济状况给他们带来的那种沉重心态和焦虑情绪。

二、隐晦表达：孤岛电影期刊的砥砺与抗争

孤岛形成之初，爱国民间团体和进步人士纷纷加入了抗日救亡的浪潮之中，孤岛电影期刊迫切发出了抗击敌人的呐喊声。然而，大批刊物因其反日主张太过明显，锋芒毕露招致了日本军方的注意，日本军方开始严密控制租界内的各种新闻、宣传、出版等活动。之后，迫于日军的压迫，租界当局也不得不明令禁止这些带有明显反日倾向的出版物。特别是1937年12月20日，日方联合租界当局全面围剿和清理了大批进步刊物，而很多抗战报刊还未面世就被取缔了，这就使得宣传抗战文艺的电影刊物的生存问题凸显出来。

刚开始，孤岛进步人士在中共地下党的秘密领导组织下，利用"洋旗报"来开展抗日宣传活动，电影期刊也开始借鉴于《每日译报》和《文汇报》那样的形式，高薪聘请或友情邀请来外籍人士作为挂名主编或空头负责人，或者是找一些没有政治背景和社会地位的普通人来掩人耳目，这样就先后出现了诸如《上海艺术月刊》等这样的"洋旗刊物"。除此之外，还有一些进步期刊实行的策略即把杂志中的某些涉及抗日倾向的文章，改写的文笔较为隐晦，或者就直接将行文中的某些敏感字眼或人名用其他一些字词代替，例如，编辑作者"把'敌方'改成'日方'，藉以避免引起刺激"等。孤岛电影刊物不但经常在文章字眼或刊物主编上做点改动，刊物的主要作者也是时常改头换面，甚至略施小计。1941年3月，上海孤岛局势日益恶化，中共上海的地下党委组织要求文化出版界的活动搞得更为"灰色一些"。然而，灰色办刊模式却也好景不长，到了孤岛后期，租界当局恐于日方的压力，对进步的电影期刊加严审查，一大批爱国电影期刊都遭到了取缔发行的命运。可见，西方国家和日本势力的此消

彼长，孤岛电影期刊虽说可以利用这种矛盾关系作为生存的条件，但是完全信赖这种矛盾关系又是靠不住的。

因此，为了规避政治上的压力，很多电影期刊都采取了间接宣传抗战思想的生存策略，刊登的文章内容虽不涉实事、规避了政治敏感话题，但却也有所指涉，表达方式非常隐晦。就像很多电影期刊的编者“改变方针，电影京戏以及其他一切只要是戏都得谈”的做法，显然是为了不涉及战争实事，规避政治敏感话题而做出的努力。而从孤岛上发行的众多电影杂志中可以看到，当时的刊物刊登了大量介绍《木兰从军》《精忠报国》《忠义千秋》《费贞娥刺虎》等表现中华民族反抗外敌侵略的历史古装片，极具借古讽今的意味。不仅如此，众多文艺批评家在孤岛电影期刊上发表电影评论，论述“中国电影与历史环境的关系”，认为：“在敌人处心积虑向中国电影事业进攻的时候，在客观环境限制这样严密的现在……采取摄制古装片这一途径并不是逃避现实，而是加强电影这‘武器’的新战略。（摄制历史片）并不是把历史上或民间的古色古香，和可歌可泣的故事，依样画葫芦地搬上银幕就了事，而是应该通过理解剧作者的正确的观点，从古人身上灌输以配合这大时代的新生命；换一句话说，只要在并不十分违背史实记载的原则下，把有意义的部分加以强调，没有意义的部分尽量削减，甚至全部扬弃。”与此同时，文人、编辑在写文章时，从来不在正面直接点明，而是从侧面曲折地表明观点来对实事加以讽刺、抨击。例如，孤岛时期在上海南京大戏院放映过电影《贡格庭》，该片是一个讲述一个印度人协助英国人消灭印度人的电影，一石激起千层浪，众人纷纷发表评论，批评“此片在客观效果上，等于鼓励人去做叛徒，鼓励民众去出卖他祖国的民族生存。”与此同时，大部分的电影刊物，还通过报道英美前线战事及相关电影活动，将反映西方世界反法西斯战争动态的消息翻译出来，向广大孤岛民众传播坚定的民族救亡思想。正如，《好莱坞》（1938）《好莱坞影讯》（1940）、《亚洲影讯》《国光影坛》《南海银星》等，旨在报道好莱坞及其他各国电影与影人的动态、或文或图，尽量地披露出来，充实影迷们精神上的粮食，把好莱坞新兴的科学艺术介绍到中国来，辅助中国电影事业的发展。这些期刊常常用大篇幅版面来刊登介绍国外反法西斯战争的电影，并大力推介卓别林的《大独裁者》等讽刺法西斯战争的类似影片。编者在“报道欧美影坛动态时，有时也会突出和强调与中国抗日间接相关的事件，例如好莱坞影星参军、义演、募捐、反抗法西斯侵略等。”孤岛电影期刊往往选取考尔门埃罗弗林、李却格林、维多麦克劳伦、秀兰·邓波儿、卡莱加仑、卡洛夫、查理卓别林等明星，为反法西斯战争捐款的爱国事迹及演艺动态作为主要内容加以介绍和宣扬，大加赞赏他们是“只要对于祖国有利的事，无不竭尽全力的”，这就为当时的孤岛市民起到了树立正面榜样的教育作用。而关于日本对上海电影放映进行严控监管一事，孤岛电影刊物则利用刊登德国对丹麦、捷克等国实行电影禁令等文化侵略的政策和事件，来讽刺暗指国内的境况。这种宣传抗战思想的隐喻表达方式，可谓用心良苦。

可见，孤岛电影刊物，无论是公司办刊、组织办刊、书局办刊，还是个人办刊，也无论是为了救亡启蒙，还是为了商业娱乐，总体而言，没有一部电影刊物沦为日方的附属。大多数期刊在内容上的转变几乎大多都是为了配合着抗战救国的目标，精神的一贯也是有益于整个抗战的前途。在特殊的时局之下，当时的上海编辑人协会还拟定了《战时出版界动员计划草案》，并且成立了抗敌宣传委员会，这无一不彰显出上海整个出版界的基本精神，因为孤岛的环境纵然日渐恶化，威迫利诱，无所不用其极，但上海出版界的精神始终如一，到孤岛时局快结束为止，“甘心投降把整个机关投过去的，一个没有，有的，只有再接再厉，宁可停刊，再等机会，这种不屈服的精神，实在足以影响上海整个的民心，与抗战的前途，有极大关系。其次，出版事业一方面，原是文化事业，不以赚钱为最高目的；但另一方面，却是商业组织，不能置资本于不顾。但现在上海出版界为要供给内地读者的需要，甚至已经到了售价所得，还不足抵付运费的时候，也还是照样的源源接济。这种蚀本生意，仍能硬着头皮，继续的苦干实干，也是一种不可多得，超越寻常的精神”。从这个层面上来看，孤岛电影期刊虽然有“畸形繁荣”的一面，但同时另一面，它也依然具有顽强的抗争意识。

三、孤岛时期电影期刊的总体评价

孤岛时期电影刊物的繁荣，是近现代中国期刊发展史上一个颇具特色和意味的文化现象。它既是在近现代中国最为繁荣的商业经济中心、文化艺术之都诞生的，同时，它也是在当时特殊的战争历史时期下产生的。孤岛复杂权力斗争下的政治语境以及社会畸形繁荣的经济背景，共同催生出了独特的电影期刊生发环境；而成长于孤岛之上的电影期刊又在一定程度上受到了极具现代性、商业性、开放性的海派文化的影响。从当时的电影期刊可以看出，与全国战争期间紧张的氛围相比而言，孤岛时期的电影市场及期刊发行呈现出一派祥和景观。《电影周刊》于1938年第11期刊登的一篇以《孤岛上娱乐事业生气勃勃》为醒目标题的文章，说明指出：“近来海上娱乐事业，畸形发展，跳舞场之生涯鼎盛，电影院之坐客常满”。与此同时，《电声》杂志也发表刊文说，不久又将有两家电影院开业，一家为沪光电影院，另一家为重新启用的“夏令配克电影院”。“从新华的开始摄片，艺华的复活，国华的崛起，以及美商中国联合影业公司的诞生，合众的创立，证明了上海的电影事业非但没有衰落，反而在炮火的洗礼下更加坚强地发展起来。”在娱乐消费市场复苏的强势带头下，因战事而沉寂了一段时间后的电影生产和消费活动也重整旗鼓、力图重现辉煌了。经当时的电影期刊显示，孤岛电影业和电影院的迅速而繁荣地发展，尤其是新华影业更是一支独大，高产量的电影作品一时间称霸孤岛影坛银幕，这便是海派文化精神产品在特殊时代下产生的一个典型代表。到孤岛中后期，上海电影仍在类型与商业的不断探索中渐渐走向成熟，创造了当时历史上中国电影的一个巅峰时代。

然而，在国家遭受战乱满目疮痍的时刻，在全国抗战文艺火热盛行的时代，孤岛电影及电影期刊的生存不仅只是面临着政治、经济的困境，还遭遇到了社会道德、传统伦理的非议。那些以娱乐享受与物质消费为创刊目标的孤岛电影杂志，显然被认为是站在了抗战文艺刊物的对立面位置，把自己摆在了社会主流和民族道义的不利地位。批判孤岛消遣型电影杂志的人不在少数，他们认为孤岛电影等通俗艺术在抗战时期的繁荣就宛如一朵异类的“恶之花”，应予以抨击和抵制。可是，没有处在那样一个环境之中的人，很难想象和体会得到孤岛期刊创办者的苦衷。可以说，孤岛电影期刊在出版和发行上遭遇到的波折和困难与历史上其他任何一个地区相比较，都是有过之而无不及。正如我们所知，作为大众传播机构的孤岛电影期刊，它们所依赖的生存和发展环境，主要由政策、经济、资源、技术和市场竞争的环境构成。这其中，政治环境对媒介的生态环境有着举足轻重的影响和作用。从传播学的控制分析的维度来看，作为文化信息的传播者，任何一种大众传播机构，都不可以随心所欲的传播信息内容，因为它的传播行为总是要受到社会特定的政治政策、法律制度、文化规范等构成的场域的深层控制。同理，孤岛电影期刊发行必然受到政治、经济、社会等多重方面的影响，这样也就不难理解孤岛战争时期强调都市现代性娱乐文化的特殊意味。一些电影娱乐杂志的创办者深知孤岛上苦闷的生活，他们了解市民喜好什么、想看什么，因此本着读者至上的商业原则，利用一些明星绯闻、身体消费、滑稽漫画等来编辑一些有趣幽默的内容供读者以消遣。其中，很多电影娱乐杂志的创刊是“希望在上海畸形娱乐发展的时代，能够为高尚的娱乐尽一份力。”

与此同时，在战争时期，留守在上海孤岛的文人和艺术家，他们的居住环境从黄金上海滩变成了战乱孤岛，从而创作活动也和战前有了很大的不同。他们为电影期刊所撰写的文章，以或学术、或隐晦、或日常、或愤慨激昂、或嬉笑怒骂的文体来适应孤岛市民大众的审美阅读趣味，迎合海派市民文化的欣赏品味。孤岛电影期刊的创办者在抗日战争的社会生存实践中，从传统的士大夫的自矜姿态转而朝向了追逐民族立场、现实生活和学术理想的道路，以特殊的生存策略构建了一个有别于其他各地抗战主流文化的海派文化的“公共空间”。从积极的一面来看，这一公共空间的建构，不仅从一方面阐释了孤岛市民日常生活多元自由化的价值观念，另一方面，也在不经意地、潜移默化地促进了孤岛市民文化现代性的转变。大部分孤岛电影期刊都配合了抗战工作，对抗日救亡的思想宣传起到了推动作用；还有很多电影理论性刊物，促进了孤岛民众的现代性文化启蒙教育，培养了市民阅读的文化习惯；其他一些娱乐型艺术刊物，则丰富了战时百姓的文化精神生活，排解了内心的苦闷。孤岛电影期刊总体上是一个独立于社会主流意识形态之外的公共领域，因为租界的庇护，这种市民文化公共空间的构建，使得传看编辑及市民文人可以相对自由地发表自己的议论、感想和看法，在曲折与隐晦中传播着抗战救亡思想，这对其当时的大报、大杂志、著名刊物发展也起到了一定的示范和启发作用。

因此，孤岛电影期刊的创办者凭藉着具有一定策略性的生存智慧，使得这些刊物发展壮大，在不及国土千万分之一面积的孤岛上生产出七十四种电影期刊，这于近现代出版史来讲，实为异数。在战乱年代，那样困窘的形势下，孤岛电影期刊独具策略的生存方式，以及对战时民族立场的表达方式，从某种程度上来说，也为保存和延续海派文化的命脉与繁荣提供了保障。可以说，以电影期刊为代表的孤岛时期海派文化，依旧折射着一以贯之的现代性、开放性和商业性，从最初的衰落消隐走向了最后的自觉振兴。因而，我们也能够深刻理解到当时的文艺工作者、知识分子在文化艺术和人生境界上的追寻与守望。更难能可贵的是，在危险艰难的“地狱天堂”的生活之中，有志之士用电影期刊作为呼号呐喊的阵地，这无疑是最嘹亮的“空谷足音”，是黑暗王国里最耀眼的一线光明。

第四节 影视剧艺术中的移轴镜头[1]

电影《社交网络》受到各方追捧，同时也获得第68届美国电影电视金球奖最佳导演奖、最佳剧情片、最佳编剧、最佳原创音乐四项大奖。它的火速蹿红也引发了移轴镜头在好莱坞大片中运用的新浪潮。香港导演彭浩翔的《维多利亚一号》中就使用了很多移轴镜头的画面转场。由英国BBC拍摄的3集迷你电视剧《神探夏洛克》在BBC1台及BBC高清台首播。其中片中大量移轴镜头所拍摄的伦敦街景深受英剧迷得喜爱。电影《格列佛游记》开头巧妙地运用了移轴效果。它讲述的是格列佛在“小人国”历险的故事。开头所出现的英国普通的街道、游轮、列车、公园在移轴镜头下就像是由乐高玩具所搭出来的模型。这部电影成功的将移轴镜头开启了好莱坞电影的艺术之门。

一、镜头下的“玩偶都市”

众所周知，移轴镜头是一种能达到调整所摄影像透视关系或全区域聚焦目的的摄影镜头。不过也有摄影师反其道行之，将正常场景的景深压缩至最小，也就成就了这些看似拍摄模型一般的图像。当一张照片的景深极小，只有少数的物体是清晰的，那么这张照片中的场景就会让人感觉是一个玩具模型。之所以会产生这样的假象，是因为人类眼睛的错觉。我们已经习惯了在近距离拍摄模型时所呈现出的小景深，因此，当我们看到一张照片的前景和后景都不在焦点范围内（失焦），我们很可能就会认为照片中的被摄物也一定是非常迷你的。移轴镜头可以让你拍出不同寻常的照片，庞然大物也能在你眼前呈现出“微观世界”的饕餮视觉盛宴。虽然移轴镜头一般都用于专业建筑摄影，但是他也能制造出天马行空的创意效果，拍摄出你从未见过的“玩偶都市”模型。移轴摄影完全升华了作品，这种摄影于电影是崭新的手法。

[1] 作者陶奕骏，原载《视听》2015年第8期。

二、电影《社交网络》中移轴镜头的应用

大卫·芬奇曾经扬言：“我不认为电影就只扮演取悦观众，娱乐大众的角色。我的兴趣在于伤痕电影。”大卫·芬奇偏爱使用人造灯光，借助摄影技术营造出阴郁，低沉的氛围，让这样的基调和整个故事的脉络相互映衬，当观众看完电影之后，内心满溢着一丝丝的忧伤，电影中的字幕出现的时候，心中会有一点若有所失的感觉。《社交网络》这部电影中，大量的超常规镜头无疑对促成其电影的“黑色风格”起了莫大的作用，这种黑暗的风格其实是动荡世界的缩影。毫无疑问，移轴镜头的使用为这部电影增色不少。1分30秒的划艇比赛那幕戏运用了移轴摄影。移轴镜头将剑桥重塑为如同微缩模型般的风景。连续的镜头切换，但是画面上下部都没有聚焦，对观众形成强烈的超载式的视觉轰炸。通常拍这样的场景习惯用广角镜头，但是他们特意选择了使用移轴镜头就是为了拓展。一是想展现技术上的突破，二是如此镜头配合着舒缓音乐相互交织，这幕戏的基调又被故意处理得很唯美，暂时摆脱了大卫·芬奇电影惯常的阴郁、忧沉、哀伤的氛围。可以给观众带来一种新鲜感，眼前一亮。

虽然移轴摄影不被很多人所了解，不过或许很多人都不会忘记《格列佛游记》里那个独具魔幻色彩的“小人国”世界。而在影像的世界里，通过移轴镜头我们能够制造出像是由乐高玩具拼搭出来的玩具世界的影像。《格列佛游记》是一本出版于200多年前的英国小说，以虚构的游记展现了主人公的奇妙经历，较为深刻地表达出了作者对于当时英国社会现实的一种讽刺。而在电影层面上，本书也被多次影像化。此次，罗伯·莱特曼再度翻拍，又由真人来出演，画面效果让人感觉只有在动画的世界里才能出现。尤其是片头中普通的街道、游轮、建筑施工，公园和列车在移轴镜头的作用下完全就变成了“人造世界”，增加了真实感与立体感，让观众极为享受于这样好似用模型和积木塑造出来的城市形象。对恶搞非常拿手的乔·斯蒂尔曼，担任该片剧本创作。他在谈到这次新版的《格列佛游记》电影时，说道：“这是一部拍给孩子们看的电影，大体上他对原著里的那种讽刺和批判精神会有一些保留，但这不是电影叙述的主旨。经过我和尼古拉斯·斯托勒的改编之后，这个故事会放大它的娱乐精神。”因此，导演绝妙的利用移轴镜头的特点在片头就已经表达这样的意图，在孩子们的眼前呈现出梦幻的英国都市模型。可是，仔细思虑一下，我们不难看出片头的深意。移轴镜头下的英国，像是一个“玩偶都市”，可以被随意玩弄于股掌之中。大千世界的人与事，多少体面光鲜与冷峻互望，看似荒谬，但都真实存在。也与之后格列佛出海即遭遇到大风暴，来到了“小人国”开始神秘旅途基调保持一致。

“小人国”里面的城镇和建筑的景深和比例，都是移轴风格。曾经看到过一则报道，英国建筑师托马斯·多宾斯花费40年时间，在德文郡托奎市附近建造了一个让人叹为观止的“小

人国博物馆”，占地约有 10 万平方米，400 多个建筑都按照真实建筑的 1/12 比例制作，不仅有街道、房屋，甚至还有一个微缩版的英国名胜“巨石阵”。为了显得更加真实，“小人国”中还有大约 1.3 万名黏土制作的“小人国居民”，他们形态各异，栩栩如生。这个“小人国”看上去犹如一个完整的小镇。有的正在散步，有的在骑自行车，有的在滑旱冰。有趣的是，每当博物馆的工作人员们在“小人国”里清理打扫时，他们简直“庞大”得如同一个个巨人。仿佛电影《格列佛游记》中的情节真实上演般。其实，小人国的情景乃是大英帝国的缩影。小人国游记的主要讽刺对象就是英国统治阶级的腐朽政治和各个统治集团间的矛盾。利立普特的宫廷就是具体而微的英国朝廷。小人国的统治阶级和英国的统治阶级一样扩充军备，明争暗斗。高跟党和低跟党，由吃鸡蛋因先打破哪一端而引起的战争等等，都无情地讽刺了英国议会中的党派斗争，体现了英法的缩影。在这般小的玩具世界，所有的雄心和邀宠、政争和战事都不显的渺小。

三、移轴“伦敦城”

英国 BBC 侦探推理迷你剧《神探夏洛克》，讲述了 21 世纪繁华热闹的伦敦大都市中，时尚的大侦探夏洛克・福尔摩斯和他的得力助手华生经受的一系列危险的、不同寻常的历险。新版的《神探夏洛克》被网友赞为神作，首先神在它新颖的剧情架构，借助原著耳熟能详的人物、内容等的同时，又巧妙地和当代的社会背景相结合，把 19 世纪的福尔摩斯搬到了 21 世纪，运用现代科技来破案。让这只新瓶装的不再只是旧酒，而是陈酿至今才开封的上等白兰地，散发出醇厚且摩登的味道。另一大理由就是《神探夏洛克》每集的片头都会出现移轴镜头拍摄的“伦敦城”。屏幕上光影流动的大千世界，仿佛孩子遥控的玩具模型一样。这是否隐含着福尔摩斯“一切尽在掌握”的意味？虽然拍摄的是远景，但由于合焦部分只是集中在一面上，使用了移轴镜头的倾角功能，让合焦面倾斜进行拍摄。

《神探夏洛克》里大量街景转场镜头都是移轴拍摄的，这些画面的关键点是利用了人眼的错觉让人有种恍若隔世的感觉。一头棕色的卷发，像死人一样单薄的体格，还拥有着一双犀利的眼睛配上鹰钩鼻更显得锐气逼人，那双灰蓝色的眼睛的开合度和光彩会随着情绪而时刻变化，还有着一身衬出他修长身材的黑色风衣，走起路来疾步如风，停下来却又稳如泰山。移轴下熙熙攘攘的伦敦城，在观众眼前幻化成为一座微缩城市。依然还居住在伦敦贝克街 221B 号公寓，只是马车被出租车取代，瓦斯灯被电灯取代，夏洛克追查案件的情节，时而乘着出租车在现代化的伦敦城富贵街道中穿梭，时而徒步奔驰着。时时变化着镜头的核心，在虚实中往返切换着，车窗外幻变的古老街道情形、奔驰中随风晃动的玄色风衣、凝思思索中那双艰深的灰蓝色秋水，这一切都洋溢着一些怀旧的滋味。仿佛又让人偶然会忘掉这个夏洛克其实是“穿越”版的。当你闭上一只眼睛，平举你的一根手指到你的面前，你的手指会是清晰的，而背景则是模糊的。这就是移轴镜头所呈现出来的视觉效果。这种视觉效果就是浅景深产生的虚化效果造成的错觉。浅景深经常出现在影视剧中，像《社交网络》开头马克与女友的一场对话就使用了大量的浅景深画面，说话的那个人是清晰的，周围的都模糊了，目的就是为了突出主体。因为浅景深可以使对焦的主体清楚，虚化背景，从而让观众一目了然，明白导演的意图。

四、电影《维多利亚一号》的移轴转场

反映香港楼市问题的话题之作、由彭浩翔执导的《血腥楼市》(又名《维多利亚一号》)以大胆的手法反映现实问题。移轴摄影在其中惊鸿一瞥，很有意思。《维多利亚一号》一开始的转场，导演就用移轴镜头扫拍这个繁荣的都市，虚实结合，让人产生一种荒谬的感觉。这是一个围绕着“房事”的故事，一个女孩为了买一套房子而亲自制造十一尸十二命的命案，以便让卖家的房子价格从520万降到390万，便宜了130万。这种方式的确让人匪夷所思。

令人印象较为深刻的是，几处使用移轴镜头拍摄的转场。第一处，以鳞次栉比的房屋为背景，何超仪坐的巴士缓缓驶入观众的视线。虚化的背景，巴士出现的那一直线是清晰的，这样的取景方式，观众的潜意识就是会想到巴士与房屋之间必定存在联系。不难理解，在这个镜头之中，巴士像是一辆玩具车，而乘客是被楼宇巨人把玩的玩具。《维多利亚一号》作为一部剧情片混杂了多种电影类型要素：爱情、惊悚、犯罪、悬疑。用移轴镜头拍摄的房屋作为转场，不但交代惨剧就是发生在这幢楼里，还借助移轴镜头与此片多处血腥的画面加上现场杀人的暴力强硬所造成的浅景深相互交错，虚与实，藏与露，增强了视觉冲击力度。移轴的转场为了这部限制影片增加了不少看点。

移轴镜头在影视剧艺术中，经常被用来拍摄场景，原因就在于它能够打破光轴对于画面的改变，具有较好的纠正透视功能，较之普通广角镜头，自然略显优势。使用广角镜头拍摄风景会造成畸变，特别是在拍摄建筑物的时候，位置离建筑物的底部要比距离建筑物的顶部来的近，那么整个楼房看上去就像是被压缩了，楼顶也聚集到了一起，就出现了房屋要倒下来的效果。而移轴镜头正是去掉这样畸变的镜头，通过手动的调整，使真实出片和人们眼睛中的一样，即使拍楼群，也会保证每栋楼都会完全垂直地面成像，不产生畸变。《神探夏洛克》中用移轴拍摄的圣巴塞罗缪医院。电影中的画面利用了移轴镜头的倾斜和移轴的功能，制造出非常强烈的虚化效果，调整了视觉畸变，削弱了建筑物的透视感，同时让建筑物的线条更加的平行，画面则显得更加紧密。毫无疑问，画面的质量对于影片成败起着潜移默化的关键作用。

想要用移轴镜头拍摄场景，必须要严格注意构图。还有，在进行倾角操作之前，可以利

用大楼的轮廓线或者水平线等参照物，严格让画面保持水平和垂直。使用倾角功能调节合焦面是拍摄成功的关键。合焦位置的前后发生大幅虚化会带来“不安定感”，为了更加精准的控制移轴镜头，最好使用相机液晶显示屏的实时取景功能，观察画面的细微变化，手动曝光和对焦，调整合适的光圈，想要让这样的效果更加明显，比起一般拍摄更要注意不要让画面倾斜。

第十二章　美学与戏剧

对戏剧艺术的关注是上海美学学会的一贯特色。上海戏剧学院张福海论及“中国近代戏剧改良运动的现实思考”，提出“走向现代性”是现代审美的追求和理想，也是中国现代戏剧改良运动的必然选择。章文颖以上海戏剧学院开办的德国导演大师班为例，具体论析了东西方戏剧表演艺术碰撞出的思想火花。复旦大学梁燕丽以香港戏剧实验为例，分析了公共空间艺术的美学探索。

第一节　中国近代戏剧改良运动的现实思考[1]

如果说现代主义已经成为中国戏剧的必由之路，那么，何以说是必由之路？既然说是必由之路，那我们现在的戏剧是走在什么样子的路上呢？对此，我认为首先要对什么是戏剧的“现代性”有一个基本的了解和认识，进而就可以解释什么是戏剧的“现代主义”并同时回答我们现在是处在什么样的子的道路上的问题。

一、戏剧现代性的必然选择

现在的戏剧观是什么样的呢，无疑还是近代性质的。什么是近代性的戏剧观呢？简言之，就是社会学意义上的社会性、伦理的、政治性的，即工具理性。换言之，戏剧的近代性不同于建立在农业社会生产力和生产关系基础上的古典戏剧，它是在新的生产力和生产关系出现的前提下，表现出对国家民族阶级命运的高度关注，并作为意识形态的载体，积极干预生活，

[1]　作者张福海，原载《民族艺术研究》2015 年第 6 期。

参与社会的变革；同时，近代戏剧关怀人在现实社会中的生存状况，对人在社会中的地位价值尊严予以充分肯定。在主题思想上，更多的是立足于惩恶扬善，忠君报国或忠孝节义等道德伦理层面。在这个意义上说，近代戏剧表现出明确的功利性质，戏剧还没有回到戏剧的本体论意义上来建立属于戏剧的观念。戏剧的核心是塑造人物形象，所以，回到戏剧本身、从戏剧本身立论，就是从人本身出发，回到人本身，立于人而论。因此说，戏剧的现代性就是人性；进一步说，我提出的现代性是属于戏剧的现代主义范畴的，因此说，现代主义就是人道主义。由此可见，现代性和现代主义，是同一个意义上的不同表述，或者说是在不同语境中表述的都是一个问题，即戏剧问题。在这里要特别说明，“现代性”不同于“现代化”；“现代化”是社会学领域使用的一个概念，我使用的“现代性”就是要与通常社会学意义上使用的“现代化”区别开来。在这里，现代性的内涵指的就是人性，指的就是人道主义。所谓“回到”戏剧本身，是因为人们认识到，戏剧发展到今天这个比任何历史时期都需要审美的时代，戏剧自身的独立性所产生的审美价值、发挥的审美作用，与以往把它视为道德的或政治的载道工具的作用是不可同日而语的。如果说，过去我们的戏剧因为发挥的是载道的功用，而这个历史过程是戏剧还不成熟的表现的话，那么，就人类的戏剧史来讲，继现实主义之后的现代主义思潮的涌起，则标志着戏剧摆脱了从属于道德、从属于政治（或宗教）的附庸地位，超越意识形态的局限，不服从任何物质利益或外在的实用目的，而只作为独立的、自在自足的一种审美形态。于是，戏剧从前那种对人的客观化的社会人的摹写（即模仿说、再现论或反映论），由此而转向对作为主体的人本身（人性的或人的精神的以及人的内在潜意识等等）的发现和探索。因此，现代性的戏剧就是对人性的发现，冠之以“主义”，是在戏剧的方法论意义上讲的人性。

我们现今还没有属于现代主义性质的戏剧，但我们不缺少近代性质的和古典性质的戏剧。与近代性质的戏剧相对而言，古典戏剧应该属于非物质文化遗产意义上的戏剧了。对它的基本描述，指的是它诞生在农业社会时代，人的个性还在宗法礼教的束缚下而未能获得解放和自由，戏剧受到意识形态的制约，舞台是统治阶级用以作为思想宣传的方式即“高台教化”，而社会主体性或集体理性曲折地支配或影响了戏剧创作原则，并由此建立了严格的形式规范。例如元杂剧的四折一楔子或昆剧的曲牌联套体制等。

近代戏剧是在艰难挣脱古典戏剧的束缚才确立起自己的形态的。这个过程相当漫长，如果追溯它的起点，可以直抵发生于乾隆年间（1736—1795 年）的“花（地方戏）雅（昆剧）之争”。花雅之争所“争”的，固然是谁来成为中国剧坛的盟主，而谁成为剧坛的盟主，则意味着谁来主导时代的审美。这个争夺过程，前后经历了京腔与昆剧的角逐、秦腔与昆剧的争胜、徽班与昆剧的这样三次将近百年的持久战，才最终确立了花部盟主的地位。但这个过程，还只是为近代戏剧的真正到来做的是精神铺垫。直到 1902 年，流亡日本的社会改良派思想家梁启超撰写《论小说与群治之关系》一文作为掀起戏剧改良运动的宣言书，1904 年社会革命家柳亚子（亚卢）撰写《二十世纪大舞台发刊词》作为推助戏剧改良运动的号角，戏剧改良运动运动的大幕由此拉开。从那时起，中国戏剧开始在近代戏剧的道路上奔走，直到如今。

自20世纪80年代以来，中国社会开始实行改革开放政策，戏剧也随之进入由近代向现代性转向的过程中。然而，至今30余年过去，戏剧的转向却一波三折，有时出现进一步退两步，甚至是有退无进的现象，戏剧由此陷入深重的危机之中。如何走出困境，我提出重建再造中国戏剧，实现中国戏剧的现代性的具体方案。但最严重的问题是，即便有了方案，如果戏剧的观念不改变，一切方案都将付之东流。然而，建立起突破一种既成的观念和建立起一种新的戏剧观念何其难！可是，这又是中国戏剧不可逃避的必然选择，我们常常会在事物发展到一定程度的时候，遇到哈姆雷特面对的“是生存还是毁灭”的思考。为了解决这个问题，在提出中国戏剧剧目建设方案之前，我认为必须要给这个方案一个理论奠基，不至于使它悬空或让人起疑惑，即它的实践性的价值，就要清理近代戏剧发生时的情况，因为只有溯源——原初的情景是怎么样的，才能够给今天一个可信赖的回答。

今天的中国戏剧，在深层次上，正处于20世纪之初以英国戏剧家爱德华·戈登·克雷（Edward Gordon Crig，1872—1966）为代表的那个变革的历史时代。只是我们还没有竖起戏剧革新的旗帜，缺少一批戏剧的创新作者向现时期流行的商业化戏剧的种种弊端和观念挑战，同时也匮乏新的戏剧学说、戏剧主张和原则，以及研究和探索新的创作方法的氛围和空气。戏剧的局面是沉闷的、无所作为的。

哥伦比亚大学的戏剧学教授、戏剧翻译家胡开奇曾在谈及当代英国戏剧的时候描述说：在1994年圣诞节前夜，英国著名剧作家约翰·奥斯本去世，人们深深怀念他生前剧作《愤怒回望》(1956）对战后英国戏剧的重要贡献，慨叹他剧作中那种原始的生命力曾怎样激活了当时浮华颓败的英国剧坛，同时也担忧当下英国戏剧的萎靡与蜕变。而在奥斯本去世的前一个月，即有87位英国著名戏剧家联署了一封信给《卫报》，批评英国戏剧舞台缺乏新作力作。剧评家比林顿指出，如果此种现象继续下去，英国戏剧将会成为“一座尘封的博物馆而不是一个永远充满激情争议的社会论坛”。转年，英国剧坛就诞生了天才的萨拉·凯恩，以及安东尼·威尔逊、帕特里克·马勃、马丁·麦克多纳等剧作家，一扫英国戏剧的平庸局面。这是英国戏剧自走向现代性以后在精神维度上通过戏剧表现出来的自持和高度。

对比我们的戏剧问题，如果在性质上说我们正处在相似于克雷的时代，但在某种意义上说，我们同时也处于奥斯本和“87人批评”的时代，这种两相叠加的情形包含了一个自我反思的指向：认识当下中国戏剧的近代属性并走出近代阶段。

二、走向现代性是现代审美的追求和理想

关于中国戏剧近代性的属性，是近年来才受到关注的一个学术性问题；但是，在以往的

有系统的学理的研究上，却一直是一个很少有学者留意或给予思考、研究。究其原因则在于，研究它的意义是什么？这个问题的提出，它的前提是，只有在中国戏剧需要走向现代性的时候，才会对近代戏剧给予关注和研究，借以作为走向现代性的动力。最初本节的选题就是建立在这个立意上的——中国戏剧要走出近代阶段并实现它的现代性，建立起它的现代主义戏剧观念。因此，在学理上须对近代戏剧进行清理，用以分辨和划清近代戏剧的历史时段和它的形态特征、理论特色等等，从而为构建现代性戏剧廓清精神场地。

1902—1919 年为近代戏剧起始的第一个时段，是中国戏剧史上古典戏剧转向近代戏剧的转折点，也是中国近代戏剧的开端，中国近代戏剧的精神特质由此奠立。之后，中国戏剧沿着既定的路线，分别经历了 19 世纪 90 年代到 20 世纪 40 年代“海派”京剧为代表的新形态戏剧的创造，20 世纪 20 年代的“国剧运动”，40 年代的延安京剧改革，1966 年到 1976 年“文化大革命”时期的“革命样板戏”，80 年代戏剧本体的回归，90 年代至今的戏剧商品化、大众化追求等，前后大约可分为这样七个阶段。这七个阶段，构成了中国近代戏剧整体运动状况。而后六个阶段都是承续了第一个阶段的戏剧精神，过故称之为是“沿着既定的路线”走过来的。

今天，戏剧已经到了变亦变，不变亦变，非变不可的境地。重建再造中国戏剧，实现中国戏剧的现代性，这就是变的方向变的路线和变的目的，此外别无他途。

讨论今天的戏剧，早已不是关起门来看自己的时代了。犹如今天中国经济进入世界经济大循环的背景下来考察中国的经济一样，研究当代中国戏剧也只有依托世界戏剧的背景来看待中国戏剧，才能够清楚地认清中国戏剧的发展方向。由近代戏剧转向现代性的戏剧，这个转向的结果，直接导致戏剧由社会本位论的存在而回到戏剧本身即人本身，戏剧由此成为真正审美的存在。从世界戏剧演进史来看，这个时间和所发生的戏剧现象，正是以西方现代主义戏剧的诞生为标志的。王尔德的唯美主义、斯特林堡的象征主义、左拉的自然主义等，以及在法国、英国、德国、美国、意大利出现的未来主义、意象主义、表现主义、意识流、超现实主义等，都是这个时期具有开创性的戏剧作家和流派。毫无疑问，现代主义戏剧是继历史上的古典主义（17、18 世纪）、浪漫主义（19 世纪上半叶）、现实主义（19 世纪下半叶）戏剧思潮之后的第四个大思潮，它像前三个影响世界的戏剧思潮一样，波及全球。

美国文化历史学家、哥伦比亚大学历史学教授雅克·巴尔赞（Jacques Barzun）在他的《从黎明到衰落》一书中，对独立的、纯粹性艺术进行划分，它的起始也正是这个历史时间。根据他分析，自 1500 年开始，随着个人主义的出现，行会精神的减弱，脑力劳动者们开始靠才能为社会提供服务的价值。于是，艺术便从手工艺（metier）这种生活实用中分离出来；而手工艺中乃蕴含着一个新的社会类别——艺术家这样一个群体。从生活实用中划分出来（或者进一步说，在教会和国家权威分离的状况下，逐渐获得了独立于二者的地位）的艺术（包括戏剧在内）还没超过五百年。这个时期的艺术还不是纯粹的，还没有摆脱功利性，即一切艺术都必须符合道德。直到进入 19 世纪以后，艺术—戏剧才获得它的独立性和纯粹性，即艺术—戏剧开始与道德意义、创作者的道德观以及公众的期望完全脱节，这个时间不过一百年多一点。这个距今并不是很长的时间，然而，这个百余年的时间段落却正是中国戏剧走上近代性戏剧的途中和还未完成的过程。而终结这个过程，提出实现中国戏剧的现代性问题，是中国社会现实审美的一个时代命题。看一看我们这个农业大国走到了今天，只在这 30 多年里真正发生的是三千年里未曾有过的巨变，我们的生活方式和存在方式都已经发生了根本性的变化。中国当今呈现出的平和的、审美的人文环境，为戏剧实现其现代性提供了应有的条件，中国已经开始迈向融入世界戏剧阵营而开始准备自己新的创造的历史过程中。但是，经济的繁荣而随之出现的是有些人日常生活沉落于平庸和世俗（金钱、物质、性和专注外在的浮华），呈现出精神创造力的衰退，心灵的机械、苍白、枯萎和麻木。中国戏剧现代性之路已经是不可回避，在当下新的历史行程，将展开自己通向未来的审美理想之路，真正发挥它终极关怀的功用。前一段时间，有机会陆续观摩了中外各地进入上海演出的一些剧目，其中有话剧，有戏曲。这些剧目，既表现了国外（欧美）戏剧发展的基本状况，也能够体现出中国当代戏剧的水准。总体上说，国外的剧目如《红色》等都可以划在现代主义的戏剧范畴。我感受很深的是，像俄罗斯的亚历山德琳娜大剧院来上海演出的《钦差大臣》，从 1836 年第一次演出，到现在将近 180 年了。这次来上海的演出，已经是这个剧院所做的第 13 种演出版本了，这个版本是用较多的现代主义演出元素来进行演出的，与以往所看到的演出，在方法上已大不一样。我们的剧目，在表现方法上，基本还是比较接近写实的那种一个模式老样子。我们注意到，近年来美国出现的“浸没戏剧”，英国的“后直面戏剧”“戏剧新写作运动”，德国的“后文本戏剧”“文献剧”，还有与现代科学技术相结合的戏剧等等，都在试图有新的进步。我认为，我们需要的是向英美以文本为主导的现代主义戏剧汲取其成就，注重精神性因素，在现实主义为底基上建立一个现代主义的新形态的文本世界，进而改造我们的舞台，创造一个新的戏剧时代。但这是一个渐进的过程，它需要通过有一场持续的戏剧现代主义思潮才可能实现我们的审美理想。

第二节　公共空间和美学探索：香港实验戏剧研究[1]

在香港，实验戏剧又用“另类戏剧”描述其边缘风貌。而划分“主流”与“另类”的标志，主要是“被动”陈述与“主动”陈述之别。因此，研究香港的实验戏剧，首先应该理解其“另类性”和“主动性”意义，其实验性在于创作者如何主动地陈述他们的人生态度和见解，以及不同于传统和主流的另类戏剧美学探索。

[1] 作者梁燕丽，原载《戏剧艺术》2015 年第 8 期。

一、香港实验戏剧概述

1982年“进念·二十面体”（简称“进念”）的成立，标志着香港本地艺术家开始有意识地进行剧场实验，质疑传统剧场形式，触及敏感的文化结构和政治问题，进行现代剧场美学探索。由“进念”引发的实验戏剧逐渐引起关注，人们希望从实验戏剧中得到艺术的启迪，甚至生命的启迪。邓树荣谈道：“1986年，我赴法国留学……逐渐了解西方的当代艺术如何影响香港的一部分人，而这些人又如何影响其他人，中间的吸收及再生产过程又如何催生了香港的现代剧场。”诚然，在观念上，香港的实验戏剧跟欧美没有太大分别，都是要呈现一种开放式的舞台美学：演出的空间往往就是剧场的物理空间，时间也可以重组，演员有时就是作为一个人的自身，导演要建构整体舞台形象，而不是根据一个“剧本”演绎一个起承转合的故事。演出不仅通过文字和语言，而且依靠演员的身体、声音，舞台的音响、灯光、布景、装置，甚至多媒体（包括投影、录像及电脑图象）综合艺术，尝试运用各种艺术元素，制造一个开放的想象空间，让观众根据自己的生活体验去完成一段美感历程。对传统剧场的反叛和剧场新语言的探索成为实验戏剧的两大路径。由此出发，香港自20世纪80年代以来涌现许多实验剧场及其实验性演出：“沙砖上”“进剧场”“沙田话剧团”“新域剧团”“剧场组合”“临流鸟工作室”“甘豆·盒子画”“树宁·现在式单位”“雄仔叔叔”鸭止、范可乐、彼得小话、黄婉玲、源泽流、保守制作、发生社、野町、香港聋剧团、围威喂剧团、兄弟班、众剧团、7A班戏剧组、毛俊辉实验创作、源泽流（样本）创作、治丁、撞剧团、占米角等，其创作或许了无定则，但都喜欢创新和越界，几乎尝试了20世纪现代剧场美学的各种新潮流，涉及大量崭新的戏剧观念和理论课题。其中荣念曾的“进念·二十面体”、林奕华的“非常林奕华”、何应丰的“疯祭舞台”和邓树荣的“无人地带”等实验戏剧的主力军，舞台实践最为丰富，探索的道路走得最远。

“进念”先后创作、演出了百余台节目，影响较大的如《百年孤寂》系列、《列女传》系列、《香港二三事》系列、《中国旅程》系列、《中国文化深层结构》系列、《张爱玲》系列、《进念运动》系列、《进念同志》系列、《石头记》系列、《东宫西宫》系列等。进念逐渐形成一套相对稳定的表演模式和艺术风格，并将实验变成一种观念，影响其他实验团体，显示了首个实验剧团的承担精神。“进念”老臣子林奕华80年代末到英国和德国深造，回港创建“非常林奕华”，从“同志剧场”到“青少年剧场”，坚持做抗争性戏剧实验，对社会禁忌及其背后的价值观念进行了尖锐的讽刺与挑战，创作和演出了“悲惨世界”系列、“男装帝女花”系列、“爱的教育”系列、“三国演义”系列和“张爱玲系列”等30多个剧目。何应丰于80年代初期留学美国，1993年开始做自己想做的实验戏剧，先后创立“刚剧场”和“疯祭舞台”，推出“元州街小姐三部曲”（《元州街茉莉小姐的最后一夜》《元州街茉莉小姐不再在这里》《蝴蝶梦》）和《郑和的后代》等剧。邓树荣80年代末期留学法国，回港后与何应丰创立“刚剧场”，与詹瑞文创立“无人地带”，从1997年至2004年创作和演出20多个剧目，影响较大的如“生与死三部曲”（《三级女子杀人事件》《解剖二千年》和《我的杀人故事》）和《日落前后的两三种做爱方式》《代理阿妈教》和《人·椅·龟》等剧。这些实验戏剧或酣畅淋漓或踽踽独行地走着自己的文化和美学苦旅，但都有意识地建构香港的“另类”和“主动”剧场，开拓公共空间，表达现代人的处境。

如果说“进念”在80年代为实验戏剧树立了一面旗帜，那么到了90年代实验戏剧如雨后春笋，林奕华的抗争和颠覆，何应丰从自我出发的剧场探索，邓树荣的物件美学和多媒体艺术，可谓后浪推前浪，构成香港实验戏剧的多元化景观。

二、实验戏剧的文化、美学探索

荣念曾和林奕华作为香港实验戏剧的先行者，其实验最关心的是舞台定义、艺术定义、文化定义等问题，回应前瞻社会的变化，重新探索戏剧定义，包括舞台上下的关系、创作跟社会的关系、观众跟表演的关系、少数和多数的关系等。何应丰、邓树荣则更多思考剧场内外的建制、文化和美学。综观他们的实验，话剧自身的边界与越界，话剧与香港文化、政治的关系，以及香港现代剧场美学的建构，是其最重要的探索方向。

1. 话剧自身的边界与越界

“进念”创团成员是一群在戏剧、表演、漫画、电影等领域具有专长的年轻人，深受美国前卫艺术的影响，因此“进念”的演出近似于20世纪60—70年代欧美蓬勃发展的“表演艺术”，偏爱非叙事、非摹仿的直接体验，追求纯粹在场。舞台是没有边缘的，艺术创作本身应该不断跨界，“进念”以一种优雅的戏剧性姿态破坏戏剧性，以反文法构成自己的文法，以答案的虚悬或答案的延宕使问题保持开放性，将舞台实验当成社会实验的预演，一再挑战剧场内外的规矩，探测政府、文化主管部门和观众的容忍程度。正如西方文艺复兴时代可以超越任何界别，什么都可以尝试和重新认识，因此成就了世界文化发展的一个高峰，香港在回归过渡期，作为国际文化信息汇流之地，人们抱着多元和开放眼光看事物，自然产生了跨文化、跨界别、跨语言的实验艺术形式。与此同时，实验戏剧还原戏剧的本体，以演员和观众为最根本要素。“进念”跟观众建立关系的经验和方法，也由打破常规开始，如率先实验演出之前和之后，其实都是戏的一部分。香港观众看“进念”的戏，都习惯了戏是如何（没有）开始和如何（没有）完结，最理想的完结是另一个活动的开始。“进念”通常不使用“幕”，“因为幕本身有很多意义，开幕前好像幕后面有东西不想让你看，可以看的才揭开给你看”。“进念”尝试许多不同形式的观众参与，如演后工作坊、座谈会、问答表等，甚至观众的参与演变成一种演出的形式。如1991年底“进念”被邀为国际学术会的专家演出《极乐世界》。演出安排在开会之前，借用了该会议所用的舞台、道具、环境和其他会议内容及形式组成一台戏。当学者们在台下看完戏，踏上台，坐下开会时，他们下意识地问自己是不是也在“演戏”……有些学者决定不说话；有些学者就跟着之前舞台上出现的“角色”和“剧情”在演戏，渐渐发展成为一个学者们的即兴演出讨论。观众的“参与”形式和观念是现代剧场的发展趋势，一个现在进行式民主的实践。

从“进念”蜕变而出的“非常林奕华”也自称为“表演团体”，林奕华在演出场刊上经常自署为“导演 / 编舞”。剧团的英文名字为“Edward Lam Dance Theatre”，直译是“林奕华舞蹈剧场”，但此“舞蹈”与传统舞蹈不同，即一切从“行为”出发：演员从日常的行为中选取一系列动作，或加强、或重复、或简化、或夸张，诸如走路、爬梯、打斗、“讲粗口”等，都可变成极具表现力的“舞蹈”。有人说：“林奕华的演员，基本没有舞蹈技巧，但他们却把日常行径扎扎实实的‘舞’出来。观众倒看得十分明白。”尽管一再引发“什么才是舞蹈”的争论，林奕华依然我行我素，对专业舞蹈、非专业舞蹈，有高难度技巧的舞蹈，“行行企企”的舞蹈，一视同仁。剧场作为一种媒介，与电视、电影等不同，林奕华认为应该自觉地去处理媒介的限制和潜质。影视或录像等因需要透过剪接技术，媒体本身已经给手段框住，进入一个所谓看与被看的框框。戏剧却使观众身处现场。

“非常林奕华”的另一实验形式是戏剧教育，重点落在学习如何跳出来看戏剧，其演出多是青少年演员的自我展示，基本不化妆、不化入某一虚构的个性化角色，即使在扮演某类角色时也仍然保留着青少年学生的身份。如《智取威虎山》借用电视台某些有奖问答游戏的节目形式，道出青少年面临的种种人生抉择；《爱的教育二年级—A 片看的太多了》，实验戏剧可以是评论集体和个人在“如何看”之上的牵制。这些演出可能在正规剧场进行，也可能仅仅是表演工作坊 / 排练的延续，林奕华希望打破剧场的框框和限制，并且在创作历程中“再发明自己”，不仅创作者，而且观众也要再发明自己。正如荣念曾所言，实验戏剧意在不断地自我颠覆，反叛自己所建立的东西；实验艺术家不喜欢因袭，而是关注如何转换角度，能够令观众从一个新的空间、新的视角来看事物，通过创造新空间和推动对话，使戏剧充满意义。而评论家也不应该被惯常的概念局限了自己，评论目的在于促成一种开放性和发展性的对话，发掘一个戏深层的存在意义。这是更有挑战性的评论。

2. 话剧与香港政治、文化

20 世纪 80 年代和 90 年代香港有一个转型期，开始意识到舞台应是一个可与当代社会“对话”的地方，意识到单有经典性和鉴赏性的翻译剧，与社会的直接联系是薄弱的，香港剧场需要有一些自己的声音，这就是实验戏剧家所要做的。

“进念”以中国和香港本地的文化及时事、政治题材，表现种种紧贴时代的政治和文化现象，或探讨普遍性的人生问题，以知识分子和艺术家的身份，介入社会、政治、经济、文化的宽广剧场，成为“跨越舞台的实验，跨越实验的舞台”。陈清侨指出：“进念一直致力以毫不妥协的姿态为剧场观众提供另一种形式的政治思维。这个文化的空间，在策略上是开放的，而所谓政治的内容则刻意腾空，留待个人以不同的生活实践予以充实”。在香港，受到商业目标的影响，“戏剧很容易就会变得很像买卖，不是真正的沟通和思考启发”。但当商业推得太尽时，戏剧界就会出现反弹，发展出一套回应商业文化的辩证文化去抗衡。剧场比电影、电视更容易做到双向互动，提出问题，平等对话，实验戏剧有别于娱乐的商业戏剧和教化的传统戏剧，在香港社会发展出一个公共空间，令人多了层次和角度，有了辩证的思考空间、创意空间，即从现实社会所存在的问题入手观照艺术，或者在艺术观演的过程中带入了对社会的一种思索。

“非常林奕华”的“非常”意指其创作往往落在“非常地带”——“社会的偏见、一般人的禁忌、虚饰、托词”，属于次文化或青年文化的一部分。如《我所知道的悲惨世界》《我要活下去》《七彩非人生活》系列剧目，以简约的舞台装置，复杂的拼贴结构，非性格化的扮演与游戏呈现，为观众提供另类感受力和另类生存真相。其中观众反应最热烈的是《我要活下去》，剧评人茹国烈认为：“说的虽尽是同性恋生活的苦，却能使任何一个香港人心头一颤——对陈百强的怀念，被漠视、被歧视的感受，权威、家长的无所不在，大悲大苦下生存的快乐，爱的煎烫和甜蜜，消亡和哀悼。”在《悲惨世界》系列中，同性恋逐渐变成了只是一种角度，从小众的位置去看当时被广泛讨论的移民、回归问题。1995 年和 1996 年的两集《男装帝女花》，林奕华自言“基本上是由香港 / 中国的关系去看‘家庭’和下一代的主体问题”，“从这个角度去发掘香港年轻一代对家园的观念”。到了《爱的教育》系列，“非常林奕华”将剧场发展成一种教育或课室，形式一半是演出，一半是演讲，甚至可以说是一个论坛。林奕华说：“其实嵌在《爱的教育》这个戏名的‘教育’，不过是一个戏谑”。电脑、科技的普遍化，致使人们过分依赖和沉溺阅读图像，甚至受到科技的操控，“人创”习惯于把每件事物都看成欲望的同时，渐渐地把自我的主体“物化”了，林奕华想做的是从“看”与欲望的角度探索什么是“爱”。如一课“爱”的教育，叫《看与被看》，课堂转化成一种相互观察，一种体验和分享。1998 年的《爱的教育二年级—A 片看的太多了》，也是由“看”出发，希望可以“看”深一点。此外还通过戏仿反思或反讽俗文化，放在香港文化整体脉络，“如果将它看成肤浅的话，我会想‘肤浅’是在什么的情况下才会产生的。”这一直是“非常林奕华”的核心价值。林奕华坦言不欣赏“春天”制作的作品，“我会感慨为什么人和人之间还要活在这样老式的世界里面……可以因为‘关系’而不计较自主和原则”。林奕华更注重个人在集体社会的位置，如小众在大众的社会如何寻找自己的定位，或两者之间的互动关系；并希望香港容纳小众的声音，应该有更多的异端和可能性。何应丰也认为：“社会上不同的个体，有不同的承传。但假若我们的承传是毫不保留地给一个机制、一个建制、一个社会环境大文化概念完全牵制着的话，我们的承传其实是停顿了。”

在香港戏剧主流的氛围中，百老汇作品很受崇尚，如《城寨风情》《白雪公主》就被称赞为香港的百老汇式作品。何应丰却发现香港人仗着英美国家强势文化的脸皮，其实可容纳的世界很小，眼光亦不够远大，没有太大空间去吸纳或包容不同的声音。香港由殖民地发展成高度资本化的社会，形成特殊的形态和氛围，影响着戏剧创作的个性和去向，但独立剧场的艺术家们在建制狭缝中寻找生存的空间，为香港剧坛带来一番新景象。受到新加坡郭宝昆先生的启示，何应丰对自以为"健全""进步"和"开放"的香港剧场作了较为深入的反思：香港一切文化建构，仿照英美蓝图为依归，对香港社会的内养，缺乏深层的耐性，更遑论以行动建立自主的梦想。80年代的文化基建，回归过渡期的舞台飞跃，真正跨过多少栏河？又可否触动一点生命超然力量，点燃他日的文化大道？香港话剧骨子里充满着什么"仍解脱不了"的"怪东西"？戏剧艺术家发现人、生活、社会、文化、历史和地域间流转映照的"出路"，但香港戏剧的"出路"，一概要按"市场值"，排队等候上榜归类，而忘记了"因何而戏"，及如何回归至艺术那份本有观照的心事。戏剧的震荡或是政治体制与人文精神的互扯互碰，在秩序和反叛的矛盾间，如何保持人格的完整，是戏剧家应探索的大课题。香港实验戏剧家坚持走这样一条路：透过剧场去摸索戏剧艺术路向的可能，进行生命和美学探索。

3. 香港现代剧场美学探索

何应丰在《寻找舞台美学在香港的住处》一文中提出：香港剧场美学住处在哪里？80年代以来香港话剧发生很大变化，从业余时代到拥有职业剧团、演艺学院和各大专业化的表演场地，但实验戏剧要进一步思考和探索的是如何建构香港的剧场美学：剧场与社会产生关系，抑或舞台美学是一种很纯的东西？戏剧艺术的美是否包括人在某个地方，与整体文化与集体行为衍生出来的一种个性？政治文化衍生出来的形态，又会怎样影响寻找"美"这个过程的素质？带着这些问题，香港实验戏剧家走上自己独特的探索历程。

"进念"以肢体动作、姿态造型为主的编作，看似没有个性、表情木然的演员，以粗放、稚拙、平直、简寡的风格，"行行企企，指指点点"一再重复的简单动作；舞台后墙、门窗、桌椅、灯架、侧幕、吊杆等裸露成为替代性布景，并以装置、幻灯、电影投映、即时录像、电脑合成等多媒体技术与资讯，以对经典或名著取其一点、借题发挥的挪用与解构，形成一种与传统戏剧不同的舞台呈现方法……[1] 进念不断挑战传统剧场美学观念，同时将美学观念的反叛与意识形态反叛相结合，逐渐形成在形式和内容上都十分新颖独特的剧场风格，意在追寻"一个属于生长在香港的青年人的身份和个性的剧场"，"能真正提供香港年轻一辈新的、现代的创作意念"。[2] 为此进念经常将现成的作品解构而重新演绎，解构的方法往往是由创作者的角度出发，从那些作品中抽取一两个主要的感觉和意念而加以发挥，换上一个完全现代

[1] 林克欢：《戏剧香港，香港戏剧》，（香港）牛津大学出版社2007年版，第100页。

[2] 黄庆锵：《香港剧场艺术的现在与未来》，《新象艺讯》1982年4月4日。

的形态。如《佛洛依德寻找中国的情与事》对于《牡丹亭》的改编，试图由佛洛依德的理论出发，解析汤显祖的《牡丹亭》，折子戏“叫画”成了戏中戏，核心情节是石小梅以一身黑色便衣再演《牡丹亭·叫画》的两幕戏，传统戏剧是一种倚重文本的扮演，进念却是演员借用柳梦梅和杜丽娘的角色身份和自我身份进行的表述与呈现；又如进念演出《百年》，“并不是要把原著搬上舞台，也不追求故事的复述，却是分析出剧作者对该小说的感受，对照与自身所处环境的关系，归纳了几点我们认为的基本精华精神，编织出一个属于形状、声音、动作及各种时空关系的作品。”这种试图与经典“对话”，从而发展成一部新作品，以更强烈和深切的反思，重新挖掘和建立一些根本元素，透过再创作，显现对原作深一层的理解或感觉，乃是香港实验戏剧重述经典的一种美学实践。正如何应丰所言：“喜欢莎士比亚不足够，还要将莎剧里面的东西继续去发展，去再度承托和挖掘，这样的文化才可以有一个进程”；邓树荣处理原典借鉴梅耶荷德的合成美学观念，对剧本的演绎，重点不在于整个剧本的细节总和，而在于把剧本特点融为一个演出的整体意念，以更有效地呈现其精神。

“非常林奕华”的剧场美学探索，简单地说是在刻意经营媚俗美学的同时逃离媚俗美学。题材撷取与时事同步，语言不论是“文本”或者台词都是“香港化”的，演出大量借用流行歌曲、电视剧、电影、广告的素材与手法，却在滑稽摹仿中，将激愤的满腹牢骚柔化为愤世嫉俗思想的表达。如《悲惨世界》系列看似与“媚俗美学”有关，艰涩的“前卫性”被热闹、讽刺甚至情感丰富的场面所取代，明显地走向“大众化”，但如果说“媚俗”是指格调庸俗但为大众喜爱，它没有什么美学上的创意，只反刍俗民口味的话，《悲惨世界》却是从俗民口味出发，真正目的在于探讨“俗民”为何会有这些“庸俗的口味”，从而“由大众曲折出小众的眼光”。[1]林奕华认为香港并无精致文化的传统，于是连带表演创作也要常常以外国的典范为依归。他对于这个现状忽然有了反叛的念头，从此不以“隐晦”、借喻作为语言，而是“想讲什么就讲什么”。不过单凭“率性”，会限制被表达的东西的层面，例如纯讽刺、纯戏谑。林奕华真正想做的，是观众在剧场里通过笑声、哀愁、愤怒等情绪的冲击，得到洗涤和反思。

何应丰尝试采用非写实的表现形式，重新探讨身体、文字、声音和语言的种种可能性。“疯祭舞台”追求一种“视觉诗”和“完全剧场”（Total Being）美学。所谓“视觉诗”，主要运用演员的身体和声音去创造戏剧的张力，如“元州街茱莉小姐”三部曲的后两部均是无言剧。犹如“进念”将视觉和装置艺术的元素引入舞台，与演员的身体、音响和灯光互相对话，融合成一种有趣的剧场语言，这种美学令人联想到纽约先锋派罗伯特·威尔逊（Robert Wilson）的视觉剧场，但何应丰进一步追寻“完全剧场”，从根本上要求每一个参与的人在创造及表演的一刻完全投入，完全地专注于他自己的同时，又专注于由他展开的空间里影响他

[1] 梁文道：《老师不是人，只是结构上的角色》，《信报》1996年6月27日。

行止的每个其他人和事物的每一个存在的现象。何应丰在与方梓勋先生的对话中表达了自己的追求：

> 方：有人说你在舞台上没有装饰性的东西，每一样都是元素，都是整体的一部分，是不是这个意思？
>
> 何：对。在我自己的创作中，委实有这样的观念。一个音符、一个动作、一个字和一件对象之间都希望能触及其互动的基本，我们叫它做“完全的舞台”（total theatre），舞台上的整体互扣性（totality）是很重要的。

何应丰试图“糅合古今东西文化的经验”，创造一种“疯狂”的仪式化舞台语汇，探索“从另一个崭新的艺术角度去诠释及继续试探‘说故事’的其它可能”。生命力是他最执着追求的元素。舞台上的每一场戏，有关人的处境和生命状态，隐喻着一种现场（live）的因素，即对生活经验的滤化、聚焦和呈现，艺术家与观众现场生命能量的对流。基于完全剧场的美学主张，何应丰发现音乐媒介、视像媒介、文字媒介、身体媒介，各执着一身术语，却少有融会贯通其背后的实体和美学意识，倘若打破界限，或可为某一既定的艺术形式增添出路和传承的意义，因此戏剧美学不应局限于“部门”的执见，而应坦露文化中对“美”的真正情操和眼界，这就是何应丰所要寻找的舞台美学在香港的“住处”。

邓树荣致力于培养演员的“内在性”，以及探索多媒体美学的可能性，追求在这个机械/电子可复制性时代所可能有的剧场性。香港的演员训练基本上是将表演理解为“让观众明白演员在做什么”，而没有将身体与声音还原到人的本体存在的意图。邓树荣训练演员有意识地应用系统的技巧在观众面前呈现一己之内在性，演员的身体与声音包含无限的可能性，戏剧艺术是人的本体艺术。如《日落前后的两三种做爱方式》，邓树荣要求演员先感觉一下文本或对白所产生的节奏感，然后再用身体和动作将节奏表现出来，用以探索角色的层次。没有了文本和台词的直接支持，演员必须通过身体去表达和想象；观者亦只能从演员之间无言的身体张力或触碰想象他们的关系，于是发现原来我们对台词所提供的信息往往视为理所当然，某种程度上也可能成为一种制约，而忽视了身体所赋予的原始能量，和从其它角度去阅读角色的可能性。而当一个演员纯粹从内在节奏和形体进入角色之中，然后再回头加入台词，那演出可能会变得“有机”；这个方法是把台词和身体（包括形体、感觉）结合成有机的产物，亦是在建立一种对角色的创造和想象。对于香港演员相对地仰赖台词来演绎角色的切入方法，这套方式颇能帮助他们从另外一些层面去了解角色，但这仍然是一条在开发中的路。艺术在今天还有什么意义？艺术的真实并不来自模仿，而是来自想象。想象是无限的，而现实却是有限的。艺术在于“以无限的想象观照有限的现实”，从中领略“自知之明”与“生存之志”，当中涉及一个可深可浅的内省过程。艺术的意义，就是引导观赏者进入一个想象的空间，看看能否产生上述的内省。但这种内省是艺术创作者无法估计，亦无法冀望的。邓树荣认为“美”不是意识形态的产物，而是“真”，当人真正面对自己的内在欲望、情感、失落、孤独时，美就存在。

香港前卫戏剧家对于“物件”和多媒体剧场美学等非人元素亦有普遍的实验。在众多的“进念”作品中，率先引入了物件美学设计，将一样平淡无奇的对象放大，从而改变了观众对那物象的固有理解。如《心经》中的长布，《山海经》中的金盆，《录鬼簿》中的椅子……“非常林奕华”更把“活动的物象”变成舞台意象。《我要活下去》出现满台的塑胶老鼠，鼠辈流窜，应是某种隐喻。《男装帝女花》中既困在纸盒中又站在众人肩膀上的小鸟，坐困愁城与展翅高飞，发人深思。木偶艺术的探索衍生出“无人地带”的“物件美学”谱系。在《三级女子杀人事件》的木偶；在《代理阿妈教》中延伸为人骨模型；在邓树荣那里，人偶美学中的“偶”指的是一种透过人以外的媒介来呈现个体我在（individual ego）的艺术。在《生与死三部曲》时期，人偶同场互动成为邓树荣剧场一个核心形式，其中《解剖二千年》木偶的使用不仅是一种表演手法，而且是一个不可或缺的隐喻。到了《日落前后的两三种做爱方式》中人偶同场互动，变身为人与遥控车“控制与被控制”的关系。邓树荣的物件美学，还包括了对生物的引入与使用，如乌龟在《日》剧的喻意。小西认为，生物不同于其他物象之处，正在于它的不可知性与偶然性。邓树荣自述：“对表演艺术有要求的导演都想借助演员作为一个人的偶然性，来启发他自己的创作意念，而再用这个意念反过来指导演员迈进一步，如此类推，成为一种相辅相成的境界。”[1] 由此更进一步发现：活动物象与录像之间有一定连续性。在西方，有些木偶艺术系也会把录像算作一种木偶。这正好是邓树荣剧场对活动物象的理解，即“一种人以外的媒介”，而这也跟广义的科技观念吻合。这样邓树荣对木偶以至物象美学的探索，很自然地跨越到多媒体剧场美学的探索。《解剖二千年》，将木偶、录像、现场音乐、形体动作及语言共冶一炉，构成一个多媒体的剧场作品。《日落前后的两三种做爱方式》更是多媒体叙事剧场的新尝试，其艺术前设是实验新媒体如何影响叙事性戏剧的舞台真实，及扩阔文本的想象空间。无疑，多媒体的出现丰富了当代剧场的知觉经验以及美学探索的可能性，但新媒体也容易让创作人迷失，纯粹停留在追新逐异的层次。小西认为：“无论采用那一种艺术媒体，剧场创作所指向的最终都是对‘真实’的感知；但跟自然科学不同，艺术所能提供的并不是认知性的真实，而是高度主体化的真实。在这个前设下，艺术透过感受及感受空间的创作，为观众提供的是一个可让他们代入其中的高度内省空间。”对此，邓树荣有着高度的艺术自觉，最古老的“人偶合成美学”和更具普遍性的“物件美学”，乃至最现代的“多媒体剧场美学”，构成邓树荣独创的合成美学谱系。

[1]　邓树荣：《〈东邪西毒〉的表演是个死结》，《信报》1994年10月7日。

香港实验戏剧很活跃，和世界各地一样，这种实验性戏剧大多由独立剧场的艺术家们，带着破除定规、锐意革新的探索性所创造的“另一种戏剧”，给剧场带来传统戏剧所不能及的冲击力。在一个健全的戏剧总体结构中，需要这一类冲锋陷阵的艺术家和剧作，起到先锋的作用。即使由于发挥主观创意和前卫精神而使演出有时较为晦涩难懂，囿于一般观众的审美习惯，而难以成为“主流”，更不能成为“商业”，但是不墨守成规的前卫戏剧家们所做的种种或成功或失败的实验，对于香港剧场的开拓做出了最大贡献。

第三节　东西方戏剧导表演艺术的交流与碰撞[1]

“国际导演大师班”是上海戏剧学院从2009年开始创办的一项全面引介当代国际导表演艺术名家创作技法的系列大型高端学术项目，迄今为止已经连续成功举办了美国、英国、俄罗斯、法国、德国、澳大利亚和新西兰、北欧五国（挪威、瑞典、芬兰、丹麦、冰岛）及南欧五国（希腊、西班牙、葡萄牙、意大利、保加利亚）八届。大师班不仅为学员们提供了超高水准的师资和丰富多样的学习形式，同时也为国际大师们招募到了一批优秀的中国专业学员。每届大师班招募的30名学员都是从全国精品工程院团和艺术高校或高校艺术专业导表演学的师生中精选录取的，他们代表的是中国当代戏剧艺术的较高水平。因此，大师班的意义绝不仅仅止于国际导演大师先进技法的单向引进，而是在教学相长的过程中形成中外戏剧人相互交流、切磋的平台，东西方戏剧导表演艺术观念不断碰撞、融合，拓展出全新的艺术视界，使大师班成为名副其实的国际戏剧交流的文化高地。

迄今为止，国际导演大师班可以说已经涉猎了西方世界大部分具有较大戏剧文化影响力的国家和地区，他们在与中国戏剧人的交流过程中产生的观念的交锋和借鉴是大师班对中国乃至世界当代戏剧文化发展的最突出的贡献。本节将以德国导演大师班为例，具体论述东西方导表演艺术在国际导演大师班中碰撞而出的精彩的思想火花。

一、理性审美思维对感性审美习惯的挑战：舒斯特的角色批判性思维

在人们一般看来，艺术总是站在科学的对立面，主要依据人的感性能力或非理性的灵性触觉进行创作和鉴赏的审美活动，而“审美”（aesthetics）一词，在西文中的本意就是“感性学”，这更使得艺术审美的感性本质成为一种约定俗成的观念。然而柏林恩斯特·布什学院导演系教授罗伯特却提出了截然相反的戏剧美学思想，在他看来理性的审美思维是戏剧导表演艺术的灵魂，戏剧只有在思辨的基础上加入感性的审美才能成为真正的艺术。他以毕希纳的

[1]　作者章文颖，原载《上海戏剧》2016年第7期。

《丹东之死》的创作排练为主要内容，逐层深入地为我们展示了他的理性审美的戏剧理念。

首先是观演关系的强调，即观众的阶级身份和政治立场与角色、甚至演员本人的阶级与立场之间的异同对导演角色处理方式的影响。罗伯特的第一堂课，在开始排练《丹东之死》的片段之前，让学员们做了一系列差异身份扮演和互换扮演的练习。他先让学员们作一轮自我介绍，再交换身份相互模仿别人再进行自我介绍；接下来他让全班同学都将自己想象成穷人，然后让学员们以形形色色的穷人身份上台对台下的“穷人”观众作自我介绍，之后全部换成富人身份再进行一次；然后罗伯特要求将台下的观众和上台自我介绍的人物角色阶级区别开来，先是观众为“穷人”，演员为“富人”，再是观众为“穷人”，演员为“富人”；最后一轮是假设观众和演员都是“富人”，但是富人演员要上台为富人观众表演一个底层的穷人。通过这一轮接着一轮角色、身份、阶级的互换表演练习，罗伯特循序渐进地引导学员们体会演员自身与角色之间、角色与观众之间、演员与观众之间的身份的异同对舞台上人物塑造的表现形式产生的重要影响。值得注意的是，当角色和演员、演员与观众的身份距离拉大的时候，演员在表演角色的时候会不由自主地“夸张”起来，而这种“夸张”是由来自另外一个阶层的人们对角色所代表的这个阶层的人物的刻板印象造成的。在罗伯特看来，这种刻板印象非但无须避免，而且正是导演要着力把握的东西，因为它无形中表现的是戏剧创作者对剧中人物的价值判断，也就是一种批判的态度，这是戏剧表演得以引发观众思考的必要前提。

由此，罗伯特提出了一个导演艺术的关键命题——“为谁在表演?”他甚至认为对戏剧演出来说谁坐在观众席上比谁在舞台上更为重要。因为导演只有在考虑到演出对象的身份和立场时，才能相应地对人物的诠释方式做出调整，引导观众不断通过演员的表演进行思考，对角色进行批判，并反躬自问。与我们传统的基于剧本和人物本身进行角色分析体验的表演方式不同的是，罗伯特从处理观演关系的角度着手，通过让演员想象面对观众群体的属性使演员迅速进入相应的角色表演的状态。这种以观众为中心的导表演技法，其实质指向的是戏剧的批判和启迪人心的教化功能。

其次，演员要有自己的政治立场，并在此基础上判断角色和观众的政治立场。在颠覆了学员们习惯的斯坦尼式的角色演绎的观念之后，罗伯特进一步强调了参与戏剧的各方面人员和角色的“政治立场”问题。以《丹东之死》中“一间屋子”的一场戏中妓女与丹东的对话为例，其中妓女玛丽昂有一大段非常露骨的挑逗丹东性欲的台词，这段台词在很多中国学员看来过于色情且没有直接推动情节而故意删去了大部分，但在罗伯特看来，这却是一段难得的精彩的好戏！他设想演出所面对的不同时代的观众群体，给出了支持罗伯斯比尔、支持丹东和反对丹东的三种政治立场，在明确玛丽昂和丹东各自所处的社会层次的基础上，相应地通过同一段台词做出了不同的导演处理，产生了截然不同的演出效果。同样在醉汉西蒙因为老婆让女儿卖淫挣钱养家这场戏里，根据导演自身政治立场的转换也完全可以对人物作出褒贬不一的导演处理。甚至这场戏中两个龙套角色，即旁观老夫妻打架的两个路人的角色，也被罗伯特强调了政治内涵，因为“路人”就代表“公民”，这就确定了这场闹剧发生在公众场合，具有社会性，他们的吵架就不再是简单的屋墙之内的家庭矛盾而是代表不同政治立场之间的交锋。

第三，导演艺术必须表明导演对事件的态度。无论是观演关系的分析，还是政治立场的明确，罗伯特的导演艺术旨在表达出导演对世界的态度，这种表达旗帜鲜明，不容含混，因为导演不能什么都不做，把一堆未经分析判断的原始材料直接抛给观众。正如在《丹东之死》中导演对于丹东应不应该被处死的问题，一定要选择一个立场，不能模棱两可。导演通过人物的行动综合表达自己的观点，一方面在“垂直”层面处理好当下的每一个场景中人物行为环环相扣的戏剧性；另一方面还要考虑这场戏在整出戏中的作用。这样才能使导演者的态度明白无误地通过人表演的人物传递给观众，而只有尊重观众的思考能力并且有能力引导观众思考的导演，才是合格的导演。

罗伯特的导演技法的风格贯穿了理性审美的趣味，这一点与中国戏剧的感性审美传统有着很大的反差。罗布特反复强调，导演要通过戏剧明确给出他对世界的态度，而态度的本身就是理性思考的结果。他还直接在艺术中融入了数学的法则，有意将一段戏用六个节拍点间隔出五个演出时空，认为这种排戏节奏是符合黄金分割规律，天然地体现出美的韵律。很大一部分中国的戏剧注重情感的渲染，审美效果基于观众在感情上产生的共鸣和认同；但是在德国，戏剧必须引起观众的理性思考，才能算有艺术审美价值。在罗伯特看来，戏曲中演员的很多动作和眼神没有令人产生理性的思考，只是纯粹的情绪表达，对他来说就是无用的艺术手段，戏剧的核心必须是理性的思考，因为思考本身就是令人愉悦的，因而也是美的。

罗伯特的这种观念在德国导演之中并非偶然，他其后的几位导演也或多或少地体现出对理性思辨精神的推崇。如慕尼黑戏剧学院表演系教授约翰·舒尔赫（Jochen Schölch）认为作为导演必须用力思考，看到别人看不到的东西，并把它表现出来。德国著名导演塞巴斯蒂安·鲍姆加登（Sebastian Baumgarten）认为艺术是由 85% 的技术加上 15% 的创意完成的。尽管技术占据了大部分比例，但是恰恰是最后的这 15% 决定了一件艺术品最终的品格。虽然，从技术上说中国戏曲把欧洲戏剧甩了好几条马路，但导演从艺术工作者提升到艺术家的高度，还需要付出决定性的思想。

二、空“空”之悟：帕西弗的东方禅意智慧

如果说理性的思辨精神作为西方文明，尤其是德国文化的典型特征与东方注重感性体验的直观精神形成鲜明对照的话，那么我们在德国著名的独立导演路克·帕西弗的艺术理念中看到的则更多的是对东方智慧的尊崇和化用。他运用一套独具特色的训练体系，和演员们一起从虚空的心境和至简的舞台空间中探索出充满力量和情感的丰盈的戏剧内涵。

首先，排练的过程充满了一种神秘的仪式感。戏剧与仪式之间具有天然的亲缘关系，从发生学的角度来看，戏剧脱胎于宗教仪式，因此在西方文明的语境中，戏剧在本源意义上应当与宗教仪式一样，是一种沟通人世与神界关系的手段；从形态构成的角度来看，戏剧与仪式一样都具有角色扮演，综合艺术呈现以及一定的程序和规范等特征。所不同的是戏剧是基于美学意义上的虚构演绎，而仪式则是人类学意义上的直觉体验。戏剧与仪式的同一性原理在西方当代戏剧表演学中很受关注，不少戏剧大师，如格洛托夫斯基、谢克纳、巴尔巴等都在自己的戏剧理论和表演训练实践中运用了仪式的原理。同样，路克也以独到的东方宗教精神建立起戏剧与仪式之间的关联。他对排练场地的要求极为简单也极为严格，必须保证排练厅的绝对空旷整洁，因为在他看来空间里每一件物品都会吸取在场演员身体里的能量，从而影响排练的质量。为此，他特地把这一周的大师班从戏剧戏剧学院的黑匣子剧场搬出（因为黑匣子作为教学场所堆放了很多的道具和影片），转移到话剧中心的剧场。他把全天的排练时间设定在10点至16点，期间没有午休和午饭，只能在课间补充一些水果和饮料。全部在场人员不能携带手机、电脑或其他任何电器，一旦违反就会遭受处罚，因为任何无关的行为都会分散演员的能量。每天排练前，全体人员要在路克的带领下做90分钟的瑜伽训练，寻找触及身体和自我极限的感觉，并使两者同时充满力量。可见，路克的排练仪式目的在于营造一种严肃和“极空”的氛围，从物质环境到肢体感觉，再到心灵空间，逐步引导演员排除一切内外的干扰，将自身的全部能量集聚在排练工作这一点上，在零度起点蓄势待发，“有无相生”，准备营造无限可能。

其次，随性而为，对演员的引导和训练遵循人的本性，追求自然而然的舞台演绎境界。路克的排练没有枯燥的剧本分析，也不会外在地对演员提出这样那样的要求或提示，而是要让演员在导演设置的意图中，通过游戏或日常行动不断朝向特定的方向去体验真实的角色感受，瑜伽之后的“台词训练”就是实现这一目标的关键步骤。路克先让演员不加任何思考、判断、情感和表演成分，未经意义赋予地对台词，同时随便在舞台上行动，边说边做，一旦停顿马上提词，速度不断加快。然后在此基础上配合游戏继续对台词，导演会在游戏过程中逐渐提出更多的要求。游戏的设计与剧情中人物之间的关系是对应的，例如排演《麦克白》中麦克白夫人强迫麦克白去杀人的这段情节，导演要求女演员站在舞台后方的中央，不断向男演员扔球却从不捡球，男演员不但要抛球，还要尽力去接球、捡球，疲于奔命。这个游戏场景不但通过日常行动确立了麦克白夫人的强势地位，也形象地勾勒出这场戏的暴力主旨，以及麦克白的被动地位和内心煎熬。于是演员就在积极的游戏行动中把握到每段台词的“力量点”，在无形之中精确地体悟到剧情的张力，有感而发地说出台词。实际上，路克的台词训练是要将台词内化为演员自己的语言，把演员从背诵、表演台词的“傀儡”状态中解脱出来，让他们以真实的人的身份饰演真实的角色。一开始的快速背词一方面强烈刺激记忆，使演员尽快熟练，同时清除掉演员自己对角色的先入理解，又有能力在说台词的同时在舞台上处理真实的事情，这样就将一切感觉归零并处于真实状态。在第二步的游戏行动中，演员们则各自从自己的起点出发，逐渐协调彼此，走向导演心目中规划的终点。在整个过程中，导演完全是顺势而为，无招胜有招地训练出演员最自然的状态。

第三，“大道至简”是贯穿始终的法则。在路克看来，舞台的真实性有两重内涵：舞台上演员的真实与舞台空间的真实，戏剧的艺术性就在于使这两者之间的张力扩展到最大。如果说演员的真实性可以通过台词训练来达到，那么空间的真实性则在于想象力的营造。在路克看来，想象力是剧场的基础，也是艺术的本质体现，而它完全是观念性的。因此，要想使想象更为丰富，那么空间中实在的物质就必须减少，因为任何人造的物件摆放在舞台上都会有确定的意义，从而影响到观众自由的想象。所以，场地必须做到纯粹的“空”，舞美和道具设计用最少的东西来激发出观众最丰富的想象力。这种“少即是多”的原则对于无形的东西同样有效，例如情绪和能量。路克一再强调在舞台上不仅要用最少的设置，还要用最少的情绪来呈现出作品最核心的内容。例如路克在《秋之梦》的一场墓地戏中，没有用墓碑来展现墓地，因为过于写实的布景不能带给观众真切的死亡的压迫；而是用白色鹅卵石铺地，来呈现欧洲墓园的凄冷肃穆的氛围，并用演员踩在石子上的声音来帮助人们建立起情绪的想象。

三、戏剧真实性的多维展开：戏剧艺术经典命题的再解读

戏剧中的艺术真实与生活真实之间的关联与差异，历来是东西方所共同关注的一个戏剧美学问题。而当戏剧在舞台上呈现的时候，又会涉及如何通过舞台的“假定性”来最大限度地实现艺术的“真实性”的实践层面的戏剧本体论。“假定性”是戏剧艺术在舞台上成立的前提，“艺术真实”决定了艺术的价值和艺术性，“生活真实”则是前两者产生的根源，也是艺术真实可以为观众领悟并接受的基础，三者之间形成的一组张力结构构成了戏剧真实，这是戏剧艺术的核心问题，也是五位德国导演不约而同地关注的思想交集，特别是德国著名导演埃利亚斯·派里希（Elias Perrig），他专门以“舞台上的真实性”为题展开了一周的工作坊排练，从多重维度引导中国学员一起重新思考了戏剧中的“真实性”问题。

第一个层面是舞台呈现的真实性，这主要由演员的表演和舞美设置组成。舞台真实的基础在于观众的理解，而这一理解的实质是观众与戏剧创作者的想象力视域的融合。也就是说导演通过演员的肢体和行动，与布景道具之间构成的一系列“假定性的”符号所产生的意象，必须能在观众的想象中被解读。舞台真实并非自然主义的真实，在德国导演们看来，随着影视的发展，戏剧舞台上的自然主义已经不再具有价值。这正如绘画艺术在摄影艺术的倒逼之下，从写实主义转向表现主义寻求更高的艺术发展一样，现代戏剧的舞台真实也要从依托经验的自然真实上升到在想象中达成的观念真实。事实上，这个问题与中国戏曲艺术中的写实与写意手法的观点是相通的。而且，在写意的舞台表现问题上，戏曲对艺术想象力的运用有

着非常精湛的技法。难怪埃利亚斯、约翰和塞巴斯蒂安都对中国戏曲中舞台假定性的运用叹为观止，建议学员们在排练中化用中国传统戏曲中的舞台表现技法。

第二个层面是剧情的真实性，即剧本中的艺术真实与生活真实的衔接。在德国导演们的眼中，这里的“真实性”更多的是“现实”的意思，它主要不在剧本本身的逻辑或情感发展是否合理，而是强调导演必须挖掘出剧本对当下社会的现实意义，尤其是对经典剧本的再度演绎，一定要找到剧本与现时现地的文化对接点才能保留原作的价值。在埃利亚斯的引导下，学员们将《春天的觉醒》中一场在森林中男主人公要自杀，被女主人公撞上的戏的场景改为了富士康工厂的楼顶，男女主人公的身份设置为工厂的青年工人，用中国社会当下的时事语境来重新演绎被生存压抑到窒息的剧中人物。

尽管他们中有很多人偏爱先锋的艺术表现形式，但这种深入骨髓的批判现实主义的戏剧精神却是五个德国导演众口一词的导演创作的要领，这与我国的戏剧审美文化有很大的差异。例如罗伯特在观看了在我国备受赞誉的梨园戏《董生与李氏》之后，并没有被戏中所歌颂的男女突破封建礼教追求爱情幸福的主题和美轮美奂的戏曲表现形态所感动，而是因为找不到该剧与当下社会的政治联系而提出疑惑，并与在座的中国学员产生了观点的对立。路克导演尽管在戏剧排演形式上追求极简和抽象的审美风格，但是他同样指出导演创作的出发点不在于剧本是否经典，也不在意作者是谁，重点在于如何重新用这个剧本阐释当代的价值。慕尼黑戏剧学院表演系教授约翰·舒尔赫（Jochen Schölch）在指导学生排练《仲夏夜之梦》的时候，注重的是这个在我们看来看似滑稽荒诞的奇幻喜剧背后所隐含的关于权力斗争和男性对女性的压迫的悲剧性内涵！塞巴斯蒂安用布莱希特的《屠宰场的圣约翰娜》来展示跨历史、跨文化的剧本如何在当时当地社会语境中找到切入点和思想价值。

第三个层面是从哲学角度将戏剧真实从历史的经验真实升华到超越现象的本质真实。这正如亚里士多德在《诗学》中提出的艺术虚构要比历史更真实的论断，艺术表现的不是客观“必然”，而是理想中的“应然”之事。例如，埃利亚斯在舞台真实和剧情真实的基础上，还进一步提出了导演有时需要打破常规逻辑，用反逻辑的思维来表现人物的建议。在他看来，戏剧的任务正是在于揭示出人们习以为常的经验表象之下的更为深刻的内容，后者才是更接近绝对的真相。再如，约翰和路克都特别提到一人分饰多角的导演技法，指出这一艺术手段的运用必须建立在几个具有共性关联的角色身上，从而折射出人性的复杂多面性的真理。虽然生活中很难集中遇到几个毫无血缘关系的人长得一模一样的情况，但在戏剧舞台上这一违背常规逻辑的方式，却清晰地表达出了经验事实很难突出表现的深层的人性哲理，而这就是艺术的真实。

值得一提的是，埃利亚斯在他工作坊最后的公开成果汇报中，将一周的教学情况以在欧美，尤其是在德国戏剧界流行的“文献剧”的形式，事实记录性地向观众展示了课堂排练和讨论的片段，将假定性、艺术真实、生活真实重叠在一起，更直接地让学员和观众一起身临其境地再次探讨了戏剧舞台上的“真”与“假”的问题。虽然，这个问题的本身固然没有唯一答案，但体验它的过程本身却是一次深刻的关于戏剧美学的反思。

综上所述，五位德国导演虽然风格各异，导演技法的使用也各具特色，但是在艺术旨趣上都或多或少地体现出哲学思辨的精神。这种思辨以戏剧与当下社会现实的关联为切入点，凭藉严肃的批判精神站在观审世界的立场，不断深入挖掘剧本中隐藏的或是引申出来的有关人性和人类社会的深刻本质，并通过具体的舞台手段表达出来，引领观众一同思考，完成了导演作为一名戏剧艺术家而非戏剧工作者应当完成的艺术任务。德国导演的在戏剧中反思和抗争社会现实的先锋艺术精神，在全球资本主义的时代的下物欲横流的当今世界是十分可贵的。对照我们国内当下戏剧影视界在快餐文化、消费文化、偶像经济的推动下，弥漫着泛娱乐化、低俗化，注重感官刺激和无聊消遣的流行风尚，德国导演们所秉承的那种正襟危坐式的拷问灵魂、直击人心的戏剧创作模式，几乎是一个奢侈的理想。当然，形成这一现状的原因是多样的，决不仅仅是导演和戏剧从业人员单方面的责任。中国当前的戏剧受众群体具有怎样的道德追求和文化素养同样是决定我国社会戏剧艺术审美水平和趣味的决定性因素之一，正如德国观众的道德价值体系和思维方式决定了德国戏剧艺术审美的方向一样。因此，德国导演们这种严肃“做戏”的态度值得我们当下中国戏剧创作者和观众们共同借鉴和反思。

此外，在各位导演技法的理念中，我们看到的是东西方导表演艺术观念不断交流和碰撞的过程，这一过程几乎在每一届导演大师班上都一再以不同的内容精彩地上演。德国导演大师班只是其中较为典型的一例。事实上，卢昂教授主持的系列“国际导演大师班”的宗旨就是“融贯东西”，他个人为此付出了巨大的艰辛和努力。大师班举办至今已硕果累累，不仅中国学员们从外国专家的技法中开拓了眼界，得到了提升；外国专家同样屡屡为中国同行的悟性和独具一格的想象力感到震惊，并从中吸取灵感。

接下来两年，大师班还将计划举办拉美和亚洲地区专场，届时两期国际导演大师班已经基本覆盖除非洲外，世界上大部分有着重要戏剧传统的国家和地区，初步实现了国际导表演艺术交流共荣的办班初衷，大师班也将成为当代中国戏剧导表演艺术发展过程中一桩具有突出贡献的开拓性的创举。

第十三章　美学与中国

美学的远方有历史之远。复旦大学的谢金良、上海艺术研究所的周锡山，上海外国语大学的张煜、史伟，上海政法学院的孙超将探寻的触角伸向中国古代。谢金良从“美”字的易学解释、“易”字的美学解释入手，揭示了易学与美学的融通。史伟揭示，宋元之际流行理学诗风，但也有来自浙东学派和理学内部的反拨与反思。明代出现了伟大的戏剧家汤显祖，他恰好与莎士比亚生于同一时代。周锡山从笔补造化、艺进乎道、悲天悯人、大器晚成、神秘主义诸方面，对二者的艺术成就作了总体比较。清代诗学领域同光体与桐城派的关系是一个艰深的话题，张煜对此作了专门探讨。孙超揭示：民国初年在以经济资本为核心权力的文学场中，主流小说家面对市场法则与艺术法则的双重立法，力图以小说“娱世”来打破“小说界革命”以来“传世”与“觉世”的矛盾，提出了一套求得平衡的“兴味”说。这种“兴味”小说观在适应市场（“行世”）、进行生活启蒙（“觉世”）中追求“传世”。虽然受到市场的强大制约，但始终坚持艺术本位、坚守社会责任，不断为读者送去美的快乐享受，有力地推动了我国小说的现代转型。

第一节　《周易》与美学的几点思考[1]

如何把易学和美学有机地联系在一起？笔者设想，如果我们既能用美学的思维来阐释易学，又能用易学的思想来阐释美学，或许能对两个学科都有启发作用。

[1]　作者谢金良，原题《关于〈周易〉与美学的若干思考》，原载《文学教育》2014年第5期。

一、“美”字的易学解释

1.“美”字源于八经卦中的兑卦。

在中国研究美学，首先难免要问及的便是“美”字的意义，也就是涉及对所“审”之“美”字的理解。时至今日，人们对“美”字基本上已形成普遍的看法，正如百度百科对“美”词条的解释：“美 měi，会意。金文字形，从羊，从大，古人以羊为主要副食品，肥壮的羊吃起来味很美。本义：味美。另外羊是象形字，象征人佩戴羊角、牛角，古人认为这样很美。”这种说法的雏形至少可以远溯到东汉许慎的《说文解字》：“美，甘也。从羊大。羊在六畜主给膳也。美与善同意。”直到清代《康熙字典》也仍沿用《说文》的理解。古人的说法，有两点是明确的：一是羊大则美，另一是美与善同意。值得注意的是，“美”与“善”在古代中国，不仅都是对审美境界极致状态的形容，而且都与“羊”字相关。可见，要理解“美”和“善”，离不开对“羊”字的全面和深入理解。这也是现当代以来，我国许多美学家都从“羊”的角度来理解“美”的原因。于是，从羊这种动物的基本现象，如“肥大”“味甘”“温顺”“可爱”等，来加以解释的思路比比皆是。毋庸置疑，从文字学的角度，根据汉字的形体及其造字的法则，把“美”的意义跟“羊”有机联系在一起，是能够帮助人们更好地认识的。但是，认真追问起来，还是感觉如此解释不够透彻。所以，笔者认为应该进一步从符号学的角度加以解释，这也是符合文字发展历史和规律的。

我们知道，在汉字基本定型之前，《易经》的八卦符号已经出现。由于史阙有间，我们已经很难证明汉字的出现是奠定在《易经》卦爻符号系统之上的，只能根据一些蛛丝马迹来推证汉字与《易经》文化可能存在着密切联系。沿循这样的思路，笔者发现“美”和“善”的取象意义，可能都是源于《易经》八经卦中的兑卦。查考《易传》,《序卦传》有“兑者说也”、《说卦传》中依次有“兑以说之”“说言乎兑……兑，正秋也，万物之所说也，故曰说言乎兑”“说万物者莫说乎泽”“兑，说也”“兑为羊”“兑为口”“兑三索而得女，故谓之少女”“兑为泽，为少女，为巫，为口舌，为毁折，为附决，其于地也为刚卤，为妾，为羊”。别卦《兑》的卦辞是“兑：亨，利贞”，其《彖传》的解释是“兑，说也。刚中而柔外，说以利贞，是以顺乎天而应乎人。说以先民，民忘其劳；说以犯难，民忘其死：说之大，民劝矣哉!”其《象传》的解释是“丽泽，兑；君子以朋友讲习。”不难发现，在《易传》中，“兑”的取义为“说”(通“悦”)，即“欣悦”、“喜悦”之义。此义与《兑》卦辞“亨，利贞”的意思基本上也是相通的，这说明《易传》的说法仍然没有离开《易经》。

《易经》滥觞于“观物取象”，其象征思维离不开对自然万物的观察，然后再用虚拟的符号加以形象概括，并从中归纳出具有根本性质的意义。简言之，先取象，后取义，然后又可以“触类”取象，也可以“合意”再取象。正如东晋王弼《周易略例·明象》指出：“触类可为其象，合意可为其征”，《易经》的象征思维和类比思维，可以使同一个符号跟无数个相类相合的事物联系在一起，组成一个无限发展的意象群。在这个意象群里，彼此之间要么有相类之象，要么有相合之义，相互联系，相互贯通，真正达到“言有尽而意无穷”。不妨以兑卦为例加以分析。八经卦中的兑卦，卦象是☱，在《易传》中其主要象征为泽——沼泽、湖泊（上面一个阴爻象征平静的浅水，下面两个阳爻象征坚硬的土层），根据对自然的观察，凡是沼泽和湖泊之地，都是风光独特之所，让人容易引起美感而“欣悦”（从另一个角度看，泽被万物，滋润营养，万物因而得“悦”）；还可象征为少女——年轻的女孩，丰润貌美，惹人“喜悦”（从卦象看，☱跟梳着两个辫子的小姑娘相类）；还可象征为羊——温顺的动物，形声和美，也是惹人“喜悦”（从卦象上看，☱跟羊的形象相似，上面一个阴爻如同两个羊角，整个卦象与“羊”字也大体相同）。综合以上分析，笔者认为“美”和“善”两字中的“羊”，不只是指代“羊”这种动物，而更可能是与兑卦整个象征系统相互联系、相互贯通的；“羊”只不过是对兑卦象☱更进一步的具象化和形象化而已，或者说“羊”就是兑卦象的典型代表之一。

2. 一阴一阳之谓美。

《系辞上传》云：“一阴一阳之谓道。”对这句的理解，向来是仁者见仁，智者见智。“阴”“阳”“道”三字，实际上是三个符号，“阴”和“阳”各自象征两类不同的东西，看似截然不同，事实上又都同属于一个整体——“道”；而“道”是一个可以指代万事万物的符号名称，大到整个宇宙，小到最小粒子，远到宇宙本源，近到当下世界，无论是物质性还是精神性的“东西”，都可以“道”代称。既然如此，那么能够给人审美愉悦（“欣悦”）的“美”，尽管无法准确定义，但完全可以肯定“美”无论是本质还是形式，都是一种“东西”。这种“东西”，一定也是“道”；或者更直接地说，“东西”与“道”是异名同实的，都是一个符号名称而已。因此，理解了“一阴一阳之谓道”的含义，也就可以理解“一阴一阳之谓美”了。

3. 美在易道之中。

在西方美学史上，很早就有“柏拉图之问”，也就是关于美的本质的探讨。千差万别的现象，之所以是美的，就缘于共同拥有了“美”。那么，美是什么呢？美的本质是什么呢？这个问题，促使西方哲学家、美学家不断地探讨和回答，始终也找不到一个真正令人完全信服的答案。也许正如柏拉图的感叹一样，“美是难的！”因为美并不是只存在于某种事物之中，而是存在各种事物之中。从共时的角度看，各种事物都是既有区别又有联系的；从历时的角度看，各种事物又都是随着时间的变化而变化的。如此而言，各种事物中的美也是千变万化的，不可能用一个定义或概念加以完整概括。换言之，美的事物是道，美的事物的总和也是道，美与道一样，都是无所不在，无所不包的。所以，我们只能感悟到美的存在，而无法给美下定义；而对美的感悟，其实也就是对道的感悟，具体言之就是对本体之道和变化之道的感悟。理解了这些，我们就可以从易学的角度，更好地理解美，发现美是在易道之中，无须准确定义，只要懂得“一阴一阳之谓道”，也就懂得了“美”的含义。

二、“易”字的美学解释

1.“易”字在《周易》经传中意义复杂。

研究《易经》，都会研究书题“易”的含义。自古以来，对“易”的含义有过许多不同的解释，众说纷纭，莫衷一是。严格地说，由于作《易》者，没有明言其“易”所取何义，所以作为书题“易”的含义就是一个无法完全解开的谜了。而面对纷纭众说，如果我们能够加以认真思辨，那么对其理解也就能更加准确。尽管历代的各种著作中，都有一些对该问题的看法，但是我们还是必须有所区别对待的。首先，我们应该先从《易经》和《易传》入手。根据对通行本《周易》的查考，《易经》中有“易”字的语句很少，《易经》卦辞中都没有，仅见于两处爻辞：“丧羊于易，无悔”（《大壮》六五爻）、“丧牛于易，凶”（《旅》上九爻）——此两处“易”字，古人多认为是通“埸”，指“田畔”。后一“易”字，王弼《周易注》训为“难易”之易。而在《易传》中，《彖传》、《序卦传》和《杂卦传》皆无“易”字。《文言传》有“易曰”（即指《易经》）。《大象传》：“雷风，恒；君子以立不易方”（《恒》卦）。《小象传》：“威如之吉，易而无备也”（《大有》六五爻）、“丧羊于易，位不当也”（《大壮》六五爻）、“丧牛于易，终莫之闻也”（《旅》上九爻）。《说卦传》：“昔者圣人之作易也”、“昔者圣人之作易也……兼三才而两之，故易六画而成卦；分阴分阳，迭用柔刚，故易六位而成章”、“数往者顺，知来者逆，是故易逆数也”。不难发现，这几处“易”字，已有多义。

相比之下，《系辞传》中显而易见，《系辞上传》：“乾以易知，坤以简能；易则易知，简则易从；易知则有亲，易从则有功；有亲则可久，有功则可大；可久则贤人之德，可大则贤人之业。易简而天下之理得矣；天下之理得，而成位乎其中矣”（一章）、“是故君子所居而安者，易之序也”（二章）、“是故卦有小大，辞有险易；辞也者，各指其所之”（三章）、“易与天地准，故能弥纶天地之道……故神无方而易无体”（四章）、“生生之谓易”（五章）、“夫易广矣大矣……易简之善配至德”（六章）、“易其至矣乎……夫易圣人所以崇德而广业也……天地设位，而易行乎其中矣”（七章）、“作易者”“易曰”（八章）、“是故四营而成易，十有八变而成卦”（九章）、“易有圣人之道四焉……易无思也，无为也，寂然不动，感而遂通天下之故……夫易，圣人之所以极深而研几也”（十章）、“夫易何为者也？夫易开物成务，冒天下之道，如斯而已者也……是故蓍之德圆而神，卦之德方以知，六爻之义易以贡……是故易有太极，是生两仪，两仪生四象，四象生八卦，八卦定吉凶，吉凶生大业……易有四象，所以示也”（十一章）、“乾坤，其易之蕴邪？乾坤成列，而易立乎其中矣；乾坤毁，则无以见易；易不可见，则乾坤或几乎息矣”（十二章）。《系辞下传》：“夫乾，确然示人易也；夫坤，隤然示人简矣。”（一章）、“交易而退，各得其所……易穷则变，变则通，通则久……后世圣人易之以宫室……易之以棺椁……易之以书契”（二章）、“是故易者，象也；象也者，像也”（三章）、“君子安其身而后动，易其心而后语，定其交而后求：君子修此三者，故全也”（五章）、“乾坤，其易之门邪……夫易，彰往而察来，而微显阐幽”（六章）、“易之兴也，其于中古乎？作易者，其有忧患乎……《损》，先难而后易”（七章）、“易之为书也，不可远。为道也屡迁，变动不居，周流六虚，上下无常，刚柔相易，不可为典要，唯变所适”（八章）、“易之为书也，原始要终以为质也”（九章）、“易之为书也，广大悉备”（十章）“易之兴也，其当殷之末世，周之盛德邪？当文王与纣之事邪？是故其辞危。危者使平，易者使倾；其道甚大，百物不废。惧以终始，其要无咎，此之谓易之道也”（十一章）、“夫乾，天下之至健也，德行恒易以知险；夫坤，天下之至顺也，德行恒简以知阻……凡易之情，近而不相得则凶”（十二章）。对《系辞传》中五十几处“易”义进行解析，不难发现其中的“易”义已经相当复杂，至少可以理解成几方面意思：一是平易、易简；二是指《易经》及其卦象；三是平易吉祥的卦爻文辞；四是阴阳不断转化而变易；五是指《易经》的卦形符号；六是指《易经》的道理；七是指太极之道体；八是改变、改易、替换；九是平和、平静；十是容易、轻易。

2.“易”为变化之美。

综观《周易》经传中“易”字的多义性，我们既可因此感叹汉字释义的艰难，也可因此感叹汉字取义的变化之美。面对成千上万的汉字，我们只须从《易经》的思维出发，以“易”字作为典型代表，就可以妙悟汉字独特的语义系统。任何一个汉字，如“易”字，都是一个具有某种规定性的符号而已。其本义的规定，不是凭空施设，而是源于对自然物象的准拟，然后加以定义。如“易”，或取象于“蜥蜴”，或取象于“日月”，或取象于“阴阳”，或取象于“日出”，都体现了“变化”的意义。于是，凡是与“易”所取之象相关，或与其“变化”之义相关，都可以“易”称之。这也是“易”作为汉字符号具有多种意思的原因。顺便指出，在当今互联网时代，因英文“E”指称网络，与“E”同音的“易”也被广泛用于与网络相关的词语，如“网易”、“易购”、“易车”等等（奇妙的是，这些新词里，依然可以融汇许多“易”的古义）。当然，我们还是必须进一步加以追问，在汉字语言系统里（或者说在所有语言文字系统里），为什么同一个字（单词）可以指示许多意义？其合法性依据是什么呢？这个问题，如果仅从易学思维来理解，可以分析得很透彻，但对大多数惯用西学思维的人就会觉得很“玄”。所以，在此笔者想再尝试运用西方美学的思维来加以阐释。

美的本质问题，至少可以追溯到“柏拉图之问”，事实上也就是对事物本质的追求。柏拉图的思路大致可以简单理解为：“事物各不同都被称为美，后面一定有一个东西决定他们为美。这就是美的本质。”根据这一思路，我们可转换成另一表述：“事物各不同都被称为易，后面一定有一个东西决定他们为易。这就是易的本义。”本义与本质，都是指根本性的东西，实际上也就是各种事物的共相。共相，就是相关处、联系点。而联系点，有远近之别。在同一时空中的事物尽管显现为千差万别的现象，但都根植于同一时空的本体世界（即道体），最远也最为根本的可追溯到宇宙的起点，最近也最为宏观的可追溯到两种事物共同的起点。以最远而论，万物本是同一体质（即本质相同、同道），因此可证万物本来是相同相通的，当然也就可以同名同义；以最近而论，事物之间的关系有亲有疏（如同一姓氏的同时代人，有的是同祖父，有的是三百年前同祖宗，有的是三千年前同祖宗，前所谓“联系点”即如“祖宗”），因此可证万物的演化是相通但又是相异的，那么也就会出现同名异义（有如同姓异名一样）。可见，所谓的“本质”，既可指一成不变的本体，也可指随时变异的各个联系点。那么，以不变观之，“美”的本质跟“易”的本质都一样，同是（属于）绝对不变的道体，简言之：美的本质是道（实体）。以变观之，“美”跟“易”（可推至所有字符）的本质都一样是无所不包，不一而足的，其意义跟具体的指称相联系相等同，简言之：美的本质是变（虚体）。由此联想到维特根斯坦的“用法即意义”、“美是一种家族相似”之论，我们可以发现“易”和“美”一样，都是没有固定本质，也没有固定外延的。至此，也可以更透彻地理解海德格尔“美存在，但不可言说”的观点。

绕了一圈之后，再回到《周易》经传中，我们会惊奇地发现：其中“易”之意义复杂多变，说明《易传》作者并没有把“易”义定死了，而是赋以变化之美，唯一如同下定义的表达“生生之谓易”，也是运用变化的思想来加以体现。生生不息，既是现象，也是规律；既是理论，也是方法；既很简易，又很复杂；既是本质，也是差异；既是原因，也是结果；既是可知，也是不可知；既是主观，也是客观，真是妙不可言！说不可说之道，就是如此而言！明于此，我们就不必再千方百计去考证“易”作为书题的含义了，因为：“易”作为书题的含义因其命题者“引而不宣”而彻底隐蔽了，但又因为“易”的意象群在史料中和生活中广泛存在而且意义“显露无遗”，尤其是《周易》经传的完整传世，使得后人可在易学思维的指引下更加全面深刻地理解“易”的符号与意义。套用海德格尔的话，“易存在，但不可言说”。

3.“易”字源于先民的审美取向。

当我们在时间长河中逆溯时，就可以对事物的本源问题有更客观的理解。人类如同星球一样，都是有一个开端的。地球出现数十亿年后，人类才诞生。人类诞生之后，愚昧无知地生活了非常漫长的时期。由于居住地环境和气候等的差异，生活在地球上不同区域的人类，也都各自打上所处自然的烙印，体现出许多明显的不同。在人类循序渐进的演化过程中，不同区域的人类在改造自然和征服自然的进程中得以生存和延续，因此而形成的生活习性和审美取向也就存在差异性。换言之，不同种族或民族在繁衍过程中，都会不同程度地形成自己的文化思想和审美追求。自然特性和文化个性的差异，导致不同主体对客体的理解方式和思路不同，最为直接的就在于指事符号及其系统的差异。人类文化的形成看似复杂，其实都是自然而然的结果。意识到这一点，我们就可以清楚地认识到，具有独特性的中国易学文化也必然存在一个自然而然的演化过程，这一过程首先取决于发源地的自然生态，其次又奠基于聚居地的文化生态，而后在自然生态和文化生态的共同作用和影响下，具有独特性的审美文化倾向逐渐清晰、完整、扩大，乃至演变成具有核心理论体系的思维与思想。

在一个尚且无法用语言符号来表达思想的时代，可以推想那是多么原始和落后。翻开中国的典籍，我们至少可以知道在传说伏羲氏“观物取象”创制八卦符号之前，华夏的先民是无法描述眼前世界景象的，也是无法表达并纪录内心所想的，但是作为一种自然界的动物应该已经具有一定的生存本能。有生存本能，是否就意味着具有审美本能呢？人类是有生命的，而生命的维持需要阳光、水分、空气、食物等等，而这些并非都能自动进入人体，必须经过人体的选择、获取和吸收等过程；这一过程看似人的天性和本能，实际上已经包含着某种审美取向，完全可以理解为审美本能。因此，笔者认为人类的审美本能，大致应与人类的诞生同步，否则人类的生存就得不到应有的保证。随着漫长的审美经验的积累，审美本能在审美实践中逐渐由自然转向人为（各种条件和因素，使人类变得更加聪明了），从量变到质变，促使人类开始进入文明发展的阶段。这种转变是不可思议的！当然也还是自然而然的！

自然的审美本能，与人为的审美本能，显著的差别无疑就在于人类智力的成熟，开始具有一定的审美思想与方法了。那么，审美本能也就脱胎换骨，演变成人类独异于低等动物的审美功能了。有了审美功能，人类就可以更主动地趋吉避凶，更好地生存和生活了。对于人类而言，不论处于何种社会阶段，根本的问题就是如何趋吉避凶。如果我们可以把趋吉避凶的本真想法及其行为，笼统地理解为人类的审美活动，那么也就可以从审美文化的视角来理解近几千年人类文明的进程。

基于以上的想法，笔者认为从根本上说《易经》的趋吉避凶思想乃是一种具有模式化的审美思维。任何一个汉字，包括“易”字，都是审美文化所造就的，一定是源于先民的审美取向。因此，研究《易经》，完全离不开研究造就《易经》的早期华夏先民的审美文化，也同样离不开整个文明历史进程中的中华审美文化。进而言之，《易经》乃是远古华夏先民审美文化经验的结晶，其作者乃至后续的传承者和研究者以及运用者们都可视为这一辉煌灿烂审美文化的主体。从审美入手，关注文化，联系主体，《易经》所独具的趋吉避凶的审美功能，无疑就具有了巨大的人文价值和深远的现实意义。

三、易学与美学的融通

美学作为哲学的分支学科，诞生于 18 世纪的西欧德国。在之后的两百多年里，许多哲学家、美学家不断对美学的内容性质与研究对象展开探讨，但也没有取得一致的看法。根据德文“Aesthetica”的原意，中译应该是感受之学，在中国称之“美学”是转译日语造成的。从研究的过程与结果来看，美学与哲学、文化、心理、艺术等都有密切联系，尤与艺术学如同一类。从目前的情况看，美学看似独立，却与不同学科都有联系，已经可以涵盖所有学科领域，真是剪不断理还乱。因此，我们很难解释清楚美学是一门什么样的学科。

解释不清，意味着用于解释的理论和方法存在问题。长期以来，中西方的学者都惯于运用西学的逻辑思维来认识和理解世界，不但没能把根本问题解决，反而衍生了许多假问题。倘若我们能够运用易学思维来反观美学，也许就能解释得更清楚更透彻。那么，什么是易学思维呢？面对这个带有西学思维的问题，首先我们必须认识到这是无法运用语言加以准确表述的，只能通过尽可能全面的分析加以理解。笼统地说，易学思维是一种符号思维、形象思维、意象思维、象征思维、类比思维、感性思维、直觉思维、整体思维、太极思维等的合称，源于《易经》思想，涵盖道、理、象、数、占，贯通天、地、人，力求效法自然变化法则。以下姑且用太极思维指代易学思维，并作简单论述。

整个宇宙世界是一个太极整体（即道体），任何事物无论巨细都是一个太极整体（物物一太极）；任何一个太极整体，都必须包含阴和阳两个方面（两种东西）；任何一个太极整体都是无法运用语言（符号）准确描述的，只能运用语言（符号）加以准拟（象征）。当人类懂得运用语言（符号）准拟事物（太极整体）之后，时空观念才逐渐得以形成，世界才得以定位。于是，人类开始拥有描述历史的时间观念。依据长期观察和记录而形成的时间学（天文历法之学），人们开始主观地认识客观世界。在认识过程中，人们发现任何事物都有开端，有始终，有历史。依据历史时间观，人们通过追溯发现：万事万物都有一个共同的本源（道、无极、太极、时间起点，太极本无极），伴随时间的展开，本源中的存在物自然而然地按照时间顺序（理）发生演化（造化、变化、独化、自化、物理和化学变化），如同前一世界生出后一世界直至现在世界（生生之谓易），如同一阴一阳的不断转化（一阴一阳之谓道）；每一次演化的现象结果（气、象），都是自然程序密码（数）的体现；时间之流，是绵延不绝的，前后贯通的，时空混合的，一时一世界，所有的世界同属一个整体，是没有间隔距离的，是不可思议的，是妙不可言的；因此，面对具有同一性的世界，只要掌握其中任何一个事物（太极整体）的信息，借助独特的天人合一思维模式（心物合一、物我两忘、与时偕行）就能彰往察来（占）——“易无思也，无为也，寂然不动，感而遂通天下之故。”

当我们运用太极思维来看美学时，就能很好化解美学的逻辑矛盾。美学研究至少有三大难题：一是美的本质问题。前已述之，美如同道一般，不是一个实体却又寓于一个实体之中，是一个虚体却又寓于一个具体感性的实体之中。换言之，美是亦真亦幻，无法定义。如果因此完全取消“美的本质问题”，美学就立刻失去哲学之根，与根本问题绝缘，显然不可取；反之，长期面对一个没有准确答案的问题，美学家变得不知所措。这无疑是美学研究的心病！二是美与艺术的关系问题。以黑格尔为代表的西方哲学家，有很多人都认同美学是“美的艺术哲学”，几乎是把美与艺术等同起来。而事实上，艺术是美的重要组成部分，是最为典型的代表，并非美的全部。三是美与美感的关系问题。为了避免在“美的本质问题”上纠缠不清，西方现代哲学家开始以美感说美，更加注重主体（人）的审美心理、审美经验，甚至把一切审美现象都归结为必须跟人相关，侧重研究人与客观世界的审美关系。这样，研究人（审美主体）与世界（审美客体）之间的关系，就成了现当代美学研究的出发点。不难发现，为了解决美学研究对象的问题，西方美学已经逐渐在向中国传统学术思维靠拢了。

至此，我们再进一步运用太极思维来处理，解决问题的思路就更加清晰了。以太极整体而论，所有审美现象都“同一太极”，彼此联系，不可分割，都是美学研究的对象；以太极整体中的情况看，“一阴一阳之谓道”，任一“美”的整体都包含两方面的关系（阴和阳），美学要研究的就不能只是“阴”，也不能只是“阳”，而必须是“阴和阳之间的关系”。同理，“美”不只是“阴”，也不只是“阳”，必须是“有阴有阳”，是虚实相生的一种意象或意境。明于此，我们就可以使中西方美学理论对接融通：所谓“美”就是阴阳相依的太极，是意象或意境式的东西，只可意会，不可言传；所谓“审美”（艺术鉴赏）就是知道、悟道（感知太极之道），阴阳合德，物我交融，人天合一，神与物游，主体与客体瞬间的有机统一；所谓“作美”（艺术创作）就是合道、体道（模拟太极之道），阴阳相须，有无相生，文质彬彬，情景交融，虚实相半，真幻相即，形神兼备，色相俱空，物我两冥，生动逼真，形成一种具有“艺术真实”的作品。

反之，我们也可以运用美学思维观易学。美学不论是指哲学美学、艺术哲学，还是指研究审美心理、审美经验、审美文化、审美历史、审美现象、审美规律、审美活动、审美范畴、审美原理等的学科，都体现出没有边界、不受局限的性质。在这一点上，学科领域“无边界”的美学与易学一样，都是无所不有，无所不包的。按照西方逻辑学的观点，一个学科沦为“无边界”的说法是危险的，会导致许多逻辑矛盾。这无疑也是把理性思维与感性思维截然分开之后，在认识和解释现实世界过程中必然出现的矛盾问题。美学研究在西方的横空出世，提醒人们治学不能仅仅关注工具理性和道德伦理，还必须深入研究人的感性思维（审美心理、主观判断力）；而西方美学研究的穷途末路，昭示人们单纯从理性思维来研究感性的心理问题是行不通的，必须运用理性与感性思维相结合的思路才能更好地解决人类面临的问题。这一历史经验与教训，同样可以深刻地启示我们当下的易学研究，务必要运用太极思维来看待易学本身，才不会无知地把本身有价值的东西抛弃掉，把本身圆融一体的学问用理性思维肢解成支离破碎。此外，必须着重指出的是，美学走向研究人与世界的关系，研究主客体之间的关系，与重在研究阴阳关系的易学可谓是殊途同归，不谋而合；但相比之下，以卦爻符号为主体的易学原理体系，毫无疑问在解释可知与不可知的世界时更为根本和透彻。

总之，易学与美学是有机统一的。以易学观美学，美学处处是易学；以美学观易学，易学样样是美学。倘若我们能打破学科的界限，从大哲学、大理论的角度出发，实事求是地理解历史和现实，那么就有可能找到更好地解释宇宙世界和人类现象的思想理论，使原有的知识、经验、文化、学术等融会贯通，让后来者更易于理解和运用。因此，以“审美”之心来研究易学，与以“变易”之道来研究美学，都同等重要，也同样具有无比重要的价值和意义。

第二节 宋元之际的理学诗风及其反拨[1]

作为宋代主流的学术思想，理学和理学家的诗歌创作、诗学理论近年来受到较多的关注。但是理学诗风概念上的界定、理学诗风本身的流衍及其影响，均颇为丰富复杂；而在理学诗风盛行的时代，实已起反拨的声音，蒙元灭宋之后，这种倾向尤为突出，这为我们观照理学和理学诗风提供了很好的视角，但同时也增加了此种复杂性。本文试图对宋元之际理学诗风的形成，尤其是其所引发的相应的反拨的论说作一梳理。

一、理学诗是宋元之际的一种普遍风气

理学诗之所谓“击壤派”的名目，起于四库馆臣[2]，胡云翼《宋诗研究》则把“理学家的诗”与“词人的诗”作为南宋“反江西诗派”而能自开生面的一个诗派特别提出[3]。有学者更就“击壤派”之渊源流变进行了史的评述，以为“击壤派”源于邵雍《伊川击壤集》，其形成则在宋元之际数十年内，而与真德秀《文章正宗》、金履祥《濂洛风雅》的编定和刊行，及理学自身的发展进程密切相关；至元代许衡、金履祥、王柏及明代陈献章、王慎中、唐顺之诸人，则其流衍而已。所论亦承《四库全书总目提要》之说而别有发挥。

一时风气，是否遽以“派”目之，是一值得商榷的问题。对于理学诗风，可以从以下两方面进行认识，一方面，理学家所作其实也不完全是理学诗风之诗，邵雍《伊川击壤集》相当一部分并不是“诗源心造化，笔发性园林”的语录之押韵者；魏了翁实是南宋中后期为数不多的诗学老杜而可得其格调神理者；金履祥七古则全承李贺作涤荡跳脱之调，更不用说诗文造诣绝高的朱熹，更非“击壤”所能拘限。但另一方面，理学诗也确实是宋元之际一种普遍的风气，如刘克庄《跋恕斋诗存稿》所言：“近世贵理学而贱诗，间有篇咏，率是语录、讲义之押韵者耳。”[4]这不仅表现在以理学自命的人在做理学诗，也表现在一大批以诗名称世的人，也不免染此习气。《濂洛风雅》所收曾几、吕本中、杨万里、赵蕃亦皆诗家巨擘，一时风气，于此可见端倪。钱锺书《谈艺录》论道学诗颇多：

> 山谷已常作道学语，……曾茶山承教于胡康侯，吕东莱问道于杨中立，皆西江

---

[1] 作者史伟，原载《江西社会科学》2013 年第 6 期。

[2] 见《四库全书本总目·濂洛风雅提要》。

[3] 胡云翼：《宋诗研究》第 17 章《反江西派的诗人》，岳麓书社 2011 年版，第 136 页。

[4] 《后村先生大全集》卷一百一十。

> 坛坫而列伊洛门墙。……名家如陆放翁、辛稼轩、洪平斋、赵章泉、韩涧泉、刘后村等，江湖小家如宋自适、吴锡畴、吴龙翰、毛翊、罗与之、陈起辈，集中莫不有数篇“以诗为道学”，虽闺秀如朱淑真未能免焉。至道学家遣兴吟诗，其为语录讲义之押韵者，更不待言。[1]

所以钱锺书称“此乃南宋之天行时气病也”[2]，妙语诚可以解颐，而就事论事，其时道学之诗与诗人之诗，至少就作者本身而言，似乎也并不像《四库提要》所说的“千秋楚越”，泾渭分明。

二、理学诗风的形成

简单地讨论一下理学诗风的形成。这里强调两点，其一，理学诗风可以溯源至邵雍《击壤集》，但是对于理学诗风真正起极大推动作用的恐怕还是理学集大成者朱熹。其二，以朱熹《感兴诗》为代表的理学诗之所以能够引起很大的反响，一定程度上是因为《感兴》一类的诗对于理学后学之传习修道确实起到了指示门径的作用，至于后来理学诗流于虚声影响，是缘于理学定于一尊后，后学以此作势利名声之求，却是朱熹所不能任其责的。

朱熹少好诗，诗名颇盛，以至于胡铨等以“诗人”的名义加以荐举，引起朱熹的戒惧，但是仍然未能废诗[3]。一方面诗是朱熹衷心所好，另一方面作为理学家，朱熹也希望以义理之学来规范诗，他以后所做的诗也确实开始逐渐开始向理学诗转变。事实上，被荐举前，朱熹与张栻等有《南岳酬唱集》，张栻赠诗云：“遗经得细绎，心事两绸缪。超然会太极，眼底无全牛。”朱熹答云：“昔我抱冰炭，从君识乾坤。始知太极蕴，要妙难明论。谓有宁有迹，谓无复何存。惟兹酬酢处，特达见本根。万化从此流，千圣同兹源。旷然摸远御，惕若初不凡。”[4]已经是理学诗的格调。所以，理学诗风的流衍，与理学中人彼此的唱和酬答也有着密切的关系。

此后，乾道八年（1172）朱熹作《斋居感兴二十首》，其自序云：

> 予读陈子昂《感遇》诗，爱其词旨幽邃，音节豪宕，非当世词人所及，如丹砂空晴，金膏水碧，虽近乏世用，而实物外难得自然之奇宝。欲效其体作十数篇。顾以思致平凡，笔力萎弱，竟不能就，然亦恨其不精于理，而自托于仙佛之间以为高

[1][2]　钱锺书：《谈艺录》，商务印书馆2011年版，第405页。

[3]　罗大经：《鹤林玉露》甲编卷六，中华书局1983年版，第112页。

[4]　曾枣庄、吴洪泽：《宋代文学编年史》第3卷，凤凰出版社2010年版，第1271页。

> 也。斋居无事，偶书所见，得二十篇。虽不能探索微渺，追迹前言，然皆切于日用之实，故言亦近而易知，既以自警，且以贻同志云。

所谓“虽近乏世用”，“然亦恨其不精于理，而自托于仙佛之间以为高也”云云，仍然是理学家的声口，从中也可以看出朱熹欲藉此匡正义理，与同道切磋砥砺的意味。翁方纲这样评价这组诗：“朱子《斋居感兴二十首》，于陈伯玉采其菁华，剪其枝叶，更无论阮嗣宗矣。作诗必从正道，立定根基，方可印证千条万派耳。”他在称引了朱熹《次陆子静韵》“旧学商量加邃密，新知培养转深沉”的诗句后说：“朱子诗自以此种为正脉，曾从道中流露也。”[1] 事实上，也就是这样体道有得，深于理致而不堕于理窟的诗作奠定了理学诗成为一时风气的基础。

朱熹《斋居感兴二十首》在南宋中后期影响极大，岳珂《桯史》“晦庵感兴诗”条言：“朱晦翁既以道学倡天下，涵造义理，言无虚文。少喜作诗，晚年居建安，乃作《斋居感兴二十篇》，以反其习，自序其意，断断乎皆有益于学，而非风云月露之词也。”[2] 这段文字是岳珂与同乡蔡元思（念成）诵《斋居感兴二十首》后的札记，他认为朱熹的这些诗与“少喜作诗”时的诗不同，是“断断乎皆有益于学，而非风云月露之词”的诗。他在引述了朱熹自序和这二十首诗之后说：“(《感兴诗》)习驰骋今古，剟华反实，斯可谓志之所存者。其中二篇，论二氏之学，犹若有轻重有无之辨，晚学恨不得撰杖屦以质疑焉。”他是把《感兴诗》当作修习义理的程课，与《近思录》等量齐观了。王柏《朱子诗选跋》言：

> 首卷虽先生手自删，取名《牧斋净稿》，然实少年之作也。今观《远游》一篇，已见其规杌之大，立志之坚，既有以开拓其学问之基矣。其次卷则自同安既归，受业于延平之后，时年二十有八。自是往返七年，豁然融会贯通，然寄兴于吟咏之际，亦往往推原本跟，阐究微渺，一归于义理之正，净洗诗人嘲弄轻浮之习，其《挽延平》时年三十有四诵其本本存存之句，亦可验其传河洛之心矣。《南岳酬唱》实乾道丁亥时，年三十有七。《斋居感兴二十首》，其壬辰癸巳之间乎，凡篇中所述，皆道之大源，事之大义，前人累千万言而不能仿佛者，今以五言约之此，又诗之最精者。真所谓自然之奇宝。[3]

朱熹的这部诗选《宋史·艺文志》没有著录，可能入元已经亡佚。王柏以知人论世的方法，

[1] 翁方纲：《石洲诗话》卷四，人民文学出版社 1981 年版。

[2] 岳珂：《桯史》卷十三，中华书局 1981 年版。

[3] 王柏：《鲁斋集》卷十三，影印文渊阁四库全书本。

为朱熹诗大致做了系年，又以此推求其义理。这也正是他们解经的观念和方法，只是与朱熹相去尚近，推求不至于离开事实太远。其诗歌标准则是“寄兴于吟咏之际”，“推原本跟，阐究微渺，一归于义理之正，净洗诗人嘲弄轻浮之习。”但理学后学诗学素养及于理学体会之亲切，均与朱熹相去太远，所以理学诗就只能成为“语录、讲义之押韵者”了。

理宗朝，理学定于一尊，至宋末，理学诗风乃衍成风气。虞集《玉井樵唱集序》云：“当先宋之季年，谈义理者以讲说为诗，事科举者以程文为诗。”[1]“事科举者以程文为诗”，入元后形成元初诗坛上的所谓“时文故习”；“谈义理者以讲说为诗”则衍成理学诗风。

这种“天行时气病”入元依然流行，尤以南宋遗民为甚。纪昀《瀛奎律髓刊误序》斥方回论诗“三弊”，其二即为“攀附洛、闽之道学”[2]，其诗亦多道学语[3]，此外见于熊禾《勿轩集》、陈著《本堂集》等别集之道学诗亦层见叠出。

如果说方回、陈著、熊禾诸人或以理学自命，或以讲学闻名而学有渊源，那么王义山以诗事为“吾学”[4]，其文集中理学诗却并不少见，如《和康节天意为二人吟》云：“一毫矫揉不安然，人众岂能终胜天。透出梦关方是觉，要从心地自澄源。人能穷理始知命，事到容心便费言。造物安排都已定，道中法法而渊渊。”[5]卫宗武《理学》诗述理学源流，及无极太极、性命理道，几乎是一部具体而微的《伊洛渊源录》了：“寥寥二千岁，道统几欲坠。濂洛暨关中，浚源接洙泗。乾淳诸大儒，流派何以异。无极而太极，性命发其秘。先天而后天，理道稽其致。”[6]卫宗武亦诗承江湖余习而留意词翰者，诸如此类，不一而足。盖理学洐至宋末暨元初，几成禅家之所谓“口头禅”，机锋解悟，触处而发，已不以为意了。

三、浙东学派对于理学诗的反拨

但是，在理学极为盛行的时候，已经起了反拨的声音。这种反拨主要来自浙东学派，确切地说是与浙东史学关系密切的叶适及其后学。叶适被认为吕祖谦、薛季宣、陈傅良浙东事功之学向朱熹之学靠拢、转向的一个关键人物。全祖望在《宋元学案・水心学案序录》中说：“水心较止斋又稍晚出，其学始同而终异。永嘉功利之学，至水心始一洗之……咸淳诸老既殁，学术之会，总为朱、陆二派，而水心齗齗其间，遂称鼎足，然水心工文，流于辞

[1] 李修生主编：《全元文》26册，凤凰出版社2004年版，第274页。

[2] 《瀛奎律髓汇评》(下)第1826页，附录一。

[3] 可参《次韵恢大山拟古三首》(《桐江续集》卷二十)、《春半久雨走笔五首》之二(《桐江续集》卷二十七)、《题郑提学孔明敬斋》(《桐江续集》卷二十五)等诗。

[4] 见《子惟肖诗稿序》，《稼村类稿》卷六。

[5] 《稼村类稿》卷二，影印文渊阁四库全书本。

[6] 《秋声集》卷一，影印文渊阁四库全书本。

章。”[1]这也是全祖望于永嘉学案之外别立水心学案的原因，所以他在叶适生平之后特别加了一段按语：“祖望谨案：许及之、雷孝友之劾先生也，当时无以为然者。自方回始据之以抵先生，其意特以先生论学有所异同于朱子，遂拾小人之说以毁之。《宋史》亦不复白其诬。予续修《学案》，始别为立传，而特详其事迹以明之。”[2]

不过，叶适之学格局极大，其于文学的见解与朱熹不同，同时也无意对文学严加规范。钱基博于叶适诗文渊源有很好的梳理，称其：“藻思英发，其为诗文原本唐人，文则偶必错奇，得韩、柳之意，不如欧、苏之条达疏畅，一往不返。诗亦疏不害妍，则李杜之遗；不如黄陈之生犷拗蹇，披猖失谐，似欲力复古调，不逐时贤后尘。”[3]则叶适的文学也如他的学术，取径颇广，而有所树立。所以水心后学流于辞章之学，正是渊源有自。

叶适之后，于晚宋诗坛影响最大的是刘克庄。《宋元学案》将刘克庄归入林光朝“艾轩学案”和真德秀“西山学案”，而未入叶适“水心学案”，这可能是因为《宋元学案》重在学术渊源，文学并不在考量范围之内（叶适极力提携的“永嘉四灵”也未入水心学案）。但事实上，刘克庄精于史学，与叶适消息暗通，学术倾向上也颇近于叶适，而有较为宏大融通的学术旨趣，只是刘克庄于理学流弊体会得更清楚，所以其于理学末学的诋诃也更严厉；至于文学，叶适于刘克庄的影响也是显而易见的，刘克庄《黄孝迈长短句》引叶适语云：“为洛学者皆宗性理而抑艺文，词尤艺文之下者也。”[4]郭绍虞认为刘克庄之于诗，受到林光朝的影响，又受叶适的赏识，故能“以道学家而兼诗人”[5]，所见极明。故刘克庄亦有“理学兴而诗律坏”的感慨[6]。

宋亡之后，元代士人于理学诗的批驳见于言论者，更多、更严厉，也更能切中肯綮。这与元初科举废止，理学不再成为仕进之途有关；也与入元士人对理学所作的普遍的反思有关。

舒岳祥、戴表元皆浙东天台人，是宋末少有的科举之士而能诗者[7]。袁桷《李景山鸠巢编后序》叙述“近世”诗歌风貌云：“先生讳表元，字帅初，……失仕归剡，遂俾桷事先生，始尽弃声律文字，力言宋百五十年理学兴而文艺绝。”[8]戴表元所谓“理学兴而文艺绝”的言论，见于《方使君诗序》《张仲实诗序》《陈晦父诗序》等。

戴表元入于《宋元学案》王应麟“深宁学案”，全祖望在序录中说：“祖望谨案：四明之

[1] 黄宗羲：《宋元学案》（三）“水心学案”上，中华书局2006年版，第1736页。

[2] 黄宗羲：《宋元学案》（三）“水心学案”上，中华书局2006年版，第1743页。

[3] 钱基博：《中国文学史》（下），东方出版中心2008年版，第523页。

[4] 《后村先生大全集》卷十六，四部丛刊初编本。

[5] 郭绍虞：《中国文学批评史》（上），百花文艺出版社1999年版，第77页。

[6] 《林子显诗序》，《后村先生大全集》卷九十八。

[7] 可参《陈晦父诗序》，《剡源文集》卷八，文渊阁四库全书本。

[8] 《清容居士集》卷二十一，四部丛刊初编本。

学多陆氏，深宁之父亦师史独善以接陆学。而深宁绍其家训，又从王子文以接朱氏，从楼迂斋以接吕氏。又尝与汤东涧游，东涧亦兼治朱、吕、陆之学也。和齐斟酌，不名一师。《宋史》但夸其辞业之盛，予其微嫌于深宁者，正以其辞科习气未尽耳。”[1] 则王应麟折中于朱熹、陆九渊、吕祖谦之学，“和齐斟酌，不名一师”，其史学尤为精深，“王门首座”胡三省即以史学著称[2]，而其“辞科习气未尽”也颇有浙东学术的流风余韵。引文中王子文即王埜，子文其字，浙东金华人，《宋史》有传，与刘克庄、戴表元均有交谊，亦为本学术，隆师友，且诗“粹美无疵”识见通达之士[3]。

舒岳祥列入《宋元学案》“水心学案”，水心学案“吴氏门人”部分称舒岳祥：“受文法于吴荆溪（吴子良——著者按），荆溪序其集，以‘异禀灵识’称之。宋亡，避地四明之奉化，与戴表元友善。所著有《史述》《汉砭》《补史家录》《荪野稿》《避地稿》《篆畦稿》《蝶轩稿》《梧竹里稿》《三史纂言谈丛》，又有《丛续》《丛残》《丛肆》《昔游录》《深衣图说》，共二百二十卷，通曰《阆风集》，今多不传。然自水心传于篔窗，以至荆溪，文胜于学，阆风则但以文著矣。”[4] 叶适以下，从陈耆卿（篔窗）至舒岳祥渐“流于文辞”，但即以舒岳祥而言，其著述见于著录者，史学犹为大宗，可见其渊源所自。戴表元亦师事舒岳祥，《宋元学案》称：“时同郡王厚斋、天台舒阆风并以文章师表一世，先生皆受业焉。至元、大德间，东南以文章大家名者，唯先生而已。”[5] 均与浙东学术有着密切的关联。

袁桷师事舒岳祥、戴表元，以史学称世，亦可谓承浙东史学之绪余，有以接中原故国文献。其于理学之坏诗，诋诃颇多：“近世言诗家颇辈出，凌厉极致，止于精丽，视建安、黄初诸子作，已愦愦不复省，钩英掇妍，刻画眉目，而形干离脱，不可支辅。其间凡偶拙近者，率悻悻直致，弃万物之比兴，谓道由是显，六艺之旨阙如也。”[6] 所谓“凌厉极致”盖指“江西”末流粗豪一路，“精丽”云云指“四灵”“江湖”晚唐习气。而“凡偶拙近”“谓道由是显”云云，则是指理学一脉而言。理学家的诗，或理与情融，道与境会，确可写出极富“理趣”的诗。但大多数的理学家，直以理入诗，率口肆心，直白无文，如“禅家偈子”，适成理障，这就是袁桷所说的“直致”，“弃万物之比兴”，“六艺之旨阙如也。”袁桷在《乐侍郎诗集序》中又尝专论理学诗云：“至理学兴而诗始废，大率以摹写宛曲为非道。夫明理者，犹足以发先王之底蕴，其不明理，则错冗猥俚，散焉不能以成章，而诿曰：吾唯理是言。诗实病

[1] 《宋元学案》(四)，中华书局 2008 年版，第 2856 页。

[2] 《宋元学案》(四)，中华书局 2008 年版，第 2870 页。

[3] 见刘克庄《王子文诗序》，《后村先生大全集》卷九十四。

[4] 《宋元学案》(三)，中华书局 2008 年版，第 1825 页。

[5] 《宋元学案》(四)，中华书局 2008 年版，第 2875 页。

[6] 袁桷：《李景山鸠巢编后序》，《清容居士集》卷二十一。

焉。”[1]“大率以摹写宛曲为非道”即是“弃万物之比兴”，即是“直致”。“错冗猥俚”即是“凡偶拙近”，袁桷诗学承舒岳祥、戴表元而来，于理学诗之弊端看得是很清楚的。

舒岳祥、戴表元师表东南学术文章，袁桷在大德初年北上大都入翰林国史院后，于元代诗文嬗变也有重要影响，顾嗣立《寒厅诗话》论及元诗流变言：“元诗承宋金之季，西北倡自元遗山，而赫陵川、刘静修之徒继之，至中统、至元而大盛，然粗豪之习时所不免。东南倡自赵松雪，而袁清容、邓善之、贡云林辈从而和之，而诗学为之一变。”[2]此外，对于元代文学包括诗学有着重要影响的方凤、谢翱、吴思齐、吴景昌以及柳贯、吴莱、黄溍等皆入《宋元学案》“龙川学案”，亦与浙东学术有着深切渊源。可以说对于理学诗风的批驳宋末直迄元初，以浙东事功一脉所发最为激烈，也最为持久。其于宋元之际诗风影响最大，也在事实上奠定了元代诗学的基础。

四、理学内部对于理学诗风的反思

元代对于理学诗风的反思和调整，不只来自有着浙东学术背景的文人，也来自朱熹理学的内部。学宗朱熹者，固然也有严承朱熹诗学者如程端礼等。以吴澄为代表，也有对理学诗风作折衷拨正之论的。在《张达善文集序》中，吴澄对儒者之文进行了辩解：“朱子祖述周、程、张、邵，而辞莫有同者焉，谁谓儒者之文不文人若哉。彼文人善于诋诃，以为洛学兴而文坏。夫朱子之学不在于文，而未尝不力于文也。……韩、柳、欧、曾之规矩也，陶、谢、陈、李之律吕也。律之、吕之、规之、矩之，而非陶、非谢、非陈、非李、非韩、非柳、非欧、非曾，是岂区区剽掠掇拾者，而犹有诋诃者乎？”[3]这固然是对儒者之文的辩驳，但是其辩驳的理由却是立足于文本身，所谓“朱子之学不在于文，而未尝不力于文也”；同样吴澄对于文人的批驳，也只是指摘其剽窃模拟，而没有重拾道学家“作文害道”的老话头，因此就其趋向而言，其实是重文而调和文道，却不是以道来贬低或者规范文。

这其实是元初理学家的普遍倾向。金履祥所编订的《濂洛风雅》，被后来学者当作是“击壤派”诗歌之渊薮，这个看法或失之于偏颇。金履祥见于《宋元学案》“北山四先生学案”，但其治学有独自树立之处，全祖望言：“勉斋之传，得金华而益昌，说者谓北山绝似和靖，鲁斋绝似上蔡，而金文安公尤为明达体用之儒，浙学之中兴也。”[4]盖金履祥于学无所不究，宋季国势阽危之时，独进奇策，请以舟师由海道直趋燕、蓟，以解襄、樊之围。其叙洋岛险易，

[1] 《清容居士集》卷二十一。

[2] 丁福保编：《清诗话》上。

[3] 吴澄：《吴文正集》卷十五，影印文渊阁四库全书本。

[4] 《宋元学案》(四)，中华书局2008年版，第2725页。

历历有据，时不能用。金履祥的计议是否能够施行，且做别议，要之其迥出于一般腐儒之上，这就是全祖望所说的“尤为明达体用之儒”，这是时代给他的刺激而在学术上的反映。他在义理上与朱熹也不无抵牾，这与其师黄震之谨守朱学也颇异其趣了[1]。所以，其于诗学其实也无特别的偏见和执著，从《濂洛风雅》选诗的情况看，选诗体例仍然可以看到真德秀《文章正宗》的影响[2]，重古体、重乐府，但就入选的诗人和诗作而言，如前所述，金履祥选入很多理学气味不重的诗人，甚至一些颇受理学家排斥，甚至被诋为朱熹作诗害道的诗人如赵蕃等的诗作；曾几为宋室南渡后出入理学、诗派的诗家巨擘，但《濂洛风雅》选入的曾几的诗中，如《长淮有感》、《夏夜闻雨》、《寄许子礼》、《食笋》等，都不是语录讲义之押韵者，而《长淮有感》等所寄予的黍离麦秀之悲，正曲折反映了金氏故国之情。假如与方回《瀛奎律髓》做一比较，这一点会体现得更加清楚。《瀛奎律髓》被纪昀讥为“攀附道学”，方回把一些工诗的理学家如朱熹纳入了江西诗派的法统。两者比较，可以认为，金履祥站在理学家的角度对诗做了包容，而方回则以“攀附道学”的方式从诗的角度，融通了理学家。他们从不同的角度，体现了元初诗学融通调和的理论旨趣。论者论及元诗，多言其“宗唐得古”的风气，此种风气固然是在对江湖诗风、江西诗派全面反思的基础上的选择，也是对理学诗风全面反思基础上的选择。

第三节　汤显祖与莎士比亚艺术成就的总体比较[3]

汤显祖与莎士比亚都是世界文化史上的经典文学艺术大家。文艺创作的基本规律有普遍性适用的共同性，因此汤显祖与莎士比亚的伟大艺术成就从总体上看，颇有共同性。反过来，我们也可从他们的伟大艺术成就提炼、论证和总结文艺创作的共同规律。今仅以中国文艺理论对文艺作品评判的四个最高要求和一个重大特色，即用中国的理论话语，尝试观照和评论汤显祖与莎士比亚的伟大艺术成就，总结创作经验，给当代文学艺术家以重大启发。

一、笔补造化

笔补造化是中国文学艺术作品的最高要求之一。此语原出李贺《高轩过》：“笔补造化天无功。”强调杰出作品重视心智、胆力和对物象的主观裁夺，特别富有创新意识。

造化，原指的是自然、自然界。此语还兼指自然界的创造者。“笔补造化”，原指笔墨可

[1]　参见《宋元学案》(四)，中华书局2008年版，第2737—2738页。

[2]　《金仁山先生选辑濂洛风雅》，丛书集成初编本。

[3]　作者周锡山，原载《艺术百家》2017年第1期。

以弥补自然界、人生（尤指社会人生；按广义的自然界，包括了人类社会）的不足，形容笔墨的作用大，笔力高超。我认为还应该包括描写对象的奇异心理描写和思维过程。

优秀的文艺作品，尤其天才的经典作品，能笔补造化，能够超越自然和社会人生。这也可说是“源于生活，高于生活”的一种。也即能够写出典型性格的典型人物、各种不可思议的人物和奇妙心理；生活中不可能发生的故事，各种闻所未闻的人生场景，等等。例如《牡丹亭》中杜丽娘的人鬼之恋和死后复活；《南柯记》和《邯郸记》刻画淳于棼、卢生野心勃勃，热衷飞黄腾达，汤显祖出色的人物塑造，能够代人立心，以鬼斧神工般的笔触，为野心人物造像，穷其心态，穷其丑态，获得极大的成功。

莎士比亚也有“人艺足补天工”，即“笔补造化”的精切认识。钱锺书说：

> 莎士比亚尝曰盖艺之至者，从心所欲，而不逾矩：师天写实，而犁然有当于心；师心造境，而秩然勿倍于理。
>
> 莎士比亚尝曰：“人艺足补天工，然而人艺即天工也。”圆通妙澈，圣哉言乎。人出于天，故人之补天，即天假手自补，天之自补，则必人巧能泯。造化之秘，与心匠之运，沆瀣融会，无分彼此。

莎士比亚虚构众多英国国王夺权的种种事迹、罗马大将安东尼与埃及艳后克莉奥佩特拉的刻骨铭心的爱情历程、哈姆雷特变幻莫测的复仇心理和行动等等，都是充分舒展艺术想象力，摄取一切、溶化一切、重新组合或凭空构思一切，给以细节丰满、结构严谨、立意高远的精彩描写。

二、艺进乎道

艺进乎道也是文学作品的最高要求之一。《庄子・养生主》中，“庖丁解牛”一节首先通过庖丁之口，曰：“臣之所好者道也，进乎技矣。”将技艺与道相联系。中国古代文论据此建立了杰出文艺作品应该技进乎道、艺进乎道的最高标准。清代魏源《默觚》进一步阐发：“技可进乎道，艺可通乎神”；“造化自我立焉”。前两句可以互通，即技艺可以进乎道，可以通乎神。通神是中国古代灵感论的探本解释。

莎士比亚的悲剧被史雷格尔誉为“哲理悲剧”，别林斯基认为莎士比亚能从个别中看到普遍，从形象中体现思想，这些都是“艺进乎道”的一种表达。但西方美学仅止于此，中国美学的“艺进乎道”，不仅指能表达哲理、哲学的哲理诗或哲理作品，或能概括具体而表达抽象或思想，而且能探索或表达宇宙、人生真理与天地规律的优秀文艺作品。

汤显祖和莎士比亚的作品达到艺进乎道的高度，因此而包容了极其丰富和深刻的哲理思考、伦理探索、心理分析，并进入以下更高的层次。

艺进乎道的伟大作品，都是作者将自己的灵魂灌入的产物。《牡丹亭》中的杜宝寄托了汤显祖的执政理想和执政人才的品性高度，而《南柯记》和《邯郸记》中主人公执迷于名利财色的最终下场和醒悟，浸透著作者对宇宙人生的终极旨归的深刻认识。同样，科尔律治论莎士比亚撰作时，“无我而综盖之我”。

艺进乎道的杰作，才能参透宇宙人生。而参透宇宙人生的杰作，才能达到艺进乎道的最高层次。也即不仅达到典型性的高度，还能够表达、表显抽象的理、道或宇宙人生的真谛。如复活后的杜丽娘在新婚之夜就流泪对柳梦梅说：“怕天上人间，心事难谐。”即使心事得遂，“如花美眷，似水流年”也迅即消逝，体现了“好物不坚牢”的普遍性、规律性的本质现象。因此，汤显祖通过对爱情的歌颂，对青春美好年华的珍惜、追求和留恋，真正体现了对人性的终极关怀。

莎士比亚如“善良人的生命往往在他们帽上的花朵还没有枯萎以前就化为朝露”(《麦克白》)，提炼了社会人生的一个规律。《特洛伊罗斯与克瑞西达》以美丽妩媚的克瑞西达多情而无挚爱的爱情态度，反映了爱情容易背叛、出卖的一面；《安东尼与克莉奥佩特拉》中克莉奥佩特拉爱情的变化、反复与回归，与《罗密欧与朱丽叶》中朱丽叶不惜牺牲生命而维护真情的坚贞爱情，组合成爱情的全部真相，从爱情角度描绘了人的感情的坚贞与软弱、坚韧与脆弱的不同品性和表现极致，探索了人的感情、爱情的真谛。

三、悲天悯人

此语出处为明末清初黄宗羲《朱人远墓志铭》：“人远悲天悯人之怀；岂为一己之不遇乎！”当今一般的解释为：悲天：哀叹时世；悯人：怜惜众人；天：时世。此语指哀叹时世的艰难，怜惜人们的痛苦。《现代汉语词典》(第五版)解释为“对社会的腐败和人民的疾苦感到悲愤和不平”。这样的理解是非常片面的。实则上，古人将这里的“天”，解释为天命。天命指天道的意志；延伸含义就是“天道主宰众生命运”，兼含自然的规律、法则。古代名家的有关名句极多。例如，《楚辞·天问》：“天命反侧，何罚何佑。”《史记·五帝本纪》：“于是帝尧老，命舜摄行天子之政，以观天命。”陶渊明《归去来兮辞》：“乐夫天命复奚疑。”韩愈《诤(争)臣论》：“彼二圣一贤者，岂不知自安佚之为乐哉？诚畏天命而悲人穷也。”欧阳修《新五代史·伶官传》：“虽曰天命，岂非人事哉？”罗大经《鹤林玉露》卷六：“且人之生也，贫富贵贱，夭寿贤愚，禀性赋分，各自有定，谓之天命，不可改也。”

而“悲天悯人”的意思不仅是关注和同情人生的艰难困苦，而且同情自然规律决定的人生中的生老病死，还更善于表现、揭露和批评人性的弱点，并给以教育和挽救；尤其是揭发和批判恶人表现的兽性和罪恶，同情被虐害的善良人们，鼓舞起他们在逆境、困境中的生活勇气和奋斗精神。

文学艺术要善于表现人的内心，更要教育和拯救人的灵魂。人世间充满了爱与悲、嫉妒与野心、绝望与生死，汤显祖和莎士比亚都极富同情心和怜悯心，他们都以生花妙笔和斐然文采，全方位地探索、展现了人性，以巧妙惊人的众多艺术手法，描写和表达了难以言说的无比深邃和广阔的心理和情感。他们写出了人有多伟大高尚，人有多么深厚的感情，也写出了人有多残酷卑鄙，还有更多的平庸和粗俗。

汤显祖《南柯记》和《邯郸记》描写沉溺于名利的知识分子，精神猥琐，生活无聊，境界低俗。仙人吕洞宾和蚁国君王，让他们在美梦中实现自己高官厚禄、飞黄腾达的生活理想，让他们尝到美好婚姻的甜蜜，再以残酷的打击惊醒他们的灵魂，帮助他们看穿红尘，精神升华。

莎剧描写的众多执著的爱情故事，充溢着真、善、美的理想。莎士比亚爱情观满怀的乐观性，包含了他对人的缺点的宽容，他坚信人能够接受正义和道德的感化。例如善良的苔丝狄蒙娜死于无辜，在临死之前还坚信杀害她的丈夫的本性是善良的，并以此设法拯救其丈夫的灵魂。

《冬天的故事》等多部莎剧表达了希望邪恶人物改悔，通过他们遭受命运打击之后，受害的善良的人们对他们宽恕和解，帮助其经过道德上的提升或新生，从而改邪归正。与残酷的现实生活相比，这是一种精神安慰，是乌托邦式的假想，但反映了生活中的艰难厄运时时困扰着人类，人们渴望逢凶化吉，转危为安。

汤显祖和莎士比亚的戏剧都能公正地对待历史和生活，既充分描写生活的阴暗面，挖掘人的欲望和隐私，又对受难者和有希望改正的恶人，表现理解中的同情，以宽容和温润的笔调点醒和批判人们的弱点。在对于不可饶恕的罪恶做彻底揭示和批判的同时，精心为受害者设计思想的出路，即使在《李尔王》最后，还表达了受难和忍辱能使人的灵魂升华的理想。

莎士比亚和不少西方戏剧包括英国文艺复兴时期的其他作家的作品，与中国戏曲家一样，也喜欢“悲喜剧中常见的大团圆的结局”，并多有“善有善报恶有恶报”的观念。汤显祖、莎士比亚传奇剧中，善恶轮回、因果报应的描写，洋溢着浓郁的乐观、浪漫的气氛，从而对苦难人世中的观众、读者，起了精神安慰、鼓舞的作用。

四、大器晚成

大器：比喻大才。指能担当重任的人物要经过长期、曲折、艰难的锻炼，所以成就较晚。《老子》(第四十一章)：“大方无隅，大器晚成；大音希声，大象无形。”

汤显祖一生勤奋写作，但是直到50岁之后完成《牡丹亭》之前，他尚未达到中国文化史上一流的艺术成就。

汤显祖的《紫箫记》约作于1576—1578年（明万历五年至七年），此乃未完之作，约于1586年（万历十五年）改编为《紫钗记》。这是汤显祖青年时期的作品。他的另三部取得杰出艺术成就，都是他65年的人生中在50岁以后完成的晚年之作。

巧的是，与他同年逝世的莎士比亚和塞万提斯，在晚年从事创作，并迅即进入创作高峰，也都是大器晚成的作家。

莎士比亚自1590年开始创作戏剧，到1612年完成了37部剧作。他一共活了52岁，从26岁写到48岁，其前期剧作，诚如王佐良和何其莘主编的名著《英国文艺复兴时期文学史》所批评的，莎士比亚极负盛名的“历史剧大多是莎士比亚的少作，结构较为分散，程序化的台词多，白体诗也显得拘谨”，指出了多部莎剧（主要为前期著作）的结构和语言的缺点。并总结说：“他当然不是没有缺点的。十七世纪的批评家德累斯顿就说过：‘他剧作中常有平淡乏味之处；他的喜剧的隽语有时退化为对谑打诨，而严肃的隽语又常臃结而荒诞浮夸。’换言之，他常词多于意，不免夸张。”自《哈姆雷特》（1600—1601年，第22部剧作）起，其后半期的著作转向高度成熟，代表其最高成就的四大悲剧和《安东尼与克莉奥佩特拉》皆是此期著作。他在完成全部剧作4年后去世。而塞万提斯（1547—1616年）也是大器晚成，塞万提斯于1602年起写作《堂吉诃德》，1605年出版第一部，1615年出版第二部，在生命的最后13年写作，全书出版的第二年即逝世。

他们三人全靠长年、艰巨的实践中的勤苦好学，积累丰富的文化基础。这就决定了他们必须大器晚成，才能创作出与前代高峰可以媲美的作品。这启示当代作家，要刻苦努力，经过长年的学习和写作，经得起失败和寂寞，争取在人生晚期达到创作的高峰。

五、神秘现实主义和神秘浪漫主义

汤显祖和莎士比亚有一个重要的艺术特色就是喜欢运用神秘现实主义和神秘浪漫主义的创作手法。共有四个方面，探索人世的未知秘密。

1. 神秘命运

汤显祖认为人有不可抗拒的命运，他的戏曲中的主人公的人生轨迹都受到命运支配。他在《紫钗记题词》中说：“人生荣困生死何常，为欢苦不足，当奈何。”其友沈际飞为他的文集题词时，转述他的话说：“自云，名亦命也。韵语行，无容兼取；不行，则故命也。此又若士极愤懑不平，托之不知之命以自解”。又曾说“无所逃于天地间，命也。”

莎士比亚也相信人有命运，并探索人的命运这个重大问题。莎剧中的众多人物如《驯悍记》凯瑟丽娜等，都抱有宿命论，相信命运。首先，人的生命的长度是由时间衡量的，人的命运与时间有关。因此，钱锺书指出："莎士比亚诗言时光百为，运命轮转也属所司。"[1] 其次，历史是人创造的，人的命运的不确定性，着意表现了叛逆者的厄运、暴发户的失败、篡权者的悲惨下场，以及国内纠纷带来的苦难。"[2] 因此西方学术界公认莎士比亚的历史剧，表现了天意天命的历史观："莎士比亚和其他历史剧的作者均把历史的发展和变迁看成是天意"英国学者 E.M.W. 蒂利亚德："对伊丽莎白时代的人来说，推动历史发展的力量有天意、命运和人的性格。"英国学者托马斯·纳什："它们（指莎士比亚历史剧）不仅叛逆者有厄运，不少君主都难逃厄运。"[3] 钱锺书总结说："莎士比亚剧中英王坐地上而叹古来君主鲜善终：或被废篡，或死刀兵，或窃国而故君之鬼索命，或为后妃所毒，或睡梦中遭刺，莫不横死。"[4]

第三，汤显祖和莎士比亚都描写人的婚姻也有天命的制约。柳梦梅上京赶考，临行时他说："夫荣妻贵，八字安排"。汤显祖其他三剧的男女主角的婚姻也都由机缘决定。至于莎士比亚，钱锺书说："在人的命运不确定性的命题中，莎士比亚剧中屡道婚姻有命（《威尼斯商人》第二幕第四场、《终成眷属》第一幕第三场）。莎士比亚多个爱情剧的主角都受命运的拨弄，形成爱情历程的跌宕起伏。

2. 神秘预知

《牡丹亭》中，杜丽娘以做梦的形式，向梦中的柳梦梅预告前途。杜丽娘游园后患病，她的塾师陈最良占卜，预测她在中秋节将有结果。《悼殇》出，杜丽娘在中秋之夜对春香说："听的陈师父替我推命，要过中秋。"杜丽娘果然在中秋夜死亡。

莎剧描写预知的情节更多。《理查三世》爱德华国王自知不久人世，召集皇亲国戚、贵胄大臣，欲使之握手言好，亨利六世王后玛格莱特突然从流放地潜回，幽灵般出现，预言和诅咒幽灵鬼魂将会出现，后来玛格莱特的诅咒和预言全部实现。《裘力斯·凯撒》中，预言者即卜者警告凯撒留心 3 月 15 日，暗示危险的不可避免。3 月 15 日那天，凯撒去元老院加冕时果然被阴谋杀害。事前，其妻听到罗马种种不祥之兆的传言，又连作噩梦，卜者又得凶兆，劝阻他不要出门。凯撒不听劝阻，那天果然被杀。《特洛伊罗斯与克瑞西达》中，女先知卡珊德拉预言，只要战争打下去，众英雄和人民都得毁灭，预言了特洛亚战争的结局。《麦克白》女巫的三个预言，最后应验，麦克白果然当上了国王。

3. 神秘梦幻

汤显祖最擅长梦幻描写，无戏不梦，故戏曲总称为"玉茗堂四梦"或"临川四梦"。莎士比亚也喜写梦，有《仲夏夜之梦》等名著，多种剧作描写梦幻景象，如上面言及的凯撒连做

[1]　钱锺书：《管锥编》（第三册），中华书局 1986 年版，第 927 页。

[2]　王佐良、何其莘：《英国文艺复兴时期文学史》，外语教学与研究出版社 1996 年版，第 163 页。

[3]　王佐良、何其莘：《英国文艺复兴时期文学史》，外语教学与研究出版社 1996 年版，第 163、191、166 页。

[4]　钱锺书：《管锥编》（第一册），中华书局 1986 年版，第 393 页。

噩梦等。

4. 神仙鬼魂

汤显祖和莎士比亚都重视和喜欢描写巫、鬼魂、神仙和精灵的作用，在塑造人物和推动情节发展方面，展开高妙的艺术想象力，运用神秘浪漫主义的手法作为重要的描写手段。

汤显祖重视神仙的作用。《牡丹亭》游园一出，杜丽娘和柳梦梅梦中相遇相爱，花神见证和保护他们的幽会。在杜丽娘的鬼魂在阴司受审时，花神们又出面作证。《邯郸记》有八仙中的吕洞宾到人间超度卢生。

莎士比亚也重视神仙的作用，其喜剧和传奇剧，经常有神仙和他们身边的精灵出没。例如《仲夏夜之梦》中的第米屈律斯是一个用情不专的负心汉，海伦娜为了自己的爱情背叛了朋友，剧中的两对情人误会和矛盾重重，最后在森林仙王的帮助下，才各自重归于好，终成眷属。和中国一样，英国当时也没有自由婚姻的社会和时代条件，莎剧中追求自由爱情的故事，除了依靠王公的决断，大多需要神仙和精灵的帮助。

他们都喜欢描写鬼魂。《牡丹亭》描写杜丽娘在阴司受审，判官和小鬼、受审的其他鬼魂，演出了足足一场好戏。然后杜丽娘的鬼魂外出魂游，与梦中情人柳梦梅重逢并开展人鬼之恋，后来又复活还魂。莎士比亚的多个戏剧出现鬼魂，其悲剧也靠鬼魂的力量帮助复仇，伸张正义。例如:《理查三世》爱德华临死前看到被他杀害的 11 个鬼魂前来索命，害怕之极。《亨利六世》描写贞德依靠鬼兵作战。法军失败后，她动员鬼魂们作战，遭到鬼魂拒绝，造成战争的失败。《麦克白》麦克白夫妇庆祝登基的盛宴上看到鲜血淋漓的班柯鬼魂吓得魂不附体，言语错乱。《哈姆雷特》描写老国王的鬼魂多次出现，并向哈姆雷特详细告诉自己遭遇的阴谋和遇害的经过。没有老国王鬼魂的揭示，哈姆雷特无法了解父王死亡的真相和新国王的阴谋，也就根本谈不少心中产生复仇的念头。汤显祖和莎士比亚鬼魂出现的描写，既为剧情的推动和发展起着重要作用，同时也使全剧笼罩在一片阴森恐怖的气氛中，以加强剧情的效果，吸引观众。

他们都写“作法”的场面。《牡丹亭》描写道姑作法、招魂和驱邪，《南柯记》中契玄禅师广做水陆道场，用佛法超度亡灵。《南柯记》孝感寺中元盂兰大会，契玄禅师讲经，传播佛法；后又广做水路道场，超度亡灵。这都是利用佛的法力。莎士比亚《亨利六世》中篇，护国公葛罗斯特的夫人艾丽诺召巫师念咒作法。《错误的喜剧》也描写小安提福勒斯被人说是疯了，于是阿德里安娜找了术士给他驱邪。莎士比亚晚年的多部传奇剧如《暴风雨》的神仙和精灵，帮助主人公化险为夷，绝境逢生，仙境和险境的设置，让舞台五彩缤纷，既瑰丽斑斓又神奇变幻。面对生活中的艰难困厄，人们虽然渴望逢凶化吉，转危为安，可是自身的能力有限，还有时代和社会的局限，莎士比亚不仅是传奇剧，而且诸多悲剧也只能寄托于神仙和精灵的法力、鬼魂的帮助，靠他们的神奇力量和非凡举动，实现改造和惩罚坏人灵魂的艰巨任务，维护遇难呈祥的美好境地。

当今描写鬼魂、梦幻等神奇故事的神秘现实主义和神秘浪漫主义（即西方学界统称之魔幻现实主义）作品风行不衰，自1993年获诺贝尔奖的美国托妮·莫里森《宠儿》至今，1988年获茅盾文学奖的霍达《穆斯林葬礼》至今，多部获奖作品是此类著作。茅盾奖获得者继承的是以汤显祖为代表之一的神秘现实主义和神秘浪漫主义的写作传统；拉美魔幻现实主义及其后继者，实际上继承的是以莎士比亚为代表的西方传统，并有新的发展。当今《哈利·波特》之类的魔法故事经久迷人，其手法实则与汤莎作品一脉相承，魔法学校是莎剧中神仙主宰的岛屿的发展。可见人们对奇幻人物和故事抱有千年不变的兴趣，神秘现实主义和神秘浪漫主义应是古今欢迎的创作手法，汤显祖和莎士比亚的创作经验值得学习和继承。

第四节 同光体与桐城诗派关系探论[1]

钱锺书先生《谈艺录》云："桐城亦有诗派，其端自姚南箐范发之。"关于桐城诗派，更有论者将其渊源追溯至明末清初遗民钱澄之、方文的。而其流衍，则直至晚清民国，与同光体发生交集。桐城派论诗虽然与同光体有所不同，但在文化立场上，比起诗界革命、南社这些诗派，无疑要更为接近。道、咸宋诗派全盛时，与桐城诗派亦多有交集。这里试图探讨同光体与桐城派在世变之纪，有哪些可以互相声援的共通的文化观念，他们的交游以及在诗歌理论及创作方面的异同与得失。

一、熔铸唐宋，以文论诗

钱澄之（1612—1693），晚号田间老人，安徽桐城人。明末爱国志士，文学家。其论诗从七子入手，推崇杜甫，性情、学问并重。《田间文集》卷十四《文灯岩诗集序》云："诗之为道，本诸性情，非学问之事也。然非博学深思，穷理达变者，不可以语诗。"他认为："夫诗之为教，非徒以流连光景、愉悦志气已也，类皆贤人君子不得志于时之所为：或忧在国家，或事属天伦，中有不便于深言者，因托之歌咏以见志，庶几闻之者因以感发兴起而不敢为非，于是乎始贵有诗。"而杜甫诗歌指陈慷慨，眷怀宗国，正是他取法的宗师。他论诗又提倡气韵、神悟，如《论诗示石生汉昭赵生又彬》云："有才人之才，有诗人之才；有学人之学，有诗人之学。才人之才在声光，诗人之才在气韵；学人之学以淹雅，诗人之学以神悟。声光可见也，气韵不可见也；淹雅可学也，神悟不可学也。是故诗人者，不惟有别才，亦有别学。"作为桐城派的先导，钱澄之无论诗风还是文风，对后来桐城派的姚鼐等都产生了重要的影响。

乾隆间科举进士及第的姚范（1702—1771），为姚鼐伯父，被钱锺书先生直接视为桐城诗

[1] 作者张煜，原载《苏州大学学报》2015年第2期。

派的发端。其论诗主张，如《援鹑堂笔记》卷四十称颂山谷："以惊创为奇，其神兀傲，其气崛奇。玄思瑰句，排斥冥筌，自得意表。玩诵之久，有一切厨馔腥蝼而不可食之意。"同书卷四十四"文艺谈史"称赞杜甫："尝谓子美之诗，如诸天共宝器食，随其福德，饭色有异。世之学者，概未诣彻，失于多歧，矜云得髓。往往执迷为悟，鄙夷一切，不知皆眼识之空花，意根之尘妄也。"又批评同时代诗家："《大雅》不作，诗道沦芜。归愚以帖括之余，研究《风》、《雅》。自汉、很以及胜国篇章，悉所甄录。其生平门径，依傍渔洋，而于有明诸公及本朝竹垞之流，绪言余论，皆上下采获。然徒资探讨，殊鲜契悟。"有《援鹑堂诗集》、《援鹑堂文集》传世。

姚范与桐城派三祖之一的刘大櫆（1697—1780）交往甚密。姚鼐《刘海峰先生传》曾云："天下言文章者，必首方侍郎。方侍郎少时尝作诗，以视海宁查编修慎行。查编修曰：'君诗不能佳，徒夺为文力，不如专为文。'方侍郎从之，终身未尝作诗。至海峰，则文与诗并极其力，能包括古人之异体，镕以成其体，雄豪奥秘，麾斥出之，岂非其才之绝出今古者哉！"方苞虽然主要精力用于作文，但实也有少量诗歌创作（戴钧衡、苏惇元辑《集外文》中有15首诗），并为人作过不少诗序。而刘大櫆诗歌传世约800首，远超姚范的393首。其论诗主张，则重积气、博学、壮游。如《张秋浯诗序》云：

> 天地之气，默运于空虚莽渺之中，蕴积之久，不能自抑遏，而发之为声，雷乃出地而奋。至于风雨之拂草木，水之激石，其次焉者也。气之精者，托于人以为言，而言有清浊、刚柔、短长、高下、进退、疾徐之节，于是诗成而乐作焉。诗也者，又言之至精者也。若夫鸟兽之嗥音，候虫蝇蚓之鸣，又其微焉者矣。
>
> 且夫人之为诗，其间不能无小大之殊。大之为雷霆之震，小之为虫鸟之吟，是其小大虽殊，要皆有得于天地自然之气。而气之大者，其声常充塞于天地之间。嵩、衡、岱、华之巍峨，非部娄之可及也。

又若《王天孚诗序》："余读其诗，稽其平生之履迹：入巴蜀，探峨眉，下三峡；走金陵，泛秦淮，涉桃叶之渡；至于燕京，上黄金台，睹宫阙之宏壮。挈箧担囊，重茧而累跖，计其所经行不啻万里，则其胸中之所有称是可知。"刘大櫆论诗，多有与论文相通之处，桐城后学多受其霑溉。

桐城诗派早期的最具代表性人物当然还数姚鼐（1731—1815）。有关姚鼐诗论的研究有很多，笔者以为最大特色应是熔铸唐宋。他一方面推尊杜诗，如《敦拙堂诗集序》云："自秦、汉以降，文士得《三百》之义者，莫如杜子美。子美之诗，其才天纵，而致学精思，与之并至，故为古今诗人之冠。"但同时又并不只囿于学唐，如《荷塘诗集序》："古之善为诗者，不自命为诗人者也。其胸中所蓄，高矣、广矣，远矣，而偶发之于诗，则诗与之为高广且远焉，故曰善为诗也。曹子建、陶渊明、李太白、杜子美、韩退之、苏子瞻、黄鲁直之伦，忠义之气，高亮之节，道德之养，经济天下之才，舍而仅谓之一诗人耳，此数君子岂所甘哉?”毫无疑问，这里列出了姚鼐心目中的第一流诗人的名单，其中不仅有宋代诗人，还有魏晋诗人，正属此后同光体标榜的元嘉、开元、元祐时代。他称颂高常德诗“贯合唐宋之体”，在《与鲍双五》中，他称“然熔铸唐宋，则固是仆平生论诗宗旨耳”。又《与伯昂从侄孙》中云：“古体伯昂尤有魔气，就其才所近，可先读阮亭所选古诗内昌黎诗读之，然后上泝子美，下及子瞻，庶不至如游骑之无归耳。”

姚鼐并选有《五七言今体诗钞》，以补王士禛《古诗选》之不足。书中五言只录唐人，七言则唐宋兼采。书中于杜甫五言长律，尤见欣赏。《五言今体诗钞》卷第六“杜子美下三十七首”云：

> 杜公长律有千门万户、开阖阴阳之意。元微之论李杜优劣，专主此体。见虽少偏，然不为无识。自来学杜公者，他体犹能近似，长律则逾邈矣。遗山云：“杜公自有连城璧，争奈微之识碔砆。”有长律如此而目为碔砆，此成何论耶?杜公长律，旁见侧出，无所不包，而首尾一线，寻其脉络，转得清明。他人指陈褊隘，而意绪或反不逮其整晰。

则仍是以文论诗之意。又如评《奉送郭吕丞兼太仆卿充陇右节度使三十韵》：“少陵赠送人诗，正如昌黎赠送人序，横空而来，尽意而止，变化神奇，初无定格。”评《寄张十二山人彪三十韵》：“情事甚难，叙来总不费力，但觉跌宕顿挫，首尾浩然。”评《秋日夔府咏怀奉寄郑监审李宾客之芳一百韵》：“太史公叙事牵连旁入，曲致无不尽，诗中惟少陵时亦有之。”此亦正是《与王铁夫书》中，“诗之与文，固是一理，而取径则不同”之意。

姚鼐论诗忌俗，这点也与宋诗派多有相通之处。如《与陈硕士》云：“大抵作诗、古文，皆急需先辨雅俗。俗气不除尽，则无由入门，况求妙绝之境乎?”而去俗很重要的一点是要多读书，如《硕士约过舍久俟不至余将渡江留书与之成六十六韵》：“我朝王新城，稍辨造汉槎。才力未极闳，要足裁淫哇。岂意群儿愚，乃敢横疵瑕。我观士腹中，一俗乃症瘕。束书都不观，恣口如闹蛙。公安及竟陵，齿冷诚非佳。古今一丘貉，讵可为择差。”今观姚鼐诗集中，如《孔撝约集石鼓残文成诗》，已有如宋诗派学问化的倾向。故吴汝纶《姚慕庭墓志铭》云：“方侍郎顾不为诗，至姚郎中乃以诗法教人。其徒方植之东树，益推演姚氏绪论。自是桐城学诗者一以姚氏为归，视世所称诗家若断潢野潦，不足当正流也。”而沈曾植《〈惜抱轩诗集〉跋》亦云：“惜抱选诗，暨与及门讲授，一宗海峰家法，门庭阶闼，矩范秩然。及其自得之旨，固有在语言文字音声格律外者。愚尝合先生诗与《簩石斋集》参互证成，私以为经纬唐、宋，调适苏、杜，正法眼藏，甚深妙谛，实参实悟，庶其在此。……抱冰翁不喜惜抱文，而服其诗，此深于诗理，甘苦亲喻者。太夷绝不言惜抱，吾以为知惜抱者，莫此君若矣。”钱仲联《梦苕庵诗话》云：“自姚姬传喜为山谷诗，而曾求阙祖其说，遂开清末西江一派”。

曾国藩《欧阳生文集序》云：“姚先生晚而主钟山书院讲席，门下著籍者，上元有管同异之、梅曾亮伯言，桐城有方东树植之、姚莹石甫。”姚鼐弟子方东树（1772—1851），继承乃师职志，驳斥汉学，倡导程朱理学，著有《汉学商兑》；论诗亦发扬师说，主张以文通诗，兼采唐宋。其所著《昭昧詹言》，强调作诗要积累学识：“要在好学深思，心知其意，多读多见，多识前人论义；而又具有超拔之悟。积数十年苦心研揣探讨之功，领略古法而生新奇。殆真如禅家之印证，而不可以知解求者。”多读书，去凡俗：“故今须大作功夫，先多读书，于选字隶事造语，血战用功讲求。世士通病，失在率滑容易，习熟凡近。”其打通论诗与论文，则如“顿挫之法，如所云‘有往必收，无垂不缩’，‘将军欲以巧服人，盘马弯弓惜不发’，此惟杜、韩最绝，太史公之文如此，《六经》、周、秦皆如此。”又如“汉、魏人大抵皆草蛇灰线，神化不测，不令人见。苟寻绎而通之，无不血脉贯注生气，天成如铸，不容分毫移动。昔人譬之无缝天衣，又曰：‘美人细意熨贴平，裁缝灭尽针线迹。’此非解读《六经》及秦、汉人文法，不能悟入。”

方东树论诗，历代最推崇的仍是杜甫、韩愈，而于苏轼、黄庭坚，虽然兼取，但仍有所批评。如论五古，“邱壑万状，惟有杜公，古今一人而已。”又以为“坡《石鼓》不如韩，韩《石鼓》又不如杜《李潮八分小篆歌》，文法纵横，高古奇妙。”称谢灵运诗“起结顺逆，离合插补，惨淡经营，用法用意极深。然究不及汉、魏、阮公、杜、韩者，以边幅拘隘，无长江大河，浑灏流转，华岳、沧海之观，能变易人之神志。”而于黄庭坚之取法老杜，则以为“山谷真为善学，……但山谷所得于杜，专取其苦涩惨淡、律脉严峭一种，以易夫向来一切意浮功浅、皮傅无真意者耳；其于巨刃摩天、乾坤摆荡者，实未能也。”又称“韩、苏并称；然苏公如祖师禅，入佛入魔，无不可者，吾不敢以为宗，而独取、杜韩。”要之，“学黄必探杜、韩，而学杜、韩必以经、《骚》、汉、魏、阮、陶、谢、鲍为之渊。”

而于七古，则以为“杜公、太白，天地元气，直与《史记》相埒，二千年来，只此二人。其次，则须解古文者，而后能为之。观韩、欧、苏三家，章法剪裁，纯以古文之法行之，所以独步千古。”但又称“所谓章法奇古，变化不测也。坡、谷以下皆未及此。惟退之、太史公文如是，杜公诗如是。”又谓“山谷则止可学其句法奇创，全不由人，凡一切庸常境句，洗脱净尽，此可为法；至其用意则浅近，无深远富润之境，久之令人才思短缩，不可多读，不可久学。取其长处，便移入韩，由韩再入太白、坡公，再入杜公也。”此种寻阶级而上的学习方法，已甚接近于同光体后来提出的“三元”说。而七律则对黄庭坚甚为赞许：“七律宜先从王、李、义山、山谷入门，字字着力。但又恐费力有痕迹，入于捋撦饤饾，成西昆派，故又当以杜公从肺腑中流出，自然浑成者为则。……七古宜从韩公入。”

方东树论诗兼采唐宋，在他诗文集中也有所体现。其弟子苏淳元所作《仪卫方先生传》，称乃师“诗尤近少陵、昌黎、山谷”。同治戊辰（1868）年间《仪卫轩诗集》之《半字集题辞》中，同门管同（1780—1831）评价他：“七言古诗，缔情如韩、杜，隶事如苏、黄，深博无涯，变化莫测。”姚莹（1785—1853）则曰：“七言诸作，横空盘硬，合韩、苏、欧、黄为一手。”方东树为张际亮作《送张亨甫序》，亦引张所论云：“尝谓唐以后诗人，以李、杜、韩、苏为四祖，作者以是为胚胎，誉者以是为钩遗。”又《先集后述》云：“古之诗人，如太白、子美、退之、子瞻四公，含茹古今，侔造化，塞天地。……而若半山、山谷，沉思高格，呈露面目，奥衍纵横，虽不及四公之燀赫，而正声劲气，邈焉旷世。”从中皆可见其论诗祈向。

姚鼐弟子梅曾亮（1786—1856），与道咸年间兴起的宋诗派代表人物亦多有交往。其集中多与程恩泽唱酬之作，并著有《程春海先生集序》、《何子贞诗序》等文。李详《药里慵谈》卷二云：“道光朝，梅伯言倡学韩、黄，参以大苏，如黄树斋、孔绣山、朱伯韩、何子贞、曾文正、冯鲁川、孙琴西，皆奉梅为职志。”黄曾樾《陈石遗先生谈艺录》云：“梅伯言则力量当在惜抱上。……非独文佳，诗亦甚佳。”可见其诗学造就。姚鼐另一弟子姚莹，论诗亦兼宗唐宋。其《复杨君论诗文书》云：“古之善为诗文者，若贾生、太史公、子建、子美、退之、子瞻，皆取其全集玩之，谓彼特异于古今者，其才其气殆天授，不可以几也。既读书稍广，于数子生平，得其出处言行之大节；然后知数子之异，不仅在诗文，而其诗文才气之盛有由也。”姚莹对于当时诗坛之学宋，亦多独到之反思。如《论诗绝句六十首》云：“妙语天成偶得之，眉山绝趣苦难追。纷纷力薄争唐宋，断港横流也未知。”“奡兀天成古所无，涪翁奇气得来孤。而今脆骨孱如此，枉觅江西宗派图。”“少陵才力韩苏富，走马驱山笔更遒。举世徒工搬运法，何曾一字着风流？”其诗集中，如《荷兰羽毛歌》这样的作品，描绘异域泊来之新奇商品，而能寓托忧国忧民之忠愤情怀。

二、桐城派与宋诗派

钱锺书先生《谈艺录》云：“惜抱以后，桐城古文家能为诗者，莫不欲口噏西江。姚石甫、方植之、梅伯言、毛岳生，以至近日之吴挚父、姚叔节皆然。且专法山谷之硬，不屑后山之幽。”斯言故是。但桐城诗派中，提倡宋诗最力的，当然还数曾国藩（1811—1872）。事实上，曾国藩不仅是咸同朝的中兴大臣，同时也是梅曾亮之后桐城文派中兴的功臣，宋诗派的重要成员。陈衍《石遗室诗话》开篇即云：“道、咸以来，何子贞绍基、祁春圃寯藻、魏默深源、曾涤生国藩、欧阳磵东辂、郑子尹珍、莫子偲友芝诸老，始喜言宋诗。何、郑、莫皆出程春海侍郎恩泽门下。湘乡诗文字皆私淑江西。”把曾归入宋诗派的序列。而曾国藩与桐城派的关系，则诚如代亮《曾国藩诗文思想研究》中所言，我们应该从曾对桐城三祖尤其是姚鼐的态度入手，并且充分考虑曾国藩与桐城文人的交往，对于桐城派在晚清的振兴所发挥的作用，而不去过多地纠结于诸如地域、师承、文风等诸因素。故把曾国藩归入桐城派，主要是出于他对桐城派的私淑，以及对桐城文派后期发展的重要贡献。而他与桐城诗派的联系，则如钱基博《现代中国文学史》："道光而后，何绍基、祁寯藻、魏源、曾国藩之徒出，益盛倡宋诗。而国藩地望最显，其诗自昌黎、山谷入杜，实衍桐城姚鼐一脉。"在《陈石遗先生八十寿序》一文中，钱基博先生更是把同光体与桐城诗派直接挂钩，而其中关捩人物则为曾国藩："桐城自海峰以诗学开宗，错综震荡，其原出李太白。惜抱承之，参以黄涪翁之生斩，开阖动宕，尚风力而杜妍靡。遂开曾湘乡以来诗派，而所谓同光体者之自出也。"

曾国藩集桐城派、宋诗派两重身份于一身，可以看得出他在当时，是以重振斯文之雄心为负荷的。他对黄庭坚诗歌的提倡，同时受到了桐城派与宋诗派的两重影响。钱仲联《道咸诗坛点将录》曰："曾涤生诗，七古全步趋山谷，以此为天下倡，遂开道光以后崇尚江西诗派之风气。"其诗集中，诸如《赠何子贞前辈》、《送莫友芝》，均可见他与宋诗派的交往。其论诗则曰："余于诗亦有工夫，恨当世无韩昌黎及苏、黄一辈人可与发吾狂言者。"又曰："吾于五七古学杜韩，五七律学杜，此二家无一字不细看。外此则古诗学苏黄，律诗学义山，此三家亦无一字不看。五家之外，则用功浅矣。我之门径如此。"仍然是兼取唐宋，影响及于后起的同光诗派。

曾门弟子中，吴汝纶（1840—1903）为近代桐城诗派的发展，指明了正确的方向。其论诗文宗旨，则如《诒甫生子喜而有作》所云："盛汉两司马，刘扬班踵随。中间曹阮陶，《骚》、《雅》亦未亏。唐世盛文章，开元元和时。惟李杜韩柳，前空后难追。欧王苏黄元，明代惟一归。吾县方与姚，国朝所宗师。此人皆行载，至精有留贻。学者如牛毛，成比麟角稀。汝伯所师友，曾张多文辞。"其论诗，则有《答客论诗》："吾国近来文家推张廉卿，其诗亦高。所选本朝三家，五言律则施愚山；七律则姚姬传；七古则郑子尹。……杜公，则学诗者不可忘之鼻祖。船山之诗，入于轻俗，吾国论诗学者，皆以袁子才、赵瓯北、蒋心余、张船山为戒。君若得施、姚、郑三家诗读之，知与此四人者，相悬不止三十里矣。……香山自是一大家，能自开境界，前无此体，不可厚非。但其诗不易学，学则得其病痛。苏公独能学而胜之，所以为大才。苏亦谓元轻白俗，其所以胜白者，以其不轻不俗也。欲矫轻俗之弊，宜从山谷入手。"

吴汝纶，安徽桐城人，同治四年（1865）进士，是桐城派晚期的主要代表人物，与张裕钊、黎庶昌、薛福成并称为"曾门四弟子"。吴汝纶思想开明，主张吸收西方新思想，冶中西文明于一炉，晚年主张废除科举，被任命为京师大学堂总教习。这样的一种文化观念，也与同光体诗人比较接近。他与严复多有交往，曾为《天演论》、《原富》的译稿作序。他给过严复翻译方面的建议："若以译赫氏之书为名，则篇中所引古书古事，皆宜以元书所称西方者为当，似不必改用中国人语，以中事中人固非赫氏所及知。法宜如晋宋名流所译佛书，与中儒著述，显分体制，似为入式。"并对严复有极高的评价："鄙论西学以新为贵，中学以古为贵，此两者判若水火之不相入，其能熔中西为一冶者，独执事一人而已。”他呼吁：“中华黄炎旧种，不可不保，保种之难，过于保国。盖非广立学堂，遍开学会，使西学大行，不能保此黄种。”

身处时代的转折点，吴汝纶对于中西文明的冲突，又有着清醒的认识。光绪二十八年（1902）吴汝纶东游日本，考察学制，感到“新旧两学，恐难两存。……西学未兴，吾学先亡。”他主张“道以文传”，认为“今欧美诸国，皆自诩文明，明则有之，文则未敢轻许。仆尝以谓周礼之教，独以文胜；周孔去我远矣，吾能学其道，则固即其所留之文而得之。故文深者道胜，文浅者道亦浅。”又以为“日本汉学，近已渐废，吾国不可自废国学。”总的说来，在政治上，吴汝纶仍忠于大清。如他认为“论者往往谬分大清与中国为二，不知大清事去，即寰宇内无复有中国，而黄炎苗裔，始而奴戳，继而断灭，世界中绝痛心之事，无大于此者。”又教诫儿辈：“民权革命之说，质言之即叛逆也，中国不可行。勤王亦是倡乱之议，有损无益。”这些都是他思想矛盾之处。

曾国藩另一位极其看重的湖北弟子张裕钊（1823—1894），其文章曾被吴汝纶誉为“若谓足与文章之事，则姚郎中之后，止梅伯言、曾太傅，及近日武昌张廉卿数人而已，其余盖皆自郐也。”可以称得上是桐城派在晚清最后一位大师级人物，当之无愧的殿军。他论文主张“因声求气”：“欲学古人之文，其始在因声以求气。得其气，则意与辞往往因之而并显。而法不外是矣。”张裕钊自光绪九年（1883）至光绪十四年（1888）主讲保定莲池书院，传道授业，与吴汝纶一起，是桐城派在北地支脉莲池派的开创者。他一生培养弟子有成就者包括范当世、张謇、朱铭盘、马其昶、姚永朴等。如前所述，他曾编选《国朝三家诗钞》，“于施愚山得五律若干首，于姚姬传得七律若干首，于郑子尹得七古若干首。”施闰章诗歌宗唐，姚鼐诗熔铸唐宋，而郑珍是道咸宋诗派的代表人物，可见他论诗并无唐、宋门户之见。张裕钊还为莫友芝写过墓志，与袁昶也有诗歌唱酬，作为曾门弟子，他与宋诗派有交往，是很自然的事情。

三、相同的文化运命

桐城诗派在晚清创作上取得最大成就的当然还属通州范当世（1854—1905），他与同光体诗人交往密切，同时也是桐城诗派自姚鼐发轫、曾国藩响应之后，第三阶段的集成人物，可以看作是联系这两个诗派的纽带。其《通州范氏诗钞序》自述为学次第：“初闻《艺概》于兴化刘融斋先生，既受诗古文法于武昌张廉卿先生，而北游冀州，则桐城吴挚父先生实为之主。从讨论既久，颇因窥见李杜韩苏黄之所以为诗，非夫世之所能尽为也。而于李诗独尝三复。”范当世第二任妻子桐城著名女诗人姚倚云，其父姚睿昌是桐城派中期著名作家姚莹之子，而范当世也因此得与姚睿昌的两个儿子永朴、永概经常切磋诗艺。陈三立与范当世又是儿女亲家，肯堂之女孝嫦乃陈三立子衡恪妻。因此，范当世又可以被视作是同光体诗人。

范当世的作诗取向，因为偏重苏黄，汪辟疆《近代诗派与地域》将之与桐城诗派均归入闽赣派，评曰："范当世以一诸生名闻天下，久居合肥幕中，所交多天下贤俊，而吴挚甫、汤伯述、姚叔节、王晋卿、陈散原，尤多切磋之益；晚岁抑塞无俚，身世之感，家国之痛，悉发于诗，苦语高词，光气外溢，盖东野之穷者也。然天骨开张，盘空硬语，实得诸太白、昌黎、东野、山谷为多。《玩月》一篇，陈散原尝叹为苏黄以来，六百年无此奇矣。"钱仲联《梦苕庵诗话》亦云："伯子穷儒老瘦，涕泪中皆天地民物，发为歌诗，力能扛鼎。震荡翕辟，沉郁悲壮，能合东坡之雄放与山谷之遒健为一手。吴中诗人，江弢叔后，未见其匹。"又谓："肯堂七律，硬语盘空，全得力于山谷。……时贤学山谷，但得其清瘦之致，肯堂独得其莽苍之态，嗣响颇乏其人。"又范当世《除夕诗狂自遣》其二："我与子瞻为旷荡，子瞻比我多一放。我学山谷作遒健，山谷比我多一炼。惟有参之放炼间，独树一帜非羞颜。径须直接元遗山，不得下与吴王班。"均可见其诗学造诣。

晚清桐城派诗人还有方守彝（1847—1924），字伦叔，其父方宗诚，世称柏堂先生，为桐城派后期名家。与桐城派、同光派多有交往，所著《网旧闻斋调刁集》，兼取唐宋，前有诸家题词。其中如陈三立丙午题注（1906）："清泠苍邃，时辟异境，奄有苏梅之胜。"沈曾植癸丑（1913）识语："托体韩苏，是桐城先贤遗矩，而清心独远。澹句、峭句、理句、非理句，即境生心，动成妙谛，此后山所谓正烦胸中度世者耶。假令翁逢惜抱，所造更当若何？"其同里潘田撰《清封中议大夫太常寺博士方贲初先生墓志铭》云："其为诗，自世所尊唐宋以来杜甫、白居易、韩愈、李商隐、梅尧臣、苏轼、黄庭坚、陈师道诸家，靡不涵茹错综，香山、宛陵尤所诵玩。然绝去模袭，掞藻驱澜，质厚内函。巧力既极，乃以拙胜，取径造格，高厉孤骞，又非唐宋所能囿也。"

姚永概（1866—1923），字叔节，生于桐城姚氏文学世家，为姚濬昌之三子，姚永朴之弟。柯劭忞在姚永概《慎宜轩诗集》序言中这样写道："桐城之弟子多以古文名家，至为诗则称石甫、慕庭两先生。慕庭先生有子曰仲实、曰叔节，仲实研究经术，叔节殚力辞章，尤以诗为谈艺者所推服。"并谓："自石甫先生以至于叔节，皆变风变雅之诗也。"姚永朴己未（1919）所为作序言，亦谓"大抵诗之为道，必性情真乃能有物，又必次以学力乃能有章，二者既得之矣，然苟才气不足以副之，终不能以自达。"凡此，均与宋诗派之论诗宗旨甚同。姚永概与同光体诗人也多有交往，其子姚安国为诗集所作《识后》中，称"嘉兴沈乙庵方伯尝取先君诗与马通伯先生文合刊之，称'二妙'。""侯官严几道先生又谓：'壬子（1912）诗尤排奡惊人，如《万寿山》、《天坛古柏》诸歌，想杜公为之不过如是。'"

被称为姚永概代表作的《方伯岂、仲斐招游天坛，观古柏作歌》全诗如下：

天坛锁钥放三日，士女长安空巷出。琉璃厂内鞭影骄，正阳门外车声疾。方生

> 邀客及衰朽，微醺莫放斜阳失。未到先惊势骏雄，入门已觉情萧瑟。绕坛一碧皆种柏，罗列骈生咸秩秩。元耶明耶世不知，百株千株数难悉。阴森夺日色凄凉，惨淡生风寒凛栗。怪根直下渴重泉，霜皮绉裂蟠修綷。真宜虎豹据为宫，恐有狐狸攫作室。旁干犹承累叶露，中枝折为前宵爬。无情树木尚如此，系日长绳知乏术。祈年殿上望西山，金碧依然暮霭间。王气已随龙虎尽，夕阳只见雁乌还。往圣千秋垂教泽，严祀昊天威百辟。彼苍视听悉依民，精意分明存简册。大道原为天下公，此心不隔耶回释。斋宫肃穆水环垣，想见千官助骏奔。中夜燔燎半空赤，连营宿卫万夫屯。五千运过苍天死，更闻开作公园矣。倚天拔地之古柏，留与游人勿轻摘。

此诗作于1912年，笔力矫健，戛戛独造，之所以获取众人的称赞，除了与诗中文化遗老的异代之感有关外，那“怪根直下渴重泉，霜皮绉裂蟠修綷”的老柏，不正是中华文明虽然风霜雨露、历尽艰难，仍然不屈不挠、尽力支撑的象征吗？而其中也寄寓着诗人在世变之契、新旧文化转型期的几多忧患与沉痛！面对晚清以来的西学东渐，姚永概曾有《与陈伯严书》，中云：“此时所患，正在中学之全弃耳。夫中国之所以见弱于外国者，政也，艺也，非道也。六经之训、程朱之书、韩欧之文章，忠臣孝子、悌弟节妇、至性之固结，文耀如日星，渟浩如江海。由是则治，不由是则乱。虽百千新学，奇幻雄怪，而终莫之夺也。”这种文化保守主义态度，与同光派中的很多诗人若合符契。

以吟咏古树来寄托文化运命变迁的沧桑之感，在同光体诗人中不乏其人。陈三立曾作有《樟亭记》：

> 西湖之胜可指而名者，独法相寺旁古樟罕为游客所称说。丁巳九月，余与陈君仁先、俞君恪士过而视之，轮囷盘拏，中挺二干，状如长虬待斗互峙、鳞鬣怒张者，度其年岁，或于白乐天、林君复、苏子瞻之时相先后，盖表灵山、偶古德而西湖诸胜迹所仅留之典型瑰物也。……然而偃蹇荒谷墟莽间，雄奇伟异，为龙为虎，狎古今傲宇宙，方有以震荡人心，而生其遁世无闷、独立不惧之感，使对之奋而且愧，则所谓不材者无用之用，虽私为百世之师，无不可也。亭建于戊午（1918）某月，好事图其成者为金香严、朱沤尹、王病山、郑太夷、胡愔仲、蒋苏庵、陈仁先、夏剑丞、俞恪士及余，凡十人。

陈三立、陈曾寿均有诗作记之。这种“遁世无闷、独立不惧”的身世之感，正是这些古典诗人共有心声的真实写照。

第五节 民初主流小说家的自我调适与智慧抉择[1]

每当谈到近代文学发生发展的情境和动机时，人们常常拈出“传世”与“觉世”一组矛盾。如袁进在《中国小说的近代变革》中曾设专章讨论近代小说的“传世与觉世”问题，夏晓虹研究梁启超文学道路的专著正标题就叫做“觉世与传世”。当进一步将目光聚焦到主倡“兴味”的民初小说家身上时，我们便发现，这批小说家除了“徘徊于觉世与传世的十字路口”[2]之外，更增添了一种“行世”的焦虑，并最终做出了凭“兴味”以“娱世”的抉择。

一、连通觉世新民与传世不朽

所谓“行世”大致包含两个层面，一是付梓问世，一是流行于世，即畅销。在历史上，“行世”之说最早出现在明末市井小说家笔下，如凌濛初在《拍案惊奇序》中曾说：“宋元旧种，亦被搜刮殆尽。肆中人见其行世颇捷，意余当别有秘本，图出而衡之”[3]。“以‘捷’（快速）来修饰‘行世’”，强调的就是其追求畅销的本质特点。[4]在民初“文学场”中，“行世”的关键是掌握文化资本与适应读者市场。当时掌握文化资本的主要是出版商和编辑者（各家报刊与出版机构的编辑）。前者主要从是否盈利的角度去选择要出版行世的作品，也就是包天笑所说的“生意眼”[5]。后者则一方面充当出版商的“守门人”[6]，帮助拣选那些可能适应市场、能够盈利的作品；另一方面自己又往往身兼撰稿者，具有较高的文学修养，在顾及市场需求的同时，总有一定的审美追求。这样，编辑者实际上成为民初“文学场”上“市场法则”与“艺术法则”的双重立法者。以包天笑为首的民初主流小说家就多是这种“立法者”。“立法者”的身份意味着他们将引领一个时代的文学走向，其文学主张、实践也必将接受历史的检验。因此，他们虽然出于“卖文为生”的现实需要，可以主动地迎合市场，但固有的“江南文人”品性——残存的“精英意识”与对“纯文学”的自觉追求——又潜在地规定他们始终未能完全放弃作品“传世”与“觉世”的理想。

---

[1] 作者孙超，原载《文艺研究》2015 年第 2 期。

[2] 夏晓虹：《觉世与传世——梁启超的文学道路》，中华书局 2006 年版，第 12 页。

[3] 黄霖等：《中国历代小说批评史料汇编校释》，百花洲文艺出版社 2009 年版，第 292—293 页。

[4] 李桂奎：《士林小说与市井小说比较研究》，华艺出版社 2000 年版，第 21 页。

[5] 包天笑：《钏影楼回忆录》，香港大华出版社 1971 年版，第 376 页。

[6] 此处借用库尔特·卢因（Kurt Lewin）提出的“守门人”（或“把关人”The Gatekeeper Theory）这一说法，意在说明民初报刊或出版部门的编辑者对小说文本进入传播渠道具有选择权。

从先秦儒家“立言”不朽[1]、司马迁“藏之名山”[2]，到曹丕“不朽之盛事”[3]、韩愈“垂诸文而为后世法”[4]，再到《红楼梦》“披阅十载，增删五次”[5]、《镜花缘》“消磨了三十年层层心血”[6]，创作文学作品力求“传世”的思想在中国古代文人身上一脉传承，绵延不绝。这种文学“传世”思想在近代“救亡图存”的特殊“历史场”中却受到了梁启超为代表的为文“觉世”思想的冲击。在梁启超看来，作“觉世之文”乃是当务之急，梁氏“报章体”、小说“新民说”乃是其为文“觉世”思想的具体实践。这种为文“觉世”的思想在一定程度上被民初主流小说家所接受，他们大多兼做报人，当然要写一些“时评”、“社论”等“觉世文”。但他们也看到了“新小说”失败的总根源——不以小说为目的而以之为手段，这种将小说当作政治、思想传声筒的做法已经倒了多数读者的胃口。作为“市场法则”起重大作用的民初“文学场”中的小说家，他们当然明白自己的小说要想“行世”，必须要注意迎合读者的口味，能否畅销，畅销的程度如何都直接影响着每一位小说家在这个“文学场”中的地位。于是，在清末“小说界革命”退潮后，衍生出一股专门迎合社会心理、写作“卑劣浮薄、纤佻媟荡之小说”[7]的潮流，他们秉持的是赤裸裸的“拜金主义”，只追求作品的“行世”。包天笑为代表的民初主流小说家们曾对这股潮流大加批评，他们希望通过加强小说的文学“兴味”性来重新形成文坛的新风尚。他们标榜以读者的阅读“兴味”为本位，刊载的都是“最有兴味之作”[8]“凡枯燥无味及冗长拖沓者皆不采”[9]，使读者在沉浸其中的同时获得审美愉悦，并寓教于乐，在道德、教育、政治、科学等方面有所获益，他们认为，这样就可以促“群治之进化”[10]。这种“兴味”小说观实际上是要求小说作品兼具“娱世”、“觉世”与“传世”的功能，乃是希图以“娱世”来打破“小说界革命”以来“传世”与“觉世”的一组矛盾，是在适应市场（“行世”）、进行“觉世”的同时，坚守艺术本位——追求“传世”。

民初主流小说家强调小说的“兴味”（文学审美性）就是医治“新小说”过于追求“觉世”而出现的乏“味”之病，这固然主要从争取读者市场上着眼，但也有“传世”的考虑。毕竟，他们是历史上那些创作过无数文学传世名作的“江南文人”的嫡系子孙，他们依然怀

[1] 《春秋左传正义》“襄公二十四年”，《十三经注疏》本，上海古籍出版社 1997 年版，第 1979 页。

[2] 司马迁：《报任少卿书》，载萧统编：《文选》，上海古籍出版社 1986 年版，第 1865 页。

[3] 曹丕：《典论·论文》，载魏宏灿校注《曹丕集校注》，安徽大学出版社 2009 年版，第 313 页。

[4] 韩愈：《答李翊书》，载马其昶校注《韩昌黎文集校注》，上海古籍出版社 2014 年版，第 191 页。

[5] 黄霖等：《中国历代小说批评史料汇编校释》，百花洲文艺出版社 2009 年版，第 481 页。

[6] 黄霖等：《中国历代小说批评史料汇编校释》，百花洲文艺出版社 2009 年版，第 548 页。

[7] 《〈小说大观〉宣言短引》，《小说大观》1915 年第 1 集。

[8] 《小说画报·例言》，《小说画报》1917 年第 1 期。

[9] 《小说大观·例言》，《小说大观》1915 年第 1 集。

[10] 《小说画报·短引》，《小说画报》1917 年第 1 期。

有创作“传世之文”的旧梦。这一点，我们可以找到很多例证。包天笑晚年还念念不忘他那部未成完璧的《留芳记》，原因就在于他写这部小说“下了一番功夫”[1]。为了写好这部小说，他亲自到北京长时间采访梅兰芳等小说中人，积极搜求各方面资料，写成二十回后，先后向小说大师林纾、“新文学”领袖胡适等请教，可谓煞费苦心。他缘何要下如此一番功夫，目的不就是要写出一部传世名作吗？还有那位被时人称为视小说为“大说”的恽铁樵，他认为“小说对于社会有直接之关系，对于国家有间接之关系”[2]，因此当使小说成为永久之书，而非一点钟之书[3]。这里所谓“永久之书”不正是追求小说“传世”吗？正如姚鹓雏评价他的“矜严一字抵兼金，独有名山万古心”[4]。民初小说大家李涵秋对以文学“传世”亦曾直言不讳，他说：“天化叠运，万事变迁，独风雅一道，所以摇荡性情，抒写物理，可以至千古而不灭”[5]。

同时，民初主流小说家重视小说寓教于乐的功能，宣称所作、所载的小说“有益于社会、有功于道德”[6]，可见，他们也未曾放弃以小说“觉世”的思想。不过，他们采用的是以“娱世”来“觉世”的方式罢了。所“觉”之内容较之前后也大不相同，他们以现代生活启蒙置换了清末“新小说家”与五四“新文学家”所进行的政治思想启蒙。这个置换不仅标志着民初小说向传统小说观念——街谈巷语、日常琐屑——的回归，实际上，也进一步真正巩固了小说文体在“文学场”诸文体中的中心地位。清末“新小说家”抬高小说地位的办法很显然主要是借助外力，通过夸大小说在域外文坛的地位，通过由俗入雅——“新民”、“救世”诸理论的提倡等等。然而，小说真正稳居文学中心宝座，无疑还要得到文体自身的确证，通过大量的创作实践来获得广大受众的认可，这个工作恰好主要是由民初主流小说家来完成的。不过，由于民初主流小说家的现代生活启蒙主要通过日常生活叙事施行，缺乏习惯意义上“启蒙”应有的宏大叙事，所以长期以来不曾引起论者注意，往往将其作为“通俗文学”应有之义对待。其实，他们的现代生活启蒙意识是一种普遍存在，不仅包天笑认为这样做可以促“群治之进化”；童爱楼也期盼“今日之供话柄、驱睡魔之《游戏杂志》，安知他日不进而益上，等诸《诗》、《书》、《易》、《礼》、《春秋》宏文之列也哉”[7]；瓶庵则希望通过小说这种教育中的特别队，鼓舞个人之志气，祛除社会之习染[8]。就连当时那些直接标榜“消闲”的杂

[1] 包天笑：《钏影楼回忆录续编》，香港大华出版社1973年版，第1页。

[2] 《本社函件最录·翰甫君与恽铁樵通信》，《小说月报》1915年第6卷第5号。

[3] 铁樵：《编辑余谈》，《小说月报》1914年第5卷第1号。

[4] 鹓雏：《小说杂咏》，《小说大观》1921年第15集。

[5] 李涵秋：《双花记·自序》，上海国学书室1915年版，第92页。

[6] 《小说画报·短引》，《小说画报》1917年第1期。

[7] 《〈游戏杂志〉序》，《游戏杂志》1913年第1期。

[8] 《〈中华小说界〉发刊词》，《中华小说界》1914年第1期。

志，也希望能做些生活启蒙的工作，如《〈消闲钟〉发刊词》中说："作者志在劝惩，请自伊始；诸君心存游戏，盍从吾游"[1]；《〈眉语〉宣言》则说："虽曰游戏文章、荒唐演述，然谲谏微讽，潜移默化于消闲之余，亦未始无感化之功也"[2]。这些意在"觉世"的声明是不是"卖文"的幌子呢？从这些刊物登载的小说与民初主流小说家们的著译来看，显然不是。当时这批小说家虽多以"文化精英"自居，但由于他们不能也不愿跻身于统治阶层，很多人疏离政治的同时便自觉选择了进行现代生活启蒙，他们真诚地希望通过自己的作品给茫然的人群带去新知、快乐与警示，帮助他们尽快适应新旧过渡、光怪陆离的历史时段和都市生活。这种选择是历史的必然，也是民初主流小说家与众不同之处。

二、平衡市场需求与艺术本位

在传统文人心中，文学创作乃是高雅之事，应该远离"孔方兄"。因为，文学一旦与"钱"沾边便立即变"俗"了。民初主流小说家自然明白这个道理。然而，中国近代社会的大转型将传统文人逼进了文化市场，无论是梁启超、鲁迅，还是包天笑，都必须要跟稿费、版税打交道。特别是民初"文学场"以经济资本作为核心权力，那些江头卖文，别无依托的民初小说家就更不得不服从于市场规律的支配了。关于这一点，我们不妨借助法国学者埃斯卡皮在《文学社会学》中的一段话加以理解："在了解作家的时候，下面这一点不能等闲视之：写作，在今天是一种经济体制范围内的职业，或者至少是一种有利可图的活动，而经济体制对创作的影响是不能否认的。在理解作品的时候，下面一点也是要考虑的：书籍是一种工业品，由商品部门分配，因此，受到供求法则的支配。总而言之，必须看到文学无可争辩地是图书出版业的'生产'部门，而阅读则是图书出版业的'消费'部门"[3]。

民初，被纳入上海图书出版业的小说家们已经普遍接受了以稿费制为代表的文学作品货币化的现代酬劳形式。包天笑在其回忆录中就从不讳言"稿酬"问题，并很坦诚地表露他早在清末就因丰厚的稿酬所得而"把考书院博取膏火的观念改为投稿译书的观念了"[4]。周瘦鹃从最初做"投稿家"，到后来甘愿做"文字劳工"都与从事文学活动可以明显改善物质生活条件有关。他曾在自传体小说《九华帐里》中向妻子详述自己通过创作还清父债、改善家庭经济的实情；在《笔墨生涯五十年》中又向女儿讲述因要娶妻而卖《欧美名家短篇小说丛刊》版权给中华书局得四百元、风光办理婚事的往事；当然，他后来之所以能在苏州建起优雅别

[1] 《〈消闲钟〉发刊词》，《消闲钟》1914 年第 1 集第 1 期。

[2] 《〈眉语〉宣言》，《眉语》1914 年第 1 卷第 1 号。

[3] 埃斯卡皮：《文学社会学》，王美华、于沛译，安徽文艺出版社 1987 年版，第 32 页。

[4] 包天笑：《钏影楼回忆录续编》，香港大华出版社 1973 年版，第 325 页。

致的“紫兰小筑”，也纯粹依赖于多年的卖文所得。陈蝶仙不仅通过卖文获得经济来源，还自己创办实业，自觉加入上海工商企业的竞争，从而有经济能力在西湖边上建起“蝶墅”。另外，如王钝根、严独鹤等也都是接受市场法则的典型例子。即便如徐枕亚那样缺乏经济头脑的文人，在这样一个以经济资本为核心权力的“文学场”中，也从最初不知索要稿费，到后来用稿费、版税为本钱来创办属于自己的文化企业。

然而，经济资本成为“文学场”的核心权力也必然给小说著译带来负面影响，马二先生（冯叔鸾）称之为“文艺界的不幸”，他说：“出版界却只管把著作家当做机器般看待，著作家为了生活的关系，也只管把上海剧馆排本戏的方法，移用于文艺作品中，东拉西扯，改头换面，妇女哄小孩的种种方法，都使用出来……拿浅恶的文字，搪塞读者”[1]。基于此，民初主流小说家虽依然怀有以文“传世”的旧梦，依然希望自己的文章有“觉世”的作用，虽也常常撰文规劝那些“投稿家”莫做投机市场的种种行为[2]，但市场“那只看不见的手”已经牢牢扼住他们的咽喉，他们不得不时时屈从于市场。例如，包天笑虽念念不忘《留芳记》曾有“传世”的可能，但由于他要按时按量交稿（报刊都是定期的），他写小说一般下笔千言立就，并且不加修饰，更不起第二回稿[3]，这就很难保证作品的质量。即使那部《留芳记》的诞生过程也处处留有市场的印记：（一）由于包天笑有丰富的市场经验，他知道读者的购买力有限，一册小说太厚太贵他们吃不消，这部计划八十回至一百回的长篇小说写完二十回就出版了；（二）他自述这部小说之所以采用“章回体”，是因为“据一般出版家方面说：如果是创作，读者还是喜欢章回体”[4]；（三）选择出版商，并与出版商“讲起生意经来”，怪不得包天笑要哀叹“我们这一班作家，总逃不出书商之手”[5]。从中可以看到包天笑心中始终装着作品“行世”的算计，市场也确实处处影响着他的写作，这正是包括包天笑在内的民初主流小说家群体创作文学精品的重大障碍。李涵秋虽然创作了堪可传世的长篇名作《广陵潮》，但随着其名声日大，市场需求量也日大，他后期不得不同时为好几家报刊同时创作好几部长篇小说，其质量就可想而知了。还有那部写得极好的《人间地狱》，据著者毕倚虹所说：“忆余居杭时，湖楼孤寂，篝灯暝写，不间寒暑，罔有脱误。去年来海上，事务较杂，每届黄昏犹未著一字，赖周瘦鹃先生频以电促，使余不能偷懒。是《人狱》之成，瘦鹃实第一功臣。余欣慰之余，

[1] 马二先生：《文艺界的不幸》，《晶报》1922年7月6日。

[2] 马二先生在《文艺界的不幸》中说：“我希望一般著作家，多下研究的工夫，少出浮泛的作品。出版界的资本家虽然以机器相待，著作家自己切不可便承认是一部机器。文字的代价有限，作品的荣誉难求。慎勿使上海文艺界的著作家，沦于街头拍木板唱小热昏之列，则中国文艺界受惠良多矣。”在翻阅报刊过程中，笔者时常看到这类文章，如《申报》上所载《投稿自嘲并质谈君》（1914年1月14日）、《投稿苦》（1914年10月9日）、《抄袭事件》（1914年10月26日）、《投稿先生传》（1915年8月29日）、《抄袭先生传》（1915年12月5日）之类。

[3] 包天笑：《钏影楼回忆录续编》，香港大华出版社1973年版，第326页。

[4] 包天笑：《钏影楼回忆录续编》，香港大华出版社1973年版，第6页。

[5] 包天笑：《钏影楼回忆录续编》，香港大华出版社1973年版，第11页。

不能不感谢瘦鹃也”[1]。在这里，毕倚虹将“《人狱》之成”归功于《申报·自由谈》的主编周瘦鹃，但也同时暴露了报刊连载导致的“急就章”式的写作状态，这实不利于文学传世之作的产生。就是周瘦鹃本人，也自称是文学市场的“文字劳工”，不仅要从事大量的小说著译，还要做大量的报刊编辑工作，这必然导致部分小说作品质量不高，正如马二先生所说：“他在小说界中，却是一块老牌子，作品极多，有作的，有译的，佳作很多，但可惜不能一律。这却难怪他，我以为这是卖文为活的苦楚，因为要急于凑稿数，供生活上的需要，有时不能不暂屈自己的志气，把次等货拿出来搪塞一下，这种境界，真堪为普天下的文人一哭啊！”[2]甚至是后来成为“新文学”领袖的刘半农，他在民初也非常注意阅读市场的需要，无论著、译，都选择读者喜欢、市场流行的小说种类。仅从上述几例，我们就能切实感受到“市场”（包括依附文化市场的报载方式）对民初小说创作的重大影响，“新文学家”正是抓住了其“市场性”的特点，痛批他们的“拜金主义”。

假如民初这批报人小说家有强大的政治资本（必然带来丰厚的经济资本）支持，假如他们有高校、研究院等教育科研机构作依托，我们相信，他们当中很多人的文学风貌都将改写。可惜，他们没有这些资本。由于付给他们报酬的只是书商，“因此，迅速和丰富便成为最大的经济长处”[3]，假如放弃市场，他们也就失掉了生活来源。缘乎此，他们必然产生“行世”与“传世”、“觉世”的焦虑。如何克服这种焦虑？他们选择了凭“兴味”以“娱世”，这既是在继承古代小说“娱目快心”的正宗，也可使小说在艺术本位与娱情功能之间保持一种张力。这是他们作为职业作家面对市场制约自我调适的智慧抉择。这是企望在“传世”与“觉世”之间找到连通处，在“艺术法则”与“市场法则”之间找到平衡点。当然，由于民初“文学场”的经济资本权力非常强大，他们以“兴味”娱世平衡“艺术”与“市场”往往是艰难的，有时明显向“市场”倾斜也是客观存在的。

三、兼顾生活启蒙与形式创新

上海迅速的现代都市化带来了生活的快节奏，广大市民急需在有“情趣”的小说中转移疲劳，舒展身心。为了满足读者的这一阅读需要，民初报刊纷纷祭起了“兴味”（“消闲”、“游戏”、“香艳”）的大旗，甚至出现了《〈礼拜六〉出版赘言》那样直接挑明这种阅读需要的文字：“晴曦照窗，花香入坐，一编在手，万虑都忘，劳瘁一周，安闲此日，不亦快哉”[4]！

---

[1] 娑婆生：《人间地狱·著者赘言》，《人间地狱》，上海古籍出版社1991年版，第13页。

[2] 马二先生：《我所佩服的小说家》，《晶报》1922年8月21日。

[3] 伊恩·P. 瓦特：《小说的兴起》，生活·读书·新知三联书店1992年版，第54页。

[4] 见《礼拜六》1914年第1期。

这种“消闲”需要当然无可厚非，更何况在“幌子”背后还有民初主流小说家对小说本体的文学追求与现代生活启蒙的坚守。

民初主流小说家根据读者需要大量著译“哀情小说”“社会小说”“家庭小说”“滑稽小说”“侦探小说”等。这些小说大多聚焦于作家与读者共同生活在其中的大都市，描画一幅幅现代都市生活的“浮世绘”，这是读者们喜闻乐见的，必然赢得广大阅读市场。阅读民初小说时，我们经常看到的故事发生地是戏馆、舞厅、西菜馆（含咖啡馆）、电影院、游乐场等，这种熟悉的场景必然可以引起广大市民读者的兴趣，也能引来都市之外更多读者好奇的目光，因为这种小说本来就有“导人游于他境界”[1]的魔力。小说里写的那些小儿女情事总会成为读者茶余饭后的谈资，有的人还会为悲剧里的人物洒一回痛泪，兴起改良旧礼教的热望；小说里写的那些烟、赌、毒、娼，贿选、买官、白相人、仙人跳及其他种种社会黑幕总能引起读者的好奇与警戒，甚至有人因此走上改造旧社会的道路；小说里写的女学生及其他“新女性”，她们婚恋自主、质疑传统贞操观、从事某种职业、组建“小家庭”的种种做派，在让读者震惊之余，也潜移默化地更新了一些旧有的落后的女性观；小说里写的那些滑稽趣事则常常为读者带来劳累后的欢笑，有时读者还会注意到搞笑背后的寓意和讽刺；小说里写的大侦探福尔摩斯、霍桑、亚森罗萍的神奇破案，让读者读得亦是废寝忘食，有人对其中的侦探术还曾大加试验。再加上小说期刊封面、插图中汇集来的全世界的美人图、风景画、名人照片、专题图片，更让读者大开了眼界，饱享视觉盛宴。这一切，都是古代的中国所不曾有的，也是民初中国远离上海的大多数地方所不曾有的，这种小说连同它的载体必然以一种独特的“现代性”吸引来无数读者的目光。正如叶诚生所说：“不同于晚清新小说直接参与历史新建构的叙事冲动，民初小说试图在‘大叙事’之外寻找自己的言说空间，而且的确找到了这样一种叙事新立场——克服‘神圣化’冲动之后的日常生活中的现代性。可以说，这正是民初小说为中国小说现代性的生长寻找到的另一条路径。”[2]这种“现代性”不仅表现在文本上那“可以触摸与感知的现代”[3]生活，还表现为民初主流小说家从市场出发、“以兴味为主”的读者意识及其文学本体坚守中对小说形式进行的多元革新。

为了适应都市生活快节奏及报刊传播新媒体，短篇小说成为民初作家与读者分享生活“兴味”的轻骑兵。包天笑、周瘦鹃、刘半农等人借鉴西方短篇小说艺术技巧，立足于民初读者的阅读、审美习惯，著译了大量的短篇小说，不断为短篇小说的现代化探索新路。叶小凤、姚鹓雏、许指严等则力图激活旧有的“传奇体”“笔记体”等短篇小说形式，也取得了不小的成绩。可以说，这批小说家在民初进行的种种短篇小说文体实验为现代短篇小说的繁荣做出了卓越的贡献。为了一新读者耳目，民初主流小说家还创造性地引进西方日记体、书信体、

[1] 饮冰：《论小说与群治之关系》，《新小说》1902 年第 1 卷第 1 期。

[2][3] 叶诚生：《“越轨”的现代性：民初小说与叙事新伦理》，《文学评论》2008 年第 4 期。

对话体、游记体、独白体等艺术形式。有的作品非常注意心理描写；有的作品淡化了故事情节，而呈现一种抒情化、诗化、散文化的特征；有的作品出现了“多声口”叙事，增强了作品的“似真”效果。长篇翻译小说已经打破了传统章回体，呈一种向“现代”发展的趋势；长篇创作小说虽仍多采用章回体，但上述西方形式技巧也常被化用其中。为了“粘”住读者，无论长篇、短篇，民初主流小说家都重视写当代生活，以有“影事”为妙，因为“有影事在后面——读起来有趣一点”[1]。

民初主流小说家主倡“兴味”，一方面表现为他们重视小说的文学兴味性，认识到了小说文体的审美独立性，这是一种前所未有的小说观念；另一方面则表现为他们重视小说的兴味娱情性，强调小说对个体情感的宣疏，从而大力提倡小说的娱乐消闲功能，这是对固有小说传统的现代性脉承。这一“兴味”观就是要求小说著译应以“审美性”、“娱情化”为旨归，从而使小说既能“行世”畅销，又尽可能“觉世”、“传世”。它适应了经济资本和文化资本为主导权力的民初“文学场”，使小说成为“场”上的中心文体，从而使民初出现了以“小说场”指代“文学场”的前所未有的文学现象。

这一切文学“现代性”的表现，虽然染上了“市场化”的色彩，但也正是民初主流小说家以“兴味”娱情观沟通了“市场法则”与“艺术法则”的结果。虽然这批小说家受到了来自市场的强大制约，但他们始终坚持艺术本位、坚守社会责任，不懈追求着脉承传统的小说艺术，不断为市民百姓送去快乐与美的享受。

四、遭遇新派挤压与历史遮蔽

进入20世纪20年代，文坛又发生了新的变化。由于“五四”“新文学家”力夺文坛话语权，“文学场”中各方面资本、权力再度重新整合。近代中国不断落后挨打的历史局面使人们心中形成了一种“‘西方文化’优越于‘东方文化’，一如‘现代’胜于‘传统’”[2]的惯性思维，而民初主流小说家竟然敢于逸出这种思考路径，其创生的本土现代性必然招致来自西方现代性的痛击，也必然作为历史上的“文学逆流”而“失败”。

当“新文学家”占据“文学场”的中心位置之后，民初的这批作家就被挤压成了纯粹的“市场作家”。1923年2月27日《小说日报》上有一则题为《作小说的心理一般》的短文，这样写道：

> 因生活的问题，不得不竭力的做作，以谋生活。

[1]　蔡元培：《追悼曾孟朴先生》，《宇宙风》1935年第2期。

[2]　刘禾：《跨语际实践》，宋伟杰等译，生活·读书·新知三联书店2002年版，第112页。

一心一意的要改良社会，转移风俗。

抱有奇才，不能得志，乃以笔墨发泄其闷气，藉以自娱。

被什么事所刺激，有所感触，述其事，以畅心怀。

国学沦亡，惟小说可以启发国人的脑力，提高国人的智识，所以静心竭力的做去，希冀国学尚有复振的一日。

作篇小说，登出来好出出风头。

公事完毕，作小说以图得些酬资，贴补零用，或买几本小说书籍阅看。

希望为一个大小说家。

大小说家因为要稿的太多，没有功夫去作，但又不能不作，只得胡乱作几篇应酬。

见猎心喜，人作小说，我也作去。[1]

这篇短文虽然列举了当时作小说的多种心理，除了改良社会、振兴国学、作文自娱这样的老生常谈外，最本质的乃是“因生活的问题，不得不竭力的做作，以谋生活”。虽然民初主流小说家从来不避讳“卖文”的写作动机，但在“新文学家”垄断那些崇高的文学理想之前，他们的确还抱持“传世”与“觉世”的心态，企望以“娱世”连通“传世”与“觉世”。如今，他们整体都被“新文学家”贴上了“游戏的、消遣的拜金主义”[2]的标签。有些民初作家面对如此境况，干脆直接发布卖文的公告，如何海鸣在1922年初就写了篇《求幸福斋主人卖小说的说话》。有意思的是，他在文中大谈“我们做小说出卖的人，倘若肯大大的努力，将小说的价值抬高，教国人知道这是一种重要的文学，人生都应该有这种东西来安慰，到那时发生重大的需要，小说的卖价自然也会高起来了”[3]，除了对“卖价”的坦承外，其主张与“新文学家”“文学为人生”的主张竟十分相似，这完全可看作是民初主流小说家企望以“娱世”来打破“传世”与“觉世”一组矛盾的最后告白。

在逐渐生成的以“新文学家”为主宰的新的“文学场”中，依旧怀着“传世”的旧梦是不合时宜的，那些依旧抱持“文化精英”心态，不能完全融入市场的作家终将被淘汰。如民初小说大家李涵秋虽然长期为上海各大报刊和书局撰写小说，但他是典型的传统江南文人，常居扬州，难得出门，与市场和现代都市生活都很隔膜。当20世纪20年代初，上海同人请他亲临上海编刊著文时，他闹出了不少“刘姥姥进大观园”式的笑话，包天笑、周瘦鹃等人的笔下都有所记录。他由于不适应上海的快节奏与现代化，很快就返回他的扬州去了。不幸

[1] DG:《作小说的心理一般》,《小说日报》1923年2月27日。

[2] 沈雁冰:《自然主义与中国现代小说》,《小说月报》1922年第13卷第7号。

[3] 求幸福斋主人:《求幸福斋主人卖小说的说话》,《半月》第1卷第10号。

在 1923 年暴卒。再如在民初以“哀情小说”轰动一时的徐枕亚，虽然办了自己的清华书局，但由于不善经营，不断亏空。还有叶小凤、姚鹓雏那些有经国之志的小说家在 20 年代以后便慢慢淡出文坛，进入政坛。只有那些熟悉上海文化市场、完全融进文化市场的小说家，例如包天笑、周瘦鹃、王钝根等顺利实现转型，成为新的“文学场”上的“市场作家”。他们更亲密地与现代传媒体制和大众娱乐接触，逐渐转型为深谙上海都市商业文化的“时尚作家”。然而，这一转型也转掉了他们作为“时代作家”的身份。

至此，曾经掀起民初小说界“兴味化”热潮的这批小说家在“新文学家”担纲主演的新“文学场”上，不仅彻底失去了自我评价的话语权，还被强行戴上了“鸳鸯蝴蝶派”(“礼拜六派”“黑幕派”“旧派”)的反动帽子，无奈地充当了被压抑、被打倒的“配角儿”。

第十四章　美学与西方

美学的远方又有地域之远。另几位学者将探寻的目光投向西方世界。上海师大刘旭光的《西方美学史概念钩沉》以难得的西学积累，对西方美学史上一些不再被使用或退出了审美领域范畴进行了钩沉，对那些消失了的审美精神进行怀旧，进而对当下的审美状况提供反思。这些范畴是："kaloskagathos"——美善，"megaloprepeia"——慷慨、豪华、壮美，"concinnitas"——和谐，"istoria"——历史，"diségno"——设计。复旦大学陆扬的《"法国理论"在美国》指出："法国理论"作为过去半个世纪里后现代话语的代表，它是"美国化"的产物。库塞以1997年的《知识欺诈》为"法国理论"美国接受的转折点，可以见出科学与人文的纠葛始终余波未消。"法国理论"在美国必走学院路线，否则它不成其为"法国理论"。莫尔的《乌托邦》是西方社会主义学说史上的重要著作。近来对其美学意义的探讨成为焦点之一。上海交大张蕴艳、上海政法学院张永禄提交了《〈乌托邦〉的宗教维度与中国当下小说信仰救赎的可能》和《〈疯狂动物城〉：乌托邦遗产与重启》，读来别有启发。而同济大学的李弢则通过研读阿多诺的《美学理论》文本，揭示其对黑格尔"美"的定义所作的批判阐发，同时揭示了他从美与丑的辩证法角度对传统美学关于自然美、艺术美命题的重新考察。

第一节　西方美学史概念钩沉[1]

俯视美学史的洪流，每个时代中都有自己的趣味与理想，这些趣味和理想凝结为一个个"范畴"，这些范畴有些成为传统，融入我们的审美精神，依然影响着我们的审美活动，而有一些，则被遗忘在历史的海滩上，尘封土掩，了无声息。"遗忘"是一种态度——是选择，也是埋

[1]　作者刘旭光，原载《人文杂志》2016年第9期。

葬。那些在美学史上被遗忘了的“范畴”，实际上意味着这些范畴所代表的“审美精神”被埋葬了，虽然无可奈何，但仍然值得缅怀。本节是写给那些被埋葬了的审美精神的挽歌，这首挽歌由五个小节组成，分别是：“kaloskagathos”“megaloprepeia”“concinnitas”“istoria”“diségno”。

一、kaloskagathos——“美善”

这个概念大约产生于公元前4世纪的古希腊，卒于18世纪。这个词直译是“美善”。“善”在希腊文中写做“agathon”（ἀγαθός），有以下几层意思：（一）针对人而言——出自好的家族或血统、有贵族（用今天的眼光看就是绅士）风范、勇敢、有才能、道德品质优良；（二）针对东西而言——品质好、有漂亮的外观。“美”在古希腊文中写做“kalon”（καλός），有多个意思：（一）美丽、外观好；（二）事物的品质好；（三）道德上的“好”。这两个词本身是分开的，但是在古希腊人的文本中，特别是自希罗多德以后，就被合在一起写。这个词最初写做“kaloskaiagathos”，“kalos”是“美”，“agathos”是“善”，中间的“kai”是连词“和”，这个词组有时缩写为“kaloskagathos”。

这个词代表着希腊人的审美精神中最可贵与最富代表性的部分。这个词最初用在对人的形容，柏拉图在《吕西斯篇》中，指出年轻人应当是“kaloskagathos”——健康的身体与健康的灵魂统一在一起，之后亚里士多德在《欧德莫伦理学》进行过集中论述。

对人的要求很快成为对一切事物的要求：一个事物应当既“善”，又“美”；应当在形式上具有“美”，而在内涵或者功能上，又具有价值与意义。这有些像孔夫子所说的“尽善尽美”，但希腊人把它们把结合为一体——“美善”。从古希腊的文献来看，古希腊人分得清“善”与“美”，因而将二者结合起来，不是因为混淆，而是产生一种审美理想和评价尺度，在这个尺度中对事物的功利与道德的要求与审美性质被融合在一起，善必须以美的形式呈现出来，美必须要有善的内涵，这本来是一种过分的要求，但很快成为他们的文化理想，甚至现实生活的一部分。

这个词首先在教育中成为理想，如何通过教育“让人的身体与灵魂达到平衡”，这构成了“kaloskagathos”最基本的内涵；其次是在修辞学中，演讲术与雄辩术如果不是欺骗与诱导的工具，那它就应当具有形式上的华美与内涵上的善；再次是在对人的评价中，希腊文化培育出了一批“完人”，如政治家伯利克里、戏剧家索福克勒斯、哲学家柏拉图……，这些人既有肉体上的健美，又有精神上的充实与正直，这构成一种人格理想。最后，“kaloskagathos”不自觉地在造型艺术中呈现出来，首先是公共建筑，要求功能性与形式美的结合，而后是雕塑，在人物塑造上，外在的健美与匀称与内在的静穆与高贵融合在一起，可谓“尽善尽美”。

这种理想在古罗马时代得以延续，并且成为教条。遗憾的是，强烈的道德主义倾向使得罗马人把“美善”这一联合短语变成了一个以善为中心的偏正短语，而之后古典文化的覆灭和基督教在11世纪之前对于艺术与审美的敌视，使得这个概念销声匿迹。一直到15世纪，一大批人文主义者复活古代经典，重新研究柏拉图与亚里士多德的著作，再次挖掘出这个词，使这个词重又回到教育与审美领域中。

又有一批人达到了人的“美善”状态，如意大利人布鲁莱契内斯基、阿尔伯蒂、拉斐尔、达芬奇、布拉曼特，英国人锡德尼等人，“美善”再次出现在人文主义者的著作中，并且成为时代的审美精神，这种精神内化在卡斯蒂廖内的《廷臣论》中，在拉斐尔的人物塑造中，在阿尔伯蒂的建筑理论与实践中，它变成了艺术与审美中的古典精神的灵魂。

然而近代文化内在的分裂——灵与肉的分裂、美与善的分裂、真与美的分裂、理想与现实的分裂——使得这一理想很快被放弃了，唐吉诃德、庞大固埃、哈姆雷特……，这些怪诞而疯狂的形象以及浪漫文化所喜欢的那些怪力乱神和各种堕落者占据了艺术与审美的大舞台。浪漫文化更在意现实中的分裂，而不再去塑造一种完善化的理想。美善这个词理所当然地被遗忘了，它的最后的回响，在雨果所塑造的吉普赛女郎处，而在教育上，偶尔会在文化史家对古希腊文化的研究中还魂，比如20世纪伟大的德国文化史家耶格尔在其*Paideia*, *The Ideals of Greek Culture*一书中对于美善深情地缅怀。在美学上，虽然美与善的统一在新古典主义者的美学中反复被强调，但他们再也想象不出一个本身就结合在一起的“kaloskagathos”了。反倒是美与善的分离在18世纪变成了理论的关注点，美渴望自己的自律性，因而急于摆脱善，自康德以后，人们的共识是——美不是善！因而，19世纪及之后的美学史家们再也没有提过“美善”一词，一个理想就此湮灭。

二、megaloprepeia——慷慨？豪华？壮美？

“megaloprepeia”，这词找不到一个合适的汉语进行互译，但可以诠释，作为一种审美理想，它诞生于公元前4世纪，卒于17世纪。这个词对应的现代英语是“magnificent”。这个词在古希腊被普遍使用，如希罗多德、色诺芬、柏拉图等，是一个普通用语，后来在亚里士多德那里成为了一个特殊的概念，被赋予严格定义。最初出现在亚里士多德的《尼各马克伦理学》中（见第二书第七章第六节），古希腊原文是“megaloprepeia”（这里把希腊字母转写成拉丁字母），是由形容词“megas”（“megas”是原形，“megalo-”是变格词干）和动词“prepein”（这是动词不定式形式）构成的复合阴性名词，“megas”是“大的”，可以指体积大、力量大、强度大等各种各样的大，“prepein”有“适合”的意思。“megaloprepeia”这个词主要指适合于大人物的一种性格、特征、性质或者风格。在亚里士多德的语境中与“财富”（希腊与原文是“chremata”）有关，与之相关联的有“大方”、“慷慨”等性格，所以中文经常译作“豪华”。“megaloprepeia”这个词不是亚里士多德发明的，在他之前的很多作家笔下都出现过，比如希罗多德、色诺芬、柏拉图等，这应该是一个普通用语，后来在亚里士多德那里成为了一个特殊的概念，被赋予严格定义。亚里士多德使用这个概念是为了对财富进行肯定，他认为明智地使用钱财可使人伟大，使人美名远扬。这个词由于亚里士多德的强调，成为一种“美德”，进而成为一种“风格”，这种风格体现在雅典的建筑上，体现在他们的悲剧比赛中，他们的奥林匹克盛会中，也体现在他们的造型艺术上，当财富用在高贵的精神生活之上，并且成为公众欣赏与参与的对象时，它就是“magnificent”的，在中文中大概可以译为“壮美”。

古罗马时代的人普遍认可这个观点，但把这个词的道德内涵去掉了。作家小普林尼用这个观点来看待建筑，认为贵族们既然具有公众人物的身份，他们住在“豪华”的建筑里也就名正言顺，人的住所应反映其尊严及其社会活动的重要性。这种财富观在古罗马时代几乎是共识，这个共识演化为一种审美风格——当一座建筑，一处园林，一件造型艺术作品，体现出华美与宏大，他们就会说“megaloprepeia”。但这个概念里还包含着一种道德评价，只有当财富被用在公共事物上，特别是公共空间的营造上，为公众服务时，这个词才适合亚里士多德所说的那种“明智地使用财富”，否则就会被指责为“奢侈”与“挥霍”。

古典时代结束之后，直到12世纪，基督教对于节俭的倡导，使得这个概念从文化中消失了。直到文艺复兴初期，借助于西塞罗的著作，亚里士多德的这个概念得到了普遍认可与应用，阿尔伯蒂在其《建筑学十书》里重复了罗马人的观点：在一座城市里只有少数几个人是杰出人物，他们的特殊地位使他们有权拥有最壮丽（magnificent）的寓所，对于这些人来说，财富是上帝恩宠的真凭实据。这个观点背后实际上是新时代的财富观。基督教对于个人财富的反对使得富人背负着巨大的自责与不安，富人进不了天堂，那么财富有何意义？而亚里士多德的“magnificent”恰恰回答了这个问题。阿尔伯蒂的观点实际上是城市人文主义的共识，15世纪初期佛罗伦萨的市民人文主义者，如列昂纳多·布鲁尼、波吉欧·布拉丘里尼和马梯欧·帕尔米耶利（1406—1475），都争论说财富不仅不等同于奢侈，它恰恰是在一种积极的、参与公务的生活中展示美德的前提。

这种观念对于新兴的资产阶级来说真是雪中送炭，本来按中世纪人的观点，财富是罪恶，而现在变为美德，结果人们在文化和各个方面都开始追求“magnificent”。在室内陈设和装饰方面不遗余力地追求奢华与精致。这种追求在佛罗伦萨大家族的生活中被合理化，并且在意大利其他城市的宫廷中成为必要的与理所当然的追求。这个概念变成了奢侈花费的辩词，被描述为君主的一种美德。结果在教堂和宫殿的装饰、重大的公共建筑计划，壮观的宗教庆典等等方面，壮美（magnificent）成了理所当然的追求，主要表现在各种材料贵重、做工精致的宗教礼仪用品及罕见的外来器物，比如以玻璃、珐琅、珠宝、金、银等制作和装饰的器物。在这种追求中，“magnificent”成为一个美学范畴，成为人文主义者们讨论的重要话题。

意大利文艺复兴时期的艺术家瓦萨里在他的《意大利艺苑名人传》中描述了许多节日与宗教庆典活动，在这些活动中，“豪华”或者说“壮美”显然成为整体市民想要享受到的视觉感受，佛罗伦萨人尤其热爱这一点，或许这就是为什么洛伦佐·美第奇给自己取绰号为“magnificent”。这种爱好并不是佛罗伦萨人首创，以“豪华”取代“美”，在中世纪盛期到文艺复兴盛期这四百年间是一种普遍倾向。在这种倾向性下，造型艺术在形式上被近乎无限的细节化了，系统安排的图像和形态在艺术中得到了无比的重视。这最能解释为什么文艺复兴时期的艺术在细节化和色彩等方面远比中世纪在过分，因为只有这样才能表现“magnificent”。于卓异不凡之事物中见高贵庄重之心灵！——这是他们的美感愉悦之一。

然而这种对于豪华的追求是有限度的，只有在公共事物与公共建筑上，富豪们才敢无所顾忌地使用自己的财富，城市共和国的荣耀，城市居民的信服，政府的感谢与支持，这一切是“magnificent”的暗含之义。“magnificent”的灵魂是高贵庄重之心灵！

对“magnificent”的追求缔造出了文艺复兴恢弘的视觉图景，罗马的圣彼得大教堂，佛罗伦萨的圣母百花大教堂、乌菲兹宫、美第奇宫、威尼斯的圣马可大教堂，这些“magnificent”的建筑及其外部的与内在的装饰，为造型艺术的发展提供了巨大的推动，或许，没有这种追求，就没有文艺复兴的伟大艺术。

这种追求自16世纪之后，成为欧洲新兴的各民族国家的王族显现自己的王权与荣耀的手段，成为集权社会的标志。“magnificent”逐渐丧失了自己的道德内涵而沦为一个毫无精神价值的概念——奢华（luxurious），它再也没能成为一个美学概念。从文艺复兴后期开始，过度装饰，过度图像化造成一种艳丽感，它无穷尽地分解所有的外形因素，浮华和美之间的界线被抹去了，装饰不再是为了增加一件事物的自然的美，异常繁冗的装饰有使美窒息之虞。越是远离纯造型艺术，这种外形装饰花纹的滋蔓就越被强调。它不再成为一种具有道德内涵的风格，而成为不道德的炫富的手段，那种个人的财富与荣耀，公众的荣耀与期待之间的统一，再也没有出现过。为什么呢？——贵族社会终结了，而后世的富豪们再也没有了贵族精神，那是一种渴望荣誉的精神，乐于承担责任的精神，和勇于为公众服务的精神，以及慷慨！在这个处处追求奢华的时代里，“magnificent”令人怀念。

三、concinnitas——和谐

“concinnitas”这个词作为一个范畴，诞生于西塞罗的著作中，在中世纪被遗忘，而后在15世纪被人文主义者阿尔伯蒂所复活，而后终结于19世纪。这个词曾经代表着一个时代的艺术精神，甚至审美精神的核心，是造型艺术超越于现实对象的原因。这个词在英文与中文中，都译为“和谐”。虽然这个概念我们在现在的艺术理论中也经常使用，但它不再被视为一种审美精神（目的），而是一种协调性的原则（手段）。

艺术自希腊时代，就有与数学结盟的倾向，神秘的毕达哥拉斯学说显然抓住了某种比例关系能带给人的愉悦感，这种愉悦感，和这种愉悦感所从之出的那种可以用数学公式表达

的各部分之间的关系，成为古典时代的思想家和艺术家们所认为的美感的源泉。这种感受既深藏于浩瀚的星空中，四季的轮回中，也暗含于人体的结构中，大到一座建筑，小到一个瓶子，再到一段演讲，都可以成为这种感受的客体。这种感受，罗马人用这个概念来表达——“concinnitas”。为了解释与复现这种感受，有时候我们称之为“均衡感”或者“精致感”。在牛津拉丁文辞典中，这个词指的是一种人为造成的精致和优雅，有时候可以是贬义，英语直接译为“harmony”。这个词在西塞罗、盖利乌斯、苏维托尼乌斯等古罗马时期的作家的文章中反复出现，是古罗马人用来形容精致、典雅、优美风格的词，有时也指“过于做作”。在古典时代的人看来，这种感受与事物的数量关系有关，因此在天文学、几何学、音乐学中，都希望通过对数量关系的研究，解释这种感受。在这个方面最重要的遗产，是维特鲁维的《建筑十书》对于比例和均衡的重视，以及维特鲁维为了解释人体比例关系而画出的“维特鲁维人”。

遗憾的是，罗马人不能理解这种感受，哥特人和其他的蛮族都不能，这种感受在他们的艺术与文化中没有体现。直到文艺复兴初期，古典艺术的发现与古典文化典籍的再现，特别是由于维特鲁维的作品的再发现，使得在造型艺术创作中，艺术家们再次体会到了这种愉悦感受。而这种愉悦可以通过测量法与机械论的方式得到，因此，古典时代的艺术家，特别是指建筑家、画家、音乐家、雕塑家，对于数学，特别是比例学说，以及与之有关的透视法，有一种钟爱。通过比例学说与透视法（它本质上是对空间的二维表达的比例的研究），这种感受可以被具体的复现，这种感受很快成为他们的美感。这种美感在15世纪中叶人文主义者阿尔伯蒂的著作中得到系统表达，他为了表述这种美感，从西塞罗的语汇中复活了“concinnitas”。

在解释艺术中的“美”是什么的时候？阿尔伯蒂认为：“有三项基本构成包含着我们所追求的所有：数字，我称之为比例，布局（numerus, finitio, collocatio）。除此之外，还另有一项起源于这些构成之间的相互连接与关系，它使得美的表面闪耀着奇妙的光辉；我们将它称之为和谐（concinnitas）。”其中最核心的观念是“concinnitas”，它是目的。这个古老的拉丁词汇，由于阿尔伯蒂的借用，成为文艺复兴的箴言之一，并且成为文艺复兴艺术之审美精神的代言。

关于这种美，阿尔伯蒂进一步解释道：“美是一个事物内部的各个部分之间，按照一个确定的数量、外观和位置，由大自然中那绝对的和根本性的规则，即和谐（concinnitas）所规定的一致与协调的形式。”正是这种美，铸就了我们所说的“文艺复兴风格”。

“concinnitas”还有一个姐妹，叫“decorum”，这个词在古罗马人的诗学著作中经常出现，比如贺拉斯、西塞罗、朗吉努斯等人。decorum是“decorus-a-um”这个形容词的中性单数（即decor-um），后来逐渐成为了名词。把“decorum”作为美学评论标准的经典论述来自西塞罗的《论义务》。这个词在汉语中曾被译为“合宜”。阿尔伯蒂认为事物之所以美，还在于它的适当性，即合宜（decorum），这个词指形式与内容的相适合，于是，阿尔伯蒂关于美的概念呈现出明确的两重性：美作为完美的比例与和谐；美作为适当性——换言之，即美是形式的协调相适，也是形式与内容的合宜。

“concinnitas”这个词的内涵，远比英文“harmony”和中文“和”所要表达的深邃，这个词有一种理想性和形而上学性，它要求形式所呈现出的整体感，形式的理想性甚至绝对性，以及构成形式的诸细节之间的和谐性，将这些要求统一起来，也要求内容与形式之间的合宜。这种要求成为“古典主义”艺术的精髓，它出现在彼得拉克的诗歌中，吉贝尔蒂的浮雕中，阿尔伯蒂的建筑中，达芬奇与拉斐尔与提香的绘画中，贝尼尼的雕塑中。一直到18、19世纪中期，我们在莫扎特的音乐中，在安格尔、布格罗的绘画中，罗丹的一部分雕塑中，还能感受到这种和谐。然而文化的浪漫化倾向，现代派的崛起，先锋运动，表现主义、后现代……，文化的狂躁症，内心中激荡的欲望，无节制的自我表现，过度的自由，形式上的新奇化与感官刺激，所有这些文化现代性的结果，使得我们丧失了感受“concinnitas”之心，而它也在艺术中渐渐远去，当代的艺术家中，少有人会认真研究与表现透视与比例吗？和谐精神的丧失，使得我们再也达不到古典艺术体现出的那种宁静悠远，和谐温润之美。

四、istoria——历史

这个词在意大利语中的意思就是“历史”，把这个词用在对造型艺术的描述上，这对于现代人而言，有点奇怪，但在五百年前，它却是对造型艺术的最高评价，是一个美学范畴。这个概念同样是由阿尔伯蒂引入艺术与审美之中的。

这个概念关系到艺术作品的内容问题。阿尔贝蒂针对15世纪中期已经在佛罗伦萨取得重大成果的绘画，提出了评价绘画的新尺度。他提出：“最伟大的画家的作品不是巨制，而是‘istoria’”，“istoria”在意大利语中的原义是“历史”，但内涵却较为丰富。阿尔伯蒂要求视觉艺术作品应当体现出“istoria”，这是对作品的内容的要求。从中世纪圣像画的传统来看，作品的象征性使得作品本身并不追求情感、意蕴、人物心灵、戏剧性等因素的表现，而美学上对和谐的追求也把形式美的法则放在首要地位，但是在15世纪文艺复兴的艺术作品中，艺术家们开始去表现情感、性格、意蕴等内在因素，并且刻意去表现具有戏剧性的事件与场景。总的说来这是造型艺术中写实性原则在艺术中的体现，是对象征性原则的超越。阿尔伯蒂对“istoria”的强调，就是这种写实性原则在理论上的表现。

在阿尔伯蒂看来，绘画不仅仅是记录事物的外在形体，而且要求表现出内在情感、个性、心灵性的内容，还有呈现出纪念碑式的意义和戏剧性的内容，其中最关键的，就是强调绘画中古典的和历史的精神、意蕴，以及表现对象人物的内在情感。他强调只有“istoria”，绘画才具有最高的审美价值，“‘istoria’可被赞扬和钦佩的长处在于它具有很令人惬意和愉快的吸引力，它能捕捉住有学问或无学问的人的目光去看它，而且感动他的灵魂。”而“istoria”

之所以能达到这种效果，就在于：（一）它表现事物的丰富性与多样性；（二）它呈现着人物与事件的高贵的一面，而不仅仅是外表；（三）它捕捉对象中特征性的与生命化的部分；（四）“istoria”要求情感的表达，也就是他所说的“灵魂的运动”。阿氏的“历史”作为对时代绘画创作的总结，也是对绘画的审美精神的历史奠基，这之中，绘画艺术甚至是造型艺术的宗教因素被世俗化为一种历史精神，或者一种“现实意识”，即无论绘画或者雕塑的标题是什么，它的内容实际上是一种对于现实的反映。这个概念可以说明为什么在19世纪，人们把文艺复兴艺术称之为写实主义艺术的产生。

这种意义的“历史”一词，从题材上要求绘画从古代神话或历史进行主题性创作，从效果上，要能像历史著作一样调动观众的情感反映。阿尔伯蒂要求绘画具有“istoria”的想法或许源自像马萨乔所创作的《三王来拜》这样的叙事性创作，而稍晚于阿尔伯蒂的画家波提切利曾以表现阿尔伯蒂的“历史”为宗旨创作了的寓言式绘画《阿佩利斯的诽谤》，在这样的作品中，艺术家所表现的所有情感、态度和姿态都遵从着符合人物以及场所的贴切性，观众对绘画的观看，有一种现场体验性，既辨识主人公与事件，又检验画家取得效果的手段，这说明，一种象征性主导的审美体验方式，被一种现实性主导的审美体验方式取代了。通过这种转变，读一部历史作品所获得的愉悦，与看一幅的愉悦就有了相通处。

阿尔伯蒂说：“绘画艺术总是具有最有价值的自由思想和高尚灵魂。”这应当是自古代时代以来对视觉艺术所作的最高的评价，这种评价既是对15世纪视觉艺术复兴的总结，也是对未来艺术的指引。如果我们把15世纪初中期的一些艺术家，如布鲁莱契内斯基、多那太罗、吉贝尔蒂、马萨乔等的作品与阿尔伯蒂的观念进行比较，就会发现，阿尔伯蒂想用“istoria”一词所描述的，恰恰是在佛罗伦萨产生的艺术新风格的理论表达。这种新风格要求艺术体现出对社会历史的反映性，体现出情感与细节的真实性，要求艺术作品给予读者真实感，要求造型艺术具有叙事性，这种对于艺术的要求，使得“istoria”成为最伟大艺术作品的标准。

阿尔伯蒂关于“istoria”的思想，代表着文艺复兴的新艺术对于基督教主导的造型艺术，如圣像画、祭坛画、圣徒像等艺术形式的超越，但这种超越在之后的几个世纪似乎不是问题了，因而自文艺复兴之后，人们不再用这个词对艺术作品进行评价。但这个词代表的写实精神，以及我们可以称之为现实主义审美精神的那种美感观念，却一直持续到19世纪后期的后期古典主义艺术，包括小说、戏剧与绘画，并且在20世纪的社会主义现实主义艺术观中，得以延续。“历史性与真实性统一”，成了“istoria”在过去三百年的实际内涵。然而这种艺术精神却在20世纪走向终结，自后期印象派之后，以及文学的现代派之后，这种对于社会历史内容的表达与细节真实的执着，被诸种表现主义的过度主观化取代了，艺术不再成为历史的一部分，而成为心灵自我表达的一种手段，无论在梵高、毕加索、米罗、康定斯基，还是达利、波洛克，亨利·摩尔，我们再也看不到可以用“istoria”来概括的那种艺术精神，文化的范式转变了，无可奈何！

五、diségno——设计

一件艺术作品与一件手工艺制品的根本区别在哪里？对这个问题的回答反映着一个时代的艺术观。16 世纪的人曾经用“disegno”这个词来概括这种区别，或者说，概括艺术作品的艺术性之所在，然而这个词的内涵却在四百年中发生了惊人的变化，并且最终被逐出了艺术。

“diségno”这个概念最早出现在 14 世纪初期意大利，人文主义者彼得拉克认为画家和雕塑家的创作活动的源头是相同的，都属于“diségno”。这个词在英语中最初被翻译成“drawing”（素描），后来变成了“design”（设计）。它有两层内涵：一层指的是诸如构图、设计与草图，由于在文艺复兴艺术中，构图与设计主要体现在素描阶段，因此这个词又直接指称“素描”；另一层内涵是指创意，指创作之前头脑中的观念、意图，泛指所有与具体创作活动结合在一起的理性反思与建构活动，在《意大利艺苑名人传》第一篇前言的开始部分瓦萨里讲到上帝在创造人类之前就已经有了“disegno”，此处显然是指构思或创意这类理性能力。这种能力在艺术家身上体现为手和脑的综合所实现的创造力，正是这种创造力，使得艺术和手工艺被区分开了。

这两层意思前者类似现代理解的设计或素描，而后者则是指存在于艺术家头脑中的一种先天的构思形式，及借助敏锐的判断力和精湛的技艺将其表现出来的过程。

这个词作为一个美学范畴的诞生，还有赖于 16 世纪的艺术家与艺术史家瓦萨里。1568 年瓦萨里在第二版《意大利艺苑名人传》的“导言”中宣布将绘画、雕塑和建筑三者的源头都是迪塞诺，或者迪塞诺是三者的本质之后，接着就给迪塞诺下了一个定义：

> 迪塞诺，作为我们这里所说的三种艺术——建筑、雕塑和绘画——之源头，是人类智力活动的产物。它从大量事物中获得一种类似自然万物之形式或理念的普遍判断力，就其范围及程度而言，这种判断力无疑是非凡的。……［然后］从这种认识活动中又产生出某种概念……其结果是某种意味深长的主题在心灵深处形成了，接着通过我们的手将这种东西表现出来，这就是迪塞诺。……这种迪塞诺不是别的，而是在内心深处逐渐形成的某种特定概念的清晰易见的表现和准确无误的陈述。当迪塞诺通过［一种普遍］判断力获得某种概念性的主题时，它紧接着就要求我们的双手要得到训练，这种训练是通过（使用水笔、银笔、炭笔或粉笔）描绘和表现自然已经创造出来的所有事物而进行的。因为，当各种概念和判断力（通过排除现象世界中的偶然事件）在认知中产生时，那双经过多年实践训练的手随同艺术家的学识一道共同使这些艺术（绘画、雕塑和建筑）的完美与卓越公布于世。

通过理性与判断力获得的意味深长的主题，而后经过技术化的手段传达出来，这就是艺术的本质。这个观念在19世纪的德国古典美学中得到深化，即便在今天也仍然具有说服力。

然而“disegno”所代表的那种在理性指引下的创造观在艺术的古典时代结束之后，特别是浪漫派兴起之后，渐渐被遗忘了。以绘画领域为例，文艺复兴时代的绘画方式，是以间接画法为主导的，画家先打素描稿，再对画面效果进行深入反思与调整，一直到自己满意，而后再创作油画稿，但当19世纪印象派兴起之后，直接画法大行其道，画家在画布上直接进行写生式的创作，不再单独进行素描式的构思，这看似是一个技法上的改变，却体现着对于艺术创造的新的认识——理性反思的过程，被写生式的、直觉式的创作取代，而20世纪的画家走出了更激烈的一步——当米罗或波洛克这样的画家进行创作时，他们根本不知道最终会画出什么，更不用说表现主义者的那种近乎涂鸦式的创作，理性几乎在这种艺术中退出了创作过程。这个现象在音乐领域（如即兴音乐、爵士乐），在雕塑领域，在舞蹈、戏剧、诗歌等艺术门类中，都大行其道，艺术创作的过程不再是一个“diségno”的过程，而成为一种直接的、即兴的、直觉式的过程，这或许更自由，但当大麻、酒精和精神病成为艺术创作的动因之后，当智力与学识与艺术创作无关的时候，这令人伤感，“diségno”精神的退场，就是理性在艺术创作中的退场。

在20世纪，迪塞诺被逐出了纯艺术的领域，变成了另一门应用型的艺术——设计，设计艺术由于和直接的功用目的结合着，因此保持着创作的理性过程，它要综合考虑目的、功能、效果、观看者的接受、传播方式甚至生产方式，这决定了设计是一门真正理性化的艺术，这门艺术恰恰是对迪塞诺这个概念的理性内涵的继承。正是由于设计艺术的大行其道，使得这个术语得以延续，从这个意义上讲，它是幸运的。另外四个概念，除了一小撮艺术史家，没人再把它们用于审美实践。必须承认，文化变了，观念变了，人们审美的方式，欣赏艺术的方式，都改变了，因此这些概念的消失，无可奈何。但思想史作为一个博物馆，必须保存那些有价值的人类精神追求，物质易变，精神永存。在我们这个时代，这些概念及其所代表的审美精神，值得我们重新回味，这或许就是我们这个时代所缺乏的，这也是这篇钩沉之旨。

第二节　“法国理论”在美国[1]

一、“知识欺诈”与“时尚胡言”

所谓“法国理论”，就其专门意义上言，指的应是过去将近半个世纪里，德里达、波德里亚、拉康、德勒兹和伽塔利、福柯、利奥塔、阿尔都塞、克里斯蒂娃，以及埃莱娜·西苏这

---

[1]　作者陆扬，原载《文艺理论研究》2013年第3期。

一批大家云谲波诡、天马行空的艰涩文字。法国的一位新锐作者，现为巴黎楠泰尔大学思想史教授的弗朗索瓦·库塞，2003 年著《法国理论：福柯、德里达、德勒兹公司怎样改造了美国的知识生活》一书，即作如是说。该书在过去十年里围绕“法国理论”反思展开的大量文献中崭露头角，2008 年出版的英译本，反过来成为“法国理论”本土的一个热门议题。按照库塞的看法，上面这些法国名字在它们的美国化旅途中，都是给“过度解码”了，反之它们的法国乡音，倒是日见遥远。而事实上，正是上个世纪末一个秋天发生的一场短暂论争，改变局势，使得这些当初是墙里开花墙外香的名字，终而在其本土也被认真看待起来。按照库塞的说法，大致从 20 世纪 80 年代开始，通观美国文化，从电子音乐到互联网、从概念艺术到主流电影，特别是从学术界到围绕文化与政治的种种论辩，莫不笼罩在上述法国名字的魅影之下，这些名字虽然是风起青萍之末，但是很快际会风云，扶摇直上，成就了在其本土永远没有企达的声名狼藉正统意识形态潜流。

但是一个转折性事件发生在 1997 年的 9 月。它是一年前闹剧“索卡尔事件”的余续。主人公是美国和比利时的两位物理学家：纽约大学的艾伦·索卡尔和鲁汶天主教大学的让·布里克蒙，两人联袂在巴黎出版了《知识欺诈》(*Impostures intellectuelles*) 一书，把战火直接烧到后现代的法国故乡。一年之后两位作者修订该书，复出英文版，易名为《时尚胡言》(*Fashionable Nonsense*)。知识欺诈也好，时尚胡言也好，顾名思义，显示的都是科学对人文的傲慢，假如我们割舍中规中矩的科学主义现代性理念，愿意把离经叛道的后现代话语视为人文正统的话。该书指责人文学者滥用科学和数学术语，鼓吹相对主义，否定真理价值，总而言之是冒充内行，陶醉于文字游戏。用当下流行的行话来说，就是“后现代主义”。库塞对这本书耿耿于怀的，不仅是两位作者判定所谓的后现代话语是一笔勾销了启蒙运动以降的理性主义传统，把科学仅仅视为一种“叙述”，一种“神话”，或者与所有人文话语不分仲伯的一种社会建构，更在于该书的炮火几乎是一股脑儿冲着法国的作者而来，诸如德勒兹、德里达、伽塔利、露西·伊利格瑞、拉康、布鲁诺·拉图尔、利奥塔、米歇尔·塞尔、保尔·维瑞利奥，以及还有大名鼎鼎的波德里亚、克里斯蒂娃和福柯。这些名字可不全都是“法国理论”的始作俑者！

在索卡尔和布里克蒙看来，正是上述“法国理论”的作者们信口开河乱用科学概念，结果是不但导致思想混乱，而且流于反理性主义和虚无主义，故而殊有必要在传播更广的英文版面世之前，先在“法国理论”的故乡来发表此书。由此来维护理性主义的经典和知识诚信，以其作为一切学术的基本准则。这当中的逻辑是清楚明白、一目了然的：假如文本读上去显得不知所云，那么它们确实就是不知所云。《知识欺诈》的两位作者果然是天遂人愿，这本书当时就在法国学界引起轩然大波，1997 年 9 月 30 日《世界报》发表职业书评家玛丽永·伦特根（Marion van Renterghem）的著名文章《美国人索卡尔面对法国思想的欺诈》，予以奋起回击。克里斯蒂娃也不甘示弱，指出这是一场针对法国知识界的阴谋，它充分暴露了大西洋彼岸的学术界，其实是有着一种“恐法症”。

这场从美国烧到法国，然后又烧向世界的论辩，连同在先围绕《社会文本》的索卡尔事件，酿成一场后来所谓的“科学大战”，值得注意的是，科学家对索卡尔和布里克蒙基本上持默认和支持态度，人文学界对于这本书的反应则是两极分化。批评者无非是指责《知识欺诈》和《时尚胡言》的两位作者对他们攻击的领域其实并不熟悉，所以书中断章取义、前后矛盾的地方比比皆是。可是支持索卡尔的也不乏人在。如哲学家和政论家雷维尔（Jean-Francois Revel）在同年10月的《观点》(*Le Point*）杂志上刊出《假先知》一文，批判后现代比之索卡尔和布里克蒙有过之而无不及，据他言，叫做“法国理论”的这些蠢东西显示的是种后现代的傲慢，它抹杀真与假、善与恶的差异，压根就是颠倒黑白。如德里达所为，无异于堕入当年的纳粹窠臼，对真正的左派在过去一个世纪里获得的成就视而不见。更有人指责布鲁诺·拉图尔的理论同墨索里尼是如出一辙。总而言之，索卡尔和布里克蒙在法国本土出版此书，合力批判可以用后现代主义一言以蔽之的哲学奇谭，可谓适当其时。

库塞对上面这一场今已似偃旗息鼓的名为科学大战，实为法美大战的纷争，有两点深切感受。其一是从70年代开始的法国和美国主流思想界的理论分歧，如今将战火烧到了法国本土。而反过来，这把火又再次烧回大洋彼岸，在美国高校里再次燃起理论的热情。其二则是感慨法国评论界对于索卡尔和布里克蒙的反击，其实是误读的厉害。盖因两人与其说是在向法国的思想家们全面宣战，不如说是针对美国高校发泄不满。即是说，紧紧跟风上面这些法国大佬，导致了美国高校里的学术“衰退”。法国读者对于当今流行的这许许多多后现代术语的了解，诸如文化研究、建构主义、后人文主义、多元文化主义、经典战争、解构，以及政治正确等等，大抵多是捕风捉影、蜻蜓点水，不识其中“真义”。而这个真义在库塞看来，是和20世纪最后30年里美国高校整个儿的学术大动荡，紧密联系在一起的。它所涉及的，并不仅仅是人文领域。

进一步看，库塞认为这些时兴术语的出现，追根溯源同学术与政治的曲折结盟还大有关系。所以话语并不仅仅是文本所言，话语即出，必势在颠覆。这也直接导致国家及其多元身份认同之间的张力。它可以说是间接解释了“9·11”事件之后，新帝国主义和新保守主义的崛起，以及左派制衡力量的疲弱。如此来看“法国理论”的新近美国遭际，便也豁然开朗：

> 这就是“法国理论”这个奇特概念的赌注，故此也是眼下这本书的目标：揭示法国文本与美国读者之间甚至我们也不能幸免，而且延伸至今的一种创造性的误解，探讨它的知识谱系及其效应。这是一种名副其实的结构性的误解，即是说，它不光是简单指向一种误释，而且指向法国和美国知识领域之间内部组织的差异。

要之，当务之急便不在于如何根据文本的“真理”来判断此种误解误读，而是来深入探讨这类有意无意的误解误读当中出其不意的诡谲内涵。这就说来话长了。

二、霍普金斯会议

我们可以从“法国理论”在美国的历史说起。一般来说这段历史可以把起点定位在结构主义在大洋彼岸美国的全面登陆。再往前看，或许可以上溯到萨特存在主义在美国的接受。如现执教蒙特利尔大学的加拿大学者米歇尔·彼埃森斯（Michel Pierssens），即作如是观。彼埃森斯在美国教学多年，且撰文参与过围绕“索卡尔事件”的论争。在论及“法国理论在北美”这个话题时，他就认为法国理论在美国的出现要早于20世纪60年代。故现在来谈“法国理论”，第一个名字应该是萨特。

在库塞看来，“法国理论”在美国甚至有一个三阶段的“史前史”。第一个阶段是1940—1945年纳粹占领法国期间，流亡到新大陆的法国艺术家和哲学家。这段历史同德国法兰克福学派的美国经历颇有相似处，但是理论成果和影响显然是大不相同。第二个阶段是战后法国思想三大流派的美国之旅，它们分别是超现实主义、萨特存在主义，以及年鉴学派。但是说到底，“法国理论”进入美国的标志性事件，是在这段“史前史”的第三个阶段，即1966年在约翰·霍普金斯大学召开的研讨会。

1966年应是法国的结构主义之年。这一年出版了罗兰·巴特的《批评与真理》、拉康的《文集》，以及福柯的《词与物》。一些结构主义口头禅诸如“人之死”“范式转移”等等，都堂而皇之出现在主流媒体的头版上面。在美国，同年列维-斯特劳斯《野蛮的心灵》英译本出版，《耶鲁法国研究》杂志出了一期结构主义专刊。但是两者都反应平平。正是基于结构主义在美国这一波澜不兴的现状，约翰·霍普金斯大学的两位教授理查·迈克希（Richard Macksey）和尤金尼奥·多纳托（Eugenio Donato），突发奇想，邀来法国结构主义一线人物，在福特基金资助下，于10月18日至21日在巴尔的摩校园召开了题为《批评语言与人的科学》的研讨会。百余人规模的会议上，最引人注目的无疑是到场的十位法国明星。他们是巴特、德里达、拉康、勒内·吉拉德、希波利特、戈德曼、莫哈泽、普莱、托多洛夫，以及让·比埃尔·韦尔南。就在是次会议上德里达结识德曼，说来也巧，两人此时都对卢梭《论语言的起源》深感兴趣。后来同样成为“耶鲁学派”核心人物的希利斯·米勒，当时坐在会议的听众席上。

后人忆及此次盛会，一般会提及德里达对列维-斯特劳斯的发难，由此将是会看做解构主义阴差阳错进入美国的起点。但事实是几乎每一场演讲都有尖锐争论。如普莱坚持文学想象，反对巴特的结构分析；戈德曼在文本的“社会化”方面，则有意识同德里达拉开了距离；希波利特开讲提出的问题后来广为传布：在我们的时代来谈黑格尔是不是太晚了一点？但是说到底，这次研讨会上出尽风头的终究还是两位结构主义新星：罗兰·巴特和雅克·德里达。

巴特的演讲是《写作：一个不及物动词?》。德里达的发言《人文科学话语中的结构、符合与游戏》，则更以破解结构主义为人瞩目。这篇被认为是了解解构理论不可不读的文章，有一个明确的靶子，它就是列维–斯特劳斯的结构主义人类学。结构意味着有一个中心，但列维–斯特劳斯本人的文字，据德里达分析，又恰恰可以证明这个中心并不存在。这便是逻各斯中心主义之自我解构的绝好例子。德里达说，他之所以选定列维–斯特劳斯来作解构，不仅仅是因为人类文化学在人文科学中占据了特殊重要的位置，更因为列维–斯特劳斯的著作中，有一种明显的自我解构的倾向，而这一倾向直接关系到对传统语言的批判，也关系到此一批判的语言在社会科学中的地位。德里达没有无的放矢信口开河，这次研讨会的议题，就是“批评语言与人的科学”。三十余年之后库塞这样总结这次会议的“德里达”效应：

问题很清楚：这个崇高的结构主义以及它给冲淡了的股份，美国大学一向只知晓它的叙事学版式，如热奈特和托多洛夫，如今它该被我们抛诸脑后，来迎接一个游戏更甚的“后结构主义”了。虽然这个词直到1970年代初叶方才出现，但是1966年约翰·霍普金斯大学研讨会上，到场的所有美国人都意识到，他们刚刚出席了它公开诞生的现场表演。

由此可见，约翰·霍普金斯大学当初迎接法国结构主义主流理论的夙愿基本上是不了了之。它鬼使神差是悄悄开启了一个先是叫做后结构主义，然后叫做解构主义的新时代。并且最终形成了约翰·霍普金斯大学、康奈尔大学和耶鲁大学这个解构主义重镇的“金三角”。也许后来将1966年的约翰·霍普金斯大学研讨会追记为解构主义进军美国的起点，未必名副其实，因为当时的话题是结构主义，大家还不清楚解构主义究竟是什么东西。甚至在之后的十年之中，业已在新大陆安营扎寨的“法国理论”，很大程度上也还是纠缠在结构主义与后结构主义分与不分，以及如何分界的迷惘之中。比如拉康、福柯、德里达有一阵子身份是疑神疑鬼的结构主义者，可是一转眼，就变成了巴黎后结构主义的三驾马车。又如罗兰·巴特，其身份从结构主义向后结构主义的转化发生在何时?是不是该以他1970年出版的《S/Z》为分界线?可是，乔纳森·卡勒，这位美国“法国理论”三大重镇之一康奈尔大学的比较文学掌门人，在他普及解构主义功不可没的《论解构》一书中，明确告诉我们，早在巴特1964年《批评文集》的重要序言中，已经出现了强烈的“后结构主义”兴趣。卡勒本人这样交代解构主义在美国的接受：

解构主义被人形形色色地描述为一种哲学立场，一种政治或思维策略和阅读模式。文学或文学理论专业的学生，最感兴趣的无疑是它作为一种阅读和阐释方法的力量了。但是，倘若我们的目标是描述并估价文学研究中的解构实践，那么这也是一个充分理由先宕开一笔，暂从解构作为一种哲学策略说起。

这可见，解构主义在美国，然后向全球漫延的接受模式，首先是“作为一种阅读和阐释方法的力量”。换言之，它是文学批评不断涤古革新、改朝换代的最新版式，即便德里达从来没有怀疑过自己的哲学家身份。

三、杂志的功绩

库塞称他追记“法国理论”在美国的旅途，所采用的方法不是去硬性打开文本的“黑匣子”，而是注重描述符号的社会流通、引文的政治运用，以及概念的文化生产。事实是，法国理论的旅行在其出发起点和接受终点，很少见到同质同步的局面。如法国哲学家进口美国，是文学界在做不懈努力；革命问题到了美国，变相跟少数族裔话语混合起来；伽里玛和午夜这些大牌出版社的作者，到美国则成了大学出版社和一些边缘出版商的常客。这一切，都足以显示理论的一种创造性的不对称传播。

“法国理论”在美国的最早传播中，杂志的功绩值得纪念。这些刊物最初常常是简陋的油印本，用订书机装订后在课堂和会议上手手相传。一些新锐法国文本，最初就出现这等场合。几乎是在同一时期，斯图亚特·霍尔大名鼎鼎的《电视话语的制码解码》，最初形式也是流传在伯明翰中心内部的油印文本。这些大多出自于年轻人手笔的“法国理论”的最初翻译，质量叫人不敢恭维。它们有时候是著作的节选，有时候是作者的随机性访谈，因为没有版权，大抵只能在法文系的课堂内外私下交流。这一切与结构主义流行前夕，包括 1960 年创办的《传播》、1966 年创办的《语言》、1970 年创办的《诗学》等等一批法国本土的学术刊物，走过的路径大不相同，显示了业余与专业的鲜明对比。特别是得名于《如实》(*Tel Quel*) 杂志的“泰凯尔”团体，其对法国文学和文化理论产生的那种引领潮流的深刻影响，在美国基本上难见其匹。

美国当年致力于引进“法国理论”的杂志，库塞注意到一批左翼刊物，如《党派评论》(*Partisan Review*) 和《泰劳斯》(*Telos*) 等，倾向于将上述“法国理论”的干将们，表述为一批非正统的法国马克思主义新作者，如波德里亚被描述为摧枯拉朽的法兰克福学派继承人；质问福柯对阿狄卡监狱的观感，以及对美国刑罚制度的危机有何感想；至于利奥塔，则成了阿多诺的“利比多”式批判者。库塞强调说，就在大体 12 年间，围绕“法国理论”的登陆，有包括《字符》(*Glyph*)、《疆界 2》(*Boundary 2*) 等在内的 16 家新杂志冒将出来。这些刊物大都开宗明义，不遗余力从欧洲引入新思想和新范式，是以德里达的解中心、福柯的社会控制、利奥塔的冲动装置，以及德勒兹与伽塔利的精神分裂等等，一时成为常新不败的话题。

库塞以三家杂志为引进“法国理论”的先驱刊物。除了后文的《符号文本》，其他两家都是 1971 年分别在法文系创办：康奈尔大学的《析辨》(*Diacritics*)，和威斯康星大学的《潜姿态》(*SubStance*)。我们不难发现，这些新锐杂志的刊名大都起得奇形怪状，用德里达的术语来说，它们充满了潜文本的延异和播撒态势，怎样恰如其分译成中文，都叫人伤透脑筋。《析辨》杂志面世之初，拜斯坦纳同福柯的生动交流，赢来了一个开门红。福柯的《词与物》英译本 1970 年出版，1971 年 2 月，法裔批评家乔治·斯坦纳（George Stainer）在《纽约时报书评》上撰文《名流时刻》，给予尖锐评论。紧接着，《析辨》创刊号刊出福柯的答辩《批评中的怪物》，第 2 期又刊出斯坦纳的再答辩《斯坦纳答福柯》。此刊后来又同解构主义打得火热。分别发表过德里达《论文字学》的书评，哈罗德·布鲁姆、保尔·德曼的解构高论，以及论阿尔托和拉康的文章。不过同其他刊物相似，《析辨》也渐而从主打拉康—德里达牌，转移到德勒兹-利奥塔的社会颠覆模式。1973 年夏季号上，《析辨》封底上刊印过一首打油诗：

> 在请进病人之前，拉康博士，请告诉我们
> 列维-斯特拉斯、德里达和德曼的最新动向……
> 黑格尔之后辩证的东西还能结构吗？
> 名称的物化真的能替代面包圈吗？
> 能指是不是果真就意味着所指呢？
> 噢妈的！拉康，你的病人自杀啦！

这首叫人忍俊不禁的打油诗也许可以读作一个风向标。它是不是意味着抛弃“漂浮的能指”“文本之外一无所有”这类后结构主义标识，再次重申文本的言外之意？也许就像打油诗一样本身不过是文字游戏，它说到底还是彰显了一切法国新锐理论的游戏作风？

《潜姿态》同样将传布法国先锋思潮引为己任，也一样经历了传播重心的“德勒兹转向”，从最初三年里鼎力介绍索绪尔、克里斯蒂娃、德里达和法国结构主义，渐而转向对德勒兹和伽塔利的“精神分裂症分析”和“反俄狄浦斯”理论的介绍。1976 年它的弗洛伊德批判引人瞩目，次年又转向阿尔托。1978 年它出了一期德勒兹与福柯专辑，“边缘政治”一时跃居中心。包括刊布了福柯《性史》的最早英译节选。很显然，这一切都与后结构主义热衷的文本理论渐行渐远了。此外，1976 年在约翰·霍普金斯大学创办的《字符》杂志，扉页上就赫然在宣示它的两大主旨：其一是质疑“表征与文本性”，其二是探究“美国与大陆批评科学的对抗”。同所有的此类刊物相似，大家一开始的话题似乎都是德里达，但是后来《字符》也尝试运用解构批评，来分析过麦尔维尔和歌德的小说。又《社会文本》，这家后来被索卡尔狠狠耍了一把的人文杂志，系 1979 年在杜克大学由社会学家斯坦利·阿诺罗维兹与日后成为中国后现代教父的詹姆逊创办。这家大刊稿源丰富，坚持其左派文化定位，目光并不紧盯着文学理论。故除了德塞都、福柯等“法国理论”的文本，它还刊发过美国本土理论家赛义德和康内

尔·韦斯特（Cornel West）等人的文字。对于1974年在芝加哥大学创办的《批评探索》，库塞的评价是，它一方面围绕福柯的论争，发表了斯坦利·费希和保尔·德曼的开拓性文章，一方面又注意保留下来对话姿态，重历史而轻政治，是以能出人意表地将加缪、博尔赫斯、艺术中的女性主义这类题材一并收入罟中。

但是“法国理论”假媒体畅销美国，第一功公推法国哲学家西尔维尔·罗特林奇（Sylvère Lotringer）1974年在哥伦比亚大学创办的《符号文本》杂志。这本后来发展成出版名牌的大刊，首先刊物的名字*Semiotext*（*e*）就有讲究，它是将“符号学”（semiotics）与“文本”（text）两个词对接，后缀加上一个括号中的e，显示杂志最初的双语性质。说到底，这个别出心裁的刊名，显示的还是一种符号学的解构态势。罗特林奇1970年到美国，1972年在哥伦比亚大学法文系得到终身教职。哥伦比亚大学的里德讲堂（Reid Hall）接待过罗兰·巴德、德里达、波伏娃等法国名家，向以法美交流的桥头堡著称。在此授课的罗特林奇本人，也亲自邀请过伽塔利、热内特和拉康来此做过讲演。这一切都使《符号文本》的面世变得水到渠成。草创之初的杂志班子共有十人，大都是罗特林奇的学生。十个人每人凑了50美元作为启动资金。经过筹备，1975年围绕监狱和癫狂话题，以《精神分裂症—文化》（*Schizo-culture*）为题的第一次“法国理论”研讨会拉开帷幕，德勒兹、伽塔利、福柯和利奥塔均到场演讲。这些已故的大师们，如今都是*Semiotext*（*e*）出版社重版目录中的主干。

罗特林奇推广“法国理论”的时代背景，一般认为是60年代法国马克思主义的热情消退之后，理论界不复从阶级斗争中获得灵感，转而向资本主义内在机制中寻找颠覆动因。如是在致力于系统引进“法国理论”的罗特林奇看来，美国新大陆正是实践此一理念的最好场地。罗特林奇曾经在纽约的西村同约翰·凯奇对弈，后者的《4分33秒》一类先锋实验性作品，其离经叛道肯定不下后来的“法国理论”。对弈中他感觉到梭罗、尼采和后结构主义息息相通。在不满法兰克福学派后续以及美国左派之余，罗特林奇决定独立引进流动不居，如根茎般枝桠蔓延的法国新锐思想，故早在杂志创办之前，先是德勒兹、伽塔利和福柯，然后罗特林奇又将文化理论家维瑞里奥（Paul Virilio）的“速度学”（dromology）概念和波德里亚的消费文化理论，引进了美国的政治话语。

《符号文本》第一期是索绪尔专辑。但重点是罗特林奇在日内瓦图书馆发现的一篇索绪尔晦涩手稿《回文字谜》（*Anagrams*）。如此读者实际上看到两个索绪尔。一个索绪尔是语言学大师，另一个索绪尔却在引诱人一头钻进文字游戏，进而来怀疑语言符号。1976年起，它又分别出过巴塔耶、《反俄狄浦斯》、尼采，以及“精神分裂症—文化”专辑。就像《析辨》和《潜姿态》杂志一样，《符号文本》也是成就了一个完美的德勒兹与伽塔利转向。1983年，罗特林奇联手自治传媒（Autonomedia）出版社，开始出版他起名为“外来物”（Foreign Agents）的“小黑书”丛书。丛书第一辑推出的《仿真》《纯粹战争》《在线》三书，当时就一路畅销，大获成功。其中《仿真》是罗特林奇编译波德利亚《符号交换与死亡》及《拟像与仿真》两书而成,《纯粹战争》系罗特林奇同“速度哲学家”维瑞里奥的长篇访谈,《在线》则系德勒兹与伽塔利的文集。尤其是《仿真》,它成为1999年基努·李维斯经典电影《黑客帝国》的直接理论后援。这套丛书以后在源源不断生产出来,当仁不让成为“法国理论”介入美国的第一通衢。库塞给予罗特里奇这样的评价:

> 因此,西尔维尔·罗特里奇在法国理论的传播方面,也许就是冲锋陷阵的第一人,任何其他人等都望尘莫及。他时时遭受着灭顶之灾的威胁,在支持和讽刺的夹缝当中艰难生存,同时顶住了双管齐下的制度化巨大压力:其一是走向一个丰富多彩的美国路线生活世界,其间理论动因与生活经验永远和谐共鸣;其二是走进游戏者与赌徒的轻松天地,内心里只觉得天降大任于斯人,可是压根就无法功成。

罗特里奇之所以得到库塞的高度评价,一个重要的原因是他终究是周旋下来学院抑或游戏的两难选择。罗特里奇一直保留了他在哥伦比亚大学的教职,同时始终同后来被哈罗德·布鲁姆叫做“憎恨学派”的敌视经典立场保持了相当距离;他是“法国理论”在美国的第一批传播者,可是一转眼又来谴责铺天盖地的新概念过度阐释。由此可见,“法国理论”在美国必走学院路线,否则它不成其为“法国理论”。

回到库塞的《“法国理论”在美国》,作者认为解构主义同马克思主义的碰撞可以说是改变了美国的学院生活。它使“法国理论”不复仅仅是一种先锋话语,一种时尚堆积,或者文学研究中的某一种奇迹工具,而是意识形态的众矢之的,说到底,它是一个用新潮话语铺设的政治舞台。应当说,库塞的这个评价,是恰如其分的。

第三节 《乌托邦》的宗教维度与中国当下小说信仰救赎的可能[1]

一、《乌托邦》的宗教神学根基

2016年是英国著名思想家与政治家托马斯·莫尔(1478—1535)的《乌托邦》发表500周年。国内对他的纪念侧重于社会主义的思想发展史,延续之前长期将他定位为“空想社会主义”者的结论,鲜有对他作为“一个献身于自己的宗教和原则的殉道士”角度的描述。实则托马斯·莫尔在世时曾遭英王亨利八世报复,被控告犯了叛国罪,后又因拒绝宣誓承认英王为教会首领,于1535年7月7日被处死刑。至1886年,天主教会将之列入“殉道者”之林中,追封莫尔为圣徒。莫尔接受过系统的神学训练,又深研奥古斯丁,作为一位被誉为

[1] 作者张蕴艳,原载《探索与争鸣》2016年第12期。

“英伦三岛有史以来最有德行的人”，一位圣徒，他在其名垂史册的巨著《乌托邦》中留下了很多关于宗教与社会的沉思。令人遗憾的是商务印书馆出版的《乌托邦》中译本中，无论是该书译者戴镏龄还是该书附录中苏联科学院院士维·彼·沃尔金的《〈乌托邦〉的历史意义》一文的翻译单位“中国人民大学编译室”，都有意无意地忽略或曲解了该书对乌托邦社会宗教价值的认识。举例来说，《乌托邦》一书分两部分，第一部是“杰出人物拉斐尔·希斯拉德关于某一个国家理想盛世的谈话，由英国名城伦敦的公民和行政司法长官、知名人士托马斯·莫尔转述”，侧重对现实社会的批判；第二部是“拉斐尔·希斯拉德关于某一个国家理想盛世的谈话，由伦敦公民和行政司法长官托马斯·莫尔转述”，侧重对理想的与完美的社会的描摹。它包括八个部分：一是“关于城市，特别是亚马乌罗提城”；二是“关于官员”；三是“关于职业”；四是“关于社交生活”；五是“关于乌托邦人的旅行等等”；六是“关于奴隶等等”；七是“关于战争”；八是“关于乌托邦人的宗教”。但在该书中译本《序言》中，译者戴镏龄将作者关于未来完美社会的设想仅仅分为六部分：财产公有、生产劳动、务农为本、城市规划、卫生健康、学术研究。姑且不论这种重新整合的分类整体上或局部是否符合原著第二部分的八个分类的原貌，仅就宗教部分而言，原著宗教部分的论著起着统领全书的灵魂的作用，也是压轴重戏，但是《序言》中将此部分完全取消了，仅在译者整合分类后的第六部分“学术研究”中，用一句话提到教士在社会公共道德教育方面的作用：“教士在这方面，起有一定的作用，而更重要的似乎是，全体国民彼此观摩，互相激励，做到自觉地遵守纪律，维护公共利益。”所以严格说只提到半句。这就严重扭曲了《乌托邦》一书的本意，也抹杀了宗教超越世俗学术研究的独立的意义。

翻译界是这样，那么学术界如何？通览中国知网上关于莫尔或《乌托邦》一书与宗教的关系的研究，数量是非常有限的，且大都集中于2000年之后，比如王加丰、赵林、李安、杨晓雅、赵宁、黄凌等学者的文章，这些文章探讨了莫尔与宗教的关系，莫尔的基督教人文主义宗教观、莫尔的宗教思想与古典传统，莫尔宗教观中的矛盾与悖论，莫尔对马丁·路德的态度，莫尔与伊拉斯谟、奥古斯丁的思想渊源，莫尔的基督徒身份、天主教徒身份甚至异教徒身份的辨析，《乌托邦》与《上帝之城》等基督教典籍的关系，等等，是较有学术分量的作品，也因此辨明了莫尔和《乌托邦》的宗教烙印，某种程度上是对之前占据学术思想界主流的漠视《乌托邦》一书宗教内容的倾向的反拨。

实际上，通读莫尔《乌托邦》全书，宗教是非常重要的甚至是最重要的建构社会方案中的元素，在莫尔笔下的乌托邦社会，宗教占据统治地位，因为宗教信仰是乌托邦人效忠公共秩序的重要动力，一个不相信天命和灵魂不死的人，是不被乌托邦人所信任的。“即使不赞成基督教义的乌托邦人，既不阻止别人信从，也不侵犯已经信从的人”，乌托普国王容许每个人选择自己的信仰，但一个例外是“他严禁任何人降低人的尊严，竟至相信灵魂随肉体消灭，或相信世界受盲目的摆布而不是由神意支配。因此乌托邦人的信仰是，人死后有过的必受罚，有德的必受赏。如有人有不同看法，乌托邦人甚至认为他不配做人，因为他把自己灵魂的崇高本质降到和兽类的粗鄙躯体一般无二。他们更不承认这种人是乌托邦公民，因为如果不是他还有所忌惮的话，一切法律和惯例都将对他无用处”。所以宗教信仰在乌托邦社会，既关乎人的尊严与灵魂的高贵，也确保了法律秩序与社会理性，人文主义、理性与信仰的价值在乌托邦社会不但不冲突反而在对神的敬畏下相得益彰，对神的敬畏与虔诚是善行实践的最大的、“几乎是唯一的激励”与动力。对乌托邦人而言，神是万物的创造者，也是一切幸福的给予者。但“幸福”与“快乐”不同，只有正当高尚的快乐才称得上“幸福”。“德行引导我们的自然本性趋向正当高尚的快乐，如同趋向至善一般。”乌托邦人的“至善”，就是符合自然的生活。“上帝创造人正是为了使其这样地生活。乌托邦人说，一个人在追求什么和避免什么的问题上如果服从理性的吩咐，那就是遵循自然的指导”，因为上帝就是自然本身；“理性首先是在人们身上燃起对上帝的爱和敬”，“其次，理性劝告和敦促我们过尽量免除忧虑和尽量充满快乐的生活；并且，从爱吾同胞这个理由出发，帮助其他所有的人也达到上面的目标”。这就合乎人所特有的德行即人道主义的目标。由此，敬神、理性、德行与人道就结合成一个有机的整体。作为受造物的人是从上帝的意思而行，作为受造物的国家与社会同样要遵循神的道：“如果比起他的国家和信仰还有更美好的并且是更为神所赞许的，他就祈求神慈悲为怀，让他有所了解，因为他情愿遵循神所指引的任何道路。可是如果他这个国家的形式是最好的，他的信仰是最真正的，那么，他就祈求神使他坚定不移，并引导其他所有的人同样过这种生活，同样抱这种关于神的观念，除非各种不同的信仰有给神的不可思议的意志以喜悦之处”。所以，一切国家制度与法律的设置，在乌托邦社会都有个基本的准则：即是否蒙神的悦纳，神悦纳的，就遵守，神不悦纳的，就祈祷将之挪去，不要冒犯神，偏离神的道。

当这一统领全书的灵魂部分被忽略，被遮蔽，乌托邦降格为完全世俗化的社会政治理想与实践，那么，它引起的混乱、失序乃至灾难是不言而喻的，也是被人类社会后来的各种乌托邦实践所证实了的。因为抽离了乌托邦社会安身立命的精神根基，乌托邦就注定沦落为抽象的“空想”与阿里斯托芬所说的荒诞的“梦的国家”。今天回顾《乌托邦》一书的宗教信仰维度，实是希望追本溯源，拓清某种长期弥漫的思想史迷雾，以便更好地清理乌托邦思想与乌托邦实践的精神遗产。已有论者指出，将“Utopian Socialism”译作“空想社会主义”是有些不妥当的，也有学者如刘麟生并不采用“空想”一词来称呼“乌托邦”，因为“乌托邦”理想包含很多正面的、积极的意义。“空想”一词无法传递“乌托邦”与“乌托邦意识”等词汇的功能。正如恩斯特·布洛赫所言，为了人们在“经历过的黑暗瞬间”能最接近地渗透“乌托邦意识”，需要研磨历练“‘乌托邦意识’这一最强的望远镜”，“乌托邦意识是最直接的直接性，恰恰在这个直接性里蕴藏着人的‘存在状态’（Sich-Befinden）和‘此在’（Da-Sein）的核心，同时还蕴藏着世界秘密的全部纽结”，也即，“乌托邦”的意识是关于未来的意识，但又最切近对现在的解读，“乌托邦意识”能在最近处发现未被现实照亮的方面。塑造“乌托邦意识”，意味着人们要建构发展各种“愿望图像和计划”，同时想象力也需要乌托邦功能的渗透。恩斯特·布洛赫甚至还认为，莫尔的《乌托邦》仅仅是提出了一种“社会乌托邦”的概念，是远远不够的，而且乌托邦概念不应被缩小为“国家小说”，也“不应当用托马斯·莫尔的方式限制乌托邦事物，或者仅仅根据他的乌托邦把握乌托邦事物”。莫尔的理想于中国本土意识形态而言已经是一种不切实际的“空想”了，布洛赫竟然还寄予了乌托邦概念比莫尔更多的意涵，这可如何理解为好？其实已有的研究也已显示，恩斯特·布洛赫的乌托邦思想经历过从早期到后期的转变，早期以他的《乌托邦精神》为代表，后期以他的《希望的原理》为代表。一般认为《希望的原理》更能代表布洛赫成熟时期的思想，是对《乌托邦精神》的扬弃的结果，即由一种“抽象乌托邦”到“具体乌托邦”的转变。“具体乌托邦”和“抽象乌托邦”之间许是一种异质性的存在。“抽象乌托邦”是“乌托邦主义”的，与“空想社会主义”为伍，而“具体乌托邦”则与“抽象乌托邦”对立，是“面向世界”的一种超越，是一种过程哲学，希望哲学。因而布洛赫认为，“希望”即是一种“乌托邦意识”，它与“虚无”相对立，恰如死亡对乌托邦的反击。若以布洛赫的希望原理衡量，莫尔在乌托邦的精神维度上的探索已然是不充分的，更遑论中国本土学界对莫尔的乌托邦概念的精神维度与神性前提的抹杀与取消。简而言之，也即：同样是针对莫尔的“乌托邦”概念，布洛赫觉得它在精神与意识层面未充分展开，所以显得抽象；而中国本土学界则认为他谈得多了，所以沦为“空想”。

二、当下中国小说创作中“异托邦”式的存在

无论是莫尔的《乌托邦》、恩斯特·布洛赫的《希望的原理》等乌托邦思想巨著，还是圣西门等空想社会主义者对乌托邦社会的想象，或哈耶克、波普尔等人对乌托邦的极力批判以及马尔库塞和阿多诺等的有限批判，或者威廉·莫里斯的《乌有乡消息》、乔治·奥威尔的《1984》、赫胥黎的《美丽新世界》、扎米亚京的《我们》等乌托邦与反乌托邦的小说实践，从哲学范畴到社会政治领域或美学、文学实践，乌托邦都是人类知识谱系中无法回避的一块界碑，乌托邦思想也给我们提供了想象、思考乌托邦的多种可能。人类到底应该将历史上“乌托邦岛国”的社会想象与话语具象化呢，还是决然拒绝关于未来的“蓝图”与偶像崇拜，抑或在拒绝将未来具象化的同时继承、发展“乌托邦精神”的超越性？这是中国当代文化与文学亟须回应的命题。笔者注意到当下中国的某些以“发展”为主题的小说，都试图引入乌托邦的这样一种救赎意识，但又呈未完成的粗糙状态，我将之称为“拟乌托邦”式的“超越”或“异托邦”式的存在。下面就以阎连科《受活》《丁庄梦》《炸裂志》为例，来观察这种“超越”或未完成时态。

以阎连科的所谓“神实主义”小说为例，他的《日光流年》《受活》《丁庄梦》《炸裂志》等几乎都虚构了一个虚实相生的“拟乌托邦”式或“异托邦”式的社会。所谓“拟乌托邦”是

指它与传统经典意义上的“乌托邦”相比较而言的，形式上，仍具有经典“乌托邦”的某些特征，如将“乌托邦”奠基于对完善的美好的社会的想象，但另一方面，内涵上又距这个虚构的社会想象甚远，甚至更具“反乌托邦”的价值，但它又与奥威尔的《1984》等“反乌托邦”小说对乌托邦传统与乌托邦精神超越性的双向拒绝不同，与“反乌托邦”小说将出路指向对社会现实的彻底批判不同，其寻求救赎的路径依赖还在于“乌托邦”的超越方式。这一“拟乌托邦”的概念，也不同于赫茨勒《乌托邦思想史》中所谓的“拟乌托邦”，即不同于古典的、理想与现实之间存在着鸿沟的“乌托邦”，那种现代的实体“乌托邦”试图依靠某种理想，付之于一定的社会改革机构中，以进行社会改造的思想的“乌托邦”，它是在社会实践层面对“乌托邦”精神与思想的实施。而笔者所指的“拟乌托邦”仅是指在文学文本层面对传统经典意义上的“乌托邦”的一种模拟或者戏仿。“异托邦”则指“乌托邦”的某种变异或异化形式，“乌托邦”社会的美好在“异托邦”社会已不复存在，甚至它是污秽丑陋的一个异境社会。比如《受活》中受活庄的创世神话及虚构的残疾人的世外桃源，就是一个陷入圆全与残缺怪圈的“拟乌托邦”。小说中的“圆全人”必须先自残才能进入受活世界。与受活庄的“拟乌托邦”社会还保留一种“圆全”的愿望图像不同，阎连科的《丁庄梦》则虚拟了一个类同于“异托邦”的村庄，丁庄艾滋病村，与其说它是“拟乌托邦”的不如说它更像是“拟现实的”，与现实的不同在于，现实比小说更残酷，因而也更具死亡与虚无气象，小说中的种种温情流露反而显得它是不那么“反乌托邦”的，它只是呈现了一个“异托邦”的异境空间。比如小说最动情之处，是两个同样处于艾滋病晚期的奄奄一息的情人，他们克服婚外恋的事实和障碍后结合在一起，历尽艰辛，最后女方在自身身体已经好转的情况下，为减轻男人高烧的病痛，深夜一次次跑出屋外用冰冷的井水浇身，然后回屋用自己冰凉的身体给自己心爱的男人降温，第二天先男人而去。这样的爱情与亲情的确起到了点染并消解小说中与现实同构的那些悲剧故事的悲惨意味，但这种世俗的情感是否可能参透现实，拯救那些黑暗瞬间，却是令人生疑的，阎连科此小说的结尾也未企图给出这样的救赎答案，他反而紧接这个动情故事之后叙述了另一个不堪的为了世俗功利目的而充满欺骗的故事。所以从“乌托邦意识”角度看，它是不典型的，也是未完成的；阎连科的《炸裂志》则可看作是《受活》中“拟乌托邦”实践的一个续集，同时炸裂村也更像是“异托邦”的异境空间，或者说是“受活村”的异化的延续。它把篇幅更多地放在讲述“文革”后改革开放30年间的“发展”的故事上。故事以“主笔者”撰写炸裂市地方志开始，暗示了其同时作为故事讲述者与话语权威者的身份。故事主体从第二章“社会村（1）”1949年新中国成立开始，交代孔家与朱家世代冤仇的渊源，从土改时期的利益瓜分开始，至“文革”时期形成孔、朱两大派系，以阶级斗争的名义行宗族斗争之实，以孔家第二代孔东德重刑入狱暂告一段落，直至“文革”后出狱，毛泽东时代结束，邓小平时代开始，计划经济体制被市场经济所取代，掀开炸裂村历史的新篇章，也掀起孔、朱第三代争权夺利的新高潮。孔家第三代孔明亮一开始以非正当的扒火车卸煤的方式带领全村人致富，很快掌握了村里的领导权，并以羞辱朱家第二代朱庆方的方式报了一仇。这就导致朱家第三代朱颖的不满，发誓要不择手段把孔家攥在手掌心，事实上她也是这么做的。先是通过介绍村里的姑娘外出卖淫攫取了第一桶金，以此为资本开始与孔家争夺村长的位置。而随着“火车提速”，扒火车卸煤风险增大，钱也不好赚了，导致孔明亮在此轮角逐中力有不逮。但是所谓“发展才是硬道理”，于是一场名义上正当的村民选举大会演变为如她所说的“选钱”大会，最后以孔明亮答应娶她为妻为条件让出了村长的位置，然而闹剧并未就此罢休，至此后，孔明亮用尽种种不堪的手段，让炸裂村由村改乡，乡改县，县改市，市改超大都市，暴露了种种问题，诸如拆迁、腐败、生态破坏、环境污染、道德沦丧等等。在此过程中，孔朱两家名为一家，然而权力的较量从未消停，以婚姻关系的败坏形式体现出来。最后还是在民选超大都市的选举中，以孔明亮跪求朱颖合作的闹剧而完成。然而事情还没有完，在庆祝炸裂市成功晋级超大都市的热潮中，新当选的市长孔明亮的弟弟孔明耀，在退伍回乡后，借助市长哥哥的权力庇护，一举成为金融巨头，建立了独立的也是独裁的军工王国，并且怀抱着狭隘的民族主义情绪，极端仇视美国，在他哥哥庆祝超大都市之时，他出其不意指挥军队胁迫市长哥哥签署让出对人民的管理权的文件，计划纠集队伍攻战美国，并且在他哥哥被迫签署文件后，将之秘密刺杀至死。而令孔明耀力量壮大，是朱颖的复仇计划的重要一环。这一故事就这样着重讲述了孔、朱第三代如何在炸裂村发展过程中争权夺利、最后分崩离析的惨剧，一个曾经被“发展”的“乌托邦”理想牵引的村庄不断吹大泡泡最后幻灭的结局。故事的主体部分就在一家人在这场悲剧之后重续祖宗哭坟的传统，在黑雾霾的笼罩之下结束了。最后作者不忘加上主笔的导言，呼应《炸裂志》这一地方志的文体，可惜孔姓市长在作为第一个读者读完《炸裂志》后就一把火将之烧尽了。作者最后将炸裂市的悲剧，归结为朱颖一个女人的阴谋策划，这就又将一个包含国家志、民族志的复杂宏大的社会问题，作了简单化的处理，这样的思考角度，由于某种程度上回避了悲剧的社会根源，因而也是封闭的。

三、为中国当下小说乌托邦的未完成性把脉

借助托马斯·莫尔乌托邦概念中的宗教神学内核与恩斯特·布洛赫的希望哲学和“乌托邦意识”，可帮助我们恢复长期以来忽略的对乌托邦功能的认识，并以此为中国当下小说乌托邦的未完成性把脉。中国当代某些“发展”小说中“拟乌托邦”式的或“异托邦”式的话语模式，它们在洞察当代中国社会发展中的问题时是有相当的穿透力的，但从社会意识形态背景上看，对历史上“乌托邦”思想、“乌托邦”精神与“乌托邦”实践之间关系的理解不够透彻，对如莫尔的“乌托邦”概念的宗教维度与神学前提的无知也导致其在对现实的解决出路的思考时并未能真正纵深地掘进，或者过早地止步于“反乌托邦”的批判意识，更是没有有

意识地、积极地、自觉地去发展、掘进希望图像与乌托邦想象力，而是畏难而止稀释了现实问题，因而并未能生长出真正的“乌托邦意识”的超越性维度。

如何解释这一现象并解开这一一定程度上具有“世界性”的纽结？笔者认为需要回到英国文化研究学者雷蒙·威廉斯提出的悲剧的“情感结构”这一概念上来考量。悲剧的“情感结构”是指一定时期社会性的悲剧建构的一定时期人们的情感结构与社会心理图景。布洛赫说：“进步乐观主义乃是静观的寂静主义的重复，因为这种态度同样把未来装扮成过去，因为这种态度把未来本身凝视为早已封闭的、与世隔绝的东西。这样一来，未来的国家就成了所谓铁的法则范围内的既定结局，于是，面对未来的国家，主体就像聆听神的旨意一样，双手合拢，无所事事。……与其相信平庸而自动的进步信仰本身，不如相信一种悲观主义。因为借助于现实主义的尺度，悲观主义在失败和灾难面前，在惊人的可能性（这种可能性恰恰蕴藏并继续蕴藏在资本主义之中）面前，至少没有束手无策、惊慌失措。”布洛赫这里所谓的这种封闭、静止、指向过去甚至怀旧的乌托邦未来观非常接近本雅明在《历史哲学论纲》中批判的“政治寂静主义”历史哲学。本雅明批判地继承并改造了马克思的“历史唯物主义”。他质疑“政治寂静主义”主张的线性的进步论；批判它以胜利者的逻辑为逻辑，否定个体的主体性。在此基础上，本雅明提出“弥赛亚救赎时刻”的概念，即历史中的个人要抓住历史进程中的革命机遇，主动介入并参与历史进程，积极改造政治秩序并谋求社会解放。虽然他对马克思的“历史唯物主义”忽略主体性不满，但这种主体性意识若与布洛赫对马克思过程哲学的改造与评价看，又是一脉相承的。布洛赫认为在乌托邦问题上，马克思打破了过去与未来的僵硬区分，他“重新确立变化的激情，开始倡导一种旨在反对被动观看和静态解释的理论”。因而，这些哲人在此问题上的交集，似乎共同指向了一种对历史进程的消极不作为的态度上，用本雅明引用过的尼采的话来总结就是：“我们需要历史，但我们的需要不同于/闯入知识花园的一个游手好闲的人的需要。”

那么，于中国当下新世纪小说的使命而言，我们该如何书写或解读“革命”与“发展”的两极呢？在此论题下，一些当代中国作家的宗教题材写作与描述西藏、云南、新疆、蒙古等地风情的作品给我们提供了一些新鲜的经验，比如范稳等作家的写作就有如许端倪，如《水乳大地》《悲悯大地》《大地雅歌》这“藏地三部曲”就叙述了不同宗教与文化由冲突到融合的盛大喜剧。对此我们应该报以更多的期待。

第四节　《疯狂动物城》：乌托邦遗产与重启[1]

在托马斯·莫尔的《乌托邦》发表500周年之际，结合全球化贫富悬殊拉大、社会结构

[1]　作者张永禄，原载《探索与争鸣》2016年第6期。

断层和阶层利益固化的严峻语境讨论全球走红的迪士尼大片《疯狂动物城》意味深长。《疯狂动物城》作为一部乌托邦叙事电影，至少折射出乌托邦的多重可能镜像，现实与虚构重叠，真与幻交织，是与非纠缠，共同构筑了一座乌托邦的审美幻象之城。联系当下乌托邦的困境与出路探究其思想艺术上的得失，有助于我们理清乌托邦认识上的一些误区，这对于重启乌托邦叙事意义重大。

一、乌托邦与疯狂

动画片《Zootopia》遭遇了译名的问题。这并不是生僻和艰难的翻译，如果直译的话应该是动物园乌托邦或乌托邦动物园，比如日语翻译为ズートピア，转译成汉语就是“动物乌托邦”。香港译为“优兽大都会”，台湾翻译成“动物方程式”，大陆则翻译为“疯狂动物城”。很明显，华语圈的几种翻译基本回避了“乌托邦”这个直译，大陆用“疯狂”两字取代“乌托邦”很是吊诡。译者有权根据自己的理解和审美趣味选择翻译方法和词汇，但如果联系到剧情，作为一部商业电影，它带有很强的乌托邦情结，加上2016年是托马斯·莫尔的《乌托邦》发表500周年，华语翻译似乎刻意回避了乌托邦的审美和想象行为，这至少给我们两种直观感受：一、翻译为“乌托邦”不好，会犯观众忌讳；二、如果把几种翻译对照起来，是不是可以说乌托邦是疯狂的等义词呢？如果把涉及乌托邦的历史、现实语境叠合起来，用巴迪欧的事件哲学方法思量，汉语对于《Zootopia》的译名处理就不仅仅是翻译方法和语词选择的学术性问题了，它暗含有鲜明的情感倾向和价值立场。

今天，“乌托邦”一词原初包含的“美好前景”“理想的国家”“生活在完美无缺的环境中”等褒义色彩在慢慢褪色，贬义在不断加强。早期空想社会主义者给乌托邦打上“空想”“白日梦”“不可能”“不切实际”“幻想”的烙印，20世纪社会主义命运的波折使乌托邦（或乌托邦主义）作为一种政治实践的失败而被嘲弄和否定，它甚至被窄化为斯大林主义加以嘲讽、鞭挞和抛弃。从乌托邦主义（运动）梦魇中惊醒过来的人们不再相信乌托邦，乐于见到其终结。美国历史学家雅各比在其《乌托邦之死》中所言的“我们再也不能够思考‘根治整个人类的一切牙痛’这种主张了，而且它所再次揭示的东西也变得更少了，这种情况恰恰说明了乌托邦的终结。”[1]这种情况，在中国表现得尤为突出，有过特殊历史记忆的人，似乎很忌讳、甚至恐惧谈论“乌托邦”这个词，把它作为历史的瘟疫对待，避之犹恐不及，甚至把他们认为一切不合现实或实际的想法都统统斥之为“乌托邦”，把乌托邦和异想天开、痴人说梦等语词等起来，或者就是“疯狂”了。结合到作品展示的内容，作为一所现代都市化的动物园，按照詹姆逊的说法“城市是乌托邦映像的基本形式”，里面所有的哺乳类动物，无论大小，不论

[1] 拉塞尔·雅各比：《乌托邦之死：冷漠时代的政治与文化》，姚建彬译，新星出版社2007年版，第45页。

速度快慢，也不论力量强弱，都和谐相处。尽管经过一场政治阴谋，当一切归于正常后，现代动物园举办的盛大派对作为大团圆结局，复制了西方童话“从此，王子和公主过上了幸福美好的生活”这一千篇一律的结尾。客观上，作为动画片，虽然以动物园来隐喻当代社会和人类，但其总体基调和叙述模式还是欧美童话的模式：故事简单集中，人物形象内涵明确，价值立场鲜明，充满喜感，一点不“疯狂”。如果真要追究其疯狂的表达，只有朱迪的警察梦想与奋斗和狡猾的狐狸重新归于善良的情节设计和习惯认知出入很大。整部片子，与其让人觉得疯狂，还不如说充满了童话的美好，用时尚的话来说是满满的正能量，乐观、向上、向善、对未来充满自信与勇敢的内容和精致的动画设计相得益彰，赢得大众普遍好评。这样一来，译名和原名的价值取向和情感倾向就泾渭分明。这种分野或许与中西方文化差异有关，根本上是当今思想界对乌托邦思想和认知严重分野的表现，它暗示我们当下对乌托邦存在严重的误读与误用，这种误读与误用如果仍得不到正本清源或有效清理的话，乌托邦本身具有的超越性精神和情怀将被在时代的误用和别有用心的抵制中被深深埋藏。如此一来，不仅历史仍将在晦暗不明中，而且我们对于未来的思考缺少动力和方向感的一般性指导，乌托邦本身具有的解放性力量就会成为新的压制性力量。

二、乌托邦与可能

《疯狂动物城》作为一部乌托邦叙事作品，至少包含了两重审美赋形与价值倾向。

一是从空间维度，通过现代城市人际关系的非情景化设置，幻构了一个消除偏见、人人平等的乌托邦社会。影片不再演绎以杀戮和捕食为叙事焦点的丛林法则，而是动物世界经过充分“进化”，掌握现代科技，按照现代民主、平等、自由等理念和原则组织起来的和谐社会，是不同形体、不同生活习性、不同食物链的动物们能和谐相处，各乐其乐的文明形态。在动物城里，各种生命形态都得到了应有的尊重，有适合耐寒动物居住的冰川镇，有适合耐旱动物居住的撒哈拉沙漠，有小型动物区，城市列车的门有大中小号，公家车上的扶手也高低不齐适合各种体型的动物。

《疯狂动物城》对如上乌托邦蓝图做了两处叙事拓展：一是突破物质和制度等形而下层面对平等与和谐社会的外在描摹，升华到个人情感与精神层面来表达对个性差异的理解和尊重；二是突破对乌托邦和谐社会的静态观照，用矛盾的方式动态描绘乌托邦世界的和谐。

对于第一点，影片用较大篇幅展示朱迪兔和尼克狐成为知音的心路历程，重点叙述朱迪兔一步一步克服自己对“狡猾的狐狸”的偏见和肉食动物凶残本性的无意识观念，从心理和情感接纳他、信任他，最终消除芥蒂，与之成为真正的好朋友。虽然这一“反转”情节设置因与常识背离令部分观众不满，有人认为这是挑战了连小孩都明白的社会常识。但我们认为，这种冒险的桥段设置在于以大家习以为常的常识和理所当然的观念为切入口，以审美的方式直面人类的无意识偏见和歧视，用类似哈哈镜变形和夸张的方式让人自省和反思，从而能真正在理念和情感上实现自我超越和克服偏见、歧视等内在的不平等，尊重和坚守内心的平等，它在更高层面上符合乌托邦精神的超越性。

用矛盾的方式动态地展示动物园的和谐是乌托邦蓝图的又一特征。影片对于乌托邦世界的描绘，克服了以往静止和提纯的描写做法，呈现了乌托邦世界的动态性和矛盾性。这里的动态性主要是以朱迪兔的成长和奋斗过程为线索展开，动物城表面一派和气，但内部并不平静，也存在局部的不和谐，比如种族歧视，比如官僚的傲慢，还有黑社会存在，以及高层的虚伪与内斗等等，这和现实生活是何其相似，以至于有观众以此为据否定了动物城的乌托邦理想，认为它是对于乌托邦的反讽，是反乌托邦的。从逻辑上讲，动物城高度文明的形态并不是说不存在矛盾、斗争事件和形态，和谐与不和谐是相对的，也是相互依存的，“道者，反之动也”，不和谐推动和谐发展。由于非乌托邦元素的存在与滋长，激活和推动了对乌托邦的渴望和存在的重要性与合理性，体现了乌托邦的辩证思想。也正是有了乌托邦欲望与激情在个人成长中的引导和激励，有了社会存在中对于乌托邦理想的追求与坚守，乌托邦的魅力才在对立、动态中现实其活力与丰富性。

二是从时间维度上，借助成长叙事模式，通过“屌丝”朱迪兔成功实现警察梦想的故事，表达了一种美国式的个人主义、英雄主义的成功梦想，迎合或满足了普罗大众心理最深处对于功名的白日梦。从个体成长叙事的类型学角度看，“屌丝”逆袭成功的人生故事古老而陈旧。套用成长叙事的基本公式表述，不过是弱小但胸怀远大的朱迪兔经过奋斗，终成为大名鼎鼎的警察英雄的成功故事。这种模式在美国大片和中国文化市场充斥的青春偶像励志影视片中俯首即拾。比如《阿甘正传》中傻子阿甘的人生传奇，《功夫熊猫》中拙笨的熊猫阿宝拯救和平谷的奇迹，还有《冰雪奇缘》中灰姑娘式的妹妹历经千辛万苦解救傲慢姐姐的亲情演绎等。这一类好莱坞式的成长个人与以往文艺作品中的个体最大的不同在于，以往的作品重点铺垫的是成长者社会属性的合法性和先天品性的合理性，突出了成事首先是做人的伦理诉求，但《疯狂动物城》的主人公的初始状态被置换为能力的弱小和社会地位的卑贱，这种弱小的地位和卑贱的出生与他们渴望想成功的远大目标形成巨大差异。

按照叙事动力学讲，动机（心有欠缺）和现实困难之间距离愈远，动机就越发显得有诱惑力，叙事也就越发充满了张力和传奇。朱迪兔要想成功，就必须主观上改变自身的弱势状态，具备警察应有的技能、勇敢、智慧和信仰等，这些素质和能力的获得是一个漫长而反复的单调过程。以故事艺术的叙述弧线考量，情节突出了三件事：贴罚单、抓小偷、勇察失踪者及揭露山羊副市长的篡权阴谋。贴罚单显示朱迪兔的勤勉认真，抓小偷显示其勇敢，和尼克狐查找失踪者是朱迪兔作为一名优秀警察的能力与素质的综合考验。该部分情节紧张刺激，充满悬念，富于传奇性，颇有好莱坞大片风格。但以类型的眼光来看，故事本身的叙事功能与内涵毫无创新。我们要追问的是，除了动画制作技术的精良外，《疯狂动物城》中朱迪兔大受欢迎的秘密何在？恐怕还得要从成长叙事的乌托邦品格上找答案。朱迪兔从“屌丝”逆袭成为大英雄的传奇满足了普通人（更多包括了生活中的屌丝们）成功的“白日梦”——这一人性最深处的欲望和渴求。但社会学、政治学、历史学、经济学和生物学等理性知识和法则告诉我们，朱迪兔的成功概率微乎其微。普罗大众应该也明白。但他们会不以为然地说，咱们偶尔做做梦不行吗？这正是文学的审美作用和救赎功能的体现。不仅今天这个现实性不大，古代社会也是如此。想一想灰姑娘和白马王子的童话不是也被全世界津津有味地讲了几百年吗？我们相信这个童话还会传颂下去。人们是在传颂这个传奇本身吗？不是，他们传颂的是人类共同的美好梦想和情感伦理，是他们对现实生活不幸、不合理和有限性不满的曲折发泄，进而在情感和精神上超越的大胆自然的表现，也是疗治和平衡其心理深处伤痕的手段。这就是梦文学（乌托邦叙事）存在并受欢迎的根本原因。恩格斯谈到德国民间故事时说：“民间故事书的使命是使一个农民做完艰苦的日间劳动，在晚上拖着疲乏的身子回来的时候，得到快乐、振奋和慰藉，使他忘却自己的劳累，把他的贫瘠的田地变成馥郁的花园。民间故事书的使命是使一个手工业者的作坊和一个疲惫不堪的学徒的寒伧的楼顶小屋变成一个诗的世界和黄金的宫殿，而把他的矫健的情人形容成美丽的公主。”[1] 以往论述这句话的落脚在文艺的娱乐和教育功能上，但根本上我们认为表达了艺术内容的乌托邦想象和情感宣泄对于一般人精神和情感治疗的重要作用。意识到这一点，我们才明白一些在艺术上平庸乃至粗糙的作品大受观众追捧的深层原因，与其说观众喜欢的是艺术品本身，还不如说他们借助声光电蒙太奇演绎了自己屡试不爽的白日梦心思。

整体上看，《疯狂动物城》不仅重视个体的成长乌托邦书写，同时把个体成长的乌托邦与社会乌托邦交织叙事，相互渗透，互为支撑，构成复合的乌托邦审美与风格，无论是从审美想象，还是从哲理蕴含上，都留下了较大的言说空间。这种书写在今天普遍的反乌托邦书写中，不仅具有艺术的创新意义，更具有拨乱反正的意味。

三、乌托邦与偶像

既要肯定《疯狂动物城》对乌托邦叙事策略和审美取向上的出色表现，也要冷静认识到该乌托邦叙事中存在的危险。在我们看来，该片最大的问题可能是个体成长的乌托邦叙事中对成长的抽象化处理和偶像化倾向。

上文中提到朱迪兔的成长故事老套陈旧，可供开掘的意味不多。这并不是成长叙事的模式有问题，而是影片没有思考朱迪为何要成为警察，或者说成为警察对于朱迪的人生意义与价值这一核心命题。通常说，成长离不开“他人引导”或者“自我引导”，这个“他人”一定

[1] 马克思、恩格斯：《马克思恩格斯论艺术》，人民文学出版社 1966 年版，第 401 页。

是思想坚定，社会阅历丰富、品质优秀的人生范导者，他在成长中人的人生道路上点燃其理想和信念的火花，给主人公指明人生的梦想和方向。成长者通过一番锻炼和努力，渐渐成为范导者那样的人。这种模式在德、俄和我国的教育成长小说比较普遍，影响较大，但在朱迪兔身上缺失。

如果没有“他人引导”，“自我引导”则必不可少。在现代社会，个体通过主导型学习或者人生经历领悟与生命的意义，成为其成长与行动的动力依据，但这样的“人生三课”与心灵的对话形式在影片中闪烁其词，造成了叙事动机合理性的空白，使得朱迪兔的成长叙事落入俗套。有人或许说，朱迪兔的行为与成长经历恰恰证明了美国梦的普遍特征，个体的成功是个人主义和英雄主义的文化特征与情感结构表征。但从启蒙主义角度而言是缺乏理性依据的，是抽象的个人主义和英雄主义，对个体而言则是无法确证和模仿的，它只能存在于人的欲望和梦想中，只能通过类似的电影欣赏来暂时满足白日梦的浅层情感需求，而不是精神乌托邦对于人的超越性的深层追求，是虚假乌托邦。这种白日梦叙事的危险在于，虽然可以一时起到情感慰藉的作用，如果大众不能清醒意识其负面效果而不能自拔的话，它可能成为当代大众文化消费中的精神鸦片。进而言之，如果不好好从理性上处理和情节上认真对待和设计这个动机，表征美国梦的好莱坞叙事就是虚假意识形态。

朱迪兔作为偶像和英雄形象的更大危险在于它与乌托邦反偶像精神背道而驰。作为乌托邦思想来源的希伯来文化中存在浓郁的反偶像观念，朱迪兔逆袭成为动物城英雄是典型的偶像叙事。历史经验告诉我们，偶像在社会结构秩序中往往成为极权主义和专制主义的“潜形象”或另一种形式的隐喻。完全有理由推测，在未来，成为英雄之后的朱迪兔很有可能成为权威，乃至成为极权者和独裁者。试想一下，动物城的二号人物山羊副市长不就是曾经的朱迪兔吗？事实证明她最有独裁和独权野心，她一手策划的谋反事件就是证明。今天的偶像朱迪兔很有可能成为明天的山羊副市长，谁敢保证她不会成为动物城未来的大阴谋家呢？这就是偶像叙事的潜在危险。如果在叙事上不能解决这个难题，乌托邦的审美叙事终将走向反乌托邦之途。或许，中国文化提供的功成名就之后的归隐叙事模式与文化情怀值得好莱坞的英雄叙事模式反思和借鉴。为何在乌托邦叙事中可能走向反乌托邦歧途呢？这是因为乌托邦经过现代性以来的隐喻、转喻和换喻，已失却了其本真存在，隐匿了本体论意义，降格为此在僵化的认识论思维方式，沉沦为标签化的乌托邦书写，乌托邦就很容易被实证化、具体化，这样在具体情境中展示乌托邦蓝图都是有限的，这种有限性难免捉襟见肘，自相矛盾。

四、乌托邦与残酷中的微光

乌托邦应该是内在于人的生存结构中追求理想、完美和自由境界的精神冲动，而这种精神冲动正是人的存在的重要维度。千百年来，乌托邦因和未来密切联系，它激发对“美好”和

"理想"的梦想和追求，以积极的姿态和力量改变现存不合理的秩序或者个体的存在状态。人类的这种努力和冲动成为文学艺术的重要书写对象和形式，汇成浩浩荡荡的乌托邦叙事。人类历史上涌现了乌托邦叙事和反乌托邦叙事两种不同的潮流。这两股潮流相互依存、相互斗争而发展，也是乌托邦叙事及其思想复杂性的表现。这种复杂性也反映在《疯狂动物城》身上，简单肯定或者粗暴否定其乌托邦审美与价值取向都是不对的。正确的态度和做法应该是吸取该影片中革命性力量，警惕其压制性负能量，成为我们对于当代社会思考和行动的精神动力和思想指南。

应该清醒看到，今天的社会语境和时代格局尤其需要真正的乌托邦精神。由于社会存在的诸多问题，文坛涌现出大批全球化时代的"失败青年"形象，比如涂自强（方方的《涂自强的个人悲伤》）、章某某（马小淘的《章某某》）、安小南、陈金芳（石一枫的《世上已无陈金芳》《地球之眼》）等。

把"失败青年"形象和朱迪兔成功人士形象对比起来虽不免残忍，但别有深意。笔者既反对以朱迪兔为代表的所谓廉价抽象的美国式成功梦，也不赞成这种全球化"失败青年"末世幻灭感的书写。浪漫的乌托邦成长书写也可以写失败，严峻的现实主义也要给人以梦想。文学艺术不能屏蔽作为"沉默的大多数"在底层社会生活的艰难与痛苦，需要揭露他们经受的不公平和被剥夺，这是要引起"疗救的注意"，但是，我们还需要给底层青年以光明和希望，让他们在苦难中保持对明天的微笑。即便是向来不惮以最大的恶意揣测中国人的鲁迅，其笔下也会出现"明天""花环"等乌托邦意象。何况，我们今天底层青年的状况还远没有这么糟糕和可怕。这么说，并不是说不能写当下社会的失败青年，也不是说他不真实，而是说作者在书写的时候更需要有现实主义的超越精神，要有"含泪的微笑"的审美理想，要体现出乌托邦担负的拯救灵魂、拯救历史、拯救理性的重大而深远的历史使命。

五、乌托邦遗产：再出发的可能

从托马斯·莫尔的《乌托邦》到迪士尼动画片《疯狂动物城》，从柏拉图的《理想国》到詹姆逊的《未来考古学》，在漫长的历史长河中，人类的文学、政治、哲学和社会学等领域都留下了极其丰富和宝贵的乌托邦遗产。无论是主张乌托邦，还是反乌托邦，但乌托邦已成为不可回避的"存在"。今天我们谈论乌托邦，并不是因为我们对它理解得很彻底，或者我们已经"实现"了它，恰恰是新的现实形势需要重新理解乌托邦，获得新的思想资源和精神动力，用新的乌托邦来烛照我们向未来出发。

乌托邦并不是僵死的历史遗产，也不是子虚乌有的虚假想象，它作为一种本体性的存在，深深扎根于现实的土壤和历史的踪迹里而开启对于未来的期待，或者说，乌托邦自身蕴涵着把过去、现在和将来紧紧联结的开放性对话结构。乌托邦从来就不是一个静止的概念，它应该是复数的，也是发展的，动态性的，即便在一种文化形态或政治体制内部，也应该充满非冲突性的矛盾，以保证其作为开放性的存在，这就要求我们将其放在现实的空间里展开讨论，而不是做学院派式的纯思。

今天讨论乌托邦最大的困境来自两个方面：一是现实的多重语境叠合形成的乌托邦幻象，让人们沉迷于对现实的满足感或对改变现实的无能为力感；二是致思方式过分倚重以往的思想资源，陷于简单的赞成或反对乌托邦的对立性思维状态。

在全球化语境中，由于社会生产力的高度发达、社会产品的极其丰富以及现代福利体系的不断完善和提高，人们的衣食住行，娱乐和休闲得到前所未有的便利和周到的服务，即便是穷人，其基本生活也基本得到了保障，这是以往任何时代都无法想象的。从某种意义上讲，今天人们普遍得到的物质保障和生活的自由度比以往任何一个时代都要好得多，不要说托马斯·莫尔虚构的乌托邦岛国和陶渊明笔下的桃花源生活形式已经在部分地区以这样或那样的形式充分实现，就连马克思笔下理想的生产与生活方式也在部分国家和地区部分实现。这种早已实现的“乌托邦”让大部分人产生了前所未有的满足感和幸福感，他们认为不需要再去“折腾”了，失去了进一步改变的动力。另一方面，也正是由于科技的进步到达“能力的临界点”而演变为新的权力，“新权力采用了新策略，先迎合大众选择，进而制造大众选择，最后控制了大众所需要的服务，终于通过民主和市场的选择而实现了权力的新专制”[1]，进而是制造系统化的专制与暴力。到头来，民主和自由不过是一场虚情假意的游戏阴谋，等大众明白时却像温水青蛙一样难以跳出这沸腾的专制之锅，除了顺从，似乎别无选择。

其次，对于乌托邦的研究陷于学院派的纯思之中而堵塞了对乌托邦更开阔的视野和行为之途也是今天乌托邦困境的重要原因。这主要表现为如下几种思路。有的保守主义学者主张让乌托邦回到源初的本体论状态，回到古希腊的人的超越性中去，恪守人的神性，实现灵魂不朽。这虽然可以一定程度抵制或避免现代性大规模的乌托邦规划与政治性实践带来的灾难，但历史的车轮不会倒回到乌托邦田园牧歌式的浪漫怀旧中；有的学者主张乌托邦不能实体化，真正的乌托邦应该是精神的乌托邦或乌托邦冲动，强调乌托邦的生命力与活力在于其源于现实又超越现实的升华之中。这看到了乌托邦作为精神动能的巨大解放和创造力量，但这种力量如何使出来，又推动历史的车轮驶向何方？尚不得而知。我们不能仅止步于乌托邦冲动，还得为冲动找到建设性路径。还有学者强调用乌托邦理想对现实的不合理进行无情的批判。现实不合理当然要批判，但仅仅有破坏是不够的，铁屋子破了人类还需要建造一个新屋子得以安生，否则只能给人类造成更大的绝望。还有学者因历史上的乌托邦政治实践带来的专制和恐怖后果而反对乌托邦，这是见木不见林的狭隘视野，乌托邦试验也应允许失败。如上思想虽不乏深刻，在历史上也起到一定进步作用，但在当下复杂的现实面前，则不同程度构成

[1]　赵汀阳：《天下秩序的未来性》，《探索与争鸣》2015 年第 11 期。

了今天言说和讨论乌托邦的困境来源。

那么，在现实语境和理论资源的困境中，乌托邦是否有可能？我们认为还是完全可能的。这不仅仅基于严峻的现实可以激发出强大的乌托邦的激情和想象这一常识，也是基于部分学者面对困境给出的智慧思考和建设性探索。

首先，人类的历史既是一部不平等的压迫史，也是一部乌托邦的斗争发展史。历史事实告诉我们，在压迫和专制最惨烈的时代与地方，就是乌托邦冲动最为激烈的时刻。无论是资本主义发展史，还是我国 100 多年的发展历史，已经清晰地证明了这一点。的确，今天人类整体上面临的形势比以往任何时候都严峻，思想界都不约而同把救赎的目光重新投向了乌托邦，试图在反省、梳理中重新获得再出发的勇气和智慧。

同时，按照现代性自反性理论，资本主义新的权力体系也在产生自己的掘墓人。无论现实多么严峻和困难，但乌托邦一直没有抛弃人类，它一直隐匿在现实中，以各种形式与资本、技术和市场媾和而形成的新的权力、专制和暴力作斗争，在冲撞看似固若金汤的现存世界不平等的体制和结构。只要看看世界上起彼伏的反对霸权的运动和斗争，包括游行示威、群体迁徙、罢工、反种族歧视、反性别歧视的斗争与集会等，都在一点一点蚕食不平等的权力结构与体制。

其次，按照雷蒙·威廉斯的文化理论，在当今资本主义文化结构中，也隐约出现了乌托邦未来的形态。富有活力的现实吸引了一些思想家的灵感，他们心身化合在巨大的现实洪流中，探寻未来乌托邦的幽灵身影和丝丝曙光，为人类寻找可能的理性出路。比如英国大卫·利奥波尔德的“希望理论”说，意大利维尔诺的“新的世界大众构成”说，美国詹姆逊的“乌托邦方法论”等等。这些思想正在汇成新的“乌托邦学”，结合历史和现实透露的曙光，我们有理由乐观相信，新的乌托邦学“可以复活思想里长期睡眠的部分，复活政治、历史、社会想象中因不用而退化的器官，复活因长期习惯不行动而丧失的革命姿态”。[1] 如果能充分认识到这两个方面因素，那么，人类重启乌托邦的伟大史诗性叙事就不仅是可能的，而且是必然的。

今天乌托邦的境况向我们展示了其作为“疯狂”叙事所蕴含着的可能与价值，透过历史的微光，给人类以某种超越和前行的希望和力量，乌托邦的遗产中早已蕴含了再出发的可能，如何将这一可能变成现实，是我们不得不思考的大问题。

第五节 阿多诺对传统美学命题的否定性阐释[2]

当德国古典美学集大成者黑格尔说美学是“美的艺术的哲学”时，似乎包含这样几重意

[1] 詹姆逊：《乌托邦作为方法或未来的用途》，王逢振译，《马克思主义与现实》2007 年第 5 期。

[2] 作者李弢，原载《南京社会科学》2015 年第 5 期。

思：首先它的重心是艺术，即不再是研究抽象的纯思辨的美本身，而是研究具体的可感知的艺术门类；其次它的内容是探询艺术中的美，美因艺术而得以显现，考察艺术就是要深究美；最后它表明美学的旨归是哲学，即它要上升到思想的高度，超越感性而至理性，在一个更高的层面上统一于哲学。德国现代思想家阿多诺在其《美学理论》一书中对美的思考，通过辨清黑格尔的著名定义“美是理念的感性显现”，以一种否定性的思维方式从这个看似完整的定义上找到缺口。

一、美与非美之批判

传统美学将美看作是某种本原的东西，企图以下定义的方式来界说美，古典美学到黑格尔达于顶峰，黑格尔对美所作的定义，是理性与感性、内容与形式的辩证统一，似乎也可以说是一种体现着否定之否定趋于肯定的同一性之物。而阿多诺在坚持对美的问题进行概念化的同时，却注意到包含于美之中的异质性力量，强调美作为历史产物在其发展过程中的不平衡性，并由此从黑格尔的定义中剥离出某种非同一性的东西。黑格尔在他的美学讲演录开篇中谈到对“美学”科学进行命名的尴尬，他沿用了鲍姆伽通所创的“Ästhetik”，并把它当作哲学的一个部门，但又认为这个名称的确切意义是研究感觉（Sinn）和感受（Empfinden）的科学，不太恰当且过于肤浅。有人试图以“Kallistik”来代替之，然而这里所说的美不是通常意义上的美，只应是艺术的美，美学则是关于艺术的哲学，黑格尔最后明确美学即是“美的艺术的哲学”。

既然美学被归于哲学，它必定要进行抽象化和概念化，在这里就是要将各种各样具体的美的艺术抽象为关于美的哲学概念。在考察此前的美和艺术的科学研究方式时，黑格尔批评从艺术作品外部经验出发的研究方式，不能深入了解艺术的内在与真实的方面；同时又指出，以柏拉图为代表的将美本身这一理念作为出发点的研究方式，极易变成一种“抽象的形而上学”。那么他所说的艺术哲学则不应固守柏拉图的理念的抽象性，而要建立一个完整的概念来导向实体性的必然和统摄整体的原则，由此，美的哲学概念应被看成是形而上学的普遍性和现实事物的特殊定性的统一。美学史上近代人所提供的种种对于美的定义，其概念不过是把古代人所阐明的形式原则重新运用到具体的材料上。黑格尔将美称之为美的理念（Idee），则是把美本身理解为一种确定形式的理念即理想，而理念正是概念及其所代表的实在这二者的统一，在此统一体中“概念仍是统治的因素”，概念是它的各种特殊因素经过调和的观念性的统一。美的理念正是这样一个整体（Totalität 即“总体”），即是主体概念和客体概念两方面的整体的永远趋于且达到“完满的协调一致和经过调和的统一”。

对于黑格尔就美下的著名定义“理念的感性显现”，阿多诺认为这一界定“甚至抓住了美学思想的辩证法”，但这种辩证的定义又只是静态的。因为这是由经验性资料中提取出来的某些共同特征形成的抽象界说，它必然是一种拙劣的模仿，一旦遇到具体的艺术对象就没有说服力；但是美的概念中所预示的普遍性也并非是偶然的，由于美的范畴所导致的形式优先包含着形式主义的萌芽，以此而引发后来关于美的概念的所有难题。诚如阿多诺所言，美学中关于美的概念的形式特征缺乏丰富的审美内容，使得美的定义没有定论，但是若由此在美学中完全禁绝美的概念，则无疑是釜底抽薪。如果把美学仅仅看作是美的东西的详尽罗列，那就不能理解美这一概念其内在的动态生命。“美不可能被界定，但美的概念也不可能一笔勾销。”因为美学若没有概念化它就会失灵，而只能以一种历史相对论的方式来描述不同社会、不同风格中被认为是美的东西。在黑格尔对于美的定义中，感性因素的存在只是被看作是概念的客观存在和客体性相，其存在的直接性被扬弃（朱光潜译作“取消或否定”）掉，概念在它的客观存在里与其本身有一种协调一致，这种协调一致形成了美的本质。于是，美的理念似乎呈现出一种永恒的平衡状态，概念及其实在达到了最高的和解。关键的问题是，黑格尔对美的规定依然摆脱不了抽象概念的统辖作用，丰富的感性事物不得不最终依附于被删削的概念骨架，而缺乏生生不息的流动性。当阿多诺说“美学还得坚持美的概念”时，他并不是像黑格尔那样追求美在哲学意义上的概念化，而只是用这一概念来表示某些不能直接详细说明其本质的基本东西，确切地说，他是把美的概念当作审美反思总体中的一个契机来加以辨明。

美其实是历史的产物，它并非是像柏拉图哲学中的那个所谓的某种纯粹的开端；同时，美的形式主义原则也应被视作某种历史产物，由此来把握其动态和内容。在美的艺术的历史形态中，作为美的理想的理念是艺术的内容特征，它对于各类艺术起着决定性的作用，与象征型艺术和浪漫型艺术相比，黑格尔看重古典型艺术的是其理念与客观实在的符合统一。阿多诺则认为古代艺术自身就带有其对立面，艺术的质性飞跃只是一种细微的转变，美的形象因这一辩证法而随着启蒙运动不断变化；在此过程中，形式化法则只代表一种暂时取得的均衡，这种均衡不时受到美与无法控制的非美之间关系的干扰。具体来说，作为独特实体的美的意象，是在人类摆脱恐惧过程的同时而出现的，这恐惧是对全能的大自然的唯一性与同质性的恐惧，美的事物使自己脱离直接的存在而保存这种恐惧；美通过超越那可怕的神秘力量并将其从艺术中清除出去的方式，造成某种有意图的还原作用，这神秘力量的威胁被阿多诺比作为如同城外之敌围而不攻，美为了自身的目的，则必然要抵制这种与自身发展趋向相悖的东西的围攻。这种可怕的力量被纳入美自身则应被理解为源于某种形式的强制，如果说黑格尔认为艺术的美是为了显现那种和解了的矛盾的真实的话，阿多诺则认为美的事物的不可抗拒性与物质性和效果相去甚远，它可以说是源于一种对于神秘之力量的恐惧感的升华而进入艺术之中。由此产生一种强制性的否定力量，它对于美的那种统一的概念是某种异质性的东西。美的事物的理念毋宁说是一种用来释放异质的东西的机制或途径，它已经不再美了，未来会出现唯一以否定的方式来对抗分解或腐朽的东西。这就是美的概念中应包含的否定性因素，这种否定性因素则是美的对立面，即丑。由此，对美的考察进入到对美丑关系的考察中。

二、美与丑的辩证法

美学学科的创始人鲍姆伽通曾明确地说："美学的目的是使感性认识本身得以完善，并且还应避免感性认识的不完善，即丑。"[1] 在阿多诺看来，传统美学中的丑正是作为一条禁止破坏内在一致性的戒律而存在的，对丑的禁忌化为对粗糙无形和结构欠缺的禁忌。莱辛在评论《拉奥孔》群雕时说，古代雕刻家表现拉奥孔被毒蛇缠绕时身体的苦痛时，是要"表现出最高度的美"，拉奥孔的口若张得很大，就会变成另外一种"惹人嫌厌的丑的形象"。他的分析是建立在这样的论点上，即"在古希腊人来看，美是造形艺术的最高法律"，他的这一论点部分地继承了温克尔曼对古代艺术的看法，在当时是具有普遍性的。[2] 可以说，古典艺术是借助对丑的否定来实现自身的，与和谐的美相对，在艺术中人们往往用"不协和"这一词来称呼丑的事物。

考察黑格尔的美学体系，确如鲍桑葵所言，他"没有对丑作有系统的论述"[3]。黑格尔在肯定古代艺术鉴赏家希尔特对于评判艺术所提出的特性概念时，他说希尔特将美定义为"完善"，又将完善定义为"符合目的"，由此黑格尔得出结论：要对美下判断就须集中注意那些"组成本质"的个别"标志"，"因为正是这些标志组成那个别事物的特性。"同时他批评迈约认为希尔特的看法会导致漫画作风的观点，并说："漫画作风所表现的是丑的特性，丑总是一种歪曲。……丑（das Häßliche）更与内容有关……特性原则也要包括丑和丑的表现作为它的基本属性的一部分。"对于黑格尔这一提法的理解，我们可以结合他对自然界的生命的分析，他认为说一个动物是美或丑，所根据的是"惯见的类型在正常现象中所现出的本质上的差异"，如懒虫爬起来懒散，不见出具有生命较高观念的活动和敏捷，所以被人嫌厌；某些混种动物如鸭嘴兽之所以显得不美，就因为我们对于某一物种有着习惯的定型观念，而混种不能坚持其有差异的定性，就显得奇怪而自相矛盾。那么，有缺陷而无意义的形体与上述混种和过渡种，"都不属于有生命的自然美范围"。在此，黑格尔暗示出丑是一种非常态的类型，它虽仍被包含于内容之中，却是一种歪曲的内容，从而是应被否定的，似乎可以说黑格尔将丑的本质看作是"不正确的特征刻画"、"不正确的相似，或关系的混淆"。当黑格尔的信徒卡尔·罗森克兰茨在其《丑的美学》中断定丑是被当作艺术的一个契机时，阿多诺进一步指出，

[1]　鲍姆伽通：《美学》，载刘小枫选编《德语美学文选》（上），华东师范大学出版社 2006 年版，第 4 页。

[2]　莱辛：《拉奥孔》，朱光潜译，人民文学出版社 1979 年版，第 16、14、218 页。

[3]　鲍桑葵：《美学史》，张今译，中国人民大学出版社 2010 年版，第 456 页。

传统美学认为丑的事物与支配作品的形式律相冲突，它得被整合起来以确保形式与主体自由的优先地位，由此，丑在构图中被赋予生产某种动态均衡的功能。在黑格尔那里，美总是均衡与那产生均衡的张力的结合，否认包含张力的和谐会变得虚假、让人不安甚至不协和，这形成一种关于丑的“和声学”观点。

但在现代艺术中，这种丑的“和声学”观点已经破灭，丑呈现出一种本质意义上不同的新功能。阿多诺在此对现代艺术中所表现的丑，进行了一种社会学的分析。将丑放在社会历史中去考察，可以看到随着现代资本主义文明的日益发达，人类越来越将自然置于自己的支配地位，早期的浪漫主义者视丑为工业时代的后果，而对原始自然产生某种怀旧感，其实，这是一种支配性意识形态的表现。在此，“丑的印象源自疯狂的破坏原则，该原则在人类目的与大自然自身目的相对立时就会发生作用。”也即，在这样一个技术至上的时代，丑是在人们对大自然发生赞美时被确认的，而这种对大自然的赞美与对工业文明的谴责形成对照，于是工业文明与大自然的美相比而变成某种丑的东西。在阿多诺看来，这种美和丑的区分恰是因要“治愈理性留给大自然的创伤”而起，这样一种丑惟有在人与自然之间抛开某种压制性关系时才会消失，然而此种变化的可能不会出现于在技术劫掠的世界里建立一块飞地的思想中，只会出现于与技术讲和的过程中。事实上，在艺术的历史光谱中“没有原本就是丑的东西”，丑的事物是一个“历史的和中介的范畴”。原始崇拜中的丑面具与画脸，不过是对恐怖的实体性模仿，随着恐怖神秘性的逐渐淡化和主观性的增强，古代艺术的丑的特征变为禁忌的目标。人们只有在摆脱了原始自然力的支配作用后，才能对原始的丑的东西进行评判，由此美的东西才获得某种自律性。美出现的条件是大众对可怕的神秘力量开始感到厌恶之时，那些原始神秘的力量在回想起来时被视之为丑；美则带着这种“魔力的遗痕”，它“是一种魔力的魔力”。[1] 而到了近代，主体及其自由感形成后，随着和解思想的诞生，丑又开始展露自己，自由的承诺并未得到实现，相反主体作为不自由的代理人而使丑这一神秘的魔力得以永存。

美丑作为形式上的界定与艺术的启蒙过程密切关联。艺术越为主观所渗透，就越敌视客观给定的东西，这样主观理性就会演变为唯一的形式原则和美学法则，主观性无意识地从自身的力量感中获得满足。由此美摆脱了物质性，其满足感只与欣赏艺术对象中的数学关系相一致，最著名的例证是视觉艺术中的黄金分割率与和谐乐声中的固定泛音关系。艺术为了超越自然力，使其在支配自然和人类的形式中得以永存，付出的代价却是以形式主义的方法处理丑和美。阿多诺认为古典艺术的典范之作在试图安排和“组合”细节所包含的疯狂的东西时，是从外部施予其和谐，却轻视了和谐的真理性，这样，暴力的调和结果、美学形式主义与对抗的现实，此三者就合而为一了。在界定美丑上，美丑二分法重要的是在形式方面可以抵消纯然的实质性差别，从而能阻止借过分强调内容来修正美所固有的抽象性的企图。作为

[1] 阿多诺：《美学理论》，王柯平译，四川人民出版社 1998 年版，第 85、70 页。

美和丑的界定只能是形式上的，也就是说，二者不能作实质上的区别，它们实际上来自满足感的实现。现代艺术的丑显出许多歧义性，这是因为主体想把所有认为需要的东西都纳入其抽象的形式范围，诸如变态的性欲、摧残性的压抑和死亡等。在阿多诺看来，视美丑为实存的或相对的观点都是错误的，它们的真正关系是以阶段形式展示自身，一方经常是另一方的否定；将艺术与美相等同是没有充分根据的，美的概念只是一个较大整体中的一个契机，美通过吸收其对立面的丑而得以扩展壮大。

三、自然美遭到歪曲

当美丑辩证法运用于认识自然和艺术的审美关系上时，人们更能见出这一关系中的内在问题。康德在《判断力批判》中对自然美曾作了敏锐的分析，并肯定自然美具有某些优于艺术美的东西，且认为对自然的美怀有直接兴趣的人亦有着对道德的善的兴趣。但自谢林的《艺术哲学》开始，自然美“从美学的议程表上被拿掉”，美学只关心艺术作品而中断了对“自然美”的系统研究。阿多诺认为其原因并非如黑格尔所说的自然美在更高的领域被扬弃，而是相反，“自然美概念完全受到压制”。在黑格尔“美的艺术的哲学”里，自然美被排除在外，“艺术美高于自然”，“因为艺术美是由心灵产生和再生的美，心灵和它的产品比自然和它的现象高多少，艺术美也就比自然美高多少。”阿多诺进一步指出，这里隐藏着作为人工制品的艺术作品对自然物的暴行，为了压制自然美，美学付出的代价是向意识形态的“艺术宗教”转变，以此表明在艺术作品中已获得由象征性和谐一致而带来的满足。

黑格尔以他关于美的定义来衡量自然美，自然作为具体的概念和理念的感性表现时可以称为美的，但对自然美的观照“就止于这种对概念的朦胧预感”，对之的领悟还是“不确定的，抽象的”。自然美是有缺陷的，艺术美才是真正的研究对象，“只有艺术美才是符合美的理念的实在”。当黑格尔宣称单纯的自然物的“灵魂”是有限的时，他是将之与有生气灌注的艺术作品相比较的。他说，“艺术把它的每一个形象都化成千眼的阿顾斯”，艺术将人身体的各种情状化为眼睛，使人们透过这些眼睛“认识到内在的无限的自由的灵魂”。而单纯的自然物的“灵魂”本身是有限的、易消逝的，它们与灵魂相比更多的只是一种特殊化的自然。“能感觉的灵魂作为自然生命”虽然也有一种主体的个性，但只是一种纯然内在的个性，它只是自在地出现于实在，还不能反躬自察来认识自己，因而其能感觉的内容仍是有局限的，其表现只能是一种“本身有限的内在生活的外现”，它们的表现只能是此种“低等动物的形式的生命表现”。那么，“只有受到生气灌注的东西，即心灵的生命，才有自由的无限性”。在这里，有“心灵的生命”不言而喻指的是活生生的人，而自然生命的生物与有着自由心灵的人相比，就只是作为“有限的内容，畸形的性格，或残缺平庸的情绪而存在”。动物生命只是自在地还不是自为地成为某种观念性的统一，而只有“自己意识到的自我”才是自为地成为这种统一；

具有真实统一的观念性的主体性是一般自然美所没有的，不管自然美显现得多完满，它与美的理想相比仍旧“显得只是它的附庸”。由此黑格尔下结论说，正是自然美的基本缺陷，使得人们有必要进一步去认识“理想，即艺术美”。在此，黑格尔以艺术美来贬抑自然美存在的可能，是基于将艺术美等同于一种自为存在的理想，“作为自为存在物，自我意识对它自己而言是本质”，而“自我意识首先只是精神的概念”。艺术美作为一种理想，它是自在自为的，本质上有一种自我意识，毋宁说它是那有自我意识的人的创造，艺术美就是主体人的精神显现，它作为完满的精神整体而傲视一切具有自然形态的东西。黑格尔解释说，“心灵和它的艺术美高于自然美”，并不是就相对的或量的分别上来讲的，而是“只有心灵才是真实的，只有心灵才涵盖一切”，一切美只有在涉及这一境界并从中产生出来时“才真正是美的”；正是在此意义上，自然美只是那种心灵的美的反映，“它所反映的只是一种不完全不完善的形态”。

阿多诺一语道破天机：自然美在美学中的消失是人类自由尊严至上的观念不断扩展的结果，“除了在唯心主义美学中之外，……不可能在别的任何地方找到一幅有关唯心主义黑暗面的更清晰更可怕的图画了”。这不啻是对黑格尔美学其唯心主义破坏性的控诉，唯心主义具有惯于毁坏那些不受主体操纵的东西的倾向，如果代表自然美受理诉讼，自然美会被宣判无罪，而尊严则会被判为对动物“人”超越动物界的自豪之举负有罪责。在人类肤浅的尊严的庇护下，艺术成了真善美的竞技场，正是人类唯心主义的尊严把不受束缚的实体转化为物质材料与潜能以期清除它们的主体，这本身就是一种篡夺行为。而阿多诺要做的工作恰是，将那些被清除的东西在真正辩证的艺术概念中加以保存。其实，自然美的概念也一直受历史变化的影响。原始社会时期，人类还未能独立于自然界之外，自然凌驾于人之上显示出其绝对的威力，众多的自然崇拜现象则透露出人类力量的相对渺小，人们对自然只是顶礼膜拜，根本谈不上欣赏自然。到了农业文明时期，人类开始有意识地利用自然，不过此时自然只是被人们当作一个直接劳作的对象，对于自然景色的审美特质，人们仍缺乏敏感性。大自然那不可征服的特征成为人类的一个恐怖之源，这正好说明人们为何起初偏爱自然中的对称性，而后却又屈服于欣赏自然的感伤时尚。文明之初，人类面对大自然中的对称现象时，视之为无限神圣的造化之功，为其不可支配的威严所震慑。而文明的进步给人带来的却是一种虚假的安全感，主体的自由感已被一种对社会终年无自由的新的恐惧感所取代。主体在化为第二自然的社会中，由于无能为力而急于在第一自然中寻求庇护，于是主体将自身投射到自然中，凭藉孤立状态而获得与自然的亲切感。

在这一点上可以说，到了欧洲近代文明时期，人们对自然界的欢欣感与自在存在的主体观念关系越来越密切。从自然美概念在美学理论中消失直到现代派艺术时期，自然美一直为艺术提供着有意义的冲动。以韦伯的《魔弹射手》中阿加莎站在阳台那一场为例，她在室外深呼吸时蓦然间意识到星光灿烂的夜空，这一动作很明显有赖于与传统规范世界之间的调解活动。而在普鲁斯特的《往事的回忆》中，更是把欣赏山楂树篱说成是重要的审美行为。阿多诺分析道，这些艺术作品通过将自身化为第二自然，来试图与第一自然达到和谐一致，它们正是不愿使同一性成为定论，于是便在第一自然中寻求慰藉。这种对自然美的欣赏中混杂着孤独主体在这一被工具化、被肢解的世界上的患难经历，由此带着厌世的忧郁症标记。由此可以看出，卢梭返回自然的思想实际上是贬低了直接被感知为外显自然的自然美。而在现时代，自然美由于被整合到商业世界（如旅游业）而缺乏批判力，对自然的直接鉴赏就变得中性化了，自然美因此提供披着直接性伪装的中介性，纯然变成象征性的意识形态观念。可以说，感受自然特别是它的沉寂，已成为一种罕见的、为商业所利用的特权。但自然的形象之所以幸存，是因为人工制品对自然形象的完全否定，会导致人们无视于资产阶级劳动与商品关系之外的另一领域存在的可能性，而自然美则是这一领域的一种比喻。如果这一比喻被假称为真正和解的状态，那么自然美会化为证实或伪装社会之对抗性的一种手段，那么在此社会中自然美依然可能存在。阿多诺评论维哈兰恩的“海洋美于教堂”的诗句，说它标志着文明后期的到来，因为这里灌注着一种有益健康的恐惧感，并以此照亮了自以为无需启明的人为世界。在此阿多诺似乎要提醒人们如何去正视自然，重新认识和发现自然美，进而在什么意义上来肯定自然美。

四、自然美与艺术美

阿多诺说：那种用理智来观赏自然景致的思想，是以一种理性主义与追求和谐的心态为前提的，这种心情即使在无人的自然界中也要急切假设出符合人类的目的。这句话或许正好可以是用来批评黑格尔美学。尽管自然美是有缺陷的，但是黑格尔依然认为：理念在个别事物的两种形式即在直接的自然形式和心灵形式中，都使自己具有客观存在而成为实体性的内容；那么自然美和理想（艺术美）也应该具有同样的内容，在这里就是美的理念。同时，自然生命的理念作为整体在自身中，是为着主体的统一和为自己的目的而与自己发生关系，但它还只是表现为一种自发运动；而有生命的自然事物之所以美，不是为它本身、也不是由它本身，却只是为我们、为审美的意识而美。辩证地看，黑格尔将整齐一律和平衡对称的自然美说成是平庸的、次等的美，其美学的超前性就在于以有生命的精神取代了过去那种简单的数学关系的形式。然而，他对不协和在自然美中应有其位置这一事实充耳不闻，所以遗憾的是，正是他的理性主义美学遮蔽了其判断力，使其没有意识到大自然从那理性主义美学的概念之网中遗漏了。

自然美理论的衰败不应归因于思维的可以补救的弱点或者思维对象的贫乏，事实上，自然美本质上是不确定性的，阿多诺告诫说，若想把自然美确定为一个恒定的概念，其结果将是荒谬可笑的。“作为不确定的东西，自然美敌视所有一切界说”，自然美正是因其不可界说性而得以界说的，它的不可界说就像音乐，它的美如同音乐的美。在其中，自然与历史的因素形成不断变化的装饰物，有如群星璀璨，仿佛是转瞬即逝的火花，又像是变化无穷的万花筒；正是这波动起伏而不是诸因素中恒定不变的关系，赋予自然界的优美之物以生命的活力。阿多诺把自然美所包含的不确定性看成是神话之歧义性的传代物，认为正是这种特性造成大自然语言的一种谜语特质，而大自然的语言并非是命题式的，也不是虚幻的慰藉、或者是人们渴求慰藉的回声，因为若作为神话之回声的慰藉，会因其成为外显自然的一种功能而脱离开神话。大自然最古老的形象通过辩证的转折变化，成为新的、尚未存在的可能事物的密码，这一密码意味着比存在更为多的东西。“人们羞于自然美的原因，是惟恐通过掌握自然的尚未存在，[使其]似乎已完全在场而破坏了它的尚未存在。大自然的尊严就在于这一尚未存在的特质，它凭藉其表现方式抵制一切有意人格化的企图。”在此意义上，阿多诺认为黑格尔的哲学并没有真正理解美的事物，他为了主观精神而牺牲了自然美，同时摈弃了自然美的短暂性和其他非概念方面，凭藉理性的中介总和将现实与理智等同起来；由此，主观性就把对存在物的操纵实体化了，那非同一物在黑格尔的体系中只是扮演着主体性之枷锁的角色，他从未把对非同一物的经验界定为审美主体的目的，或作为审美主体的解放，先进的辩证法美学正是要在这里对其哲学提出批评。

不如说，大自然的美是事物中非同一性的残余，这种非同一性因受到同一性的迷惑而没有实证的存在。自然美景旨在证实客体在主体经验中的优先地位，在优美之物前所产生的痛感是对美所允诺但未展示之物的思慕之情，也是面对欲美不成的现象之缺陷时所受的磨难。大自然的优美之物作为允诺虽然虚弱，但一旦为人所接受便不可抹灭，由此它所允诺的东西仍然非常有意义。与黑格尔相反，阿多诺宣称“自然之美接近于真理”，或者甚至可以说除了早期而短暂的方式之外，“大自然并非存在于美的维度之中”，因为这便与一种拜物教和泛神论的伪装划清了界限。自然美既非某种主导原理也非对任何原理的否认，它就像是一种和解状态。自然美的这种双重性被移植到艺术领域，但这一成分的先决条件完全是历史性的。同自然美相比，艺术使转瞬即逝的东西得以客观化并永恒长存，在此意义上艺术是概念性的，但这不是一种推理性的逻辑意义。在阿多诺看来，艺术不是摹仿个别的自然美，它是在模仿自然界的优美之物，它所摹仿的就是自然美本身。自然与艺术的关系可以这样见出：在鉴赏大自然时注重它的形象，将它感知为美的对象而不是采取行动的对象，从艺术的观点来看，中介是这一关系的特征。艺术是在寻求赎救自然所允诺的东西，即对美的允诺，它回归自身来成就这一点，这就是黑格尔关于“自然美有缺陷”的论断的正确之处。基于此，我们可以说，“艺术打开了自然的眼界”，自然反过来为人所有的东西提供表现方式。而那种自然主义艺术与自然的亲和关系则是似是而非的，因为它只是像工业生产一样将自然转化为它的原材料。

艺术作为支配与和解的语言，是要将生气灌注于内容，复活自然语言那以隐秘的不可知解的方式诉说给人类的那些东西。艺术作品是在假定自身的范围内而非实际的意义上，将人类的支配范围扩大到极致，它借助自个的内在性而有别于人对自然的真正支配，从而否定了真正支配的那种他律性状态，并且由此而具有某种自律性。自然美向艺术美的过渡是支配发展过程中的一个时期，艺术美的东西是在意象中受支配的，同时又因其客观性而超越支配的东西。艺术作品越想从宗教意义上摆脱自然性并避免模仿自然，反而越接近自然，这里阿多诺似乎传达出一种无意为而为的艺术思想。反过来说，审美的客观性又是对自然之自在存在的反映，它使主观目的论的契机处于显著地位，使艺术作品类似于大自然。艺术作品的客观性常常被称为必然性，但正如本雅明所指出的，必然性观念一直被通常的思想史所误用。人们往往把那些不能用其他方式来取代的现象叫作必然现象，而阿多诺却认为艺术中的必然性不能被视为一种更科学的东西，它只是像一件作品，凭藉其完整性的力量和如是非它的确定性而生效，显示出它似乎简直就应当在那里，而人们不能设想它不存在。艺术的自在存在不是对某一实物的模仿结果，毋宁说它是对一种将出现的自在存在和由主体规定自身的未知物的预料结果，在此，艺术作品表示出一种自在物的形式。

阿多诺将艺术的精神化行为比作一种由物化了的意识娓娓道来的阐释活动，并提出艺术所经历的精神化过程不能表明艺术与自然的疏远关系，艺术越发展反而应该是与自然美越接近。那种将艺术的主观化趋向等同于与主观理性一致的科学发展的艺术理论，其实是忽略了艺术发展趋势的本质，即“艺术也许是借助人的手段来实现非人事物的言说”。艺术作品的纯表现摆脱了一切干扰因素而与自然结合在一起，恰如在韦伯恩作品中的纯音，它们凭藉主观敏感性全都还原为自然，转化为其对立面的大自然之声，成为富于表现力而不是以自然主义方式复制出来的语言。在此，阿多诺似乎回应了康德对艺术美的评说，即艺术美是显得自然的。

第十五章　时尚与美育

本章是关于时尚、设计与美育的专题。这都是美学理论的实际应用。东华大学王梅芳领衔的团队对中国时尚传媒状况，包括专业与非专业时尚媒体的传播现状作了实证调查分析，并对时尚传播的新媒体发展趋势作了有根据的展望。同济大学邬其昌就中国当代设计理论体系建构的本土化问题提出了自己的系统思考。上海市艺术特色学校枫泾中学校长陆旭东则就高中课程审美化实践提出了自己的理论思考。

第一节　发展中的中国时尚传媒状况分析[1]

2013 年“第一夫人”彭丽媛的时尚外交借由媒体的力量，不仅引发了国产服饰与化妆品的热潮，催动了强大的市场效应，而且使中国时尚为世界所瞩目，使时尚成为表征政治影响的重要力量；2014 年《来自星星的你》热播，不仅带动了韩式时尚在中国的扩散，而且影响了青年人的消费选择与审美偏好；电视剧《武媚娘传奇》的改版，不仅是服装样式的传承评价，而且昭示着价值观与意识形态主张。时尚之于社会有深远的影响，它既是特定时空维度中人们所崇尚和追随的事物，也是沉淀传统文化习俗、创新时代精神的文化力量。而在时尚的萌发、扩散、流行、变化与沉淀过程中，媒体起着至关重要的作用，是传动时尚的风轮。时尚媒体向受众传递着当下的流行趋势，制造着永不停滞的时尚新标，赋予其社会意义，并引导着消费行为，成为时尚传播的生产力。然而，中国的时尚媒体虽然早已于三十多年前兴起并渐成气候，但学术研究却远未形成气候。学者们也试图从品牌塑造[2]、媒体文化[3]、竞争

[1] 作者王梅芳、艾铭等，原载《当代传播》2017 年第 1 期。

[2] 孙毅：《〈时尚中国〉——中国未来“FASHION TV”的雏形》，《当代电视》2008 年第 12 期。

[3] 苏宏元：《电视媒体与时尚文化——试析中国电视的时尚化》，《现代传播》2011 年第 6 期。

态势[1]等角度对时尚媒体进行解读，但关于中国时尚媒体的整体格局、发展现状与呈现趋势等方面的研究仍是空白。为此，东华大学时尚传播研究中心于 2014 年 3 月至 4 月对我国时尚传媒进行了一次调研，试图呈现和分析时尚传媒的现状与格局，以期为中国传媒事业发展和社会进步提供有益启示。

本次研究从较为广阔的视角界定时尚媒体，将传递与分享衣、食、住、行、用方面的时尚资讯和理念的媒体都列入时尚媒体的范畴中考察。依据传播定位的不同，把时尚媒体细分为两类：第一类是“非专业时尚媒体”，这类媒体并非以时尚为主要定位，但在某一版块或栏目中传播时尚元素，例如湖南卫视、《南都娱乐周刊》等。第二类是“专业时尚媒体”，这类媒体以时尚为定位，所有节目或版块的编排都以时尚资讯为主，例如星尚频道、《时尚芭莎》等。基于这两个分类，本次研究围绕三个问题展开：（1）我国非专业时尚媒体的传播现状如何？（2）我国专业时尚媒体的传播现状如何？（3）时尚传播的新媒体发展趋势如何？

全文共记录了 505 条信息。包括 10 家非专业时尚杂志的 16 条版面信息、15 家省级卫视播出的 35 档时尚类节目的资料、321 家专业时尚刊物的资料以及 14 家时尚频道及其开播的 119 档时尚节目的信息。下文中我们对非专业时尚媒体与专业时尚媒体分别进行分析。

一、非专业时尚媒体的传播现状

由于我国非专业时尚媒体数目繁多、类别庞杂，本次研究选择了具有代表性的杂志和电视分析。研究人员考察了人民网研究院于 2014 年 2 月公布的“杂志移动传播百强榜”[2]的杂志信息以及 33 家省级卫视[3]于 2014 年 3 月 21 日至 3 月 27 日为期一周所播出的时尚栏目信息，据此分析非专业时尚媒体的传播情况。

1. 百强杂志的时尚传播现状

在人民网的百强杂志中，有 33 家杂志为专业时尚类杂志，占三分之一[4]。它们的受众覆盖广泛，从年轻女性到成熟男性，从职场白领到普通女性，从中高端人士到一般大众。主题

[1] 王颖聪、王雪野：《我国时尚杂志品牌竞争态势实证研究——以女性高码洋期刊市场为例》，《企业经济》2011 年第 1 期。

[2] 详见人民网《2013 中国杂志移动传播百强榜单出炉》，http://media.people.com.cn/n/2014/0220/c192370-24415848.html。

[3] 33 家省级卫视包括全国 31 个省与直辖市开播的卫视（不含港澳台）以及深圳卫视和厦门卫视两大城市卫视。

[4] 百强杂志中有 33 家专业时尚杂志：《米娜》《名车志》《ELLE》《男人装》《嘉人》《摄影之友》《贝太厨房》《风尚志》《时尚芭莎》《健康之友》《汽车族》《外滩画报》《城市画报》《时尚先生 · ESQUIRE》《Vogue 服饰与美容》《瑞丽服饰美容》《时尚 · COSMOPOLITAN》《1626 潮流双周刊》《宠物世界》《悦己 SELF》《都市丽人》《VISION 青年视觉》《TimeOut 北京》《Lens 杂志》《红秀 GRAZIA》《优家画报》《昕薇》《新锐》《瑞丽家居设计》《中国城市旅游》《财富品质》《上海服饰》《精致生活杂志》。由于该类杂志与之后的“专业时尚媒体”有重叠，我们也将其并入后文的专业时尚报刊进行分析。

呈多元化，有服饰美容类的《米娜》《时尚芭莎》《ELLE》《男人装》等，也有汽车资讯类的《名车志》《汽车族》还有都市生活类的《外滩画报》《城市画报》等。此外还有涵盖美食、旅游摄影类、情感、宠物等多样主题的时尚杂志。来自不同领域的时尚类杂志已在移动平台上占据重要位置。

在 67 家非时尚类杂志中，有 10 家杂志设有时尚版块，版块共计 16 个。这些版块的时尚元素与杂志的整体定位相结合，在内容上既有专业度又有流行性。例如《电脑爱好者》开设的“新品测评”“中国好设计”“视像”“APP 生活汇”版块，将电脑与设计、视觉传递、品质生活等主题相结合，从时尚的视角报道最新的技术资讯。《南都娱乐周刊》的“FASHION 时尚”版块从中外明星切入时尚，报道明星的妆容、服饰以及国际时装设计师、时装秀等资讯。

整体上看，百强杂志中近四成属于时尚媒体，它们或将自身定位为专业时尚杂志，或开设契合杂志主题的时尚版块。多元化的时尚元素已经成为主流杂志的重要传播内容。

2. 省级卫视的时尚传播现状

在电视媒体的选择上，本次研究选择了具有代表性的 33 家省级卫视进行分析，这种选择主要基于以下三点考量。一是省级卫视覆盖面广，受众群多；二是省级卫视的发展势头强劲，收视份额领先中央电视台和地方频道；三是虽然电视的年轻受众数量在减少，但是对卫视的热度未减退（媒介统括中心调研组，2011）。因此，省级卫视在全国的电视媒体中是最具有受众影响力的媒体。

调查发现，在 33 家省级卫视中，有近五成（15 家）设有专门的时尚栏目，共计 35 档[1]。其中，广西卫视的时尚节目最多，共 6 档；其内容偏重服饰、美容、模特（如，《国际时尚汇》《名模秀场》《美丽 ing》）等；时尚栏目的日均播出量为 3 档，日均播出时长近 4 个半小时，接近该台的影视剧类节目（4.8 小时），远超科教、综艺、财经和法治类节目的时长。

旅游卫视与青海卫视紧随其后，分别设有 5 档时尚节目。旅游卫视的时尚节目偏重汽车、体育等内容（如《汽车派》、《天天高尔夫》）；青海卫视则涵盖美食、健康、美妆、家居、旅游等主题。旅游卫视的时尚节目虽少于广西卫视，但由于重播次数多，日均播出时长超过 4 个小时，远高于该台的影视剧（1.2 小时）、新闻类（1.4 小时）和综艺类节目（1.3 小时）。

东方卫视、吉林卫视、黑龙江卫视、宁夏卫视等均设有一至三档时尚栏目，主题多样化。

[1] 省级卫视中有 15 家省级卫视播出 35 档时尚栏目：湖南卫视的“我是大美人”，东方卫视的“时尚汇”“车世界”“极致”，浙江卫视的“十足女神 fan”，深圳卫视的“辣妈学院”，山东卫视的“健康至尚”，宁夏卫视的“美丽我当家”“美丽我做主”，四川卫视的“心动女人帮”，旅游卫视的“汽车派”“美丽俏佳人”“天天高尔夫”“第一时尚”“乐活好正点”，吉林卫视的“风尚东北亚”“美丽面对面”“美丽我当家”，青海卫视的“时尚美食”“时尚健康”“时尚美妆”“时尚家居”“时尚旅游”，广西卫视的“时尚中国”“名模秀场”“模特大赛锦集”“国际时尚汇”“越成长越美丽”“美丽 ing”，重庆卫视的“健康至尚”“美丽 ing”，黑龙江卫视的“美丽俏佳人”“游艇汇”，内蒙古卫视的“美丽我当家”以及厦门卫视的“时尚生活家”。

例如，东方卫视既有传递最新服饰美容与潮流资讯的《时尚汇》，又有介绍汽车动向的《车世界》，还有介绍高端品牌的《极致》，日均播出时长为 20 分钟，虽未超过该台的影视剧类节目（0.5 小时）、新闻类节目（5.5 小时）、综艺类节目（3.9 小时），但高于资讯类、军事类和财经类节目。

从主题构成上看，近半数时尚节目偏重服饰美容，其余半数则有传达都市品位类的广西卫视“国际时尚汇”、厦门卫视“时尚生活家”；有健康运动类节目，如山东卫视的“健康至尚”、旅游卫视的“天天高尔夫”；有介绍汽车品牌最新资讯的东方卫视“车世界”、旅游卫视“汽车派”，以及美食、家居、娱乐消费、旅游等多样时尚主题。

整体上分析，时尚传播已经成为省级卫视的重要组成部分。一方面省级卫视有着传递流行趋势与引领潮流的意识，另一方面受众越发欣赏和向往着时尚生活。这使得时尚栏目呈现覆盖广泛与主题多元化的特点。

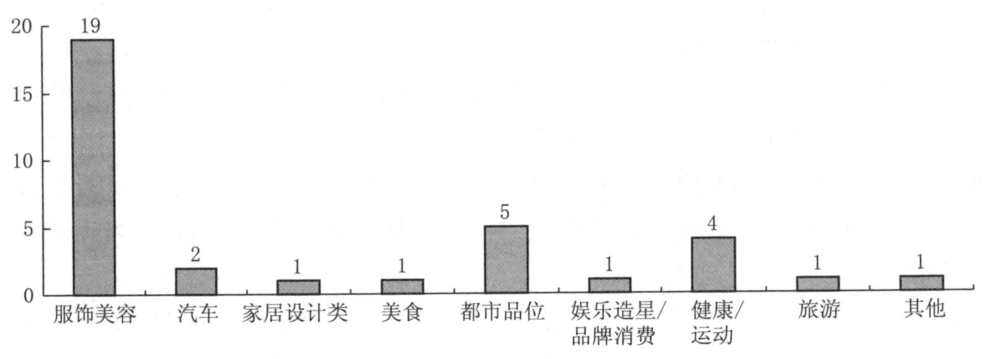

图 1　省级卫视的时尚节目主题分类（N=35）

二、专业时尚媒体的传播现状

在考察专业时尚媒体时，调研小组查找并记录了相关的刊物和频道信息。在收录刊物信息时，本次调研参考了《2014 年报刊订阅目录》、龙源期刊网的杂志目录以及 Zcom 杂志订阅中心收录的刊物目录，据此查找和分析时尚类刊物。在记录频道信息时，调研组参考了《2011 年全国广播电视台名录》[1]《中国广播电台列表》[2] 以及《全国广播电台目录》[3]，据此查

[1] 《2011 年全国广播电视台名录》由传媒内部工作人员提供，收集了 585 条地级以上播出机构、1978 条县级以上播出机构以及 47 条教育电视台的信息。

[2] 详见维基百科“中国广播电台列表”，http://zh.wikipedia.org/wiki/%E4%B8%AD%E5%9C%8B%E5%BB%A3%E6%92%AD%E9%9B%BB%E5%8F%B0%E5%88%97%E8%A1%A8。

[3] 详见百度文库《全国广播电台目录》，http://wenku.baidu.com/view/3449daf6f90f76c661371aa4.html。

找和分析时尚类频道。

1. 时尚刊物的传播现状

调研共收集有 321 家当代时尚刊物信息，其中杂志超九成，报纸不到 20 家[1]。以时尚定位的报纸，制作相对精良，其外观、印刷同杂志相差不大，尤其在新媒体的传播环境中，其所呈现的色彩与视觉效果与杂志相近，因此此处并不将报纸单列出来分析，而是将杂志与报纸都视为时尚刊物共同分析。

从创办时间看，我们统计了 308 家刊物的创办时间[2]。在收录的刊物中，百联集团的《上海百货》和新华社的《摄影世界》创刊最早，均成立于 1956 年。这一南一北两家杂志也各具特色，《上海百货》将时尚与消费生活结合，而《摄影世界》则将时尚与文化艺术结合，从侧面反映了当时上海与北京两大都会在时尚传播中的不同着力点，受到社会、政治、经济和自然因素的影响，1980 年之前时尚刊物的发展十分缓慢，每年只有一到两家刊物成立。

1980 年后，时尚刊物逐渐兴起，并在 1985 年迎来第一个创刊高峰。1980 年在北京创刊的《时装》是中国第一本时装类杂志，有人认为这是中国第一本真正意义上的时尚类刊物[3]。该杂志定位于高级时装和消费品，自创刊至今见证了我国时装文化的起步和发展。1988 年《ELLE》的中文版《ELLE 世界时装之苑》在上海创刊，将读者定位于女性，内容涵盖时装、美容、旅游、生活等，是第一本进入中国的国际高端女性杂志[4]。

进入 90 年代，以 1993 年创立的时尚传媒集团为代表，中国具有影响力的高档期刊传媒集团陆续诞生。时尚传媒集团旗下的《时尚》杂志成为中国第一本以“时尚”命名的杂志，它的创刊带动了时尚系列刊物的发展，此后时尚传媒集团陆续创办了《时尚 · COSMO》、《时尚 · ESQUIRE》、《时尚家居》、《时尚健康》、《时尚旅游》、《时尚时间》等刊物，将时尚内容从服装美容扩展至生活的各个方面，昭示了真正意义上的现代时尚传播理念，对时尚传媒的发展有深远的影响。

进入 2000 年，随着全球化进程的推进，时尚刊物迎来高速发展期，在 2003 年至 2007 年达到高峰，平均每年约有 20 家时尚刊物诞生。社会经济文化的发展、物质生活的改善、人们对生活品质的追求，为时尚刊物的发展开辟了市场，推动了时尚产业和传媒的繁荣发展。

---

[1] 此次调研中，记录的时尚报纸共有 15 家，分别为《汽车时尚报》《中国美容时尚报》《旅游新报》《中国服饰报》《服装时报》《车友报》《旅游时报》《服饰导报》《化妆品报》《美食导报》《新女报》《精品购物指南》《上海汽车报》《精品导报》《第一生活报》。

[2] 在整理创办时间的过程中，有 13 家刊物无法通过网络和电话调查获取其成立时间，因此不列入该分析单元。

[3] 详见 YOKA 时尚网《光阴三十年，谁是中国第一本时尚杂志》，http://www.yoka.com/renren/zzfy/2009/0115137550.shtml。

[4] 详见 ELLETV 网站《晓雪讲述〈ELLE 世界时装之苑〉的 24 年》，http://www.ellechina.com/elletv/events/20120210-73985.shtml。

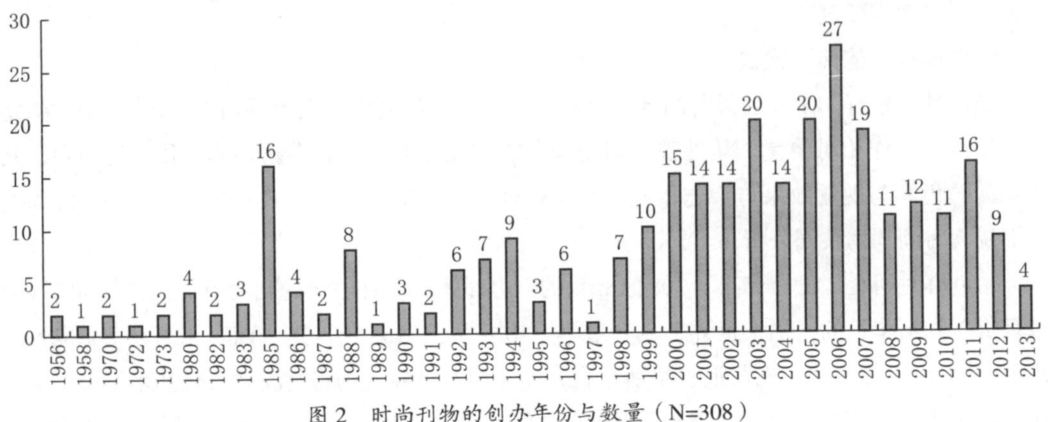

图 2 时尚刊物的创办年份与数量（N=308）

从地域的分布看，北京、上海和广东是时尚传媒的聚集地，三地的时尚刊物占全国的一半之多。北京是时尚媒体最主要的聚集地，超过四成的时尚刊物总部位于北京。其中，时尚集团具有重要影响力。上海的星尚传媒有限公司下属的《星尚画报》、文汇新民联合报业集团旗下的《外滩画报》，以及上海译文出版社与法国桦榭菲力柏契出版社联合出版的《ELLE》与《名车志》等杂志在全国都有广泛的读者群。在广东地区，南方报业传媒集团创办了《名牌》、《城市画报》，羊城晚报报业集团下有《优悦生活》，广州日报报业集团下有《新现代画报》。这一现象说明，时尚刊物总部的分布与城市经济的发展水平密切相关。北上广的经济水平发达，高消费人群多，基础设施建设和市场环境良好，为时尚刊物的发展提供了优渥的土壤。

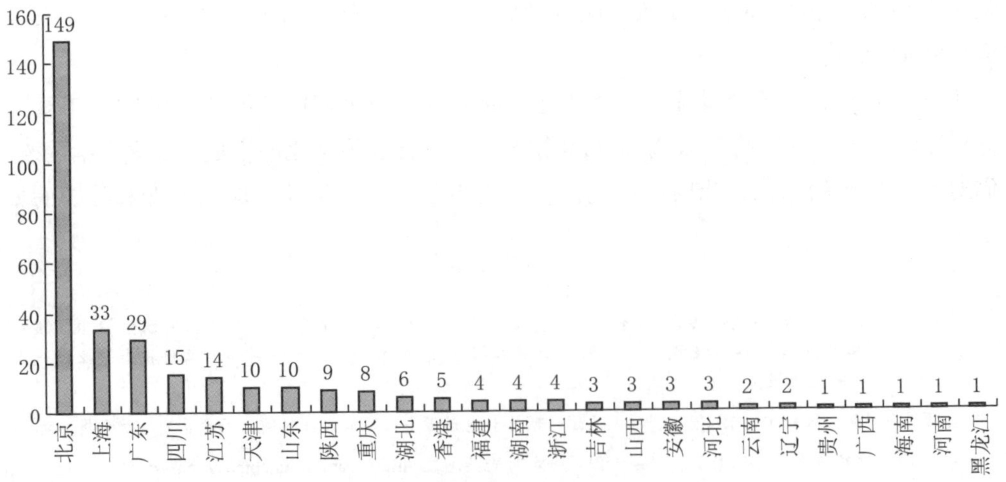

图 3 时尚刊物的区域分布（N=321）

从主题构成上看[1]，时尚刊物的传播主题涉及多样的领域，其中最主要的是服饰与美容，占近 1/4，如《时装》《时尚芭莎》《瑞丽》《昕薇》等。时尚和汽车、娱乐造星 / 品牌消费、家居设计等领域结合出现了《时尚座驾》《芭莎珠宝》《时尚家居》等专业刊物。这三类主题的刊物总和超过了时尚刊物总量的 1/3。美食、女性心理情感、都市品位、健康运动、旅游等刊物中也有不少以时尚定位，针对都市人群，如《美食与美酒》《健康与美容》《俪人・旅游生活家》《数码当红馆》等。总体上看，时尚刊物的主题分布较为均衡多元，表明时尚已经不再局限于传统的服饰美容领域，而已渗透到生活的各个层面。

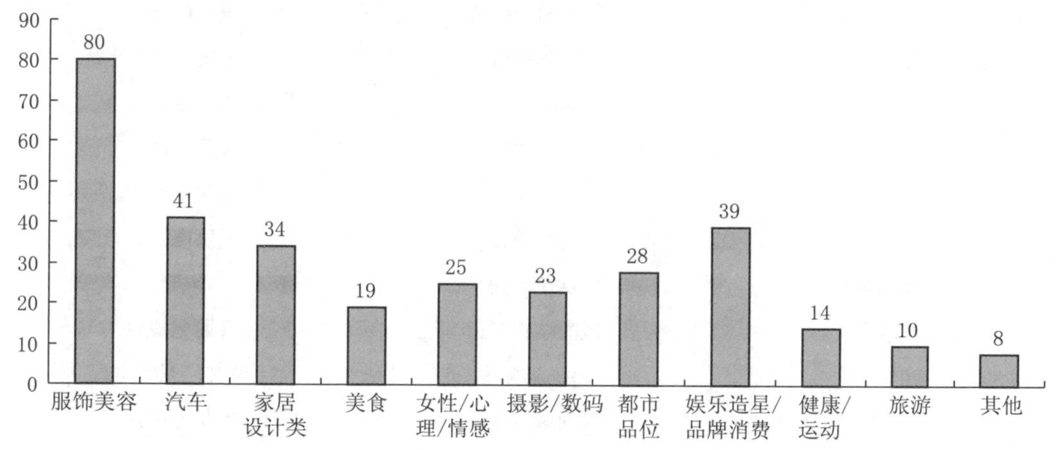

图 4　时尚刊物的主题分布（N=321）

2. 时尚频道的传播现状

本次调研查找的时尚类电视频道共有 14 个。在能查找到开播年份信息的 12 个频道中，开播最早的是福建的都市时尚频道。该频道在 2001 年开播时为文化生活频道，并非以时尚为总体定位，直到 2005 年才改名为都市时尚频道。真正以时尚为总体定位的第一家频道为星尚频道[2]。该频道于 2002 年开播，以 20—45 岁高收入高学历的都市白领女性为主要受众，播出资讯、访谈、综艺、真人秀等节目，解读时尚流行趋势，覆盖上海及周边超过一亿的人口。2003 年江苏的靓妆频道开播，这一频道随着数字电视的发展而兴起，是最早覆盖大陆全境的时尚频道[3]。2004 年与 2005 年是时尚频道开播的黄金时期。重庆卫视的魅力时装频道与时尚频道，以及湖南卫视的时尚频道均于 2004 年开播。2005 年天津电视台的 3 家时尚频道（时代

[1] 在主题的分析过程中，研究小组依据媒体资讯的特点，将时尚主题分为以下类别：（1）服饰美容；（2）汽车；（3）家居艺术设计；（4）美食；（5）女性 / 心理 / 情感；（6）摄影数码科技；（7）都市品位；（8）娱乐造星 / 品牌消费；（9）健康运动；（10）旅游；（11）其他。

[2] 详见星摩登官方网站“星尚频道”部分，http://www.channely.cn/modern/mdjs/yewujs/2013-11-26/47528.html。

[3] 详见靓妆频道官方网站“频道介绍”部分，http://www.jstv.com/n/lz/。

出现、时代风尚、时代美食）开播。2006 年以后 CCTV 女性时尚、江西的风尚购物频道以及上海的星尚酷频道先后开播。

表 1 时尚频道的开播年份（N=14）

开播年份	时尚频道	隶属集团
2001 年	都市时尚频道	福建电视台
2002 年	星尚频道	上海星尚传媒有限公司
2003 年	靓妆频道	江苏电视台
	魅力时装频道	重庆电视台
2004 年	时尚频道	重庆电视台
	时尚频道	湖南电视台
	时代出行	天津电视台
2005 年	时代风尚	天津电视台
	时代美食	天津电视台
2006 年	女性时尚	CCTV
2009 年	风尚购物频道	江西电视台
2010 年	星尚酷频道	上海文广互动电视
不详	时尚影院频道	贵州电视台
不详	时尚频道	鞍山电视台

从地域上看，上海的时尚频道发展势头强劲。上海星尚频道和星尚酷频道是典型的两大时尚频道。星尚频道的前身为 2002 年开播的生活时尚频道，2010 年更名为星尚频道[1]，系列时尚节目如“星尚精选”“星尚画报”“星尚情报”等。星尚酷频道的前身为 SiTV 生活时尚频道，于 2011 年更名为星尚酷频道，目前该频道已经覆盖中国 300 多个城市和地区，收视观众近 1.2 亿[2]，播出有特色“淘”系列栏目，如“淘最报报”“淘最新靓点”“淘最大玩家”等，同时也会重播星尚频道节目，如“乐活好正点”“左右时尚”。星尚酷数字频道与星尚无线频道相比，则受众更年轻，节目传递的潮流资讯也更前卫。

江苏与湖南的时尚频道也有较高的知名度。江苏的靓妆频道是付费数字频道，主打服饰、美容，与法国 FASHIONTV 和意大利时尚电视频道都有紧密合作[3]，播出有“亚洲风尚”“中国 T 台风”、“风情热装”等时装、模特类节目。湖南的时尚频道面向喜爱新鲜体验的年轻时

[1] 详见新民晚报网《生活时尚频道更名》，http://xmwb.eastday.com/x/node82424/u1a755019.html。

[2] 详见星摩登官方网站“时尚生活频道”部分，http://www.channely.cn/modern/mdjs/yewujs/2013-11-23/46133.html。

[3] 详见搜狐女人网站《江苏卫视频道、靓妆频道简介》，http://women.sohu.com/20050819/n240274424.shtml。

尚人群。该频道更倾向于将时尚与快乐结合，推出“快乐 Shopping”、“厨房好幸福”、“科技享乐族”等节目。虽然江苏与湖南电视台都只设有一个时尚频道，但其时尚频道的发展较好，定位较为清晰，时尚节目丰富。

天津电视台的时尚频道较为活跃，开播三个数字付费的时尚频道。时代风尚主打服饰、美容、健康，播出有“时尚圈”、“寻找超模”等节目；时代出行以旅游为主题，播出有“美食旅行”“街头咖啡屋”“欧洲最佳旅游路线”等节目；时代美食频道主推美食，播出有“综艺食 8 街”“美食美客”“美人餐”等节目；这三个时尚频道主题不同，定位互补。

重庆也是时尚频道较多的城市。魅力时装是面向重庆开播的付费数字频道，播放有较丰富的时尚栏目，如“美丽魔法师”“潮流实验室”“国际时尚汇”等。与魅力时装频道相比较，重庆时尚频道虽以时尚命名，但其播出的栏目多面向一般大众，如“冷暖人生”“生活麻辣烫”“第一房产”等，鲜有面向都市时尚人群的栏目。

与上述电视台相比，福建的都市时尚频道和辽宁的鞍山时尚频道虽以时尚命名，但播出的节目较为庞杂，仅有二至三档与时尚有关的栏目。江西的风尚购物频道与贵州的时尚影院频道因为名称中含有时尚而被记录，但其主要栏目分别为电视购物或影视剧，没有播出时尚类节目。

这 14 家时尚频道共播出有 119 档时尚栏目[1]，从主题构成看，时尚节目的主题涉及衣食住行用各类时尚资讯。其中服饰美容是最重要的主题，美食、都市品位生活、旅游类的节目也比较多，说明此类节目的市场需求量大。与省级卫视的时尚节目相比，专业时尚频道为受众提供了更为多元的主题和更加丰富的时尚资讯。

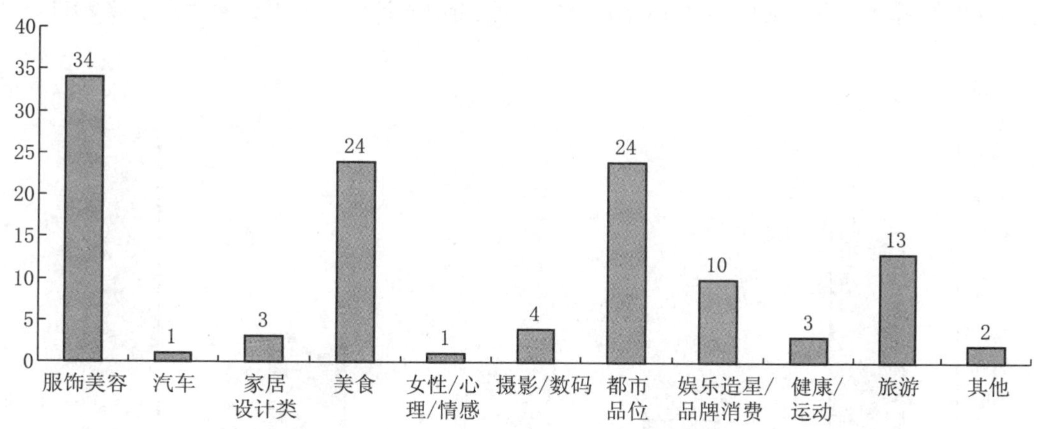

图 5　时尚频道播放的时尚栏目的主题分布（N=119）

[1]　本次调研记录了 14 家专业时尚频道 2014 年 3 月 21 日至 3 月 27 日所播出的时尚类栏目，共 119 档。

三、时尚传播的新媒体发展趋势

随着新媒体日渐发展，越来越多的传统媒体将时尚资讯复制到网络和移动平台中，新媒体中的时尚内容不仅涵盖传统媒体的内容，还囊括传统媒体中没有的信息，其结果便是新媒体平台中的时尚元素将是传统媒体的几番，时尚传播的重要性在新媒体环境中更加凸显。

上述趋势在本文调查的时尚媒体中也有显现。在321家专业时尚刊物中，超过七成创办了主页，超过八成开通了新浪或腾讯微博，超过六成设有微信公共账号。在14家专业时尚频道中，超过七成有网络主页并且过半数开通了微博。以《星尚画报》为例，读者不仅可在全国大中城市的报亭、地铁、机场、超市、书店等地点购买与阅读该杂志，还可在时尚网站"星摩登"上下载电子版，也可以通过微博、微信、APP获取该杂志的最新动态。在新媒体的环境中，时尚传播已经突破了线上与线下的界限，实现着跨平台的整合。

新媒体不仅容纳着传统媒体的内容，自身也在创造着新的时尚内容。全国主要的门户网站，如腾讯、新浪、网易、搜狐均开设有专门的时尚频道。即便是人民网这样的政府新闻网站也重视时尚频道的建设。"秀美网""爱尚网""佳人女性网"等专业时尚网站的兴起推动着时尚内容在新媒体平台上的生产与传播。与传统媒体相比，新媒体的更新和传播速度更快，也更容易接触到年轻的目标受众群。

时尚传播的目标受众与新媒体用户的重叠使得时尚资讯占重要席位。根据艾瑞咨询2014年的统计数据显示，我国19—45岁的人群是移动互联网的主要用户[1]。这些新媒体用户关注时尚资讯与潮流产品，他们搜索着时尚信息、讨论着时尚话题。根据百度搜索指数2011年1

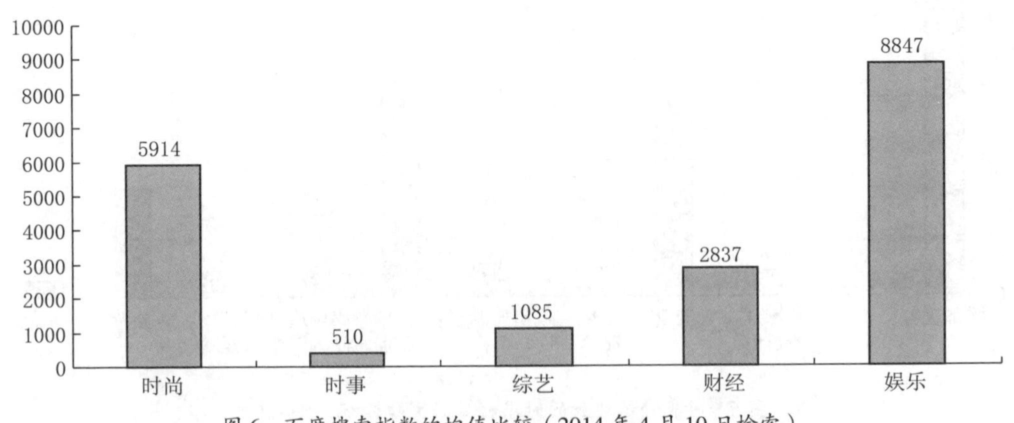

图6　百度搜索指数的均值比较（2014年4月10日检索）

[1] 详见艾瑞网《2014年中国移动互联网用户行为研究报告》，http://report.iresearch.cn/2164.html。

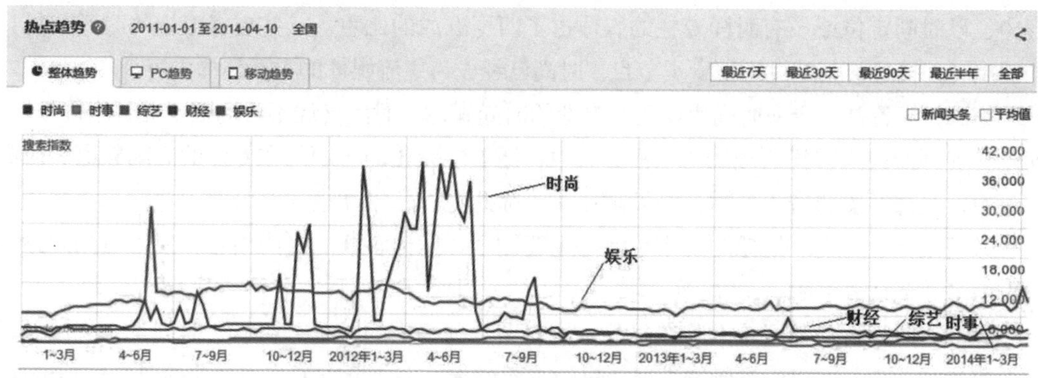

图 7 百度搜索指数的整体趋势比较（2014 年 4 月 10 日检索）

月至 2014 年 4 月的数据显示，在时尚、时事、综艺、财经、娱乐五个关键词搜索中，“时尚”的日平均搜索数量仅次于“娱乐”。2011 年到 2012 年，网民对时尚的关注度甚至一度超过了娱乐。这或许与那时期世界奢侈品牌，如 Gucci、MaxMara、Coach 等举办周年庆典的时尚活动有关 [1]。在新媒体的环境下和特定的时期内，时尚可以成为比娱乐、综艺、时事和财经更为重要的话题，这一现象在传统媒体的环境中是很少出现的。

“时尚”在新媒体平台中的重要性还可以通过微博公共号、微信公众号、APP 应用的数量得以反映。在微博账号中，以“时尚”命名的账号远远高于以“时事”“综艺”“财经”“娱乐”命名的账号。在微信公众号中，时尚、财经、娱乐在数量上相近。在百度手机的 APP 应用中，时尚 APP 数量高于其他类别的 APP 数量，说明时尚已经成为移动平台上十分重要的传播内容。因此，新媒体环境中，对时尚传播的研究显得更为必要。

表 2 新媒体平台中关键词搜索数量的比较（2014 年 4 月 15 日搜索）

新媒体平台	时 尚	时 事	综 艺	财 经	娱 乐
新浪微博账号	406958	4857	3014	21716	92070
微信公众号	130	90	111	145	155
百度手机助手 APP	867	285	237	330	837

四、结 论

本节从非专业时尚媒体、专业时尚媒体、新媒体环境中的时尚传播三个角度切入，试图呈现我国时尚传媒的现状和格局。综合上述分析，我国的时尚传媒大致呈现如下特点：

第一，在具有影响力的传统媒体中，时尚媒体已经成为主体构成。在百强杂志和省级卫

[1] 详见京华网《2011 年时尚大事件回顾》，http://epaper.jinghua.cn/html/2011-12/05/content_738662.htm。

视中，以时尚定位或设有时尚专栏的媒体占了四至五成的比重。一些省级卫视的时尚节目日均播出时间接近甚至超过影视剧类节目。时尚已经成为主流媒体的重要传播内容。

第二，无论是非专业时尚媒体还是专业的时尚媒体，时尚已经不再局限于美容服饰领域，而是扩展并渗透到多样的领域与生活方式中，涵盖多元化的主题。在专业的时尚频道和时尚刊物中，服饰与美容资讯约占三至四成比重，除此之外，媒体也注重将时尚与汽车、娱乐明星、家居设计、美食、情感与都市生活等主题结合，推出多样的时尚内容，使得时尚元素全方位地渗透至日常生活。

第三，时尚传播形成南北特色格局。从对杂志与频道的综合分析看，时尚类杂志的总部主要聚集在北京，而时尚类频道发展最早的主要位于上海，形成了一南一北的时尚传播格局。时尚媒体主要分布在北上广地区，说明社会经济越发达的地区，时尚传媒也越繁荣。在时尚刊物中，北上广是时尚刊物总部的聚集地，尤其是北京，超过四成的时尚杂志总部设在北京，第一家以时尚命名的杂志——《时尚》也诞生于北京。上海以频道见长，其星尚频道与星尚酷频道都是具有代表性的时尚频道，其中星尚频道更是全国第一家以时尚定位的频道。广东依托南方报业集团等具有影响力的传媒集团在时尚媒体的发展上也走在前列。北上广有媒体发展的历史积淀，优良的国际交流平台，良好的基础设施建设，再加上白领消费群多，对时尚资讯的需求大，这些都促进了时尚媒体的聚集。

第四，时尚传播在新媒体平台中更为兴盛，时尚全媒体平台已成大趋势。大部分时尚媒体都创办了官网、开通了微博、设立了微信公众号，实现着线上线下资讯的互补和同步更新。从百度指数看，时尚经常会掀起旋风，成为关注度超过“娱乐”的关键词。考虑到“娱乐”本身含有很多时尚元素，若将这些元素纳入时尚主题考量，那么“时尚”搜索指数应该位列第一。在全媒体整合的环境下，时尚传播的影响范围正逐步扩大，传播速度正日渐加快，时尚传播的研究也变得更加重要与迫切。

虽然本节试图对时尚传媒的整体格局和发展现状进行呈现并梳理其特点，但对于其格局形成的原因未做深入的阐释。为何服饰美容类时尚版块和栏目最受媒体青睐？其他主题的时尚版块和栏目如何吸引和维护受众群？为何北京和上海形成不同的时尚传媒发展格局？沿海和内陆的媒体在时尚传播中有何差异？原因是什么？传统媒体、门户网站、专业时尚网站在全媒体平台的时尚传播中形成何种态势，其原因为何？关于这些问题有待后续研究展开更为细致的探究。

第二节　中国当代设计理论体系建构的本土化问题 [1]

中国当代设计理论体系建构（中国设计梦）是整个中国体系建构（中国梦）的核心价值

[1] 作者邹其昌，原载《创意与设计》2015 年第 5 期。

部分。中国当代设计理论体系建构主要包括核心设计文化价值体系建设、关键设计技术价值体系建设、先进设计制造、生产与消费价值体系建设等诸多领域。而传承与创新是中国当代设计理论体系建构的基本策略。其中传承包括本土民族设计资源的传承和当今世界先进设计体系的学习与借鉴。就世界范围而言，美国体系（美国梦）中的美国设计体系（美国设计梦）是当今最为先进、系统、完善和创新的设计体系，是中国当代设计理论体系建构最为重要的坐标。对美国设计体系的系统研究和学习应用是当今中国设计理论体系研究乃至整个中国文化体系研究极其重大的系统工程。同时，本土化资源也是构建中国当代设计理论体系的重大系统工程，本土民族设计资源更是中国当代设计理论体系建构独具国际竞争力价值的根本。

当今世界，如何处理全球化与本土化之间的张力已成为世界各民族发展进程中一个不容回避的问题。中国设计学作为生长于这一语境中的一个话语系统，同样面临着这一问题。具体来说，中国设计学一方面要面对自身文化源远流长而又灿烂辉煌的传统设计文化资源，另一方面又要不断接受来自世界不同设计文化（尤其是西方设计文化）的强力冲击和影响。因此，对如何处理本土化与全球化之间的张力，如何立足本土又放眼世界，并进而对中国设计理论体系建构的本土化等问题进行深入思考就显得尤为重要。

一、中国当代设计理论体系的建构本土化

设计学科的独特性质，决定了其理论体系一方面建立在历史和现实的大量设计实践的基础之上，另一方面又对当下和未来的设计行为发挥着至关重要的影响和指导作用。特别是在今天，两次工业革命以及随之而来的第三次产业革命，使得人类设计可资凭藉的技术达到了前所未有的高度，设计在人类生活中也因此占据了前所未有的重要位置。毫不夸张地说，当今世界正是一个设计的世界，在某种程度，设计甚至决定了一个民族乃至人类的未来命运和前途。从这一层面看，中国当代设计理论体系的建构及本土化，其意义和价值就远远超出了学科建构的狭小范围而关乎到整个民族在未来世界格局中的地位和影响力。

设计学从来都不是一个固定不变的学科范畴。在人类文明史上，随着不同时代设计概念内涵和外延的不断变化，设计学也不断调整着自身的研究对象、研究内容和研究范式，因而其理论体系本身也是一个流动和开放的系统。因此，要探讨中国当代设计理论体系的建构问题，我们首先就必须对当代的设计概念有一个全面、准确的理解和把握。这是直接关乎设计学科顶层设计的重大战略问题。

今天的设计（设计艺术），应该是在高科技发展的基础上，以深厚的人文视野，整合各种传统的艺术形式而呈现出的一种融多维性、多学科性、多层次性、跨文化性等综合一体的、全新形态的创造实践和生活艺术。今天的设计和设计学已不再仅仅是传统意义上的“装饰”“广告”和“工艺美术”（当然也包括它们）。就目前世界的发展态势而言，设计是一门属

于我们时代的创造实践、一门“艺术”，一门真正生活化的艺术。其他的传统艺术类型，也只有通过“设计化”（再造设计）才能真正走进人们的生活。我们的时代特征是：世界因设计而精彩。没有设计就没有“苹果”，也就没有当代人类智慧得以淋漓尽致地展现的舞台。有了设计，传统的诗、书、画、音乐、舞蹈、影视、戏曲等传统艺术元素才能融为一体，并以全新的方式进入当下的人类生活方式之中；有了设计，技术更加美丽而走向人性。正因为具有沟通技术与艺术、融合艺术与生活的特质，“设计”（设计学）才分属于“工学”、“农学”与“艺术学”三大学科门类，具有极大的综合性和跨学科性质。设计学是设计理论、设计实践与设计产业三位一体的融合体。

具体说，中国当代设计理论体系建构的本土化，就是要立足于以“考工学设计体系”为代表的深厚的民族传统设计文化资源（包括设计实践、设计理论、设计思想），在充分挖掘传统资源的同时，紧密联系中国及世界当下鲜活的设计实践，并对国外先进的设计理论、设计思想等设计文化资源进行广泛地借鉴和吸收，在此基础上，与中国传统的设计文化资源进行创造性地整合，逐步发展出从概念术语到理论范畴再到逻辑架构的一整套中国设计学独特的话语系统。这一话语系统一方面立足于本民族深厚的传统设计文化，另一方面又对当下世界鲜活的设计文化保持高度敏感，因此是一个流动、开放的系统。由于这一话语系统能把自己无所不在的触须伸展到本土和世界当下每一个鲜活的实践领域和生活领域，因此其本身就是一门真正“生活化的艺术”。也只有这样，中国设计学才能在世界设计学格局中占据一席之地，并进而发挥与中国灿烂辉煌的设计文化传统和当下正在逐步提升的综合国力相匹配的国际影响力量。

但另一方面，中国设当代设计理论体系建构的本土化是一个庞大的系统工程，它需要众多设计学研究者在不同的设计学分支学科领域进行长期的艰苦探索并开展广泛的合作。包括政产学研的有效互动，即学术界的深入系统的理论研究，政府部门对设计理论研究成果的有效规划、部署、协调与推进，产业界对设计理论研究成果的积极转化与开发，以及大量复合型设计理论研究和关键设计技术人才培养等诸多方面的互动。如此才能够有效地实现“万众创新、设计立国”发展战略。尽管如此，在展开这一庞大的系统工程之前，从较为宏观的层面上“设计”出一个较为可靠的蓝图，并勘定出其中的几个核心坐标，仍是可行的，同时也是必不可少的重要环节。

二、应该着力思考的三个重大问题

宏观地看，设计与民族生活方式、设计与民族文化精神之间的关系问题以及本土化路径的选择和方法论问题是我们在展开中国当代设计理论体系建构本土化这一伟大工程之前应该着力思考的三个重大问题。

生活方式是一个民族在生存和发展的漫长历程中，人与自然环境长期交互作用的产物，是自然环境、社会关系和技术传统三个重要因素长期模塑的结果。从社会史的历时维度来看，民族生活方式具有相对的稳定性，但又非一成不变，它往往伴随着自然环境、社会关系和技术传统的变迁而变迁。从地域分布的共时维度来看，生存于不同地域的民族，由于各自的地理环境、社会关系和技术传统极为复杂多样，民族生活方式也往往呈现出多姿多彩的面貌。

凭藉自身掌握的知识和技术，人类从制造第一件工具起，就在各自的自然环境和社会关系之中，开始了其生活方式的选择和模塑过程。这样，当我们想要考察其中任何一个要素时，就始终离不开对其他要素及民族生活方式的整体把握和深入理解。著名技术史学家达里尔·福德（Daryll Forde）就认为，“技术只有与其使用者的生活方式联系起来，才能被我们理解。特别是食物采集的技术，必须根据不同地区相应的经济背景来考察。”[1] 其实，何止是食物采集技术，在技术史的研究过程中，我们对任何类型技术的考察，总是离不开对特定地域独特经济模式（也即狭义的生活方式）的深入考察和研究。设计作为人类特有的一种创造和实践活动，它与民族生活方式漫长的历史模塑过程始终是相伴相生的。另一方面，设计与参与民族生活方式模塑过程的自然环境、社会关系和技术传统等要素又互相影响、交互作用，共同构成了一个错综复杂的关系网络。因此，对人类设计行为进行研究，就离不开对这一复杂关系网络及其要素的深入考察和研究。只有这样，我们才能获得对设计与生活方式之间复杂关系的深刻理解。

对生活方式的研究是人类学最引为骄傲的领域。从这一层面看，在技术史以及设计学的相关研究领域，借鉴人类学的学科理论和方法不仅是现实的而且有望取得丰硕成果。这也是近年来设计人类学、科学技术人类学以及设计文化研究得到持续关注并成为学科研究热点的一个重要原因。概括来看，这些研究的一个总体趋势，是以人类学的文化整体观来对设计问题以及技术和技术史问题展开深入细致的考察。

文化整体观是人类学研究的一条重要原则，这一原则自人类学学科的创立之初便作为学科的基本指导思想被稳固地确立起来。文化整体观的确立与人类学的田野调查和民族志书写实践密不可分。马林诺夫斯基说，“民族志田野工作首要而基本的理想便是，清楚而明了地勾勒出所研究社会的结构，把所有文化现象中的定律、规则从不相干的事物中梳理出来。”[2] 要实现这一理想，人类学家的田野调查就不能是猎奇式的浮光掠影或断章取义，而首先要长期沉浸于某一文化系统中，对其中的每一种文化现象、风俗习惯、宗教仪式，每一种法律制度、亲属结构以及每一项生产实践、技术发明和艺术创造等，进行全方位和深入细致的系统考察。这就需要人类学家把文化现象置于调查对象特有的文化系统中来进行整体性地理解，而非以

[1]　查尔斯·辛格、E.J. 霍姆亚德、A.R. 霍尔主编：《技术史·第Ⅰ卷·远古至古代帝国衰落：史前至公元前 500 年左右》，王前、孙希忠等译，上海科技教育出版社 2004 年版，第 111 页。

[2]　布罗尼斯拉夫·马林诺夫斯基：《西太平洋上的航海者》，张云江译，中国社会科学出版社 2009 年版，第 9 页。

自身文化系统为参照系，从中任意抽取出几个文化现象、文化行为或突发事件来进行孤立的、断章取义的观察和描述。如果人类学家采取后一种方法，那么这种类型民族志描述，便很有可能沦为一幅夸张变形或拙劣的漫画图景。以这样的人类学文化整体观来看，世界不同民族的文化系统，正是一张由丰富多彩而又异彩纷呈的文化现象以及这些文化现象之间的复杂关系构成的一个巨大的、错综复杂的关系网络。

如前所述，民族生活方式是一个民族在生存和发展的漫长历程中，人与环境长期互动与交互作用的产物，是自然环境、社会关系和技术传统三个重要因素长期模塑的结果。从这一层面上看，民族生活方式其实就是一个民族文化系统的物质和实践层面。西方人类学自学科诞生之日起，便对民族文化系统中的物质和实践层面进行了大量卓有成效的研究。从这一层面看，我们正可以从西方人类学大量的经典民族志中，广泛地汲取设计人类学的思想资源，从而服务于设计学科的理论体系建构。

在极为漫长的与自然环境的交互作用过程中，人类凭藉自身的劳动、智慧和逐步积累起来的技术成果，艰难地也是卓有成效地改造着大自然，创造了人类辉煌的物质文明，创造了有别于原始自然、被称为“第二自然”的人造环境。随着社会文明的不断进步和科学技术的日趋发达，这种第二自然在人类生存和发展过程中扮演着越来越重要的角色。在这一过程中，自然环境、社会关系和技术传统三个重要因素在人类实践的层面上，自始至终交织成为一个异常复杂的关系网络，正是它们的共同作用，才孕育了人类灿烂辉煌的物质文明，同时也模塑了人类各民族各具特色的生活方式。人类学方法的引入，将极大地推动我们对这一复杂关系网络的系统梳理。在这种全新视野中，技术传统、设计行为以及设计实践从来都不是孤立存在的文化现象，它们一方面是环境选择和适应的结果，另一方面又与特定民族文化系统中的宗教信仰、道德实践、民俗活动、节庆行为以及经济活动等息息相关，与它们共同构成了一个错综复杂的社会关系网络。比如，“自古以来建筑都不是简单的‘做房子’，建筑是一个时代社会生活的集中体现，包括自然的、政治的、经济的、文化的、习俗的等方面的综合影响。”[1] 正是所有这些要素的共同影响以及它们之间错综复杂的相互关系，共同造就了一个民族独特的技术传统、特色鲜明的居住模式以及有着独特面貌的设计实践，也正是它们之间的交互作用，共同孕育、模塑了一个民族独特的生活方式。

在中国当代设计理论体系建构的本土化过程中，我们正应该秉承人类学的文化整体观，对民族独特的生活方式进行全面、深入的考察，对其中的自然环境、社会关系和技术传统以及它们之间错综复杂复杂的相互作用、相互关系进行全面细致的梳理，以人类学的深描方法来对这一错综复杂的关系网络进行深入细致的描述。这种描述由于植根于特定民族独特的文化情境中，因而更有利于我们把握其最为根本也最为独特的部分，而这些描述毫无疑问可以

[1] 邹其昌：《〈营造法式〉设计理论体系的当代建构》，《创意与设计》2012 年第 4 期。

成为中国设计理论体系建构及本土化过程中极富价值的本土民族文化资源。

在具体操作层面，这种考察、梳理和描述，可以同时在纵向与横向两个维度上展开。纵向维度着眼于设计史的梳理，借鉴人类学的视野和方法，秉持一种人类学的文化整体观，并采纳人类学的深描方法，努力还原出民族生活方式在不同时代的独特面貌。在这一过程中，依次展开对环境、社会关系和技术传统等因素以及它们之间复杂关系的深入考察，把不同时代的设计风格、设计类型、材料运用和技术手段等要素置入每一时代独特的生活方式图景中来进行综合全面的理解和把握。这种方法对于我们理解一个民族特定时代设计史的整体风貌将起到别的方法无法替代的作用。比如，中国古代设计学经典《考工记》在其开篇的“总序”部分就指出：“天有时，地有气，材有美，工有巧，合此四者，然后可以为良”。这句话以极度凝练的语言，概括了设计实践中影响设计行为和最终设计产品形态、质量的几个重要因素，即地理环境、气候条件、材料选择、工匠技术等。但我们的理解倘若仅仅停留于此则是远远不够的，比如“地有气”一句，除了包含地理环境因素外，还强调造物生产的社会条件，如文化传统，政治因素，技术传承等，是作为相对于客观自然的一种社会存在。这一观点建立在对《考工记》成书时代整个社会政治、经济、军事、宗教、民俗以及技术条件等综合状况的系统考察和分析基础之上，换句话说，是在对《考工记》成书时代民族生活方式的全面理解和整体把握基础之上得出的结论，因此是有说服力的。在横向维度上，对于当下源源不断地涌现出的新产品、新设计，我们也同样可以借鉴人类学的文化整体观来进行考察。这种考察从不孤立地看待每一种设计现象和设计行为，而是把它们纳入民族整体的文化图景中来进行研究，考察它们与其他社会、政治、经济、宗教、民俗等等民族生活方式要素之间的种种复杂关联，进而对它们进行深入细致的描述和阐释。同时，我们还应该把纵向和横向两个维度很好地结合起来，在挖掘设计史上民族传统设计文化资源的同时，又紧密结合当下的设计实践和设计现象，进而做出自身的判断和思考。我们看到，这种设计理论体系的建构以及本土化的努力，由于立足于对本民族生活方式的系统考察和深入研究，立足于本民族自身传统的和现实的设计实践及设计文化的深刻把握基础之上，因此将更有理由期待它为本民族的设计行为和设计实践提供更科学、更有价值的指导，从而实实在在地推动本民族设计理论、设计实践以及整个社会、文化和经济建设的全面发展，真正为实现中华民族的伟大复兴（中国梦，也包括中国设计梦）做出自身切实的贡献。

三、民族文化精神的深入研究

中国设计理论体系建构本土化的另一个不容忽略的重要方面便是民族文化精神的深入研究。

文化精神是文化系统的核心组成部分，是民族文化系统的精神层面。如同前文所指出的，正是它决定了一个民族生活方式的独特面貌，也正因为如此，它也在某种程度上决定了一个民族设计行为和设计实践的整体风貌。从这一角度上看，要实现中国设计理论体系建构本的土化目标，对本中华民族的文化精神进行全方位的系统梳理和深入研究就显得尤为重要。

美国著名人类学家、科学文化现象学的创立者克利福德·格尔茨认为，相对于低等动物，人类行为更少受到内在于生物有机体的基因遗传物质的控制，而更多地受到外在于生物有机体的文化的控制。正是在这个意义上，文化就在某种程度上成了控制人类行为的类似于基因物质但又外在于人类生物有机体的东西。格尔茨称之为“体外控制机制”。也正是在这个意义上，格尔茨借用马克斯·韦伯的说法，认为人是栖居于人类自己编织的意义之网上的动物。这张无所不在的意义之网就是文化，而人类用于编织这张意义之网的媒介在格尔茨看来，正是在人类文化中俯拾即是的符号。这张借助于符号，在人类漫长的进化历程及个体在特定社会情境中的学习、成长历程中逐步“编织”起来的“意义”和文化之网，就是人类行为的“体外控制机制”。对于人类文化极端依赖的这种符号控制机制的进化历程，格尔茨有过一段精彩的描述。他说：“缓慢、顽强但几乎是令人绝望的跨越整个冰川时代的文化成长，改变了进化中人类的选择性平衡，这在人类的进化中起到了一个重要的导向作用。工具的完善、对有组织的狩猎和采集实践的适应、真正家庭组织的开始、火的发现，并且（尽管目前在任何细节上要完全追溯清楚仍然异常困难）最关键的是，对意指符号系统（艺术、神话、仪式）作为导向、交流和自我控制手段的依赖性的日渐增强，正是它们为人类创造了一个他不得不遵从和适应的全新环境。”[1] 对于社会个体的文化习得及“体外控制机制”的作用原理，其经历的则是一个对特定社会中的风俗习惯、宗教信仰、道德和价值观念以及社会规范对个体人格的模塑过程。在格尔茨的眼中，这同样是一个“体外控制机制”发挥自身作用的过程。

我们看到，格尔茨丝丝入扣的理论分析毫无疑问具有极强的穿透力量，更为重要的是，这种分析并非纯粹空洞的理论，而是建立在长期、深入的田野调查实践基础之上，因而更具雄辩力量。但沿着他的分析路径一路前行，我们又似乎感觉到这其中仍然存在着某些朦朦胧胧的“隔膜”，这些“隔膜”阻挡了我们进一步探寻的目光。联系人类设计行为和设计实践以及在此基础上建立起来的设计学理论我们看到，对人类行为起到某种类似于基因编码的“体外控制机制”的东西，并非笼统的“文化”（即格尔茨观念中人类以符号为媒介精心“编织”起来的东西），而是文化中的精神层面。也就是说，文化系统中的实践和经验的物质文化层面并不能对人类行为起到控制和决定作用，真正发挥这种作用的，是文化系统中最为核心的精神层面。设计作为人类社会一项极为重要的实践行为，其基本面貌正是由每一民族独特文化系统中的民族文化精神所决定的。

设计学理论体系的建构应该有其自身基本的学理逻辑，从设计现象到设计研究，再到设

[1] Clifford Geertz, *The Interpreation of Cultures*, Basic Books, 1973, pp.47—48.

计思想史，这是设计学科建设与研究的必然之路或学科发展的基本学理逻辑结构。如果再把设计学的理论体系放在整个民族文化系统中来进行考察，那么设计思想史又只是思想史的组成部分，它与思想史的其他组成部分，如政治思想史、经济思想史、军事思想史、科技思想史、艺术思想史、哲学史等，共同构成了一个民族文化系统的精神层面。我们知道，任何分析都只是理论思考的手段和权宜之计。事实上，构成思想史的这些层面，它们在现实存在中完全是一个浑然的整体，不仅如此，这些层面与其他文化层面之间以及各层面彼此之间又相互交融、相互影响、相互作用，共同构成了一个生机勃发而又错综复杂的“文化有机体”。这就告诉我们，对其中的任何一个层面进行考察时，都离不开同时对其他层面及其相互关系的理解和把握，张道一先生倡导建构一门设计哲学，正是要在对中国古代的设计实践和设计文献全面梳理和深入把握的基础上，集中清理出它与中国古代哲学众多命题、范畴之间的深层次关联，并进而联系当下的设计创造实践活动，对人类的设计行为、设计实践本身进行较为深刻的哲学思考。从这一角度来看，设计思想史就处于设计学研究和设计理论体系建构的核心位置，对设计思想史的考察，就是要揭示出民族文化精神中与设计现象、设计行为及设计实践密切相关的思想和观念层面，阐发它们对本民族设计文化的深远影响。这一工作无疑应该成为中国设计理论体系建构及本土化过程中的关键环节；从当代设计学科研究与建设方面来看，中国传统设计思想的挖掘与系统研究具有相当重要的现实意义和理论价值。任何一门学科的建立与发展都必须根源于它的历史和现实之间的互动与生成。建构中国当代设计学体系，必须根源于中国传统深厚的文化资源，深入理解中国设计学自己的历史和精神，充分把握世界设计学体系的发展脉动，积极整合中西设计系统，真正推进中国设计学体系的建构与完善。在对民族生活方式的研究过程中，我们应该把纵向和横向两个维度结合起来，既要从纵向的历时维度上把握历史脉络，又要在横向的共时维度上触摸当下民族的以及整个世界鲜活的生活方式及设计文化状况的脉动，进而服务于中国设计学理论体系的自身建构。在对民族文化精神的把握过程中，我们同样应该在两个维度上同时发力，共同编织中国设计学理论体系的本土化之网。

中国设计理论体系建构本土化的重大工程在有了民族生活方式的还原、构拟和整体把握，有了民族文化精神的深入挖掘和深刻领悟之后，还离不开具体路径的选择和方法论问题的深入思考。

四、路径选择和方法考量

中国当代设计理论体系建构及其本土化是一项极其浩大而艰巨的系统工程，需要诸多学科多门类协同创新，更需要设计学自身各分支学科领域众多研究者的长期合作与共同努力。这里就其中的建构路径和方法论问题做一些探讨。

首先是建构路径的选择问题。理论体系的建构可以选择不同的路径，路径的选择也将最终决定目标的达成。在科技迅猛发展、全球化进程不断加剧以及信息和传媒革命的时代背景之下，闭门造车式的中国设计理论体系建构早已不合时宜。我们正需要广泛吸纳并迅速消化世界不同文化中的设计实践、设计理论、设计思想、设计产业和设计文化资源，对当下最前沿的设计实践和设计理论保持一种极高的开放度和敏感度。但与此同时，我们从不主张全盘西化，立足本土始终是我们的根本原则。中国设计学有那么深厚的传统设计文化资源，从某种程度上说，我们目前对传统设计文化资源的挖掘和开发，仍停留在粗放水平。大量传统的设计文化资源亟待我们深入挖掘、整理和研究。在此基础上，紧密联系当今世界设计实践和设计理论的最新动态，以严格的学科标准，从概念术语、理论范畴到逻辑架构的层面分别进行深入系统地提炼，发展出中国设计学自身一套独特的话语系统。这才是严格意义上的中国设计理论体系建构的本土化。全球化进程的推进程度越是深入，在全新的世界格局中，民族化、本土化的资源对于本民族在世界格局中占据有利位置并发挥重要影响就越是具有决定价值。当今的时代是设计的时代，中国设计理论体系建构的本土化，其意义早已超出了狭小的学科建构范围，而与整个民族未来命运和前途息息相关。因此，建构路径的选择就不能不本着严谨务实和深思熟虑的态度和原则。

除了建构路径的选择，方法论问题的探讨同样不可或缺。中国设计理论体系建构的本土化，首先应该采取一种多学科的综合研究方法。对于设计学的学科分类，目前国内学界一般倾向于设计理论和设计史的两分法。设计理论又进一步细分为门类设计学、设计心理学、设计哲学和设计美学等。其中的门类设计学又包括建筑学、环艺设计学、工业设计学、服装设计学、室内设计学、平面设计学、包装设计学等等。张道一先生曾将艺术理论划分为三个层次：技法性理论、创造性理论和原理性理论。[1] 如果我们借鉴张道一先生的分类法，那么门类设计学就可归入技法性理论一类，设计心理学可归入创造性理论一类、而设计哲学和设计美学则可归入原理性理论一类。但是显然，这种归类方法也存在着把复杂问题简单化的嫌疑。设计学研究的实际情形是，门类设计学的研究并非都局限于“技法性”理论一类，它同样可以上升到创造性理论和原理性理论的层面。比如，《营造法式》就是中国古代以“中和”为核心，立足于营造本质与实践而建构起来的“一个理念、两大系统、六大范畴和十三大类型”的相互统一的建筑理论体系。[2] 按照上面提到的学科分类观点来看，它属于门类设计学中的建筑设计学，若按张道一先生的观点再进一步细分，那么它又应该划入技法性理论一类。但实际情形是，它不但涉及对建筑技法理论、创造理论的考察，还而且涉及对一般性原理的深入探讨。这些一般性原理，正是建筑学家在对它们与中国古典哲学命题之间

[1] 《张道一文集》，安徽教育出版社 1999 年版，第 55 页。

[2] 邹其昌：《〈营造法式〉设计理论体系的当代建构》，《创意与设计》2012 年第 4 期。

深刻关联的系统分析基础之上总结出来的。其他的一些类似的案例在设计学研究中同样随处可见。

由此可见，任何的学科分类都只能是一种理论思考手段的权宜之计，是出于理论分析和建构的需要而非绝对泾渭分明的划分。但这些案例却从另外一个侧面展示了设计学研究的学科交叉性质。再比如设计史的研究，它一方面要从考古学、历史学、文献学中广泛地汲取研究成果，另一方面也要关注艺术史的研究成果，同时还要对于技术史、经济史等领域的研究成果保持高度的敏感。在人类史上，科学技术成果，对于人类设计实践和设计行为的影响早已成为学界的共识，正是在这一意义上，技术应该成为设计史书写的一个重要维度。从这一层面上看，设计史的研究和书写几乎是不分学科的，它对于研究者的素养也因此提出了极高的要求。

对于设计理论的研究，情况同样如此。由于设计是人类一种独特的社会行为，因此它不仅是设计学的研究对象，同样应该成为社会学、人类学和心理学等学科合法的研究对象。随着消费社会的到来，设计不仅仅是一种社会行为，而且是一种经济行为，因此它也成为经济学的研究对象。在后现代语境之下，广泛的学科交叉已经成为一种不可逆转的趋势，成为科学研究的常态。任何学者想要在当下的研究实践中立足，就不得不接受和适应这一现实。正因为如此，人类学的田野调查和民族志方法，社会学、经济学的调查方法、统计方法、定性分析及定量分析方法等等，都毫无例外地引入到了设计学的研究领域。令人振奋的是，这种交叉学科的视野以及随之而来的全新方法，往往具有以往传统设计学研究视野和方法无法比拟的优越性。事实证明，这些方法的引入也正在设计学的研究领域结出累累硕果。前文论述中所列举的设计人类学便是这样的一个新兴学科领域。除此之外，设计伦理学、设计心理学、设计经济学（设计产业学）等等新兴的设计学分支学科领域也正在以不可阻挡的势头蓬勃发展起来。

其次，中国设计理论体系建构的本土化，还应采取纵向的历史梳理与横向的广泛借鉴相结合的方法。中国设计理论要形成自身特色，要想在世界设计学的整体格局中占有一席之地，最根本的一点便是要立足于民族本土的设计实践和设计文化资源。但与此同时，对于世界任何一个国家和民族来说，本土设计文化资源从来都不是某种现成的、堆放在某个角落可随时抓取的东西。相反，它们只存在于本民族历史中大量丰富的设计行为和设计实践所形成的物态化的、留存下来并且数量极为庞大的设计器物和设计产品中，或者存在于零星的、通常是不成系统又极为庞杂的文献记载和图像资料中。在中国，情况尤其如此。对于中国古代的设计行为和设计实践，我们仅能从大量当下的遗存物或图像、文字记录和描述中构拟出其在历史上存在的大致情形，对于设计理论和设计思想，则更是很少以完整、系统的文献形式存在，而是零星、杂乱地分布于古代科学、哲学、历史学、方志等的文献资料中。这些文献资料一方面往往由于历史久远而生涩古奥，另一方面其数量又庞大到几乎令人绝望的地步。因此，想要建构起中国自身的设计理论体系，就需要广大的设计学研究者付出长期、艰辛的努力，对中华民族历史上丰富的设计实践和设计文化资源进行系统梳理和深入研究，在此基础上还要进行深度的提炼和总结，才能逐步形成中国设计学自身的一整套概念术语、理论范畴和逻辑架构。也只有这样，我们才能说拥有了一套本民族的较为成熟的设计学理论体系，中国设计理论体系建构本土化的目标也才算真正实现。

与此同时，在全球化进程日益加剧的今天，不同民族之间的文化交往早已渗透到了民族生活的每一个领域。以设计这一人类当代最重要的实践行为作为研究对象的设计学，更是成为全球文化交往极为频繁的一个重要领域。在这一语境之下，任何民族的设计学要想在世界设计学格局中立足并进而发挥自身的影响力量，除了致力于本民族传统设计文化资源的努力开掘之外，还必须具备一种全球视野，努力从世界各民族历史和当下的设计实践、设计理论、设计思想和设计文化中广泛地汲取有用资源，并与本民族自身的设计传统、设计实践和设计理论进行创造性地融合，努力发展出一套具有自身特色的设计学话语体系。这套设计学话语体系本身应该是一个开放的系统，它一方面有着自身一套独特的概念术语、理论范畴，并拥有严密的学理逻辑和严格的学科规范，另一方面又对本民族传统的设计理论资源和当下的设计实践保持一种开放的态度，对世界不同民族历史上和现实中的种种设计实践、设计理论和设计思想保持一种高度的敏感。只有做到了这一点，设计学理论体系才能够在自身系统内部保持一种极富活力的流动性特征。这种流动性的一端连接着本民族及世界不同民族传统中一切有价值的设计实践、设计理论和设计思想和设计文化资源，另一端则连接着着本民族及世界不同民族当下种种设计实践、设计理论、设计思想和设计文化的鲜活脉动。这种流动的过程，其本身也是淘洗、修正和提炼的过程。在这一过程在，本民族设计理论体系中的诸多命题、诸多概念、范畴和术语将得到进一步地检验、修正和提炼，学理逻辑因不断的历练而变得更加严密，学科规范也得以不断完善。更为重要的是，由于这一开放体系的一端连接着本民族和世界不同民族当下鲜活的设计实践和设计文化，因此它更能够敏锐地触摸和把握时代脉动，这就不但能对本民族当下的设计实践和设计行为提供极富价值的指导，而且能更准确地把握设计的未来方向，从而使得我们在新一轮的全球竞争中把握先机，在未来全球竞争中立于不败之地。

总之，中国设计理论体系建构的本土化离不开对设计与民族生活方式、设计与民族文化精神之间深层次关系的探讨，也离不开对路径选择问题和方法论问题的深入思考。伴随着科技的不断进步、消费经济的不断蔓延以及全球市场的疯狂扩张，设计正越来越紧密地与民族经济、文化以及国家核心竞争力联系在了一起，设计学自身独特的学科性质，使得它正逐渐成为全球竞争过程中的一张王牌。从这一层面上看，加强设计学学科的理论体系建构并实现其本土化目标就不仅仅只具有学科建设的价值而具有重大的民族发展的战略意义。

第三节　普通高中课程审美化的理论思考[1]

随着高中多样、特色发展的全面铺开，全国各地出现了大量美术类艺术高中。美术特色高中在建设过程中，美育是一道绕不过的坎。如何有效地发挥美育的作用，协调好美育与其他各育之间的关系，是一个值得研究的大问题。美术作为创造美的艺术，具有陶冶情操、完美人格、提升德行、创生智慧和愉悦身心的特殊功能。然而，在多年的实践过程中，笔者发现，过分强调其“形而上”的精神教化意义，会使审美教育虚幻化，走向空洞的道德说教；过分强调其形而下的实践操作作用，会使审美教育庸俗化、泛化为某一门技能的学习。

在美育“虚幻化”与“庸俗化”之间找一条中间道路，更好地将艺术与文化的内容特别是审美精神融合到所有课程科目之中，让学生拥有自由幸福的人生，这就是课程审美化着力解决的问题。

一、美与真善的关系影响课程审美化的发展

美与真善的关系，直接影响课程审美化研究的走向。随着“美”的地位逐步提高，课程建设越来越多地受到美学规律的观照。

古希腊时期，不管是苏格拉底、柏拉图还是亚里士多德，都认为艺术是对现实的模仿，美从属于真和善。以“七艺”为代表的古希腊课程，其主导价值在于传承人类文明，强调使学生掌握、传递和发展人类积累下来的文化遗产。

中世纪到文艺复兴时期，审美意识有所发展，但与神性紧密相连，圣托马斯认为美高于善，但这种思想与禁欲主义相联系，归根到底神是真善美的统一。由于僧侣们获得了知识的垄断地位，因而课程更多地渗透了神学的性质。

近代康德以前，美仍从属于真和善，到了康德时期，他力图凸显美的首要地位，认为“审美意识能体悟到自然界的必然性和道德自由之间的超感性统一”[2]，美高于善，美不再受自然和道德的束缚。席勒进一步发展了康德的观点，认为审美的人才是完全的人，他把人的发展分为物质状态、审美状态、道德状态三个阶段，他说：“把感性的人变为理性的人，唯一的途径是先使他成为审美的人。”[3] 谢林把审美直观居于哲学最高层次，认为美比真要高。黑格尔认为美是感性面前的真，美高于善而低于真。黑格尔后的近代哲学家基本延续了“真”主

[1]　作者陆旭东，原载《上海教育科研》2016 年第 7 期，有改动。

[2]　鲍桑葵：《美学史》，商务印书馆 1985 年版，第 367 页。

[3]　席勒：《审美教育书简》，北京大学出版社 1985 年版，第 23 封信。

导“美善”的观点。“真”主导下的课程观倾向于课程是知识或学科的理解，强调受教育者掌握完整系统的科学知识，课程的体系是以相应学科的逻辑、结构为基础组织的，课程内容超越感性，经常是凌驾于学习者之上的，学习者对于课程主要是接受者的角色。这样的课程主要关注学习者的认知过程。

现当代的哲学家反对传统形而上学的抽象概念，以海德格尔为代表的现当代哲学家主张美居于比真更高的地位，主张“美不在于超越感性，以感性的东西显现超感性的抽象概念世界，而在于超越在场的、具体的东西从而以在场的具体的东西显现不在场的、然而同样具体的东西。美比真更优越，美高于真又包含着真”[1]。在这样的美学观指导下，课程强调和突出学习者作为主体的角色，以及在课程中的体验，强调学习者是课程的主体，以及作为主体的能动性，强调以学习者的兴趣、需要、能力、经验为中介实施课程，强调学习者个性的全面参与等等。

总体上看，自古希腊至今，美的地位由低到高、逐步提高，其发展史，基本反映了人们精神境界和文化教育提高的过程，也反映了课程审美化的发展程度。美与真善有着怎样的关系，就会有怎样的课程观。在美的地位日益高涨的现当今社会，“美”圆融“真善”而达到了新的统一。中国当代美学学者祁志祥提出“美是有价值的乐感对象”，把“有价值的五官快感对象与有价值的心灵愉快对象”有机地统一起来，从而使真善美在更高的层次得以统一，就是比较有代表性的观点。[2] 在新的美学观的观照下，随之对应的课程更关注解放人的本性、促使全人发展的核心素养的生成，课程审美化的程度也越来越高。

由此看出，美与真善的关系史，实际上就是课程审美化的发展史。

二、杜威的课程审美化思想

杜威认为，课程是经验的载体，经验成为审美的体验，必先通过艺术的手段，把课程审美化。杜威这一观点，体现在他的整个教育思想中。

杜威在《艺术即经验》中，并没有直接讨论教育的问题。英国哲学家赫伯特·里德曾探讨过这个问题，“当杜威晚年开始探讨美学问题时，在这部令人难忘的著作中，他并未在美学与教育之间建立起一种联系，我认为这是一个奇怪的这些事件”。[3] 尽管书中并没有教育这个词，但大家公认，这部书确实是一部审美教育的著作。在这本书中，有许多美学与教育管理相结合的论述。“他赞成像卢梭那样以尊重天性为教育的原则，认为正常的就是自然的，但是并不同意任由儿童率性发展，不加引导和控制。杜威认为，儿童的成长需要学习和社会的培

[1] 张世英：《哲学导论》，北京大学出版社 2016 年版，第 210、211 页。

[2] 祁志祥：《乐感美学》，北京大学出版社 2016 年版，第 4 页。

[3] Robert Read, *Education Through Art*, Faber and Faber, 1943, p.245.

养，这种培养需要好的环境，因此他十分关心社会改革。杜威虽然赞同柏拉图的观点，即教育的任务在于发现每个人的特长，并训练他尽可能地发展这种特长，满足社会和谐的需要，但是，他反对柏拉图那样事先将社会分层，将人的心智氛围罗干等级，在杜威看来，教育的目标是形成共同经营，从而实现民主的生活方式。”[1] 在论述“实验学校”的宗旨时，充分体现他把美学与教育管理相结合的思想，“这所学校为这样一种愿望所激励，即希望发现一所学校在行政管理、教材选择，以及学习、教育和训练的方法方面，能够在发展每一个人自己的能力和满足他们自己的需要的同时，又成为一个合作的社会。”[2]

“教育是生活的需要”是杜威教育管理思想的主要观点。在杜威看来，教育之所以有价值，是因为它对生活经验所做出的重要贡献。学校课程有必要在学习者的生活和经验与学校的教材之间建立起适当的联系。而这种联系，必须通过学校课程的审美化来实施。杜威认为，“从儿童的观点来看，学校的最大浪费是由于儿童在学校中不能完全、自由地运用他在校外所得到的经验；同时，他又不能把学校里所学到的东西应用于日常生活。”[3] 因此，学校课程建设，必须探索儿童的兴趣、能力和习惯，克服教育与日常生活脱节的情况。“经验”是课程审美化建设的关键。杜威认为，一切教育都从经验中产生，但并不意味着一切经验都能起教育作用，只有那些“美的”、“能促进发展的经验”才是教育。杜威由此得出了教育的定义：教育就是经验的改造或改组。这种改造或改组，既能增加经验的意义，又能提高指导后来经验进程的能力。[4] 由于教育的过程遵循了儿童本身发展的规律，满足了儿童成长的欲望和要求，因此也是美的，“教育本身就是目的”。

杜威非常重视艺术与教育的关系。艺术和教育共同的基础是经验的改造和塑造。杜威的教育思想主要可以概括为：“教育是生活的需要”“教育即生长”“从做中学”“教育本身就是目的”“学校即社会”，其根本立足点是生活、生长、实践及情感，而这正是艺术的特征。因此，杜威明确指出，“教育是一种艺术”。[5] 艺术为教育提供良好的环境，同时还能更好地培养和发展人的知觉。通过艺术进行教育，使人最广泛地参与到艺术中来，让每个人的生活充满爱，拥有丰富而敏锐的感受力、想象力和创造力。

杜威非常强调经验获得的重要性，他提出一个重要命题，认为“艺术内在地是教育，教育也可以成为艺术”。他认为，经验成为艺术，必须要克服不幸、失败、厌倦和无序，通过一种富有创造性的教育才能达到审美状态。获得一个完整的经验，获得艺术的享受，应当成为教育的目的。因此，对课程进行改造，使其更好地适应儿童的成长，是杜威教育理论的重要

[1] 李媛媛：《杜威美学思想论纲》，中国社会科学出版社 2010 年版，第 146 页。

[2] 凯瑟琳·坎普·梅休等：《杜威学校》，王承绪等译，教育科学出版社 2007 年版，引言。

[3] 杜威：《学校与社会》，赵祥麟、王承绪等译，华东师范大学出版社 1981 年版，第 52 页。

[4] 杜威：《民主主义与教育》，王承绪译，人民教育出版社 1990 年版，第 52 页。

[5] 杜威：《我们怎样思维》，姜文阅译，人民教育出版社 1991 年版，第 238 页。

组成部分。

杜威在《儿童与课程》一书中，他认为儿童是未成熟、没有发展出来的人。儿童生活在个人接触显得十分狭隘的世界里，儿童的世界是个人兴趣的世界，而不是一个事实和规律的世界。儿童世界的主要特征，不是什么与外界相符合这个意义上的真理，而是感情和同情。学校里见到的课程所提供的材料，却是无限地回溯过去，同时从外部无限地伸向空间。儿童小小的记忆力和知识领域被人类长期的多少世纪的历史压得窒息了。

杜威同时还认为儿童的生活是一个整体，一个总体。儿童敏捷地和欣然地从一个主题过渡到另一个主题，既没有意识到割裂，更没有意识到有什么区分。而学校课程，以多种多样学科的形式，把儿童的世界加以割裂和肢解。各门学科都被归到某一类去。成人按逻辑顺序组成的事实，很难被儿童所接受。因此，杜威提出应当以儿童为中心重新设计课程。他认为对课程进行改造的方法不是“训练”，而是“兴趣”；不是“指导与控制”，而是“自由和主动性”。他进而强调，指导就是把生活过程解放出来，使它最充分地实现自己；科学的教材代表经验发展的某一阶段或状态，教师应当考虑把教材变成学生经验的一部分。[1]

杜威对芝加哥实验学校的课程进行了审美化建设。学校开办前，杜威拟了一个《组织计划》，规定实验学校必须根据实验，编写出一整套的课程，教材和相应的学方法。根据这个要求，实验学校的编制按照儿童发展情况，分为下列三个阶段，每个阶段按儿童年龄分为若干小组。第一阶段 4—8 岁，第二阶段 9—12 岁，第三阶段（中等教育）13—15 岁。以上各个阶段，不是截然划分，而是逐步地过渡。在第一阶段，学校生活与家庭邻里间的生活密切联系。例如自然研究，手工训练和缝纫被看作是与儿童的校外生活相联系的活动。第二阶段重点是获得读、写、操作、算的能力，不是为了这些能力的本身，而是为了获得规律性的知识和掌握使用工具的技巧。第三阶段即中等教育的开始，在儿童掌握每门学科所使用的工具的范围内，一门一门地进行学习，并在一定程度上进行专门化的活动。实验学校的课程就是由相互联系的种种活动的计划组成的。[2]

杜威的课程审美化思想建立在“经验”之上，从培养完整、健康的个体出发，设计、设施、调整课程，为以后的学校课程审美化建设提供了非常有价值的参考依据。

三、李叔同与课程审美化建设实践

1. 中国当代课程审美化的先驱者

中国的儒家文化一贯倡导“人生艺术化”，要求主体践行审美、艺术、人生之统一，以美的

[1] 参考赵祥麟、王承绪编译：《杜威教育名篇》，教育科学出版社 2006 年版，第 64—81 页。

[2] 凯瑟琳·坎普·梅休等：《杜威学校》，王承绪等译，教育科学出版社 2007 年版，第 2 页。

精神涵养人格与心灵，促使生命的审美建构与生命过程的诗性自由升华。20 世纪初叶“人生艺术化”的命题奠基于梁启超，发扬于李叔同、丰子恺、宗白华等人。“人生艺术化”的学说大替可以分为三类：一是对生活形式的艺术化追求，主要表现为对生活形式的艺术化追求，崇尚对生活用品、生活环境、人体等艺术化装饰、修饰等，追求感官享受等外在的东西；二是对生活技巧与社会关系的艺术化追求，主要表现为对生活技巧、方法与社会关系的艺术化追求，崇尚对生存技巧、人际关系等的处理方法；三是人格与心灵的艺术化追求，倡导人格与心灵的艺术化追求，关注人对于整体自我人格与生命境界的审美提升，它的本质是人格与心灵的艺术化。

在“人生艺术化”思潮的影响和引领下，李叔同等一批人大力倡导并身体力行特色办学，可以说是学校“课程审美化”实践的先行者。

辛亥革命后，民国政府成立，蔡元培任教育总长。他大力倡导美育，重视美术课程的学科教学。当时，不仅在中小学普遍开设图画课，而且在师范院校中也陆续开设了图画、手工学科，以图培养美术师资，为形成学校美术教育作准备。当时的浙江第一师范学校（同属中等教育，是广义的高中），就是在当时的大背景下形成的特色学校，其影响历经百年而不衰。研究李叔同等人的办学思想，对今天美术特色高中的发展，具有深远的意义。

李叔同是揭开中国现代美术教育史第一页的先驱。浙江一师之所以称为美术特色学校第一校，是因为美术学科所独有的审美精神和审美文化，已渗透到学校办学的方方面面。夏丏尊先生曾说：“李先生教图画、音乐，学生对图画、音乐看得比国文、数学等更重，这是有人格作背景的缘故。他教图画、音乐，而他所懂得的不仅是图画、音乐；他的诗文比国文先生更好，他的书法比习字先生的更好，他的英文比英文先生的更好……这好比一尊佛像，有后光，故能令人敬仰。”李叔同在美术教育中渗透了人格教育，夏丏尊的国文学科中也渗透了美学精神。夏先生“除不弄音乐以外，其他诗文、绘画（鉴赏）、金石、书法、理学、佛典，以至外国文、科学等，他都懂得。他能和李先生交游，能得学生的心悦诚服”。

李叔同先生个人独有的人格力量，为美术教育带来了丰富的教育内涵。他之所以得到学生的爱戴，一方面是因为他具有严肃、认真、现身教育的精神，另一方面是他在艺术教育方面有很深的造诣。他认为图画为一种专门之学问，“图画为一种专门之学问，高深精微，无穷无尽”；“图画最能感动人之性情。于不识不知间，引导人之性格于高尚优美之境。近代教育家所谓美的教育，即此方法也”。“我国图画，发达盖章。黄帝时史皇作绘，图画之术，实肇乎是。是周聿兴，司绘置专职，兹事浸盛。汉唐而还，流派灼著，道乃烈矣。顾秩序杂，教授鲜良法，浅学之士，靡自窥测。”[1]

2. 图画之效力

对图画之效力，李叔同有深入的研究。他提出了“符号说”、“明确说”、“审美说”等

[1] 李叔同：《李叔同谈艺录》，湖南大学出版社 2011 年版，第 114 页。

观点：

符号说：而达兹思想者，厥有种种符号。思想愈复杂，符号愈精密。

明确说：图画者，为物至简单，为状至明确。举人世至复杂之思想感情，可以一览得之。挽近以还，若书籍、若报章、若讲义，非不佐以图画，匡文字语言之不逮。效力所及，盖有如此。

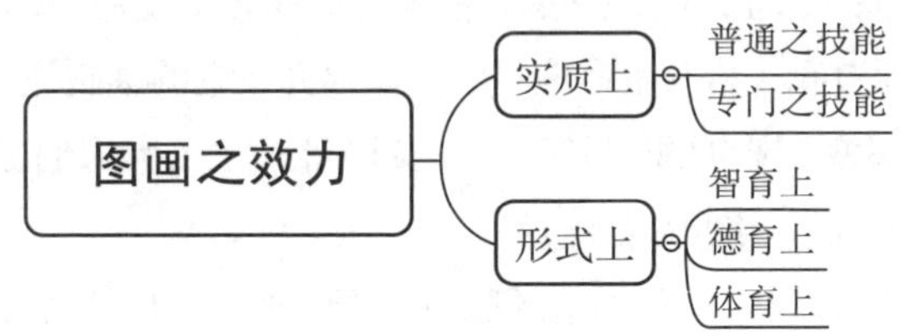

审美说："诗为无形之画，画为无声之诗"；"图画者，美术工艺之源本"；"图画者可以养成绵密之注意，锐敏之观察，确实之知识，强健之记忆，著实之想象，健全之判断，高尚之审美心"；"美其情操，启其兴味，高尚其人品之谓也"；"若夫发审美之情操，图画有最大之伟力。工图画者其嗜好必高尚，其品性必高洁"。

谈到图画之练习，他认为石膏模型为学图画者最良之范本。"教学图画者，当确信实物写生为第一良善之方法。""故学图画者，当确信石膏模型为实物写生用第一完全之范本，可以养成审美之智识。"[1]

3. 美术课程建设方面的主张

李叔同开创我国美术课程审美化建设之先河。归纳起来有如下观点：

第一，将美术作为专门育人之学问。

他提出应以图画为术，以创美为境，以高尚优美为魂，将美术教育引向高深精微的美境，达到美术铸造人格的教育要求。

第二，课程设置方面强调写生。

李叔同来到浙江一师以后，先后开设了素描、油画、水彩、图案、西洋美术史、写生等课程。在李叔同艺术教育的影响下，浙江一师的艺术风气非常浓厚，宛如一所艺术学校。她培养出一大批在美术领域卓有成效的优秀画家和美术教育家。丰子恺就是其中之一。

李叔同在浙江一师开设的写生课，改变了我国历来临摹画帖的状况。他把写生分为室内和室外两部分。室内写生又分石膏像和模特儿，包括人体模特。他认为：面对实物，用目测法进行木炭写生，是训练学生构图能力和绘画基本功最科学的方法。室外写生，则经常组织学生去风景优美的景点。

[1]　李叔同：《李叔同谈艺录》，湖南大学出版社 2011 年版，第 101 页。

经过一年多的美术基本训练，李叔同安排人体写生课。在当时的情况下，这是破天荒的创举。李叔同是中国美术教育史上采用人体模特写生的第一人。

李叔同还开设了西洋美术史课程，并自编讲义，这在国内也属首创，填补了中国美术教育史上的一个空白。

第三，提出先器识而后文艺。

李叔同认为，一个人倘若没有“器识”，无论技术多么精进，也是不足道的。“应使文艺以人传，而不可人以文艺传。”[1] 他特别强调人品修养的重要性。要做一个好的文艺家，首先是一个好的人。

他事事处处以身作则。他勉励学生爱惜时间，自己非常注意用好课堂上的每一分钟。凡上课写在黑板上的内容，他都课前写好。黑板是双层，用完一块后再用另一块。上课铃未响，他早已端坐讲坛，恭候学生。上课铃一响，马上讲课。因而学生听他的课从不敢迟到。课外练习时间，他也安排学生轮流接受个别辅导。他自己早、中、晚饭都是提前吃好，以便及时接受学生的请教。

第四，注重谦和的教学风格。

他的教育态度和方法，总是和蔼可亲。遇到学生犯了过失，他总是和颜悦色、耐心开导。李叔同当时的学生，著名作家曹聚仁事后回忆说：“在我们教师中，李叔同先生最不会使我们忘记。他从来没有怒容，总是轻轻地像母亲一般吩咐我们。”

丰子恺回忆：“李先生是一位人格感化的大教育家。李先生的人格和学问，统制了我们的感情，折服了我们的心。他从来不骂人，从来不责备人，态度谦恭。学生个个真心地崇拜他。他不为名利，用全副精力于教师工作。他博学多能，国文比国文先生更高，英文比英文先生更高，历史比历史先生更高，常识比博物先生更高，又是书法金石方面的专家。”[2] 李先生的认真态度、艺术心灵和慈爱思想，给丰子恺打下了深刻的烙印。为之影响了他的终生。

浙江第一师范培养出大批有理想、有追求的学生，如丰子恺、潘天寿、刘质平、曹聚仁、魏金枝、施存统等，都是与该校有鲜明的艺术特色分不开的。“艺术铸人格”，以美育促进了全面人格的发展，身心各方面之知、德、体、美、群五育，无所不包，最终培养出了正直、坚强、学识兼备之人才，为国家服务。李叔同的课程审美化实践为我们提供了非常好的范例。

---

[1] 林子青编：《弘一大师年谱》，时代文艺出版社2009年版，第205页。

[2] 丰子恺：《中国现代美学名家文丛：丰子恺卷》，浙江大学出版社2009年版，第23页。

四、课程审美化的基本主张

世界进入了大审美经济时代。[1] 审美素养作为公民的核心素养，越来越受到国家的高度重视。2015 年 11 月，根据党的十八届三中全会对全面改进学校美育的重要部署，国务院对加强学校美育提出了明确要求，印发了《关于全面加强和改进学校美育工作的意见》，强调了审美素养培育对提高学生审美与人文素养、促进学生全面发展所起的重要作用。学校美育迎来了崭新的发展时代。

在“唯科学主义”思潮的影响下，传统的课程越分越细，功能越来越多，知识与能力发展的功利性目的越来越突出。功利化的课程观直接导致课程失衡。智育课程尤其是自然科学方面的课程，被反复强调，而德育、美育等方面的课程萎缩。“唯科学主义世界观处处受强化，教育的主体性被忽视，一些无法用自然科学方式的教育问题也被‘科学化’。”[2] 课程片面设置的直接后果是片面人格的形成，人的全面发展得不到应有的落实。

要改变现实课程建设中出现的这些问题，需要通过“审美”重新唤醒人们在课程管理过程中长期被压抑的自由生命的意识，引导课程管理者在管理的过程中有意识地按照美的规律去实施有序、公正平等、个性化、超越功利的高效管理，课程审美化正是应对课程失衡问题的有效方式。

1. 课程审美化的内涵

审美活动在课程领域的具体体现，产生了课程审美化。课程审美化是源于实践，并在实践中不断发展并逐步完善的一个概念。它不是课程与审美的简单嫁接，而是教育审美化的重要组成部分，具有教育审美化的基本属性及功能。

课程审美化是指学校遵循审美化原则，以课程建设为载体，通过统整、优化课程诸要素，挖掘课程内部及实施过程中的审美元素，在课程中提升学生的课程审美能力，将学生的课程审美需要转化为课程审美理想，从而提升学生审美素养、促进学生核心素养全面发展的教育过程，它包括课程目标、课堂形态、教学过程、师生关系、课程环境、教师队伍建设的审美化等多个方面。

在这个审美化的过程中，学校对“课程目标、课堂形态、教学过程、师生关系、课程环境、教师队伍建设”进行全面整体性的构架，化知为情、化甘为泉、化心为美，使学生的心灵在审美中得到升华，使自主、自由、自信等心理品质得到提升和升华。它不只是追求课程内容和方法上的“寓教于乐”，而是以教育审美化原则来建设学校课程体系，使学校课程建设

[1] 凌继尧：《关于构建审美经济学的构思——凌继尧先生访谈录》，《东南大学学报》2006 年第 3 期。

[2] 李叔同：《李叔同谈艺录》，湖南大学出版社 2011 年版，第 101 页。

走出唯科学化倾向，达成美善相谐、美真互融的境界。

课程审美化的过程是教育目的美学转化的过程。教育目的的美学转化具有应然性和必然性。应然性：传统的教育目的侧重于培养人的道德品性，或过多地关注传授知识训练技艺或强健体魄。课程审美化，使教育目的更符合人的发展，人的美学目的应当是促使核心素养的全面、和谐发展，即培养蕴含美学精神、完整健全的人格，塑造和谐理想的人性，使得每一个人都有一个趋向理想完美的生命，都能自由、全面、和谐地发展。必然性：课程审美化最终使教育目的的美学转化走向必然。美学目的的教育必然强调人与自然的和谐、人与社会的和谐、人与他人的和谐、人与操作对象的和谐、人与自我的和谐。

课程审美化的实质是让学生个体生命得以自由生长。学生的学习生命活力得到激发，并在学习和发展中产生愉悦之情，最终不但理解学习的意义，而且使心灵在审美中得到升华，使自主、自由、自信等心理品质得到提升，有利于人生观、世界观、价值观的形成。它包括如下几个方面：

第一，课程审美化为学生营造了一个更加美好且可能实现的学习生活世界，教育实践活动中不存在脱离学生学习生命的课程之美，美必定发生在学生的学习生命活动中。

第二，课程审美需要以学生的整体生命参与为基础，是审美心理活动的综合产物。

第三，学生将自己的情感投入到课程内容之中，通过体验的方式，将课程内容与内部经验相连接，实现学生生命自由生长的转化。

第四，课程审美化根据对学生学习生命肯定方式的不同，表现出不同的审美形态。荒诞美展现出学习生命的无意义、无价值；悲剧美体现学习生命的否定；和谐美表示对学习生命的肯定；崇高美体现对学习生命的敬畏与感激等。

2. 课程审美化的心理动力机制

课程审美化有其自身的心理动力机制。只有当学生充分认识到课程的价值，并内化为自身的精神、认知、文化实践活动时，课程审美需要才能转化为课程审美理想，课程才变得有意义。其心理动力机制见图：

美术特色高中学生选修美术，有不同的课程审美需求。笔者曾在某校“你为什么选修美术”作为问卷调查，调查发现，真正感兴趣选修美术的学生只占总人数的 30%。55% 以上的同学选修美术有明确的功利性目的，要么是考一所好点的本科学校，要么是家长逼着学的。还有一部分学生处于犹豫当中，不知道自己的真正兴趣是什么。

根据心理动力机制图，学校需要做的，并不是判断谁错谁对、谁好谁坏，而是应该尊重不同学生最初的课程审美要求，从提高学生的课程审美能力出发，努力将学生的课程审美需要提升为课程审美理想。由于课程审美能力的培养能够分解到不同学科，课程审美化就有了着力点，美育也就得以真正落地。

课程审美化心理动力机制反映了课程审美需要与课程审美理想之间的矛盾统一。在理想的审美活动中，两者是统一的，课程审美理想是课程审美需要的目标。但在现实的审美活动中，两者常发生冲突。努力提升课程审美能力，是解决理想与现实冲突的重要途径。

3.“在课程中”——课程审美化基本出发点和表现形式

“在课程中”是审美化提出的基本出发点和外部表现形式，在文本中具有特定的含义。根据一元论的审美观点，管理者、师生、课程诸要素是统一的整体，彼此之间既有相对独立的一面，更有相互依赖、相互融合的一面。传统课程过分强调课程的独立性，致使课程严重碎片化、功利化，课程失衡现象长久以来不能得以解决。课程审美化在承认课程具有相对独立性时，更强调课程的完整性。主要观点如下：

首先，“在课程中”是课程审美化的外部表现形式。人和课程不是对立的，而是一个不可分割的整体。影响课程学习的因素非常复杂，学生、教师、教材、环境、政策、人际关系等因素一直处于相互联系、相互促进、不停地发生变化的过程中。任何把课程独立出来的做法，都会使课程偏离价值取向，走向唯功利性的一面。

其次，“在课程中”是课程审美化的基本出发点。只有当师生双方都能感受到课程所具有的价值并全力以赴地追求并实现这种价值时，课程才是有应有的；只有当师生与课程融为一体，展示出合目的、合规律、合理想的人性追求时，课程才是完美的；只有当每位学生的课程体验生成为其独有的审美经验，并上升为审美理想时，课程才是具有创造性的。

最后，课程是科学性与艺术性的统一。学生既可以通过认知的方式获取知识，也可以通过体验的方式来学习。知识的获取与情感的发展不可分割。